普通高等教育“十二五”规划教材

建 筑 构 造

主　编　王学勇　闫恩诚
副主编　张　梅　李　震　刘海艳
　　　　董　文　胡永强
参　编　周　波　李　帅　姜　磊

中国水利水电出版社
www.waterpub.com.cn

内 容 提 要

本书依据应用型本科院校的建筑学专业特点和教学要求编写。编写注重基本理论、基本概念和基本构造做法的阐述，概念清楚，突出实用，力求通俗易懂。

本书共有16章，分为4篇来阐述。第1篇为建筑构造概论，主要讲述与建筑构造相关的基本知识。第2篇为建筑基本构造，主要讲述了民用建筑的构造设计基本原理、构造做法以及使用材料，是本书的核心内容。第3篇为建筑细部构造，主要讲述民用建筑的一些细部具体做法，是上一部分内容的深化。第4篇为工业建筑构造，主要讲述工业建筑的一些基本构造设计原理和做法。

本书可作为建筑学、城市规划、园林景观、室内设计、土木工程等专业的建筑构造课程教材，也可作为相关行业从业人员的工作参考用书。

图书在版编目（CIP）数据

建筑构造 / 王学勇，闫恩诚主编. -- 北京 : 中国水利水电出版社, 2014.10
普通高等教育“十二五”规划教材
ISBN 978-7-5170-2568-9

Ⅰ. ①建… Ⅱ. ①王… ②闫… Ⅲ. ①建筑构造－高等学校－教材 Ⅳ. ①TU22

中国版本图书馆CIP数据核字(2014)第236605号

书　名	普通高等教育“十二五”规划教材 **建筑构造**
作　者	主编　王学勇　闫恩诚
出版发行	中国水利水电出版社 （北京市海淀区玉渊潭南路1号D座　100038） 网址：www.waterpub.com.cn E-mail：sales@waterpub.com.cn 电话：(010) 68367658（发行部）
经　售	北京科水图书销售中心（零售） 电话：(010) 88383994、63202643、68545874 全国各地新华书店和相关出版物销售网点
排　版	中国水利水电出版社微机排版中心
印　刷	北京瑞斯通印务发展有限公司
规　格	184mm×260mm　16开本　22.25印张　528千字
版　次	2014年10月第1版　2014年10月第1次印刷
印　数	0001—3000册
定　价	**45.00**元

前言

本书根据培养应用型人才的需要，针对“建筑构造”课程特点和教学要求进行编写。本书力求做到以“应用”为主旨，注重基本理论、基本概念和基本构造做法的阐述，深入浅出，图文并茂，具有针对性和实用性。本书注重建筑物实体的结构系统构成和建筑细部的构造处理，淘汰了一些过时的材料和构造做法，增加了新材料、新技术、新工艺以及建筑节能构造措施等。

本书内容丰富，图文并茂，具有较强的实用性。全书共分4篇，前两篇主要讲述了与建筑构造相关的基本知识以及民用建筑六大组成部分的构造设计原理、构造做法以及使用材料，适用于低年级的建筑构造课程和初学者。后两篇主要讲述了建筑细部构造以及工业建筑构造的基本知识，适用于高年级的建筑构造课程和相关的专业技术人员。

本书由山东农业大学的王学勇、华南农业大学的闫恩诚任主编。具体编写分工如下：王学勇编写第2篇第4章（第4.1、4.2、4.3节）、第6章以及第4篇第3章；闫恩诚编写第2篇第5章以及第3篇第2章；河北农业大学的张梅编写第2篇第2、3章；武汉轻工大学的李震编写第2篇第1章和第4篇第2章；山东农业大学的刘海艳编写第1篇第1、2章；山东农业大学的董文编写第2篇第4章（第4.4、4.5、4.6节）和第3篇第1章；山东科技大学的胡永强编写第3篇第3章和第4篇第1章；山东农业大学的周波编写第1篇第3章。

本书在编写过程中参考并借鉴了一些国内著名学者主编的著作，在此，对他们一并表示衷心的感谢。由于编者水平有限，书中难免存在不足之处，恳请读者在使用中批评指正，以便今后改进和完善。

编　者

2014年6月

目　录

第3篇 建筑细部构造

第4篇　工 业 建 筑 构 造

第 1 篇　建筑构造概论

第1章　概　　述

1.1　建筑构造概述

建筑构造就是专门研究建筑物各组成部分以及各部分之间的构造方法和组合原理的学科，其主要任务是根据建筑物的功能要求、材料供应和施工技术条件，提供合理、经济的构造方案，以作为建筑设计中综合解决技术问题及进行施工图设计的依据。因此，在确定构造方案时，应考虑建筑物的质量标准及经济条件的影响、人为影响、自然界影响、建筑技术的影响等因素。

随着科学技术的进步，建筑构造已发展成为一门技术性很强的学科。建筑构造主要研究建筑物各组成部分的构造原理和构造方法，是建筑设计不可分割的一部分，对整体的设计创意起着具体表现和制约的作用。通过建筑物的构造方案、构配件组成的节点、细部构造及其相互间的连接和对材料的选用等各方面的有机结合，使建筑实体的构成成为可能，从而完成建筑物的整体与空间的形成。

建筑构造设计具有实践性强和综合性强的特点。在内容上是对实践经验的高度概括，并且涉及到建筑材料、建筑力学、建筑结构、建筑物理、建筑美学、建筑施工和建筑经济等有关方面的知识。根据建筑物的功能要求，要对细部的做法和构件的连接、受力的合理性等进行考虑。同时，还应满足防潮、防水、隔热、保温、隔声、防火、防震、防腐等方面的要求，以利于提供实用、安全、经济、美观的构造方案。

1.2　建筑的基本构成要素

建筑的发展是错综复杂的，不同的历史时期、不同的社会制度、不同的人对建筑的要求是不同的。为了更好地把握建筑发展的趋势，作出符合要求的建筑，就要找到建筑发展的本质联系：建造建筑是为了满足一定的需求，就是建筑具有一定的使用功能；建造房屋需要有一定的技术条件；建筑还要满足人们的审美和精神上的要求。这就是建筑发展的本质联系，也就是建筑的三个基本构成要素：建筑的使用功能、物质技术条件和建筑形象，维特鲁威把它总结为实用、坚固和美观。

1.2.1　使用功能

原始人类为了避风雨、御寒暑和防止野兽的侵袭，需要一个赖以栖身的场所，这才出现了建筑。虽然建筑的式样和类型各不相同，但是有一点是不变的，就是功能对于建筑所起的重要作用。而且随着社会生产力的发展和人民生活水平的提高，建筑的功能越来越复杂，人们对它的要求也越来越高。但是不管是什么类型的建筑，都应该满足这样几个基本的功能要求。

1. 人体活动尺度的要求

建筑物中的家具、设备的尺寸，踏步、窗台、栏杆的高度以及各个房间的高度和面积的大小，都和人体尺度以及人体活动所需的空间尺度有直接或者间接的关系。所以人体的尺度以及人体活动所占的空间尺度，是确定民用建筑内部各种空间尺度的主要依据。为了满足使用活动的需要，首先应该熟悉人体活动的一些基本尺度（图 1.1.2.1）。

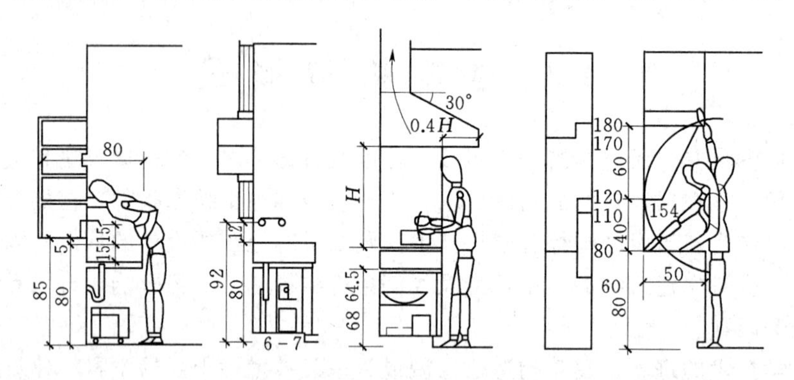

图 1.1.2.1　人体基本尺度

2. 人的生理要求

主要包括对建筑物的朝向、保暖、防潮、隔热、隔声、通风、采光、照明等方面的要求，它们都是满足人们生产或生活所必需的条件。随着物质技术水平的提高，满足上述生理要求的可能性将会日益增大，如改进材料的各种物理性能，使用机械通风辅助或代替自然通风等。

3. 使用过程和特点的要求

人们在各种类型的建筑中活动，经常按照一定的顺序或路线进行。特别是使用过程有一定的先后顺序，流线性比较强的建筑，比如交通性建筑的设计，必须充分考虑旅客的活动顺序和特点，合理地安排好售票厅、大厅、候车室、进出站口等各部分之间的关系，才能做出符合要求的建筑，否则就会造成使用上的混乱，不符合人们的要求。

有的建筑在使用上具有一些特点，比如影剧院建筑的看和听，图书馆建筑的出入管理，一些实验室对温度、湿度的要求，摄影的暗室对光线的要求等，它们直接影响着建筑的使用。

在工业建筑中，许多情况下厂房的大小和高度可能不是取决于人的活动，而是取决于设备的数量和大小。某些设备和生产工艺对建筑的要求甚至比人的生理要求更为严格，有时二者甚至是互相矛盾的，如纺织厂对湿度的要求等。而建筑的使用过程也常是以产品的加工顺序和工艺流程来确定的，这些都是工业建筑设计中必须解决的功能问题。

1.2.2　物质技术条件

能否获得某种形式的空间，并不是取决于我们的主观愿望，而主要是取决于工程结构和技术条件的发展水平，如果没有这些物质技术条件，想要实现哪种形式的空间只能是幻想。功能是要求，而物质技术条件是实现功能的手段和措施。

建筑的物质技术条件包括材料、结构、设备和建筑生产技术（施工）等重要内容。材料和结构是构成建筑空间环境的骨架，设备是保证建筑物达到某种要求的技术条件，而建筑生产技术（施工）是实现建筑生产的过程和方法。

1. 建筑结构

结构是建筑的骨架，它为建筑提供合乎使用的空间并承受建筑物的全部荷载，抵抗自然因素对建筑造成的损坏。结构的坚固程度直接影响建筑物的安全和寿命。柱、梁板和拱结构是人类最早采用的两种结构形式，由于天然材料的限制，当时不可能取得很大的空间。随着科学技术的进步，人们能够对结构的受力情况进行分析和计算，相继出现了桁架、钢架和悬挑结构，人们又从大自然的启示中，创造出壳体、折板、悬索等多种多样的新型结构，为建筑取得灵活多样的空间提供了条件。

2. 建筑材料和设备

建筑材料和设备的发展对于结构发展有着非常重要的意义。砖的出现，使得拱结构得以发展。钢材、水泥、钢筋混凝土和电梯的出现，解决了现代建筑中大跨、高层的结构和垂直交通问题。而塑胶材料则带来了面目全新的充气建筑。同样，材料对建筑的装修和构造也十分重要，玻璃的出现给建筑的采光带来了便利。胶合板和各种其他材料的饰面板正在取代各种抹灰中的湿操作，可以减轻建筑的自重，降低施工劳动强度，加快建筑的施工速度。

3. 建筑施工

建筑施工是指工程建设实施阶段的生产活动，是各类建筑物的建造过程。它包括基础工程施工、主体结构施工、屋面工程施工、装饰工程施工等。建筑物只有通过施工过程，才能把设计变为现实。建筑施工一般包括两个方面：施工技术和施工组织。施工技术是指人的操作熟练程度、施工工具和机械、施工方法等。施工组织是指材料的运输、进度的安排、人力的调配等。

有了起重机就可以大大提高建筑施工的速度；有了电脑和各种自动控制设备的应用，解决了现代建筑中各种复杂的使用要求和环境条件；而先进的施工技术，又使这些复杂的建筑能得以实现。所以它们都是达到建筑的物质功能要求和艺术审美要求的物质技术条件。物质技术条件是建筑发展的重要因素，只有在物质技术条件具有一定水平的情况下，建筑的物质功能要求和艺术审美要求才有可能充分实现。

1.2.3 建筑形象

建筑物的内部和外部空间组合、建筑体型、立面式样、细部装饰处理、色彩等，构成一定的简化组形象，它体现出一个时代的生产力水平、文化生活水平和一个地方的民族特色和地方特色，比如苏州的粉墙黛瓦、徽派建筑的马头墙、上海的海派建筑等。

建筑形象并不单纯是一个美观问题，它还常常反映社会和时代的特点，表现出某个时代的生产水平、文化传统、民族风格和社会精神面貌，表现出建筑物一定的性格和内容。例如埃及的金字塔、希腊的神庙、中世纪的教堂、中国古代的宫殿、近现代一些国家出现的摩天大楼以及我国北京的人民大会堂和毛主席纪念堂等，它们都有不同的建筑形象，反映着各自不同的社会和时代的特点。要创造出美的建筑形象，就要遵循美的法则来进行构思。比如比例、尺度、韵律、对比等。

这就是建筑的三个基本构成要素，功能要求是建筑的主要目的，材料结构等物质技术条件是达到目的的手段，而建筑形象则是建筑功能、技术和艺术内容的综合表现。也就是说，三者的关系是目的、手段和表现形式的关系。

1.3 建筑的分类

建筑物通常按其使用性质分为生产性建筑和民用建筑两大类。生产性建筑是供工业、农业生产使用的建筑物，民用建筑是供人们从事非生产性活动使用的建筑物。民用建筑又分为居住建筑和公共建筑两类。居住建筑包括住宅、公寓、宿舍等。公共建筑是供人们进行各类社会、文化、经济、政治等活动的建筑物，如图书馆、车站、办公楼、电影院、医院等。除此之外，我们还可以按照以下方式对建筑进行分类。

1.3.1 按层数分类

按照《民用建筑设计通则》（GB 50352—2005）住宅建筑按层数分类：1～3层为低层住宅，4～6层为多层住宅，7～9层为中高层住宅，10层以上为高层住宅。除住宅建筑之外的民用建筑高度不大于24m者为单层和多层建筑。大于24m者为高层建筑（不包括建筑高度大于24m的单层公共建筑）。建筑高度大于100m的民用建筑为超高层建筑，见表1.1.3.1。

表1.1.3.1　民用建筑按地上层数或高度分类

<table>
<tr><th>建筑类别</th><th>名称</th><th>层数或高度</th><th>备　注</th></tr>
<tr><td rowspan="5">住宅建筑</td><td>低层住宅</td><td>1～3层</td><td rowspan="5">包括首层设置商业服务网点的住宅</td></tr>
<tr><td>多层住宅</td><td>4～6层</td></tr>
<tr><td>中高层住宅</td><td>7～9层</td></tr>
<tr><td>高层住宅</td><td>10层及10层以上</td></tr>
<tr><td>超高层住宅</td><td>>100m</td></tr>
<tr><td rowspan="3">公共建筑</td><td>单层和多层建筑</td><td>≤24m</td><td></td></tr>
<tr><td>高层建筑</td><td>>24m</td><td>不包括建筑高度大于24m的单层公共建筑</td></tr>
<tr><td>超高层建筑</td><td>>100m</td><td></td></tr>
</table>

注　本表摘自《全国民用建筑工程设计技术措施》（2009年版）。

1.3.2 按建筑物的结构类型分类

1. 木结构

木结构是指竖向承重构件和横向承重构件均为木料的结构体系。它由木柱、木梁、木屋架、木檩条等组成骨架，而内外墙可用砖、石、木板等组成，成为不承重的围护结构。木结构建筑具有自重轻、构造简洁、施工方便等优点。我国古代建筑物大多采用木结构，多见于寺庙、宫殿和民居。由于我国木材资源有限，致使木结构在使用中受到一定限制。又因木材具有易腐蚀、易燃、耐久性差等缺点，所以目前单纯木结构已极少采用。但在盛产木材的地区或有特殊要求的建筑仍可采用木结构建筑（图1.1.3.1）。

2. 砌体结构

由各种块材和砂浆按一定要求砌筑而成的构件称为砌体。由各种砌体建造的结构统称

图 1.1.3.1 木结构建筑

为砌体结构或砖石结构。砌体结构建筑通常使用的材料为烧结普通砖。近年来，为了节约耕地，墙体改革出现了一些新型材料，如各种混凝土砌块、各类蒸养硅酸盐材料制成的砌块及各种形状的烧结多孔砖等。以砖墙、钢筋混凝土楼板及屋顶承重的建筑物，一般称为混合结构或砖混结构（图 1.1.3.2）。

图 1.1.3.2 砌体结构建筑

这类结构的优点：原材料来源广泛，易于就地取材和废物利用，施工也较方便，并具有良好的耐火、耐久性和保温、隔热、隔声性能。缺点是砌体强度低，用实心块材砌筑砌体结构自重大，砖与小型块材如用手工砌筑工作繁重，砂浆与块材之间黏结力较弱，砌体的抗震性能也较差，而且砖砌结构的黏土砖，黏土用量较大，占用农田多。因此，建筑师应注意墙体的设计必须遵照国家有关部门禁止使用黏土实心砖的规定。

3. 钢筋混凝土结构

钢筋混凝土结构是指建筑物的承重构件都用钢筋混凝土材料，包括墙承重和框架承重、现浇和预制施工。此结构优点是整体性好、刚度大、耐久、耐火性能较好。现浇钢筋混凝土结构有费工、费模板、施工期长的缺点。钢筋混凝土结构因布置的方式不同，有框架结构、框架—剪力墙结构、筒体结构及板柱—剪力墙结构等。这类建筑可建多层或高层的住宅或高度在 24m 以上的其他建筑（图 1.1.3.3）。

图1.1.3.3 钢筋混凝土结构建筑

4. 钢结构

主要承重构件均用型钢制成。它具有强度高、重量轻、平面布局灵活、抗震性能好、施工速度快等特点。因此，目前主要用于大跨度、大空间以及高层建筑中（图1.1.3.4）。随着钢铁工业的发展，轻钢结构在多层建筑中的应用也日益受到重视。

图1.1.3.4 钢结构建筑

5. 空间结构

空间结构建筑指的是随着建筑技术、建筑材料和结构理论的进步，新型高效能的结构有了突出的发展，出现了各种大跨度的新型空间结构，如薄壳、悬索、网架等。这类结构用材经济、受力合理，并为解决大跨度的公共建筑提供了有利条件。大跨度空间结构为30m以上跨度的大型空间结构（图1.1.3.5）。

图1.1.3.5 空间结构建筑

6. 其他结构

如充气结构，随着化学工业的发展，开始用充气结构来构成建筑物的屋盖或者外墙，使用的材料一般是尼龙薄膜、人造纤维或者金属薄片，充气结构建筑的安装、充气、拆卸、搬运都比较方便。它多是用来建造临时性建筑或者是大跨度建筑。1946 年美国建造了一个充气结构的雷达站，此后，这种结构就逐渐应用于体育馆、展览馆和军事设施。

充气式结构又可分为气承式膜结构和气胀式膜结构（或叫气肋式膜结构）。气承式膜结构（索膜结构）是通过压力控制系统向建筑物内充气，使室内外保持一定的压力差，使覆盖膜体受到上浮力，并产生一定的预张应力，以保证体系的刚度。室内设置空压自动调节系统，来及时地调整室内外气压，以适应外部荷载的变化。由于跨中不需要任何支撑，因此适用于超大跨度的建筑，一般用于大型体育馆。气胀式膜结构是向单个膜构件内充气，使其保持足够的内压，多个膜构件进行组合可形成一定形状的一个整体受力体系，这种结构对膜材自身的气密性要求很高，或需不断地向膜构件内充气。最典型的充气膜结构建筑是水立方（图 1.1.3.6），水立方的内外立面充气膜结构共由 3065 个气枕组成，最大的达到 $70m^2$，覆盖面积达到 10 万 m^2，展开面积达到 26 万 m^2，是世界上规模最大的充气膜结构工程，也是唯一一个完全由膜结构来进行全封闭的大型公共建筑。

图 1.1.3.6 充气结构建筑

1.3.3 按民用建筑的设计使用年限分类

在国务院颁布的《建设工程质量管理条例》第二十一条中规定，设计文件要“注明工程合理使用年限”。民用建筑合理使用年限主要指建筑主体结构设计使用年限，根据新修订的《建筑结构可靠度设计统一标准》（GB 50068—2001）中将设计使用年限分为四类，《民用建筑设计通则》（GB 50352—2005）与其相适应，将民用建筑按照使用年限分为四类，见表 1.1.3.2。

表 1.1.3.2 民用建筑按设计使用年限分类

类别	设计使用年限	示例
1	5	临时性建筑
2	25	易于替换结构构件的建筑
3	50	普通建筑和构筑物
4	100	纪念性建筑和特别重要的建筑

注 本表摘自《民用建筑设计通则》（GB 50352—2005）。

1.4 建筑物的等级划分

1.4.1 建筑物的耐火等级

耐火等级标准是依据房屋主要构件的燃烧性能和耐火极限确定的。组成各类建筑物的主要结构构件的燃烧性能和耐火极限不同，建筑物的耐火极限和耐火等级也不同。对建筑物的防火疏散、消防设施的限制也不同。火灾会对人民的生命和财产安全构成极大的威胁，建筑设计、建筑构造等方面必须有足够的重视。我国的防火设计规范是采用防消结合的办法，相关的防火规范主要有《建筑设计防火规范》(GB 50016—2006)和《高层民用建筑设计防火规范》(GB50045—95)(2005年版)。

1. 燃烧性能

根据建筑材料在明火或高温作用下的变化特征，建筑构件的燃烧性能可分为以下三类。

非燃烧体：这种构件在空气中受到火烧或高温作用时，不起火、不微燃、不碳化。比如金属、砖、石、混凝土等。

难燃烧体：这种构件在空气中受到火烧或高温作用时，难起火、难微燃、难碳化。比如板条抹灰墙等。

燃烧体：这种构件在明火或高温作用下立即起火或微燃。比如木柱、木吊顶等。

2. 耐火极限

建筑物的耐火能力取决于建筑构件的耐火极限。对任一建筑构件，按照时间—温度标准曲线进行耐火试验，从构件受到火的作用时起，到构件失去支持能力或完整性被破坏或失去隔火作用时为止，这段时间称为耐火极限，通常用小时(h)来表示。

耐火极限的判定条件主要有以下几方面。

失去稳定性：构件在试验过程中失去支持能力或抗变形能力。

外观判断：如墙发生垮塌；梁板变形大于 L/20；柱发生垮塌或轴向变形大于 $h/100$ (mm)或轴向压缩变形速度超过 $3h/1000$ (mm/min)。

受力主筋温度变化：16Mn 钢，510℃。

失去完整性：适用于分隔构件，如楼板、隔墙等。失去完整性的标志是出现穿透性裂缝或穿火的孔隙。

失去绝热性：适用于分隔构件，如墙、楼板等。失去绝热性的标志：试件背火面测温点平均温升达 140℃；试件背火面测温点任一点温升达 180℃。

建筑构件的耐火极限不仅决定于其材料，同时也与其他条件有关。例如墙体的厚度、钢筋混凝土构件的截面最小尺寸与保护层厚度等。

建筑物的耐火等级是根据建筑物主要构件（如墙、柱、梁、楼板、屋顶等）的燃烧性能和耐火极限确定的。根据我国的《建筑设计防火规范》(GB 50016—2006)规定，多层民用建筑的耐火等级分为四级，高层建筑的耐火等级分为两级。各级建筑物所用构件的燃烧性能和耐火极限不应低于规定的级别和限额。

3. 多层民用建筑的耐火等级

多层民用建筑的耐火等级分为一级、二级、三级、四级。除有另外规定者，不同耐火等级建筑相应构件的燃烧性能和耐火极限不应低于表1.1.4.1的规定。

表1.1.4.1　建筑物构建的燃烧性能和耐火极限

名称		耐火等级			
构件		一级	二级	三级	四级
墙	防火墙	不燃烧体3.00h	不燃烧体3.00h	不燃烧体3.00h	不燃烧体3.00h
	承重墙	不燃烧体3.00h	不燃烧体2.50h	不燃烧体2.00h	难燃烧体0.50h
	非承重外墙	不燃烧体1.00h	不燃烧体1.00h	不燃烧体0.50h	燃烧体
	楼梯间的墙 电梯井的墙 住宅单元之间的墙 住宅分户墙	不燃烧体2.00h	不燃烧体2.00h	不燃烧体1.50h	难燃烧体0.50h
	疏散走道两侧的隔墙	不燃烧体1.00h	不燃烧体1.00h	不燃烧体0.50h	难燃烧体0.25h
	房间隔墙	不燃烧体0.75h	不燃烧体0.50h	不燃烧体0.50h	难燃烧体0.50h
柱		不燃烧体3.00h	不燃烧体2.50h	不燃烧体2.00h	难燃烧体0.50h
梁		不燃烧体2.00h	不燃烧体1.50h	不燃烧体1.00h	难燃烧体0.50h
楼板		不燃烧体1.50h	不燃烧体1.00h	不燃烧体0.50h	燃烧体
屋顶承重构件		不燃烧体1.50h	不燃烧体1.00h	燃烧体	燃烧体
疏散楼梯		不燃烧体1.50h	不燃烧体1.00h	不燃烧体0.50h	燃烧体
吊顶（包括吊顶搁栅）		不燃烧体0.25h	难燃烧体0.25h	难燃烧体0.15h	燃烧体

注 1. 除本规范另有规定者外，以木柱承重且以不燃烧材料作为墙体的建筑物，其耐火等级应按四级确定。
2. 二级耐火等级建筑的吊顶采用不燃烧体时，其耐火极限不限。
3. 在二级耐火等级的建筑中，面积不超过100m²的房间隔墙，如执行本表的规定确有困难时，可采用耐火极限不低于0.3h的不燃烧体。
4. 一级、二级耐火等级建筑疏散走道两侧的隔墙，按本表规定执行确有困难时，可采用0.75h不燃烧体。
5. 住宅建筑构件的耐火极限和燃烧性能可按现行国家标准《住宅建筑规范》(GB 50368)的规定执行。
6. 本表摘自《建筑设计防火规范》(GB 50016—2006)。

建筑的耐火等级与建筑的层数、长度和建筑面积相关，见表1.1.4.2。

表1.1.4.2　多层民用建筑的耐火等级、最多允许层数和防火分区最大允许建筑面积

耐火等级	最多允许层数	防火分区间的最大允许建筑面积/m²	备注
一级、二级	按《建筑设计防火规范》(GB 50016—2006)第1.0.2条规定	2500	1. 体育馆、剧院的观众厅、展览建筑的展厅其防火分区最大允许建筑面积可适当放宽； 2. 托儿所、幼儿园的儿童用房及儿童游乐厅等儿童活动场所不应超过3层或设置在4层及4层以上楼层或地下、半地下建筑（室）内

续表

耐火等级	最多允许层数	防火分区间的最大允许建筑面积/m²	备 注
三级	5层	1200	1. 托儿所、幼儿园的儿童用房和儿童游乐厅等儿童活动场所、老年人建筑和医院、疗养院的住院部分不应超过2层或设置在3层及3层以上楼层或地下半地下建筑（室）内； 2. 商店、学校、电影院、剧院、礼堂、食堂、菜市场不应超过2层或设置在3层及3层以上楼层
四级	2层	600	学校、食堂、菜市场、托儿所、幼儿园、老年人建筑、医院等不应设置在二层
地下、半地下建筑（室）		500	—

注 1. 建筑内设置自动灭火系统时，该防火分区的最大允许建筑面积可按本表的规定增加1.0倍。局部设置时，增加面积可按该局部面积的1.0倍计算。
2. 本表摘自《建筑设计防火规范》(GB 50016—2006)。

4. 高层民用建筑的耐火等级

高层建筑的耐火等级分为两级，其建筑构件的燃烧性能和耐火极限不应低于表1.1.4.3的规定。

表1.1.4.3 建筑构件的燃烧性能和耐火极限

		耐火等级	
		一级	二级
墙	防火墙	不燃烧体3.00h	不燃烧体3.00h
	承重墙、楼梯间的墙、电梯井的墙、住宅单元之间的墙、住宅分户墙	不燃烧体2.00h	不燃烧体2.00h
	非承重外墙、疏散走道两侧的隔墙	不燃烧体1.00h	不燃烧体1.00h
	房间隔墙	不燃烧体0.75h	不燃烧体0.50h
柱		不燃烧体3.00h	不燃烧体2.50h
梁		不燃烧体2.00h	不燃烧体1.50h
楼板、疏散楼梯、屋顶承重构件		不燃烧体1.50h	不燃烧体1.00h
吊顶		不燃烧体0.25h	难燃烧体0.25h

注 本表摘自《高层民用建筑设计防火规范》(GB 50045—95)(2005年版)。

根据高层建筑的高度、层数、建筑物的使用性质、火灾危险性、疏散和扑救难度等因素分类，我国现行的《高层民用建筑设计防火规范》(GB 50045—95)(2005年版)中将高层建筑分为一类和二类，见表1.1.4.4。

一类高层建筑的耐火等级应为一级，二类高层建筑的耐火等级不应低于二级。群房的耐火等级不应低于二级。高层建筑的地下室的耐火等级应为一级。群房是指与高层建筑相连、建筑高度不超过24m的附属建筑。

表 1.1.4.4 **建 筑 分 类**

名 称	一 类	二 类
居住建筑	19 层及 19 层以上的住宅	10～18 层的住宅
公共建筑	1. 医院； 2. 高级旅馆； 3. 建筑高度超过 50m 或 24m 以上部分的任一楼层的建筑面积超过 $1000m^2$ 的商业楼、展览楼、综合楼、电信楼、财贸金融楼； 4. 建筑高度超过 50m 或 24m 以上部分的任一楼层的建筑面积超过 $1500m^2$ 的商住楼； 5. 中央级和省级（含计划单列市）广播电视楼； 6. 网局级和省级（含计划单列市）电力调度楼； 7. 省级（含计划单列市）邮政楼、防灾指挥调度楼； 8. 藏书超过 100 万册的图书馆、书库； 9. 重要的办公楼、科研楼、档案楼； 10. 建筑高度超过 50m 的教学楼和普通的旅馆、办公楼、科研楼、档案楼等	1. 除一类建筑以外的商业楼、展览楼、综合楼、电信楼、财贸金融楼、商住楼、图书馆、书库； 2. 省级以下的邮政楼、防灾指挥调度楼、广播电视楼、电力调度楼； 3. 建筑高度不超过 50m 的教学楼和普通的旅馆、办公楼、科研楼、档案楼等

注 本表摘自《高层民用建筑设计防火规范》(GB 50045—95)(2005 年版)。

1.4.2 民用建筑设计等级

民用建筑设计等级与建筑类型和特征有关，分为特级、一级、二级和三级，见表 1.1.4.5。

表 1.1.4.5 **民用建筑工程设计等级分类表**

		特级	一级	二级	三级
一般公共建筑	单体建筑面积	8 万 m^2 以上	2 万 m^2 以上～8 万 m^2	$5000m^2$ 以上～2 万 m^2	$5000m^2$ 以下
	立项投资	2 亿元以上	4000 万元以上～2 亿元	1000 万元以上～4000 万元	1000 万元及以下
	建筑高度	100m 以上	50m 以上～100m	24m 以上～50m	24m 及以下（其中砌体建筑不得超过抗震规范高度限值要求）
住宅、宿舍	层数		20 层以上	12 层以上～20 层	12 层及以下（其中砌体建筑不得超过抗震规范层数限值要求）
住宅小区、工厂生活区	总建筑面积		10 万 m^2 以上	10 万 m^2 以下	
地下工程	地下空间（总建筑面积）	3 万 m^2 以上	1 万 m^2 以上至 3 万 m^2	1 万 m^2 及以下	
	附建式人防（防护等级）		四级及以上	五级及以下	

续表

		特级	一级	二级	三级
特殊公共建筑	超限高层建筑抗震要求	抗震设防区特殊超限高层建筑	抗震设防区建筑高度 100m 及以下的一般超限高层建筑		
	技术复杂、有声、光、热、振动、视线等特殊要求	技术特别复杂	技术特别复杂		
	重要性	国家级经济、文化、历史、涉外等重点工程项目	省级经济、文化、历史、涉外等重点工程项目		

注 符合某工程等级特征之一的项目可确认为该工程等级项目。

1.5 建筑物的构造组成

各种不同的建筑物，尽管它们在使用要求、空间组合、外形处理、结构形式、构造方式及规模大小等各有其特点，但构成建筑物的主要部分都是由基础、墙体（或柱）、楼地层、楼梯、屋顶、门窗等六大部分组成，如图 1.1.5.1 所示。

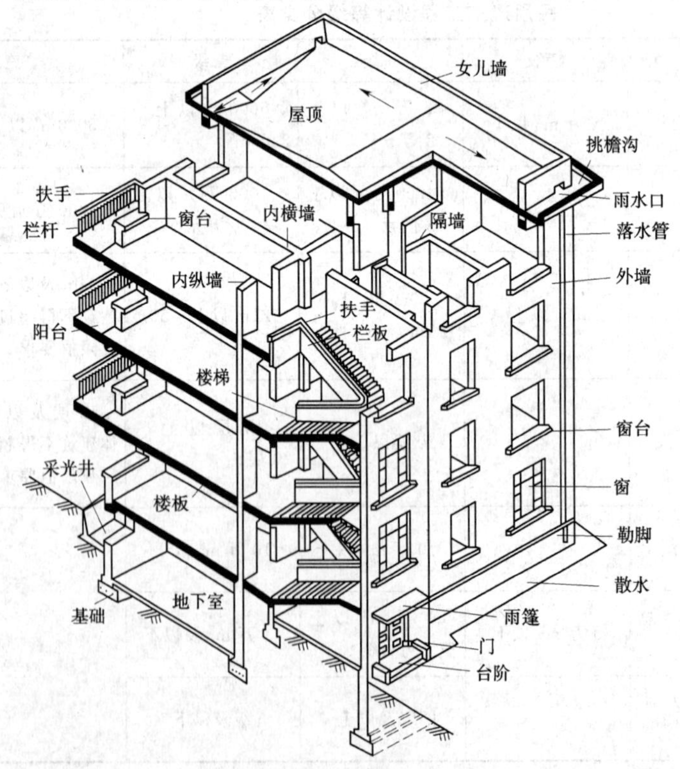

图 1.1.5.1　建筑构造组成

1.5.1 基础

基础是位于建筑物最下部位的承重构件，承受着建筑物的全部荷载，并将这些荷载传给地基。其构造要求是坚固、稳定、耐久、能经受冰冻、地下水侵蚀等。

1.5.2 墙体（或柱）

墙体（或柱）是建筑物的承重和围护构件。墙体包括承重墙与非承重墙，主要起围护、分隔空间的作用。墙承重结构建筑的墙体，承重与围护合二为一。骨架结构体系建筑墙体的作用是围护与分隔空间。墙体要有足够的强度和稳定性，具有保温、隔热、隔声、防火、防水的能力。

墙体的种类较多，有单一材料的墙体，有复合材料的墙体。综合考虑围护、承重、节能、美观等因素，设计合理的墙体方案，是建筑构造的重要任务。

1.5.3 楼地层

建筑的使用面积主要体现在楼地层上。楼地层包括楼板层和地坪层，是水平方向分隔房屋空间的承重构件，楼板层分隔上下楼层空间，地坪层分隔大地与底层空间。

楼板层通常由面层、楼板、顶棚三部分组成：①面层：又称楼面或地面；②楼板：它是楼板层的结构层；③顶棚：它是楼板结构层以下的构造组成部分。

楼板是重要的结构构件。不同材料的建筑楼板的做法不同。木结构建筑多采用木楼板，板跨1m左右，其下用木梁支承。砖混结构建筑常采用预制或现浇钢筋混凝土楼板，板跨约为3～4m，用墙或梁支承。钢筋混凝土框架结构体系建筑多为交梁楼盖。钢框架结构的建筑则适合采用钢衬板组合楼板，其跨度可达4m。作为楼板，具有足够的强度和刚度，同时还要求具有隔声、防潮、防水的能力。

地坪是底层房间与土层相接触的部分，它承受底层房间的荷载，要求具有一定的强度和刚度，并具有防潮、防水、保暖、耐磨的性能。地层和建筑物室外场地有密切的关系，要处理好地坪与平台、台阶与建筑物沿边场地的关系，使建筑物与场地交接明确，整体和谐。

1.5.4 楼梯

楼梯是楼房建筑重要的垂直交通构件。楼梯形式多样，功能不一。楼梯有主楼梯、次楼梯、室内楼梯、室外楼梯等。有些建筑物为了交通方便需要安装电梯或自动扶梯，但同时也必须有楼梯用作防火疏散的通道。

楼梯是建筑构造的重点和难点，楼梯构造设计灵活，知识综合性强，在建筑设计及构造设计中应予以高度重视。

1.5.5 屋顶

屋顶是建筑物顶部的承重和围护部分，由屋面和承重结构两大部分组成。屋面的作用是抵御风、雨、雪、及寒暑等对室内的影响，同时承受作用其上的全部荷载，并将这些荷载传给墙体（或柱）。因此，屋顶必须具备足够的强度、刚度、以及防火、保温、隔热、节能等功能。

屋顶有平顶、坡顶和其他形式之分。平屋顶的结构层与楼板层做法相似。由于受阳光照射角度的不同，屋顶的保温、隔热、防水要求比外墙更高。屋顶有不同程度的上人需求，有些屋顶还有绿化的要求。

屋顶在建筑造型中尤为重要，建筑师应重点推敲。由于不同地域的风俗习惯与传统文化差异，导致屋顶的形式、坡度、修葺材料等也是多种多样的。因此，对于屋顶的设计也应特别予以重视。

1.5.6 门窗

门主要用作交通疏散，窗的作用是采光通风。处在外墙上的门窗是围护结构的一部分，有着多重功能，因此要充分考虑采光、通风、保温、隔热等问题。

门窗大致分为钢与铝制的金属门窗与木制门窗。门窗有不同的种类和开启方式。要重视框与墙、框与门窗扇、扇与扇之间的细微关系。

门窗的使用频率高，选择时需要讲究经久耐用，重视安全。同样也要重视经济与美观。

建筑构件除了以上六大部分外，还有其他附属部分，如阳台、雨棚、平台、台阶等。阳台、雨棚与楼板接近，平台、台阶与地面接近，电梯、自动扶梯则属于垂直交通部分，它们的安装有各自对土建技术的要求。在露空部分，如阳台、回廊、楼梯段临空处、上人屋顶周围等处，视具体情况要对栏杆设计、扶手高度提出具体的要求。

1.6 影响建筑构造的因素和构造设计原则

1.6.1 影响建筑构造的因素

1. 外界环境因素的影响

(1) 外力作用的影响。作用在建筑物上的各种外力统称为荷载。荷载可分为恒载（如结构自重）和活荷载（如人群、雪荷载、风荷载等）两大类。荷载的大小是建筑结构设计的主要依据，它决定着构件的尺度和用料。然而，构件的材料、尺寸、形状等又与构造密切相关。

(2) 自然气候的影响。太阳的热辐射，自然界的风、霜、雨、雪等，构成了影响建筑物和建筑构件使用质量的多种因素。在进行构造设计时，应采取必要的防范措施。

(3) 工程地质与水文地质条件。如考虑地质情况、地下水、冰冻线以及地震等自然条件对建筑物造成的影响，那么在建筑构造设计中必须采取相应的措施，以防止或减轻这些因素对建筑的危害。

(4) 各种人为因素的影响。人们所从事的生产和生活活动，往往也会对建筑物有影响，如机械振动、化学腐蚀，爆炸、火灾、噪声等，都属人为因素的影响。因此，在进行建筑构造设计时，必须针对各种有关的影响因素，从构造上采取防震、防腐、防爆、防火、隔声等相应的措施。

2. 物质技术条件的影响

建筑材料和结构等物质技术条件是构成建筑的基本要素。材料是建筑物的物质基础；结构则是构成建筑物的骨架，这些都与建筑构造密切相关。随着建筑业的不断发展，物质技术条件的改变，新材料、新工艺、新技术的不断涌现，同样也会对构造设计带来很大影响。

3. 经济条件的影响

随着建筑技术的不断发展和人们生活水平的提高，人们对建筑的使用要求，包括居住条件及标准也随之改变。标准的变化势必带来建筑的质量标准、建筑造价等出现较大差别。在这样的前提下，对建筑构造的要求将随着经济条件的改变而发生极大的变化。

4. 艺术因素的影响

选择恰当的材料，并进行合理、美观的构造设计，追求建筑技术与艺术的完美结合，才能使建筑得以充分表现。

1.6.2 建筑构造设计的原则

在建筑构造设计中，必须遵循以下基本设计原则，妥善处理好各种影响因素。

1. 必须满足建筑使用功能要求

在建筑设计中，由于建筑物的功能要求和某些特殊需要（如隔热、保温、隔声、防潮、防水、防辐射、防腐蚀、防震等），给建筑设计提出了技术上的要求。为满足这些技术要求，在建筑构造设计时必须综合有关的技术知识，进行合理的设计，以便选择经济、合理、美观的构造方案。

2. 必须有利于结构安全

建筑构造设计中首先应考虑建筑的坚固、实用，保证建筑物的安全可靠、经久耐用。除根据建筑物荷载大小及结构的要求确定构件的必须尺寸外，对一些部件（如栏杆、顶棚、墙面和地面）的装修、门窗与墙体的结合以及抗震加固等都必须在构造上采取措施，以确保建筑物在使用时的安全。

3. 适应建筑工业化需要

为提高建设速度及改善劳动条件，并保证施工质量，建筑构造设计时应大力推广先进技术，选用各种新型建筑材料，尽量选用定型构件与产品，为制品生产工厂化、现场施工机械化创造有利条件。

4. 必须满足建筑经济的综合效益

在构造设计中，应注意整体建筑物的经济效益问题，既要注意降低建筑造价，减少材料的能源消耗，又要有利于降低运行、维修和管理的费用，还要考虑其综合的经济效益。在选用材料上应根据情况做到因地制宜、就地取材。注意节约用材，充分利用工业废料，在满足建筑设计的前提下降低造价。

5. 应符合现行国家相关的标准与规范的规定

建筑标准所包含的内容较多，与建筑构造关系密切的主要有建筑的造价标准、装修标准和建筑设备标准。标准高、装修好、设备全的建筑，建筑造价就较高，反之则较低。建筑构造的选材、选型和细部做法都是根据国家标准来确定的。要根据不同的建筑性质、不同的使用功能要求以及不同的等级进行构造设计。

1.6.3 建筑构造设计研究的方法

任何一幢设计合理的建筑物，必须要通过一定的技术手段来实现。其中对建筑构造的研究方法，通常主要考虑三个方面：①选定符合要求的材料与产品；②整体构成的体系、结构方案的确定；③建筑构造节点和细部处理所涉及的多种因素。将不同的材料进行有机地组合、连接，充分发挥各类材料的物理性能和适用条件，使其能解决各构件、配件之间在使用过程中各尽所能、各司其职。

第2章 建筑识图基本知识

2.1 施工图的内容和用途

房屋是供人们生活、生产、工作、学习和娱乐的场所，与人们关系密切。将一幢拟建房屋的内外形状和大小，以及各部分的结构、构造、装饰、设备等内容，按照有关规范规定，用正投影方法，详细准确地画出的图样，称为“房屋建筑图”。它是用于指导施工的一套图纸，所以又称为施工图。一套完整的施工图，根据专业内容或作用不同，一般包括图纸目录、设计总说明、建筑施工图、结构施工图及设备施工图等。

2.1.1 图纸目录

包括每张图纸的名称、内容、图号等，表示该工程由哪几个专业的图纸组成，以便查找。

2.1.2 设计总说明

内容一般应包括：施工图的设计依据；本工程项目的设计规模和建筑面积；本项目的相对标高与总图绝对标高的对应关系；室内、室外的用料说明，如砖、砂浆的强度等级；墙身防潮层、屋面、室内外装修等的构造做法；采用新技术、新材料或有特殊要求的做法说明；门窗表。以上各项内容，对于简单的工程可分别在各专业图纸上写成文字说明。

2.1.3 建筑施工图

包括总平面图、平面图、立面图、剖面图和构造详图，表示建筑物的内部布置情况。外部形状，以及装修、构造、施工要求等。

1. 建筑总平面图

用水平投影法和相应的图例，在画有等高线或加上坐标方格网的地形图上，画出新建、拟建、原有和要拆除的建筑物、构筑物的图样称为总平面图。作为新建房屋定位、施工放线、布置施工现场的依据。建筑总平面图实例（选自《建筑实践教学与见习建筑师图册》）如图1.2.1.1所示。

建筑总平面图包括以下内容。

(1) 新建筑物：拟建房屋，用粗实线框表示，并在线框内，用数字表示建筑层数。

(2) 新建建筑物的定位：总平面图的主要任务是确定新建建筑物的位置，通常是利用原有建筑物、道路等来定位的。

(3) 新建建筑物的室内外标高：我国把青岛市外的黄海海平面作为零点所测定的高度尺寸，称为绝对标高。在总平面图中，用绝对标高表示高度数值，单位为m。

(4) 相邻有关建筑、拆除建筑的位置或范围：原有建筑用细实线框表示，并在线框内，用数字表示建筑层数。拟建建筑物用虚线表示。拆除建筑物用细实线表示，并在其细实线上打叉。

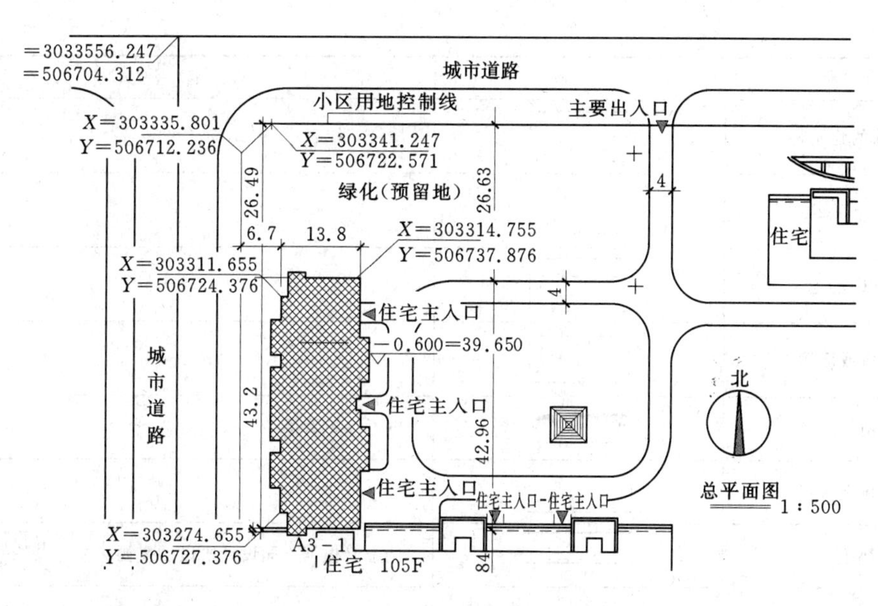

图 1.2.1.1　某住宅楼总平面图

(5) 附近的地形地物，如等高线、道路、水沟、河流、池塘、土坡等。

(6) 指北针和风向频率玫瑰图。

(7) 绿化规划、管道布置。

(8) 道路（或铁路）和明沟等的起点、变坡点、转折点、终点的标高与坡向箭头。

以上内容并不是在所有总平面图上都是必需的，可根据具体情况加以选择。

总平面图上的建筑物、道路、桥梁、管线、园林景观绿化等内容都应符合《总图制图标准》(GB/T 50103—2010) 规定的图例，总平面图常用图例参见表 1.2.1.1，如采用特殊图例则应列出并说明。

表 1.2.1.1　　建筑总平面图常用图例

名　称	图　例	备　注
新建建筑物	X= Y= ① 12F/2D H=59.00m	新建建筑物以粗实线表示与室外地坪相接处±0.00 外墙定位轮廓线 建筑物一般以±0.00 高度处的外墙定位轴线交叉点坐标定位，轴线用细实线表示，并注明轴线号 根据不同设计阶段标注建筑编号，地上、地下层数，建筑高度，建筑出入口位置（两种表示方法均可，但同一图纸采用一种表示方法） 地下建筑物以粗虚线表示其轮廓 建筑上部（±0.00 以上）外挑建筑用细实线表示 建筑物上部轮廓用细虚线表示并标注位置
原有建筑物		用细实线表示
计划扩建的预留地或建筑物		用中粗虚线表示

续表

名称	图例	备注
拆除的建筑物		用细实线表示
建筑物下面的通道	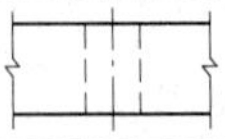	—
铺砌场地	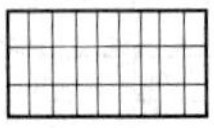	—
敞篷或敞廊	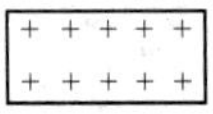	—
水池、坑槽		也可以不涂黑
围墙及火门	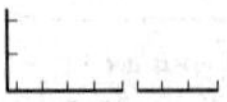	—
挡土墙	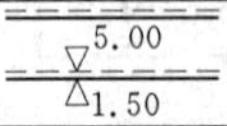 5.00 1.50	挡土墙根据不同设计阶段的需要标注 $\frac{墙顶标高}{墙底标高}$
坐标	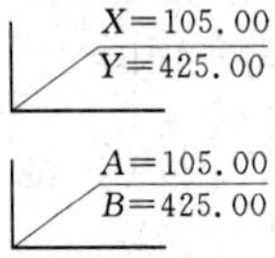 X=105.00 Y=425.00 A=105.00 B=425.00	1. 表示地形测量坐标系； 2. 表示自设坐标系，坐标数字平行于建筑标注
方格网交叉点标高	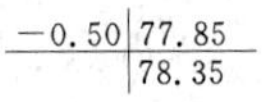 −0.50 | 77.85 78.35	“78.35”为原地面高 “77.85”为设计标高 “−0.50”为施工高度 “−”表示挖方（“+”表示填方）
填方区、挖方区、未整平区及零线	 + − + −	“+”表示填方区 “−”表示挖方区 中间为未整平区 点划线为零点线
填挖边坡		—
分水脊线与谷线	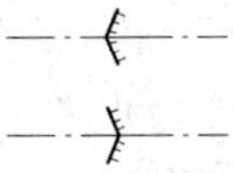	上图表示脊线 下图表示谷线
洪水淹没线		洪水最高水位及文字标注
地表排水方向		—
室内地坪标高	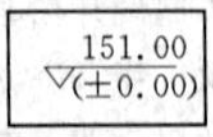 151.00 (±0.00)	数字平行于建筑物书写
室外地坪标高	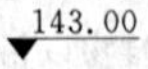 143.00	室外标高也可采用等高线
盲道	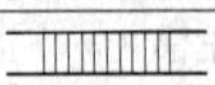	—
地下车库入口	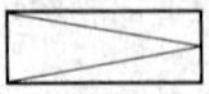	机动车停车场
地面露天停车场	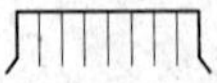	—
露天机械停车场	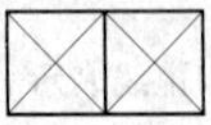	露天机械停车场

2. 建筑平面图

建筑平面图是建筑施工图的基本样图，它是假想用一水平的剖切面沿门窗洞位置将房屋剖切后，对剖切面以下部分所作的水平投影图。它反映出房屋的平面形状、大小和布置，墙、柱的位置、尺寸和材料，门窗的类型和位置等。

对于多层建筑，一般应每层有一个单独的平面图。但一般建筑常常是中间几层平面布置完全相同，这时就可以省掉几个平面图，只用一个平面图表示，这种平面图成为标准层平面图。

建筑施工图中的平面图一般有：底层平面图（表示第一层房间的布置、建筑入口、门厅及楼梯等）、标准层平面图（表示中间各层的布置）、顶层平面图（房屋最高层的平面布置图）以及屋顶平面图（即屋顶平面的水平投影，其比例尺一般比其他平面图小）。

建筑平面图的主要内容有：

（1）建筑物及其组成房间的名称、尺寸、定位轴线和墙壁厚等。

（2）走廊、楼梯位置及尺寸。

（3）门窗位置、尺寸及编号。门的代号是M，窗的代号是C。在代号后面写上编号，同一编号表示同一类型的门窗，如M－1；C－1。

（4）台阶、阳台、雨篷、散水的位置及细部尺寸。伸缩缝、沉降缝、抗震缝等位置尺寸。卫生器具、水池、台、橱、柜、隔断位置。电梯、楼梯位置及楼梯上下方向示意及主要尺寸。

（5）室内地面的高度。

（6）首层地面上应画出剖面图的剖切位置线，以便与剖面图对照查阅。

以上所列内容，可根据具体工程特点和实际情况加以选择。建筑平面图实例如图1.2.1.2所示（选自《建筑实践教学与见习建筑师图册》）。

3. 建筑立面图

建筑立面图是在与房屋立面相平行的投影面上所做得的正投影图，简称立面图。其中反映主要出入口或比较显著地反映出房屋外貌特征的那一面立面图，称为正立面图。其余的立面图相应地称为背立面图、侧立面图。通常也可按房屋朝向来命名，如南北立面图，东西立面图。

建筑立面图的图示内容有：

（1）建筑物两端及分段轴线编号。

（2）女儿墙顶、檐口、柱、伸缩缝、沉降缝、抗震缝、室外扶梯和消防梯、阳台、栏杆、台阶、踏步、花台、雨篷、线条、勒脚、洞口、门、窗、门头、雨水管、其他装饰构件和粉刷分格线示意等。外墙的留洞应注尺寸与标高。

（3）门窗可适当典型示范一些具体形式与分格。在平面图上表示不了的窗编号，应在立面图上标注。平、剖面未表示出来的窗台高度，应在立面图上分别注明。

（4）各部分构造、装饰节点详图索引、用料名称或符号。

以上所列内容，可根据具体工程特点和实际情况加以选择。建筑立面图实例如图1.2.1.3所示（选自《建筑实践教学与见习建筑师图册》）。

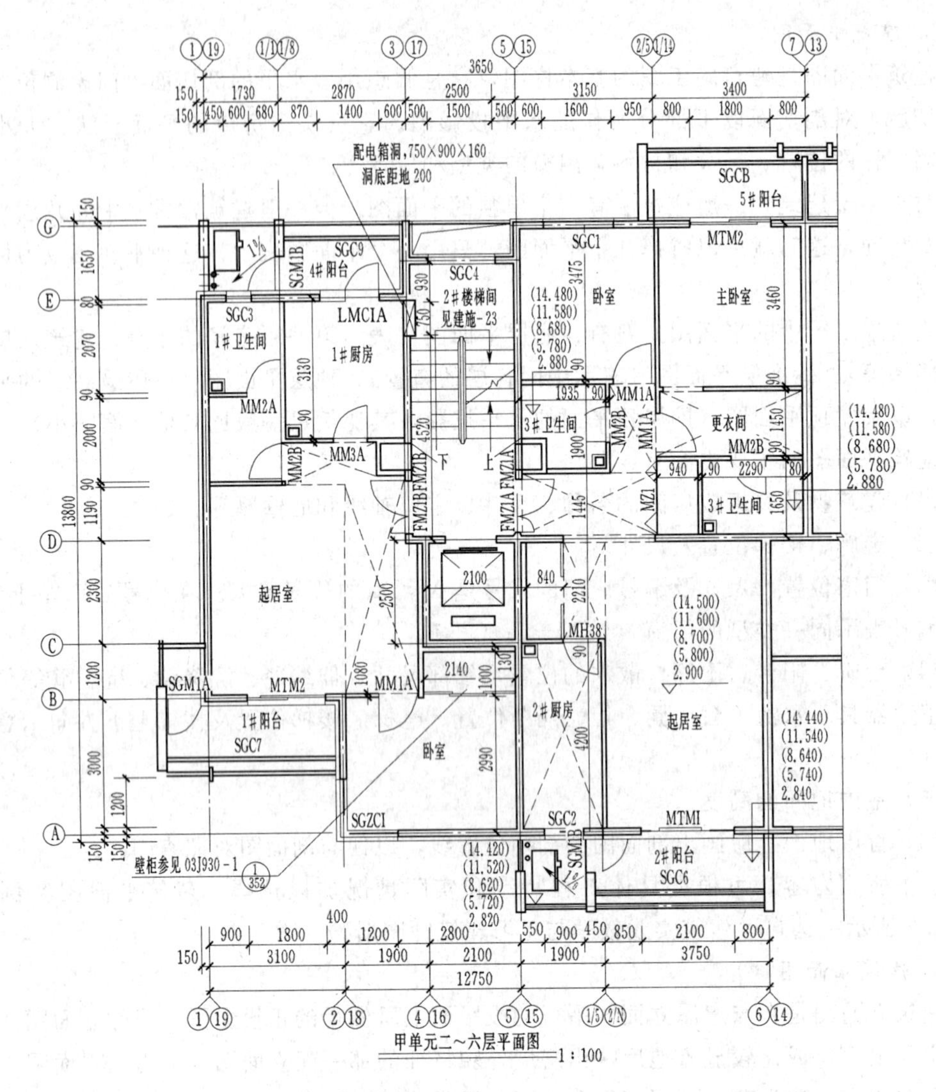

图 1.2.1.2 某住宅楼平面图（局部）

4. 建筑剖面图

假想用一个或多个垂直于外墙轴线的铅垂剖切面，将房屋剖开，所得的投影图，称为建筑剖面图，简称剖面图。剖面图用以表示房屋内部的结构或构造形式、分层情况和各部位的联系、材料及其高度等，是与平、立面图相互配合的不可缺少的重要图样之一。建筑剖面图实例如图 1.2.1.4 所示（选自《建筑实践教学与见习建筑师图册》）。

剖面图包括以下内容。

（1）表示墙、柱及其定位轴线。

（2）表示室内底层地面、地坑、地沟、各层楼面、顶棚，屋顶（包括檐口、女儿墙，隔热层或保温层、天窗、烟囱、水池等）、门、窗、楼梯、阳台、雨篷、留洞、墙裙、踢脚板、防潮层、室外地面、散水、排水沟及其他装修等剖切到或能见到的内容。

（3）标出各部位完成面的标高和高度方向尺寸。

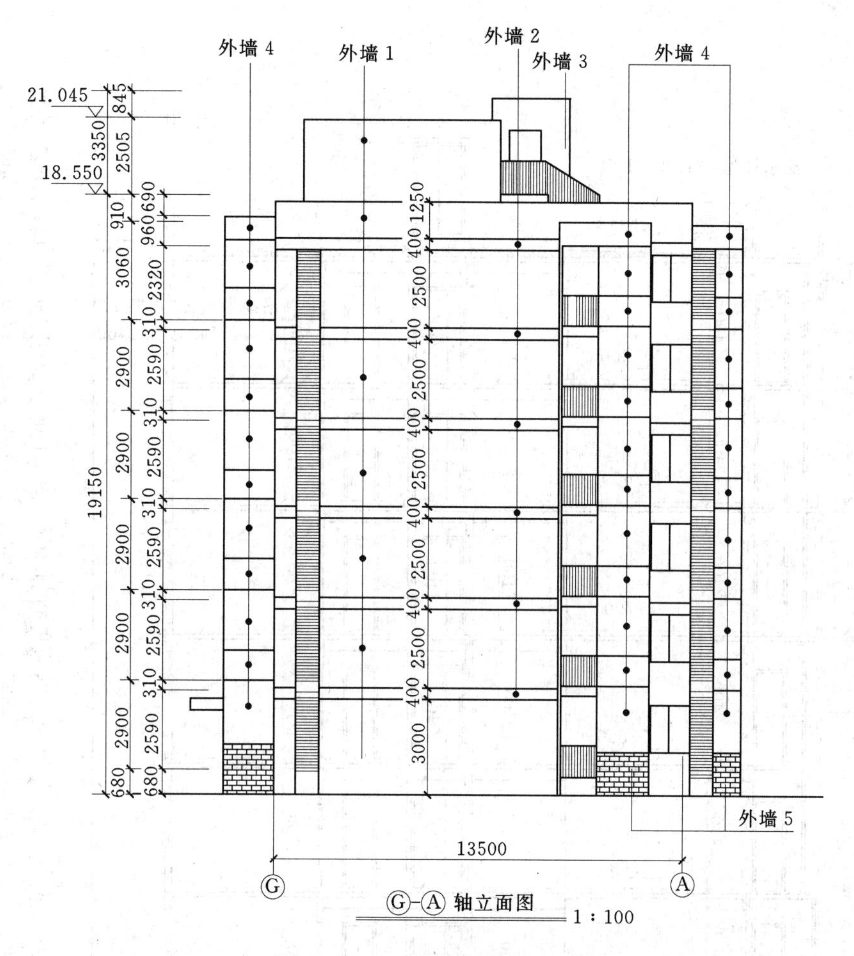

图 1.2.1.3　某住宅楼立面图

标高内容：室内外地面、各层楼面与楼梯平台、檐口或女儿墙顶面、高出屋面的水池顶面、烟囱顶面、楼梯间顶面、电梯间顶面等处的标高。

高度尺寸内容：外部高度尺寸包括门、窗洞口（包括洞口上部和窗台）高度，层间高度及总高度（室外地面至檐口或女儿墙顶）。有时，后两部分尺寸可不标注；内部高度尺寸包括地坑深度和隔断、搁板、平台、墙裙及室内门、窗等的高度。

注写标高及尺寸时，注意与立面图和平面图相一致。

（4）表示楼、地面各层构造，一般可用引出线说明。引出线指向所说明的部位，并按其构造的层次顺序，逐层加以文字说明。若另画有详图，在剖面图中可用索引符号引出说明。

（5）表示需画详图之处的索引符号。

剖面图的数量是根据房屋的具体情况和施工实际需要而决定的。剖切面一般横向，即平行于侧面，必要时也可纵向，即平行于正面。其位置应选择在能反映出房屋内部构造比较复杂与典型的部位，并应通过门窗洞的位置。若为多层房屋，应选择在楼梯间或层高不同、层数不同的部位。剖面图的图名应与平面图上所标注剖切符号的编号一致，例如 1—

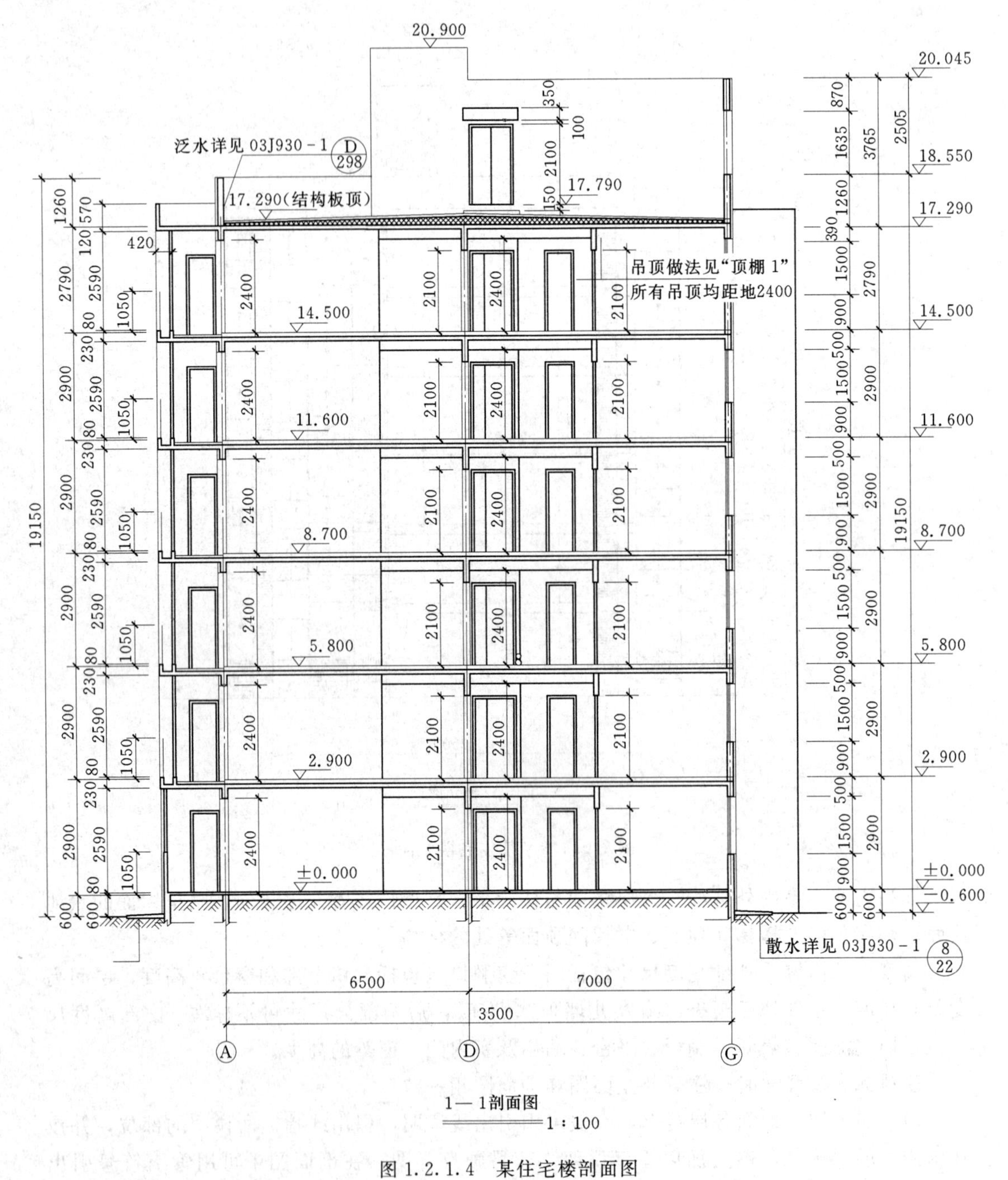

图 1.2.1.4　某住宅楼剖面图

1 剖面图、2—2 剖面图等。

剖面图中的断面，其材料图例与粉刷面层和楼、地面面层线的表示原则及方法，与平面图的处理相同。

5. 建筑详图

建筑详图是建筑细部的施工图，是建筑平面图、立面图、剖面图的补充。因为立面图、平面图、剖面图的比例尺较小，建筑物上许多细部构造无法表示清楚，根据施工需要，必须另外绘制比例尺较大的图样才能表达清楚。建筑详图包括：

（1）表示局部构造的详图，如外墙身详图、楼梯详图（图1.2.1.5）、阳台详图等。

（2）表示房屋设备的详图，如卫生间、厨房、实验室内设备的位置及构造等。

（3）表示房屋特殊装修部位的详图，如吊顶、花饰等。

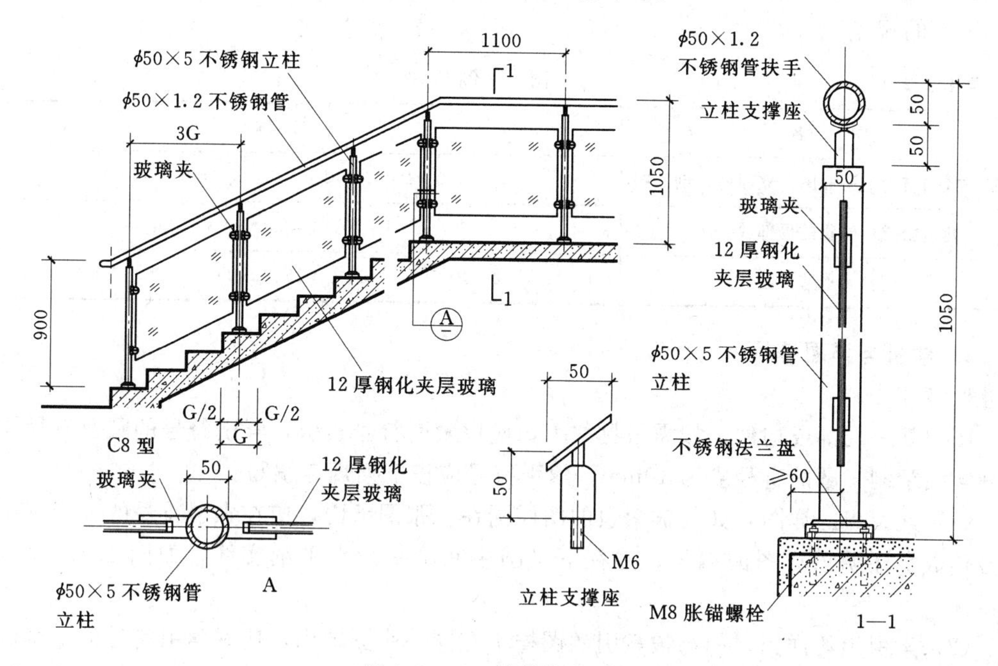

图1.2.1.5 楼梯节点详图

2.1.4 结构施工图

包括结构平面布置图和各构件的结构详图，表示承重结构的布置情况、构件类型、尺寸大小及构造做法等。

2.1.5 设备施工图

包括给水排水、采暖通风、电气等设备的平面布置图、系统图和详图。表示上下水及暖气管道管线布置，卫生设备及通风设备等的布置，电气线路的走向和安装要求等。

2.2 建 筑 识 图

为了保证制图质量、提高效率、表达统一和便于识读，我国制定了国家标准《房屋建筑制图统一标准》（GB/T 50001—2010）、《总图制图标准》（GB/T 50103—2010）、《建筑制图标准》（GB/T 50104—2010）等。这里选择几项主要的规定和常用的表示方法分述如下。

2.2.1 比例

图样的比例为图形与实物相对应的线性尺寸之比。比例的大小是指其比值的大小，如1∶50大于1∶100。比例应以阿拉伯数字表示，如1∶1、1∶2、1∶100等。建筑物是庞大复杂的形体，房屋施工图一般都采用缩小的比例尺绘制。但房屋内部各部分构造情况，在小比例的平、立、剖面图中又不可能表示得很清楚，因此对局部节点就要用较大比例将其内部构造详细绘制出来。选用比例的原则是在保证图样能清晰表达其内容的情况下，尽量使用较小比例，以节省绘图时间。建筑专业、室内设计专业制图选用的各种比例，根据《建筑制图标准》（GB/T 50104—2010）规定，宜符合表1.2.2.1的规定。

表1.2.2.1　　　　比　例

图　名	比　例
建筑物或构筑物的平面图、立面图、剖面图	1∶50、1∶100、1∶150、1∶200、1∶300
建筑物或构筑物的局部放大图	1∶10、1∶20、1∶25、1∶30、1∶50
配件及构造详图	1∶1、1∶2、1∶5、1∶10、1∶15、1∶20、1∶25、1∶30、1∶50

2.2.2　索引与详图符号

1. 索引符号

图中某一局部或构件，如需另见详图，应以索引符号索引，索引符号的圆及直径均应以细实线绘制，圆的直径应为10mm。索引符号应按下列规定编写。

（1）索引出的详图，如与被索引的图样同在一张图纸内，应在索引符号的上半圆中用阿拉伯数字注明该详图的编号，并在下半圆中间画一段水平细实线，如图1.2.2.1（a）所示。

（2）索引出的详图，如与被索引的图样不在同一张图纸内，应在索引符号的下半圆中用阿拉伯数字注明该图所在图纸的编号，如图1.2.2.1（b）所示。

（3）索引出的详图，如采用标准图，应在索引符号水平直径的延长线上加注图册的编号，如图1.2.2.1（c）所示。

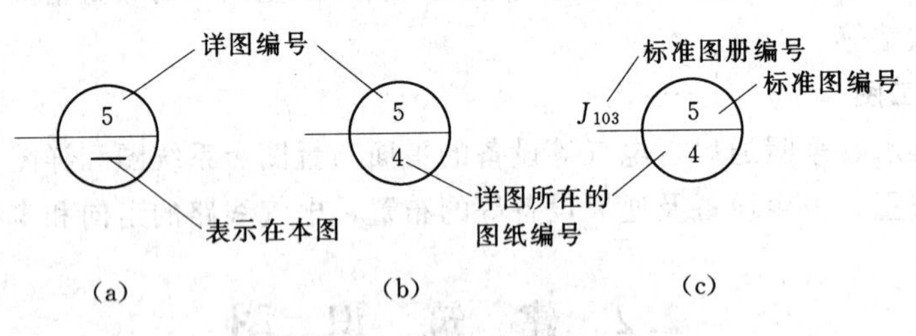

图1.2.2.1　索引符号

索引符号如用于索引剖面详图，应在被剖切的部位绘制剖切位置线，并应以引出线，引出索引符号，引出线所在的一侧应为剖视方向。索引符号编写的规定同前，如图1.2.2.2所示。

零件、钢筋、杆件、设备等的编号，应以直径为4～6mm的细实线圆表示，其编号用阿拉伯数字按顺序编写，如图1.2.2.3所示。

2. 详图符号

详图的位置和编号应以详图符号表示，详图符号应以粗实线绘制，直径应为14mm。

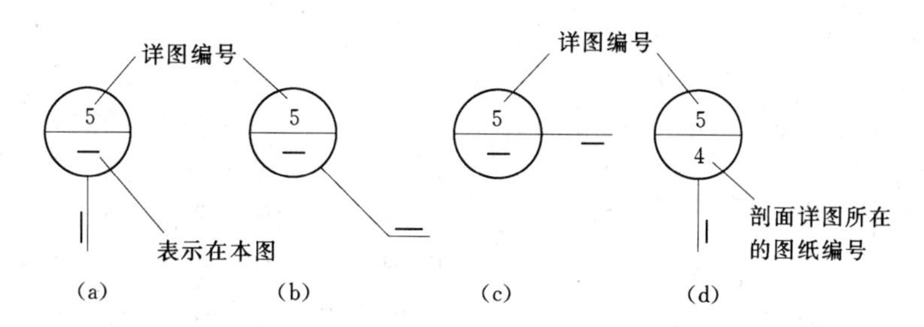

图 1.2.2.2 用于索引剖面详图的索引符号

详图应按下列规定编号（图 1.2.2.4）。

（1）详图与被索引的图样在同一张图纸内时，应在详图符号内用阿拉伯数字注明详图的编号。

（2）详图与被索引的图样，如不在同一张图纸内，可用细实线在详图符号内画一水平直径，在上半圆中注明详图编号，在下半圆中注明被索引图纸的编号。

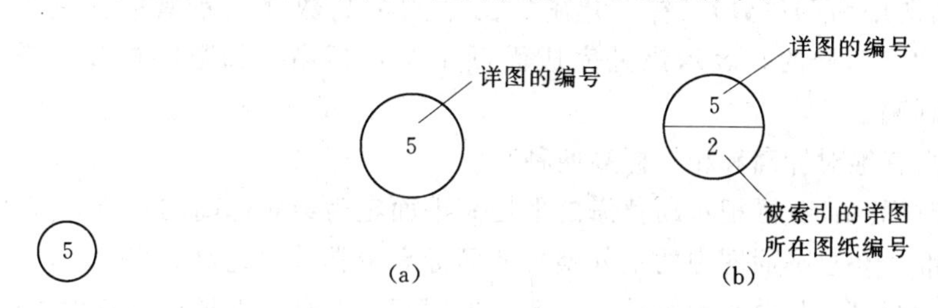

图 1.2.2.3 零件、杆件编号

图 1.2.2.4 详图符号

2.2.3 定位轴线

在施工图中通常将房屋的基础、墙、柱、墩和屋架等承重构件的轴线画出，并进行编号，以便于施工时定位放线和查阅图纸，这些轴线称为定位轴线。

定位轴线采用细点划线表示。轴线编号的圆圈用细实线，直径为 8～10mm，在圆圈内写上编号。在平面图上水平方向的编号采用阿拉伯数字，从左向右依次编写。垂直方向的编号，用大写拉丁字母自下而上顺次编写，其中拉丁字母中 I、O 及 Z 三个字母不得作轴线编号，以免与数字 1、0 及 2 混淆。在较简单或对称的房屋中，平面图的轴线编号一般标注在图形的下方及左侧。较复杂或不对称的房屋，图形上方和右侧也可标注。

对于一些与主要承重构件相联系的次要构件，它的定位轴线一般作为附加轴线，编号可用分数表示。分母表示前一轴线的编号，分子表示附加轴线的编号，用阿拉伯数字顺序编写。当 1 号轴线或 A 号轴线之前需加设附加轴线时，应以分母 01、0A 分别表示。

圆形与弧形平面图中的定位轴线，其径向轴线应以角度进行定位，其编号宜用阿拉伯数字表示，从左下角或 $-90°$（若径向轴线很密，角度间隔很小）开始，按逆时针顺序编写；其环向轴线宜用大写拉丁字母表示，按从外向内顺序编写，如图 1.2.2.5 所示。

折线形平面图中定位轴线的编号可按图 1.2.2.6 的形式编写。

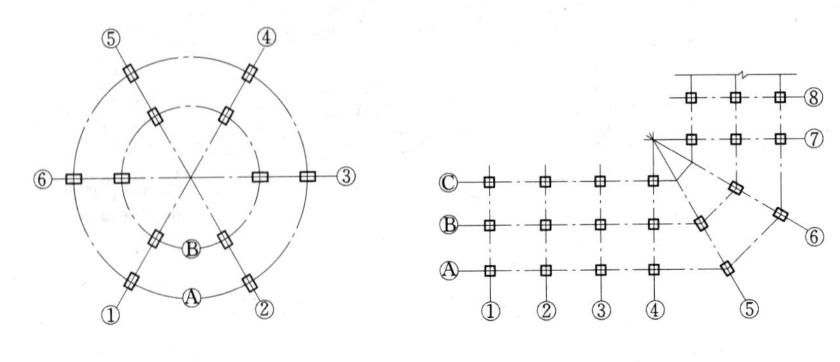

图 1.2.2.5　圆形平面定位轴线图　　　　图 1.2.2.6　折线形平面定位轴线

2.2.4　标高

在总平面图、平面图、立面图和剖面图上，经常用标高符号表示某一部位的高度。各图上所用标高符号以细实线绘制。标高数值以米为单位，一般注至小数点后三位数（总平面图中为两位数）。在“建施”图中的标高数字表示其完成面的数值。如标高数字前有“－”号的，表示该处完成面低于零点标高。如数字前没有符号的，则表示高于零点标高。

标高有绝对标高和相对标高两种。

绝对标高：我国把青岛黄海的平均海平面定为绝对标高的零点，其他各地标高都以它作为基准，在总平面图中的室外整平地面标高中常采用绝对标高。

相对标高：除总平面图外，一般都采用相对标高，即把底层室内主要地坪标高定为相对标高的零点，注写成±0.000，并在建筑工程的总说明中说明相对标高和绝对标高的关系。再由当地附近的水准点（绝对标高）来测定拟建工程的底层地面标高。

标高符号应以直角等腰三角形表示，按如图 1.2.2.7（a）所示形式用细实线绘制，如果标注位置不够，也可按如图 1.2.2.7（b）所示形式绘制。标高符号的具体画法如图 1.2.2.7（c）、（d）所示。

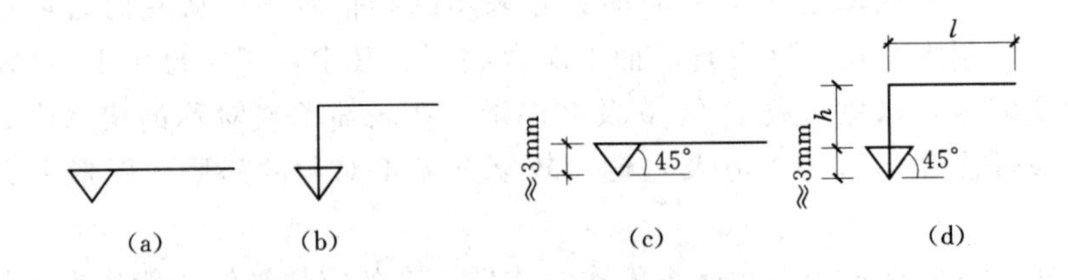

图 1.2.2.7　标高符号

l—取适当长度注写标高数字；h—根据需要取适当高度

总平面图室外地坪标高符号，宜用涂黑的三角形表示，具体画法如图 1.2.2.8 所示。

标高符号的尖端应指至被注高度的位置。尖端宜向下，也可向上。标高数字应注写在标高符号的上侧或下侧，如图 1.2.2.9 所示。

在图样的同一位置需表示几个不同标高时，标高数字可按如图 1.2.2.10 所示的形式注写。

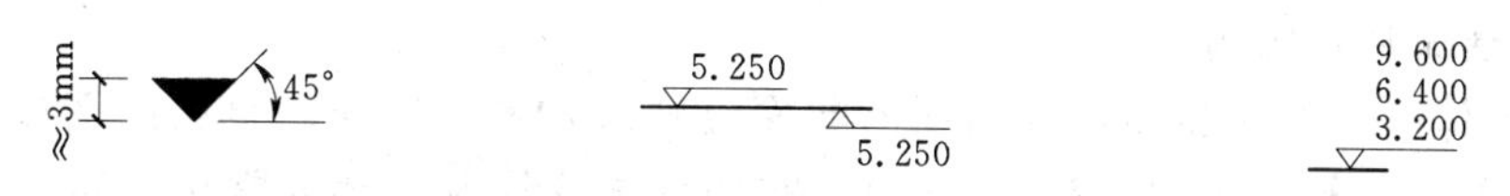

图 1.2.2.8 标高符号 图 1.2.2.9 标高的指向 图 1.2.2.10 同一位置多个标高标注

2.2.5 尺寸线

施工图中均应注明详细的尺寸。尺寸标注由尺寸界线、尺寸线、尺寸起止符号和尺寸数字所组成（图 1.2.2.11）。根据《建筑制图标准》（GB/T 50104—2010）规定，除标高及总平面图上的尺寸以米（m）为单位外，其余一律以毫米（mm）为单位。为使图面清晰，尺寸数字后一般不注明单位。

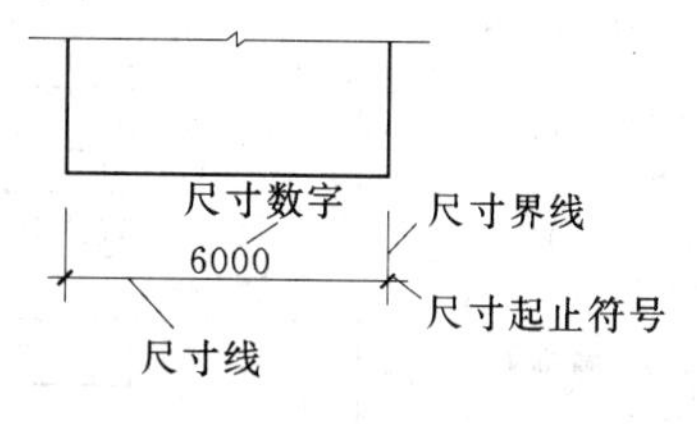

图 1.2.2.11 尺寸线

在图形外面的尺寸界线是用细实线画出的，一般应与被注长度垂直，但在图形里面的尺寸界线以图形的轮廓线中线来代替。尺寸线必须以细实线画出，而不能用其他线代替，应与被注长度平行。尺寸起止符号一般用中粗斜短线表示，其倾斜方向应与尺寸界线成顺时针 45°角，长度宜为 2～3mm。尺寸数字应标注在水平尺寸线上方（垂直尺寸线的左方）中部。

2.2.6 剖切符号

剖视的剖切符号应由剖切位置线及剖视方向线组成，均应以粗实线绘制。剖切位置线的长度宜为 6～10mm，剖视方向线应垂直于剖切位置线，长度应短于剖切位置线，宜为 4～6mm（图 1.2.2.12）。绘制时，剖视剖切符号不应与其他图线相接触。剖视剖切符号的编号宜采用粗阿拉伯数字，按剖切顺序由左至右、由下向上连续编排，并应注写在剖视方向线的端部；需要转折的剖切位置线，应在转角的外侧加注与该符号相同的编号。剖切符号应注在±0.000 标高的平面图或首层平面图上。

2.2.7 指北针与对称符号

指北针用细实线绘制，圆的直径宜为 24mm，指针头部应注“北”或“N”字，指针尾部宽度宜为 3mm。需用较大直径绘制指北针时，指针尾部宽度宜为直径的 1/8（图 1.2.2.13）。

对称符号由对称线和两端的两对平行线组成。对称线用细点划线绘制；平行线用细实线绘制，其长度宜为 6～10mm，间距宜为 2～3mm，平行线在对称线两侧长度应相等（图 1.2.2.14）。

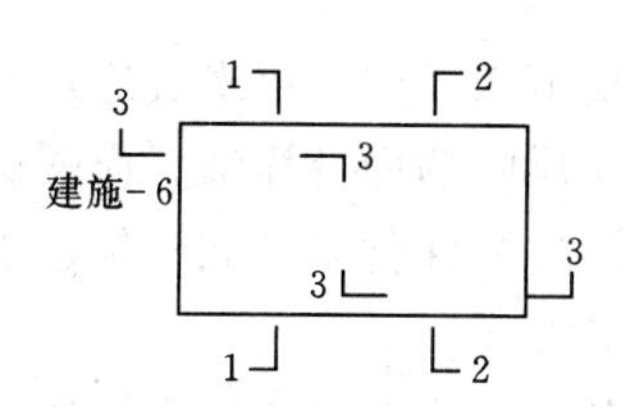

图 1.2.2.12 剖切符号

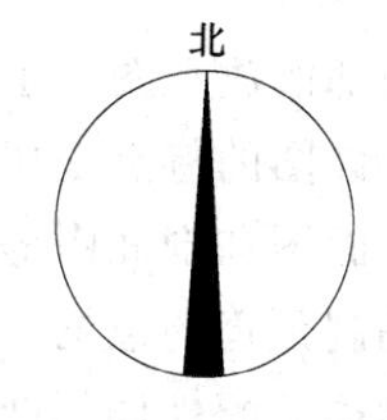

图 1.2.2.13 指北针

图 1.2.2.14 对称符号

2.2.8　常用建筑材料图例

为区分形体的空腔和实体，剖面图的断面应画出材料的图例。材料图例按国家标准《房屋建筑制图统一标准》（GB/T 50001—2010）进行绘制，部分常用建筑材料图如表1.2.2.2所示。

表 1.2.2.2　常用建筑材料图例

名　称	图　例	名　称	图　例
自然土壤		混凝土	
夯实土壤		钢筋混凝土	
石材		多孔材料	
毛石		纤维材料	
普通砖		泡沫塑料	
空心砖		木材	
防水材料		金属	

2.3　建筑构造（详）图的表示方法

2.3.1　标准做法与标准图

对长期实践中充分验证的、具有普遍意义的建筑构造做法进行提炼，从而形成建筑构造的标准做法。使用标准做法可以减少设计工作量、规范施工工艺、方便预算结算、有利于工程项目管理。

标准做法汇集成册，通过专家论证，政府有关部门审批，正式出版的就是标准图。标准图上的构造做法一般是经过验证的、成熟的，主要适合于大量性民用建筑。对于大型建筑为了突出其个性，一般细部构造需要单独设计。

标准化是工业化的前提，实现建筑构配件标准化，就能使建筑构配件实现工业化大规模生产，提高建筑施工质量和效率，降低建筑工程造价。因此使用标准图和采用标准做法对强调标准化具有现实意义。

2.3.2　建筑构造详图的表示方法

建筑构造详图一般就是建筑局部的放大图，也叫建筑节点详图，用来表达建筑构件之间的关系及细部尺寸和施工方法。详图的特点是比例大，反映的内容详细。详图是建筑细部的施工图，是对建筑平面图、立面图和剖面图等基本图样的深化和补充，是建筑工程的细部施工、建筑构配件的制作及编制预算的依据（图 1.2.3.1）。

详图可以分为节点构造详图和构、配件详图两类。凡表达房屋某一局部构造做法和材料组成的详图称为节点构造详图（如檐口、窗台、勒脚、散水明沟等）。凡表明构、配件本身构造的详图，称为构件详图或配件详图（如门、窗、楼梯等）。

详图的标识符号应该与建筑的平面图、立面图和剖面图上其所在位置的引出符号相对应，图的类别也应该相符合。例如在平面图上用剖切线引出的详图，应该为局部剖面图。而用引线引出的详图，应为局部放大的平面图（详见《房屋建筑制图统一标准》、《建筑制图标准》）。

另外，建筑构造详图应符合以下要求。

(1) 涉及的建筑构件的相对位置和相互关系的图示要正确，尺寸标注要清楚，所选用材料的图例要符合规范。

(2) 层构造引出线，应通过被引出的各层。文字标注包括选用的材料、厚度、做法等。文字说明可以注写在横线的上方，也可以注写在横线的端部。标注顺序应自上而下，并应与说明的层次一致。如果层次为横向排列，则自上而下的说明与由左至右的层次相一致。

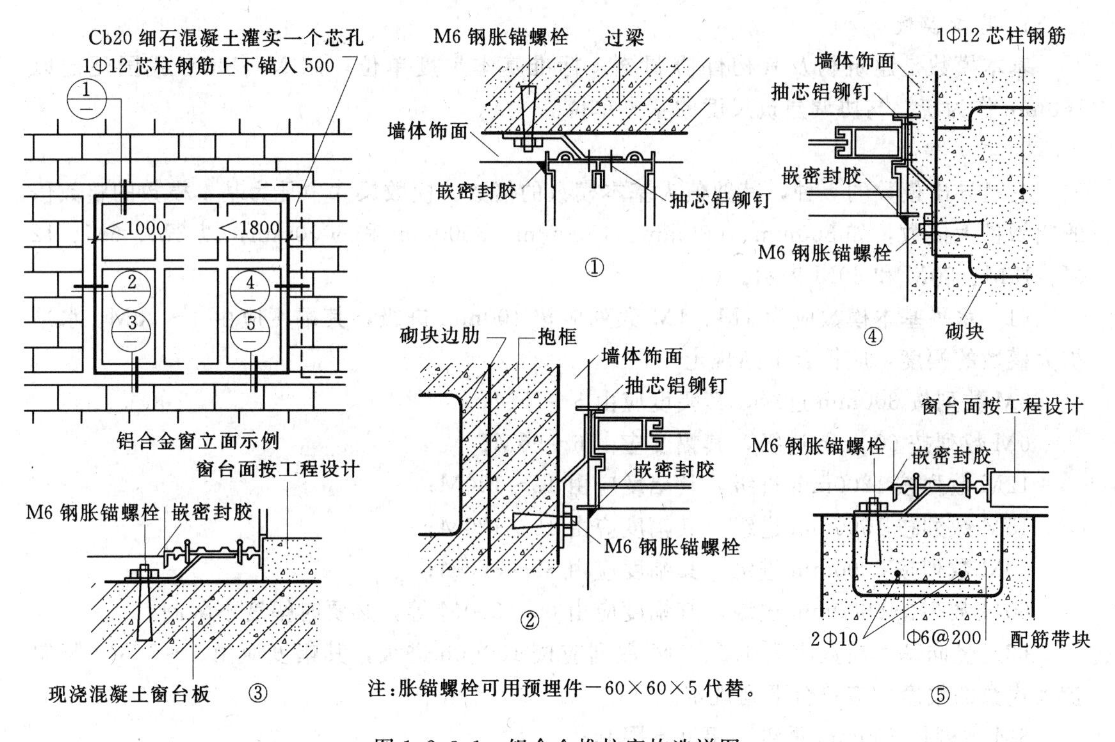

图 1.2.3.1 铝合金推拉窗构造详图

第3章　建筑模数制与建筑工业化

3.1　建筑模数制

为实现建筑设计标准化、生产工厂化、施工机械化，提高建筑工业化的水平，必须使各类不同的建筑物及其组成部分之间尺寸统一协调。建筑模数即是建筑设计中选定的标准尺寸单位，它是建筑物、建筑构配件、建筑制品及有关设备等尺寸相互间协调的基础。为此，我国颁布了《建筑模数协调统一标准》(GBJ 2—86)，规定了模数系列，内容如下。

1. 基本模数

基本模数是建筑物及其构件协调统一标准基本尺度单位，用M表示。我国规定以100mm作为统一与协调建筑尺度的基本单位。

2. 扩大模数

它是导出模数的一种，其数值为基本模数的倍数。模数尺寸中凡为基本模数的整数倍的叫做扩大模数，如300mm、600mm、1500mm、3000mm和6000mm，以3M、6M、12M、15M、30M和60M表示。

(1) 水平基本模数应为1M。1M数列应按100mm进级，其幅度应由1～20M。水平扩大模数的幅度，应符合下列规定。

3M数列按300mm进级，其幅度应由3～75M；

6M数列按600mm进级，其幅度应由6～96M；

12M数列按1200mm进级，其幅度应由12～120M；

15M数列按1500mm进级，其幅度应由15～120M；

30M数列按3000mm进级，其幅度应由30～360M；

60M数列按6000mm进级，其幅度应由60～360M等，必要时幅度不限制。

(2) 竖向基本模数应为1M。1M数列应按100mm进级，其幅度应由1～36M。竖向扩大模数的幅度，应符合下列规定。

3M数列按300mm进级，幅度不限制；

6M数列按600mm进级，幅度不限制。

3. 分模数

它是导出模数的另一种。模数尺寸中凡为基本模数的分数倍的叫做分模数，如10mm、20mm和50mm，以1/10M、1/5M和1/2M表示。分模数的幅度，应符合下列规定。

1/10M数列按10mm进级，其幅度应由1/10～2M；

1/5M数列按20mm进级，其幅度应由1/5～4M；

1/2M数列按50mm进级，其幅度应由1/2～10M。

4. 模数数列

它是由基本模数、扩大模数和分模数为基础扩展成的一系列尺寸。模数数列的幅度及适用范围如下。

(1) 水平基本模数的数列幅度为（1～20)M。主要适用于门窗洞口和构配件断面尺寸。

(2) 竖向基本模数的数列幅度为（1～36)M。主要适用于建筑物的层高、门窗洞口、构配件等尺寸。

(3) 水平扩大模数数列的幅度：3M 为（3～75）M；6M 为（6～96）M；12M 为（12～120）M；15M 为（15～120）M；30M 为（30～360）M；60M 为（60～360）M，必要时幅度不限。主要适用于建筑物的开间或柱距、进深或跨度、构配件尺寸和门窗洞口尺寸。

(4) 竖向扩大模数数列的幅度不受限制。主要适用于建筑物的高度、层高、门窗洞口尺寸。

(5) 分模数数列的幅度。M/10 为（1/10～2）M，M/5 为（1/5～4）M；M/2 为（1/2～10）M。主要适用于缝隙、构造节点、构配件断面尺寸。

5. 预制构件的三种尺寸

由于生产过程中的误差，还有建筑构造上的要求，在安装时又有位置的误差，建筑构配件的实际尺寸通常不是在图纸上标注的尺寸。这样在建筑构配件上就出现了三种尺寸：标志尺寸、构造尺寸、实际尺寸（图 1.3.1.1)。

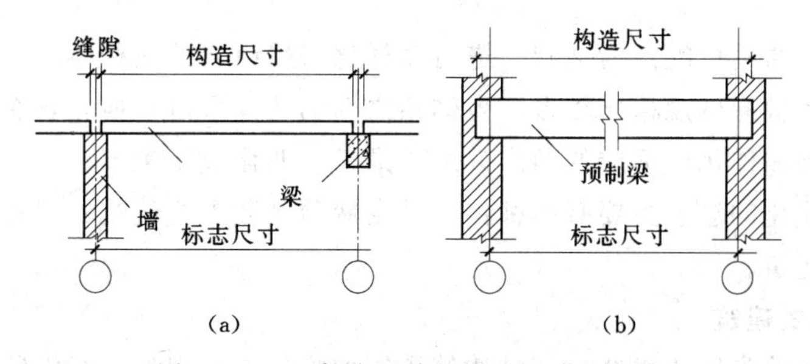

图 1.3.1.1 标志尺寸与构造尺寸的关系

(a) 构件标志尺寸大于构造尺寸；(b) 构件标志尺寸小于构造尺寸

(1) 标志尺寸。标志尺寸用以标注建筑物定位轴线间的距离（如开间、进深、层高等)，以及建筑构配件、建筑组合件、建筑制品、设备等界限之间的尺寸，标志尺寸应尽量符合模数。

(2) 构造尺寸。构造尺寸是生产、制造建筑构配件、建筑组合件、建筑制品等的设计尺寸。一般情况下，构造尺寸为标志尺寸减去预留缝隙尺寸。

(3) 实际尺寸。实际尺寸是指建筑构配件、建筑组合件、建筑制品等生产制作后的实有尺寸。实际尺寸与构造尺寸间的差数应符合建筑公差的规定。

3.2 建筑工业化

3.2.1 基本概念

建筑工业化是指用现代工业生产方式来建造房屋，也就是用机械化手段生产建筑定型产品。例如定型的整幢房屋，定型的墙体、楼板、楼梯、门窗等。定型产品转入工厂制造，生产的各个环节分工更细致，组织管理更科学，从而加快建设速度，降低劳动强度，提高生产效率和施工质量，并为构配件的二次利用及回收创造条件。

建筑工业化有四个基本特征，即建筑构配件设计标准化、构件生产工厂化、施工机械化和组织管理科学化。其中设计标准化是建筑工业化的前提条件，建筑产品只有加以定型，采取标准化设计，才能成批生产。工厂化和机械化生产是建筑工业化的核心，大多数定型产品都可以在工厂或现场实施机械化生产和安装，从而可以大大提高效率，保证产品质量。组织管理科学化是实现建筑工业化的保证，因生产的环节较多，相互间的矛盾需要通过严密、科学的组织管理来加以协调，否则建筑工业化的优越性就不能充分体现。建筑工业化的重点则在于提高机械化施工水平和实现建筑的墙体改革。

工业化建统体系是把设计、生产、施工、组织管理加以配套，构成一个完整的全过程，是实现工业化的有效途径。工业化建筑体系一般分为通用体系和专用体系两种。

1. 专用体系

专用体系是指以定型房屋为基础进行构配件配套的一种体系，其产品是定型房屋，构配件不能进行互换。专用体系的优点是以少量规格的构配件就能将房屋建造起来，一次性投资不多，见效快，但其缺点是由于构配件规格少，容易使房屋立面产生单调感。

2. 通用体系

通用体系是以通用构配件为基础，进行多样化房屋组合的一种体系，其产品是定型构配件。通用体系的构配件规格比较多，各体系之间的构件可以互换，具有更大的灵活性与通用性，容易做到多样化，适应的面广，可以进行专业化成批生产。

实现建筑工业化的途径主要有两种：一是发展预制装配式建筑；二是发展现浇和现浇与预制相结合的建筑。

3.2.2 预制装配式建筑

预制装配式建筑是用流水线生产的建筑预制构配件，在现场进行组装建造房屋。按建筑主体结构形式又分为板材装配式、盒子装配式、框架装配式等形式。

3.2.2.1 板材装配式建筑

板材装配式建筑是由预制的墙板、楼板、屋面板和楼梯等构件组合装配的建筑物（图1.3.2.1），是最早的预制装配式建筑。

1. 板材建筑特征

板材装配式建筑由工厂预制生产板材，现场装配。与同类混合结构相比，可以有效增加使用面积，减少结构自重。但由于其墙板的位置固定，建筑空间的灵活性受到一定制约，而且受到起吊、运输设备的限制，发展受到限制，多数用在复合板材或者混凝土轻板的底层、多层或可移动的建筑中。

2. 板材建筑的结构承重形式

板材装配式建筑的结构承重形式以横墙承重为主，也可以用纵墙承重或者纵横墙混合承重。这类建筑一般适用于抗震设防烈度在8度或8度以下地区的多层住宅，也有做到12层以上的高层建筑。

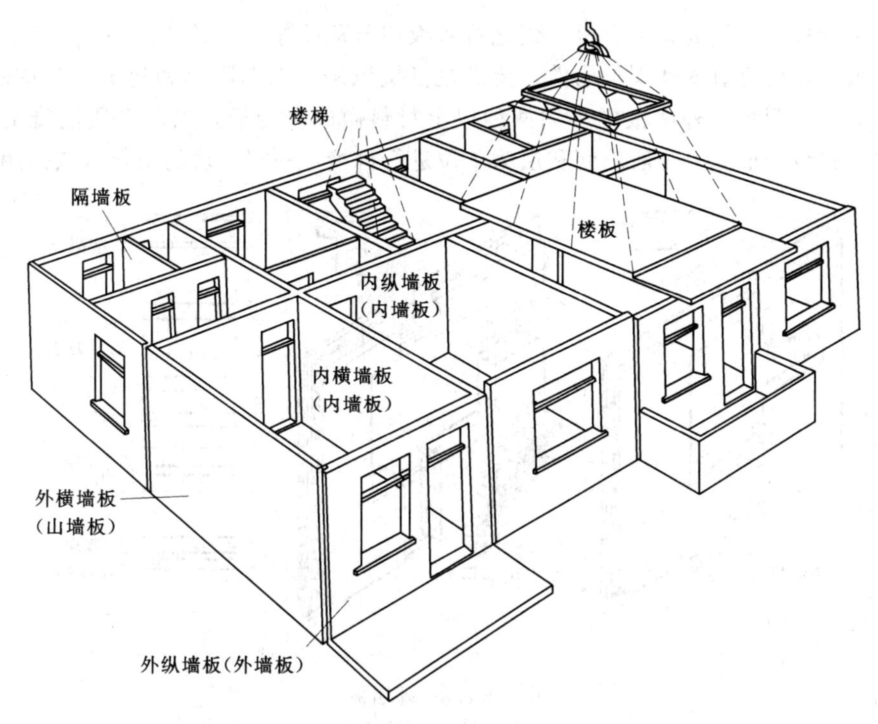

图 1.3.2.1 装配式大板建筑

3. 板材建筑的板材类型

(1) 墙板类型。墙板按安装位置分为内墙板和外墙板；按材料分为砖墙板、混凝土墙板、工业废渣墙板；按构造形式分为单一材料墙板和复合墙板。

内墙板是板材建筑的主要受力构件，要有足够的强度和刚度，还要有一定的隔声、防火、防潮的能力。内墙板大多以钢筋混凝土墙板、粉煤灰矿渣墙板和震动砖墙板为主，墙板可以根据需要开设门窗洞口（图 1.3.2.2）。对于只作为内部分隔用的隔墙板，多采用

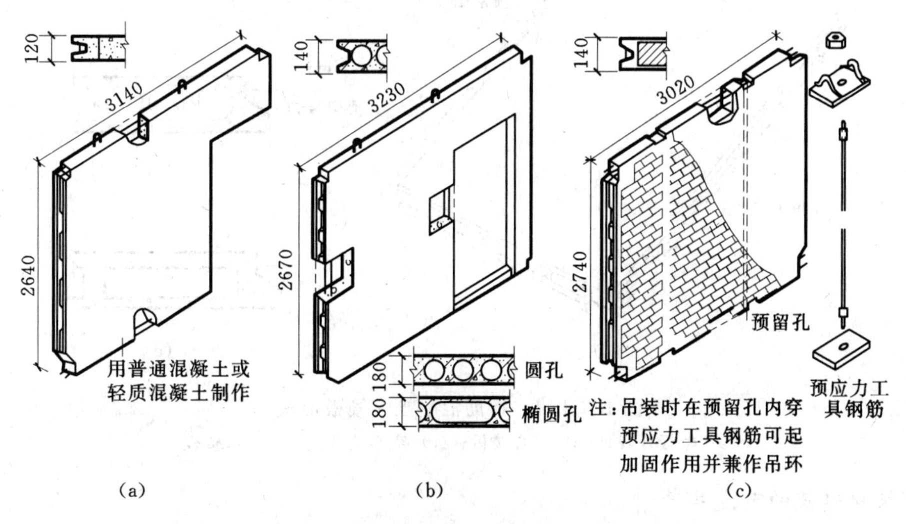

图 1.3.2.2 内墙板

(a) 实心墙板；(b) 空心墙板；(c) 震动砖墙板

钢筋混凝土薄板、加气混凝土条板、碳化石灰板和石膏板等。

外墙板是板材建筑的外围护构件，要满足抵抗风雨，保温隔热和建筑外装饰的需要，有承重和非承重两种。外墙板常采用两种以上材料做成复合板，以及轻质混凝土板（图1.3.2.3）。在组合形式上一般以间和层为单位进行拼接，一间一块的组合方式采用较多。

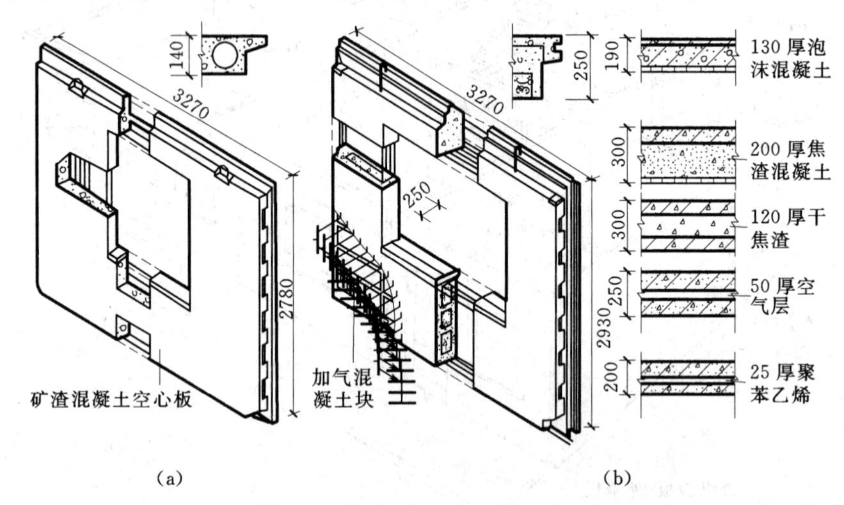

图 1.3.2.3 外墙板

(a) 单一材料外墙板；(b) 复合材料外墙板

(2) 楼板和屋面板。为加强房屋的整体刚度，宜采用整间的预应力混凝土大楼板和屋面板。钢筋混凝土楼板的构造形式通常采用空心板、实心板和肋形板，图 1.3.2.4 是不同类型的大楼板构造，板的四边预留缺口和连接钢筋，以便与墙板连接。

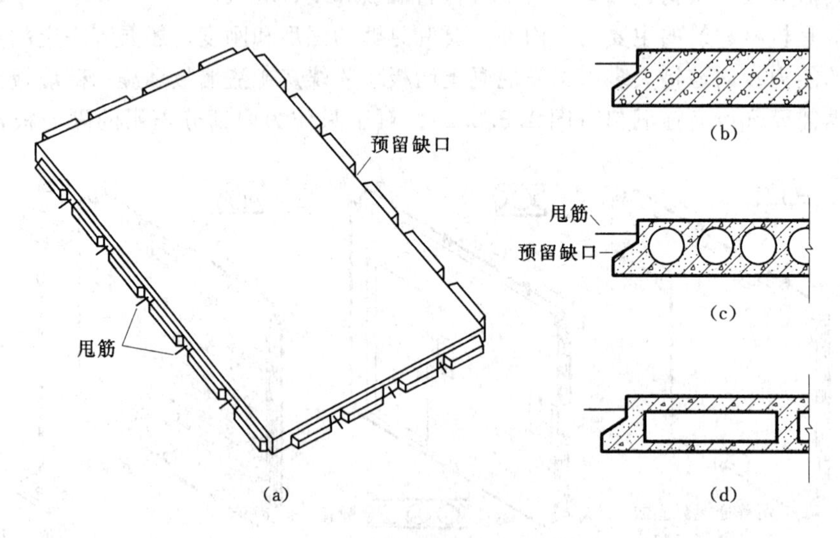

图 1.3.2.4 钢筋混凝土大楼板形式

(a) 楼板外观；(b) 实心楼板；(c) 空心楼板；(d) 肋形楼板

4. 板材建筑的节点构造

板材建筑的节点构造包括板材间的连接和外墙板的接缝防水处理。

（1）板材连接构造。板材连接是板材建筑非常关键的构造措施，板材牢固连接是房屋强度和刚度的保证。板材连接有干法连接和湿法连接两种。干法连接是通过预埋在板材边缘的铁件，将板材焊接或栓接在一起，连成整体。其特点是施工方便，节省工期，但耗钢量大，质量要求高。因此这种连接方式用得不多。湿法连接是先连接板材边缘的预留钢筋，然后在板缝中浇灌混凝土，使板材形成一个整体。其优点是房屋结构整体性好，刚度大，缺点是混凝土需要一定的养护时间。

外墙板与楼板的连接构造如图 1.3.2.5（a）所示，内外墙板的连接构造如图 1.3.2.5（b）所示，内墙板的连接构造如图 1.3.2.5（c）所示。

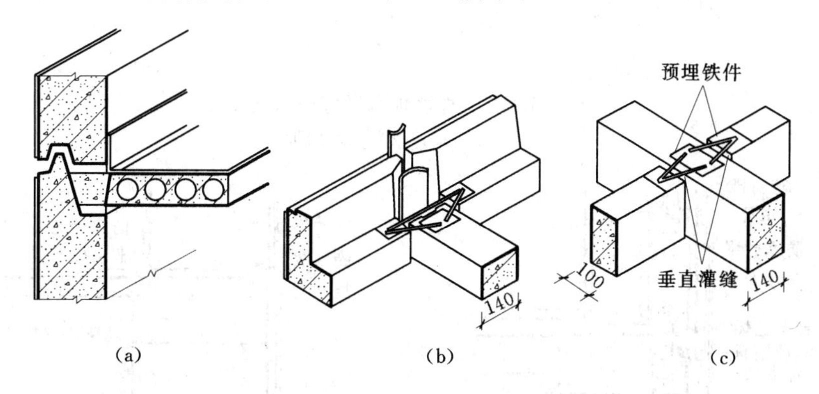

图 1.3.2.5 板材连接构造

（a）外墙板与楼板的连接；（b）内外墙板上部连接；（c）内墙板上部连接

（2）外墙板的接缝防水构造。外墙板的接缝防水构造有垂直缝和水平缝两种。

垂直缝防水构造如图 1.3.2.6 所示。

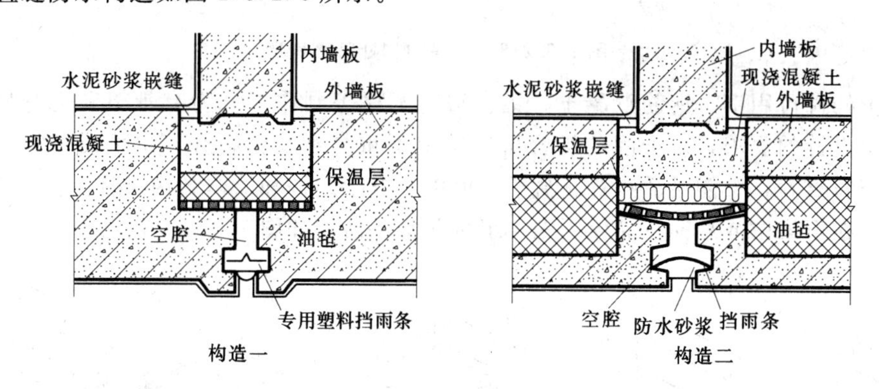

图 1.3.2.6 外墙板垂直缝防水构造

水平缝防水构造如图 1.3.2.7 所示。

（3）外墙勒脚防水构造。外墙勒脚处防水构造如图 1.3.2.8 所示。

3.2.2.2 盒子装配式建筑

这类装配式建筑是按照空间分隔，在工厂里将建筑划分成单个的盒子，甚至将内部的设备安装在一起，然后运到现场组装。盒子装配式建筑的工业化程度高，现场工作时间短，但需要相应的加工、运输、起吊等设备和设施。

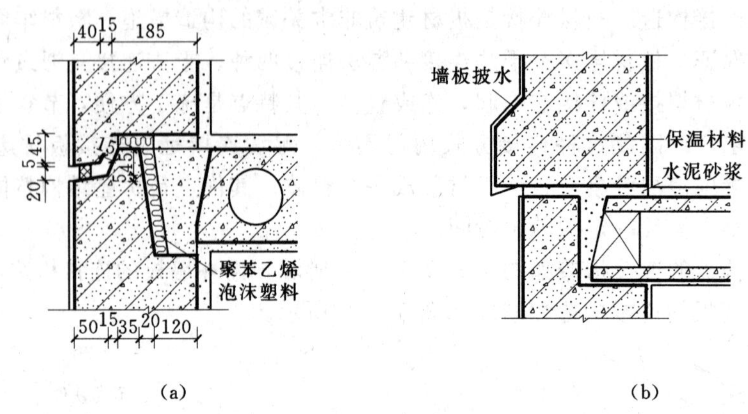

图 1.3.2.7　外墙板水平缝防水构造

(a) 开启式；(b) 披水墙板

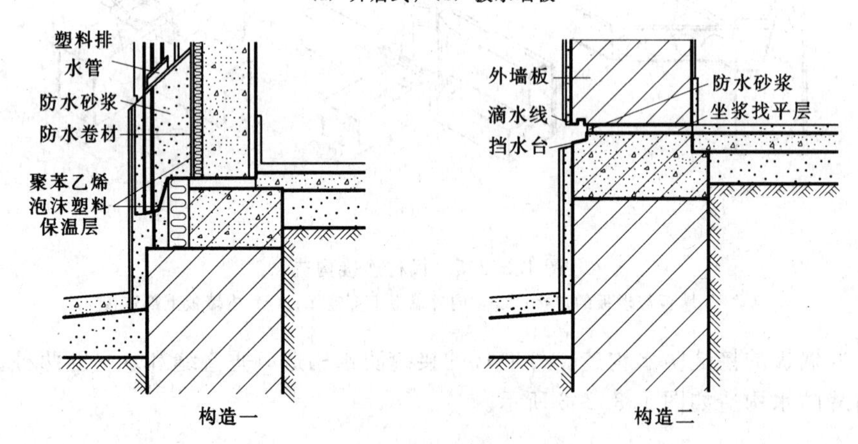

图 1.3.2.8　外墙勒脚处防水构造

盒子构件可用钢、钢筋混凝土、铝、塑料木材等制作，分为有骨架和无骨架盒子两种。根据设计的要求，盒子间的组合可以是上下重叠和交错叠合，也可以与板材进行组装，既节省材料，又能灵活布置。盒子还可以与框架结构和筒体结构组装，将盒子像抽屉一样搁置在框架中或悬挂在筒体周围，组装非常灵活，如图 1.3.2.9 所示。

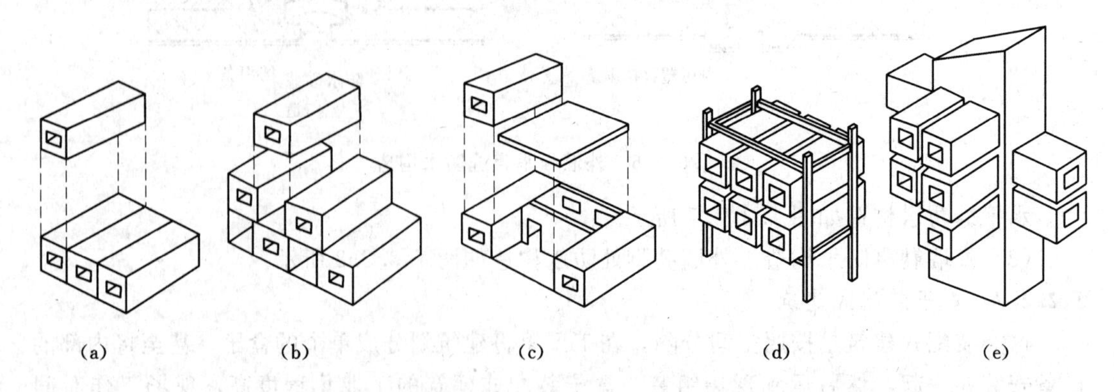

图 1.3.2.9　盒子建筑组装方式

(a) 重叠组装；(b) 交错组装；(c) 盒子板材组装；(d) 盒子框架组装；(e) 盒子筒体组装

3.2.2.3 框架装配式建筑

框架装配式建筑是指由框架、墙板和楼板组成的建筑，由柱、梁和楼板承重，墙板仅作为围护和分隔构件。这种建筑空间分隔灵活，自重轻，有利于抗震，节省材料。但钢材和水泥的用量较大，构件数量多，作业量大。框架装配式建筑适合于要求有较大空间的多高层民用建筑、多层工业建筑以及地基较软弱和地震区的建筑。

1. 框架结构类型

框架按构件的组成情况分为板柱框架、梁板柱框架以及剪力墙框架三种（图 1.3.2.10）。

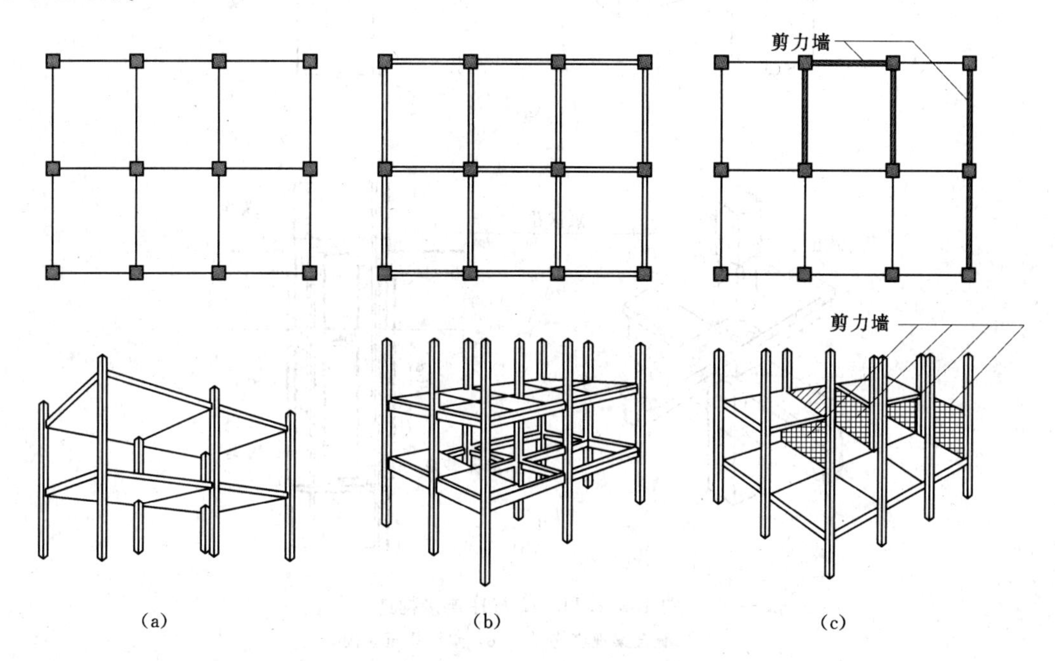

图 1.3.2.10 框架结构类型

(a) 板柱框架；(b) 梁板柱框架；(c) 剪力墙框架

2. 框架装配式建筑的节点构造

(1) 梁与柱的连接。梁与柱在柱顶采用叠合梁现浇连接或者浆锚叠压连接（图 1.3.2.11）。叠合梁现浇连接是把上下柱、纵横梁的钢筋都伸入节点，加配箍筋后浇筑混凝土形成整体。其优点是节点刚度大，故常用。浆锚叠压连接是将横梁置于柱顶，上下柱的竖向钢筋插入梁上的预留孔中，再用高强砂浆将柱筋锚固，使梁柱连接成整体。

(2) 梁与楼板的连接。梁与楼板的连接常采用叠合梁现浇连接，如图 1.3.2.12 所示。

(3) 柱与楼板的连接。在板柱框架中，楼板直接支撑在柱上，其连接方法可用现浇连接、浆锚叠压连接和后张预应力连接，如图 1.3.2.13 所示。

3.2.3 现浇和现浇与预制相结合的建筑

现浇和现浇与预制相结合的建筑指在现场采用工具模板、泵送混凝土进行机械化施工的方式，将建筑结构的主体部分整体浇筑或者是浇筑其中的核心筒等部分，其他部分用配

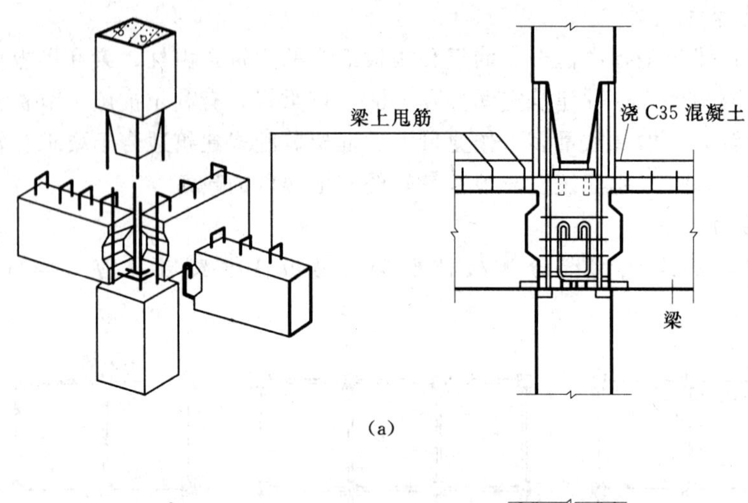

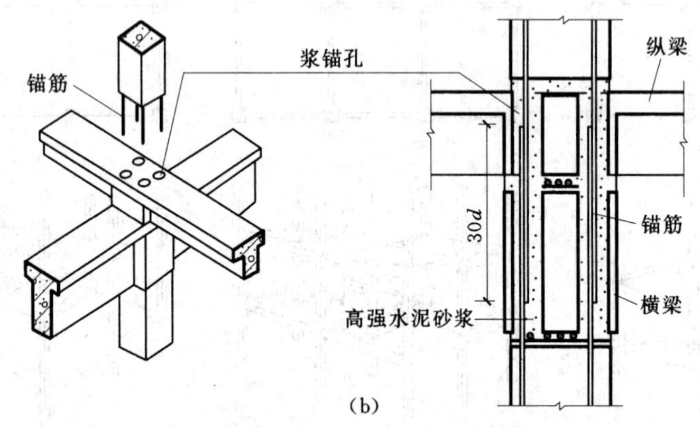

图 1.3.2.11　梁与柱连接构造

(a) 叠合梁现浇连接；(b) 浆锚叠压连接

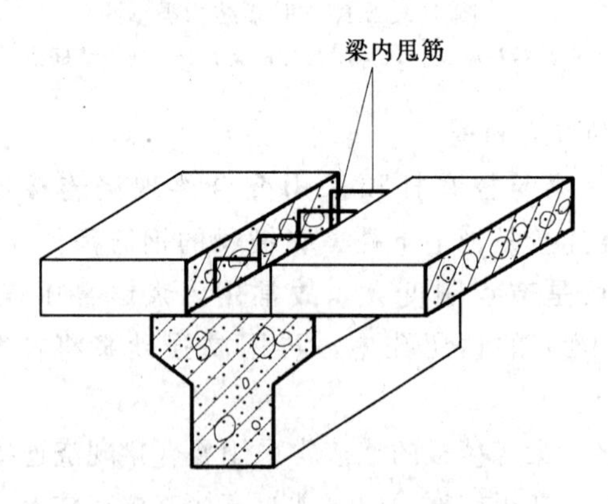

图 1.3.2.12　梁与楼板连接构造

装式的方法完成。现浇的钢筋混凝土墙板的厚度一般多层建筑可做到 160～180mm，高层建筑可做到 200～250mm，由于结构整体性好，特别适合于高层建筑使用，其施工速度快，模具可以重复使用。

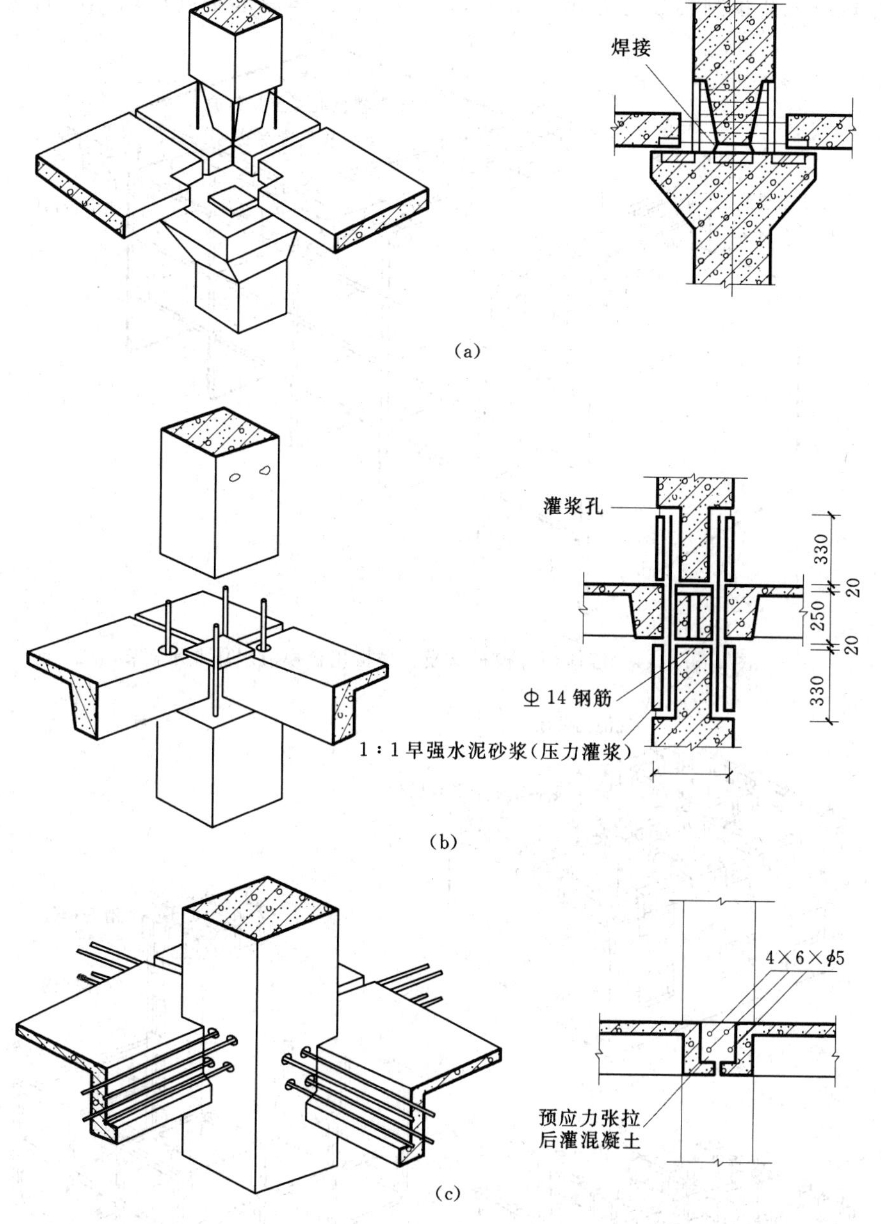

图 1.3.2.13 柱与楼板连接构造

(a) 现浇连接；(b) 浆锚叠压连接；(c) 后张预应力连接

1. 大模板现浇建筑

大模板现浇建筑是墙体用大模板立模、楼板用台模流水作业的方式（图 1.3.2.14），适用于多层、高层剪力墙结构体系和框架结构体系。这种方式具有灵活性和适用性，但组装较为麻烦。

2. 滑模建筑

滑模建筑是用滑模具连续浇筑墙体或建筑的核心筒等部分，再用降台模的方式自上而

下浇筑楼板或配装预制楼板的方式（图 1.3.2.15）。工作原理是利用墙体内的钢筋为导

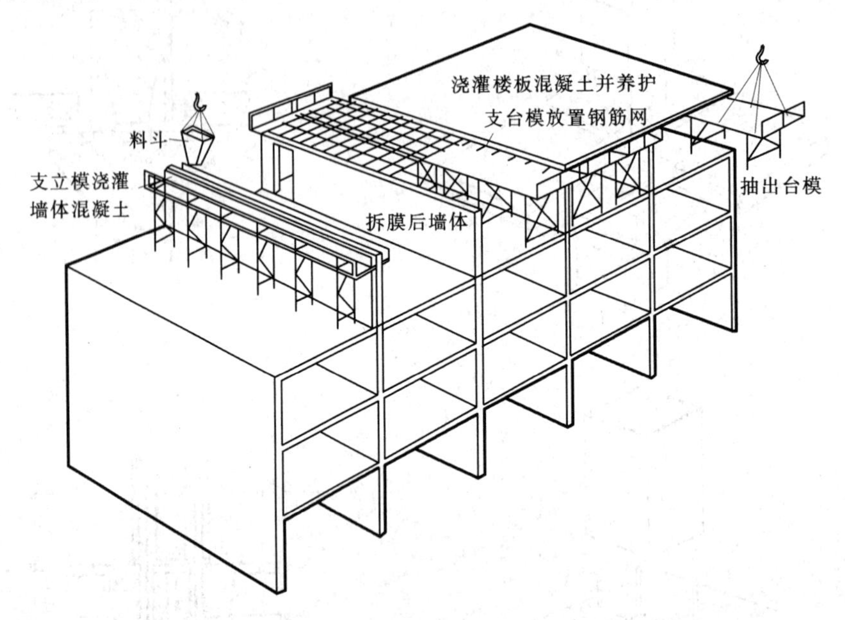

图 1.3.2.14　墙体用大模板立模、楼板用台模流水作业示意图

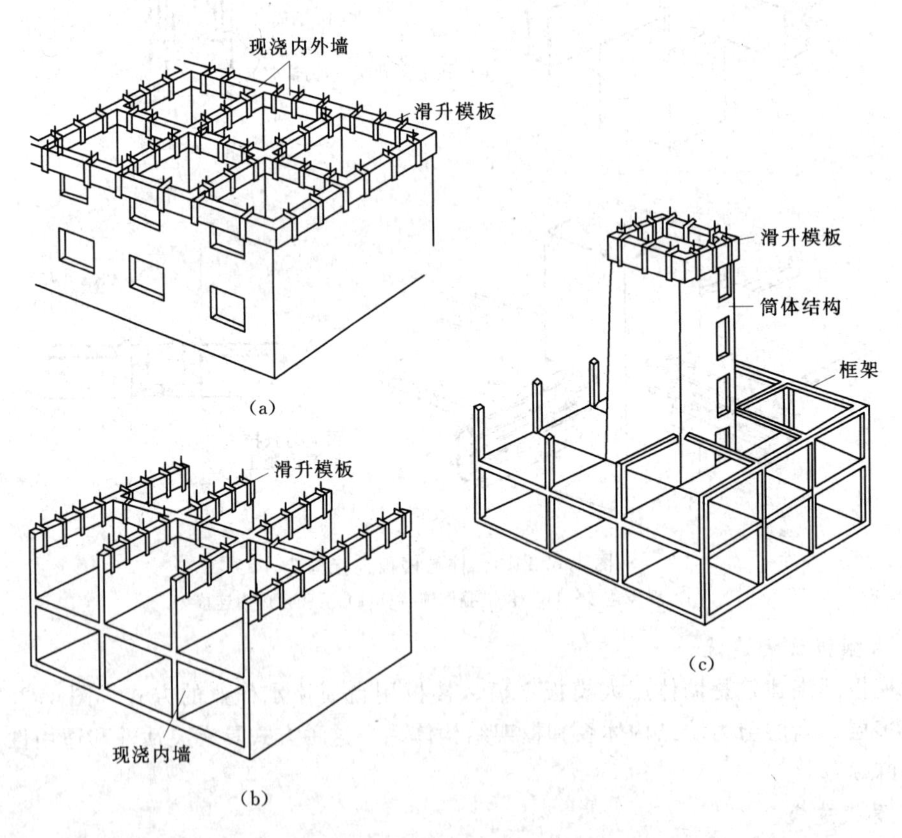

图 1.3.2.15　滑模建筑作业示意图

(a) 内外墙滑模；(b) 内墙滑模；(c) 核心筒滑模

杆，由液压千斤顶和高压油泵逐渐提升墙体模板，竖向连续浇筑混凝土墙体。滑模施工，结构整体性好，施工速度快，机械化程度高，但要求建筑表面简单平整，操作精度要求高，墙体垂直度不能有偏差。

3. 升板建筑

升板建筑是用房屋自身的柱子为导杆，由提升机将预制楼板和屋面板提升就位的一种建筑（图 1.3.2.16）。升板建筑施工顺序与常规的建造方法不同，第一步是在平整好的场地上开挖基槽，浇筑柱基础，并在基础上立预制柱。第二步做地坪，在上面叠层预制楼板。第三步是由上而下逐层提升预制板就位。

升板建筑是在地坪上叠层预制楼板，利用地坪和各层楼面做底模，不仅节约模板，占用施工场地少，而且避免了高空作业，提高了工作效率，加快了施工进度。因此，升板建筑主要适用于隔墙少、楼面荷载大的多层建筑，如车库、书库和其他仓储建筑，尤其适用于施工场地狭小的地段建造房屋。

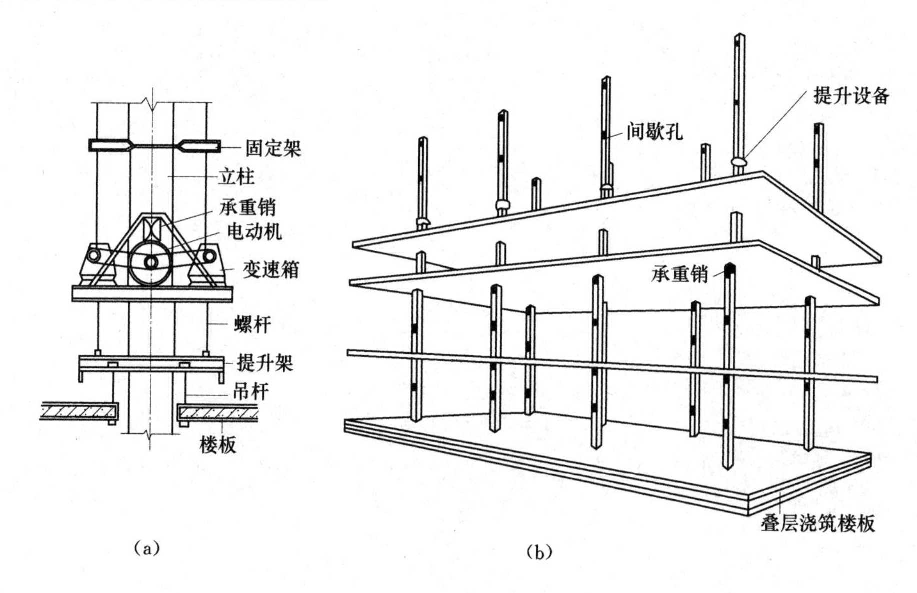

图 1.3.2.16　升板建筑作业示意图
(a) 提升机；(b) 逐层提升楼板就位

第2篇　建筑基本构造

第1章　地 基 与 基 础

1.1　地基与基础的基本概念

基础是建筑地面以下的承重构件，它承受建筑物上部结构传下来的全部荷载，并把这些荷载连同本身的重量一起传到地基上。地基则是承受由基础传下的荷载的土层。地基承受建筑物荷载而产生的应力和应变随着土层深度的增加而减小，在达到一定深度后就可忽略不计。直接承受建筑荷载的土层为持力层。持力层以下的土层为下卧层（图 2.1.1.1）。

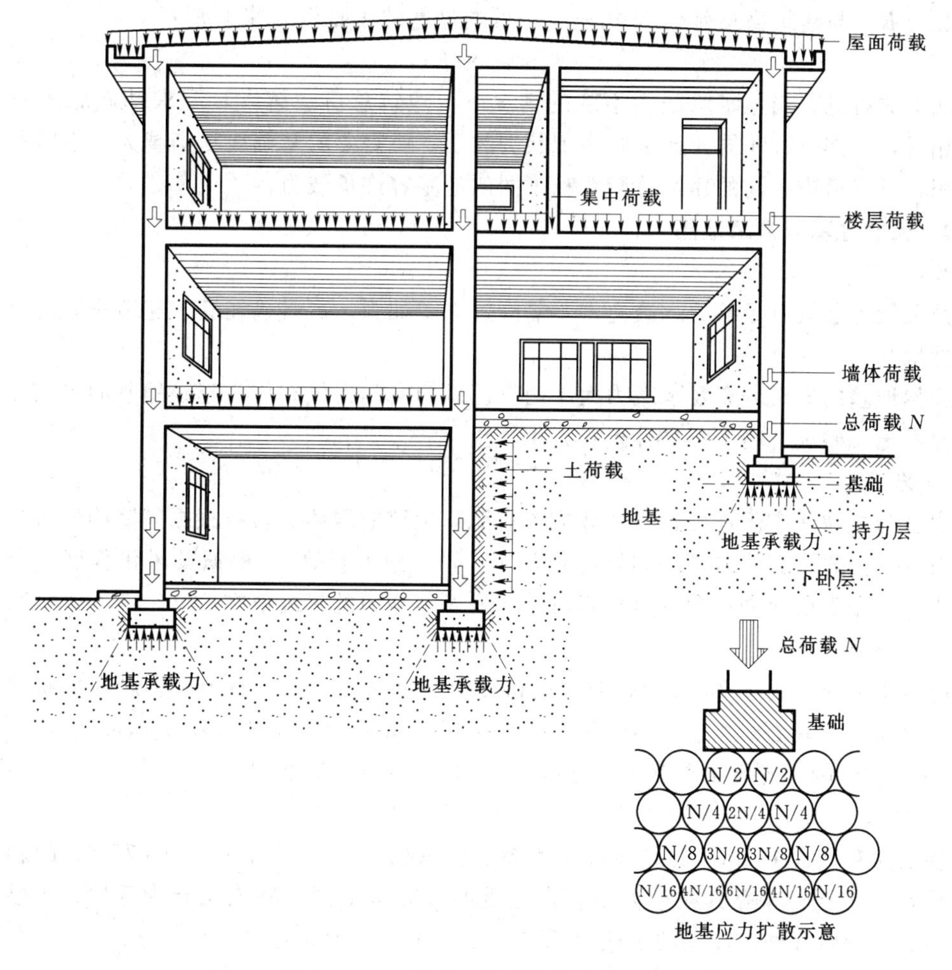

图 2.1.1.1　地基、基础与荷载的关系

1.1.1　地基、基础与荷载的关系

基础是房屋的重要组成部分，而地基与基础又密切相关，若地基与基础一旦出现问题，就难以补救。从工程造价上看，一般4层、5层民用建筑，其基础工程的造价约占总造价的10%～20%。

从图2.1.1.1中可看到建筑物上部的总荷载（包括屋面、楼板、墙等的自重和各种活荷载），通过基础传到地基上。由此可见，基础是起承上传下地传递荷载的作用，而地基是起着承受由基础传来的荷载的作用。

地基在稳定的条件下，每平方米所能承受的最大垂直压力称地基容许承载力（或地耐力）。一般地基的容许承载力往往低于建筑物基础所用的砖、石、混凝土等材料的抗压强度。当基础对地基的压力超过地基容许承载力时，地基将出现较大的沉降变形，甚至产生地基土层滑动挤出而破坏。为了保证建筑物的稳定与安全，就有必要将建筑物基础与土层接触部分的底面尺寸适当扩大，以减小单位地基面积所承受的压应力。因此，欲使地基容许承载力 R，与建筑物总荷载 N 相适应，可通过基础底面积 F 来调整：

$$F \geqslant N/R$$

从上式可见，当地基承载力不变的情况下，建筑总荷载越大，要求基础底面积也越大；相反，上部荷载相同，地基容许承载力越小，所需要的基础面积则越大。不同的基础底面积，可以适应不同的建筑总荷载和不同的地基容许承载力。

1.1.2　天然地基与人工地基

1.1.2.1　天然地基

凡天然土层具有足够的承载力，不需经过人工加固，可直接在其上建造房屋的土层称为天然地基。

天然地基的土层分布及承载力大小由勘测部门实测提供。作为建筑地基的土层分为岩石、碎石土、砂土、粉土、黏性土和人工填土。

1. *岩石*

岩石为颗粒间牢固连接，呈整体或具有肌理裂隙的岩体。岩石根据其坚固性可分为硬质岩石（花岗岩、玄武岩等）和软质岩石（页岩、黏土岩等）；根据其风化程度可分为微风化岩石、中等风化岩石和强风化岩石等。岩石承载力的标准值在200～4000kPa之间。

2. *碎石土*

碎石土为粒径大于2mm的颗粒含量超过全重50%的土。碎石土根据颗粒形状和粒组含量又分漂石、块石（粒径大于200mm）；卵石、碎石（粒径大于20mm）；圆砾、角砾（粒径大于2mm）。碎石土承载力的标准值在200～1000kPa之间。

3. *砂土*

砂土为粒径大于2mm的颗粒含量不超过全重的50%，粒径大于0.075mm的颗粒超过全重50%的土。根据其粒径大小和占全重的百分率不同，砂土又分为砾砂、粗砂、中砂、细砂、粉砂五种。砂土的承载力标准值在140～500kPa之间。

4. *粉土*

粉土为介于砂土与黏性土之间，塑性指数 $I_p \leqslant 10$ 且粒径大于0.075mm的颗粒含量不超过全重50%的土。粉土的承载力标准值为105～410kPa。

5. 黏性土

黏性土为塑性指数 I_p>10 的土，按其塑性指数值的大小又分为黏土和粉质黏土两大类。黏性土的承载力标准值为 105～475kPa。

6. 人工填土

人工填土根据其组成和成因可分为素填土、杂填土、冲填土。素填土为碎石土、砂土、粉土、黏性土等组成的填土；杂填土为含有建筑垃圾、工业废料、生活垃圾等杂物的填土；冲填土为水利冲填泥砂形成的填土。人工填土的承载力标准为 65～160kPa。

1.1.2.2 人工地基

当土层的承载力较差或虽然土层较好，但上部荷载甚大时，为使地基具有足够的承载能力，可以对土层进行人工加固，这种经人工处理的土层，称为人工地基。常用的人工加固地基的方法有压实法、换土法和桩基。

1. 压实法

用各种机械对土层进行夯打、碾压、振动来压实松散土的方法为压实法。在开挖基坑后，为改善土层表面松软状况、保证地基质量，往往采用木夯、石硪、蛙式打夯机进行夯打、压实。若需提高地基的承载能力，则应用重锤夯实机、压路机进行碾压，或用振动压实机压实（图 2.1.1.2）。

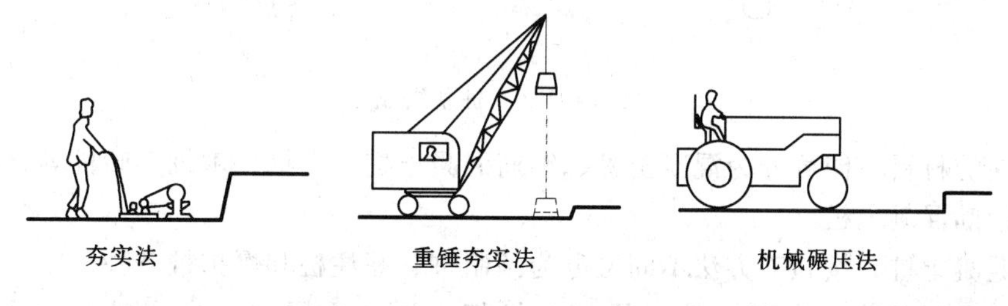

图 2.1.1.2 压实法加固地基

2. 换土法

当基础下土层比较软弱，或地基有部分较弱的土层，如淤泥、淤泥质土、填土等，不能满足上部荷载对地基的要求时，可将较弱土层全部或部分挖去，换成其他较坚硬的材料，这种方法叫换土法。换土法所用材料一般是选用压缩性低的无侵蚀性材料，如砂、碎石、矿渣、石屑等松散材料。这些松散材料是被基槽侧面土壁约束，借助互相咬合而获得强度和稳定性，从应力状态上看属于垫层，通常称为砂垫层或砂石垫层。如垫层中石料较多，起到传递荷载的作用，则常称为砂石基础（图 2.1.1.3）。

3. 桩基

当建筑物荷载很大，地基土层很弱，地基承载力不能满足要求时，可以采用桩基，使基础上的荷载经过桩传给地基土层，这也是一种加固地基的方式。

桩基由承台和桩柱两部分组成（图 2.1.1.4）。

承台是在桩柱顶现浇的钢筋混凝土梁或板，上部支承墙的为承台梁，上部支承柱的为承台板，承台的厚度一般不小于 300mm，由结构计算确定，桩顶嵌入承台的深度不宜小于 5～100mm。

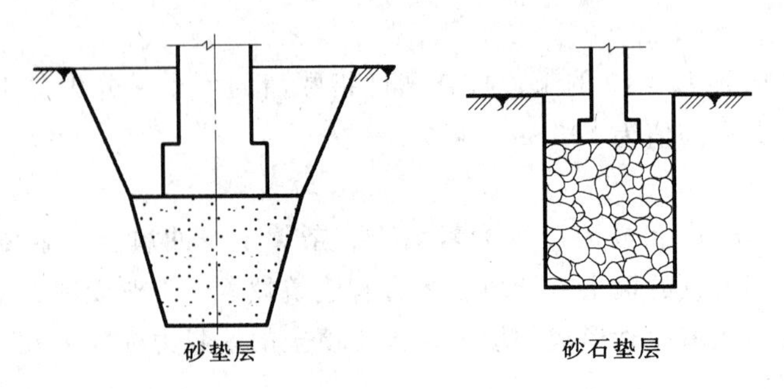

图 2.1.1.3 换土法加固地基

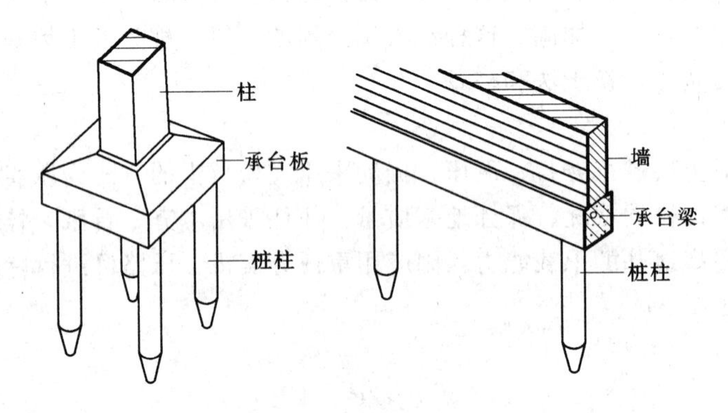

图 2.1.1.4 桩基组成

按桩柱的材料不同可分为混凝土桩、钢筋混凝土桩、土桩、木桩、砂桩等。我国采用较多的为钢筋混凝土桩。

钢筋混凝土桩，按施工方法不同又分为预制桩、灌注桩和爆扩桩三种。

预制桩是把桩先预制好，然后用打桩机打入地基土层中。桩的断面一般为 200～350mm 见方，桩长不超过 12m。预制桩质量易于保证，不受地基其他条件影响（如地下水等），但造价高，钢材用量大，打桩时有较大噪声，影响周围环境。

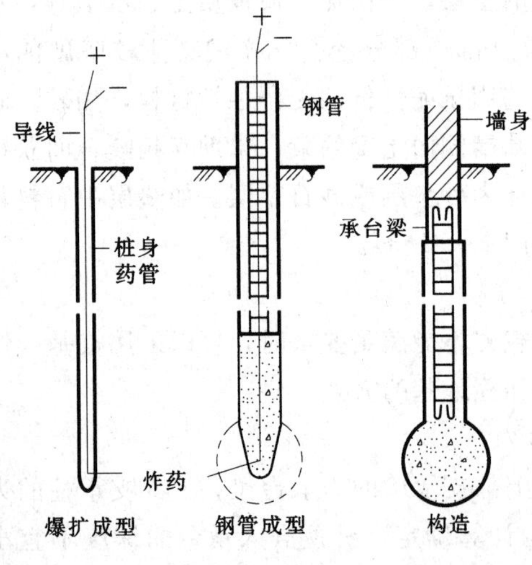

图 2.1.1.5 爆扩桩

灌注桩是直接在所设计的桩位上开孔（圆形），然后在孔内加放钢筋骨架，浇灌混凝土而成。与钢筋混凝土预制桩相比，灌注桩有施工快、施工占地面积小、造价低等优点，近年来发展较快。

爆扩桩是用机械或爆扩等方法成孔，孔径一般为 300～400mm，成孔后用炸药扩大孔底，现浇灌混凝土而成。爆扩桩端是呈球状的扩大体，一般为桩身直径的 2～3 倍，桩长为 5～7m（图 2.1.1.5）。爆扩桩具有设备简单、施工速度快、劳动强度低及投资少等优点。缺点是受施工和基础条件的局限，不易保证质量。爆扩桩现在已较少采用。

1.1.3　基础的埋置深度

由室外的设计地面到基础底面的距离，称基础的埋置深度。从基础的经济效果看，基础的埋置深度越小，工程造价越低。但基础底面的土层在受到压力后，会把基础四周的土挤出，没有足够厚度的土层包围基础，基础本身将产生滑移而失去稳定。同时，埋得过浅或把基础暴露在地面，易受外界的影响而损坏。所以，基础的埋置要有一个适当的深度，既保证建筑物的坚固安全，又节约基础的用材，并加快施工速度。根据实践证明，在没有其他条件的影响下，基础的埋置深度不应小于500mm（图2.1.1.6）。

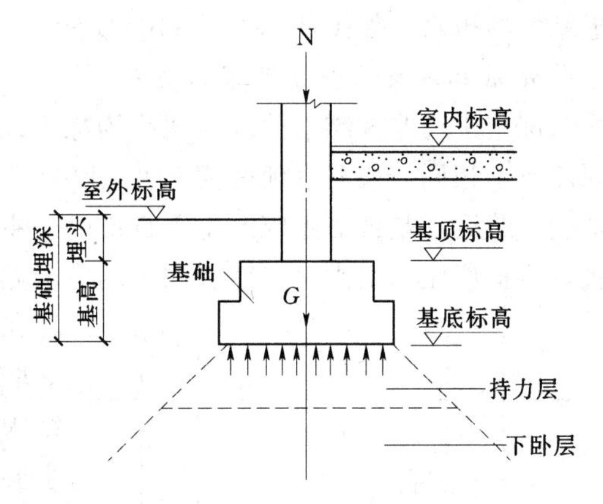

图2.1.1.6　基础的埋置深度

影响基础埋深的因素有很多，主要应考虑下列几个条件。

1. 与地基的关系

基础的埋置深度与地基构造有密切关系，房屋要建造在坚实可靠的地基上，不能设置在承载能力低、压缩性高的软弱土层上。在选择埋深时，应根据建筑物的大小、特点、刚度与地基的特性区别对待。如土层是两种土质构成，上层土质好且有足够厚度，则以埋在上层范围内为宜；反之，上层土质差而厚度浅，则以埋置于下层好土范围内为宜。总之，由于地基土形成的地质变化不同，每个地区的地基土的性质也就不会相同，即使同一地区，它的性质也有很大变化，必须综合分析，求得最佳埋深。

2. 地下水位的影响

地下水对某些土层的承载能力有很大影响，如黏性土在地下水上升时，将因含水量增加而膨胀，使土的强度降低；当地下水下降时，基础将产生下沉。为避免地下水的变化影响地基承载力及防止地下水对基础施工带来的麻烦，一般基础应争取埋在最高水位以上，如图2.1.1.7（a）所示。

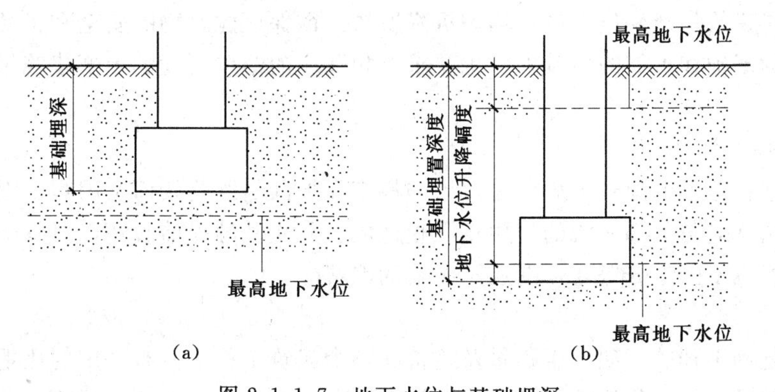

图2.1.1.7　地下水位与基础埋深

当地下水位较高，基础不能埋在最高水位以上时，宜将基础底面埋置在最低地下水位以下200mm。这种情况，基础应采用耐水材料，如混凝土、钢筋混凝土等。施工时要考虑基坑的排水，如图2.1.1.7（b）所示。

3. 冻结深度与基础埋深的关系

冻结土与非冻结土的分界线称为冻土线。各地区气候不同，低温持续时间不同，冻土深度也不相同，如北京地区为0.8～1.0m，哈尔滨是2m，重庆地区则基本无冻结土。地基土冻结后，是否对建筑产生不良影响，主要看土冻结后会不会产生冻胀现象。若产生冻胀，会把房屋向上拱起（冻胀向上的力会超过地基承载力），土层解冻，基础又下沉。这种冻融交替，使房屋处于不稳定状态，产生变形，如墙身开裂，门窗倾斜而开启困难；甚至使建筑物结构也遭到破坏等。地基土冻结后是否产生冻胀，主要与土壤颗粒的粗细程度、含水量和地下水位的高低有关。如地基土存在冻胀现象，特别是在粉砂、粉土和黏性土中，基础应埋置在冻土线以下200mm。

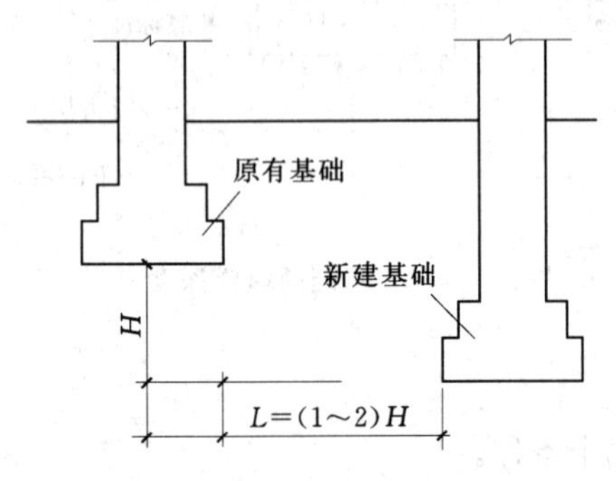

图2.1.1.8 相邻基础的关系

4. 其他因素对基础埋深的影响

基础的埋置深度除考虑地基构造、地下水位、冻结深度等因素外，还应考虑相邻基础的深度，拟建建筑物是否有地下室、设备基础等因素的影响（图2.1.1.8）。

1.1.4 地基、基础设计应满足的基本条件

1. 强度、稳定性和均匀沉降

基础处于建筑物的底部，是建筑物的重要组成部分，对建筑物的安全起着根本性作用。而地基虽然不是建筑物的构件，但它直接支承着整个建筑，对整个建筑物的安全使用起着保证作用。

因此，基础本身应具有足够的强度来传递整个建筑物的荷载，而地基则应具有良好的稳定性，以保证建筑物的均匀沉降。

有些建筑物在施工过程或建造完工之后出现倾斜，产生墙身或楼层的开裂，甚至破坏。通过调查，多数是由于地基土质分布不均，基础构造处理不当，或房屋结构方案刚度不足等，使得建筑物产生过大的不均匀沉降所致。欲保证建筑物的安全和正常使用，除了要求有坚固的基础和可靠的地基外，也要求有相适应的结构刚度的上部建筑相互配合，共同作用。

2. 耐久性

基础是埋在地下的隐蔽工程，建成后的检查和加固是既复杂而又困难。因此，基础材料、构造的选择应与上部建筑的使用年限相适应。防止基础提前破坏，对整个建筑带来严重的后患，但也不能过分保守，造成不必要的浪费。

3. 经济

地基与基础工程的工期、工程量及造价在整个建筑工程中占有一定的比重。其比重的变化往往相差悬殊。造价低的不足3%，高的可达35%以上，相差十多倍。一般4～5层的混合结构房屋，约占总造价的10%～20%左右。

所选建筑基地的土质较差，将增加地基的人工处理和上层建筑物加固的成本。如加大

基础埋置深度，大量开挖土方，加长了工期，增加了基础的工程量和造价。因此，建筑基地的选择与基础工程的设计是不可分割的。在选择基地时，应尽可能避开暗塘、河沟以及不适宜作天然地基的基地。选择具有良好承载力的土层作地基，不仅可以减小地基的处理费用，还可降低基础造价，保证建筑物的安全。

同样的建筑物，由于选择不同的地基方案和采用不同基础构造，其工程造价将产生很大的差别。通常应尽可能选择良好的天然地基，争取做浅基础，采用当地产量丰富、价格低廉的材料和先进的施工技术，使设计符合经济合理的原则。

1.2 基础的类型和构造

1.2.1 基础的类型

研究基础的类型是为了经济合理地选择基础的形式和材料，确定其构造，对于民用建筑的基础，可以按形式、材料和传力特点进行分类。

1. 按基础的形式分类

基础的类型按其形式不同可以分为带形基础、独立式基础和联合基础。

(1) 带形基础。基础为连续的带形，也叫带形基础。当地基条件较好、基础埋置深度较浅时，墙承式的建筑多采用带形基础，以便传递连续的条形荷载。条形基础常用砖、石、混凝土等材料建造。当地基承载能力较小，荷载较大时，承重墙下也可采用钢筋混凝土带形基础（图 2.1.2.1）。

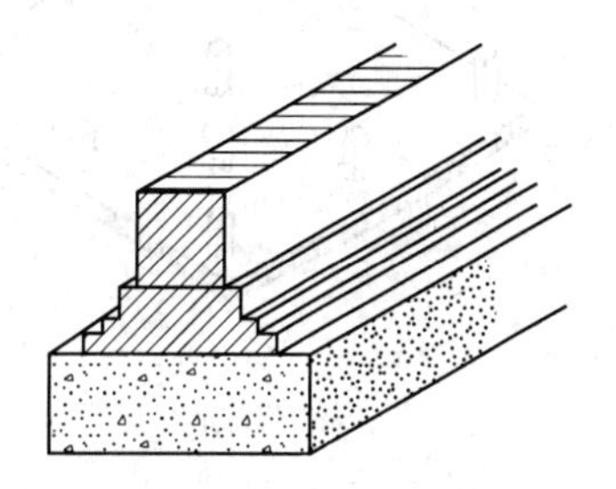

图 2.1.2.1 带形基础

(2) 独立式基础。独立式基础呈独立的块状，形式有台阶形、锥形、杯形等（图 2.1.2.2）。独立式基础主要用于柱下。在墙承式建筑中，当地基承载力较弱或埋深较大时，为了节约基础材料，减少土石方工程量，加快工程进度，也可采用独立式基础。为了支承上部墙体，在独立基础上可设梁或拱等连续构件。

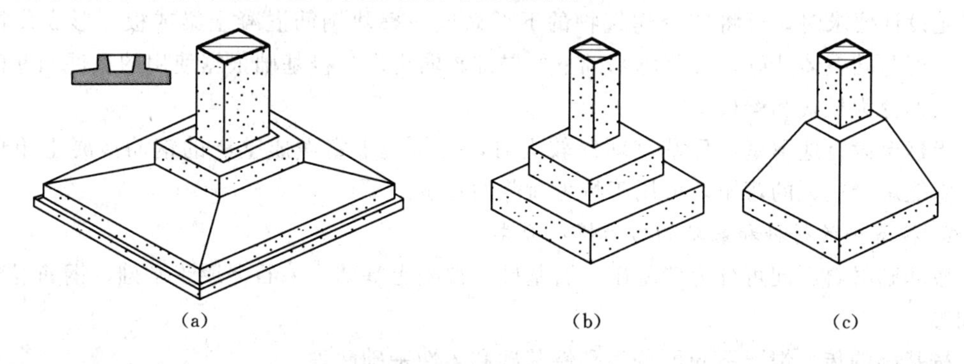

图 2.1.2.2 独立式基础

(a) 杯形；(b) 阶梯形；(c) 锥形

(3) 联合基础。联合基础类型较多，常见的有柱下条形基础、柱下十字交叉基础、板式基础和箱形基础（图 2.1.2.3）。

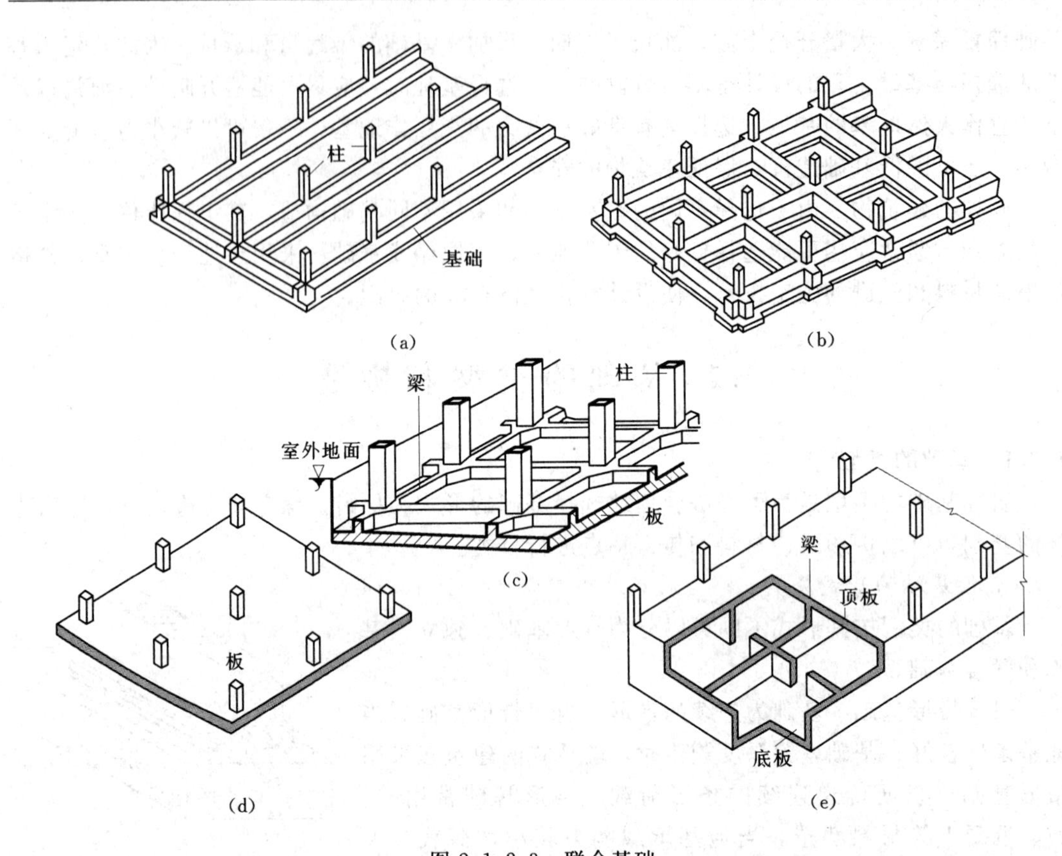

图 2.1.2.3　联合基础

(a) 柱下条形基础；(b) 柱下十字交叉基础；(c) 梁板式基础；(d) 板式基础；(e) 箱形基础

当柱子的独立基础置于较弱地基上时，基础底面积可能很大，彼此相距很近甚至碰到一起，这时应把基础连起来，形成柱下条形基础、柱下十字交叉基础。

如果地基特别弱而上部结构荷载又很大，即使做成联合条形基础，地基的承载力仍不能满足设计要求时，可将整个建筑物的下部做成一整块钢筋混凝土梁或板，形成片筏基础。片筏基础整体性好，可跨越基础下的局部较弱土。片筏基础根据使用的条件和断面形式，又可分为板式和梁板式。

当建筑设有地下室，且基础埋深较大时，可将地下室做成整浇的钢筋混凝土箱形基础，它能承受很大的弯矩，可用于特大荷载的建筑。

2. 按基础的材料和基础的传力情况分类

按基础材料不同可分为砖基础、石基础、混凝土基础、毛石混凝土基础、钢筋混凝土基础等。

按基础的传力情况不同可分为刚性基础和柔性基础两种。

某些建筑材料如砖、石、混凝土等，抗压强度好。但抗拉、抗弯、抗剪等强度却远不如它的抗压强度。为了满足地基抗压强度的要求，基础底宽往往大于墙基的宽度（图 2.1.2.4）。

当基础 B 很宽的情况下，出挑部分 b 很长，如不能保证有足够的高度 H，基础将因

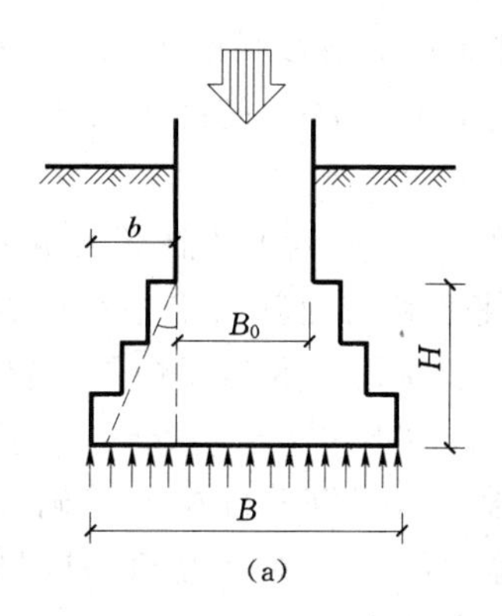

(a)

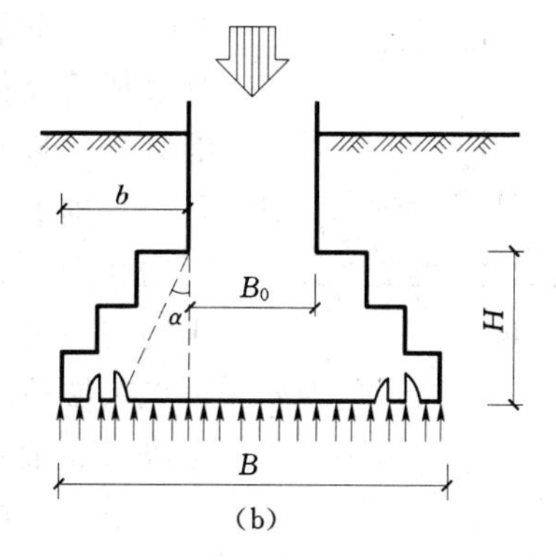

(b)

图 2.1.2.4　刚性基础

受弯曲或冲切而破坏。为了保证基础不受拉力或冲切的破坏，基础必须有相应的高度。因此根据材料的抗拉、抗剪极限强度，对基础的出挑 b 与高度 H 之比进行限制，即宽高比。并按此宽高比形成的夹角来表示。保证基础在此夹角内不因材料受拉和受剪而破坏。这一夹角称刚性角。凡受刚性角限制的基础称刚性基础。刚性基础常用于一般地基承载力较好，压缩性较小的 5 层及 5 层以下的中小型民用建筑和墙承重的轻型厂房。另外，不同材料的刚性基础和不同基底压力应选用不同的宽高比，如表 2.1.2.1 所示。

表 2.1.2.1　　刚性基础台阶宽高比的允许值

基础材料	质量要求	台阶宽高比的允许值		
		$p_k \leqslant 100$	$100 < p_k \leqslant 200$	$200 < p_k \leqslant 300$
混凝土基础	C15 混凝土	1：1.00	1：1.00	1：1.25
毛石混凝土基础	C15 混凝土	1：1.00	1：1.25	1：1.50
砖基础	砖不低于 MU10、砂浆不低于 M5	1：1.50	1：1.50	1：1.50
毛石基础	砂浆不低于 M5	1：1.25	1：1.50	—
灰土基础	体积比为 3：7 或 2：8 的灰土	1：1.25	1：1.50	—
三合土基础	体积比 1：2：4～1：3：6（石灰：砂：集料），每层约虚铺 220mm，夯至 150mm	1：1.50	1：2.00	—

注　1. p_k 为荷载效应标准组合基础底面处的平均压力值（kPa）。
2. 阶梯形毛石基础的每阶伸出宽度，不宜大于 200mm。
3. 当基础由不同材料叠合组成时，应对接触部分作抗压验算。
4. 基础底面处的平均压力值超过 300kPa 的混凝土基础，尚应进行抗剪验算。

刚性基础因受刚性角的限制，当建筑物荷载较大或地基承载能力较差时，如按刚性角逐步放宽，则需要很大的埋置深度，这在土方工程量及材料使用上都很不经济。在这种情况下宜采用钢筋混凝土基础，以承受较大的弯矩，基础就可以不受刚性角的限制。

用钢筋混凝土建造的基础，不仅能承受压应力，还能承受较大拉应力，不受材料的刚性角限制，故叫做柔性基础（图 2.1.2.5）。

为了节约材料，常将钢筋混凝土基础的两翼向外逐渐减薄，但最薄处的厚度不应小于

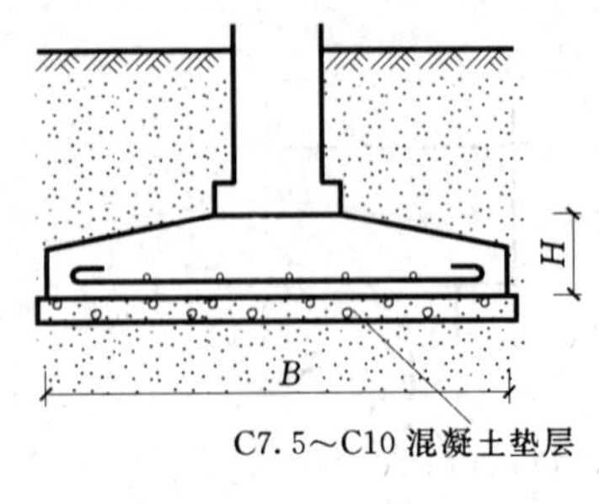

图 2.1.2.5 柔性基础

200mm。如做踏步形时，每步高度为 300～500mm。板内受力钢筋直径不宜小于 8mm，间距不大于 200mm。所用混凝土标号不低于 150 号。

基础下面常用 75 号或 100 号混凝土做一层垫层，厚度约为 100mm，使基础与地基有平整良好的接触面，便于均匀传递应力。基础底部钢筋保护层不得小于 35mm；不设垫层情况下保护层不宜小于 70mm。当荷载较大时还可以做成梁式基础。由于钢筋混凝土基础具有良好的抗拉、抗压、抗弯等性能，不受刚性角的限制，可以根据设计要求做成各种形式。在施工上可以现浇、预制或采用预应力等。

3. 按基础的深浅分类

按基础的深浅分为浅基础、深基础。浅基础包含无筋扩展基础、扩展基础、柱下条形基础、筏形基础、壳体基础、岩层锚杆基础；深基础主要为桩基。

1.2.2 常用刚性基础构造

1. 砖基础

砖基础取材容易、价格较低、施工简便，是常用的类型之一。但由于强度、耐久性、抗冻性较差，多用于干燥而温暖地区的中小型建筑的基础。

在建筑物防潮层以下部分，砖的等级不得低于 MU10；非承重空心砖、硅酸盐砖和硅酸盐砌块，不得用于做基础材料。

由于刚性角限制，并考虑砌筑方便，常采用每隔二皮砖厚收进 1/4 砖的断面形式（图 2.1.2.6），在基础底宽较大时，也可采取二皮一级与一皮一级收进的断面形式，但其最底下一级必须用二皮砖厚。

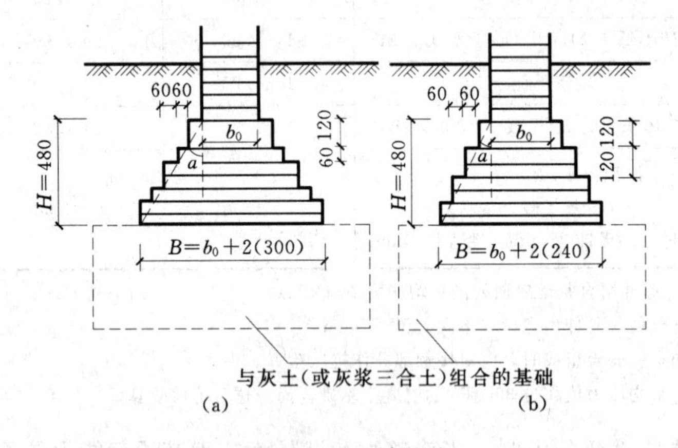

图 2.1.2.6 砖基础

砖基础的逐步放阶形式称为大放脚。在大放脚下需加设垫层。垫层尺度是根据上部结构荷载和地基承载力的大小及材料来确定的。地基是老土时，一般在大放脚下铺 30～50mm 厚起找平作用的水泥砂浆垫层。若上部荷载较大或地基较弱，北方地区多用 450mm 厚三七灰土（石灰：黄土为 3：7）做传力垫层。在南方潮湿地区多采用 1：3：6

（石灰：炉渣：碎石或碎砖）三合土做传力垫层，厚度不小于300mm。

2. *石基础*

石基础有毛石基础和料石基础两种。

毛石基础的毛石厚度和宽度不得小于150mm，长度为宽度的1.5～2.5倍，强度等级不低于MU25。其做法有两种：一种是在基坑内先铺一层高约400mm左右的毛石后，灌以M2.5砂浆，分层施工，这叫毛石灌浆基础。另一种是边铺砂浆边砌毛石，叫做浆砌毛石基础。两种做法均要求毛石大小交错搭配，使灰缝错开。同时在砌毛石时，基础四周回填土应边砌边填分层夯实。毛石基础剖面形式一般为矩形，墙厚为240～370mm时，一般基宽做成为500～600mm，基高900mm的矩形剖面。若基高大于100mm时，则基宽B相应加宽，其比值应按石材刚性角放阶，一般不宜超过三阶（图2.1.2.7）。料石基础是用经过加工具有一定规格的石材，用M2.5砂浆或M5砂浆砌筑而成的基础。料石砌筑要求上下面平整，石缝错开，灰浆饱满。它的基宽B除按计算要求外，还应符合料石规格尺寸。如重庆地区的料石叫连二石，其尺寸为300mm×300mm×1000mm和250mm×250mm×1000mm，丁头石长为600mm。

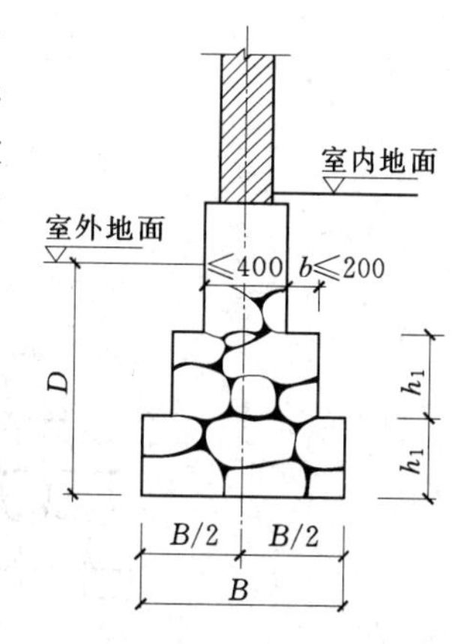

图2.1.2.7 毛石基础

石基础的耐久性、抗冻性很高，但毛石基础毛石间黏结依靠砂浆，结合力较差，因而砌体强度不高，而料石的基础强度就高得多。

3. *混凝土及毛石混凝土基础*

混凝土基础是用水泥、砂、石子加水拌合浇筑而成，常用混凝土强度等级为C7.5～C15。它的剖面形式和有关尺寸，除满足刚性角外，不受材料规格限制，按结构计算确定，其基本形式有矩形、阶梯形、梯形等（图2.1.2.8）。

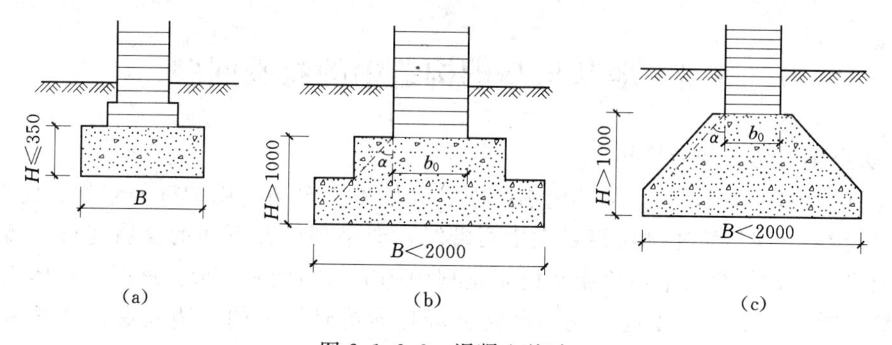

图2.1.2.8 混凝土基础

混凝土的强度、耐久性、防水性都较好，是理想的基础材料。在混凝土基础体积过大时，可以在混凝土中填入适当数量的毛石，即是毛石混凝土基础。毛石混凝土基础中所填毛石是未经风化的石块，使用前应用水冲洗干净，石块尺寸一般不得大于基础宽度的1/3，同时石块任一边尺寸不得大于300mm。填入石块的总体积不得大于基础总体积的30%。

1.2.3 基础沉降缝构造

为了消除基础不均匀沉降应按要求设置基础沉降缝。

基础沉降缝的宽度与上部结构相同，基础由于埋在地下，缝内一般不填塞。条形基础的沉降缝通常采用双墙式（图 2.1.2.9）和悬挑式（图 2.1.2.10）做法。

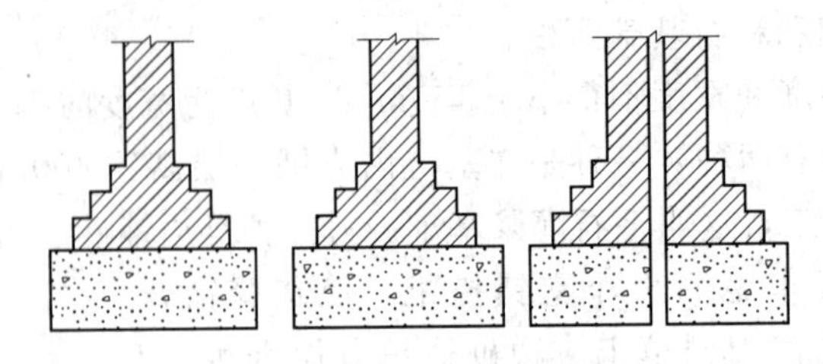

图 2.1.2.9 双墙式变形缝

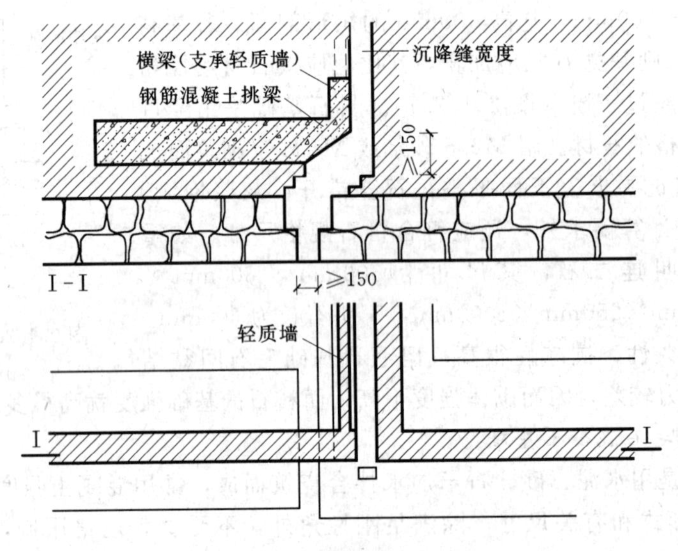

图 2.1.2.10 悬挑式变形缝

1.3 地基与基础构造中的特殊问题

1.3.1 防止不均匀沉降的措施

当建筑物出现下沉，而上部结构刚度不足（如采用单独基础的框架建筑、混合结构、装配式建筑等），建筑物中部沉降量大于两端时，会呈现中部下凹的挠曲变形，墙体将出现八字裂缝；当建筑物两端沉降量大时，呈现中部上凸的挠曲变形。此时，墙体则出现倒八字裂缝（图 2.1.3.1）。由此可见，裂缝上端是向沉降量大的一边发展，且开裂往往集中在刚性薄弱的部位，或构件断面削弱的地方，如门窗、洞口等。

欲消除房屋不均匀沉降的不利因素，首先要找出可能引起地基不均匀沉降的内因和自然条件的外因。在设计方面应使上部结构和基础都能满足当地地质条件；在施工方面当基坑（槽）开挖之后应进一步核实地基土的实况。发现问题随时进行修正处理。整个施工过程，应防止由于自然条件（如下雨、结冰等）的影响，以及施工用水等外因引起的沉降。还要防止建成后地面渗水、管道漏水引起的局部基础沉降。

在设计中防止不均匀沉降的具体措施如下。

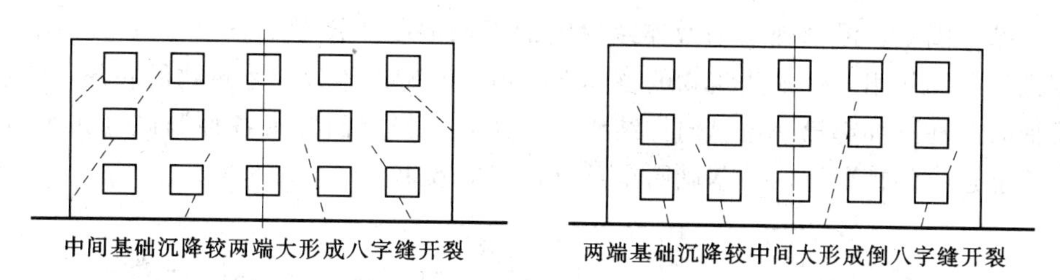

图 2.1.3.1 基础不均匀沉降墙体挠曲开裂

1. 按地基容许变形来控制基础设计

根据地基容许变形来调整基础的宽度和深度，以达到均匀沉降的目的。当持力层较弱，且厚度变化较大时，在软土层厚度较大的区段，可将基础底面适当加宽，减小地基应力。当软弱持力层厚度较大，可将该处基础适当落深，使之与其他区段的软持力层厚度接近，为基础获得均匀沉降创造条件。

其他，当地基土软硬不匀时，可以采用换土法加以处理。如地基土大部分较硬，小部分为软土，宜采用以硬换软的方法；或地基土大部分为软土，小部分的硬土，即以软换硬，以获得均匀的地基土质。

2. 提高基础和上部结构的刚度

当基础或上部结构具有良好的刚性时，其本身具有适应地基变形的能力，使建筑物沉降时不发生扭曲，把地基的不均匀沉降转换成建筑物的均匀沉降。有些刚性良好的建筑，虽然由于地基的不均匀沉降而产生倾斜，但上部结构并没有出现裂缝破坏。如建造在连片基础上的建筑或采用钢筋混凝土条形基础以及具有现浇钢筋混凝土楼板和较多横墙的建筑。

基础本身的刚度是整个建筑物刚度的重要组成部分，采用刚度好的基础材料和形式，是提高建筑物的整体性和防止上部结构开裂的有效措施。在混合结构中常用刚性墙基础和基础圈梁的方法。

(1) 刚性墙基础：采用一定高度和厚度的钢筋混凝土墙与基础共同作用，能均匀地传递荷载，调整不均匀沉降。刚性墙基础可以带肋或成平板式（图 2.1.3.2）。

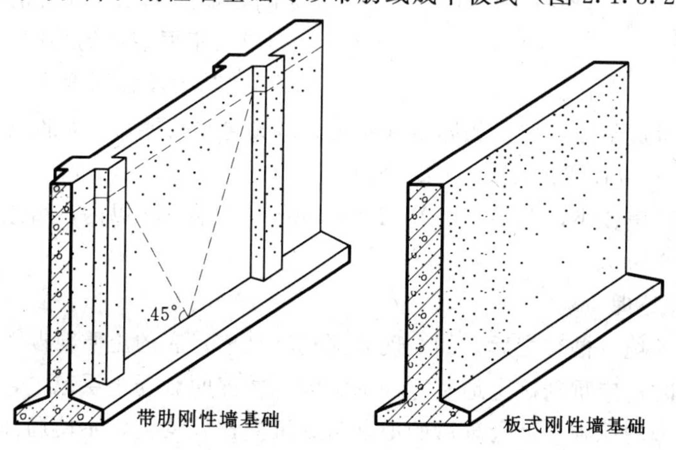

图 2.1.3.2 刚性墙基础

(2) 基础圈梁：沿基础上部做连续封闭的钢筋混凝土圈梁（图 2.1.3.3），配合上部的楼层圈梁共同作用，保证建筑物的整体性。由于基础圈梁处在建筑物的底部，使建筑物出现挠曲时，在下部起第一道纵向拉结作用。尤其是当墙面开有各种洞口（如大门、窗、通道）不能连续的情况下，设基础圈梁具有良好的效果。

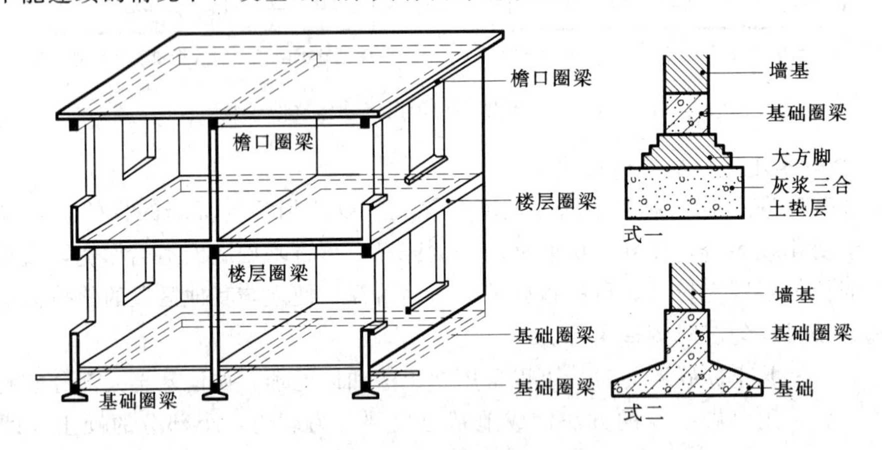

图 2.1.3.3　基础圈梁

1.3.2　相邻建筑物基础

在原有建筑附近建造房屋，应注意新建房屋对原有建筑物基础的影响。如拟建房屋和原建筑物距离很近时，拟建房屋的基础埋置深度最好小于原有建筑物基础的埋置深度，以免影响原有建筑物的安全和正常使用。如果必须将拟建房屋基础埋到原有建筑物基础底面以下，应保证 $\Delta H/L$ 不大于 0.5，如图 2.1.3.4 所示。

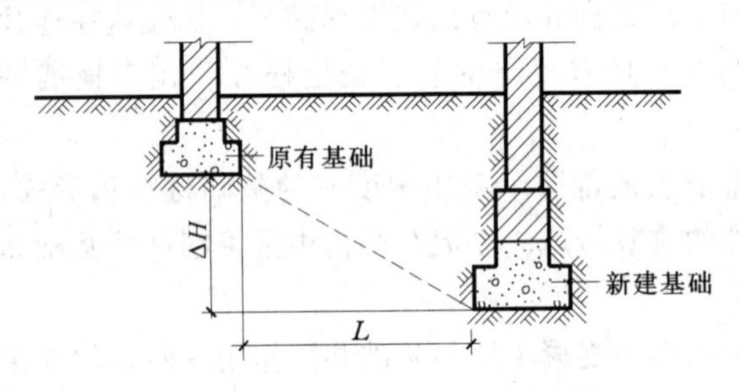

图 2.1.3.4　扩建基础的埋置深度

在原有建筑物旁边扩建房屋，两房屋紧密相连时，可采用挑梁的方法。两基础埋置深度同上规定，避开对原建筑基础的影响，如图 2.1.3.5 所示。

1.3.3　不同埋深的基础

当基础埋置深度不一，标高相差很小的情况下，基础可成斜坡埋置。如倾斜度较大，应设踏步形基础，如图 2.1.3.6 所示。踏步高 H 不大于 500mm，同时踏步长 $L\geqslant 2H$。

当上部建筑荷载较小，两基底之差 $H>500$mm，且在 1m 以内，可用钢筋混凝土压梁式，如图 2.1.3.6 所示。

1.3.4　地基局部处理

基础在开挖基坑（槽）之后，如发现局部基坑（槽）底的土质与勘探资料不符合，或与设计要求不同时，应重新确定地基容许承载力，并探明软弱土层范围，然后进行处理。

地基局部处理的原则是使处理后的地基基础沉降比较均匀，不使局部地区产生过大或过小的沉降。同时，应注意软硬地区交接处的上部结构和基础的加固。具体处理方法如下。

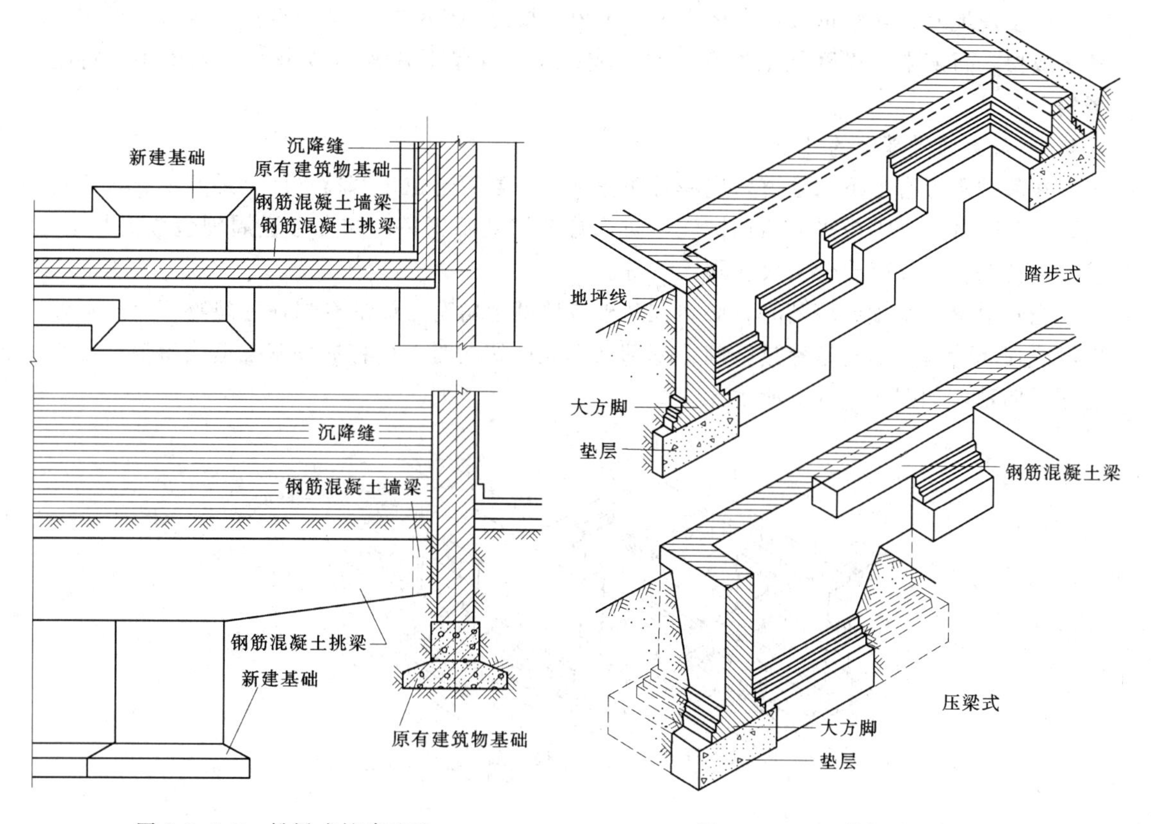

图 2.1.3.5 挑梁式扩建基础

图 2.1.3.6 不同埋深的基础

1. 局部换土法

如发现的填土坑、墓穴、池塘、河沟的范围不大，而深度又在 3m 以内，可选用局部换土法。将坑中松软虚土挖除，至坑底及四壁均见天然土为止。当松软土坑大于等于 5000mm 时，基槽底部沿墙身方向挖成踏步形，踏步的高宽比为 1∶2。然后更换压缩性相近的天然土，也可用灰土、砂、级配砂石等材料回填。回填时应分层洒水夯实，或用平板振捣器振实。每层回填厚度不大于 200mm。一般应使换土层的容许承载力与其他持力层的容许承载力相近。

2. 跨越法与挑梁法

当基槽中发现废井、枯井或直径小而深度大的洞穴，除了可用局部换土法（但应先将井边砖圈拆除至槽底 1m 以上，再进行回填土）外，还可在井上设过梁或拱圈跨越井穴，如图 2.1.3.7 所示。

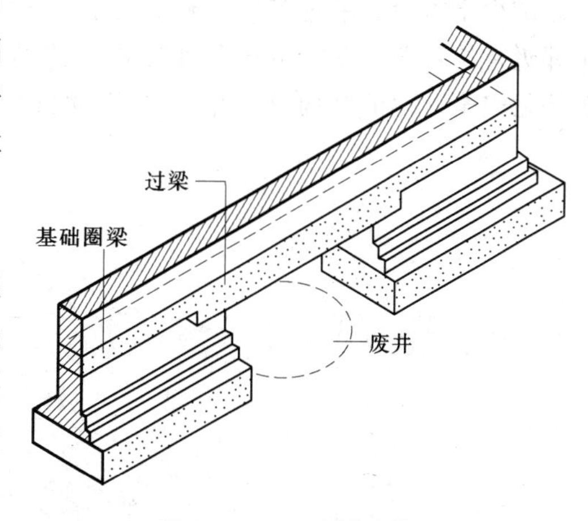

图 2.1.3.7 过梁跨越法

3. 橡皮土的处理

当发现地基土含水量大，有橡皮土的现象，要避免直接在地基上夯打，这时，可用晾槽法或掺入石灰末，以降低土的含水量，或根据具体情况用碎石或卵石压入土中，将土挤实。

1.3.5 管道通过基础的处理

在基础附近有上下水管道，应注意防止漏水。当管道位于基槽下面，最好拆迁，或将基础局部落低。否则应采取防护措施，防止管道被基础压坏。如在管道周围包裹混凝土，或改用铸铁管、混凝土管来代替陶氏管等。

当管道穿过基础或墙基时，必须在基础或墙基上留有足够的空隙使建筑物下沉时不致压弯或损坏管道。当管道穿过基础，基础又不允许切断时，可将局部基础适当落深，使管道穿过墙基，如图 2.1.3.8 所示。

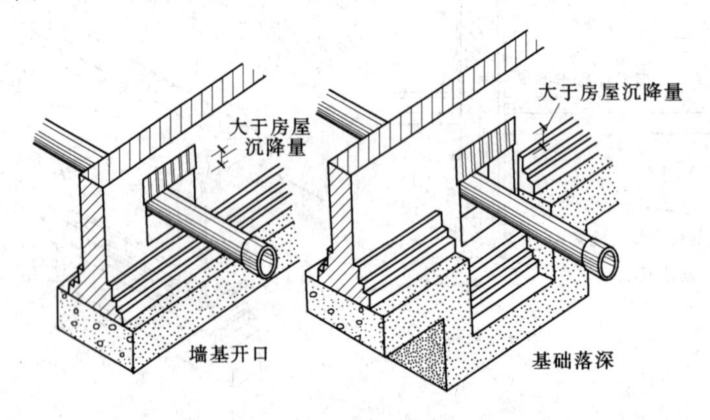

图 2.1.3.8 管道通过基础的处理

近年来在地基基础和地下工程的设计中开始采用地下连续墙的方法。地下连续墙的基本原理是在地面用一种具有特殊装置的挖掘机或钻凿机，开挖一条狭长的深沟，在沟内放置钢筋，然后浇捣混凝土，形成一条地下连续的墙壁，可以供截水、挡土、承重或抗振之用。也可以作建筑物的基础和地下结构物的边墙。地下连续墙的特点是技术经济效果好，可以减少土方量、缩短工期、施工安全、方便，适用于各种技术条件和复杂的环境，可在距邻近建筑物 30～50mm 的最小距离内进行地下施工。施工时没有震动，不影响邻近建筑物的安全。墙的结构形式有：柱式、板式、板柱结合等。

第2章　墙　　体

2.1　墙体的类型与设计要求

墙体是房屋的一个重要组成部分。在一般民用建筑中，墙体工程量占有相当大的比重，墙体和楼板被称为房屋的主体工程。墙体的造价约占工程总造价的30%～40%。墙体材料和构造方法将直接影响建筑物的使用质量、自重、造价、施工工期和材料消耗。故在确定墙体构造时必须全面考虑使用、结构、施工、经济等方面的各种因素。

2.1.1　墙体的类型

墙体按其在平面上位置的不同，分为外墙和内墙。外墙指房屋四周与室外接触的墙；内墙是位于房屋内部的墙。与建筑物短轴方向一致的墙称为横墙，与建筑物长轴方向一致的墙称为纵墙，外横墙习惯上称为山墙。在立面上，窗与窗之间或门与窗之间的墙称窗间墙，窗洞口之下的墙称为窗下墙，平屋顶高出屋面板的外墙称为女儿墙（图2.2.1.1）。

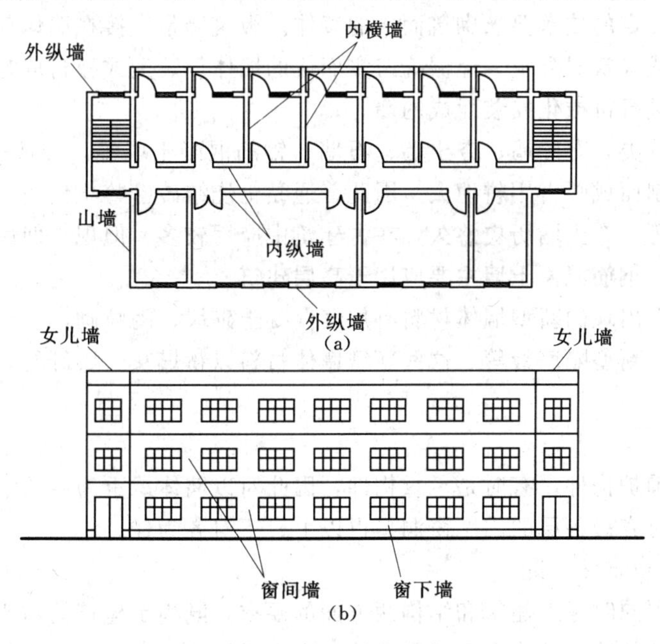

图2.2.1.1　墙体名称

(a) 平面图；(b) 立面图

按墙的受力情况可分为承重墙和非承重墙。凡直接承受上部传来荷载的墙称为承重墙。它同时也承受着风力、地震力等荷载。例如，楼板和屋面板的荷载通过墙传给基础及地基，这种墙体称为承重墙；凡不承受上部荷载的墙称为非承重墙。在砖混结构中，非承重墙分为自承重墙和隔墙。在框架结构中，非承重墙分为填充墙和幕墙。

自承重墙仅承受自身重量，并把自重传给基础；隔墙则把自重传给楼板层或附加的小梁。填充墙是在框架结构中，位于框架梁、柱之间的后砌墙，可以是内墙或外墙。幕墙是指墙体悬挂于框架梁柱的外侧，起围护作用。幕墙的自重由其连接固定部位的梁柱承担。位于高层建筑外围的幕墙，虽然不承受竖向的外部荷载，但受高空气流影响需承受以风力为主的水平荷载，并通过与梁柱的连接传递给框架系统。

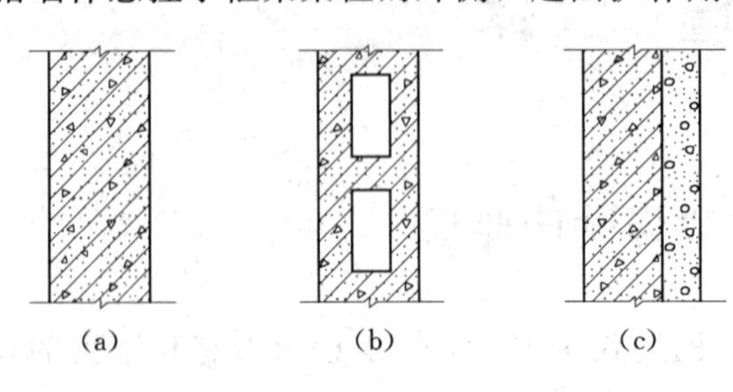

图 2.2.1.2　墙体构造形式
(a) 实体墙；(b) 空体墙；(c) 组合墙

按墙体构造方式可分为实体墙、空体墙和组合墙三种（图 2.2.1.2）。实体墙是由单一材料组砌而成的不留空隙的墙体，如普通砖墙、实心砌块墙、混凝土墙、钢筋混凝土墙等。空体墙也是由单一材料组成，既可以是由单一材料砌成内部空腔，例如空斗砖墙，也可是用具有孔洞的材料建造的墙，例如空心砌块墙，空心板材墙等。组合墙是由两种或两种以上的材料组成，例如钢筋混凝土和加气混凝土构成的复合板材墙，其中钢筋混凝土起承重作用，加气混凝土起保温隔热作用。

按施工方式分类分为叠砌墙、板筑墙和装配式板材墙。叠砌墙是将各种加工好的砖石块材等用砂浆按一定的技术要求砌筑而成的墙体。板筑墙是直接在墙体部位竖立模板，在模板内夯筑黏土或浇筑混凝土，经振捣密实而成的墙体。装配式板材墙是将工厂生产的大型板材运至现场进行机械化安装而成的墙。

按墙体材料分类，有砖墙、夯土墙、石墙、钢筋混凝土墙等。砖墙是传统墙体材料，普通砖是黏土烧制而成，占用耕地大，因此普通黏土烧结砖已禁止使用，现在用得较多是灰砂砖、焦渣砖等。夯土墙历史悠久，在古建筑中应用较多，但现在使用较少；石墙在产石地区采用较多；钢筋混凝土墙主要应用于高层建筑。

目前在社会上出现的新型墙体材料有加气混凝土砌块、陶粒砌块、小型混凝土空心砌块、纤维石膏板、新型隔墙板等。这些新型墙体材料以粉煤灰、煤矸石、石粉、炉渣等废料为主要原料。

2.1.2　设计要求

墙体不仅是围护构件，有时是承重构件，因此对以墙体承重为主的结构，常要求各层的承重墙上、下对齐；各层的门、窗洞口也以上、下对齐为佳。

2.1.2.1　墙体结构布置方案

墙体布置必须同时考虑建筑和结构两方面的要求，既满足建筑的功能与空间的布局要求，又应选择合理的墙体结构布置方案，使之安全承担作用在房屋上的各种荷载，坚固耐久，经济合理。

1. 横墙承重

凡以横墙承重的称为横墙承重方案或横向结构系统。这时楼板、屋顶上的荷载均由横墙承受，纵墙只起纵向稳定和拉结的作用。它的主要特点是横墙间距密，加上纵墙的拉结，使建筑物的整体性好、横向刚度大，对抵抗地震力等水平荷载有利。但横墙承重方案的开间尺寸不够灵活，适用于房间开间尺寸不大的宿舍、住宅及病房楼等小开间建筑，如图 2.2.1.3（a）所示。

2. 纵墙承重

凡以纵墙承重的称为纵墙承重方案或纵向结构系统。这时，楼板、屋顶上的荷载均由纵墙承受，横墙只起分隔房间的作用，有的起横向稳定作用。纵墙承重的横墙较少，可使房间开间的划分灵活，但房屋刚度较差，多适用于需要较大房间的办公楼、商店、教学楼等公共建筑，如图 2.2.1.3（b）所示。

3. 纵横墙承重

对于建筑立面来说，承重墙上开设门窗洞口比在非承重墙上限制要大。因此，将纵墙承重与横墙承重两种方式相结合，根据需要使部分横墙和部分纵墙共同作为建筑物的承重墙，称为纵横墙承重。该方式空间布置灵活，且空间刚度较大，如图 2.2.1.3（c）所示。

4. 局部框架承重

当建筑需要大空间时，采用内部框架承重，四周墙承重的方式。这时，梁的一端支承在柱上，而另一端则搁置在墙上，这种结构布置称局部框架结构或内部框架承重方案。它较适合于室内需要较大使用空间的建筑，如商场等，如图 2.2.1.3（d）所示。

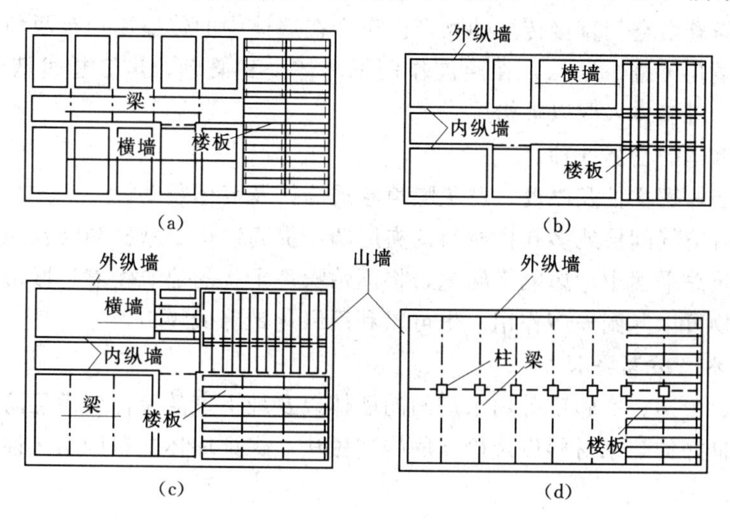

图 2.2.1.3　墙体承重方案

（a）横墙承重体系；（b）纵墙承重体系；（c）纵横墙承重体系；（d）局部框架承重体系

2.1.2.2 对墙体强度和稳定性要求

强度是指墙体承受荷载的能力。砖墙是脆性材料，变形能力小，如果层数过多，重量就大，砖墙可能破碎和错位，甚至被压垮，应验算承重墙或柱在控制截面处的承载力。特别是地震区，房屋的破坏程度随层数增多而加重，设计规范对房屋的高度及层数有一定的限制值。

墙体本身作为竖向构件，不论是否承重，都必须保证其稳定，以防止过大的侧向变形，确保工程安全。墙、柱高厚比是保证墙体稳定的重要指标。墙、柱的高厚比是指墙、柱的计算高度与墙厚、柱宽比值。高厚比越大构件越细长，其稳定性越差。实际工程高厚比必须控制在允许高厚比限值以内。高厚比限值是综合考虑了砂浆强度等级、材料质量、施工水平、横墙间距等诸多因素确定的。

满足高厚比要求采用的方法如下。

（1）在墙体开洞口部位设置门垛。

（2）在长而高的墙体中设置壁柱。

（3）设置贯通的圈梁和钢筋混凝土构造柱。

（4）设置防震缝。

2.1.2.3　对墙体功能方面的要求

1. 满足保温与隔热等热工方面的要求

建筑物在使用中对热工环境舒适性的要求带来一定的能耗，从节能的角度出发，也为了降低长期的运营成本，要求作为围护结构的外墙具有良好的热稳定性，使室内温度环境在外界环境气温变化的情况下保持相对的稳定，减少对空调和采暖设备的依赖。

2. 满足防火要求

选用的材料及截面厚度，都应符合防火规范中相应燃烧性能和耐火极限所规定的要求。在较大的建筑物中应设置防火墙，把建筑物分成若干区段，以防止火灾蔓延。根据防火规范，一级、二级耐火等级建筑，防火墙最大间距为150m、三级为100m、四级为60m。

3. 满足隔声的要求

墙体主要隔离由空气直接传播的噪声。声音在墙体中的传播途径有两种：第一，通过墙体的缝隙和微孔传播。第二，在声波作用下墙体受到震动，声音越过墙体而传播。因此，控制噪声，对墙体采取以下措施。

（1）加强墙体的密缝处理。

（2）增加墙体密实性及厚度，避免噪声穿透墙体及墙体震动。

（3）采用有空气间层或多孔性材料的夹层墙，提高墙体的减振和吸音能力。

（4）在建筑总平面中考虑隔声问题，将不怕噪声干扰的建筑物靠近城市干道布置，这样对后排建筑物可以起到隔声作用。也可以利用绿化带降低噪声。

4. 满足防水、防潮要求

在卫生间、厨房、实验室等用水房间的墙体以及地下室的墙体应满足防潮、防水的要求。通过选用良好的防水材料以及恰当的构造做法，保证墙体的坚固耐久性，使室内有良好的卫生环境。

5. 建筑工业化要求

在大量民用建筑中，墙体工程量占相当的比重。建筑工业化的关键是墙体改革，提高机械化施工程度，提高工效，降低劳动强度，采用轻质高强的墙体材料，以减轻自重、降低成本。

2.2　砌体墙构造

2.2.1　墙体材料

砖墙是砖通过砂浆砌筑而成的，因此其构成材料包括砖和砂浆。

1. 砖

砖的种类繁多，标准机制黏土砖的标准尺寸为240mm（长）×115mm（宽）×53mm（厚）如图2.2.2.1（a）所示。承重孔砖的规格尺寸各地不一，主要有190mm（长）×

190mm（宽）×90mm（厚）、240mm（长）×115mm（宽）×90mm（厚）等几种如图2.2.2.1（b）所示。

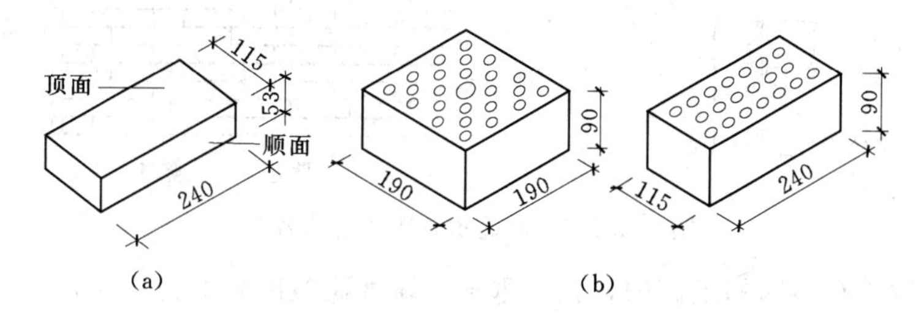

图 2.2.2.1　黏土砖、多孔砖

(a) 黏土砖；(b) 多孔砖

多孔砖的强度等级同烧结普通砖一样分成 MU30、MU25、MU20、MU15、MU10 五个强度等级。

2. 建筑砌块

砌块是利用混凝土、工业废料（煤渣、矿渣等）或地方材料制成的人造块材，其体积比砖大、比大板小的新型墙体材料，其外形多为直角六面体，也有各种异形的。

砌块按规格可分为大型（高度大于 980mm）、中型（高度 380～980mm）和小型（高度 115～380mm）；按用途可分为承重砌块和非承重砌块；按孔洞率分为实心砌块、空心砌块；按原料的不同可分为蒸压加气混凝土砌块、硅酸盐混凝土砌块、普通混凝土砌块、轻集料混凝土砌块、粉煤灰砌块、石膏砌块等。

3. 胶结材料

砂浆是砌体的胶结材料，由胶凝材料（水泥、石灰）和填充料（砂、矿渣、石屑等）混合加水搅拌而成。砂浆的作用是将砖块砌筑成墙体，使其传力均匀。砂浆还起着嵌缝作用，能提高墙体的防寒、隔热和隔声能力。砌筑砂浆要求有一定的强度，以保证墙体的承载能力，同时还要求适当的稠度和保水性，即有好的和易性，方便施工。

砌筑砂浆通常使用的有水泥砂浆、石灰砂浆及混合砂浆三种。

水泥砂浆是由水泥、砂加水拌合而成。它属于水硬性材料、强度高、防潮性能好，较适合于砌筑潮湿环境的砌体。

石灰砂浆是由石灰膏、砂加水拌合而成。它属于气硬性材料、强度不高、常用于砌筑一般、次要的民用建筑中地面以上的砌体。

混合砂浆是由水泥、石灰膏、砂加水拌和而成。这种砂浆强度高、和易性和保水性较好，常用以砌筑工业与民用建筑中地面以上的砌体。

砂浆的强度等级分为七级，即 M15、M10、M7.5、M5、M2.5、M1 和 M0.4、M5 以上属高强度级砂浆，常用的砌筑砂浆是 M1～M5。

2.2.2　组砌方式

组砌是指块材在砌体中的排列。组砌的关键是错缝搭接，使上、下层块材的垂直缝交错，保证墙体的整体性。如果墙体表面或内部的垂直缝处于一条线上，形成通缝，在荷载作用下，通缝会使墙体的强度和稳定性显著降低（图 2.2.2.2）。

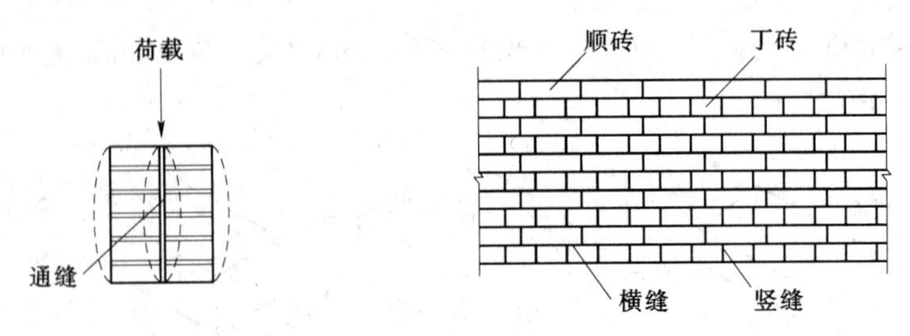

图 2.2.2.2　通缝示意图及砖缝名称

砖墙的组砌：在砖墙的组砌中，长边垂直于墙面砌筑的砖称为丁砖，长边平行于墙面砌筑的砖称为顺砖。上、下两皮砖之间的水平缝称为横缝；左右两块砖之间的缝称为竖缝，如图 2.2.2.2 所示。标准缝宽为 10mm，可以在 8～12mm 之间进行调节。组砌原则：砖缝砂浆饱满、横平竖直、错缝搭接、避免通缝。

2.2.2.1　实心砖墙

在砌筑实心砖墙时，灰缝宽度一般按 10mm 考虑，这样标准砖的长宽厚度之比为 (240＋10) ∶ (115＋10) ∶ (53＋10) ＝4 ∶ 2 ∶ 1。实心砖墙按其厚度分为半砖墙 (115mm)，通称 12 墙；3/4 砖墙 (178mm)，通称 18 墙；一砖墙 (240mm)，通称 24 墙；一砖半墙 (365mm)，通称 37 墙，两砖墙 (490mm)，通称 49 墙 (图 2.2.2.3)。

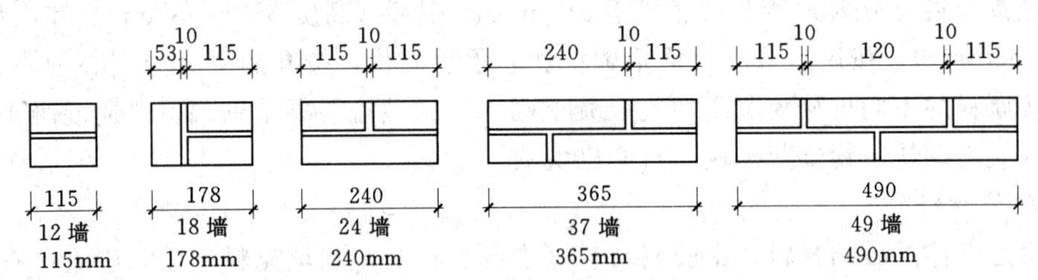

图 2.2.2.3　墙厚与砖规格的关系

实心砖墙常见的砌筑方式：一顺一丁式、多顺一丁式、每皮丁顺相间式、全顺式、两平一侧式、一砖半墙砌式等 (图 2.2.2.4)。

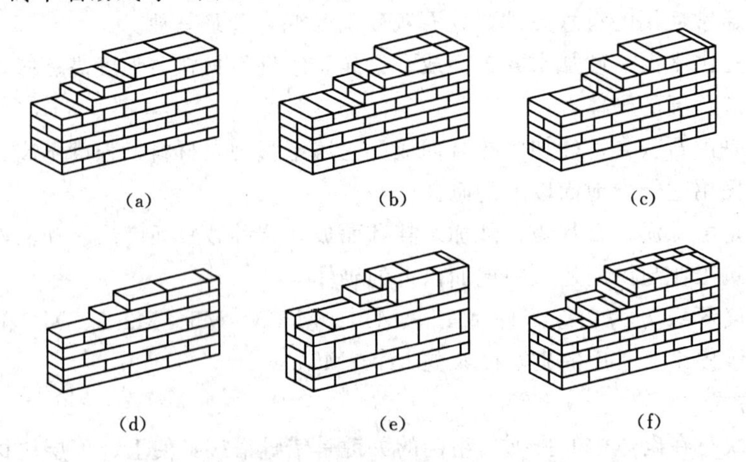

图 2.2.2.4　砖墙的砌筑方式

(a) 240 砖墙 一顺一丁式；(b) 240 砖墙 多顺一丁式；(c) 240 砖墙十字式；
(d) 120 砖墙；(e) 180 砖墙；(f) 370 砖墙

2.2.2.2 空斗砖墙

空斗砖墙是指用普通黏土砖用侧砌或平砌相结合的方法砌筑的。在空斗墙中，侧砌的砖称为斗砖，平砌的砖称为眠砖。空斗墙的砌法一眠一斗、一眠二斗、一眠三斗、无眠空斗（图 2.2.2.5）。

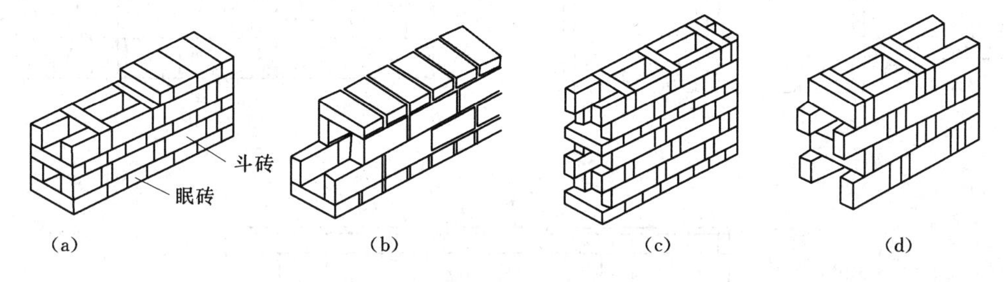

图 2.2.2.5 空斗砖墙的砌筑方式

(a) 一眠一斗；(b) 一眠两斗；(c) 一眠三斗；(d) 无眠空斗

空斗墙由于强度、稳定性、防水防潮能力较低，所以仅适用于 240 的墙体，在基础、勒脚、门窗洞口两侧，墙的转角等处要砌成实心墙，在钢筋混凝土楼板、梁和屋架支座等要害部位要用实心墙加固，用以承受荷载，如图 2.2.2.6 所示。

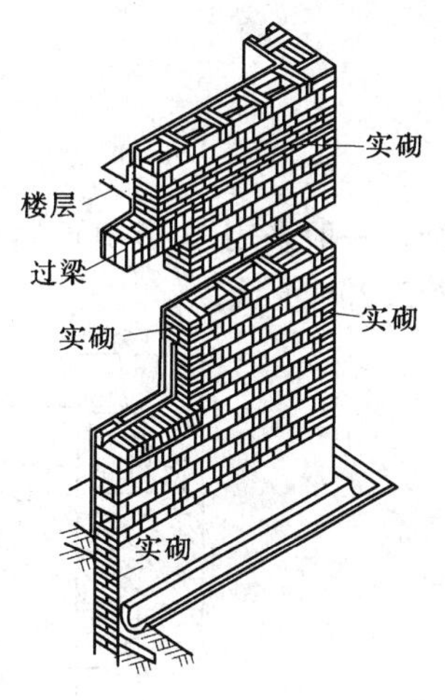

图 2.2.2.6 无眠空斗墙的加强措施

2.2.2.3 砌块墙的组砌与构造要点

砌块墙是采用比普通实心黏土砖大的预制块材（称砌块）砌筑而成的墙体。

1. 砌块墙应事先作排列设计

砌块在组砌中与砖墙不同，由于砌块的规格较多、尺寸较大，为保证错缝以及砌体的整体性，砌块需要在建筑平面图和立面图上进行砌块的排列设计，注明每一砌块的型号，如图 2.2.2.7 所示。

砌体墙施工过程中应按排列设计图进料和砌筑，排列组合图包括各层平面、内外墙立面分块图。

2. 砌块墙增加墙体整体性措施

（1）砌块墙的接缝处理。

1）中型砌块的排列设计应使上下皮错缝，沿长向错缝搭接长度一般不少于砌块高度的 1/3，且不应小于 150mm。

2）小型砌块的上下皮错缝搭接长度不小于 90mm。

3）搭接长度不足，应在水平灰缝内设置不小于 2Φ4 的钢筋网片，且每端超过垂直缝不小于 300mm。

4）砌块墙砌筑时的灰缝宽度，小型砌块一般为 10～15mm；中型砌块为 15～20mm。

5）用不低于 M5 砂浆砌筑。当垂直灰缝大于 30mm 时，则需用 C20 细石混凝土灌实。

（2）砌块墙按楼层每层加设圈梁。圈梁用以加强砌块墙的整体性。圈梁通常与窗过梁合并，可现浇，也可预制成圈梁砌块。现浇圈梁整体性强，对加固墙身有利，但施工较复

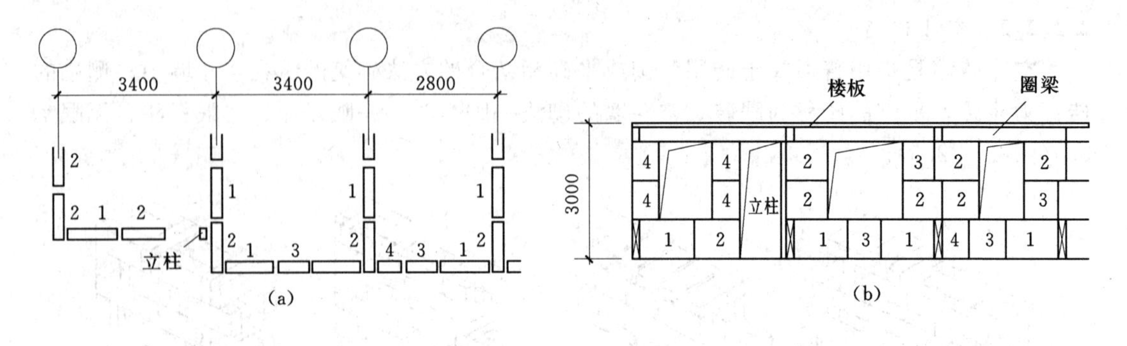

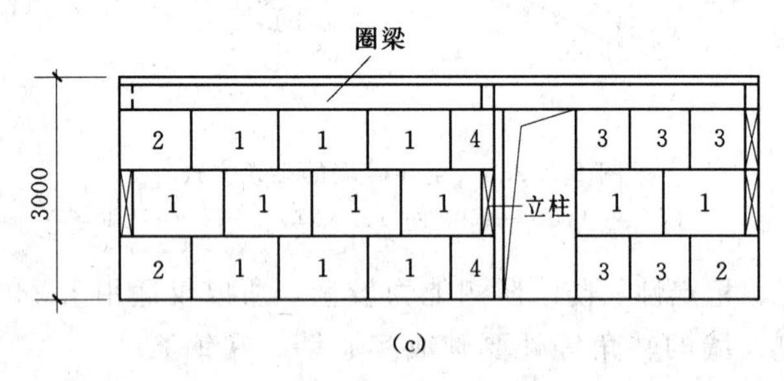

图 2.2.2.7 砌块排列示意图

(a) 平面；(b) 立面；(c) 内墙立面

杂。一般采用U形槽预制构件，在U形槽内配置钢筋，再现浇混凝土形成圈梁，如图2.2.2.8所示。

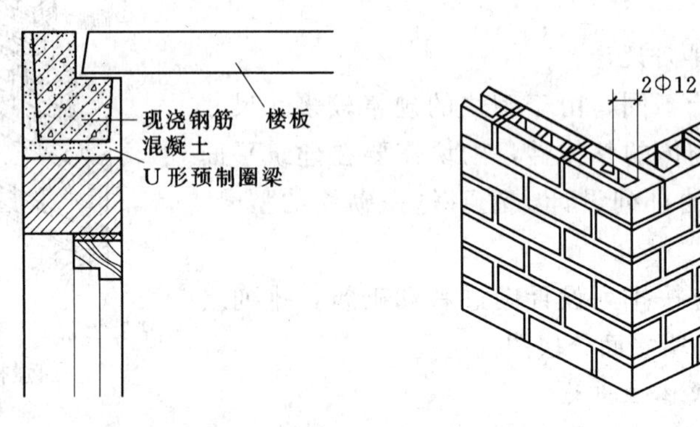

图 2.2.2.8 砌块墙的圈梁

图 2.2.2.9 砌块墙的芯柱

（3）砌块墙芯柱构造。墙体的竖向加强措施是在外墙转角以及某些内外墙相接的T字接头处增设芯柱，将砌块在垂直方向连成一体。多利用空心砌块上下孔洞对齐，在孔内配置2Φ12或Φ14的钢筋，然后用C20细石混凝土分层灌实，形成芯柱，芯柱与圈梁共同增强了砌块墙的整体稳定性，如图2.2.2.9所示。

2.2.3 墙体细部构造

墙体的细部构造一般指墙身上的细部做法，其中包括墙身防潮层、勒脚、散水或明沟、窗台、过梁、圈梁等内容。

2.2.3.1 墙身防潮层

在墙身中设置防潮层的目的是防止地基土壤中的水分因毛细管作用沿基础墙上升侵入

墙身，如图 2.2.2.10（a）所示，提高建筑物的耐久性，保持室内干燥卫生。防潮层有水平防潮层和垂直防潮层两种。

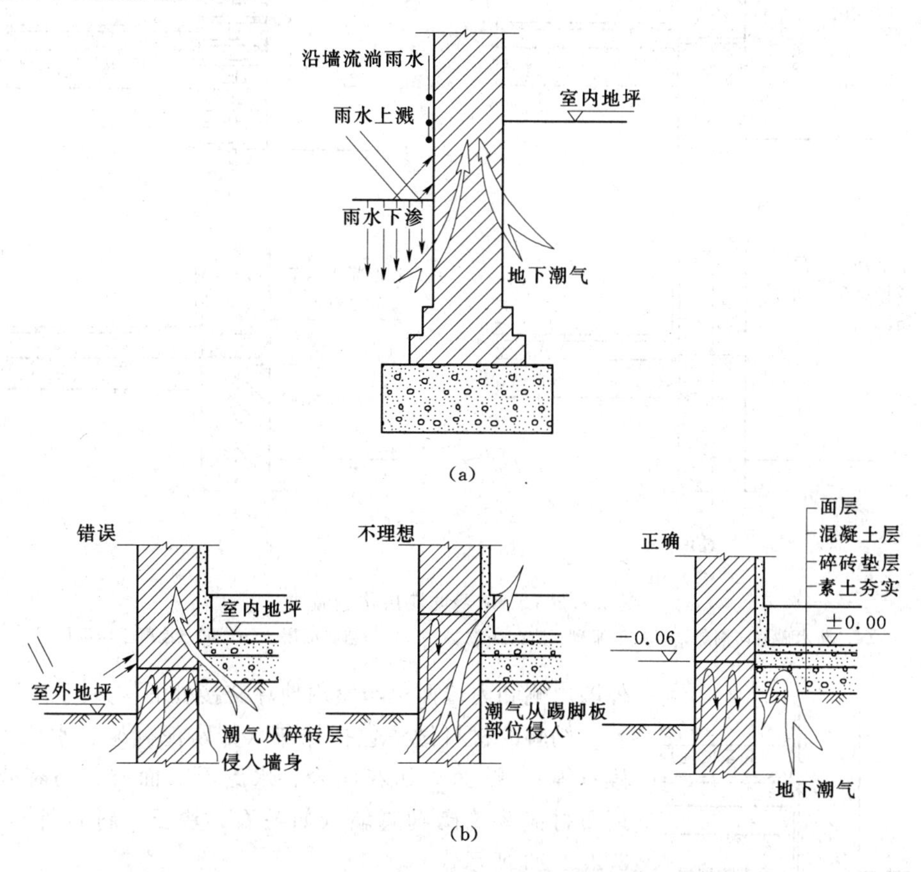

图 2.2.2.10 墙身水平防潮层

(a) 墙身受潮示意图；(b) 水平防潮层位置

水平防潮层的位置应沿建筑物内、外墙连续交圈设置，位于室内地坪以下 60mm 处，如图 2.2.2.10（b）所示。墙身水平防潮层的构造做法如下。

防水砂浆防潮层：采用 1：2 水泥砂浆加 3%～5% 防水剂，厚度为 20～25mm 或用防水砂浆砌三皮砖作防潮层如图 2.2.2.11（a）、（b）所示。

油毡防潮层：先抹 20mm 厚水泥砂浆找平层，上铺一毡二油如图 2.2.2.11(c) 所示。

细石混凝土防潮层：采用 60mm 厚的细石混凝土带，内配三根 $\phi6$ 钢筋，如图 2.2.2.11（d）所示。

当内墙两侧地面有标高差时，水平防潮层应设在低地坪地面以下 60mm 处，并在两地坪间靠回填土一侧墙面加设垂直防潮层。先用水泥砂浆抹面，刷上冷底子油一道，再刷热沥青两道；也可以采用掺有防水剂的砂浆抹面的做法，如图 2.2.2.12 所示。

2.2.3.2 勒脚

勒角是外墙的墙角，是墙身接近室外地面的部分。一般情况下，其高度为室内地坪与室外地面的高差部分。有的工程将勒脚高度提高到底层室内踢脚线或窗台的高度（踢脚是

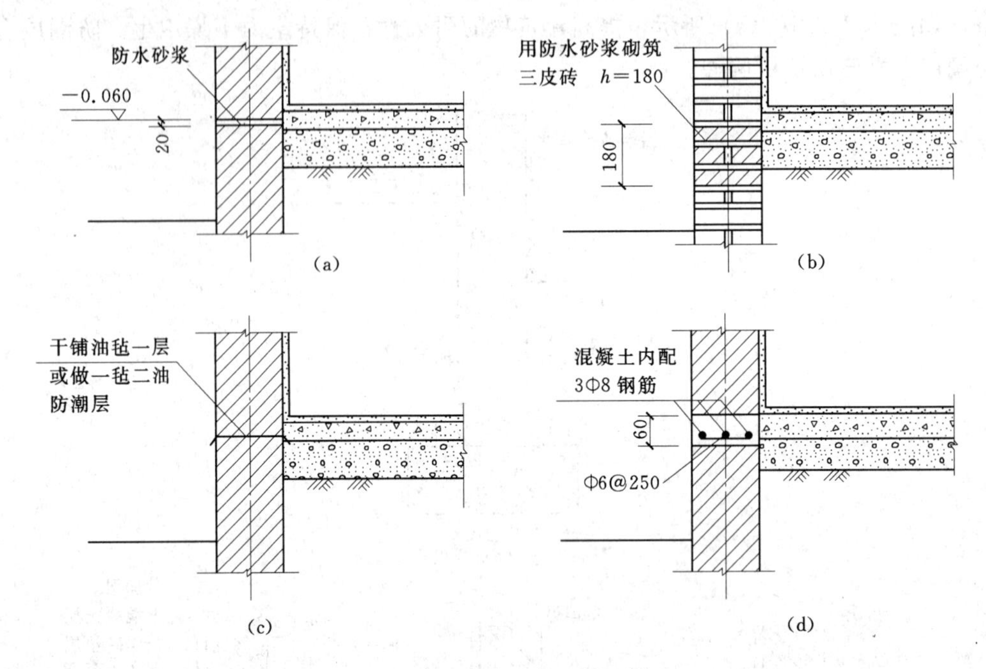

图 2.2.2.11 墙身防潮层构造做法

(a) 防水砂浆防潮层；(b) 砂浆砌三皮砖防潮层；(c) 油毡防潮层；(d) 细石混凝土防潮层

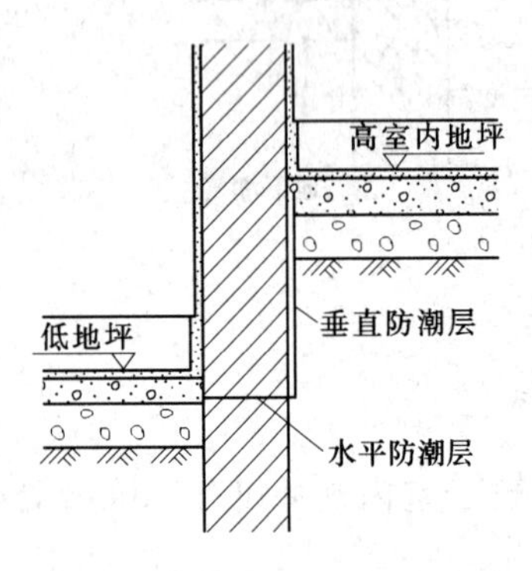

图 2.2.2.12 有地坪高差内墙的墙身防潮层构造做法

外墙内侧和内墙两侧与室内地坪交接处的构造)。

勒脚的材料做法包括抹灰（如水泥砂浆、水刷石、斩假石等)；贴面（如花岗岩、水磨石、面砖、马赛克等)；用石材代替砖砌勒脚墙（如毛石、块石、料石等)，如图2.2.2.13 所示。

2.2.3.3 散水与明沟

散水与明沟分别是在外墙四周与室外地面接触处做的排水坡（散水)、排水沟（明沟)，其作用是尽快排走地面上的积水，防止雨水渗入外墙，危害基础。

当屋面为有组织排水时，一般设明沟或暗沟，也可设散水。屋面为无组织排水时，一般设散水，但应加滴水砖（石）带。散水的做法：素土夯实上铺三合土、混凝土等材料。厚度 60～70mm。散水应设 3%～5%的排水坡，散水宽度一般 600～1000mm（图 2.2.2.14)。散水与外墙交接处应设分格缝，分格缝用弹性材料嵌缝，防止外墙下沉时将散水拉裂。

明沟可用砖砌、石砌、混凝土现浇，沟底应做纵坡，坡度为 0.5%～1%，坡向窨井，如图 2.2.2.15。外墙与明沟之间应做散水。

2.2.3.4 窗台

窗台位于窗洞口的下部，其主要作用是排除沿窗面流下的雨水，防止其渗入墙身，进入室内。窗台有内外之分，以窗框为界，位于室外一侧的称为外窗台，位于室内一侧的称为内窗台。

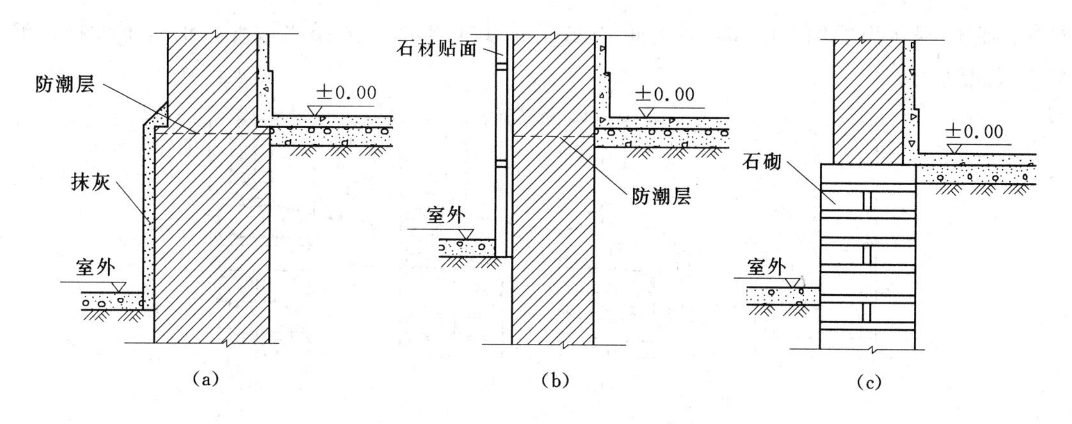

图 2.2.2.13 勒脚构造做法

(a) 抹灰；(b) 贴面；(c) 石材

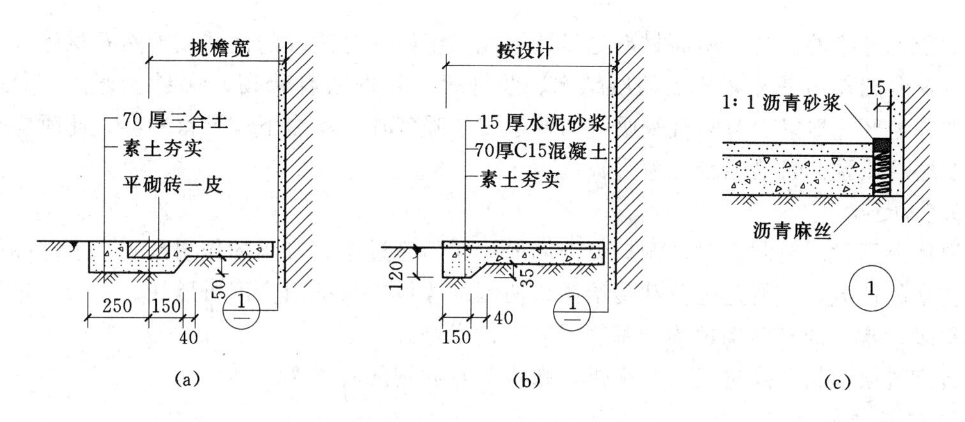

图 2.2.2.14 散水构造做法

(a) 明沟；(b) 散水；(c) 散水与外墙交接处构造

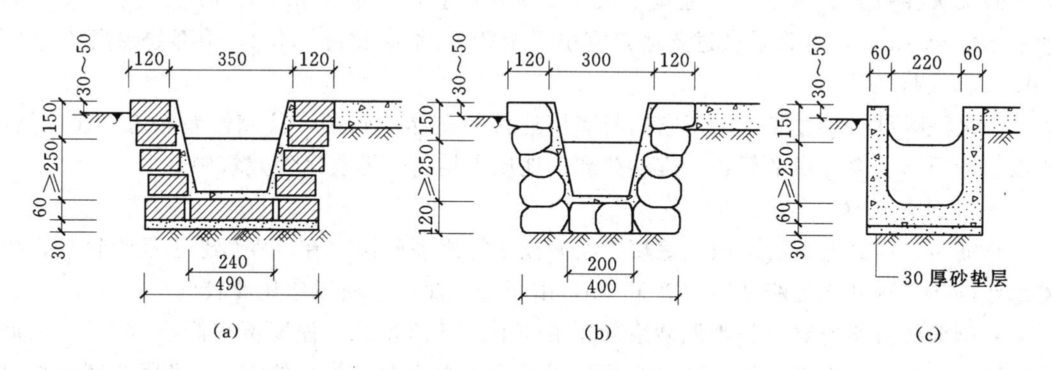

图 2.2.2.15 明沟构造做法

(a) 砖砌明沟；(b) 石砌明沟；(c) 混凝土明沟

外窗台按是否悬挑分为不悬挑窗台如图 2.2.2.16（a）所示和悬挑窗台如图 2.2.2.16（b）所示。外窗台按材料的不同，可分为砖砌窗台如图 2.2.2.16（c）所示和预制混凝土窗台两种如图 2.2.2.16（d）所示。常见的砖砌窗台做法是挑砖，分平砌窗台和侧砌窗台两种。它们都挑出墙面60mm，窗台面用水泥砂浆抹出10%的排水坡度，窗台下面抹出滴水槽或鹰嘴线。

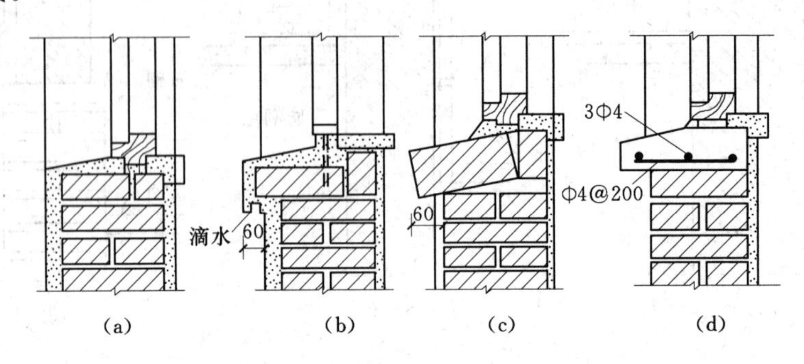

图2.2.2.16 窗台构造

(a) 不悬挑窗台；(b) 滴水窗台；(c) 侧砌砖窗台；(d) 预制钢筋混凝土窗台

对于无外挑的窗台，墙面材料尽量选用光洁度好、易擦洗的面砖或天然石材等。

内窗台的作用是排除窗上的凝结水、装饰等。其做法有砖砌、预制水磨石、大理石等。北方地区一般室内有暖气采暖，为便于安装暖气片，窗台下应预留凹龛，此时应采用预制水磨石或预制钢筋混凝土窗台板。

2.2.3.5 过梁

墙体上开设门窗洞口时，洞口上部的横梁叫门窗过梁。过梁的作用是支承上部砌体及梁板传来的荷载，并将这些荷载传给洞口两侧的墙体，保护门窗不被压坏、压弯。过梁的种类很多，常用的有砖砌过梁、钢筋混凝土过梁等。

砖砌过梁包括砖拱过梁（分平拱、弧拱等）和钢筋砖过梁。

1. 砖拱过梁

砖拱过梁分为平拱和弧拱，如图2.2.2.17（a）、（b）所示。由竖砌的砖作拱圈，一般将砂浆灰缝做成上宽下窄，上宽不大于20mm，下宽不小于5mm。砖不低于MU7.5，砂浆不低于M2.5，砖砌平拱过梁净跨宜小于1.2m，不应超过1.8m，中部起拱高约为1/50L（L为洞口宽度）。

不论是哪种砖拱过梁，由于它们与墙体连接的整体性较差，抗震性差，施工速度慢，所以不适用于上部有集中荷载、震动荷载、地质不均匀、地震区等建筑中。

2. 钢筋砖过梁

钢筋砖过梁是先在洞口内支底模，在底模上抹水泥砂浆，在水泥砂浆上摆设钢筋，接着继续砌砖。这种梁的跨度不宜大于2m，由于施工简单，所以应用比较广泛。

对钢筋砖过梁的要求是水泥砂浆的厚度不宜小于30mm，强度不宜低于M2.5；钢筋直径不小于5mm，间距120；砖砌高度大于5皮且大于洞口跨度的1/4，采用的砌筑材料强度要求砖大于MU7.5，砂浆大于M5钢筋砖过梁的构造，如图2.2.2.17（c）所示。

3. 钢筋混凝土过梁

钢筋混凝土过梁有现浇和预制两种，梁高及配筋由计算确定。为了施工方便，梁高应与砖的皮数相适应，以方便墙体连续砌筑，所以常见梁高为60mm、120mm、180mm、240mm，即60mm的整倍数。梁宽一般同墙厚，梁两端支承在墙上的长度不少于240mm，

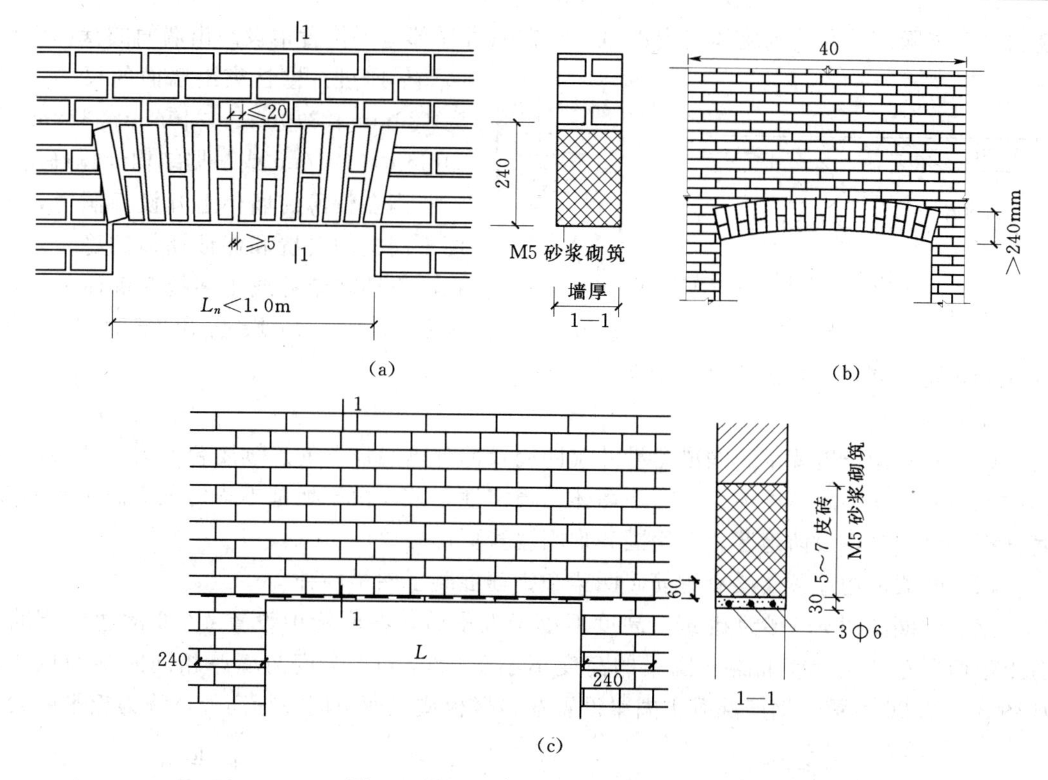

图 2.2.2.17 砖过梁及钢筋砖过梁

(a) 砖砌平拱过梁；(b) 砖砌弧拱过梁；(c) 钢筋砖过梁

以保证足够的承压面积。

过梁断面形式有矩形和 L 形。为简化构造，节约材料，可将过梁与圈梁、悬挑雨篷、窗楣板或遮阳板等结合起来设计。如在南方炎热多雨地区，常从过梁上挑出 300～500mm 宽的窗楣板，既保护窗户不淋雨，又可遮挡部分直射太阳光（图 2.2.2.18）。

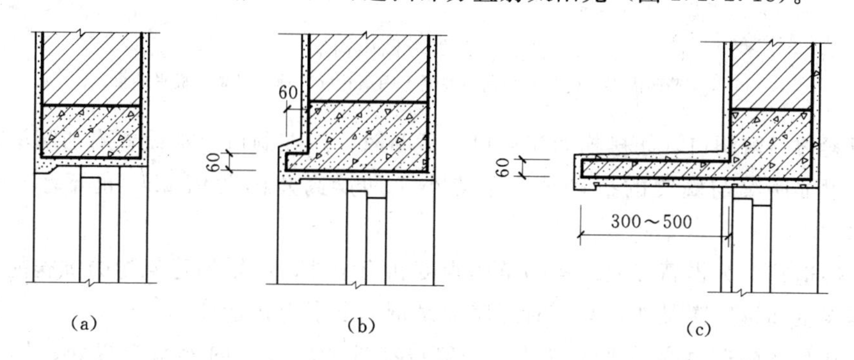

图 2.2.2.18 钢筋混凝土过梁型式

(a) 平墙过梁；(b) 带窗套过梁；(c) 带窗楣过梁

2.2.3.6 墙身的加固

1. 壁柱和门垛

当墙体的窗间墙上出现集中荷载，而墙厚又不足以承担其荷载；或当墙体的长度和高度超过一定限度并影响到墙体稳定性时，常在墙身局部适当位置增设凸出墙面的壁柱以提高墙体刚度。壁柱突出墙面的尺寸一般为 120mm×370mm、240mm×370mm、240mm×490mm 或根据结构计算确定。

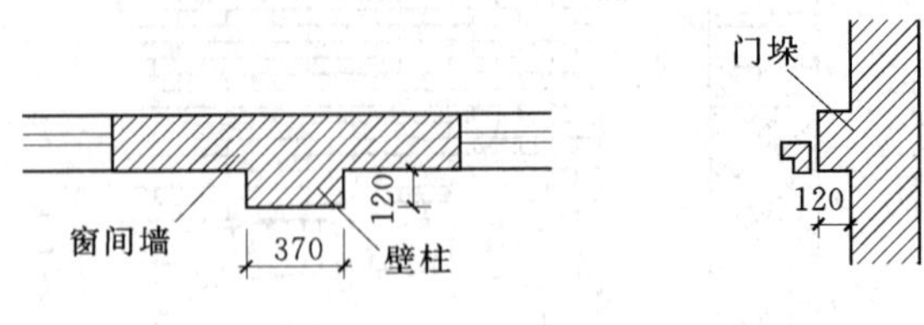

图 2.2.2.19　壁柱和门垛

当在较薄的墙体上开设门洞时，为便于门框的安置和保证墙体的稳定，须在门靠墙转角处或丁字接头墙体的一边设置门垛，门垛凸出墙面不少于 120mm，宽度同墙厚（图 2.2.2.19）。

2. 圈梁

（1）圈梁的设置要求。圈梁是沿外墙四周及部分内墙设置的连续闭合的梁。圈梁可提高建筑物的空间刚度及整体性，增加墙体的稳定性，减少由于地基不均匀沉降而引起的墙身开裂。对于抗震设防地区，利用圈梁加固墙身更加必要。

（2）圈梁的构造。圈梁有钢筋砖圈梁和钢筋混凝土圈梁两种。

钢筋砖圈梁用 M5 砂浆砌筑，高度不小于五皮砖，在圈梁中设置 4Φ6 的通用钢筋，分上下两层布置。钢筋混凝土圈梁的高度不小于 120mm，宽度与墙厚相同圈梁的构造，如图 2.2.2.20 所示。钢筋混凝土圈梁设置在与楼板或屋面板同一标高处，称为板平圈梁。

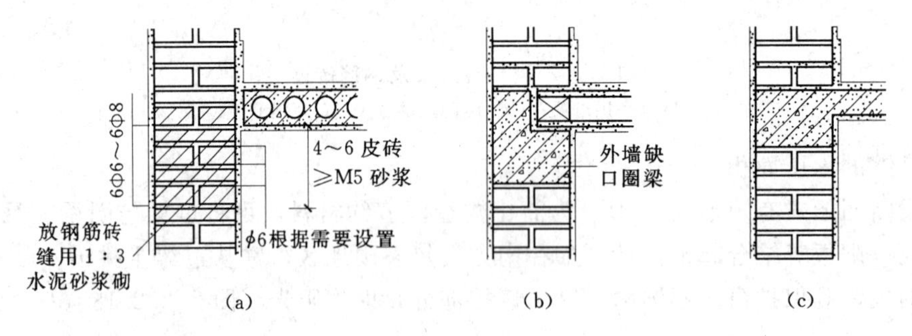

图 2.2.2.20　圈梁构造

(a) 钢筋砖圈梁；(b) L 型钢筋混凝土圈梁；(c) 钢筋混凝土板平圈梁

当圈梁被门窗洞口（如楼梯间窗洞口）截断时，应在洞口上部设置附加圈梁，进行搭接补强。附加圈梁与圈梁的搭接长度不应小于两梁高差的两倍 2h，也不小于 1000mm（图 2.2.2.21）。

（3）构造柱。为提高砖混结构的整体刚度和稳定性，以增加建筑物的抗震能力，除了提高砌体强度和设置圈梁外，必要时还应加设钢筋混凝土构造柱。

构造柱是从构造角度考虑设置的。一般设在外墙转角、内外墙交接处、较大洞口两侧、较长墙段的中部及楼梯、电梯四角等。由于房屋的层数和地震烈度不同，构造柱的设置要求也有所不同。

构造柱必须与圈梁紧密连接，形成空间骨架。构造柱的最小截面尺寸为 240mm×180mm，当采用黏土多孔砖时，最小构造柱的最小截面尺寸为 240mm×240mm。最小配筋量是纵向钢筋 4Φ12，箍筋Φ6@200～250。构造柱下端应锚固在钢筋混凝土基础或基础梁内，无基础梁时应伸入底层地坪下500mm处，上端应锚固在顶层圈梁或女儿墙压顶内，以增强其稳定性。为加强构造柱与墙体的连接，构造柱处的墙体宜砌成“马牙槎”，并沿墙高每隔500mm设2Φ6拉结钢筋，每边伸入墙内不少于1000mm。施工时，先放置构造柱钢筋骨架，后砌墙，并随着墙体的升高而逐段现浇混凝土构造柱身，以保证墙柱形成整体（图2.2.2.22）。

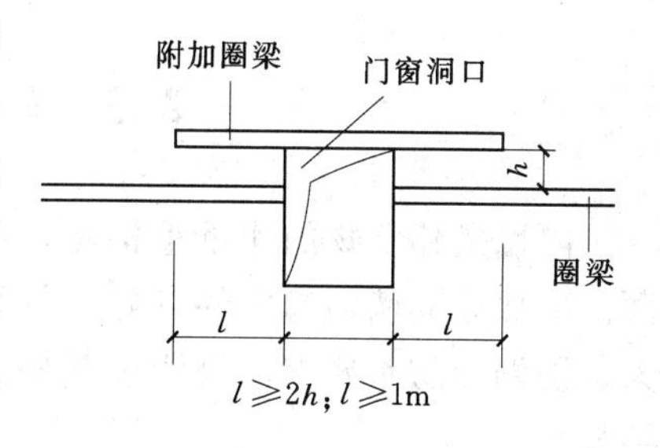

图2.2.2.21　附加圈梁

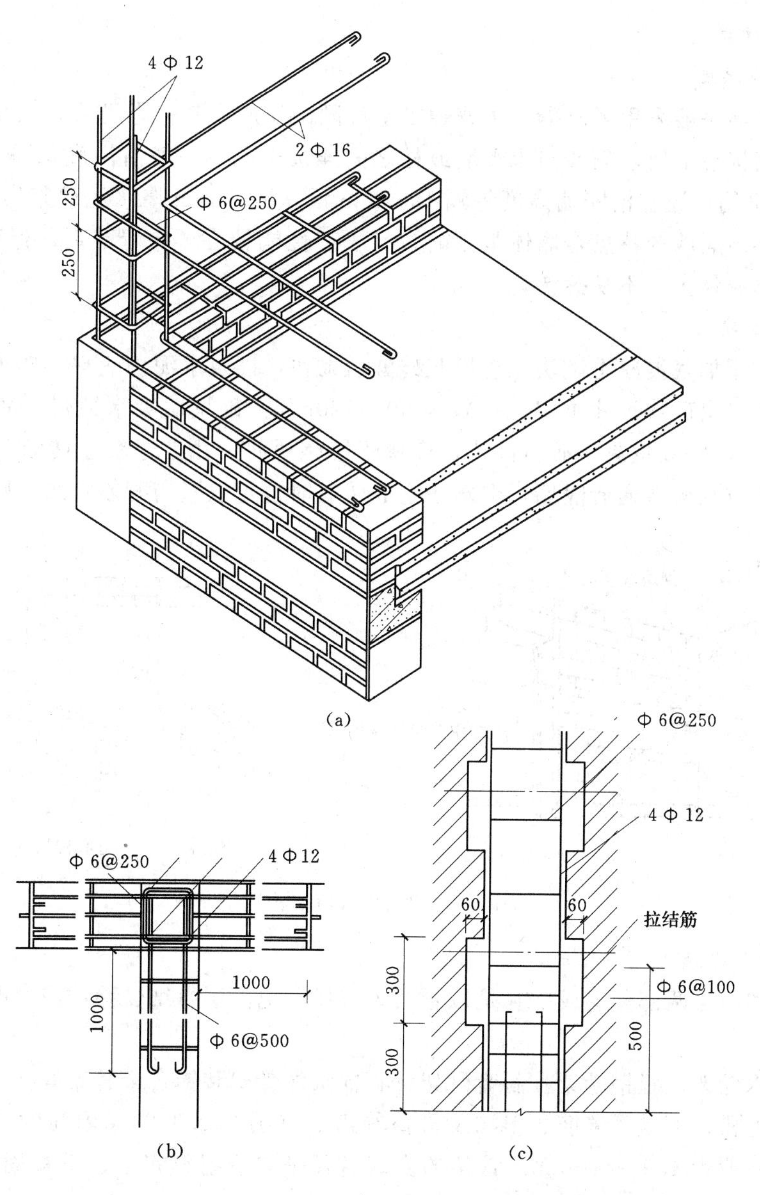

图2.2.2.22　砖砌体中的构造柱

(a) 转角处的构造柱；(b) 内外墙交接处的构造柱；(c) 构造柱局部纵剖面

2.3　轻质内隔墙、隔断构造

隔墙是建筑物的非承重构建，起水平方向分隔空间的作用。隔墙要求重量轻、厚度薄。要保证隔墙的稳定性良好，特别要注意其与承重墙的连接；要满足一定的隔声、防火、防潮和防水要求。隔墙按其构造形式分为块材隔墙、骨架隔墙和板材隔墙三种主要类型。

2.3.1　轻质内隔墙

2.3.1.1　块材隔墙

1. 普通砖隔墙

普通砖隔墙一般采用半砖隔，用普通黏土砖顺砌而成，其标志尺寸为 120mm。

半砖隔墙构造上要求隔墙与承重墙或柱之间连接牢固，一般沿高度每隔 500mm 砌入 2Φ4 的通长钢筋，还应沿隔墙高度每隔 1200mm 设一道 30mm 厚水泥砂浆层，内放 2Φ6 拉结钢筋。半砖隔墙的特点是墙体坚固耐久、隔声性能较好，布置灵活，但稳定性较差、自重大，湿作业量大、不易拆装。

2. 砌块隔墙

目前常采用加气混凝土砌块、粉煤灰硅酸盐砌块，以及水泥炉渣空心砖等砌筑隔墙。

砌块隔墙厚由砌块尺寸决定，一般为 90～120mm。砌块墙吸水性强，故在砌筑时应先在墙下部实砌 3～5 皮黏土砖再砌块。砌块不够整块时宜用普通黏土砖填补。砌块隔墙的构造处理的方法同普通砖隔墙，但对于空心砖有时也可以竖向配筋拉结（图 2.2.3.1）。

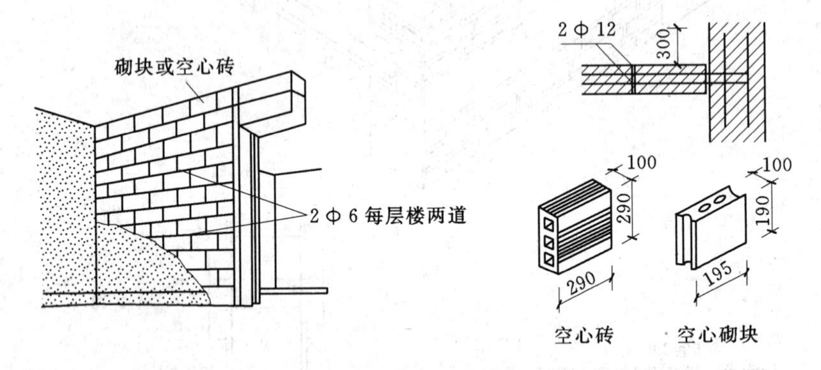

图 2.2.3.1　砌块隔墙构造

2.3.1.2　骨架隔墙

由骨架和面层两部分组成。它是以骨架为依托，把面层钉结、涂抹或粘贴在骨架上形成的隔墙。

骨架有木骨架、轻钢骨架、石膏骨架、石棉水泥骨架和铝合金骨架等。

骨架由上槛、下槛、墙筋、斜撑及横撑等组成（图 2.2.3.2）。墙筋的间距取决于面板的尺寸，一般为 400～600mm。骨架的安装过程是先用射钉将上、下槛固定在楼板上，然后安装龙骨（墙筋和横撑）。

面层有人造板面层和抹灰面层。根据不同的面板和骨架材料可分别采用钉子、膨胀铆钉或金属夹子等，将面板固定在立筋骨架上。

2.3.1.3 板材隔墙

单块轻质板材的高度相当于房间净高的隔墙，它不依赖骨架，可直接装配而成。它具有自重轻、安装方便、施工速度快、工业化程度高的特点。目前多采用条板，如加气混凝土条板、石膏条板、炭化石灰板、石膏珍珠岩板以及各种复合板（如泰柏板）。条板厚度大多为 60～100mm，宽度为 600～1000mm，长度略小于房间净高。

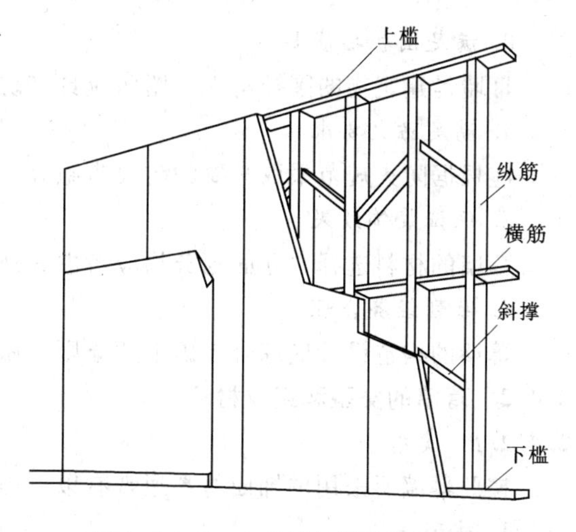

图 2.2.3.2 立筋类轻隔墙龙骨构成

2.3.2 隔断

隔断不完全分隔空间，但可局部遮挡视线或组织交通路线。常用的隔断有屏风式、镂空式、玻璃墙式、移动式以及家具式等。

2.4 幕 墙 构 造

2.4.1 幕墙的特点及其设计原则

2.4.1.1 幕墙的特点

幕墙早在 100 多年前即已在建筑上开始应用，但由于材料和加工工艺等方面的原因，发展十分缓慢。最近 30～40 年来，随着科学技术和工业生产的不断发展，幕墙获得飞速的发展，在建筑上广泛应用。

建筑幕墙是由金属构架与板材组成的，不承担主体结构荷载与作用的建筑外围护结构，它不同于一般的外墙，具有以下三个特点。

（1）建筑幕墙是完整的结构体系，直接承受施加于其上的荷载作用，并传递到主体结构上。

（2）建筑幕墙应包封主体结构，不使主体结构外露。

（3）建筑幕墙通常与主体结构采用可动连接，竖向幕墙通常悬挂在主体结构上。当主体结构移动时，幕墙相对于主体结构可以活动。

由于有上述特点，幕墙首先是结构具有承载能力，然后是外装，具有美观的建筑功能。

2.4.1.2 幕墙设计的一般原则

1. 满足强度和刚度要求

幕墙的骨架和饰面板都需要考虑自重和风荷载的作用，幕墙及其构件都必须有足够的强度和刚度。

2. 满足温度变形和结构变形要求

由于内外温差和结构变形的影响，幕墙可能产生胀缩和扭曲变形，因此，幕墙与主体结构之间、幕墙元件与元件之间均应采用“柔性连接”。

3. 满足围护功能要求

幕墙是建筑物的围护构件，墙面应具有防水、挡风、保温、隔热及隔声等能力。

4. 满足防火要求

应根据防火规范采取必要的防火措施等。

5. 保证装饰效果

幕墙的材料选择，立面划分均应考虑其外观装饰效果。

6. 做到经济合理

幕墙的构造设计应综合考虑上述原则，做到安全、适用、经济、美观。

2.4.2 幕墙的类型和组成材料

2.4.2.1 类型

按照幕墙所采用的饰面材料通常有以下类型。

1. 玻璃幕墙

玻璃幕墙主要是应用玻璃覆盖在建筑物的表面的幕墙。采用玻璃幕墙做外墙面的建筑物，显得光亮、明快、挺拔、有较好的统一感。

玻璃幕墙制作技术要求高，而且投资大、易损坏、耗能大，所以一般只在重要的公共建筑立面处理中运用。

2. 金属幕墙

金属幕墙表面装饰材料是利用一些轻质金属，如铝合金、不锈钢，加工而成的各种压型薄板等。这些薄板经表面处理后，作为建筑外墙的装饰面层，不仅美观新颖、装饰效果好，而且自重轻、连接牢靠，耐久性也较好。

3. 铝塑板幕墙

铝塑板幕墙是利用铝板与塑料的复合板材进行饰面的幕墙。该类饰面具有金属质感，晶莹光亮、美观新颖、豪华，装饰效果好，而且施工简便、连接牢靠，耐久、耐候性也较好，应用相当广泛。

4. 石材幕墙

石材幕墙是利用天然的或者人造的大理石与花岗岩进行外墙饰面。该类饰面具有豪华、典雅、大方的装饰效果，可点缀和美化环境。该类饰面施工简便、操作安全，连接牢固可靠，耐久、耐候性很好。

5. 轻质混凝土挂板幕墙

轻质混凝土挂板幕墙是一种装配式轻质混凝土墙板系统。由于混凝土的可塑性较强，墙板可以制成表面有凹凸变化的形式，并喷涂各种彩色涂料。

2.4.2.2 幕墙的组成材料

幕墙主要由骨架材料、饰面板及封缝材料组成。为了安装固定和修饰完善幕墙，还应配有连接固定件和装饰件等。

1. 框架材料

幕墙骨架是幕墙的支撑体系，它承受面层传来的荷载，然后将荷载传给主体结构。幕墙骨架一般采用型钢、铝合金型材和不锈钢型材等材料，另一类是用于各种连接与固定型材的连接件和紧固件。

型钢多用工字形钢、角钢、槽钢、方管钢等，钢材的材质以 Q235 为主，这类型材强度高，价格较低，但维修费用高。铝合金型材多为经特殊挤压成型的铝镁合金（LD31）型材，并经阳极氧化着色表面处理。不锈钢型材一般采用不锈钢薄板压弯或冷轧制造成钢框格或竖框，造价高，规格少。

固定件主要有金属膨胀螺栓、普通螺栓、拉铆钉、射钉等；连接件多采用角钢、槽钢、钢板加工而成，其形状因应用部位的不同和用于幕墙结构的不同而变化。连接件应选用镀锌件或者对其进行防腐处理，以保证其具有较好的耐腐蚀性、耐久性和安全可靠性，如图 2.2.4.1 所示是几种常见的连接件示例。

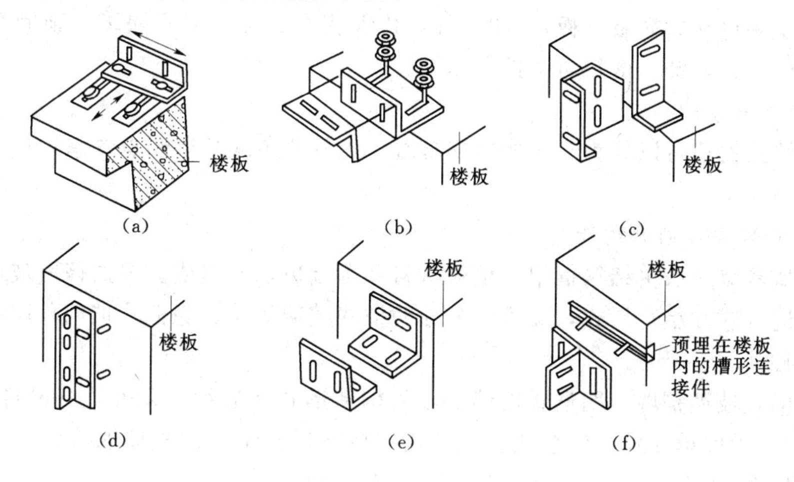

图 2.2.4.1 幕墙连接件固定件

2. 饰面板

(1) 玻璃。浮法玻璃具有两面平整、光洁的特点，比一般平板玻璃光学性能优良；热反射玻璃（镜面玻璃）能通过反射掉太阳光中的辐射热而达到隔热目的；镜面玻璃能映照附近景物和天空，可产生丰富的立面效果；吸热玻璃的特点是能使可见光透过而限制带热量的红外线通过，其价格适中，应用较多；中空玻璃具有隔声和保温的功能效果。此外还有夹层玻璃、夹丝玻璃和钢化玻璃。

(2) 金属薄板材料。用于建筑幕墙的金属板有铝合金、不锈钢、搪瓷涂层钢、铜等薄板，其中铝板使用最为广泛，比较高级的建筑用不锈钢板。表面质感有平板和凹凸花纹板两种。铝合金幕墙板材的厚度一般在 1.5～2mm 左右，建筑的底层部位要求厚一些，这样抗冲击性能较强。

为了达到建筑外围护结构的热工要求，金属墙板的内侧均要用矿棉等材料作保温材料和隔热层。

(3) 石板。石材幕墙的面层主要以天然或人造石材为饰面层，内部以框架为支撑体系与主体有效连接。由于石材其天然的纹理，可以塑造多种与玻璃幕墙截然不同的装饰效果，并且石材幕墙具有耐久性较好、自重大的特点。

3. 封缝材料

封缝材料是幕墙与框格、框格与框格相互之间缝隙的填充材料、密封材料和防水材料等。

填充材料主要用于幕墙型材凹槽两侧间隙内的底部，起填充作用，以避免玻璃与金属之间的硬性接触，起缓冲作用。一般多为聚乙烯泡沫胶系，也可用橡胶压条。

密封材料采用较多的是橡胶密封条，嵌入玻璃两侧的边框内，起密封、缓冲和固定压紧的作用。

防水材料主要是封闭缝隙和黏结，常用的是硅酮系列密封胶。在玻璃装配中，硅酮胶常与橡胶密封条配合使用，内嵌橡胶条，外封硅酮胶。

4. 装饰件

装饰件主要包括后衬墙（板）、扣盖件，以及窗台、楼地面、踢脚、顶棚等与幕墙相接处的构部件，起装饰、密封与防护的作用。

2.4.2.3　玻璃幕墙的构造

玻璃幕墙按构造可以分为有框式玻璃幕墙、无框式玻璃幕墙和点支承式玻璃幕墙，下面分别作介绍。

1. 有框式玻璃幕墙的构造

框式玻璃幕墙一般由结构框架、填衬材料和幕墙玻璃所组成。根据幕墙玻璃和结构框架的不同构造方式和组合形式，又可以分为明框式玻璃幕墙、隐框式玻璃幕墙和半隐框式玻璃幕墙三种。

(1) 明框式玻璃幕墙。明框式玻璃幕墙的构造形式有五种：元件式（分件式）、单元式（板块式）、元件单元式、嵌板式、包柱式。在此仅介绍元件式玻璃幕墙与单元式玻璃幕墙的有关构造。

元件式（分件式）玻璃幕墙用一根元件（竖梃、横梁）安装在建筑物主体框架上形成框格体系，再将金属框架、玻璃、填充层和内衬墙，以一定顺序进行组装。目前采用布置比较灵活的竖梃方式较多。元件式玻璃幕墙，如图 2.2.4.2 所示。

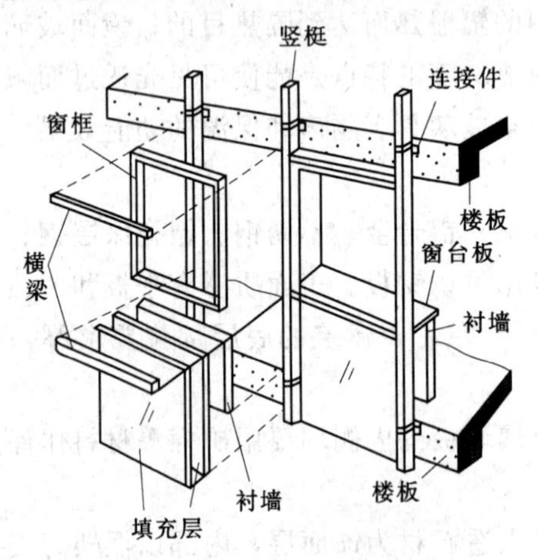

图 2.2.4.2　元件式玻璃幕墙示意图

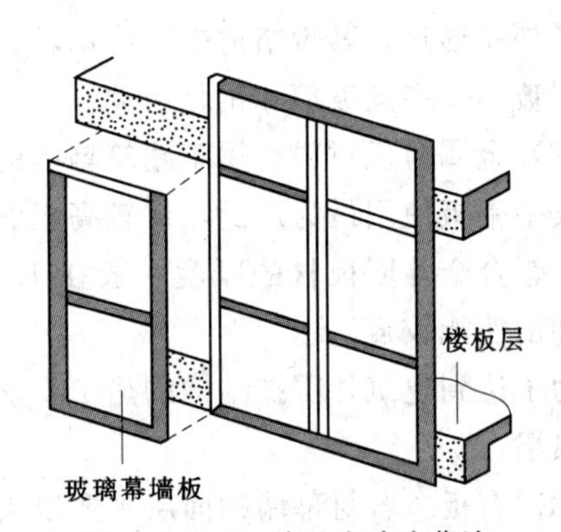

图 2.2.4.3　单元式玻璃幕墙

单元式（板块式）玻璃幕墙在工厂将玻璃、铝框、保温隔热材料组装成一块块幕墙定型单元，安装时将单元组件固定在楼层楼板（梁）上，组件的竖边对扣连接，下一层组件的顶与上一层的组件的底，其横框对齐连接。单元式玻璃幕墙示意如图 2.2.4.3 所示。

(2) 半隐框玻璃幕墙。半隐框玻璃幕墙分横隐竖不隐或竖隐横不隐两种。不论哪种半隐框幕墙，均为一对应边用结构胶黏结成玻璃装配组件，而另一对应边采用铝合金镶嵌槽玻璃装配的方法。换句话讲，玻璃所受各种荷载，有一对应边用结构胶传给铝合金框架，而另一对应边由铝合金型材镶嵌槽传给铝合金框架。因此半隐框玻璃幕墙上述连接方法缺一不可，否则将形成一对应边承受玻璃全部荷载，这将是非常危险的，如图 2.2.4.4 所示。

图 2.2.4.4 半隐框玻璃幕墙

(3) 全隐框玻璃幕墙是玻璃用结构硅酮胶黏结在铝框上，铝框全部隐蔽在玻璃后面，如图 2.2.4.5 所示。

图 2.2.4.5 全隐框玻璃幕墙实例

2. 无框式玻璃幕墙

无框式玻璃幕墙又称全玻式玻璃幕墙，是一种全透明、全视野的玻璃幕墙。全玻璃幕墙是由玻璃肋和玻璃面板构成的玻璃幕墙。玻璃肋支撑结构的玻璃幕墙是指在幕墙面板形成在某一层范围内幅面比较大的无遮挡透明墙面，为了增强玻璃墙面的刚度，必须每隔一定的距离用条形玻璃作为加强肋板，俗语称为“肋玻璃”，如图 2.2.4.6 和图 2.2.4.7 所示。

3. 点式玻璃幕墙

点式玻璃幕墙的全称为金属支承结构点式玻璃幕墙。幕墙骨架主要由无缝钢管、不锈钢拉杆（或再加拉索）和不锈钢爪件所组成，它的面玻璃在角位打孔后，用金属接驳件连接到支承结构的全玻璃幕墙上。玻璃是用不锈钢爪件穿过玻璃上预钻的孔得以可靠固定的。

支承结构是点支承式玻璃幕墙重要的组成部分，支承结构能把玻璃表面承受的风荷载、温度差作用、自身重量和地震荷载传递给主体结构。支承结构必须有足够的强度和刚度，支承结构相对于主体结构有特殊的独立性，又是整体建筑不可缺少的一部分。支承结构既要与主体结构有可靠的连接，又要不承担主体结构因变形对幕墙产生的复合作用，其形式有多种，包括钢桁架点式幕墙、拉杆点式玻璃幕墙、拉索点式玻璃幕墙等。

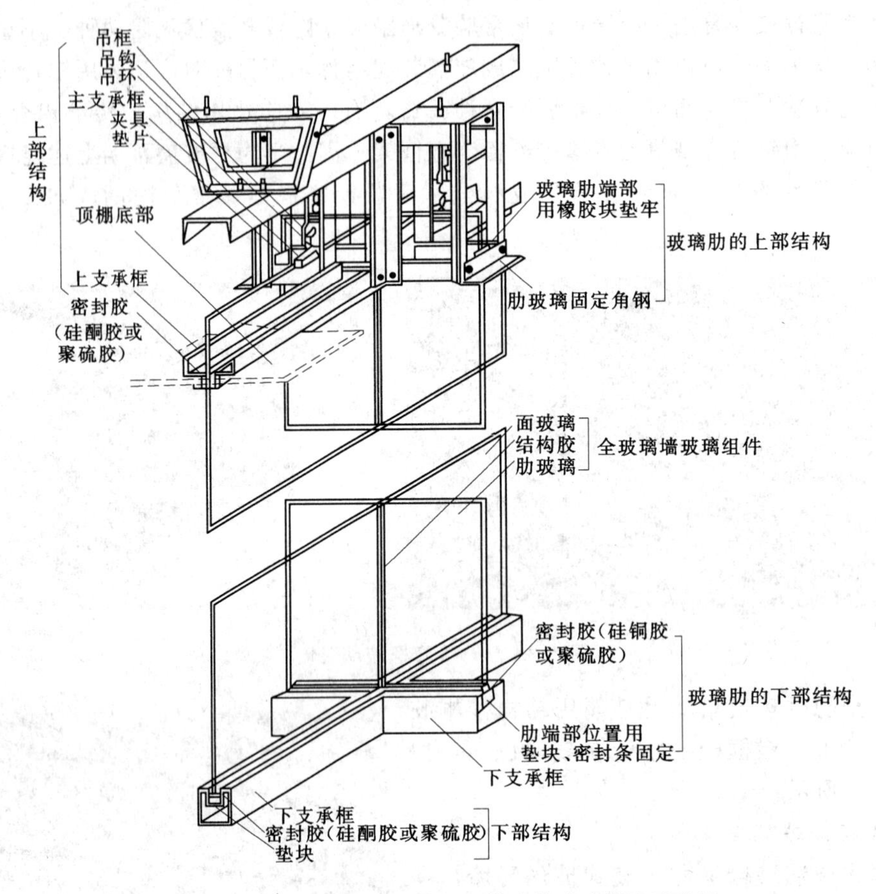

图 2.2.4.6 玻璃肋和玻璃面板构成的玻璃幕墙示意图

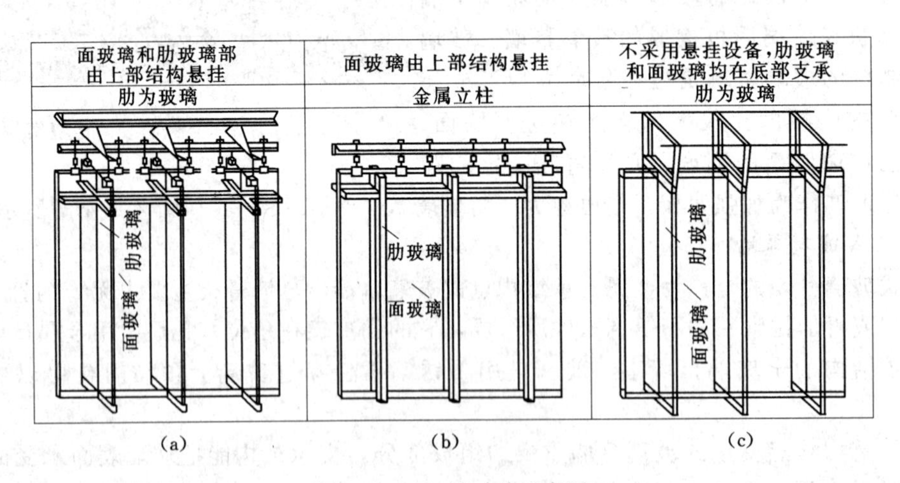

图 2.2.4.7 肋玻璃示意图

钢桁架点接驳式全玻幕墙是采用钢结构为支撑受力体系的玻璃幕墙。钢结构上安装钢爪，面板玻璃四角开孔，钢爪上的紧固件穿过面板玻璃上的孔，紧固后将玻璃固定在钢爪上。此结构选材灵活、施工简单，如图 2.2.4.8 所示。

2.4.2.4 金属薄板幕墙

金属薄板幕墙有两种体系，一种是幕墙附在钢筋混凝土墙体上的附着型金属薄板；另一种是自成骨架体系的构架型金属薄板幕墙。

目前从金属薄板材料的选用来看，有平板和凹凸花纹板两种。材质基本是铝合金板，比较高级的建筑也有用不锈钢板的，铝合金幕墙板材的厚度一般在1.5～2.0mm左右，建筑的底层部位要求厚一些，这样抗冲击能力较强。

图 2.2.4.8 钢桁架点式幕墙

2.4.2.5 混凝土挂板幕墙

混凝土挂板幕墙是一种装配式轻混凝土墙板系统。这种系统利用混凝土的可塑性，可制作较复杂的钢模盒，浇筑出有凹凸的甚至带有窗框的混凝土墙板。

混凝土挂板幕墙有两种体系，一种是无骨架墙板系统，另一种是构架式墙板系统。无骨架墙板一般块面较大，高度有一层或两层高，宽度通常为一开间或一个柱距。构架式墙板系统一般采用薄型的轻混凝土墙板。

第3章　楼层和地面

楼板层和地坪层是房屋的重要组成部分。楼板层是分隔建筑空间的水平承重构件。它一方面承受着楼板层上的全部荷载，并把这些荷载有序地传给墙或柱；另一方面对墙体起着水平支撑作用，以减少风力和水平地震作用产生的水平力对墙体的影响，加强建筑物的整体刚度；此外，还应具备一定的隔声、防火、防潮等能力。地坪层分隔大地与底层空间，结构层为垫层，垫层将所承受的荷载及自重均匀地传给夯实的地基。

3.1　楼板层的基本构成及其分类

3.1.1　楼板层的基本组成及分类

1. 楼板层的基本组成

楼板层主要由面层、楼板结构层、顶棚三部分组成，根据功能及构造要求还可增加防水层、隔声层等附加构造层（图 2.3.1.1）。

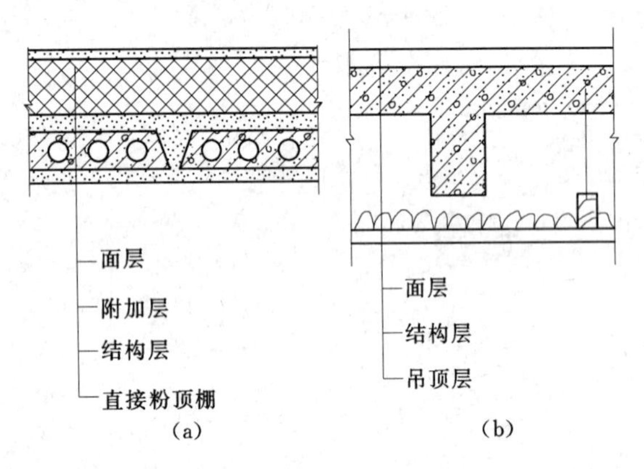

图 2.3.1.1　楼板层的基本组成

（a）预制钢筋混凝土楼板层；（b）现浇钢筋混凝土楼板层

（1）面层（又称为楼面）起着保护楼板、承受并传递荷载的作用，同时对室内有很重要的清洁及装饰作用。

（2）结构层（即楼板）楼层的承重部分。结构层位于面层之下，由梁、板或拱组成，承担着整个楼板层的荷载。同时还有水平支撑墙体、增强建筑物整体刚度的作用。

（3）附加层（又称功能层）根据楼板层的具体要求而设置。它的主要作用是隔声、隔热、保温、防水、防潮、防腐蚀、防静电等。

（4）顶棚层（又称天花板或天棚）位于楼板层最下层，主要作用是保护楼板、安装灯具、装饰室内、敷设管线等。

2. 楼板的分类

按所用材料不同，分木楼板、砖拱楼板（已很少用）、钢筋混凝土楼板以及压型钢板组合楼板等多种形式（图 2.3.1.2）。

（1）木楼板。木楼板是在墙或梁支承的木搁栅上铺钉木板，木搁栅间设置增强稳定性的剪刀撑构成的。木楼板具有自重轻，保温、隔热性能好，舒适、有弹性等特点。只在木材产地采用较多，但耐火性和耐久性均较差，且造价偏高，为节约木材和满足防火要求，

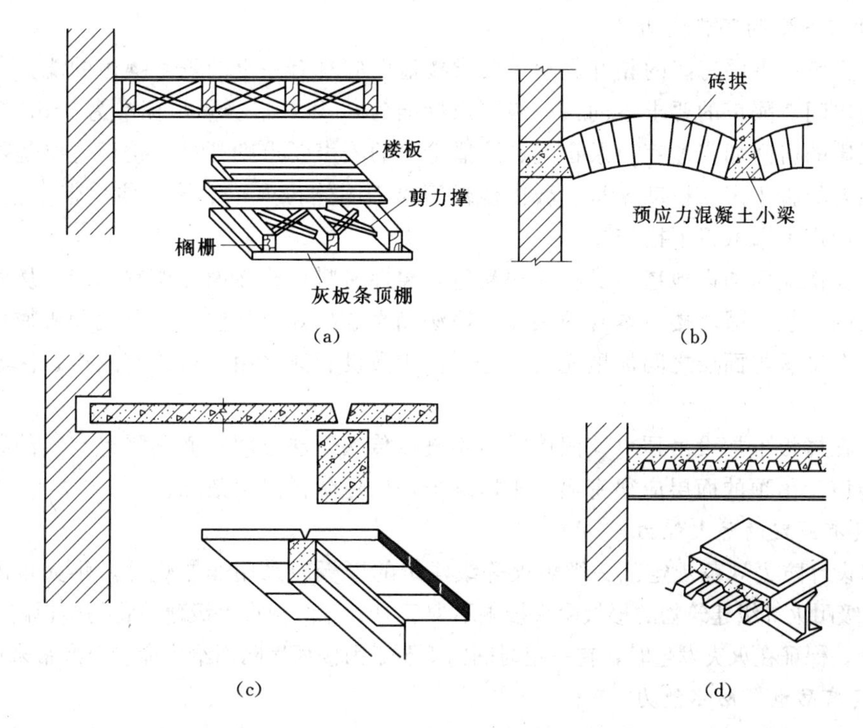

图 2.3.1.2 楼板结构层的类型

(a) 木楼板；(b) 砖拱楼板；(c) 钢筋混凝土楼板；(d) 压型钢板组合楼板

现采用较少，如图 2.3.1.2 (a) 所示。

(2) 砖拱楼板。这种楼板采用钢筋混凝土倒 T 形梁密排，其间填以普通黏土砖或特制的拱壳砖砌筑成拱形，故称为砖拱楼板。这种楼板虽比钢筋混凝土楼板节省钢筋和水泥，但是自重大，作地面时使用材料多，并且顶棚成弧拱形，一般应作吊顶，故造价偏高。此外，砖拱楼板的抗震性能较差，故在要求进行抗震设防的地区不宜采用，如图 2.3.1.2 (b) 所示。

(3) 钢筋混凝土楼板。钢筋混凝土楼板是广泛采用的楼板形式。这种楼板坚固、耐久、刚度大、强度高、防火性能较好。按施工方法可分为现浇钢筋混凝土楼板和装配式钢筋混凝土楼板，如图 2.3.1.2 (c) 所示。

(4) 压型钢板组合楼板。这种楼板主要用于纯钢结构的建筑中，是采用压型钢板为底衬模，再于其上现浇钢筋混凝土形成楼板层，整体性非常好但造价相对要高些，如图 2.3.1.2 (d) 所示。

3.1.2 楼板层的设计要求

楼板层设计应满足以下要求。

1. 具有足够的强度和刚度

强度要求是指楼板层应保证在自重和活荷载作用下安全可靠，不发生任何破坏。这主要是通过结构设计来满足要求。刚度要求是指楼板的变形应在允许的范围内，它是用相对挠度（即绝对挠度和跨度的比值）来衡量的。

2. 具有一定的隔声能力

为了避免上下层房间的相互影响，要求楼地面应具有一定的隔绝噪声的能力。不同使用性质的房间对隔声的要求不同：一级隔声标准为65dB，二级隔声标准为75dB等。对一些特殊性质的房间如广播室、录音室、演播室等的隔声要求则更高。楼板主要是隔绝固体传声，如人的脚步声、拖动家具、敲击楼板等属于固体传声，给楼下住户带来很大不便，防止固体传声可采取以下措施。

（1）在楼地面铺设地毯、橡胶、塑料毡等柔性材料，或在面层镶软木砖，从而减弱撞击楼板层的声能，减弱楼板本身的振动。该法隔声效果好，又便于工业化和机械化施工。

（2）在楼板与面层之间加填充层，主要作为敷设管线之用，也兼有隔声、保温、找坡等功能。

（3）在楼板下加设吊顶，使固体噪声不直接传入下层空间，而用隔绝空气的办法来降低固体传声。吊顶的面层应很密实，不留缝隙，以免降低隔声效果。

3. 具有一定的防火能力

建筑设计防火规范规定：一级耐火等级建筑的楼板应采用非燃烧体，耐火极限不少于1.5h；二级耐火等级建筑物的楼板耐火极限不少于1h；三级耐火等级建筑物的楼板耐火极限不少于0.5h。保证在火灾发生时，在一定时间内不至于因楼板塌陷而给生命和财产带来损失。

4. 具有防潮、防水能力

对有水的房间（如卫生间、盥洗室、厨房或学校的实验室、医院的检查室等），都应该进行防潮防水处理，以防水的渗漏，影响下层空间的正常使用或者渗入墙体，使结构内部产生冷凝水，破坏墙体和内外饰面。

5. 满足各种管线的设置

在现代建筑中，由于各种服务设施日趋完善，家用电器更加普及，有更多的管道、线路将借楼板层来敷设。为保证室内平面布置更加灵活，空间使用更加完整，在楼板层的设计中，必须仔细考虑各种设备管线的走向。

3.2　钢筋混凝土楼板构造

钢筋混凝土楼板按其施工方法不同。可分为现浇整体式钢筋混凝土楼板、预制装配式钢筋混凝土楼板、预制装配整体式钢筋混凝土楼板。

3.2.1　现浇钢筋混凝土楼板

现浇钢筋混凝土楼板是楼板在其结构位置处现场支模、绑扎钢筋、浇筑混凝土而成型的楼板结构。

现浇钢筋混凝土楼板根据受力和传力情况的不同，可分为板式楼板、梁板式楼板、井式楼板、无梁楼板和压型钢板混凝土组合楼板等。

3.2.1.1　板式楼板

板式楼板是将楼板现浇成一块平板，楼板下不设置梁，将板直接搁置在墙上，厚度相同的平板。它适用于平面尺寸较小的房间，如厨房、卫生间、走廊等。板的厚度通常为跨度的1/40～1/30，且不小于60mm。

荷载传递途径：荷载→板→墙→基础。

板式楼板按周边支承情况及板平面长短边边长的比值分为（图 2.3.2.1）：

1. 单向板

单向板的平面比例 $L_2/L_1>2$，受力以后，力传给长边为 1/8，短边为 7/8，故认为这种板受力以后仅向短边传递。该方向所布钢筋为受力筋，另一方向所配钢筋（一般在受力筋上方）为分布筋。板的厚度一般为板的跨度的 1/30～1/40，且不小于 60mm，如图 2.3.2.1（a）所示。

2. 双向板

双向板的平面比例为 $L_2/L_1\leqslant 2$ ，受力后向两个方向传递，短边受力大，长边受力小，受力主筋应平行于短边，并摆在下部。平行于长边方向所配钢筋也是受力筋，一般放在主要受力筋的上表面。板的厚度一般为板的跨度的 1/30～1/35，且不小于 80mm，如图 2.3.2.1（b）所示。

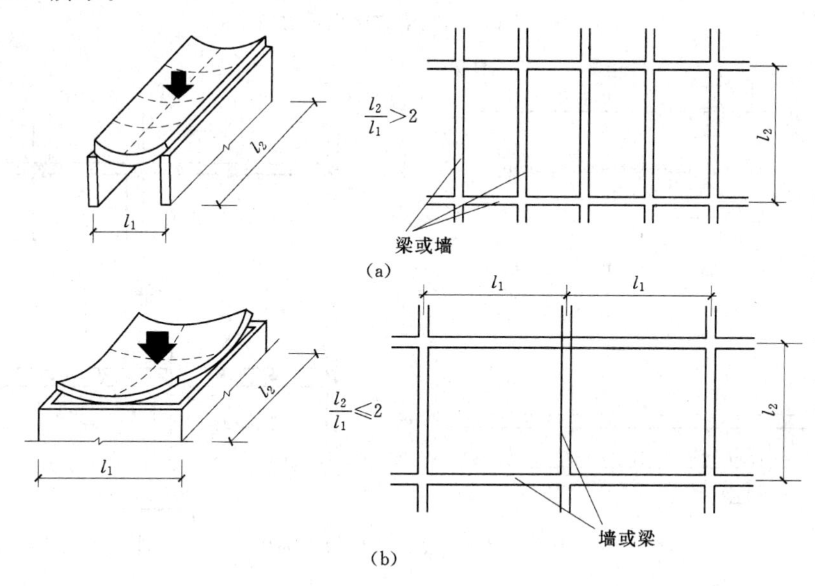

图 2.3.2.1 楼板的受力和传力方向

（a）单向板；（b）双向板

3.2.1.2 梁板式楼板

为了使楼板结构的受力和传力更为合理，通常可在板下设梁来增加板的支点，这种由板和梁组成的楼板称为梁板式楼板。

根据梁的构造情况，梁板式楼板又可分为：

1. 单梁式楼板

当房间空间尺度不大时，可以仅在一个方向设梁，梁直接支承在墙上，称为单梁式楼板，适用于教学楼、办公楼等建筑（图 2.3.2.2）。

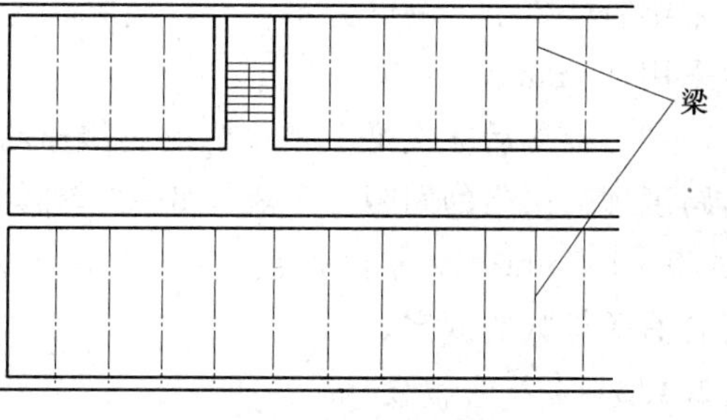

图 2.3.2.2 单梁式楼板示意图

2. 复梁式楼板

复梁式楼板又称肋形楼板，由主梁、次梁（肋）、板组成（图 2.3.2.3）。当房间平面尺寸（开间、进深）任何一个方向均大于 6m 时，则应在两个方向设梁，有时还应设柱子。梁有主梁、次梁之分，一般垂直相交（图 2.3.2.4）。

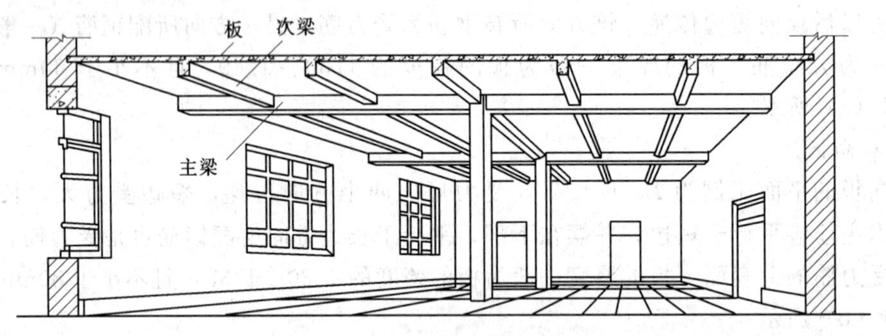

图 2.3.2.3　复梁式楼板示意图

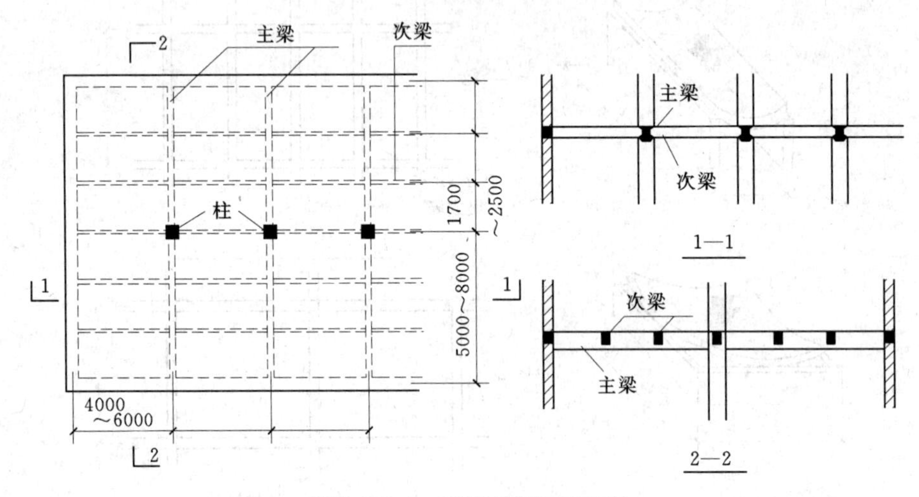

图 2.3.2.4　复梁式楼板平面图

构造要点如下。

(1) 主梁沿房屋的短跨方向布置，其一般跨度为 5～9m，经济跨度为 5～8m，最大可达 12m，梁高为跨度的 1/14～1/8，梁宽为梁高的 1/3～1/2。

(2) 次梁与主梁垂直，并把荷载传递给主梁。主梁间距即为次梁的跨度。次梁的跨度比主梁跨度要小，一般为 4～6m，次梁高为跨度的 1/18～1/12，梁宽为梁高的 1/3～1/2，常采用 250mm。

(3) 板支承在次梁上，并把荷载传递给次梁（如为双向板不宜超过 5m×5m）。其短边跨度即为次梁的间距，一般 1.5～2.7m，板厚一般为板跨的 1/40～1/35，单向板厚度为 70～100mm；双向板厚度为 80～160mm。同时，主、次梁的高与宽以及板的厚度均应符合有关模数的规定。

3.2.1.3　井格式楼板

当空间较大且近似方形，跨度不小于 10m 时，常沿两个方向等尺寸布置梁，形成井格形式，称为井格式楼板（又称井字形密肋楼板)。楼板接近方形，梁的断面大小一致，不分主次梁。

井格式楼板有正井式和斜井式两种（图2.3.2.5)。

此种楼板布置美观，在井格梁下面加以艺术装饰处理，抹上线腰或绘上彩画，则可使顶棚更加美观。其跨度可达30～40m，故常用于建筑物大厅。

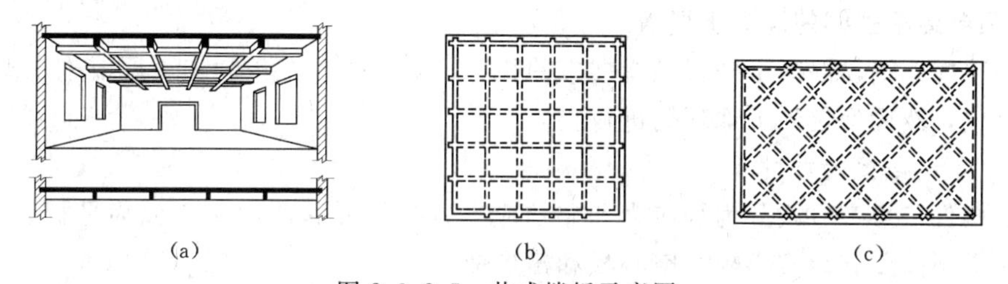

图2.3.2.5 井式楼板示意图

(a) 示意图；(b) 正交正放梁格；(c) 正交斜放梁格

3.2.1.4 无梁楼板

将楼板直接支承在柱上，无主、次梁的楼板。适用于活荷载较大，且空间高度（楼层净空较大，顶棚平整)、采光、通风又有一定要求的，如商场、书库、多层车库、仓库和展览馆等建筑。柱网一般布置为正方形或接近正方形，柱距以6.0m较为经济。板厚一般大于120mm，一般为160～200mm。为减少板跨、加大支撑面积，一般在柱的顶部设柱帽或托板（图2.3.2.6)。

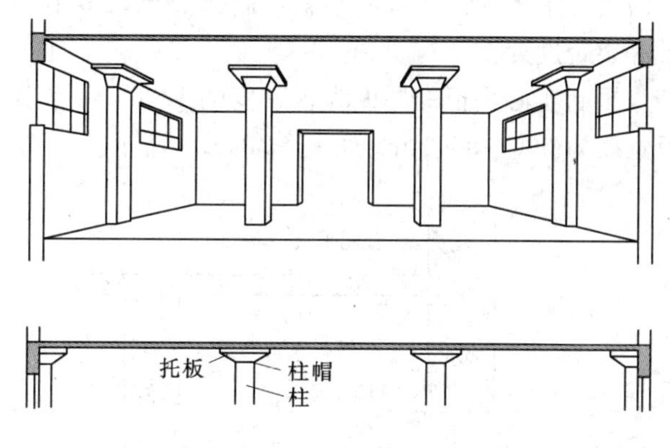

图2.3.2.6 无梁楼板示意图

3.2.1.5 压型钢板组合楼板

钢衬板组合楼板是利用凹凸相间的压型薄钢板做衬板与现浇混凝土浇筑在一起支承在钢梁上构成整体型楼板。主要由楼面层、组合板和钢梁三部分所构成，如图2.3.2.7所示。

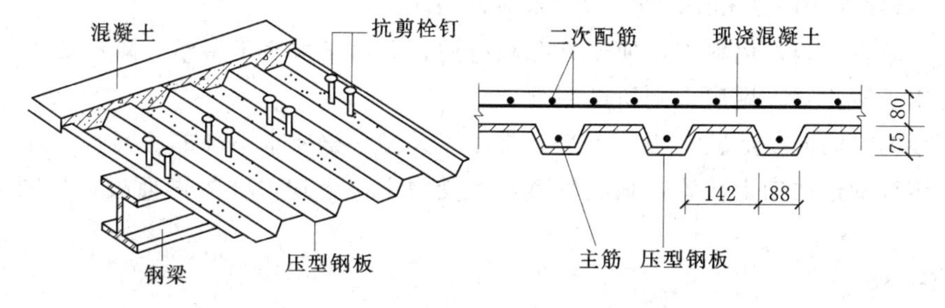

图2.3.2.7 压型钢板组合楼板示意图

由于混凝土、钢衬板共同受力，即混凝土承受剪力与压力，钢衬板承受下部的拉应力，因此，压型钢衬板起着模板和受拉钢筋的双重作用。这样组合楼板受弯矩部分不需放置或绑扎受力钢筋，仅需部分构造钢筋即可。

钢衬板组合楼板由于充分利用了材料性能，将压型钢板以衬板的形式作为混凝土楼板的永久性模板，从而简化了施工程序，加快了施工进度，且楼板的整体性、耐久性、强度和刚度都很好，适用于大空间建筑和高层建筑。然而由于压型钢板用钢量较大，造价较高，耐火性和耐腐蚀性不如钢筋混凝土楼盖，因此目前国内采用较少。但压型钢板是一种很有发展前途的新型楼板，将来会得到广泛的应用。

3.2.2 预制装配式钢筋混凝土楼板

预制装配式钢筋混凝土楼板是指楼板的梁、板等构件，在预制加工厂或施工现场外预先制作完成，然后运送到工地现场进行安装。

3.2.2.1 预制楼板的类型

预制构件按生产方式分为预应力和非预应力。按外形和使用实心分为平板、空心板、槽形板。下面简要介绍实心板、空心板和槽形板。

1. 实心平板

实心平板的上下板面平整，制作简单，多用于走廊板、阳台板、楼梯平台板、管沟盖板等小跨度处。

预制实心平板的厚度为板跨度的1/30，一般为60～80mm，板的跨度一般小于2.5m，板宽度为600～900mm，如图2.3.2.8所示。

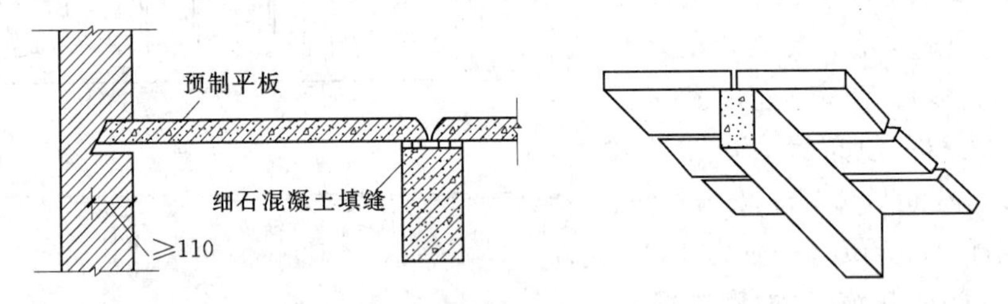

图2.3.2.8 预制钢筋混凝土平板示意图

2. 槽形板

槽形板是一种梁板结合构件，即实心板的两侧设有纵肋，为便于搁置和提高板的刚度，板的两端通常设端肋封闭。为加强槽形板的刚度，当板跨达到6m时，应在板的中部每隔500～700mm增设横肋一道。槽形板尺度一般为跨度为3～7.2m，板宽为600～1200mm，板厚为30～35mm，肋高为120～300mm。

槽形板的自重轻，用料省，便于开孔和打洞，但由于板底不平整，隔声效果差，不够美观，常用于实验室、厨房、厕所、屋顶。

正槽板的边肋向下放置，板底不平，常用于天棚平整要求不高的房间，否则应做吊顶处理；倒槽板的边肋向上放置，板底平整，但受力不甚合理，并需做面板，如图2.3.2.9所示。

3. 空心板

空心板是将板沿纵向抽孔而成。空心板具有自重轻、强度高、表面平整，隔声效果较实心板和槽形板好等优点，因而被广泛采用（图2.3.2.10）。但空心板不宜任意开洞，如需开孔洞，应在板制作时就预先留孔洞位置，否则不能用于管道穿越较多的房间。

空心板的跨度为2.4～7.2m，其中2.4～4.2m较为经济，宽度为500～1500mm，厚

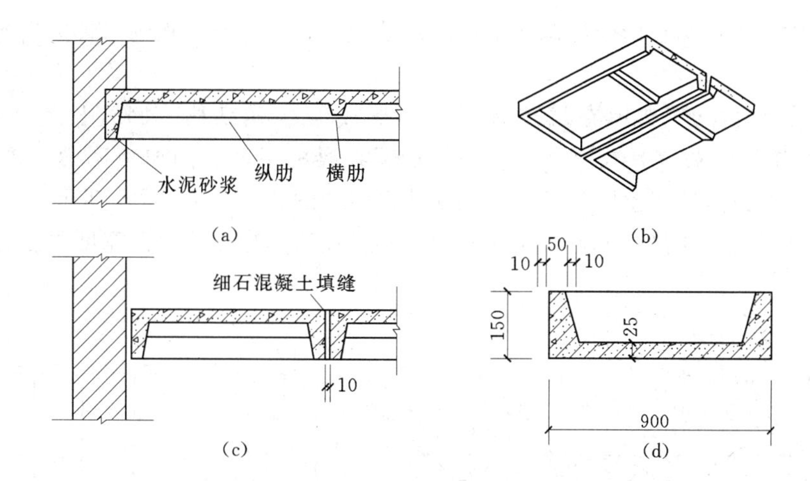

图 2.3.2.9　预制钢筋混凝土槽形板示意图

(a) 槽形板纵剖面；(b) 槽形板底面；(c) 槽形板横剖面；(d) 倒置槽形板横剖面

度尺寸视板的跨度而定，一般多为 120mm（孔径 83mm）或 180mm（孔径 140mm）。

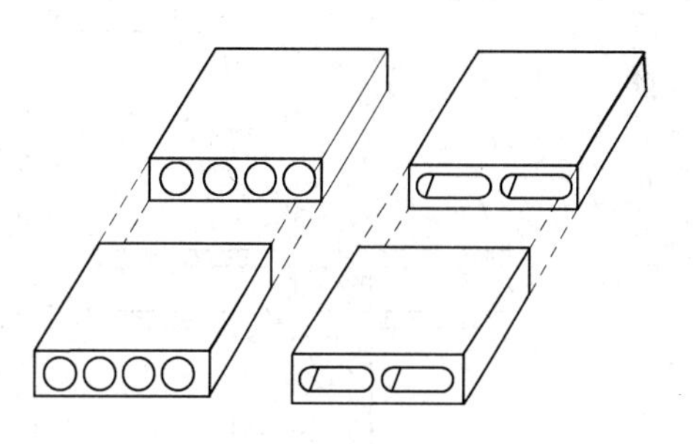

图 2.3.2.10　空心板

3.2.2.2　预制钢筋混凝土楼板的细部构造

1. 结构布置方案

（1）结构布置原则。承重构件，做到上下对齐，利于结构直接传力，受力合理；空间尺寸超出构件经济尺寸时，应在空间内增设柱子作为梁的支点，使梁跨度在经济尺寸范围内；板的规格、类型越少越好，通常一个房间的预制板宽度尺寸的规格不超过两种；主梁应沿支点的短跨方向布置，次梁与主梁正交，板式结构布置如图 2.3.2.11 所示，梁板式结构布置如图 2.3.2.12 所示。

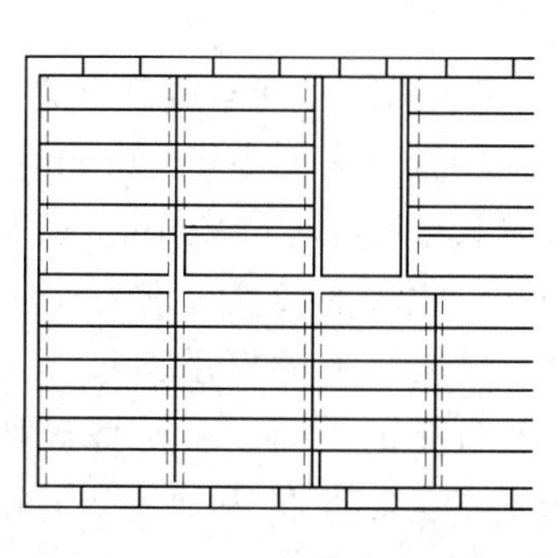

图 2.3.2.11　板式结构布置

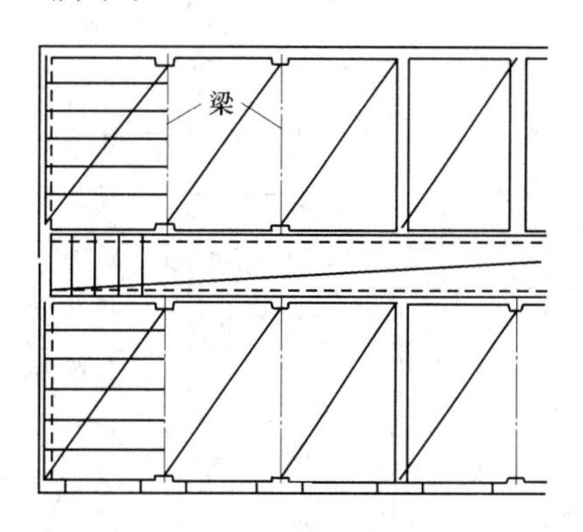

图 2.3.2.12　梁板式结构布置

（2）板的搁置方式。板直接搁置在墙上，形成板式结构。必须具有足够的搁置长度，一般不宜小于 110mm。空心板布置时，只能两端搁置于墙上，应避免出现板的三边支承情况，即板的纵边不得伸入砖墙内，否则在荷载作用下，板会产生纵向裂缝，且使压在边肋上的墙体因受局部承压影响而削弱墙体的承载能力，因此空心板的纵长边只能靠墙。如图 2.3.2.13 所示。

板搁置在梁上，梁支承在墙或柱子上，形成梁板式结构。搁置长度一般不小于 60mm。板在梁上的搁置方式有两种：一是搁置在梁的顶面，例如矩形梁如图 2.3.2.14（a）所示；二是搁置梁出挑的翼缘上，例如花篮梁如图 2.3.2.14（b）所示。

应特别注意板的跨度尺寸已不是梁的中心距，而应是减去梁顶面宽度之后的尺寸。

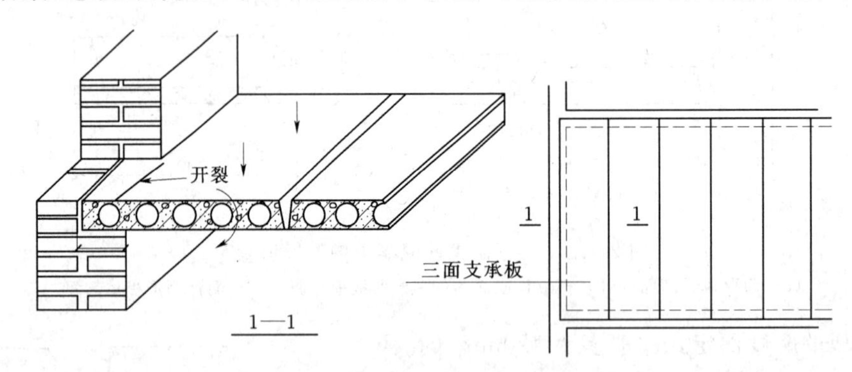

图 2.3.2.13　三边支承时板的受力情况和后果

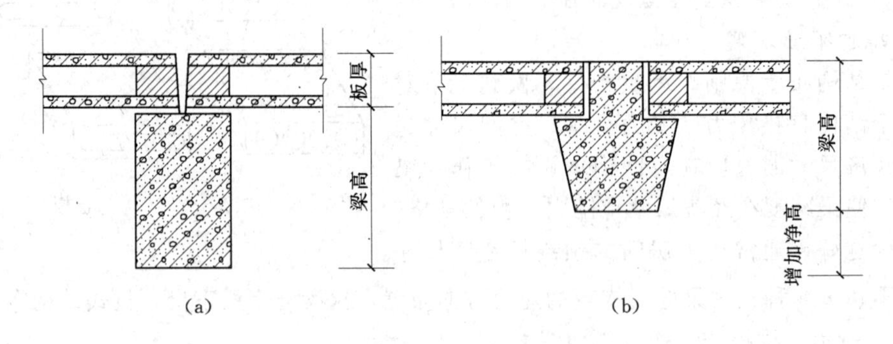

图 2.3.2.14　板在梁上的搁置

（a）板搁在矩形梁上；（b）板搁在花篮梁上

（3）梁的搁置方式。梁在墙上的搁置长度也要满足要求。一般与梁高有关，梁高小于或等于 500mm，搁置长度不小于 180mm；梁高大于 500mm 时，搁置长度不小于 240mm。通常，次梁搁置长度为 240mm，主梁的搁置长度为 370mm。当梁上的荷载较大，梁在墙上的支承面积不足时，为了防止梁下墙体因局部抗压强度不足而破坏，需设置梁垫（预制或现浇），以扩散由梁传来的过大集中荷载（图 2.3.2.15）。

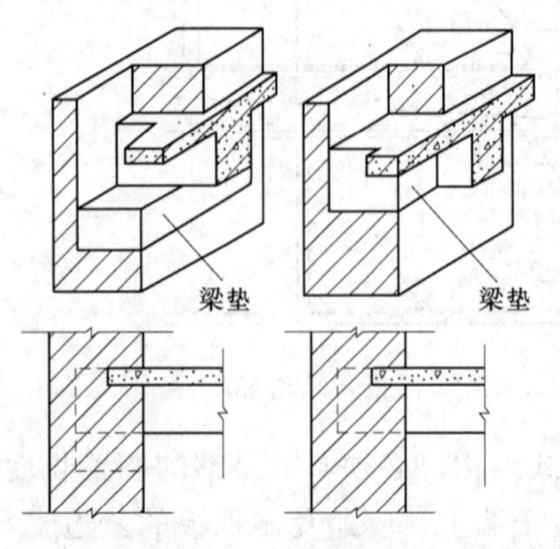

图 2.3.2.15　梁垫

3.2.2.3　搁置构造要求

1. 空心板安装前的构造处理

板端凸出的受力钢筋向上压弯，不得剪断；圆孔端头用预制混凝土块或砖块砂浆堵严（安装后要穿导线的孔以及上部无墙体的板除外），以提高板端抗压能力及避免传声、传热和灌缝材料的流入（图 2.3.2.16）。

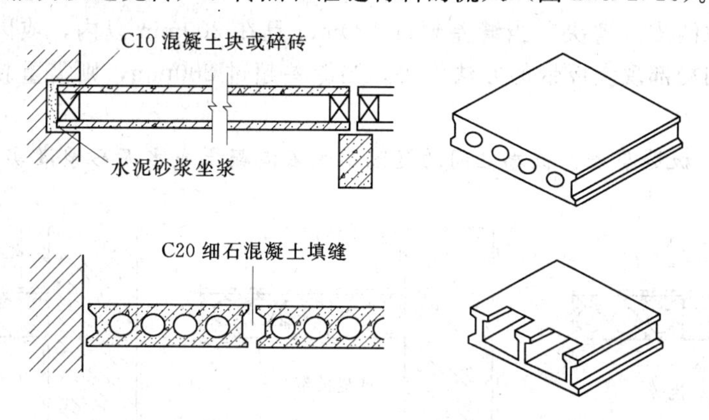

图 2.3.2.16 空心板的搁置构造要求

2. 坐浆

板安装前，先在墙（梁）上铺设水泥砂浆，厚度不小于 10mm。使板与墙（梁）有可靠的连接。

3.2.2.4 板缝的构造

1. 板缝的处理

板间侧缝的形式有 V 形、U 形和槽形。板与板相拼，纵缝允许宽为 10～20mm 的缝隙，缝内灌入细石混凝土。由于板宽规格的限制，在排列过程中常会出现较大的缝隙，根据排板数和缝隙的大小，可采取调整板缝的方式将板缝控制在 30mm 内，用细石混凝土灌实来解决；当板缝大于 50mm 时，在缝中加钢筋网片，再灌实细石混凝土；当缝宽为 120mm 时，可将缝留在靠墙处沿墙挑砖填缝；当板缝宽大于 120mm 时，必须另行现浇混凝土，并配置钢筋，形成现浇板带，如楼板为空心板，可将穿越的管道设在现浇板带处，如图 2.3.2.17 所示。

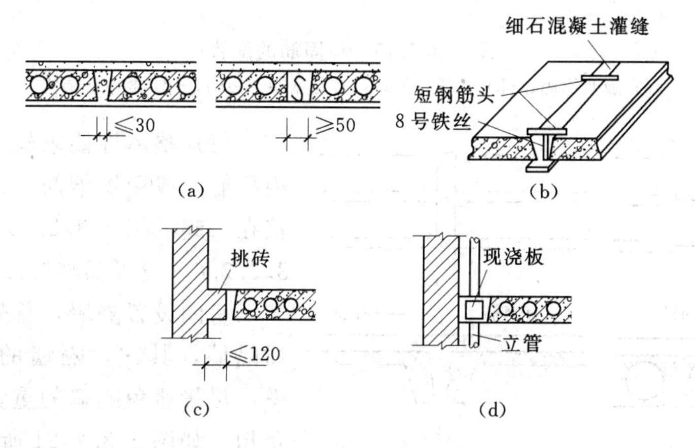

图 2.3.2.17 板缝的处理

(a) 板缝与构造形式；(b) 灌缝；(c) 挑砖；(d) 立管处构造

2. 板缝的调整

当缝差在60mm以内时，调整板缝宽度（扩大到20～30mm）；当缝差在60～120mm时，可沿墙边挑两皮砖解决；当缝差超过120mm且在200mm以内，或因竖向管道沿墙边通过时，则用局部现浇板带的办法解决；当缝差超过200mm，则需重新选择板的规格（图2.3.2.18）。

3. 板与板、板边与墙、板端之间的缝隙用细石混凝土或水泥砂浆灌实

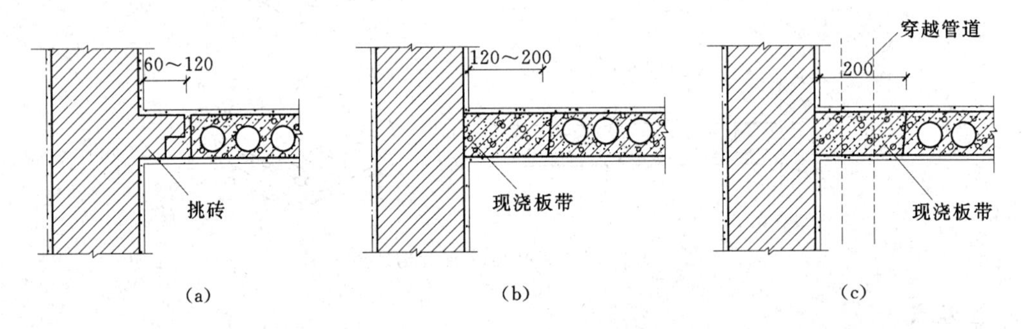

图2.3.2.18　板缝的调整措施

(a) 墙边挑砖；(b) 现浇板带；(c) 竖管穿过板带

3.2.2.5　增加整体刚度的构造措施

(1) 板与墙、板与板之间用钢筋进行拉接。拉接钢筋的配置视建筑物对整体刚度的要求及抗震情况而定（图2.3.2.19）。

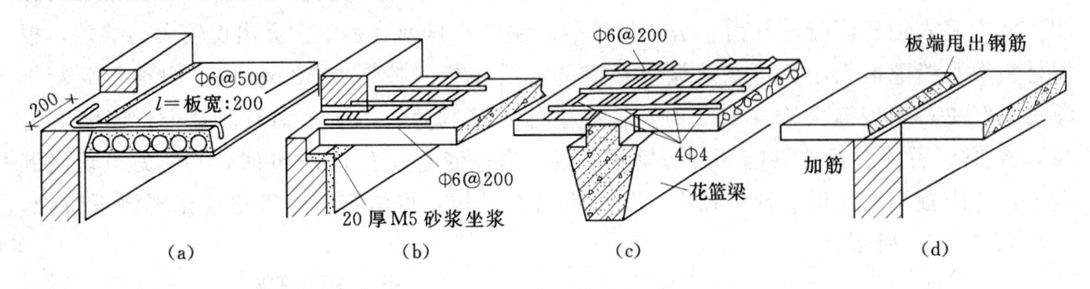

图2.3.2.19　锚固筋的配置

(a) 板侧锚固；(b) 板端锚固；(c) 花篮梁上锚固；(d) 甩出筋锚固

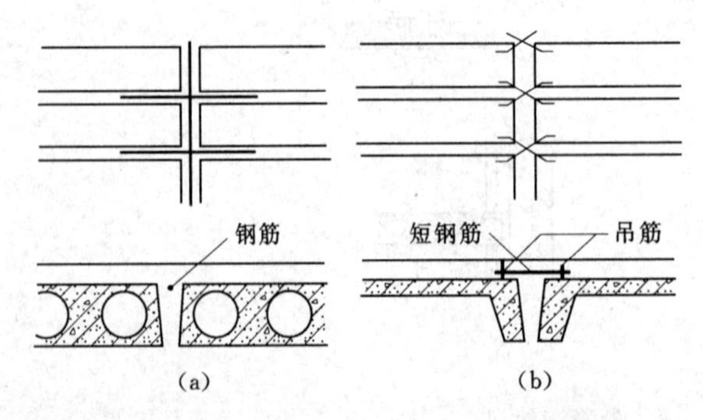

图2.3.2.20　整体性要求较高时的板缝处理

(a) 板缝配筋；(b) 用短钢筋与预制板吊钩焊接

(2) 整体性要求较高时，可在板缝内配筋，或用短钢筋与预制板的吊钩焊接在一起（图2.3.2.20）。

3.2.2.6　设置隔墙时的构造措施

房间设置隔墙，首先应考虑采用轻质隔墙，其次，隔墙的位置应进行调整，尽量避免隔墙的重量完全由一块板负担，如图2.3.2.21所示。

3.2.3　预制装配整体式钢筋混凝土楼板

装配整体式钢筋混凝土楼板是先

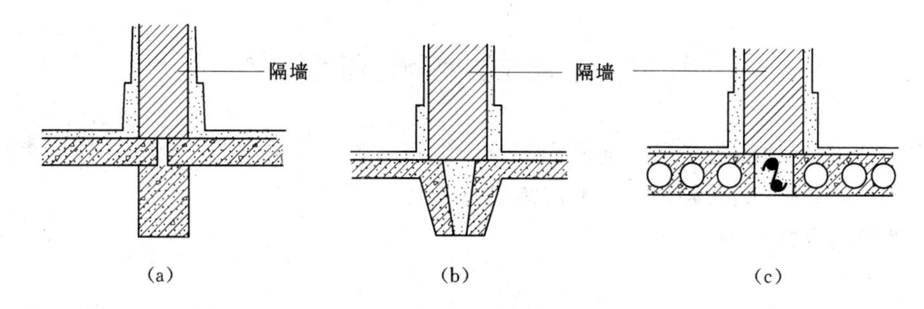

图 2.3.2.21 隔墙在楼板上的搁置

(a) 隔墙支承在梁上；(b) 隔墙支承在纵肋上；(c) 板缝内配钢筋支承隔墙；

预制部分构件，然后在现场安装，再以整体浇筑方法连成一体的楼板。这类楼板克服了现浇板消耗模板量大，预制板整体性差的缺点，整合了现浇式楼板整体性好和装配式楼板施工简单、工期短的优点。其缺点是施工较复杂，造价高。

常见的装配整体式钢筋混凝土楼板有预制薄板叠合楼板和密肋填充块楼板。下面简要介绍预制薄板叠合楼板的特点。

预制薄板与现浇混凝土面层叠合而成的装配整体式楼板，或称叠合式楼板。它是在预制薄板安装好后，再在上面浇筑 30～50mm 厚的钢筋混凝土面层（既加强楼板的整体刚度，又提高楼板的强度）。叠合式楼板的预制钢筋混凝土薄板既是永久性模板承受施工荷载，也是整个楼板结构的一个组成部分。

为了保证预制薄板与叠合层有较好的连接，薄板上表面需做处理，常见的有两种：一种是在上表面做刻槽处理；另一种是在薄板上表面露出较规则的三角形状的结合钢筋（图 2.3.2.22）。

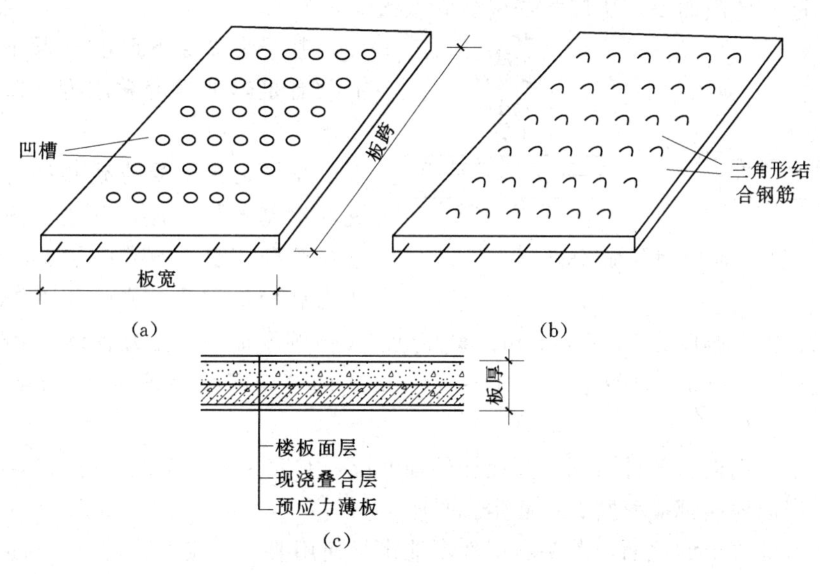

图 2.3.2.22 叠合楼板

(a) 板面刻槽；(b) 板面露出三角形结合钢筋；(c) 叠合组合楼板

3.3 地面的要求和组成

地面包括底层地面与楼层地面两大部分。地面属于建筑装修的一部分，各类建筑对地面要求也不尽相同。概括起来，一般应满足以下几方面的要求。

3.3.1 地面的要求

1. 坚固耐久

地面直接与人接触，家具、设备也大都摆放在地面上，因此地面必须耐磨，行走时不起尘土、不起砂，并有足够的强度。

2. 减少吸热

由于人们直接与地面接触，地面则直接吸走人体的热量，为此应选用吸热系数小的材料作地面面层，或在地面上铺设辅助材料，用以减少地面的吸热。如采用木材或其他有机材料（塑料地板等）作地面面层，比一般水泥地面的效果要好很多。

3. 防水要求

用水较多的厕所、盥洗室、浴室、实验室等房间，应满足防水要求。一般选用改性沥青防水材料，并做适当的排水坡度。

4. 经济要求

楼地面在满足使用要求的前提下，应选择经济的构造方案，尽量就地取材，以降低造价。

3.3.2 楼地面的组成

3.3.2.1 楼地面的构造

底层地面一般由面层、垫层和基层组成（图 2.3.3.1）。

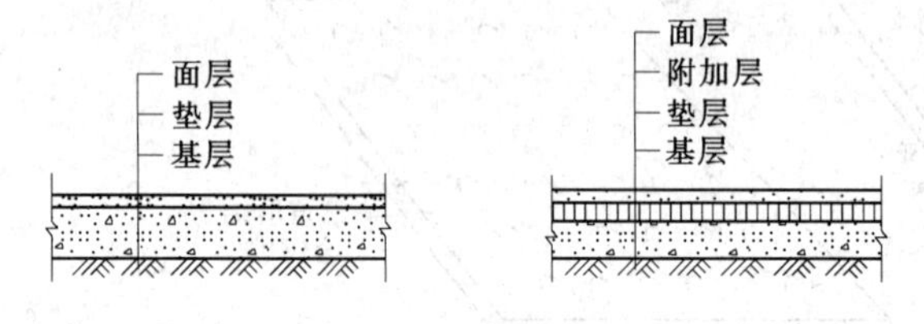

图 2.3.3.1 底层地面的组成

基层为垫层下面的支承土层。它也必须有足够的强度和刚度，以承受垫层传下来的荷载。

垫层是指承受荷载并将荷载均匀传递给地基的构造层，分刚性垫层和柔性垫层两种：刚性垫层有足够的整体刚度，受力后变形很小。常采用低强度的混凝土或碎砖三合土，厚度为 50～100mm；柔性垫层整体刚度很小，受力后易产生塑性变形。常用厚度为 50～100mm 的砂垫层或 80～100mm 厚的碎砖灌浆层或 50～70mm 厚的石灰炉渣层等。

面层是指人们进行各种活动与其接触的地面层，它直接承受摩擦、洗刷等各种物理与化学作用。房间地面都应耐磨、不起尘、平整。

对于有特殊要求的地面，若基本层次不能满足使用要求，应增设相应的构造层。

结合层用于固定块料面层，使块料面层与下层结合牢固，并使面层所承受的荷载均匀地传给垫层。结合层的材料有胶凝材料和松散材料两大类。胶凝材料结合层如水泥砂浆、沥青等；松散材料结合层如砂、炉渣等。

防水层是防止地面面层上液体的渗透，同时也防止地下水渗入室内的构造层。常用的做法是用热沥青粘贴一层或几层卷材。

防潮层是防止地基中的水分由于材料毛细孔作用渗透到地面的构造层，应与墙身防潮层相连。

保温、隔热层是用以改变地面热工性能的构造层，用于上下层房间有温差的楼层地面或保温地面。

隔声层是隔绝楼层地面撞击声的构造层，用于隔声要求较高的地面。

3.3.2.2 面层做法

面层根据材料的不同分为：整体地面（如水泥地面、水磨石地面、菱苦土地面等）、块状材料地面（如陶瓷锦砖地面、预制水磨石地面、铺地砖地面等）、木地板三类。

水泥砂浆楼面的面层常用1：2.5的水泥砂浆。如果水泥用量太多，则干缩大；水泥用量过少，则强度低，容易起砂。

水磨石楼面是用水泥与中等硬度的石屑（大理石、白云石）按1：1.5～2.5的比例配合而成，抹在垫层上并在结硬以后用人工或机械磨光，表面打蜡。

细石混凝土楼面是用颗粒较小的石子，按水泥：砂：小石子＝1：2：4的配比拌合浇制、抹平、压实而成。

菱苦土楼面是以菱苦土、氯化镁溶液、木屑、滑石粉及矿物颜料等配制而成。为增加面层的弹性，菱苦土和木屑之比可用1：2；其下层则可用1：4。

陶瓷锦砖楼面是铺贴小块的陶瓷锦砖，俗称马赛克。一般均把这种小瓷砖预先贴在牛皮纸上，施工时在刚性垫层上做找平层，用水泥砂浆或特制胶如903粘贴。这种楼面质地坚实、光滑、平整、不透水、耐腐蚀，一般在厕所、浴室应用较多。

铺地砖楼面是用一种较大块的釉面砖（又称缸砖）铺设。这种砖强度高、平整、耐磨、耐水、耐腐蚀，常用水泥砂浆把它铺贴在地面的找平层上。亦可采用特制胶粘贴。

预制水磨石楼面是用400mm×400mm×25mm的水磨石预制板，用1：3水泥砂浆铺贴在地面垫层上。

3.3.2.3 楼地面构造要点

由于地面构造与施工工艺密切，这里只谈一谈构造要点及应注意问题，具体构造做法可查阅各地工程做法手册。

1. 整体楼地面

包括水泥砂浆、水磨石、菱苦土做法。整体楼地面的垫层，大多采用50～90mm厚的1：6水泥焦渣，一般不用混凝土垫层。这样做的好处是可以减轻传给楼板的荷载，而且隔声效果较好。

整体楼地面的面层，一般应注意分格（分仓），其尺寸为500～1000mm不等。水泥砂浆面层可直接分格，水磨石面层可采用玻璃条、铜条、铝条进行分格，菱苦土面层可采用木条分格。面层分格的好处是可以保证均匀开裂。

2. 块料楼地面

包括铺地板、马赛克等做法。块料楼地面的垫层也多采用1：6水泥焦渣制作。

块料楼地面的面层，若为大块时（如预制水磨石板、铺地砖等），可直接采用不小于20mm厚的1：4干硬性水泥砂浆黏接；若为小块时（如马赛克等）应先将面层材料拼接并粘贴于牛皮纸上，施工时将贴有小块面砖的牛皮纸的背面粘于水泥砂浆结合层上，然后揭去牛皮纸，形成面层。

3. 铺贴楼地面

包括塑料地板、地毯等做法。铺贴楼地面的面层材料多为有机材料，如塑料地板等。铺贴楼地面的垫层多为混凝土面，经刮腻子找平后，才可铺贴。铺贴楼地面的铺贴用胶多为各类合成树脂胶，如XY401胶等。

4. 木楼面

包括条木地板、拼花地板等做法。木楼面的构造做法分为单层长条硬木楼地面和双层硬木楼地面做法两种，均属于实铺式。

下面以双层硬木楼地面做法为例，介绍其构造做法。在钢筋混凝土楼板中伸出$\phi6$钢筋，绑扎Ω形的$\phi6$铁鼻子，400mm中距，将70mm×50mm的木龙骨用10号铅丝两根，绑于Ω形铁件上。在垂直于木龙骨的方向上钉放50mm×50mm支撑。中距800mm，其间填40mm厚干焦渣隔音层。上铺22mm厚松木毛地板，铺设方向为45°，上铺油毡纸一层，表面铺50mm×20mm硬木企口长条或席纹、人字纹拼花地板，并烫硬蜡。

双层硬木楼地面的做法如图2.3.3.2所示。

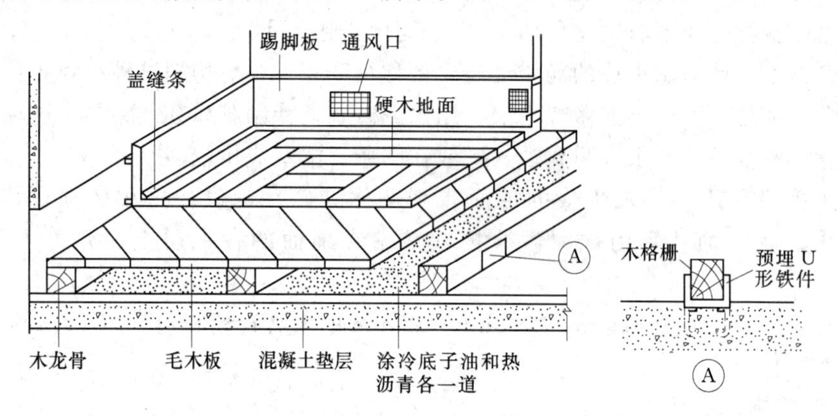

图2.3.3.2 双层硬木地面

3.3.3 底层地面的防潮保温构造做法

地层与土层直接接触，土壤中的水分因毛细现象作用上升引起地面受潮，严重影响室内卫生和使用。当室内空气相对湿度较大时，由于地表温度较低会在地面产生结露现象，引起地面受潮。地坪层的防潮保温构造做法通常有以下几种。

1. 设防潮层

在混凝土垫层上、刚性整体面层下先刷一道冷底子油，然后铺憎水的热沥青或防水涂料，形成防潮层，以防止潮气上升到地面。也可在垫层下铺一层粒径均匀的卵石或碎石、粗砂等，如图2.3.3.3（a）、（b）所示，以切断毛细水的上升通路。

2. 保温地面

一种是在地下水位低、土壤较干燥的地面，可在垫层下铺一层1：3水泥炉渣或其他工业废料做保温层；第二种是在地下水位较高的地区，可在面层与混凝土垫层间设保温层，并在保温层下做防水层，如图 2.3.3.3（c）、（d）所示。

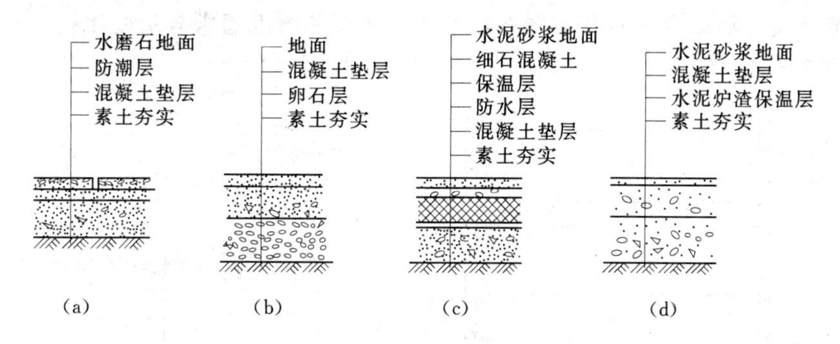

图 2.3.3.3 地面防潮和保温示例

(a) 设防潮层；(b) 铺卵石层；(c) 设保温层和防水层；(d) 设保温层

3. 架空式地坪

将底层地坪架空，使地坪不接触土壤，形成通风间层，以改变地面的温度状况，同时带走地下潮气。

3.4 阳台与雨篷

3.4.1 阳台

阳台是建筑物室内、外空间的联系部分，可起到休息、眺望、晾晒、储物、装饰立面等作用。

3.4.1.1 阳台的类型

1. 按其与外墙的相对位置分为凸阳台、凹阳台、半凸半凹阳台、转角阳台（图 2.3.4.1）

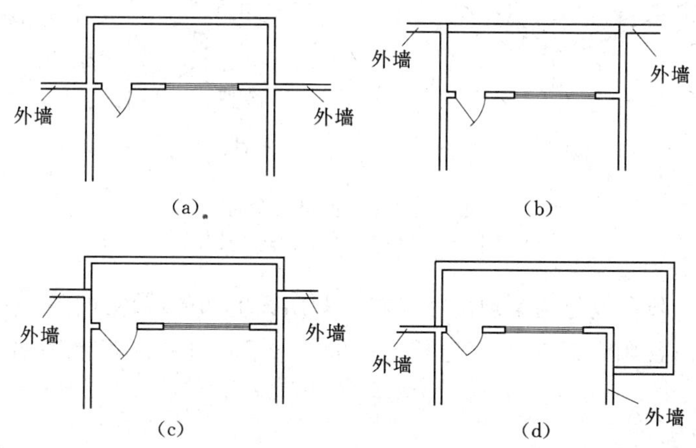

图 2.3.4.1 阳台的类型

(a) 挑阳台；(b) 凹阳台（中间阳台）；(c) 半挑半凹阳台（中间阳台）；(d) 挑阳台（转角阳台）

2. 按使用功能不同分为生活阳台（靠近卧室或客厅）和服务阳台（靠近厨房）

3. 钢筋混凝土材料制作的按结构布置方式分为墙承式、悬挑式、压梁式等

（1）墙承式：将阳台板直接搁置在墙上，其板型和跨度通常与房间楼板一致，多用于凹阳台（图 2.3.4.2）。

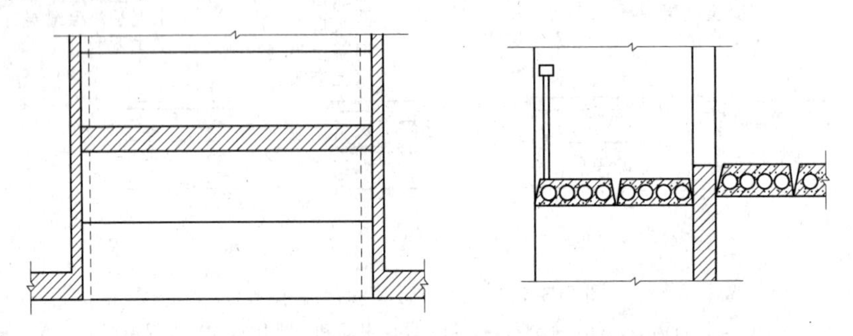

图 2.3.4.2　墙承式阳台

（2）悬挑式：将阳台板悬挑出外墙，适用于挑阳台或半凹半挑阳台。从结构合理、安全和使用要求考虑，阳台一般悬挑长度为 1.0～1.5m，以 1.2m 左右最常见。悬挑式按悬挑方式不同有挑梁式和挑板式两种。挑梁式是从横墙上伸出挑梁，阳台板搁置在挑梁上。挑梁压入墙内的长度一般为悬挑长度的 1.5 倍左右，可增设边梁。挑梁式阳台应用较广泛（图 2.3.4.3）。挑板式即从楼板外延挑出平板，板底平整，外形轻巧美观，而且阳台平面形式可做成半圆形、弧形、梯形、斜三角等各种形状。挑板厚度不小于挑出长度的 1/12（图 2.3.4.4）。当楼板为现浇楼板时，可选择挑板式。

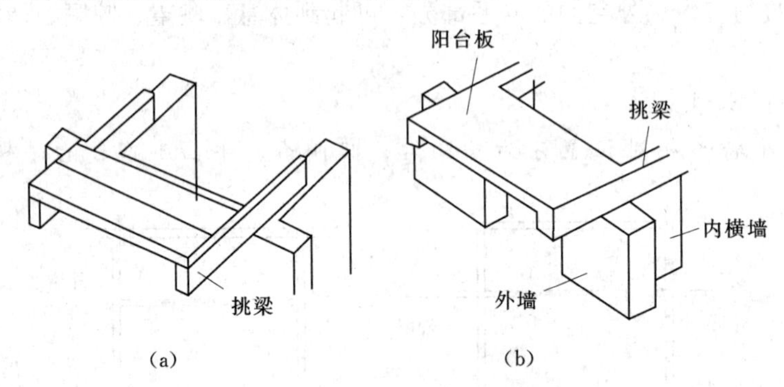

图 2.3.4.3　挑梁式阳台

(a) 预制挑梁外伸式；(b) 现浇挑梁外伸式

（3）压梁式：阳台板与墙梁现浇在一起，利用梁上部的墙体或楼板来平衡阳台板，以保证阳台的稳定。且阳台悬挑不宜过长，一般为 1.2m 左右。阳台底部平整，外形轻巧（图 2.3.4.5）。

3.4.1.2　阳台细部构造

1. 阳台栏杆与扶手

栏杆扶手的高度不应低于 1.05m，高层建筑不应低于 1.1m。另外，栏杆扶手还兼起装饰作用，应考虑美观。阳台栏杆形式应防坠落（垂直栏杆间净距不应大于 110mm），防

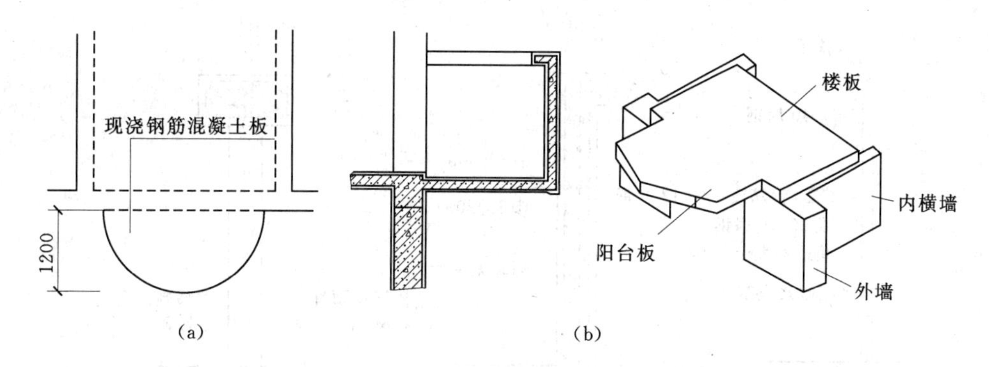

图 2.3.4.4 挑板式阳台

(a) 挑板式平面、剖面图；(b) 挑板式阳台示意图

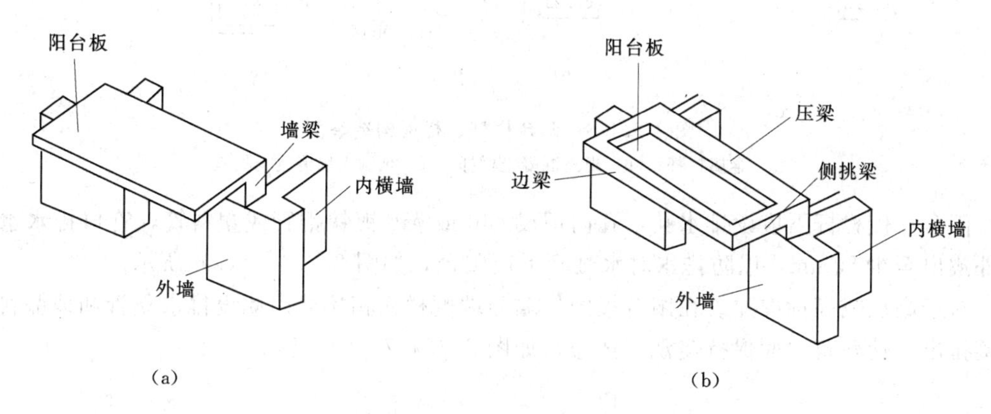

图 2.3.4.5 压梁式阳台

(a) 挑出部分为板式；(b) 挑出部分为梁板式

攀爬（不设水平栏杆）。放置花盆处，也应采取防坠落措施。

从外形上，栏杆形式有空花栏杆、实心栏板及二者组合而成的组合式栏杆。

(1) 空花栏杆，大多采用金属栏杆，如图 2.3.4.6 (a) 所示。金属栏杆一般采用圆钢、方钢、扁钢或钢管等。与金属扶手及阳台板（或面梁）的连接，可通过对应的预埋件焊接，或预留孔洞插接。扶手为非金属不便直接焊接时，可在扶手内设预埋件与栏杆焊接。

(2) 钢筋混凝土栏板可与阳台板整浇在一起，也可采用预制的钢筋混凝土栏板与阳台板连接。现浇钢筋混凝土栏板经立模、扎筋后，与阳台板或面梁、挑梁一道整浇，如图 2.3.4.6 (b) 所示。

(3) 预制钢筋混凝土栏板端部的预留钢筋与阳台板的挡水板（高出阳台板 60～100mm）现浇成一体，也可采用预埋件杆焊接或预留孔洞插接等方法，如图 2.3.4.6 (c) 所示。

2. 阳台排水

对于非封闭阳台，为防止雨水从阳台进入室内，阳台地面标高应低于室内地面 30mm 以上，并向排水口处找 0.5%～1%的排水坡，以利于雨水的迅速排除。

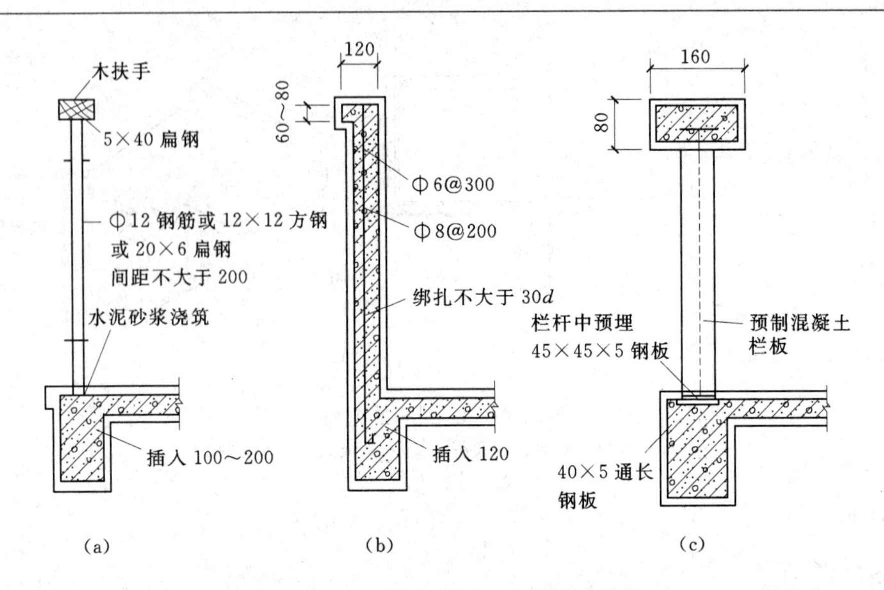

图 2.3.4.6　阳台栏杆、栏板构造举例

(a) 金属栏杆；(b) 现浇混凝土栏杆；(c) 预制钢筋混凝土栏板

阳台一侧栏杆下应设排水孔，孔内埋设 $\phi40$ 或 $\phi50$ 镀锌钢管或塑料管，管口排水水舌向外挑出至少 80mm，以防排水时水溅到下层阳台，如图 2.3.4.7 (a) 所示。

对于高层或高标准建筑在阳台板的外墙与端侧栏板相接处内侧设排水立管和地漏将水直接排出，使建筑立面保持美观、洁净，如图 2.3.4.7 (b) 所示。

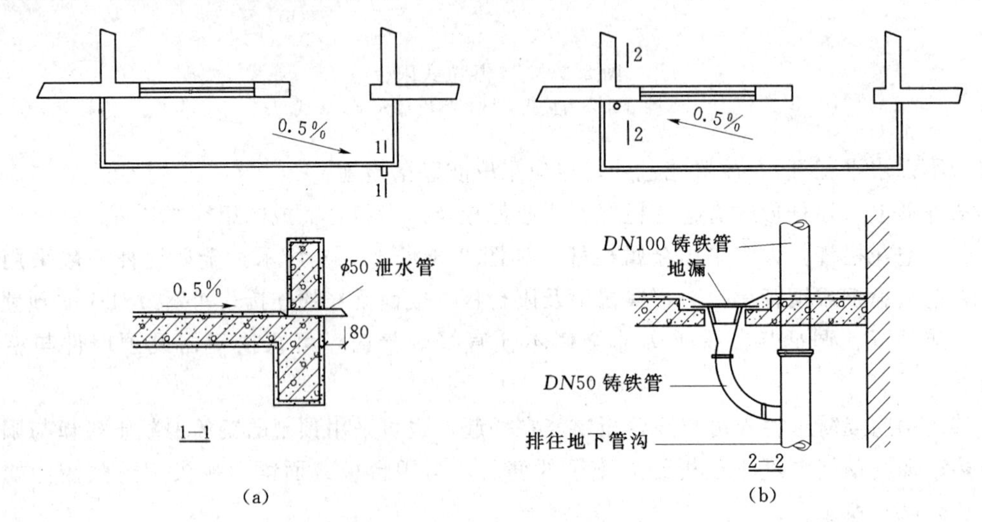

图 2.3.4.7　阳台排水构造

(a) 排水坡向泄水管；(b) 排水坡向地漏

3.4.2　雨篷

雨篷是建筑物入口处和顶层阳台上部用以遮挡风雨、保护外门免受雨水侵害和人们进出时不被滴水淋湿及空中落物砸伤的水平构件，它还有一定的装饰作用。

雨篷在构造上需解决好两个问题：一是防倾覆，保证雨篷梁上有足够的压重；二是板面上要做好排水和防水。

根据雨篷板的支承方式不同，有悬板式和梁板式两种。

1. 悬板式

悬板式雨篷板与过梁或圈梁现浇在一起。外挑长度一般为0.9～1.5m，板根部厚度不小于挑出长度的1/12，雨篷宽度比门洞每边宽250mm，雨篷排水方式可采用无组织排水和有组织排水两种。雨篷顶面距过梁顶面250mm高，板底抹灰可抹1：2水泥砂浆内掺5%防水剂的防水砂浆15mm厚，多用于次要出入口，如图2.3.4.8所示。

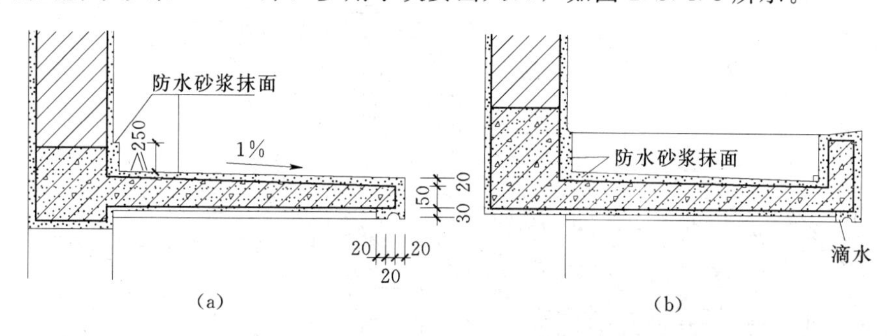

图2.3.4.8 悬板式雨篷构造
(a)无组织排水；(b)有组织排水

2. 梁板式

梁板式雨篷多用在宽度较大的入口处，悬挑梁从建筑物的柱上挑出，为使板底平整，多做成倒梁式，如图2.3.4.9所示。雨篷板与入口过梁现浇在一起，出挑长度以1～1.5m较为经济。

图2.3.4.9 钢筋混凝土悬挑梁板式雨篷（梁上翻）

3. 雨篷的排水和防水

雨篷顶面要做好防水和排水处理。一般采用1：2水泥砂浆内掺5%防水剂的防水砂浆15mm厚抹面，并应上翻至墙面形成泛水，其高度不小于250mm，同时，还应沿排水方向做出1%的排水坡。为了集中排水和立面需要，可沿雨篷外缘用砖砌或现浇混凝土做上翻的挡水边坎，并在一端或两端设泄水管将雨水集中排出（图 2.3.4.10）。

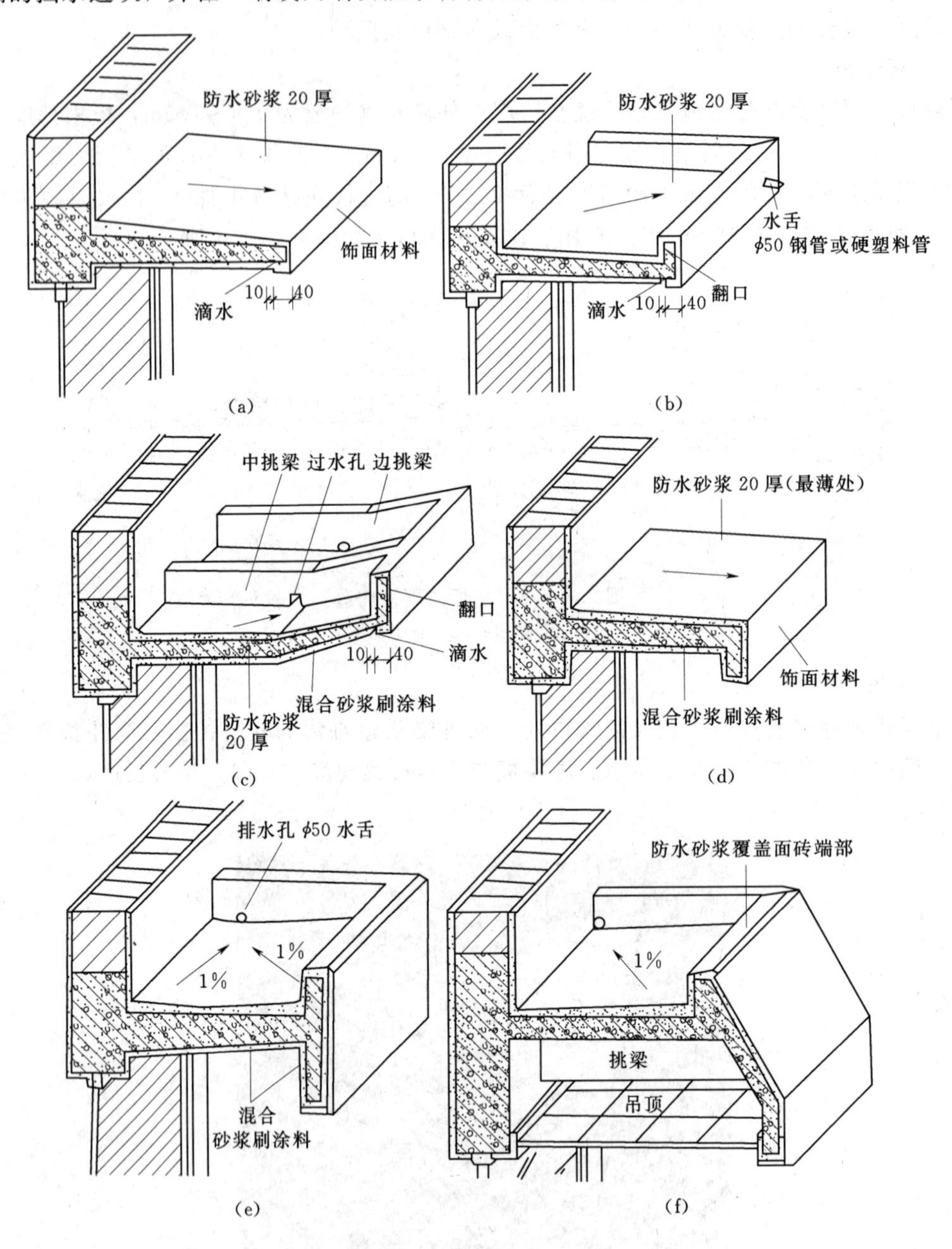

图 2.3.4.10　雨篷防水和排水处理示意图

(a) 自由落水雨篷；(b) 有翻口有组织排水雨篷；(c) 折挑倒梁有组织排水雨篷；(d) 下翻口自由落水雨篷；(e) 上下翻口有组织排水雨篷；(f) 下挑梁有组织排水带吊顶雨篷

第 4 章　楼梯及其他垂直交通设施

4.1　概　　述

联系建筑物室内外高差以及不同标高楼层之间的垂直交通设施主要有楼梯、电梯、自动扶梯、爬梯、台阶和坡道等。楼梯既是建筑中各楼层间的垂直交通枢纽，也是进行安全疏散的主要构件。电梯、自动扶梯多用于层数较多或有特殊需要的建筑物中，而且即使设有电梯或自动扶梯的建筑物，也必须同时设置楼梯，以便在紧急情况时使用。爬梯一般用于检修。台阶用于室内外地面的高差之间以及室内不同标高处而设置的阶梯形踏步，供人们上下使用。在有高差的地方，为方便车辆、轮椅通行，也可用斜坡来解决地面的高差，称为坡道。

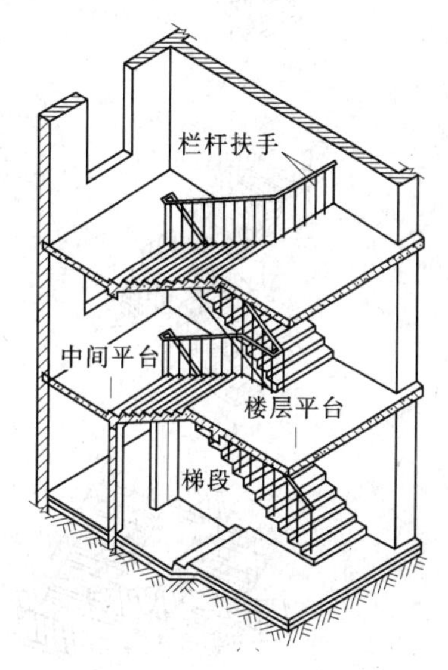

图 2.4.1.1　楼梯的组成部分

4.1.1　楼梯的组成

楼梯一般由楼梯梯段、楼梯平台及栏杆扶手三部分组成（图 2.4.1.1）。

1. 楼梯梯段

楼梯梯段是倾斜并带有踏步的构件，设于两楼梯平台之间，是组成楼梯的重要构件。踏步又分为踏面（行走时踏脚的水平部分）和踢面（形成踏步高差的垂直部分）。为了使人们上下楼梯时不致过度疲劳且要适应人行的习惯，一般规定一个楼梯段的踏步数最多不超过 18 级，最少不少于 3 级。

2. 楼梯平台

楼梯平台是指两楼梯段之间的水平部分。主要用作方向转换和楼层连接，同时也可供人们在连续上下楼时稍作休息，缓解疲劳。楼梯平台有中间平台和楼层平台之分。平台台面标高与楼层地面标高平齐的平台称为楼层平台（正平台），介于两个楼层之间的平台称为中间平台（半平台），供人们行走时调节体力和改变行进方向。

3. 栏杆扶手

栏杆扶手是楼梯的安全防护设施，设在楼梯梯段边缘和平台临空一侧，以便行人扶靠和防止跌落。要求必须坚固牢靠，并保证有足够的安全高度。

4.1.2　楼梯的形式

楼梯按位置可分为室内楼梯和室外楼梯；按使用性质可分为主要楼梯、辅助楼梯、疏散楼梯及防火楼梯；按主要承重结构部分所用的材料可分为木楼梯、钢筋混凝土楼梯和金属楼梯等。

楼梯按平面形式可以分为直跑楼梯、双跑楼梯、折角式楼梯、弧形和螺旋式楼梯等多种形式。楼梯中最简单的是直跑楼梯，直跑楼梯又可分为单跑和多跑几种。双跑楼梯（有平行双跑、曲尺双跑、双分折角楼梯、双分对折楼梯等形式），它紧凑、方便、能节省楼梯间面积，是建筑中应用最广泛的一种。弧形和螺旋式楼梯造型流畅、优美，具有很好的装饰效果。剪刀式楼梯的使用方向有多种选择，常用于人流量较大的公共建筑（图 2.4.1.2）。

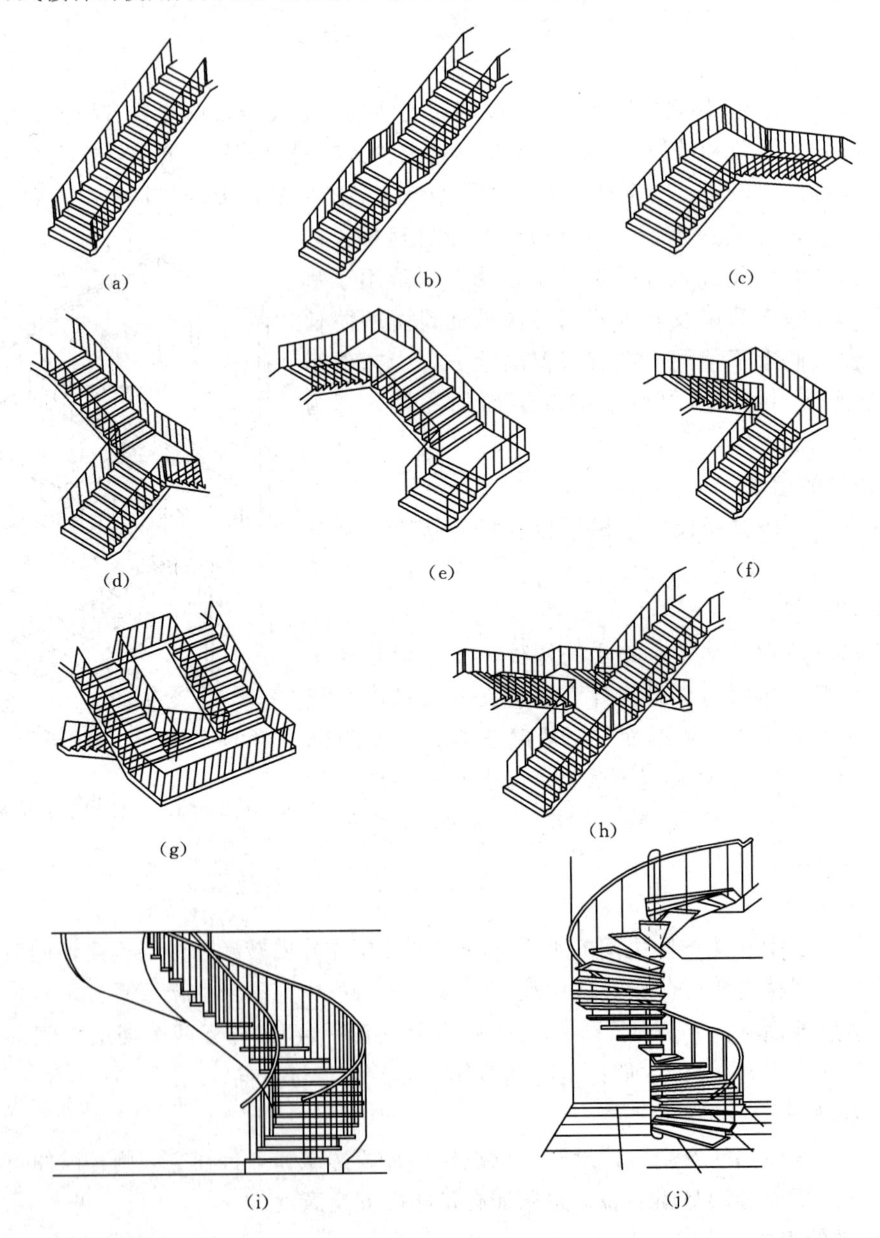

图 2.4.1.2　楼梯的形式

(a) 直跑单跑楼梯；(b) 直跑多跑楼梯；(c) 折角楼梯；(d) 双分折角楼梯；(e) 三折楼梯；(f) 对折楼梯（双跑楼梯）；(g) 双分对折楼梯；(h) 剪刀楼梯；(i) 圆弧形楼梯；(j) 螺旋楼梯

4.1.3 楼梯的尺度

4.1.3.1 楼梯的坡度和踏步尺寸

1. 楼梯的坡度

楼梯的坡度是指楼梯段和水平面所形成的夹角。楼梯的坡度范围一般在23°～45°之间，最适宜的坡度为30°左右。当坡度小于10°时，可将楼梯改为坡道。当坡度大于45°时，则采用爬梯。楼梯、爬梯、坡道等的坡度范围，如图2.4.1.3所示。

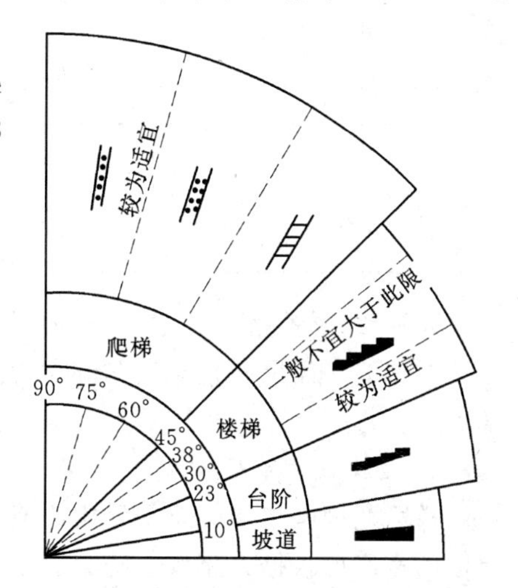

图2.4.1.3 楼梯、坡道、爬梯的坡度范围

楼梯的坡度应根据建筑物的使用性质、层高以及便于通行和节约面积等因素来确定。公共建筑的楼梯，一般人流较多，坡度应较平缓，常在26°34′左右；住宅中的公用楼梯通常人流较少，坡度可稍陡些，多采用33°42′左右；楼梯坡度一般不宜超过38°，供少量人流通行的内部交通楼梯，坡度可适当加大；专供老人和幼儿使用的楼梯则需平坦些。用角度表示楼梯的坡度虽然准确、形象，但不便在实际工程中操作，因此我们经常用踏步的尺寸来表述楼梯的坡度。

2. 楼梯的踏步尺寸

踏步由踏面和踢面组成，踏步宽 b 和踢面高 h 之比构成了楼梯的坡度，如图2.4.1.4(a)所示。踏面越宽，踢面越矮，则楼梯的坡度越缓；反之，踏面越窄，踢面越高，则楼梯的坡度越陡。

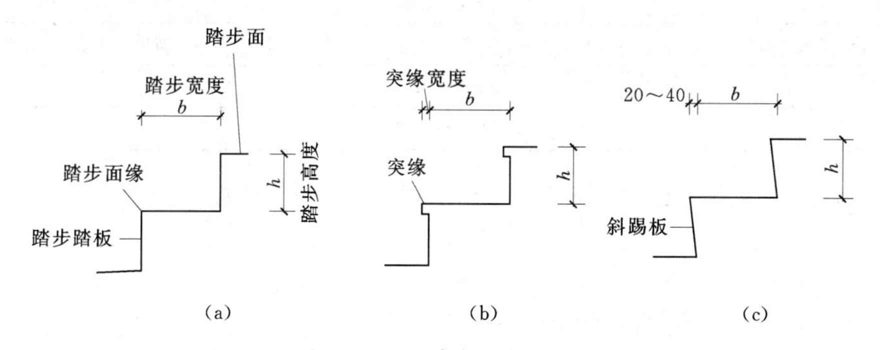

图2.4.1.4 踏步形式和尺寸

(a) 无突缘；(b) 有突缘；(c) 斜踢板

楼梯踏步尺寸的确定与人的步幅有关，可以利用下面的经验公式计算：

$$b+h=450\text{mm}$$

$$b+2h=600\sim620\text{mm}$$

式中 b——踏步的踏面宽度；

h——踏步的踢面高度；

600～620mm——女子的平均步距。

在实际工程中，踏面宽 b 的取值范围是 250～300mm，踢面高 h 取值范围是 140～180mm。250mm 的数值其实就是人的平均鞋长，为了使人们上下楼梯时更加舒适，在不改变梯段长度的情况下，可将踏步的前缘挑出，形成突缘，或将踢面向外倾斜，突缘挑出长度一般为 20～40mm，如图 2.4.1.4（b）、（c）所示，使踏面宽度增大。楼梯常用适宜踏步尺寸见表 2.4.1.1。

表 2.4.1.1　　**踏步常用高宽尺寸**　　单位：mm

名称	住宅	幼儿园	学校、办公楼	医院、疗养院	剧院、会堂
踏步高 h	150～175	120～150	140～160	120～150	120～150
踏步宽 b	260～300	260～300	280～340	300～350	300～350

4.1.3.2　楼梯的平面尺寸

楼梯的平面尺寸包括梯段的宽度 a、梯井宽度 C、楼梯平台的宽度 D、楼梯段的长度 L。

1. 楼梯段的宽度

梯段宽度是指墙面至扶手中心或扶手中心线之间的水平距离，即楼梯梯段宽度，楼梯梯段的宽度应根据人流量、防火要求及建筑物的使用性质等因素确定。在公共建筑中，净宽按每股人流所需梯段宽度为人的平均肩宽（550mm）再加少许提物尺寸（0～150mm），即 550＋（0～150mm），每个楼梯段必须保证 2 人同时上下，即最小宽度为 1100～1400mm 。楼梯梯段宽度取值见表 2.4.1.2。

表 2.4.1.2　　**楼梯梯段宽度**　　单位：mm

计算依据：每股人流宽度为 550＋（0～150）		
类别	梯段宽度	备注
单人通行	＞900	满足单人携物通过
双人通行	1100～1400	
三人通行	1650～2100	

若楼梯间的开间尺寸已定，双跑楼梯梯段宽度 a 的计算公式为

$$a=(A-C)/2$$

式中　a——楼梯段的宽度，mm；

A——楼梯间的净开间，mm；

C——楼梯井的宽度，其值一般取 60～200mm。

2. 梯井的宽度

两个楼梯段之间的空隙叫梯井，此空隙从顶层到底层贯通，如图 2.4.1.5 所示。梯井的尺寸根据楼梯施工时支模板的需要和满足楼梯间的空间尺寸来确定，其尺寸一般为 60～200mm。公共建筑梯井的净宽不应小于 150mm，有儿童经常使用的楼梯，当楼梯井净宽大于 200mm 时，必须采取安全措施，防止儿童坠落。

3. 楼梯平台的宽度

楼梯平台的宽度是指楼梯平台边缘到楼梯间墙面间的净距离。考虑交通疏散和家具搬

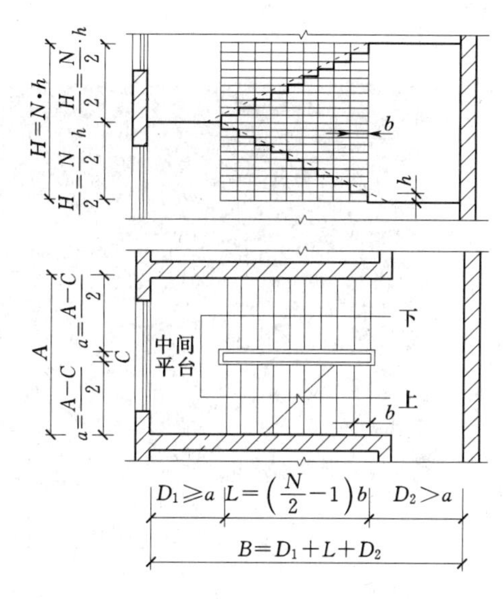

图 2.4.1.5　楼梯尺寸计算

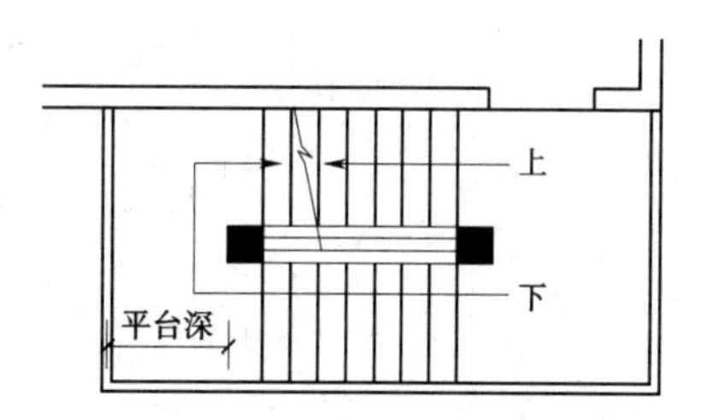

图 2.4.1.6　结构对平台深度的影响

运等因素，规范规定楼梯平台的深度 D 不得小于楼梯段的宽度 a，即 $D \geqslant a$。另外，在下列情况下应适当加大平台深度，以防碰撞。

（1）梯段较窄而楼梯的通行人流较多时。

（2）楼梯平台通向多个出入口或有门向平台方向开启时。

（3）有突出的结构构件影响到平台的实际深度时，如图 2.4.1.6 所示。

4. 楼梯段的长度

楼梯段的长度是指楼梯始末两踏步之间的水平距离。楼梯段的长度 L 与踏步宽度 b 以及该楼梯段的踏步数量 N 有关，平行双跑楼梯中，楼梯段的长度为

$$L=(N/2-1)b$$

式中　L——楼梯段的长度，mm；

N——为上下楼层之间的踏步的踢面数。

由于楼梯上行的最后一个踏面的标高与楼梯平台的标高一致，其宽度已计入平台的宽度，因此，在计算楼梯段长度时应减去一个踏步宽度。

楼梯平面尺寸之间的关系：

净开间　　$A=2a+C$

净进深　　$B=2D+L$

4.1.3.3　楼梯栏杆扶手的尺寸

扶手高度是指从踏步前缘至扶手顶面的垂直距离。扶手的高度与楼梯坡度、楼梯的使用要求有关，一般室内楼梯扶手的高度为 900mm；室外楼梯扶手高度（特别是消防楼梯）应不小于 1100mm。在托幼建筑中，需要在 500～600mm 高度再增设一道扶手，以适应儿童的身高，如图 2.4.1.7 所示。另外，与楼梯有关的水平扶手长度超过 500mm 时，其高度不应小于 1050mm。当楼梯段的宽度大于 1650mm 时，应增设靠墙扶手；楼梯段宽度超过 2200mm 时，还应增设中间扶手，如图 2.4.1.8 所示。

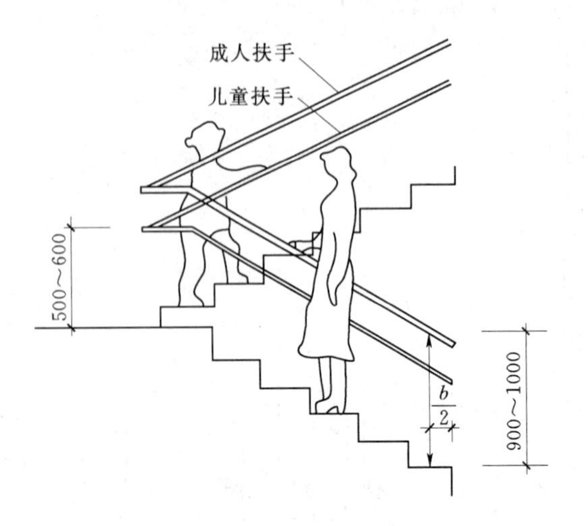

图 2.4.1.7 栏杆扶手高度

图 2.4.1.8 靠墙及中间扶手实例

4.1.3.4 楼梯的净空高度

楼梯的净空高度是指平台下或梯段下通行人或物件时所需要的竖向净空高度，包括平台下净高和梯段下净高。平台下净高指平台面（楼地面）到上部结构底面之间的垂直距离，应不小于 2000mm；梯段下净高指踏步前缘到上部结构底面之间的垂直距离，应不小于 2200mm，如图 2.4.1.9（a）所示。确定梯段下净空高度时，楼梯段的计算范围应从楼梯段最前或最后踏步前缘分别往外 300mm 算起，如图 2.4.1.9（b）所示。

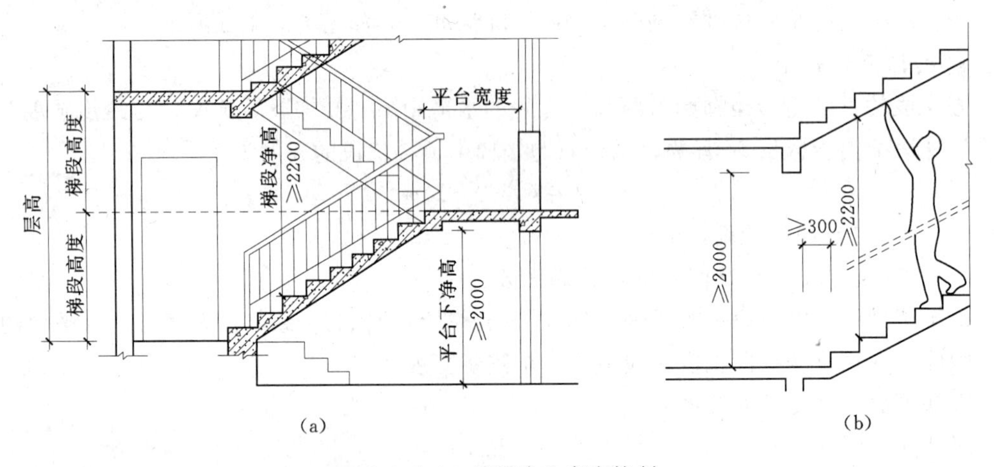

图 2.4.1.9 楼梯净空高度控制

若底层楼梯间平台下做通道时，净高应不小于 2000mm。为使平台下净高满足要求，可以用以下几种处理方法。

1. 底层长短跑

增加底层楼梯第一个梯段的踏步数量，使底层楼梯的两个梯段形成长短跑，以此抬高底层休息平台的标高，如图 2.4.1.10（a）所示。

2. 降低平台下地坪标高

充分利用室内外高差，将部分室外台阶移至室内。为防止雨水流入室内，应使室内最低点的标高高出室外地面标高（不小于100mm），如图2.4.1.10（b）所示。

3. 底层长短跑并局部降低地坪

综合以上两种方式，在采取长短跑梯段的同时，又降低底层中间平台下地坪标高，如图2.4.1.10（c）所示。这种处理方法可兼有前两种方式的优点，在实际工程中较常用。

4. 底层采用直跑楼梯

当底层层高较低（不大于3000mm）时，可将底层由双跑改为直跑，直接从室外上二层，二层以上恢复双跑。设计时需注意入口处雨篷底面标高的位置，以保证净空高度，如图2.4.1.10（d）所示。

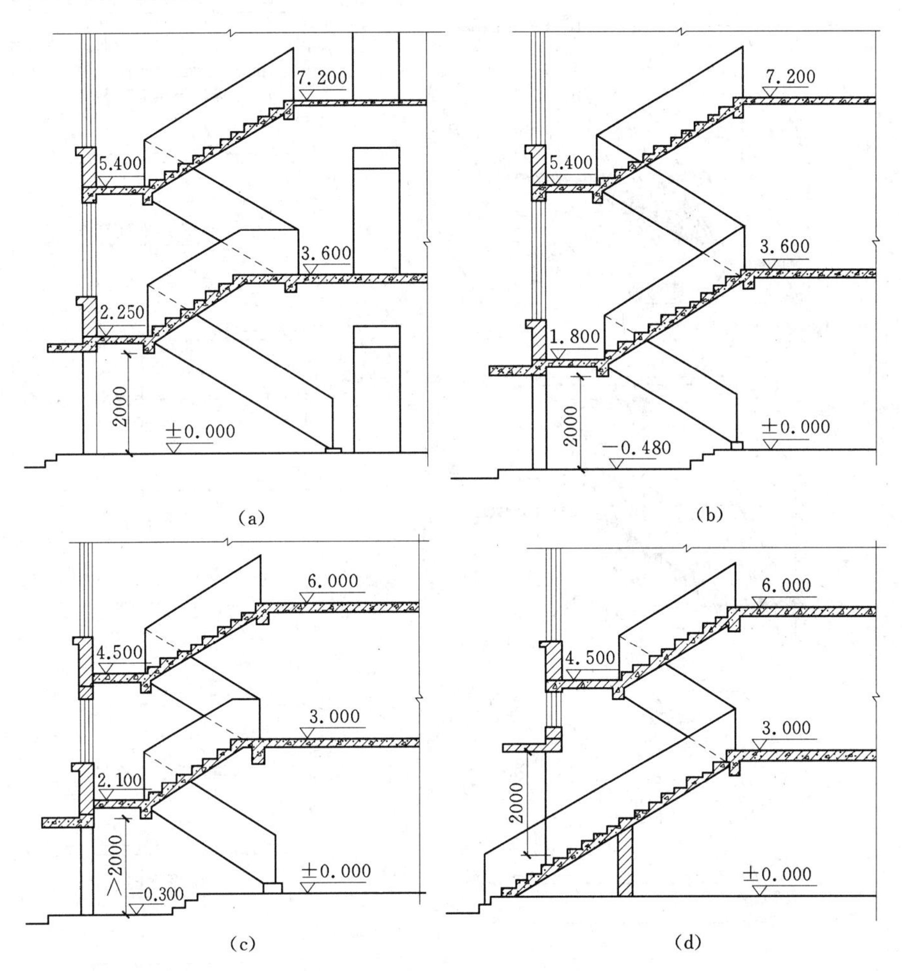

图2.4.1.10 楼梯间底层休息平台下设出入口时的处理方式

（a）底层长短跑；（b）降低平台下地坪标高；（c）底层长短跑并局部降低地坪；（d）底层采用直跑楼梯

4.1.4 楼梯的表达方式

楼梯主要是依靠楼梯平面和与其对应的剖面来表达的。

1. 楼梯平面的表达

楼梯平面因其所处楼层的不同而有不同的表达。但有两点特别重要，首先，应当明确所谓平面图其实质上是水平的剖面图，剖切位置高度在该楼层以上1m左右，因此在楼梯的平面图中会出现折断线。其次，无论是底层、中间层还是顶层楼梯平面图，都必须用箭头标明上下行的方向，而且必须从楼层平台（正平台）开始标注。

下面以双跑楼梯为例来说明其平面的表示方法。底层楼梯平面中一般只有上行梯段。顶层平面（不上屋顶的楼梯）由于其剖切位置在栏杆之上，因此图中没有折断线，所以会出现两段完整的梯段和平台。中间层平面既要画出被切断的上行梯段，还要画出该层下行的梯段，其中有部分下行梯段被上行梯段遮住（投影重合），以 45°折断线为分界。双跑楼梯的平面表达，如图 2.4.1.11 所示。

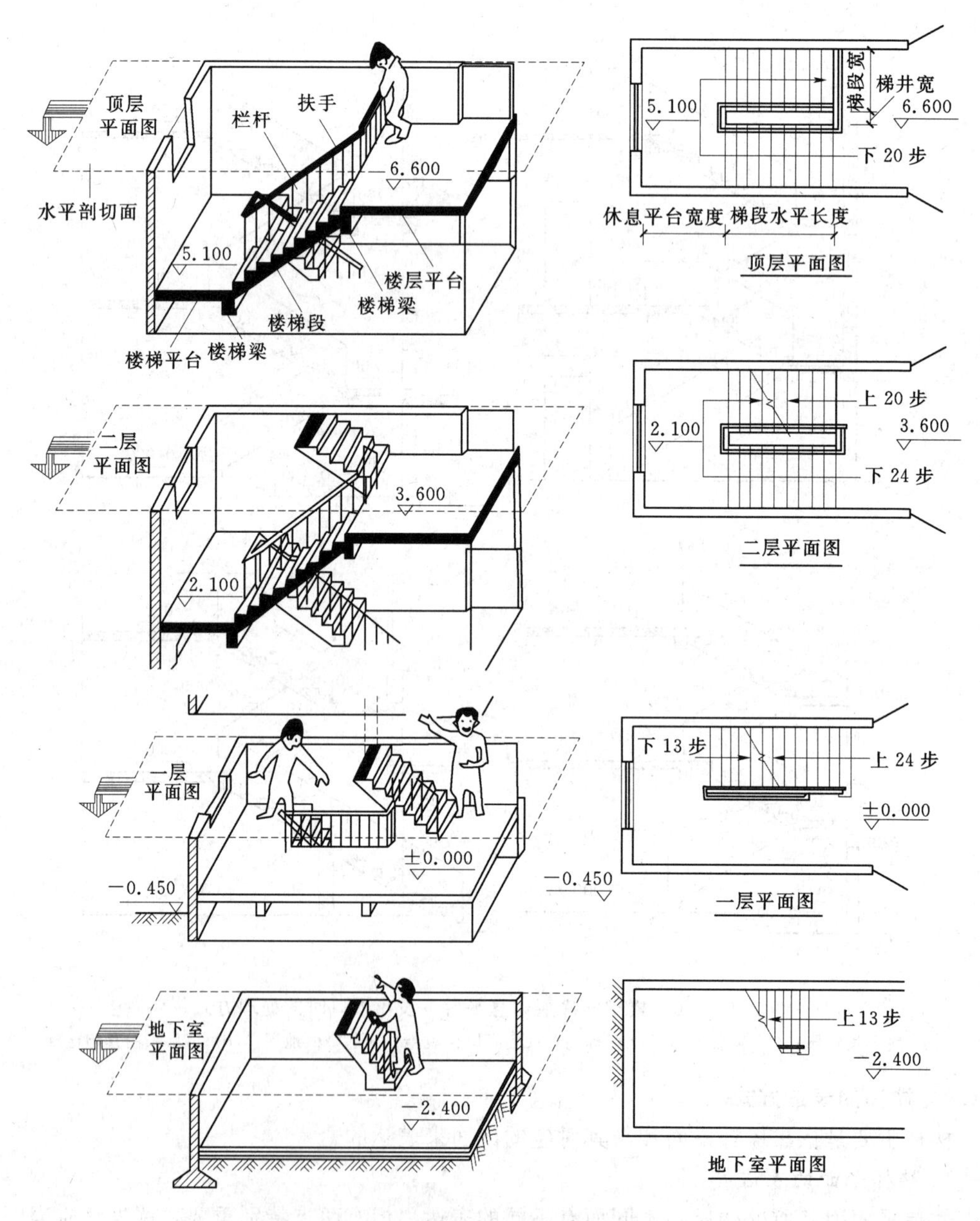

图 2.4.1.11　楼梯的平面表示法（单位：m）

2. 楼梯剖面的表达

楼梯剖面应能完整、清晰地表达出房屋的层数、梯段数、步级数、楼梯类型及其结构形式。楼梯剖面图中应标注楼梯垂直方向的各种尺寸，例如楼梯平台下净空高度、栏杆扶手高度等。剖面图还必须符合结构、构造的要求，例如平台梁的位置、圈梁的设置及门窗洞口的合理选择等。最后还应考虑剖面与平面相互对应及投影规律等。楼梯剖面表达如图 2.4.1.10 所示。

4.1.5 楼梯设计实例

某住宅层高 2.9m，楼梯开间 2.6m，进深 5.2m，墙厚 240mm。试设计一双跑楼梯，要求将入口设在楼梯平台下。

分析：关键设计

1. 楼梯段（踏步数、踏步高、踏面宽）

2. 楼梯平台宽（与楼梯段宽有关）

3. 平台下入口高度（大于 2m）

按规范住宅踏步，踏面 b：250～300mm；踏高 h：156～175mm

（1）踏高 h ：2900/18＝161（mm）[2900/16＝181（mm）＞175mm]。

（2）踏面 b ：踏面数＋1＝踏高数，18/2＝9，8×250＝2000(mm)，8×300＝2400(mm)。

（3）楼梯段宽：(2600－240－100)/2＝1130（mm）。

（4）楼层半平台进深：(5200－240－2000)/2＝1480（mm），半平台取 1200（mm）

（5）一层入口处梯段高：161×11＝1771（mm），平台梁高 300，踏步 4 级，1770＋161×4－300＝2110（mm）。

第一段梯段长：10×250＝2500（mm）。

一层平台进深：5200－240－2500－1200＝1260（mm）。

绘制剖面如图 2.4.1.12 所示，首层平面图如图 2.4.1.13 所示，中间层平面图如图 2.4.1.14 所示，顶层平面图如图 2.4.1.15 所示。

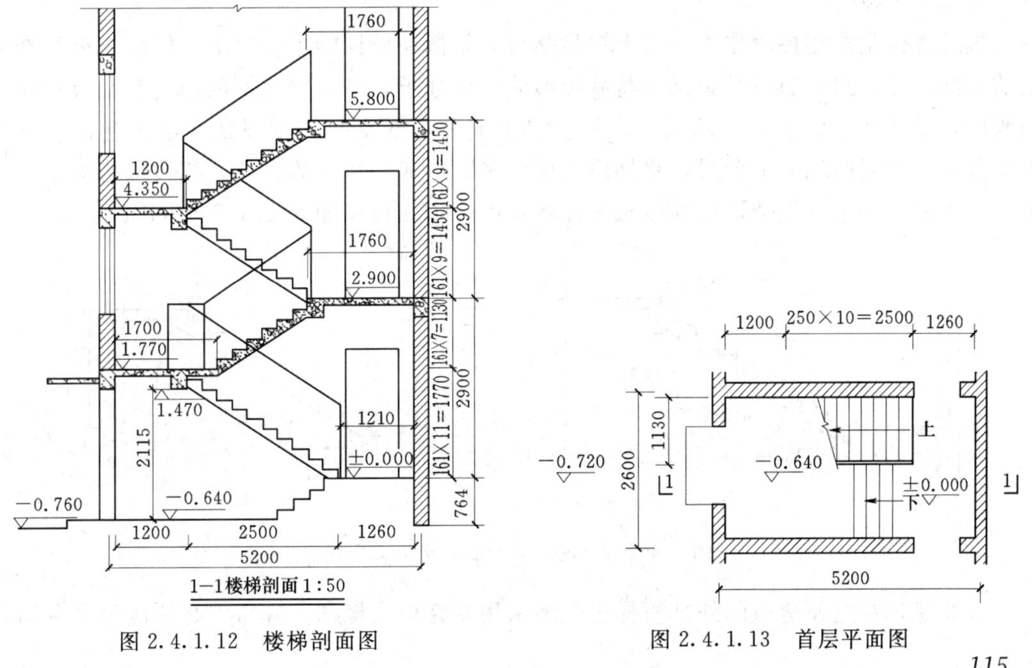

图 2.4.1.12　楼梯剖面图

图 2.4.1.13　首层平面图

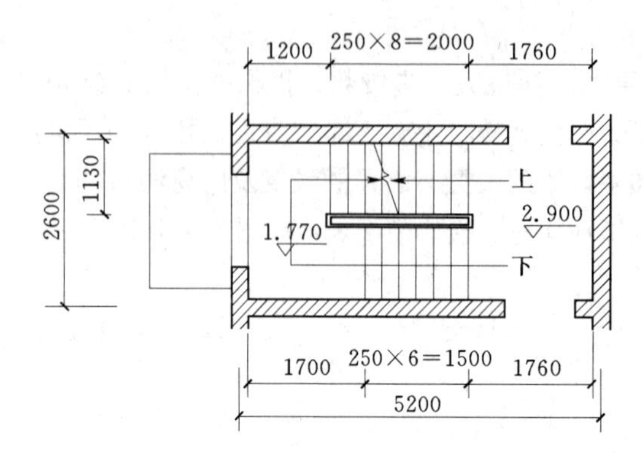

图 2.4.1.14　中间层平面图

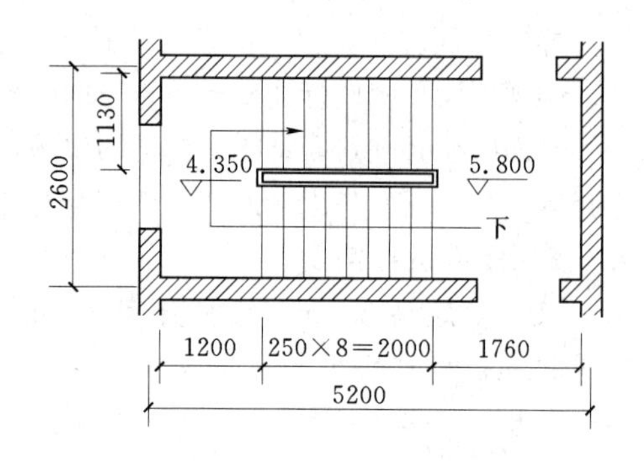

图 2.4.1.15　顶层平面图

4.2　钢筋混凝土楼梯构造

由于钢筋混凝土楼梯的耐久、耐火性能比其他材料好，具有较高的结构刚度和强度，并且在施工、造型和造价等方面也有较多优势，因此在大量性的民用建筑中被广泛采用。

钢筋混凝土楼梯按施工方法不同，主要有现浇整体式和预制装配式两类。

4.2.1　现浇钢筋混凝土楼梯

现浇钢筋混凝土楼梯是在施工现场支模、绑扎钢筋和浇筑混凝土，将楼梯段、楼梯平台等整体浇筑在一起的楼梯。优点为整体性能好、刚度大，能适应各种楼梯形式，有利于抗震。但施工工序多，施工周期长，受季节温度影响大。因此多用于抗震设防要求高、楼梯形式复杂和尺寸变化多的楼梯形式。

现浇钢筋混凝土楼梯按梯段结构形式的不同，可分为板式楼梯和梁式楼梯两种。

1. 板式楼梯

板式楼梯是指楼梯段作为一块带锯齿整板，斜搁在楼梯的平台梁上，梯段板承受着梯段的全部荷载，然后通过平台梁将荷载传给墙体或柱子，平台梁之间的距离就是板式梯段的跨度，如图 2.4.2.1 (a) 所示。若平台梁影响其下部空间高度或认为不美观，也可取消梯段板一端或两端的平台梁，将梯段与楼梯平台形成一块整体折板，折线形的板直接支承于墙体或柱子上，但会增加梯段板的计算跨度，增加板厚如图 2.4.2.1 (b) 所示。

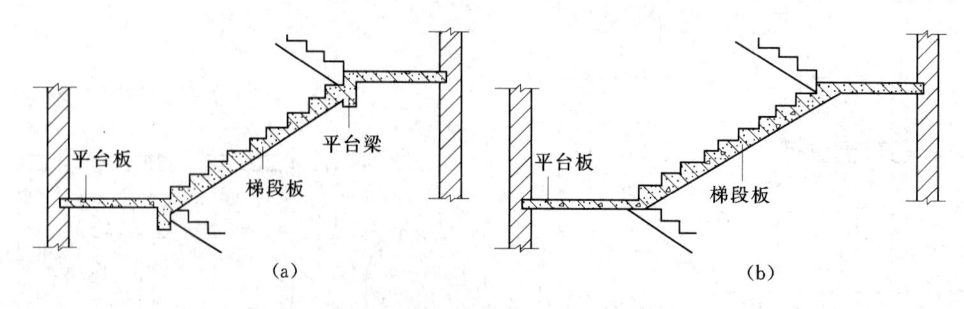

图 2.4.2.1　现浇钢筋混凝土板式楼梯

公共建筑和庭园建筑的外部楼梯也较多采用悬臂板式楼梯。其特点是梯段和平台均无支承，完全靠梯段与平台组成的空间板式结构与上下层楼板结构共同来受力。这种楼梯形式造型新颖、空间感好，如图2.4.2.2所示。

图2.4.2.2 现浇钢筋混凝土悬臂板式楼梯

板式楼梯的梯段底面平整，外形简洁，便于支模施工。当梯段跨度（长度）的水平投影不大时（一般不超过4.5m）常采用。而当梯段跨度（长度）的水平投影较大时，梯段上三角形截面不能起结构作用，梯段板厚度增加，自重较大，钢材和混凝土用量较多，经济性较差，这时常用梁式楼梯。

2. 梁式楼梯

梁式楼梯的梯段是由踏步板和梯段斜梁（简称梯梁）组成。踏步板先把荷载传给梯段斜梁，梯段斜梁再将荷载传给平台梁，最后通过平台梁将所有荷载传给墙体或柱子。

梯段斜梁通常设两根，分别布置在踏步板两侧。梯段斜梁与踏步板的相对位置有两种。

（1）梯段斜梁在踏步板下面，形成正梁，踏步外露，称为明步楼梯，如图2.4.2.3（a）所示。从受力的角度看，正梁式楼梯传力较为合理，外型较为明快，但在板下露出的梁的阴角处易积灰。

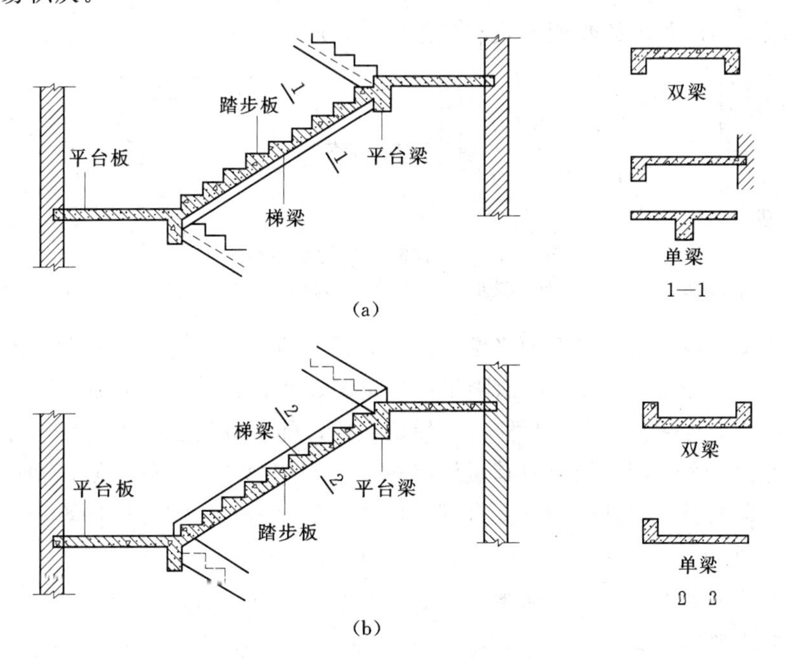

图2.4.2.3 现浇钢筋混凝土梁式楼梯

（a）明步楼梯；（b）暗步楼梯

（2）梯段斜梁在踏步板之上，形成反梁，踏步包在里面，称为暗步楼梯，如图2.4.2.3（b）所示。反梁式楼梯梯段底表面平整，可避免洗刷楼梯时污水沿踏步端头下淌，弄脏楼梯，但梯梁占据了梯段的一些尺寸。

梯段斜梁有时也可以只设一根如图 2.4.2.3 所示，通常有两种方式：一种是踏步板的一端设梯段斜梁，另一端搁置在墙上，省去一根梯段斜梁，可减少用料和模板，但施工不便；另一种是用单梁挑踏步板，即梯段斜梁布置在踏步板中部或一端，踏步板悬挑，这种形式的楼梯结构受力较复杂，但外形独特、轻巧，一般适用于通行量小、梯段尺度与荷载都不大的楼梯。

4.2.2　预制装配式钢筋混凝土楼梯

装配式钢筋混凝土楼梯是将楼梯段、平台等构件单独在预制厂或施工现场进行预制，施工时将预制构件进行焊接、装配而成的楼梯。这种形式的楼梯可节约模板，简化操作程序，较大幅度地缩短工期，提高工业化施工水平；但其整体性、抗震性、灵活性等不及现浇钢筋混凝土楼梯。根据构件尺寸的差别，一般可分为小型构件装配式楼梯、中型构件装配式楼梯和大型构件装配式楼梯。

4.2.2.1　梁小型构件装配式楼梯

小型构件装配式楼梯是以踏步板作为基本构件，将梯段、平台分割成若干部分，分别预制成小型构件装配而成。由于构件尺寸小、重量轻，因此制作、运输和安装简便，造价较低，但构件数量多，所以施工工序多，湿作业较多，施工速度较慢，主要适用于施工吊装能力较差的情况。

1. 预制踏步构件

钢筋混凝土预制踏步的断面形式有三角形、L 形和一字形三种，如图 2.4.2.4 所示。

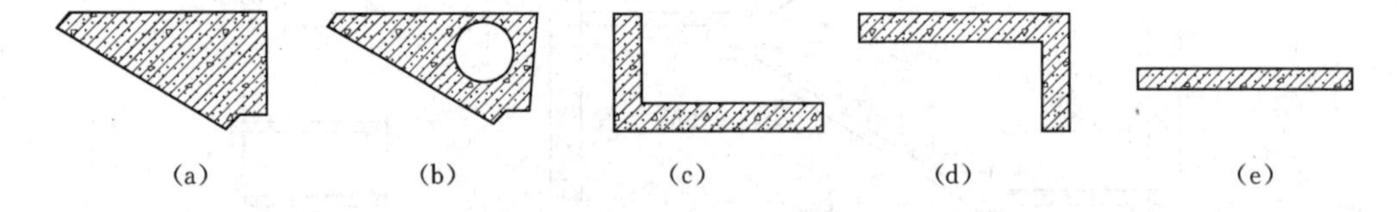

图 2.4.2.4　预制踏步的断面形式

(a) 实心三角形踏步；(b) 空心三角形踏步；(c) 正置 L 形踏步；(d) 倒置 L 形踏步；(e) 一字形踏步

三角形踏步板拼装后梯段底面平整、简洁，但自重大，因此常将三角形断面踏步板抽孔，形成空心三角形踏步。L 形断面踏步板自重轻、用料省，但拼装后底面形成折板，容易积灰。L 形踏步的搁置方式有两种：一种是正置，即踢板朝上搁置；另一种是倒置，即踢板朝下搁置。一字形踏步板只有踏板没有踢板，制作简单，存放方便，外形轻巧，必要时，可用砖补砌踢板；但其受力不太合理，仅用于简易楼梯、室外楼梯等。

2. 踏步构件的支承方式

预制踏步的支承方式主要有梁承式、悬挑式和墙承式三种。

(1) 梁承式楼梯。

预制踏步支承在梯段斜梁上，形成梁式梯段，梯段斜梁支承在平台梁上，平台梁搁置在两侧墙体上。任何一种形式的预制踏步构件都可以采用梁承式支承方式。

梯段斜梁的断面形式有矩形断面、L 形断面和锯齿形断面三种。矩形断面和 L 形断面梯斜梁主要用于搁置三角形断面踏步板；锯齿形断面梯梁主要用于搁置一字形、L 形断面踏步板。预制踏步在安装时，踏步之间及踏步与梯段斜梁之间应用水泥砂浆坐浆。L 形和一字形踏步预留孔洞应与锯齿形梯梁上预埋的插铁套接，孔内用水泥砂浆填实。

平台梁一般为L形断面，将梯段斜梁搁置在平台梁挑出的翼缘上，平台梁也可采用矩形断面，此时在矩形断面平台梁的两端局部做成L形断面，形成缺口，将梯梁插入缺口内。梯梁与平台梁的连接，一般采用预埋铁件焊接，或预留孔洞和插铁套接。

预制踏步梁承式楼梯构造详图，如图2.4.2.5所示。

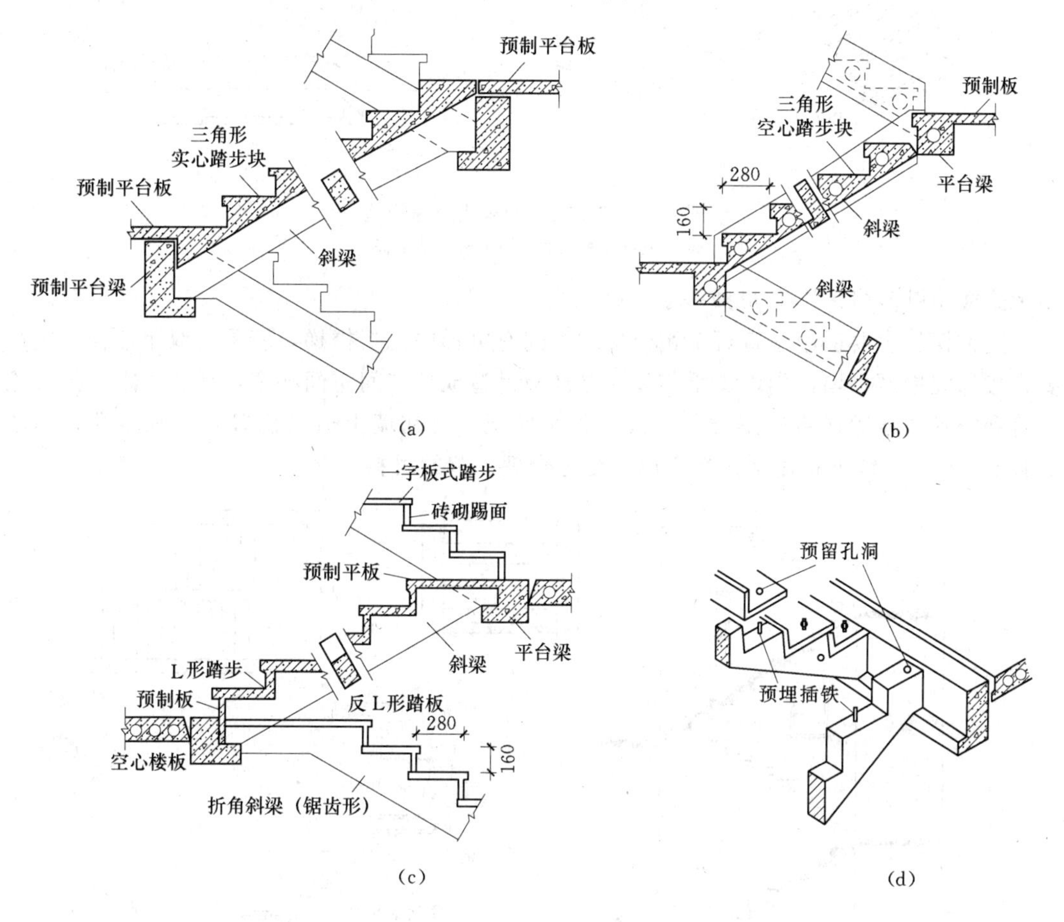

图2.4.2.5 预制梁承式楼梯构造

(a) 三角形踏步与矩形梯梁组合；(b) 三角形踏步与L形梯梁组合；(c) L形（或一字形）踏步与锯齿形梯梁组合；(d) 踏步、梯梁及平台梁的安装示意图

(2) 悬挑式楼梯。

踏步板的一端固定在墙上，另一端悬挑，利用悬挑的踏步板承受梯段全部荷载，并直接传递给墙体。预制踏步板挑出部分多为L形断面，压入墙体部分为矩形断面，从结构安全性方面考虑，嵌入墙内长度不小于一砖。

悬挑式楼梯不设梯梁和平台梁，因此，构造简单，施工方便，空间轻巧通透，但其整体刚度差，不能用于有抗震设防要求的地区，如图2.4.2.6所示。

(3) 墙承式楼梯。

预制踏步的两端支承在墙上，不需要设梯梁和平台梁，荷载直接传递给两侧的墙体。

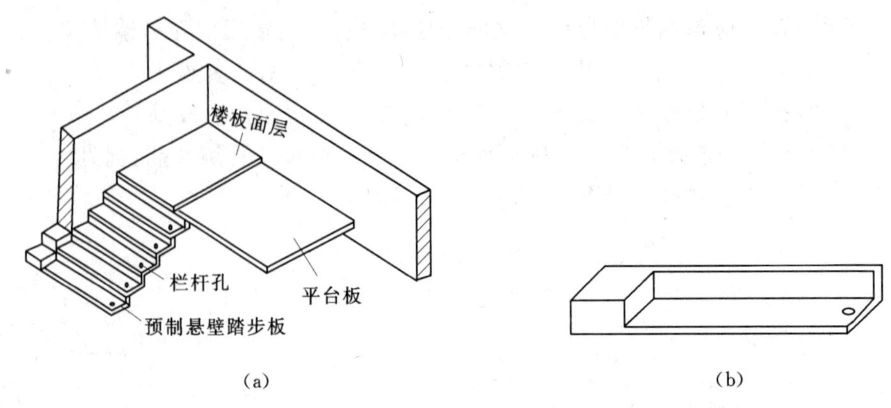

图 2.4.2.6　预制悬挑式楼梯构造
(a) 悬挑楼梯布置；(b) 预制踏步板

墙承式楼梯踏步多采用 L 形或一字形踏步板。

这种楼梯主要适用于直行单跑楼梯或中间有电梯的三折楼梯，若采用双跑楼梯，则需要在楼梯间中部砌墙，用以支承踏步。这样极易造成楼梯间空间狭窄，视线受阻，给人流通行和家具设备搬运带来不便。为改善这种状况，可在墙上适当位置开设观察孔，如图 2.4.2.7 所示。墙承式楼梯构造简单、受力合理、节约材料。

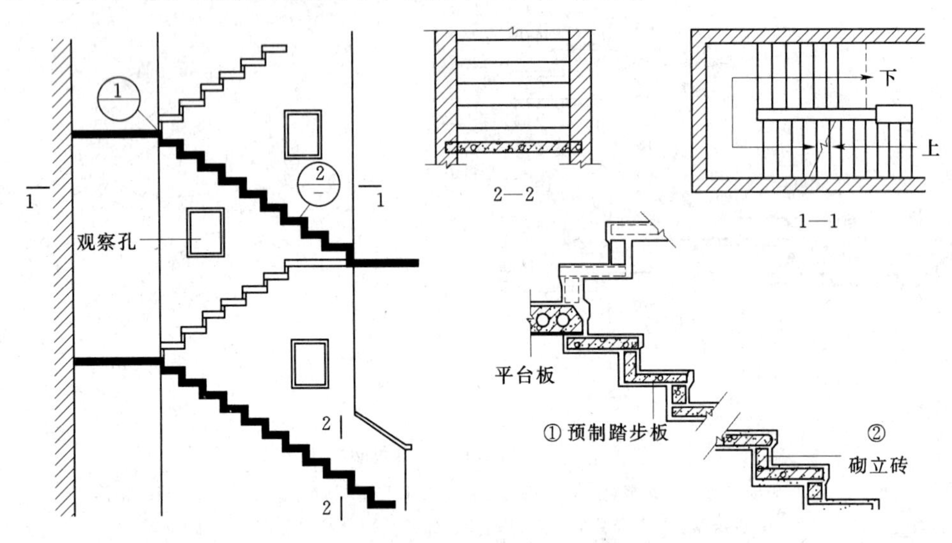

图 2.4.2.7　预制墙承式楼梯构造

3. 平台板

平台板通常采用预制钢筋混凝土空心板或槽形板，平台板一般平行于平台梁布置，两端直接支承在楼梯间的横墙上，如图 2.4.2.8 (a) 所示；当垂直于平台梁布置时，常采用小平板，支承在平台梁和楼梯间的纵墙上，如图 2.4.2.8 (b) 所示。

4.2.2.2 中型构件装配式楼梯

中型构件装配式楼梯是由平台板（包括平台梁）和楼梯段各为一个单独构件装配而成。这种楼梯构件数量少，可以简化施工，加快建设速度，但要求有一定的吊装和运输能力。

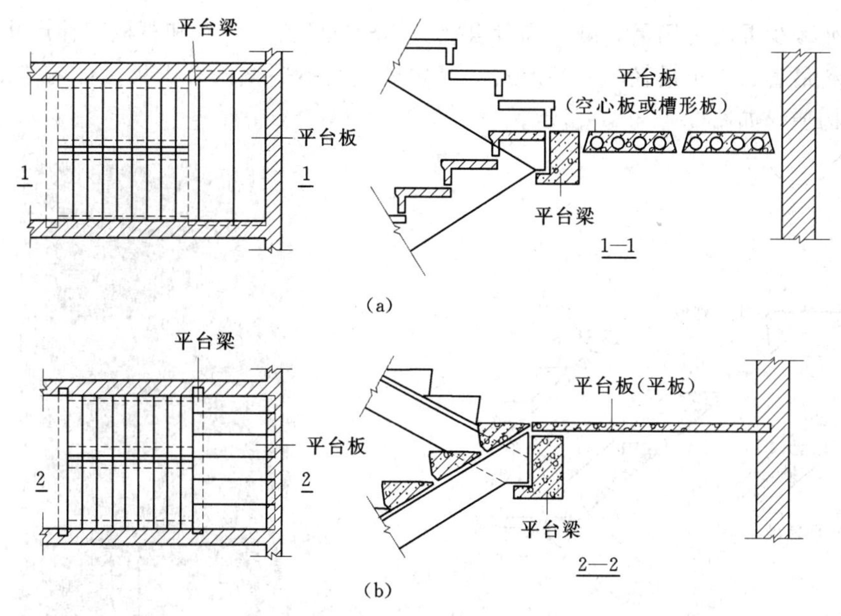

图 2.4.2.8 平台板的布置

1. 楼梯段

按其结构形式不同，有板式梯段和梁板式梯段两种。

(1) 板式梯段。梯段为预制整体梯段板，两端搁置在平台梁出挑的翼缘上，将梯段荷载直接传递给平台梁。结构形式有实心和空心两种类型。实心梯段板自重较大，如图 2.4.2.9 (a) 所示，为减轻自重，可将板内抽孔，形成空心梯段板，如图 2.4.2.9 (b) 所示。空心梯段板有横向抽孔和纵向抽孔两种，其中横向抽孔制作方便，应用广泛，当梯段板厚度较大时，也可以纵向抽孔。

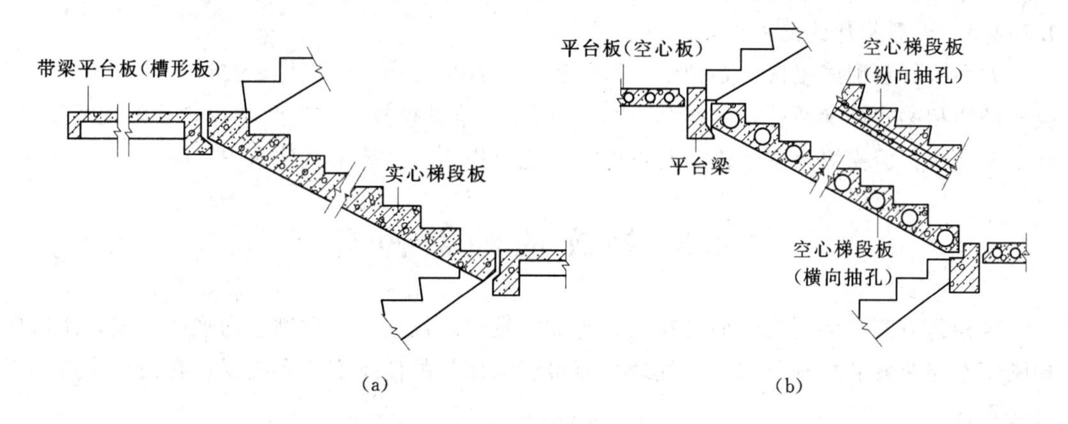

图 2.4.2.9 预制板式梯段与平台

(a) 实心梯段板与带梁平台板（槽形板）；(b) 空心梯段板与平台梁、平台板（空心板）

(2) 梁式梯段。梁式梯段是将踏步板和梯梁预制成一个构件，一般将梯段梁上翻包住踏步，形成槽板式梯段。为减轻踏步的重量，节约材料。可将踏步根部的踏面与踢面相交处做成斜面，使其平行于踏步底板，这样，在梯板厚度不变的情况下，可将整个梯段底面上抬，从而减少混凝土用量，减轻梯段自重。梯段有实心、空心和折板三种形式。折板式梯段是用料最省、自重最轻的一种形式，但楼梯底面不平整，易积灰，且制作工艺复杂。梁式梯段构造，如图2.4.2.10所示。

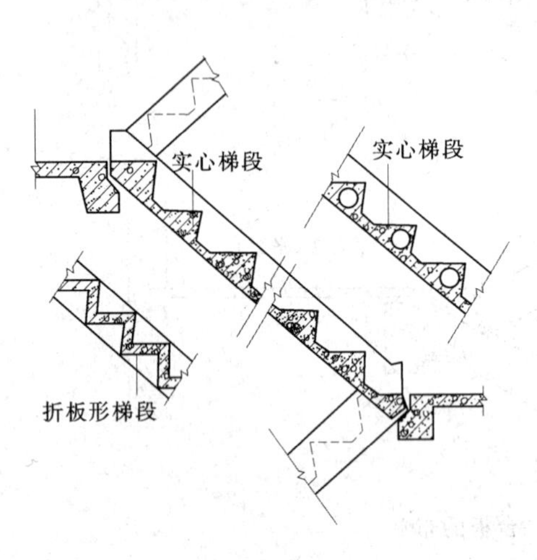

图2.4.2.10　预制梁式梯段与平台

图2.4.2.11　预制大型钢筋混凝土板式梯段与平台

2. 平台板

中型装配式楼梯通常将平台梁和平台板预制成一个构件，形成带梁的平台板，如图2.4.2.9 (a) 所示。为减轻自重，这种平台板一般采用槽形板，与梯段连接处的板肋做成L形梁，以便连接。也可将平台板和平台梁分开预制，如图2.4.2.9 (b) 所示，平台梁采用L形断面，平台板采用普通预制圆孔楼板。

4.2.2.3　大型构件装配式楼梯

大型构件装配式楼梯，是把整个梯段和平台板预制成一个构件。按结构形式不同，有板式楼梯和梁式楼梯两种，如图2.4.2.11所示。这种楼梯的构件数量少，装配化程度高，施工速度快，但需要大型运输、起重设备，主要用于大型装配式建筑中。

4.3　楼梯的细部构造

楼梯是有高差的通道，而且在火灾等灾害发生时往往是疏散逃生的唯一通道，所以楼梯踏步面层装修和栏杆及扶手的处理，直接影响楼梯的使用安全和美观，在设计中应引起足够重视。

4.3.1　楼梯踏步面层及防滑措施

1. 楼梯踏步面层

楼梯踏步面层的材料，视装修要求而定，一般与门厅或走道的楼地面材料一致，楼梯踏步面层应耐磨、防滑、美观，便于行走，光洁易于清扫。常用的有水泥砂浆、水磨石、大理石和防滑地砖等，如图2.4.3.1所示。有特殊要求或较高级的公共建筑中还用木面层或铺设地毯做面层。

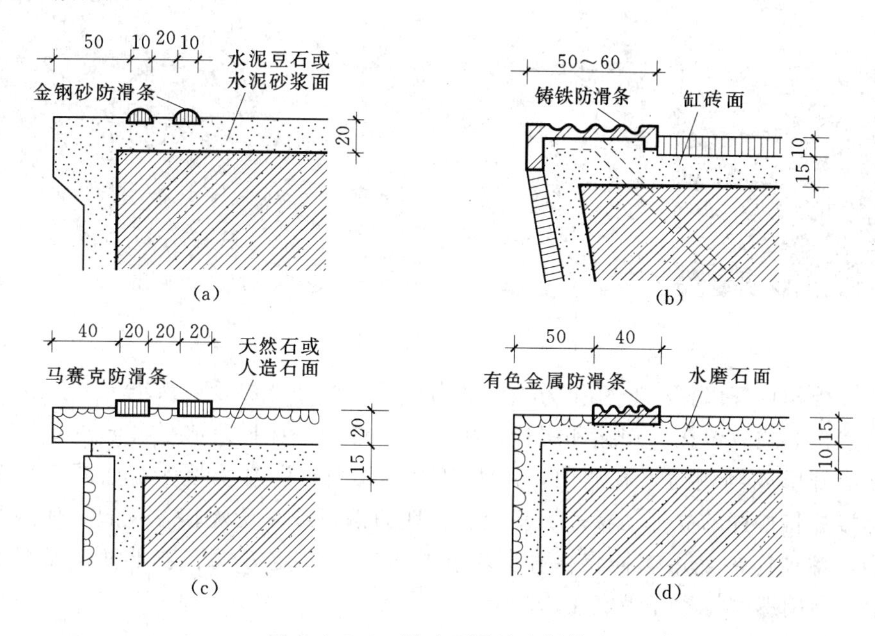

图 2.4.3.1 踏步面层及防滑构造

(a) 金刚砂防滑条；(b) 多面铸铁防滑条；(c) 马赛克防滑条；(d) 有色金属防滑条

2. 踏步防滑措施

为防止行人使用楼梯时滑倒同时保护踏步阳角，在人流量较大或踏步表面光滑的楼梯，应做防滑和耐磨处理。防滑处理的方法通常是在接近踏口处设置防滑条，防滑条的材料主要有：金刚砂、马赛克、橡皮条和金属材料等。也用带有槽口的金属材料包住踏口，做成防滑包口，这样既防滑又起保护作用，如图 2.4.3.1 所示。需要注意的是防滑条凸出踏步面不能太高，一般在 2～3mm，否则行走不便。在踏步两端靠近栏杆或墙处一般不设防滑条，如图 2.4.3.2 所示。

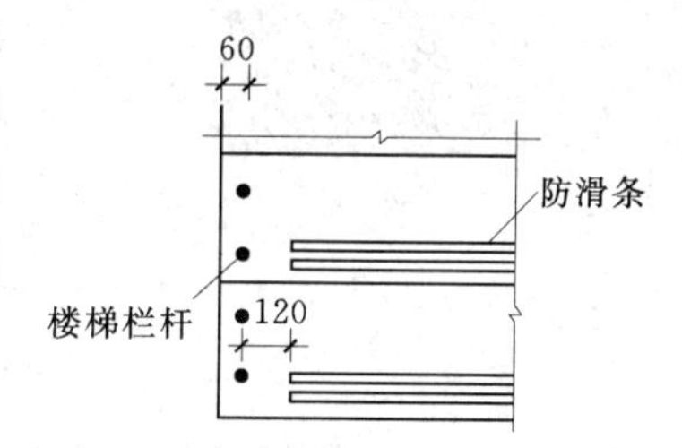

图 2.4.3.2 踏步防滑条端部处理

4.3.2 楼梯栏杆与扶手

栏杆是在梯段与平台临空一边所设的安全设施，也是建筑中装饰性较强的构件。栏杆的上沿为扶手，作行走时倚扶之用。栏杆与扶手的连接要牢固，应能承受必要的冲击力。

1. 栏杆

楼梯栏杆有空花式栏杆、栏板式和组合式栏杆三种。

(1) 空花式栏杆。空花式栏杆一般采用圆钢、方钢、扁钢和钢管等金属材料焊接或铆接成各种图案，既起防护作用，又起装饰作用。圆钢的直径与方钢截面的边长一般为 15～25mm，扁钢截面不大于 6mm×40mm。在儿童使用的建筑楼梯中，如幼儿园、住宅等建筑，为防止儿童穿过栏杆空隙发生危险，栏杆垂直杆件间的净距不应大于 110mm，且不宜设水平横杆栏杆，以防止儿童攀登。空花式栏杆的形式，如图 2.4.3.3 所示。

图 2.4.3.3　透空栏杆实例

空花式楼梯栏杆以栏杆竖杆作为主要受力构件，栏杆与梯段、踏步、平台应有可靠的连接，其连接方式有锚接、焊接和螺栓连接三种。锚接是在梯段或平台上预留孔洞，将栏杆端部做成开脚或倒刺插入孔洞内，用水泥砂浆或细石混凝土填实，如图 2.4.3.4（a）所示；焊接是将栏杆的立杆与梯段、平台中预埋的钢板或套管焊接在一起，如图 2.4.3.4（b）所示；螺柱连接是用螺栓将栏杆固定在梯段上，固定方式有若干种，如图 2.4.3.4（c）所示，利用螺栓将栏杆固定在踏步上。

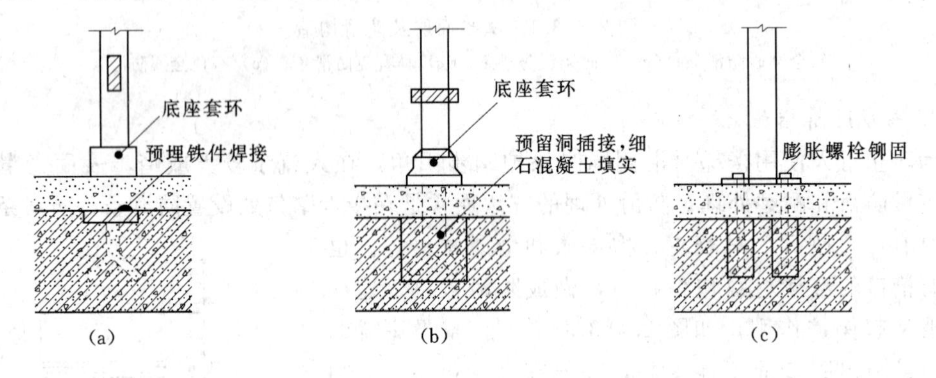

图 2.4.3.4　栏杆与梯段的连接

（a）锚接；（b）焊接；（c）螺栓连接

（2）栏板。栏板通常采用现浇或预制的钢筋混凝土板、钢丝网水泥板或砖砌栏板制作，也可采用装饰性较好的有机玻璃、钢化玻璃等作栏板，如图 2.4.3.5 所示。栏板节约钢材，无锈蚀问题，但栏板构件应与主体结构连接可靠，能承受侧向推力。

图 2.4.3.5　栏板式栏杆实例

钢丝网水泥栏板是在钢筋骨架的侧面先铺钢丝网，后抹水泥砂浆而成，如图 2.4.3.6 (a) 所示。砖砌栏板常做立砖侧砌成 1/4 砖厚，为增强其整体性和稳定性，通常在栏板中加设钢筋网，并与现浇的钢筋混凝土扶手连成整体，如图 2.4.3.6 (b) 所示。

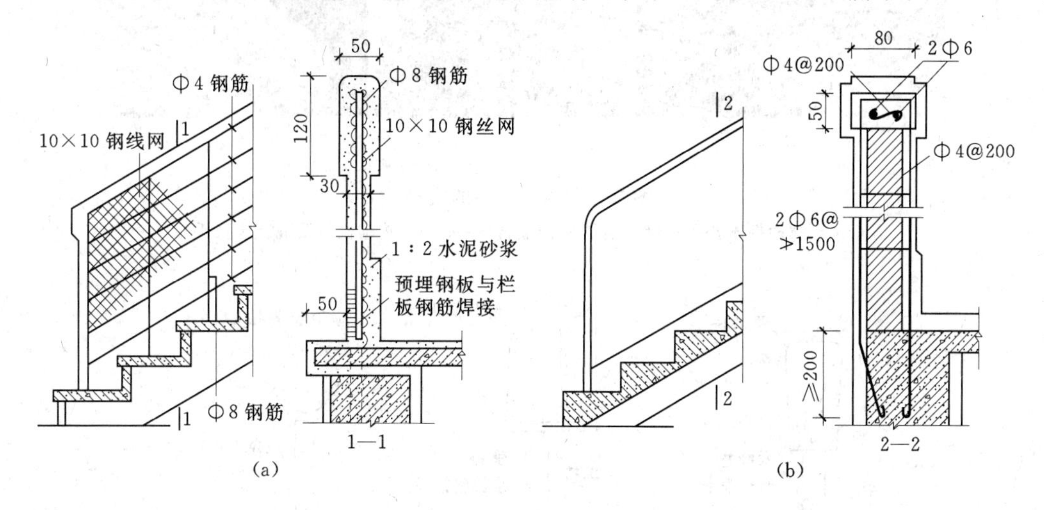

图 2.4.3.6　栏板式栏杆构造

图 2.4.3.7　组合式栏杆实例

(3) 组合式栏杆。组合式栏杆是将空花栏杆与栏板组合而成的一种栏杆形式。其中空花栏杆多用金属材料制作，栏板部分可采用砖砌栏板、钢筋混凝土栏板、有机玻璃、木板钢丝水泥板等材料。组合式栏杆的形式，如图 2.4.3.7 所示。

2. 扶手

楼梯扶手位于栏杆顶部，供人们上下楼梯时倚扶之用。扶手的断面应以便于手握为宜，表面必须光滑、圆顺，顶面宽度一般不宜大于 90mm，并要注意断面的美观。空花式楼梯栏杆的扶手一般采用硬木、塑料和金属材料制作，其中硬木和金属扶手的应用较为普遍。栏板顶部的扶手可用水泥砂浆或水磨石抹面而成，也可用大理石、水磨石板、木材贴面而成。扶手的实例，如图 2.4.3.8 所示。

(1) 扶手与栏杆的连接。扶手与栏杆的连接方法根据扶手和栏杆的材料而定。硬木扶手、塑料扶手与金属栏杆的连接，通常是在金属栏杆的顶端先焊接一根通长扁钢，然后用木螺栓将扁钢与扶手连接在一起，金属扶手与金属栏杆多采用焊接，栏板上的水磨石、石材扶手多采用水泥砂浆黏结。扶手与栏杆的连接构造，如图 2.4.3.9 所示。

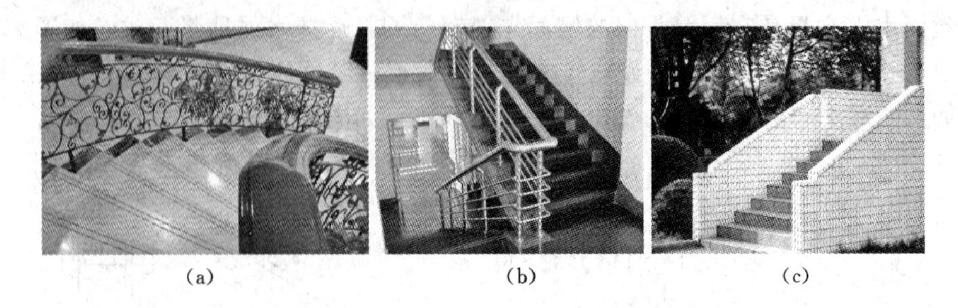

(a) (b) (c)

图 2.4.3.8 扶手的实例

(a) 金属栏杆木扶手；(b) 金属栏杆金属扶手；(c) 砖砌栏板及混凝土扶手

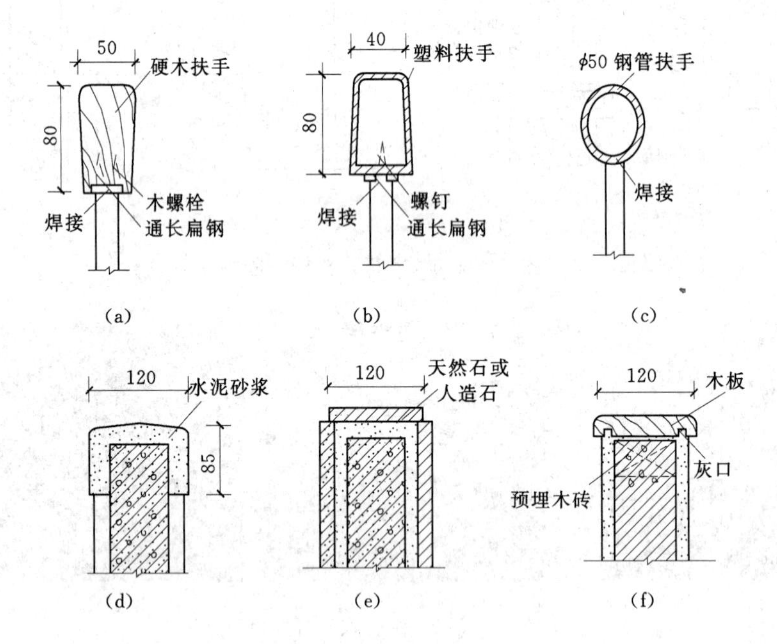

图 2.4.3.9 扶手与栏杆的连接构造

(a) 硬木扶手；(b) 塑料扶手；(c) 金属扶手；(d) 水泥砂浆（水磨石）扶手；
(e) 天然或人造石材扶手；(f) 木板扶手

(2) 扶手与墙、柱的连接。楼梯顶层的楼层平台临空一侧应设置水平栏杆扶手，栏杆扶手及靠墙扶手应与墙、柱有牢固的连接。若为砖墙，可以在砖墙上预留孔洞，将扶手和栏杆插入洞内并嵌固。若为钢筋混凝土墙或柱，可采用预埋铁件焊接。扶手与墙、柱的连接实例及构造，如图 2.4.3.10、图 2.4.3.11 所示。

3. 栏杆扶手的转弯处理

在平行并列楼梯的平台转折处，为保持栏杆高度一致和扶手的连续，需根据不同情况进行处理。

当上行楼梯和下行楼梯的第一个踏口相平齐时，为保持上下行梯段的扶手高度一致，常用的处理方法是将上下梯段的栏杆扶手同时向平台延伸半个踏步宽的位置，在这一位置上下行梯段的扶手顶面高度刚好相同，扶手连接较为顺畅，如图 2.4.3.12（b）所示。这

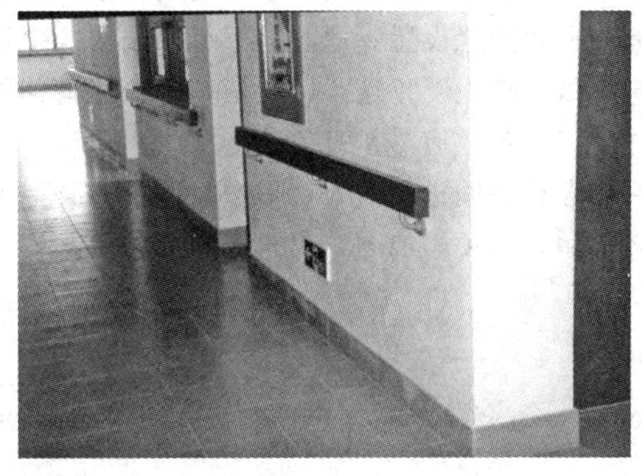

图 2.4.3.10 扶手与墙柱的连接的实例

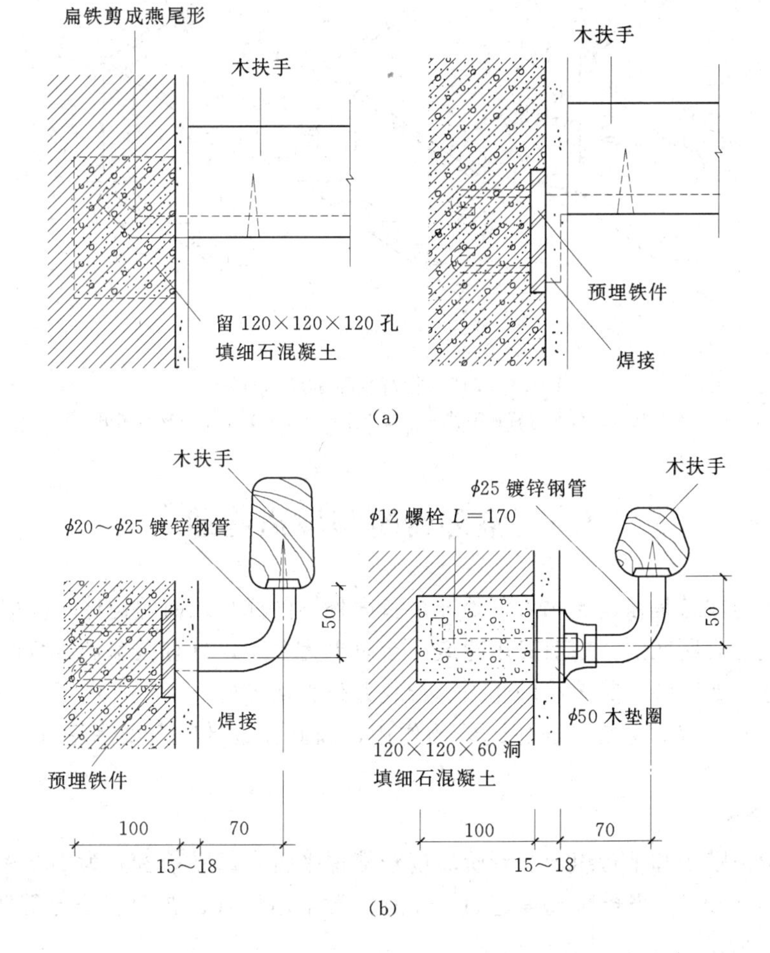

图 2.4.3.11 扶手与墙、柱的连接构造

(a) 顶层扶手与墙柱的连接；(b) 靠墙扶手与墙柱的连接

种处理方法，扶手连接简单，省工省料，但减小了平台的有效宽度，在设计时要注意满足平台的净宽要求。若楼梯平台宽度较小，不宜减小平台的通行宽度，则应将平台处的栏杆紧靠平台边缘设置。此时上下行梯段的扶手顶面高度不一致，通常将扶手做成一个较大的弯曲线，使上下相连，即所谓鹤颈扶手，如图 2.4.3.12（a）所示。这种处理方法弯头制作费工费料，应尽量避免。

若楼梯间进深较大，平台宽度较宽时，可将上下行梯段错开一步，这样扶手的连接比较简单、方便。如图 2.4.3.12（c）所示。

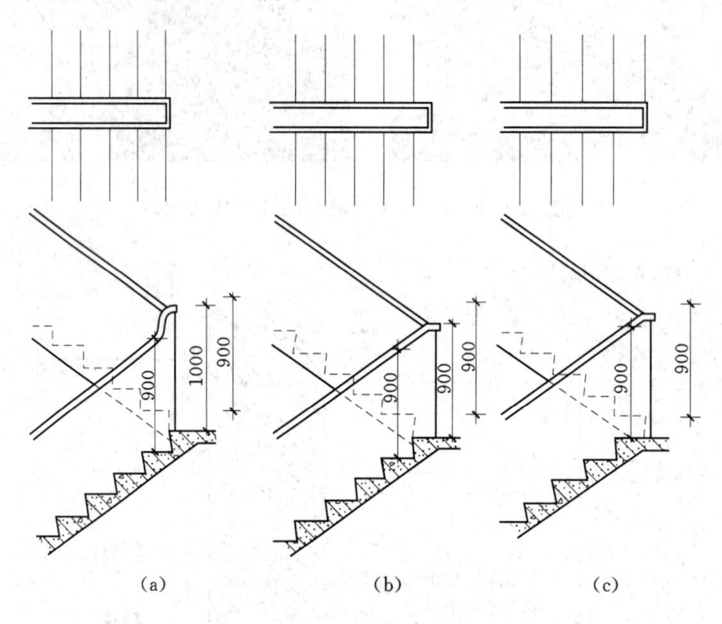

图 2.4.3.12　栏杆扶手的转弯处理

（a）鹤颈扶手；（b）栏杆扶手伸入平台半个踏步；（c）上下行梯段错开一步

4.4　室外台阶与坡道构造

室外台阶与坡道是在建筑物入口处连接室内外不同标高地面的构件。根据使用要求的不同，在形式上有所区别：一般民用建筑中台阶更为多用，只有在车辆通行或特殊的情况下才设置坡道，如医院、宾馆、幼儿园、行政办公大楼等处。

室外台阶与坡道对建筑立面还起装饰作用，因此在设计时既要考虑实用，还需注意美观。

4.4.1　室外台阶

室外台阶由踏步和平台组成。台阶坡度较楼梯平缓，每级踏步高为 100～150mm，踏面宽为 300～400mm。当台阶高度超过 1m 时，常采用栏杆、花台、花池等防护栏措施。如图 2.4.4.1 所示。

平台设置在出入口与踏步之间，起缓冲过渡作用。平台深度一般不小于 1000mm，影剧院、体育馆的观众厅疏散口内外平台宽度不宜小于 1400mm。为防止雨水积聚或溢入室内，平台面宜比室内地面低 20～60mm，并向外找坡 1%～3%，以利排水。

图 2.4.4.1　室外台阶的形式

室外台阶由面层、结构层和基层构成。台阶面层要坚固耐磨，要考虑防水、防滑、防冻，一般采用防滑、耐久的材料，如水泥砂浆、水磨石、防滑缸砖、天然石材或人造石材等。结构层承受作用在台阶上的荷载，应采用抗冻、抗水性能好且质地坚实的材料，按材料不同有混凝土台阶、石台阶、钢筋混凝土台阶。其中条石台阶不需另做面层；当地基较差或踏步数较多时可采用钢筋混凝土台阶，钢筋混凝土台阶构造同楼梯。混凝土台阶应用最普遍，它由面层、混凝土结构层和垫层组成，如图 2.4.4.2 所示。

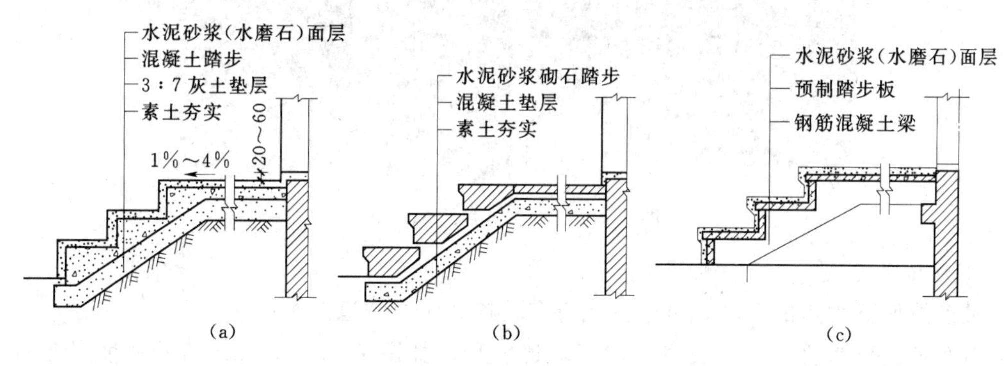

图 2.4.4.2　室外台阶的构造

(a) 混凝土台阶；(b) 石台阶；(c) 钢筋混凝土台阶

台阶与建筑物因负荷相差悬殊，会出现不均匀沉降，为防止台阶与建筑物因沉降差别而出现裂缝，台阶应与建筑物主体之间设置沉降缝，并应在施工时间上滞后主体建筑。在严寒地区，若台阶下面的地基为冻胀土，为保证台阶稳定，减轻冻土影响，可采用换土法，换上保水性差的砂、石类土，一般回填中砂或炉渣 300mm 厚，或采用钢筋混凝土架空台阶，如图 2.4.4.3 所示。

4.4.2　坡道

室外门前为便于车辆进出，常作坡道。坡道多为单面坡形式，坡道坡度应以有利于车辆通行为佳，一般为 1/6～1/12，也有 1/30 的。还有些大型公共建筑，为考虑汽车能在大门入口处通行，常采用台阶与坡道相结合的形式，即台阶与坡道同时应用，平台左右设置坡道，正面作台阶，如图 2.4.4.4 所示。在有残疾人轮椅通行的建筑中，还应考虑增设无障碍坡道。

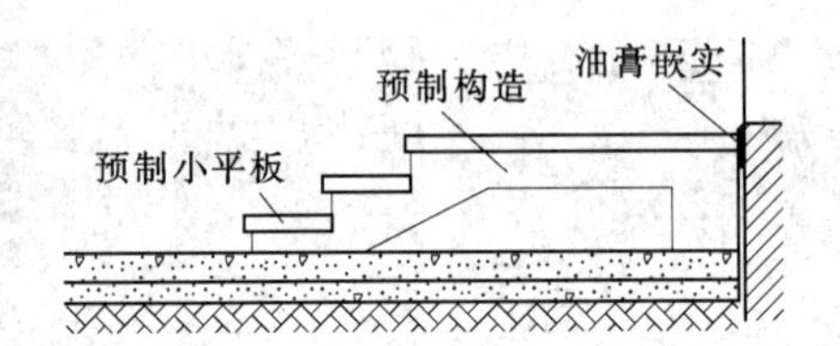

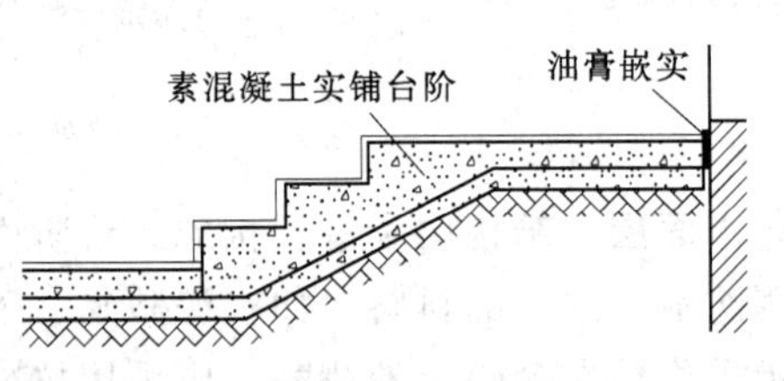

图 2.4.4.3　台阶与主体结构断开

图 2.4.4.4　室外坡道的形式

1. 坡道的分类

坡道按照其用途的不同，可以分成行车坡道和轮椅坡道两类。

行车坡道分为普通行车坡道与回车坡道两种，如图 2.4.4.5（a）所示。前者布置在有车辆进出的建筑入口处，如车库、库房等。回车坡道与台阶踏步组合在一起，布置在某些大型公共建筑的入口处，如办公楼、旅馆、医院等。轮椅坡道是专供残疾人使用的。

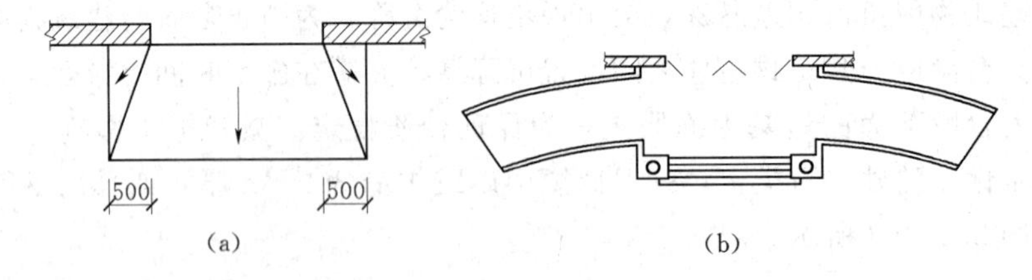

图 2.4.4.5　行车坡道

（a）普通行车坡道；（b）回车坡道

2. 坡道的尺寸和坡度

普通行车坡道的宽度应大于所连通的门洞口宽度，一般每边至少≥500mm。坡道的坡度与建筑的室内外高差及坡道的面层处理方法有关。面层光滑的坡道坡度不宜大于 1∶10；粗糙或设有防滑条的坡道，坡度稍大，但也不应大于 1∶6；锯齿形坡道的坡度可加大到 1∶4。

回车坡道的宽度与坡道半径及车辆规格有关，坡道的坡度应≤1∶10。供残疾人使用的轮椅坡道的宽度不应小于0.9m；每段坡道的坡度、允许最大高度和水平长度应符合表2.4.4.1的规定；当坡道的高度和长度超过表2.4.4.1的规定时，应在坡道中部设休息平台，其深度不应小于1.2m；坡道在转弯处应设休息平台，其深度不应小于1.5m；在坡道

表2.4.4.1　坡道的坡度、允许最大高度和水平长度　单位：m

坡道坡度（高/长）	1/8	1/10	1/12
每段坡道允许高度	0.35	0.60	0.75
每段坡道允许水平长度	2.8	6.00	9.00

的起点和终点，应留有深度不小于1.5m的轮椅缓冲地带；在坡道两侧0.9m高度处设扶手，如图2.4.4.6所示，两段坡道之间应保持连贯；坡道起点和终点处扶手应水平延伸0.3m以上；坡道两侧临空时，在栏杆下端设高度不小于50mm的安全挡台。

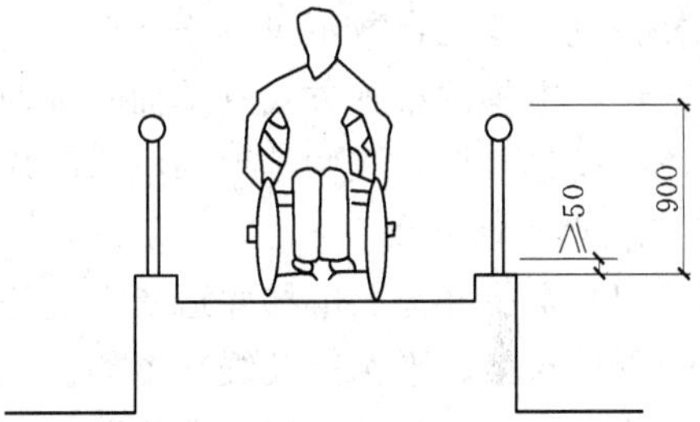

图2.4.4.6　坡道扶手和安全挡台

3. 坡道的构造

与室外台阶类似，室外坡道也由面层、结构层和基层构成，要求材料耐久性、抗冻性好，表面耐磨。坡道材料常见的有混凝土或石块等，面层也以水泥砂浆居多，对经常处于潮湿、坡度较陡或采用水磨石作面层的，在其表面必须作防滑处理，如图2.4.4.7所示。

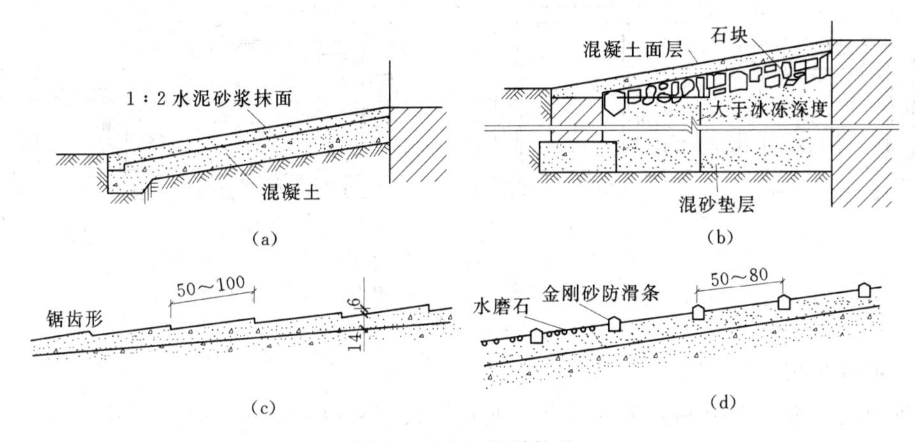

图2.4.4.7　坡道构造

（a）混凝土坡道；（b）块石坡道；（c）锯齿防滑坡道；（d）防滑条坡道

4.5 电梯与自动扶梯

4.5.1 电梯

为了解决人们上下楼时的体力及时间消耗问题，对于住宅七层以上（含七层）、楼面高度16m以上、标准较高的建筑和有特殊需要的建筑等，一般设置电梯。

1. 电梯的类型

按使用性质分，可分为客梯、货梯和消防电梯；按电梯行驶速度分，可分为高速电梯、中速电梯和低速电梯；还有其他分类，如按单台、双台分，按交流电梯、直流电梯分，按轿厢容量分，按电梯门开启方向分等。另外还有观光电梯等。

2. 电梯的布置要点

（1）电梯间应布置在人流集中的地方，而且电梯前应有足够的等候面积，一般不小于电梯轿厢面积。供轮椅使用的候梯厅深度不应小于 1.5m。

（2）当需设多部电梯时，宜集中布置，有利于提高电梯使用效率也便于管理维修。

（3）以电梯为主要垂直交通工具的高层公共建筑和 12 层及 12 层以上的高层住宅，每栋楼设置电梯的台数不应少于 2 台。

（4）电梯的布置方式有单面式和对面式。电梯不应在转角处紧邻布置，单侧排列的电梯不应超过 4 台，双侧排列的电梯不应超过 8 台。

3. 电梯的组成

（1）电梯井道。电梯井道是电梯轿厢运行的通道。井道内包括出入口、电梯轿厢、导轨、导轨撑架、平衡锤及缓冲器等。电梯井道一般采用现浇混凝土墙，当建筑物高度不大时，也可以采用砖墙，观光电梯可采用玻璃幕墙。砖砌井道一般每隔一段应设置钢筋混凝土圈梁，供固定导轨等设备用。电梯井道应只供电梯使用，不允许布置无关的管线。速度不低于 2m/s 的载客电梯，应在井道顶部和底部设置不小于 600mm×600mm 带百叶窗的通风孔。不同用途的电梯，井道的平面形式不同，如图 2.4.5.1 所示。

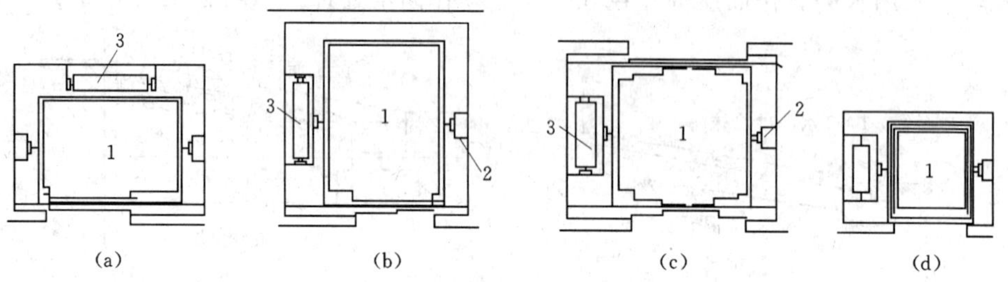

图 2.4.5.1　电梯分类及井道平面

（a）普通客梯；（b）医用梯；（c）双开门货梯；（d）小型提物梯

1—轿厢；2—导轨及撑架；3—平衡锤

（2）电梯机房。

电梯机房一般设在电梯井道的顶部。面积要大于井道的面积。其平面及剖面尺寸均应满足设备的布置、方便操作和维修要求，并具有良好的采光和通风条件。机房机座下设弹性垫层外，还应在机房下部设置隔音层。

（3）轿厢。

轿厢是直接载人、运货的厢体。电梯轿厢应造型美观，经久耐用，轿厢多采用金属框架结构，内部用光洁有色钢板壁面或有色有孔钢板壁面，花格钢板地面，荧光灯局部照明以及不锈钢操纵板等。入口处则采用钢材或坚硬铝材制成的电梯门槛。

4. 电梯与建筑物相关部位的构造

（1）井道、机房建筑的一般要求。

通向机房的通道和楼梯宽度不小于 1.2m，楼梯坡度不大于 45°；机房楼板应平坦整洁，能承受 6kPa 的均布荷载；井道壁多为钢筋混凝土井壁或框架填充墙井壁，井道壁为钢筋混凝土时，应预留 150mm 见方，150mm 深孔洞、垂直中距 2m，以便安装支架；框架（圈梁）上应预埋铁板，铁板后面的焊件与梁中钢筋焊牢。每层中间加圈梁一道，并需设置预埋铁板；电梯为两台并列时，中间可不用隔墙而按一定的间隔放置钢筋混凝土梁或型钢过梁，以便安装支架。电梯构造如图 2.4.5.2 所示。

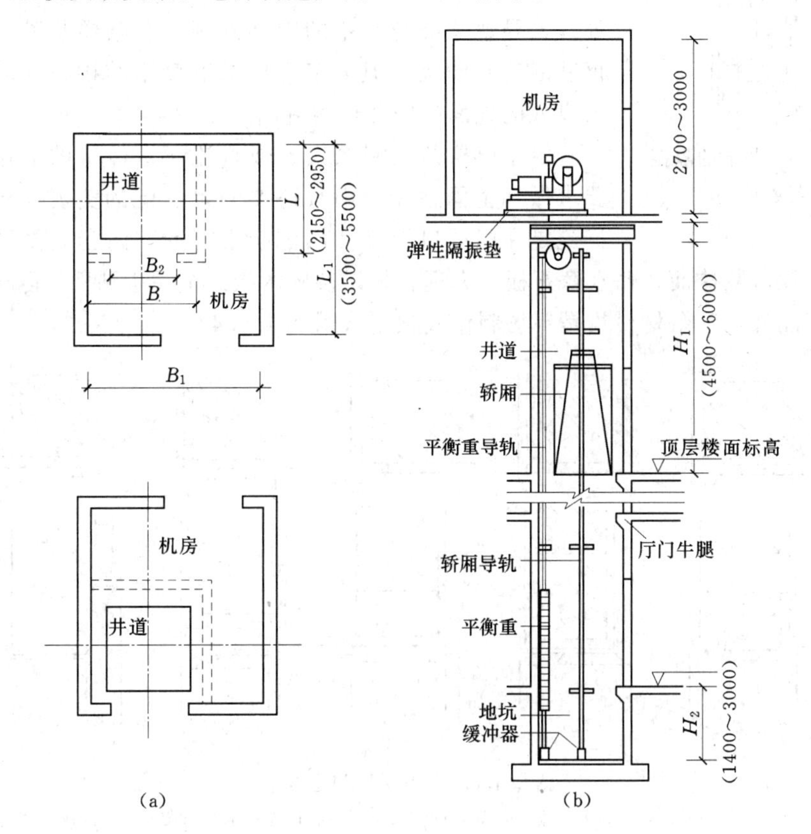

图 2.4.5.2 电梯构造示意

(a) 平面；(b) 通过电梯门剖面（无隔声层）

（2）电梯井道构造。

电梯井道的构造设计应满足如下要求。

1）平面尺寸：平面净尺寸应当满足电梯生产厂家提出的安装要求。

2）井道的防火：井道是建筑中的垂直通道，极易引起火灾的蔓延，因此井道和机房四周的围护结构必须具备足够的防火性能，其耐火极限不低于该建筑物的耐火等级的规定。当井道内超过两部电梯时，需用防火结构隔开。

3）井道的隔振与隔声：电梯运行时产生震动和噪音。一般在机房的机座下设弹簧垫层隔振，并在机房下部设置 1.5m 左右的隔声层（图 2.4.5.3）。

4）井道的通风：为使井道内空气流通，火警时能迅速排除烟和热气，应在井道的顶层和中部适当位置（高层时）及坑底处设置不小于 300mm×600mm 或面积不小于井道面

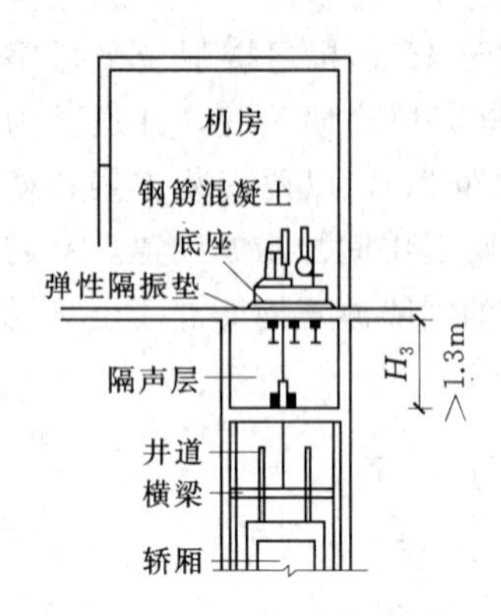

图 2.4.5.3　井道的隔振与隔声

积 3.5%的通风口，通风口总面积的 1/3 应经常开启。通风管道可在井道顶板上或井道壁上直接通往室外。

5）地坑应注意防水、防潮处理，坑壁应设爬梯和检修灯槽。

（3）电梯井门洞细部构造。

电梯井门洞细部构造包括电梯井门洞的门套装修及牛腿处理，导轨撑架与井壁的固结处理等。电梯井道可用砖砌加钢筋混凝土圈梁，但大多为钢筋混凝土结构。井道各层的出入口处的地面应向井道内挑出一牛腿。

由于电梯井门洞系人流或货流频繁经过的部位，故不仅要求做到坚固适用，而且还要满足一定的美观要求。具体的措施是在门洞口上部和两侧装上门套。门套装修可采用多种做法，如水泥砂浆抹面、贴水磨石板、大理石板以及硬木板或金属板贴面。除金属板为电梯厂定型产品外，其余材料均是现场制作或预制（图 2.4.5.4）。

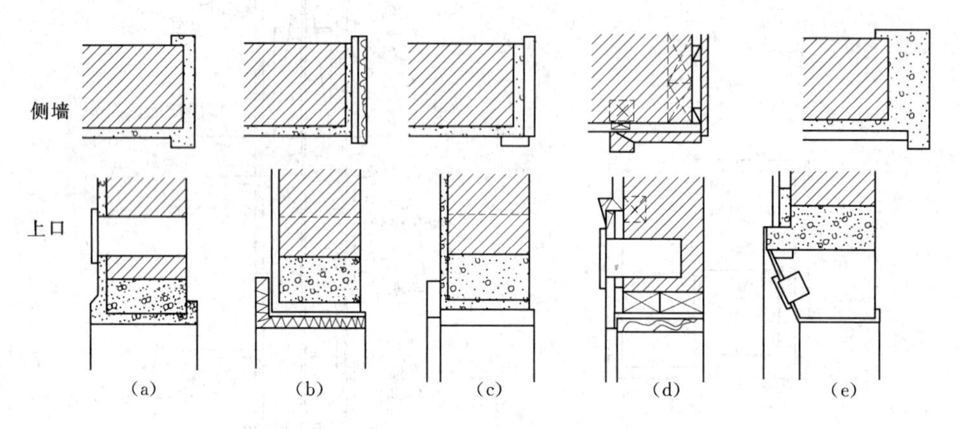

图 2.4.5.4　电梯厅门套构造

（a）水泥砂浆门套；（b）水磨石门套；（c）大理石门套；（d）木板门套；（e）钢板门套

电梯井门洞处内挑出牛腿构造，如图 2.4.5.5 所示。

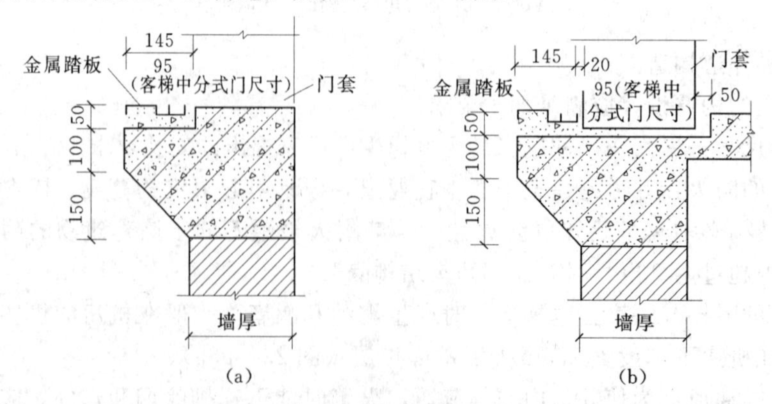

图 2.4.5.5　电梯井门洞牛腿部位构造

5. 消防电梯

消防电梯是在火灾发生时供运送消防人员及消防设备，抢救受伤人员用的垂直交通工具，高层建筑发生火灾时，消防队员乘消防电梯登高灭火不但节省到达火灾层的时间，而且减少消防队员的体力消耗，在灭火中，还能够及时向火灾现场输送灭火器材。因此，消防电梯在扑救火灾中占有很重要的地位，应根据国家有关规范设置。消防电梯的数量与建筑主体每层建筑面积有关，多台消防电梯在建筑中应设置在不同的防火分区之内。

（1）消防电梯的设置范围。

《高层民用建筑设计防火规范》对消防电梯的设置范围作了明确规定，要求以下几种情况应设置消防电梯：一类公共建筑、塔式住宅、12 层及其以上的单元式住宅或通廊式住宅、建筑高度超过 32m 的其他二类公共建筑。

（2）消防电梯的设置要求 。

1）消防电梯宜分别设在不同的防火分区内。

2）消防电梯应设前室。前室面积，居住建筑不小于 $4.5m^2$，公共建筑不小于 $6.0m^2$。与防烟楼梯间共用前室时，居住建筑不小于 $6.0m^2$、公共建筑不小于 $10.0m^2$。

3）消防电梯间前室宜靠外墙设置，在首层应设置直通室外的出口或经过不大于 30m 的通道通向室外。

4）消防电梯间前室的门应采用乙级防火门或具有停滞功能的防火卷帘。

5）消防电梯井、机房与相邻其他电梯井、机房之间，应采用耐火极限不低于 2.5h 的隔墙隔开，当在隔墙上开门时，应设甲级防火门。

6）消防电梯轿厢的内装饰应为非燃烧材料，轿厢内应设专用电话，并应在首层设供消防队员专用的操纵按钮。

7）消防电梯间前室门口宜设挡水设施。井底应设排水设施，排水井容量不应小于 $2.0m^3$，排水泵的排水量不应小于 10L/s。

8）消防电梯可与客梯或工作电梯兼用，但应符合消防电梯的要求。

4.5.2 自动扶梯

自动扶梯适用于车站、码头、航空港、商场等人流量大的建筑空间，是连续运输效率高的载客设备。自动扶梯由电动机械牵引，机房悬挂在楼板的下方，可正向、逆向运行，在机械停止运转时，自动扶梯可作为普通楼梯使用。可单台设置或双台并列，如图 2.4.5.6 所示。位置应设在大厅的突出明显位置。

自动扶梯的驱动方式分为链条式和齿条式两种。自动扶梯一般运输的垂直高度为 0～20m，速度则由每秒 0.45～0.75m。常用速度为 0.5m/s。自动扶梯的理论载客量为 4000～13500 人次/h。自动扶梯的角度有 27.3°、30°、35°，其中 30°是优先选用的角度。宽度有 600mm（单人）、800mm（单人携物）、1000mm、1200mm（双人）。自动扶梯与扶梯边缘楼板之间的安全间距应不小于 400mm。

自动扶梯一般设在室内，也可以设在室外。根据自动扶梯在建筑中的位置及建筑平面布局，自动扶梯的布置方式主要有以下几种。

1. 并联排列式

楼层交通乘客流动可以连续，升降两方向交通均分离清楚，外观豪华，但安装面积大，如图 2.4.5.7 所示。

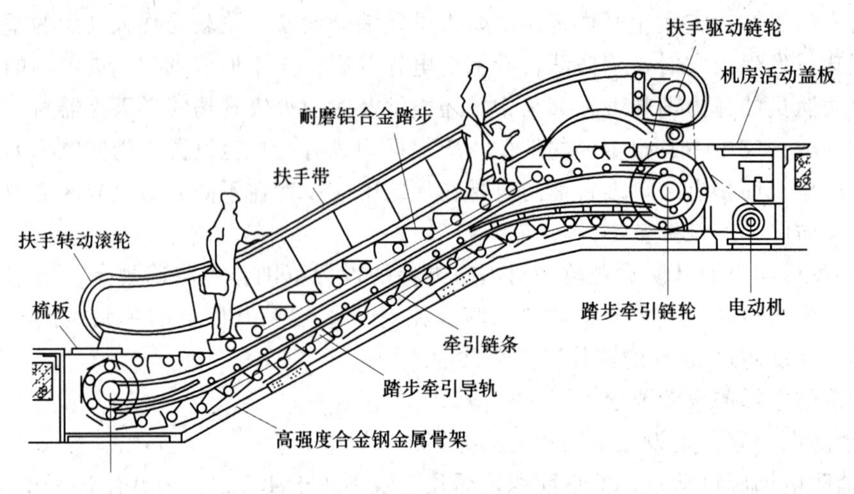

图 2.4.5.6　自动扶梯示意图

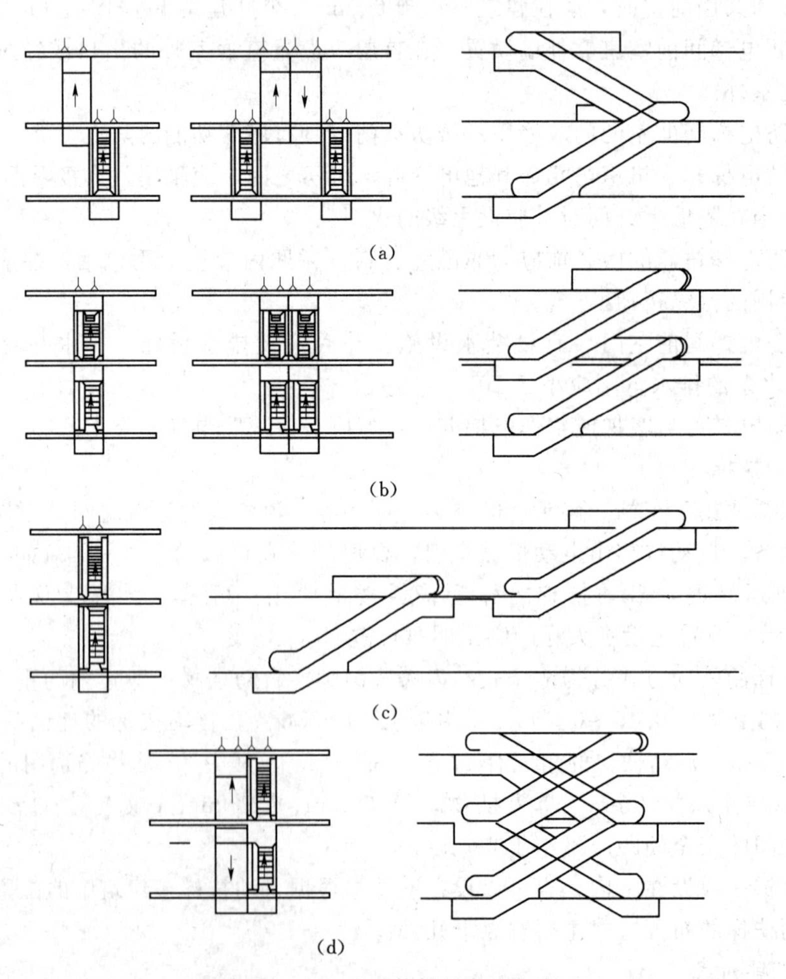

图 2.4.5.7　自动扶梯的布置方式

(a) 并联排列式；(b) 平行排列式；(c) 串联排列式；(d) 交叉排列式

2. 平行排列式

安装面积小，但楼层交通不连续，如图 2.4.5.7（b）所示。

3. 串连排列式

楼层交通乘客流动可以连续，如图 2.4.5.7（c）所示。

4. 交叉排列式

乘客流动升降两方向均为连续，且搭乘场相距较远，升降客流不发生混乱，安装面积小，如图 2.4.5.7（d）所示。

自动扶梯的机房悬挂在楼板下面，楼层下做装饰外壳，底层则做地坑。机房上方的自动扶梯口处应做活动地板，以利检修，地坑应作防水处理。

自动扶梯的电动机械装置设置在楼板下面，但占用较大的空间。底层应设置地坑，供安放机械装置用，并做防水处理。自动扶梯在楼板上应预留足够的安装洞，自动扶梯的基本尺寸如图 2.4.5.8 所示。具体尺寸应查阅电梯生产厂家的产品说明书。不同的生产厂家，自动扶梯的规格尺寸也不相同。

4.6 有高差处无障碍设计

无障碍设计是指能帮助下肢残疾和视觉残疾的人顺利通过建筑物中高差的建筑设计。

4.6.1 坡道的坡度和宽度

我国对便于残疾人通行的坡道的坡度标准规定为不大于 1/12，同时还规定与之相匹配的每段坡道的最大高度为 750mm，最大坡段水平长度为 9000mm。

为便于残疾人使用的轮椅顺利通过，室内坡道的最小宽度应不小于 900mm，室外坡道的最小宽度应不小于 1500mm（图 2.4.6.1）。

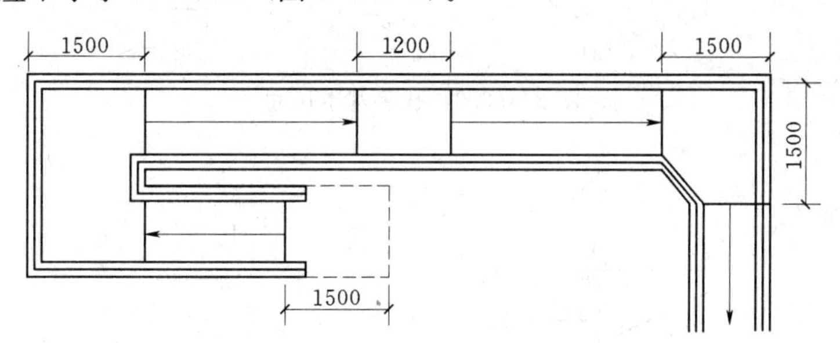

图 2.4.6.1 坡道休息平台的最小深度

4.6.2 楼梯形式及扶手栏杆

供残疾人使用的楼梯，楼梯形式简洁，应采用直行形式，例如直跑楼梯、对折的双跑楼梯或成直角折行的楼梯等，坡度小于 35°，不应采用弧形梯段或在半平台上设置扇步（图 2.4.6.2）。踏步形式避免边缘向外突出，防滑条高不大于 5mm。扶手栏杆应坚固耐用，且在两侧都设有扶手。转折处伸出 300mm（图 2.4.6.3、图 2.4.6.4）。

4.6.3 导盲块的设置

导盲块（图 2.4.6.5）又称地面提示块，一般设置在有障碍物、需要转折、存在高差等场所，利用其特殊构造形式，向视力残疾者提供触摸信息，提示该停步或需改变行进方向等。

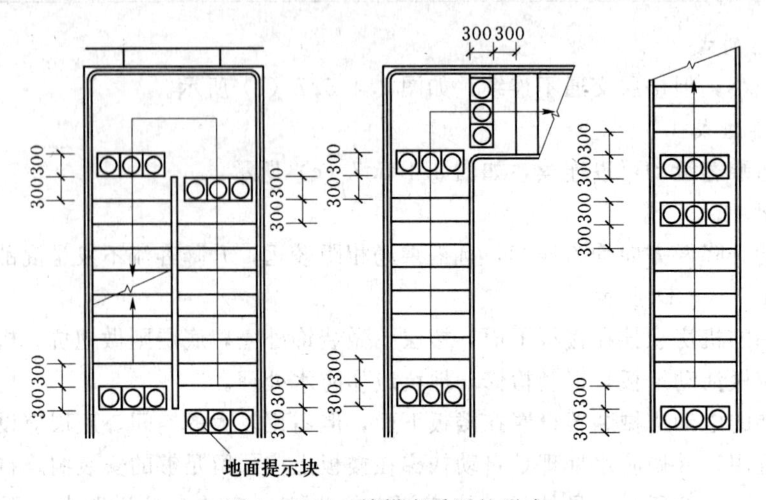

图 2.4.6.2　楼梯宜采用的形式

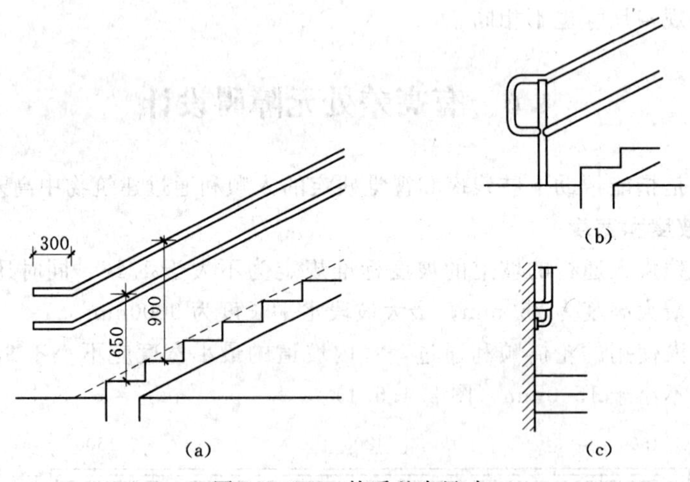

图 2.4.6.3　扶手基本尺寸

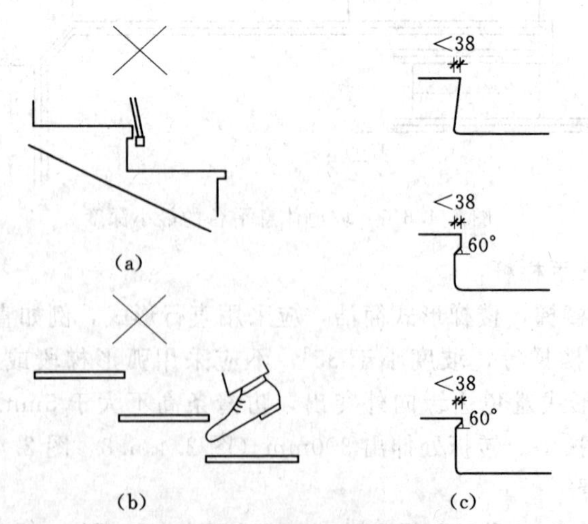

图 2.4.6.4　踏步的构造形式

(a) 有直角突缘不可用；(b) 踏步无踢面不可用；(c) 踏步线形光滑流畅，可用

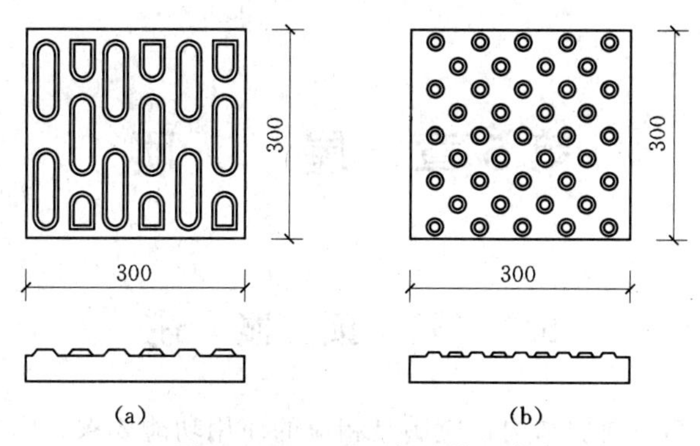

图 2.4.6.5　地面提示块示意

(a) 地面提示行进块材；(b) 地面提示停步块材

第5章 屋 顶

5.1 屋 顶 概 述

屋顶是房屋最上部的围护结构，应满足相应的使用功能要求，为建筑提供适宜的内部空间环境。屋顶也是房屋顶部的承重结构，受到材料、结构、施工条件等因素的制约。屋顶又是建筑体量的一部分，其形式对建筑物的造型有很大影响，因而设计中还应注意屋顶的美观问题。在满足其他设计要求的同时，力求创造出适合各种类型建筑的屋顶。

5.1.1 屋顶的组成与分类

5.1.1.1 屋顶的组成

屋顶主要由屋面和支承结构组成，屋面应根据防水、保温、隔热、隔声、防火、是否作为上人屋面等功能的需要，设置不同的构造层次，选择合适的建筑材料，另外有时在屋顶的下表面考虑各种形式的吊灯。

5.1.1.2 屋顶的分类

1. 根据屋面的外形和结构分类

按外形和结构形式，屋顶可以分为平屋顶、坡屋顶、悬索屋顶、薄壳屋顶、拱屋顶、折板屋顶、金属网架屋顶等。

(1) 平屋顶。平屋顶（图 2.5.1.1）是多数民用建筑采用的屋顶形式。建筑空间多为矩形，这种屋顶形式的下部空间符合多数使用功能要求，并且屋顶多为混合或框架结构，容易处理建筑与结构的关系，较为经济合理。另外，屋面还可以开发利用，做成活动露台、屋顶花园等。

图 2.5.1.1 平屋顶的应用

平屋顶也应有一定的排水坡度，屋顶坡度小于 1∶10 的称为平屋顶，一般平屋顶的坡度在 1%～3%之间。

(2) 坡屋顶。坡屋顶（图 2.5.1.2）是我国传统建筑中必不可少的一部分，历代匠师不惮烦难，集中构造之能力于此。梁思成在《中国建筑史》中对我国传统的坡屋顶做了精彩的论述："依梁架层叠及举折之法，以及角梁、翼角，椽及飞椽，脊吻等之应用，遂形成屋顶坡面，脊转角各种曲线，柔和壮丽，为中国建筑物之冠冕。"

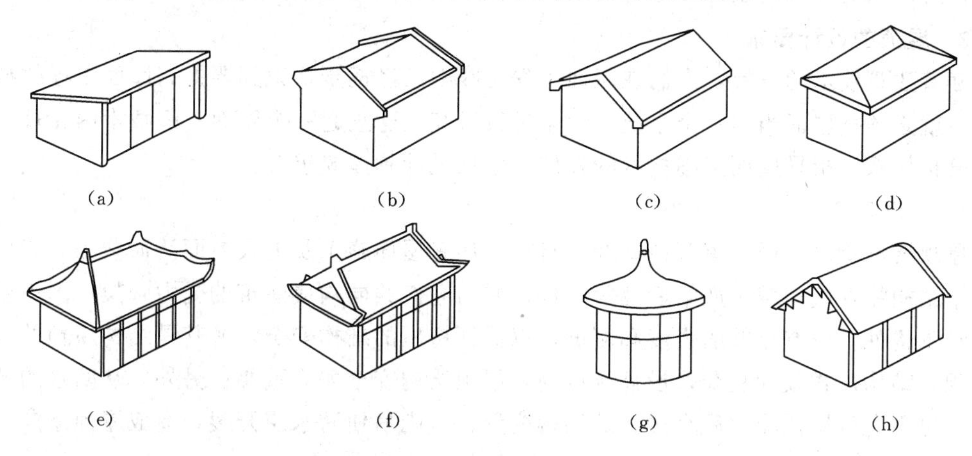

图 2.5.1.2 坡屋顶

(a) 单坡；(b) 硬山；(c) 悬山；(d) 四坡；(e) 庑殿顶；(f) 歇山顶；(g) 攒尖；(h) 卷棚

单坡屋顶房屋宽度很小或临街时采用。

双坡屋顶房屋宽度较大时采用，可分为悬山屋顶、硬山屋顶。悬山是指屋顶两端挑出山墙外的屋顶形式；硬山是指两端山墙高出屋面的屋顶形式。

四坡屋顶也叫四坡落水屋顶。古代宫殿庙宇常用的庑殿顶和歇山顶都属于四坡屋顶。

现代建筑中坡屋顶广泛应用于居住建筑、景观建筑或传统风格的公共建筑等。

坡屋顶的屋面面层材料多为瓦材，如混凝土瓦、琉璃瓦，坡度一般均大于 1∶10，其结构及构造较平屋顶复杂。

(3) 其他形式的屋顶。随着建筑材料、施工及结构技术的发展，在大空间的建筑中，多采用大跨度屋顶的结构形式，如拱结构屋顶、折板结构屋顶、薄壳结构屋顶、桁架结构屋顶、悬索结构屋顶、网架结构屋顶等。在建筑创作多元化的今天，各类民用建筑的屋顶花样繁多，有时也采用曲面或折面等其他形状特殊的屋顶，如图 2.5.1.3 所示。

图 2.5.1.3 其他形式的屋顶

(a) 拱屋顶；(b) 薄壳屋顶；(c) 悬索屋顶；(d) 折板屋顶

2. 根据屋面材料分类

按所使用的材料，屋顶可分为钢筋混凝土屋顶、瓦屋顶、金属屋顶、玻璃屋顶等。

5.1.2 屋顶的设计要求

随着建筑技术的发展，人们在屋面工程实践中已经逐步认识到要提高屋面工程的技术水平，就必须把屋面当作一个系统工程来进行研究，建立起一个屋面工程技术内在规律的理论分析体系，指导屋面工程技术的发展。屋顶设计具体要求有：

1. 结构要求

屋顶要承受风、雨、雪等荷载及其自重，还有屋面施工及上人屋面活荷载等。屋顶通过支承结构将这些荷载传递给墙柱等构件，并与它们共同构成建筑的受力骨架，因而屋顶也是承重构件，应有足够的强度和刚度，以保证房屋的结构安全，尤其是结构新颖的大跨度屋顶，结构形式较为复杂，设计难度高，屋顶结构安全尤为重要；另外，从防水的结构考虑，也不允许屋顶受力后有过大的结构变形，否则易使防水层开裂，造成屋面渗漏。

2. 防水要求

作为围护结构，屋顶最基本的功能是防止渗漏。渗漏一般都是由于无法及时排水导致积水产生的。因此，屋面防水不仅仅是“防”，还有很重要的一点是“排”。

3. 热工及节能要求

我国幅员辽阔，气温相差大，北方地区冬季采暖时间长；中部地区夏季闷热需制冷，冬季湿冷需采暖；南方地区，夏季湿热时间长。随着生活水平的提高，人们对室内环境温度的舒适度提出了很高的要求。室内人工环境的舒适度主要依赖于现代建筑技术及新材料的使用，应避免依靠消耗非再生能源而达到舒适，建筑设计提倡在节约能源的前提下提高室内环境舒适度。

保温隔热屋面随着建筑物的功能和建筑节能的要求，其使用范围将越来越广泛。提高能源利用效率，改善室内热环境质量，合理设计建筑围护结构的热工性能，提高采暖、制冷、照明、通风、给排水系统的运行效率，以及利用可再生能源，在保证建筑物使用功能和室内热环境质量的前提下，降低建筑能源消耗，合理、有效地利用能源。

4. 建筑造型及城市设计要求

建筑物的屋顶作为建筑的顶部围护结构，它不仅在建筑物形态塑造中起到重要作用，同时屋顶形态也是构成城市空间的重要元素，在不同尺度范围内和城市空间产生相互作用和影响。

各国和各地区的建筑，因历史文化和地域条件的不同，建筑风格各异，而屋顶是传递历史或区域文化信息的典型符号。欧洲历史上的古希腊、古罗马、拜占庭、哥特、文艺复兴风格，因地理位置不同而形成的北欧风格、南美风格、西班牙风格和以中国为代表的亚洲风格，同时也形成了各种不同的屋面形式。

从城市设计角度来说，建筑群的高度和体量控制了城市天际线的节奏和走势，而屋顶形态控制了天际线的轮廓和细部，两者共同形成天际线的特征；同时建筑屋顶作为建筑的第五立面是构成城市肌理的基本单元之一，屋顶的尺度、形体、材质、色彩、高度、组合的结构和密度都会影响城市肌理的形成和变化。

5. 功能的多样性要求

现代功能要求是以高度发达的材料和科学技术为保障的，是两者结合的产物，它也为城市中的建筑带来各种特殊的屋顶设计。

屋顶绿化拓展了建筑的使用空间，改善了屋顶的隔热性能；对于城市来说，它也是开拓城市空间、美化城市、活跃景观的好办法。

城市中高层和超高层建筑为观赏城市景观提供了特殊的视角，也成为建筑空间塑造的重点部位，通常结合顶部形体塑造形成大型公共空间，如观光厅、餐厅、会议厅、观演厅等。为配合观光功能，服务功能也纷纷融合到高层的顶部，如旋转餐厅是融合这些功能的最佳技术手段之一。

屋顶也是很多建筑设备的集中地，如水箱、空调冷却塔、电梯机房、各种天线、擦窗机等。由于这些设备的造型特殊，体量或高度都无法忽视，对建筑的屋顶形态构成了很大的影响。

5.2 屋顶坡度与排水

5.2.1 屋面坡度

5.2.1.1 屋面坡度表示方法

1. 角度法

角度法用屋面与水平面的夹角表示屋面的坡度，如图 2.5.2.1（a）所示。通常用于坡屋顶。表示方法为：$\alpha=30°$等。

2. 斜率法

斜率法用屋顶高度与坡面的水平长度之比表示屋面的排水坡度，即 $H:L$，如 1∶3、1∶20、1∶50 等。斜率法可用于坡屋顶也可用于平屋顶，如图 2.5.2.1（b）所示。

3. 百分比法

百分比法用屋顶的高度与坡面水平投影长度的百分比来表示排水坡度，如 $i=3\%$ 主要用于平屋顶，如图 2.5.2.1（c）所示。

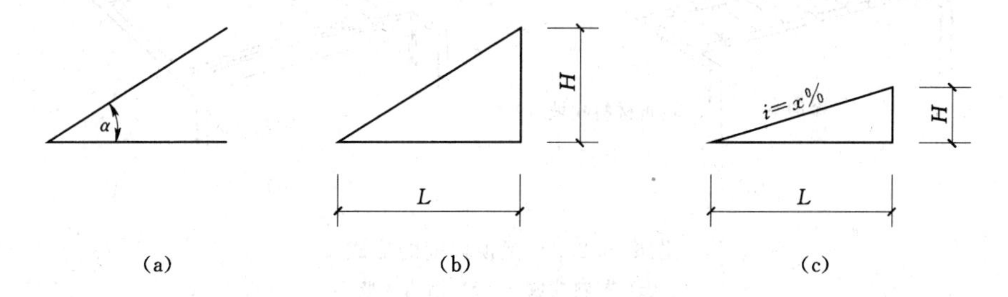

图 2.5.2.1 排水坡度的表示方法
（a）角度法；（b）斜率法；（c）百分比法

5.2.1.2 影响屋顶坡度的因素

1. 造型及使用功能

建筑物的造型很大程度上决定了屋顶的形式，如现代风格的平屋面、传统风格的坡屋面及在大跨度建筑中常采用的曲线、折线屋面。

中国传统大屋顶特有凹曲面的屋顶不仅在顶端表达了强烈的动势，而且整体更为轻灵舒展，体现了对外部空间的延伸和包容，能更好地融于周围环境之中，成为中国传统建筑最明显的外部特征。

另外，屋顶下部的空间使用要求及屋面的功能也影响屋顶的坡度。如坡屋面住宅阁楼内的空间高度要求，直接影响到屋面的形式和坡度。在平屋面中，上人屋面坡度就不能太大，否则影响屋面使用。不上人平屋面，在不影响建筑造型和下部空间美观的前提下，可适当加大屋面坡度。

2. 降雨量及屋面防水材料

降雨量的大小对屋面坡度也会产生一定的影响。年降雨量大的地区，房屋的屋面坡度就宜适当加大。我国南方地区年降雨量较大，北方地区年降雨量较小，因而在相同条件下，一般南方地区屋面坡度比北方的大。

不同的防水材料因材料的尺寸大小、防水性能的不同，也对适用屋面的坡度有一定要求。

平瓦（含混凝土瓦、烧结瓦）	20%～50%
波形瓦	10%～50%
卷材屋面、刚性防水层	2%～3%
种植土屋面	1%～3%
网架、悬索结构金属板	≥4%
压型钢板	10%～35%
油毡瓦	≥20%

3. 屋面坡度形成方法

屋面坡度形成一般有结构找坡和材料找坡两种方法（图 2.5.2.2）。

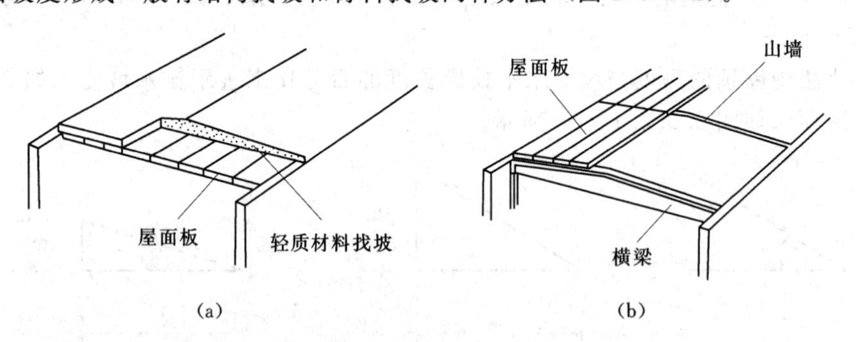

图 2.5.2.2 屋顶坡度的形成

(a) 材料找坡；(b) 结构找坡

(1) 结构找坡。在坡屋面或曲线屋面中，屋顶的支撑系统已经形成屋面的坡度；在平屋面中，有时通过设计一定倾斜角度的屋面梁、板，使屋面形成一定的坡度，这就是结构找坡。结构找坡具有屋面荷载轻、施工简便、坡度易于控制、省工省料、造价低等优点，其缺点是室内的结构天棚是倾斜的。结构找坡适用于室内空间要求不高或设有吊顶的房屋。一般单坡跨度大于 9m 的屋顶，宜做结构找坡，且坡度不应小于 3%。

（2）材料找坡。材料找坡是在水平结构屋表面采用轻质材料做排水坡度，常见的找坡材料有水泥焦渣、石灰炉渣等。采用材料找坡的房屋，室内可获得水平的结构顶棚面，但找坡层会加大结构荷载，当房屋跨度较大时尤为明显；同时找坡材料具有较大的吸水率，施工时采用水泥作胶结材料，含水量较大，使用过程中，水分逐渐气化，易使防水层产生鼓泡。因此，材料找坡适用于跨度不大的平屋顶，一般坡度宜为2%。

5.2.2 屋顶排水

5.2.2.1 屋顶排水方式

屋顶排水方式分为无组织排水和有组织排水两类。

1. 无组织排水

无组织排水又称自由落水，是指屋面雨水直接从挑出外墙的檐口自由落下至地面的一种排水方式。该排水形式施工方便，构造简单，造价低。无组织排水一般适用于低层建筑、少雨地区建筑，标准较高及临街建筑不宜采用。

2. 有组织排水

有组织排水（图2.5.2.3）指屋面设置排水设施，将屋面雨水分区域，有组织地疏导引至檐沟，经雨水管排至地面或地下排水管内的一种排水方式。这种排水方式屋面雨水不侵蚀墙面，不影响地面行人交通，是常见的屋面排水方式。有组织屋面排水分为内排式、外排式和两者结合的混排式。为便于检修和减少渗漏，少占室内空间，设计时可采用外排式，当大跨度外排有困难或建筑立面要求不能外排时，则可采用内排式或混排式。

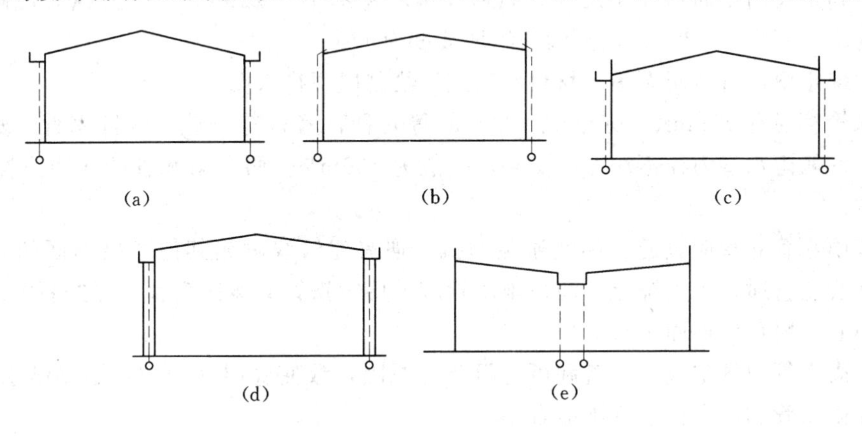

图2.5.2.3 有组织排水

（a）挑檐沟外排水；（b）女儿墙外排水；（c）女儿墙挑檐沟排水；
（d）暗管外排水；（e）中间天沟内排水

5.2.2.2 有组织排水的设计要点

1. 任务

有组织排水设计就是把屋面划分成若干个排水区，将各区的雨水分别引向各雨水管，使排水线路快捷、雨水口负荷载布置均匀、檐沟雨水管排水流畅（图2.5.2.4）。

2. 步骤

（1）确定屋面坡度的形成方法和坡度大小。

（2）选择排水方式，划分排水区域。屋面流水线路不宜过长或过分复杂，房屋进深较

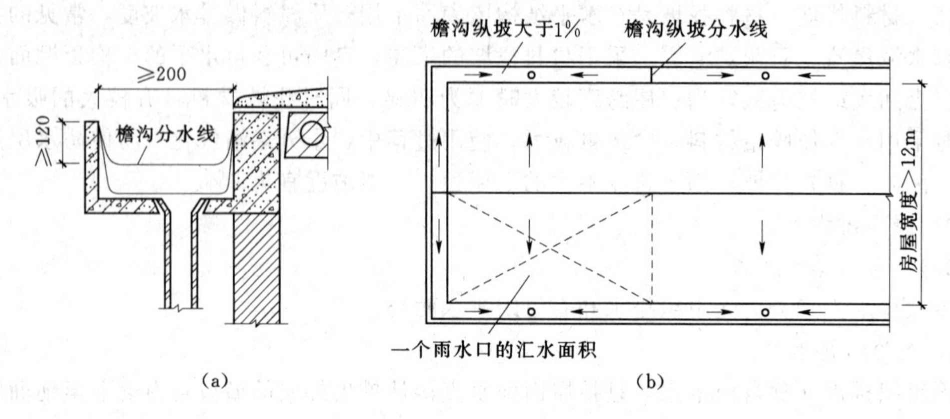

图 2.5.2.4 屋面排水

(a) 挑檐沟断面；(b) 屋顶平面

小的，可采用单坡排水，进深较大时，可采用双坡、多坡排水。排水分区的大小一般按一个雨水口负担 150～200m² 屋面面积的雨水考虑，雨水的汇水面积应按地面、屋面水平投影面积计算。高出屋面的侧墙，应附加其最大受雨面正投影的一半作为有效汇水面积计算。窗井、贴近高层建筑外墙的地下车库出入口坡道和高层建筑裙房屋面的雨水汇水面积，应附加其高出部分侧墙面积的 1/2。

(3) 确定天沟断面形式及尺寸。矩形天沟净宽不小于 200mm，天沟纵坡最高处离天沟上口的距离不小于 120mm，天沟的纵坡坡度为 1%。

(4) 确定雨水管所用大小、材料和间距，绘制屋顶排水图。

雨水管管径有 75mm、100mm、125mm 等几种，管材有铸铁、镀锌钢管、塑料、不锈钢等，一般雨水管内径不小于 75mm，一般为 100mm。两个雨水管的间距应控制在 18～24m 内。

明装雨水管立管应直通，尽量避免曲折，遇有建筑线脚或其他突出墙面的装饰构件时，雨水管应直通，不宜绕行。暗装雨水管应采用铸铁管或镀锌钢管，并按要求设置检查口（其中心一般距楼地面 1m）。

由于雨水管中的空气、涡流和可能阻塞等原因，致使底层处的阳台地漏溅水、冒水，因此屋面雨水管和阳台排水管不能合用。

5.3 平 屋 顶

5.3.1 平屋顶的特点

平屋顶的支撑结构常采用钢筋混凝土梁板，构造简单，建筑外观简洁。采用预制钢筋混凝土构件可提高预制安装程度，且施工速度快，造价低。平屋顶坡度较小，排水慢，屋面积水机会多，易产生渗漏现象。

5.3.2 平屋顶的组成

平屋顶设计中主要解决防水、排水、保温、隔热和结构承载等问题，一般做法是结构层在下，防水层在上，其他层次位置视具体情况而定。

1. 结构层

平屋顶的结构层要承担屋面上的全部荷载，应具有足够的强度和刚度。现在主要采用钢筋混凝土结构，分现浇和预制两种，屋面板的结构形式与楼板通常相同。

2. 找坡层

平屋顶的排水坡度分结构找坡和建筑找坡。结构找坡要求屋面结构按屋面坡度设置；建筑找坡常利用屋面保温层铺设厚度的变化完成，如 1∶6 水泥焦渣或 1∶8 水泥膨胀珍珠岩。

3. 防水层

现在常采用的防水层主要有刚性防水屋面和柔性防水屋面两大类，在寒冷地区以柔性防水屋面居多。现在研制出的新型防水材料，在其性能与施工方法上都有所改善，使屋面防水效果更好（具体构造详见第 3 篇第 2 章建筑防水构造）。

4. 保温层

在寒冷地区屋顶须设保温层，以使室内有一个便于人们生活和工作的热环境。保温层有铺于结构层上或吊于结构层下等不同构造方法，其厚度按热工计算而定。保温材料应选用轻质材料，常用的保温材料有：松散材料、板（块）状材料或现场整浇等三种。屋面的找坡可利用保温层进行，也可以另设其他轻质材料。

5. 找平层

找平层是为了使平屋面的基层平整，以保证防水层能平整，使排水顺畅，无积水。找平层的材料有水泥砂浆、细石混凝土或沥青砂浆（表 2.5.3.1）。找平层宜设分隔缝，并嵌填密封材料。分隔缝其纵横缝的最大间距：水泥砂浆或细石混凝土找平层，不宜大于 6m；沥青砂浆找平层，不宜大于 4m。

表 2.5.3.1　找平层厚度和技术要求

类别	基层种类	厚度/mm	技术要求
水泥砂浆找平层	整体混凝土	15～20	1∶2.5～1∶3（水泥∶砂）体积比，水泥强度等级不低于 32.5 级
	整体或板状材料保温层	20～25	
	装配式混凝土板、松散材料保温层	20～30	
细石混凝土找平层	松散材料保温层	30～35	混凝土强度等级不低于 C20
沥青砂浆找平层	整体混凝土	15～20	质量比为 1∶8（沥青∶砂）
	装配式混凝土板、整体或板状材料保温层	20～25	

6. 结合层

结合层是在找平层与防水层之间涂刷的一层黏结材料，以保证防水层与基层更好地结合，故又称基层处理剂。增加基层与防水层之间的黏结力并阻塞基层的毛孔，以减少室内潮气渗透，避免防水层出现鼓泡。

7. 隔气层

防止室内的水蒸气渗透，进入保温层内，降低保温效果。采暖地区湿度大于 75%～

80%屋面应设置隔气层。

8. 保护层

当屋面为可上人屋面或当柔性防水层置于最上层时，为防止阳光照射使防水材料日久老化，此时应在防水层上加设保护层。保护层的材料与防水层面层有关，如高分子或高聚物改性沥青防水卷材的保护层可用保护涂料；沥青防水卷材冷粘时用云母或蛭石，热粘时用绿豆砂或砾石。对上人的屋面则可铺砌块材，如混凝土板、地砖等作刚性保护层。

5.4 坡 屋 顶

坡屋顶是排水坡度较大的屋顶形式，由承重结构和屋面两个基本部分组成，根据使用功能的不同，有些还需设保温层、隔热层和顶棚等。坡面组织由房屋平面和屋顶形式决定，屋顶坡面交接形成屋脊、斜沟、斜脊等（图 2.5.4.1），对屋顶的结构布置和排水方式及造型均有一定影响。

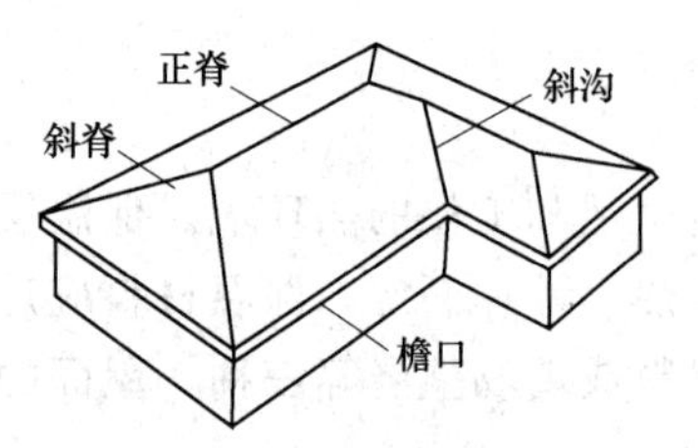

图 2.5.4.1 坡屋顶的名称

5.4.1 坡屋顶的支承结构

坡屋顶支承结构常用的有横墙承重和屋架承重两类。房屋开间较小的建筑，如住宅、宿舍等，常采用横墙承重；要求有较大空间的建筑，如食堂、礼堂、俱乐部等，则采用屋架承重。

1. 横墙承重

按屋顶要求的坡度，横墙上部砌成三角形，在墙上直接搁置檩条，承受屋面重量，这种承重方式叫横墙承重，也叫硬山架檩。这种支撑结构可节省木材和钢材，做法简单、经济，房间之间隔声、防火效果均较好，但平面布局受到一定的限制，如图 2.5.4.2 所示。

横墙的间距，即檩条的跨度应尽可能一致，檩条常用木材或钢筋混凝土制作。木檩条跨度在 4m 以内，截面为矩形或圆形；钢筋混凝土檩条跨度最大可达 6m，截面为矩形、L 形、T 形。檩条截面尺寸须经过结构计算确定。檩条间距与屋面板的厚度或椽子截面尺寸有关。

设置檩条应预先在横墙上搁置木块或混凝土垫块，使荷载分布均匀。木檩条端头需涂刷沥青以防腐。

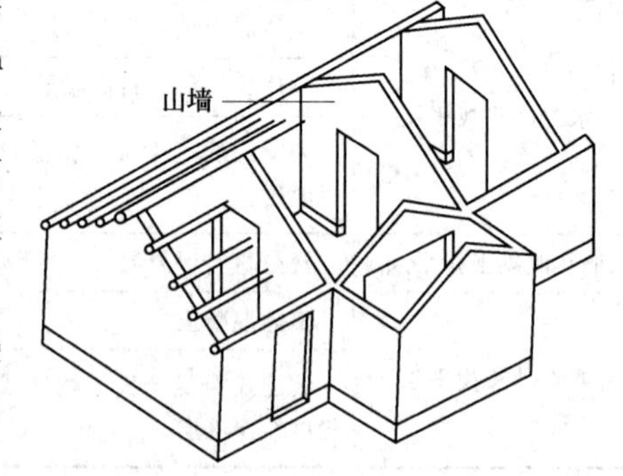

图 2.5.4.2 横墙承重

2. 屋架承重

屋架承重如图 2.5.4.3 所示。屋架搁置在建筑物外纵墙或柱上，屋架上设檩条，传递屋面荷载，使建筑物内有较大的使用空间。屋架间距通常为 3～4m，一般不超过 6m。

屋架是用木、钢木、钢筋混凝土或钢等材料制成，其高度和跨度的比值应与屋面的坡度一致。工程中常用三角形屋架，构造简单，施工方便，适用于各种瓦屋面（图

2.5.4.4)。

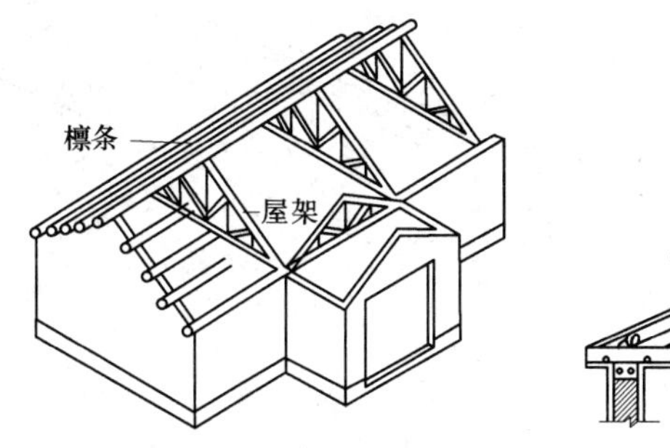

图 2.5.4.3 屋架承重

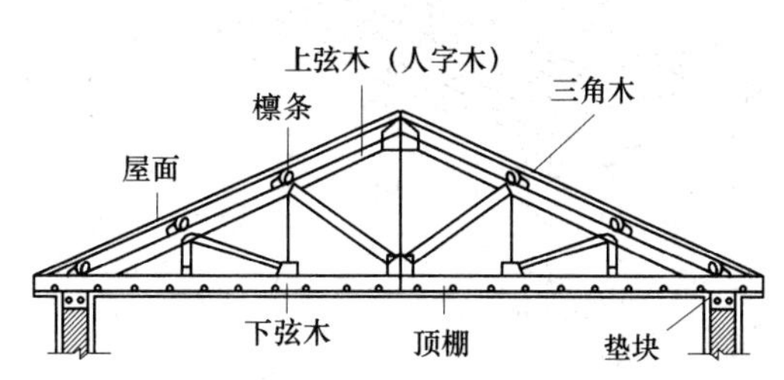

图 2.5.4.4 三角形屋架组成

当坡屋顶垂直相交时，屋架结构布置有两种方法，第一种做法是当插入屋顶跨度不大时，把插入屋顶的檩条搁在原来房屋檩条上；另一种做法是将斜梁或半屋架的一端搁在转角墙上，另一端搁在屋架上。其他转角和四坡屋顶端部的屋架布置基本上按此原则（图 2.5.4.5）。

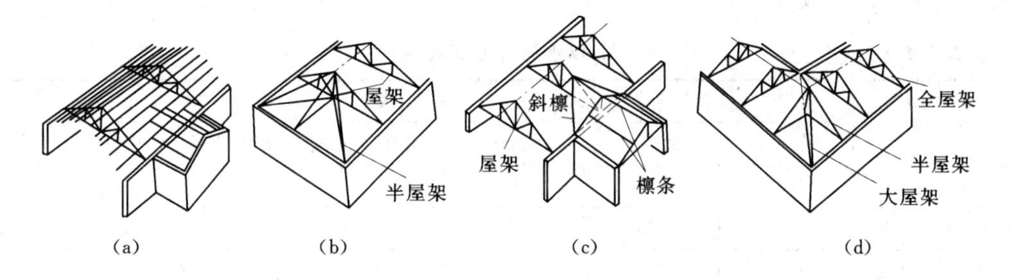

图 2.5.4.5 屋架布置示意

(a) 房屋垂直相交檩条相叠；(b) 四坡屋顶端部半屋架放在全屋架上；
(c) 房屋垂直相交斜檩在屋架上；(d) 转角处半屋架放在全屋架上

5.4.2 坡屋顶屋面构造

5.4.2.1 坡屋面材料及其坡度

坡屋顶的屋面防水材料有弧瓦（或称小青瓦）、平瓦、波形瓦、琉璃瓦、金属瓦、钢筋混凝土大型屋面板构件自防水、玻璃屋顶及草顶、黄土顶等；使用坡度一般大于10%。

平瓦即黏土瓦（图 2.5.4.6），也叫机平瓦，是用黏土模压制成凸凹楞纹后焙烧而成，一般长 380～420mm，宽 240mm，厚 20mm。瓦设有挂钩，可以挂在挂瓦条上，防止下滑，中间突出部位穿有小孔，风速大的地区可以用铁丝将瓦绑扎在挂瓦条上。水泥瓦、硅酸盐瓦只是形状尺寸稍有变化，但仍属此类。

波形瓦块大质轻，有一定刚度，构造简单，但易脆裂，保温隔热性能差，多用于不需保温隔热的建筑中。最常用的波形瓦有石棉水泥波形瓦和镀锌瓦楞铁，石棉水泥波形瓦分为大波、中波、小波三种（表 2.5.4.1），按材料分，波形瓦有塑料波形瓦、玻璃钢波形瓦、金属瓦等品种。塑料波形瓦、玻璃钢波形瓦不但质轻，而且强度高、透光性好，可兼做采光天窗；金属瓦质轻，延性好。

旧民居建筑常用小青瓦（板瓦、蝴蝶瓦）做屋面。小青瓦端面呈弓形，一头较窄，尺

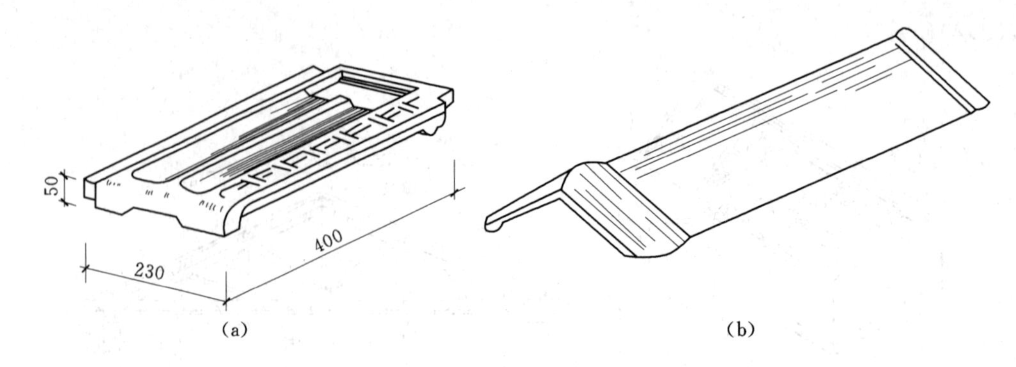

图 2.5.4.6 机制平瓦
(a) 平瓦；(b) 脊瓦

寸规格不一，宽度为165～220mm。

钢筋混凝土大型屋面板多用于工业建筑中，大型公共建筑也有采用的。屋面板跨度有6m、12m等，一般直接搭在钢屋架或钢筋混凝土屋架上。在大量的民用建筑中还有钢筋混凝土槽板、F形板等。

表 2.5.4.1 **石棉水泥波形瓦规格**

瓦材名称	规格					
	长/mm	宽/mm	厚/mm	弧高/mm	弧数/个	重量/(kg·块$^{-1}$)
石棉水泥大波瓦	2800	994	8	50	6	48
石棉水泥中波瓦	1800	745	6	33	7.5	14.2
石棉水泥小波瓦	1800	720	8	14～17	11.5	20
石棉水泥脊瓦	850	180×2	8	—	—	4
石棉水泥平瓦	1820	800	8	—	—	40～50

5.4.2.2 坡屋面的基本构造

1. 冷摊瓦屋面

冷摊瓦屋面如图2.5.4.7所示。这种屋面是平瓦屋面、小青瓦屋面中最简单的做法，也叫空铺平瓦屋面，即在椽子上钉挂瓦条后直接挂瓦。挂瓦条尺寸视椽子间距而定。这种方法构造简单经济，但雨雪易飘入。小青瓦有俯铺、仰铺两种铺瓦方式，俯盖成陇，仰铺成沟。盖瓦与底瓦约搭接1/3，上、下两片瓦搭接长度在少雨地区为搭六露四，多雨地区为搭七露三。露出长度不宜大于瓦长的1/2。

2. 实铺瓦屋面

实铺瓦屋面如图2.5.4.8所示，这种屋面是在檩条或椽条上铺屋面板，然后在上面挂瓦。屋面板是叫木望板瓦屋面，其构造方法是：采用20mm厚的平毛木板，板间留10～20mm的缝。在板上平行屋脊从檐口到屋脊铺一层油毡，上用30×10mm的板条垂直屋脊方向钉牢，称顺水条或压毡条；油毡搭接长度不小于80mm；然后在顺水条上钉挂瓦条，上面挂瓦。这样可使瓦缝飘入的雨水挡在油毡之外，雨水通过挂瓦与油毡之间的空隙排出。这种做法不仅增强屋面的防水性能，而且加强保温隔热性能，但耗用木材多，造价偏高，适用于大量建筑中防水严格的建筑。望板也可采用钢筋混凝土屋面板，这种瓦屋面构造方法与木望板瓦屋面构造基本相同，现使用较多。小青瓦一般在木望板或芦席、苇箔上铺灰泥，然后铺瓦。在檐口瓦的尽头处铺滴水瓦。小青瓦块小，易漏雨，需经常维修，现除旧房维修及少数民族地区民居外已不使用。

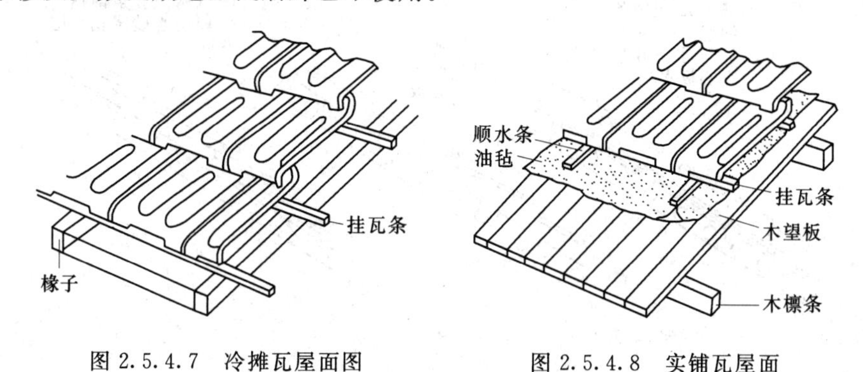

图 2.5.4.7 冷摊瓦屋面图　　图 2.5.4.8 实铺瓦屋面

3. 钢筋混凝土挂瓦板平瓦屋面

钢筋混凝土挂瓦板平瓦屋面如图 2.5.4.9 所示，这种屋面是用钢筋混凝土挂瓦板代替实铺平瓦屋面的檩条、望板、挂瓦条等，将其直接搁置在山墙或屋架上，上面挂瓦，挂瓦板屋面坡度不小于 1∶2.5。挂瓦板两端预留小孔套在砖墙或屋架上的预埋钢筋头上以固定，并用 1∶3 水泥砂浆填实。这种方法的缺点是在挂瓦板的板缝处容易渗水，必须注意板缝的防水处理。

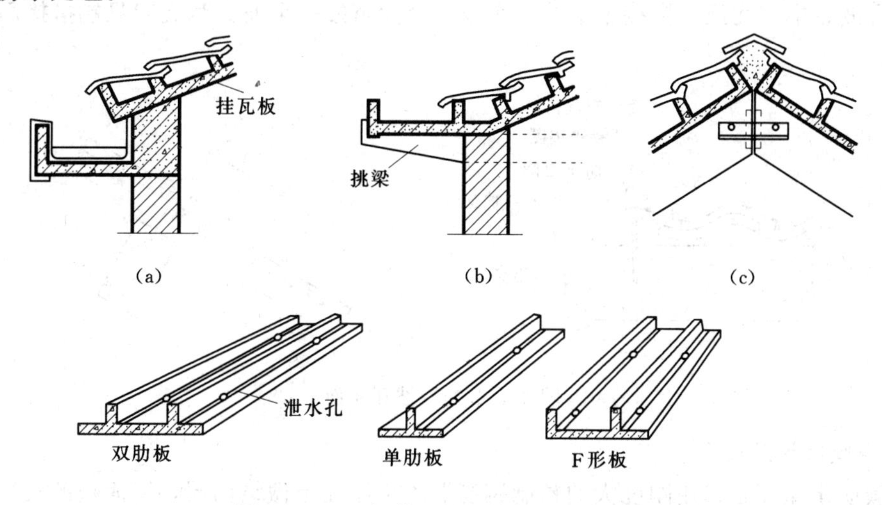

图 2.5.4.9 钢筋混凝土挂瓦板平瓦屋面
(a) 檐口做法 1；(b) 檐口做法 2；(c) 屋脊

4. 钢筋混凝土大型屋面板

钢筋混凝土大型屋面板如图 2.5.4.10 所示，这种屋面是将钢筋混凝土槽形板垂直于屋脊方向单层或双层铺设，下面用檩条支撑。单层铺放时槽口向上，两块板肋之间的缝用脊瓦盖住，以防板缝漏水；双层铺设时，将槽板正反搁置，互相搭盖，板面多采用防水砂浆或涂料防水，正反两块板之间形成通风孔道，从檐口进风，屋脊处设出风口，成为通风屋顶，在南方气候炎热地区常采用此种屋顶。F形板也可直接搭在屋架或檩条上，板按顺水方向互相搭接，板缝用砂浆嵌填。

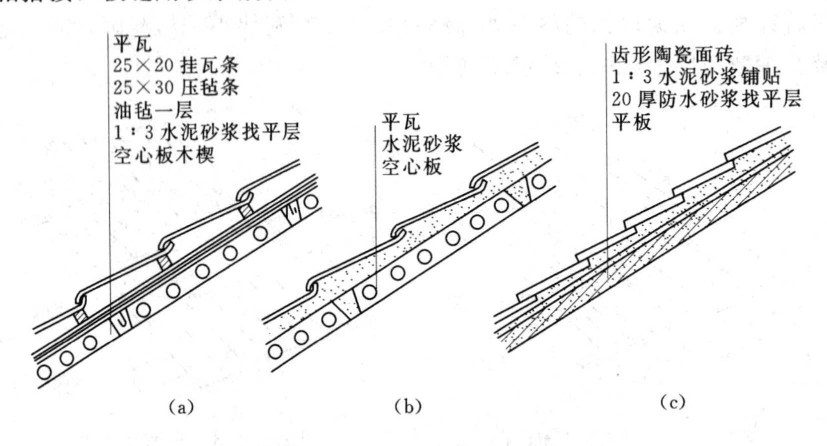

图2.5.4.10　钢筋混凝土大型屋面板

(a) 木条挂瓦；(b) 砂浆贴瓦；(c) 砂浆贴面砖

5. 波瓦屋面

波瓦屋面（图2.5.4.11）是直接将瓦钉在檩条上，檩条间距视瓦长而定，每片瓦至少有三个固定点，固定瓦时应考虑温度变化而引起的变形，故钉孔直径应比钉直径大2～3mm，并加装防水垫，孔设在波峰上，石棉水泥瓦上下搭接长度大于100mm，左右两张之间，大波、中波瓦至少搭接半个波，小波瓦至少搭接一个波。瓦之间只能搭接而不能一钉二瓦。

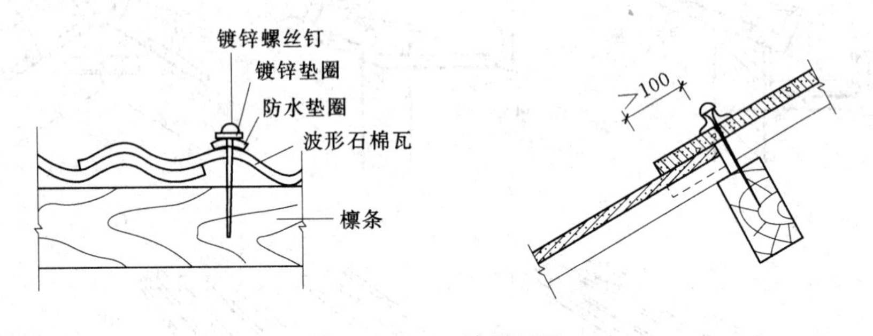

图2.5.4.11　波瓦屋面

6. 涂膜防水屋面

涂膜防水屋面是采用刚度大的预制钢筋混凝土屋面板做结构层，屋面板的板缝处采用细石混凝土灌缝，留凹槽嵌填聚氯乙胶泥和建筑防水油膏，并采用1：3水泥砂浆做找平层，板面采用刷防水涂料与玻璃纤维布交替铺刷，一般用一布四涂、二布六涂或三遍涂料的做法。涂膜防水是以沥青为基料配制而成的水乳型或溶剂型的防水涂料，或以石油沥青为基料，用合成高分子聚合物对其改性，加入适量助剂配制的防水涂料，或以合成橡胶或合成树脂为原料，加入适量的活性剂、改性剂、增塑剂、防霉剂及填充料等制成。板端易变形开裂，对防水层不利，应设分格缝，间距不宜大于6m，缝宽宜为20mm，内嵌密封材料，并应增设宽200～300mm带胎体增强材料的空铺附加层。对容易开裂渗水的部位和落水管周围等与屋面交接处应留凹槽嵌密封材料，并加铺一层或两层有胎体增强材料的附加层，涂膜深入雨水口不小于50mm。涂膜防水层上应用细砂、云母、蛭石、浅色涂料、水泥砂浆或块材等做保护层。采用水泥砂浆或块材时，在涂膜和保护层之间应设置隔离层，水泥砂浆保护层厚度不小于20mm。

这种屋面适用坡度大于25%的坡屋面，通常用于不设保温层的预制屋面板结构，在有较大震动的建筑物或寒冷地区不宜采用。

第6章 门 窗 构 造

6.1 概 述

6.1.1 门窗的作用与要求

门和窗是建筑物的围护及分隔构件，不承重。门的主要功能是供交通出入及分隔、联系建筑空间，带玻璃或亮子的门也可起通风、采光的作用；窗的主要功能是采光、通风及观望。门窗的形状、大小、位置、数量、组合方式以及材料，对建筑物的外观及使用要求影响较大。因此，对门窗来说，总的设计要求是首先要满足防护、保温、隔热以及隔声要求，同时还要坚固耐用、美观大方、开启灵活、关闭紧密、便于擦洗和维修方便。

随着人们居住水平的不断改善，以及工业建筑对采光、防尘、节能等功能要求的不断提高，对门窗工程的使用功能也不断提出了新的要求，所使用的门窗应具有变形小、重量轻、强度高、密封性能好、色彩美观、不易腐朽、不易变色等性能，主要表现在以下几方面。

1. 在门窗材料方面

打破了过去只有木、钢做门窗材料的局面，出现了铝合金门窗、塑料门窗、塑钢门窗、渗铝空腹钢窗、彩色涂层钢板门窗等。

2. 在使用功能方面

出现了为保证居住安全的防盗门，为控制噪声影响的消声门，为库房、橱窗使用方便的卷帘门窗，为满足消防要求的防火门窗，以及宾馆、饭店等公共建筑为方便顾客进出的自动感应门等。

3. 在装饰造型方面

随着人们对居住环境要求的提高，室内、外装潢也愈来愈受到重视。与装潢配套的门窗也已不能满足过去那种简单的镶板门、主夹板门，而要求在门窗框、门扇上进行包装，做出线条和花饰，于是出现了装饰门，与室内华丽的装饰相协调。为了适应建筑整体造型的要求，出现了圆形、弧形、折线形等不同的门窗形式。

6.1.2 门窗的尺度

6.1.2.1 门的尺度要求

门的尺度一般是指门的高宽尺寸。门的具体尺寸应综合考虑以下几方面因素。

1. 使用和交通安全方面要求

门的尺度应考虑人体的尺度和人流量，搬运家具、设备所需高度尺寸等要求，以及有无其他特殊需要。例如门厅前的大门往往由于美观及造型需要，常常考虑加高、加宽门的尺度。

2. 符合门洞口尺寸系列

应遵守国家标准《建筑门窗洞口尺寸系列》(GB 5824—86)。门洞口宽和高的标志尺寸规定为:600mm、700mm、800mm、900mm、1000mm、1200mm、1400mm、1500mm、1800mm等。其中部分宽度不符合3M规定,而是根据门的实际需要确定。

3. 外门尺寸

对于外门,在不影响使用的前提下,应符合节能原则,特别是住宅的门不能随意扩大尺寸。总之,门的尺寸主要是根据使用功能和洞口标准确定。

一般房间,门的洞口宽度最小为900mm,厨房、厕所等辅助房间,门洞的宽度最小为700mm。门洞口高度除卫生间、厕所可为1800mm以外,均不应小于2000mm。门洞口高度大于2400mm时,应设上亮窗。门洞较窄时可开一扇,1200～1800mm的门洞,应开双扇。大于2000mm时,则应开三扇或多扇。

6.1.2.2 窗的尺度要求

窗的尺度应综合考虑以下几方面因素。

1. 采光和通风要求

按照建筑物的照度标准,建筑门窗应当选择适当的形式以及面积。

从形式上看,长方形窗构造简单,在采光数值和采光均匀性方面最佳,所以最常用。但其采光效果还与宽、高的比例有关。按照国家相应的规范要求,一般居住建筑的起居室、卧室的窗地比不小于1/7,学校为1/5,医院手术室为1/2～1/3,辅助房间为1/12。

在通风方面,自然通风是保证室内空气质量的重要因素。在进行建筑设计时,必须注意选择有利于通风的窗户形式和合理的门窗位置,以获得空气对流。

2. 安全方面要求

相关规范规定了不同性质的建筑物以及不同高度的建筑物,其开窗的高度不同。

3. 节能要求

在《民用建筑节能设计标准(采暖居住建筑部分)》(JGJ 26—95)中,明确规定了寒冷地区及其以北地区各朝向窗墙面积比。该标准规定,按地区不同,北向、东西向以及南向的窗墙面积比应分别控制在20%、30%、35%左右。窗墙面积比是窗户洞口面积与房间的立面单元面积(及建筑层高与开间定位轴线围成的面积)之比。

4. 符合窗洞口尺寸系列

为了使窗的设计与建筑设计、工业化和商业化生产,以及施工安装相协调,国家颁布了《建筑门窗洞口尺寸系列》(GB/T 5824—2008)这一标准。窗洞口的高度和宽度(指标志尺寸)规定为3M的倍数。但考虑到某些建筑,如住宅建筑的层高不大,以3M进位作为窗洞高度,尺寸变化过大,所以增加1400mm、1600mm作为窗洞高的辅助参数。

5. 结构要求

窗的高宽尺寸受到层高及承重体系以及窗过梁高度的制约。

6. 美观要求

窗是建筑物造型的重要组成部分,窗的尺寸和比例关系对建筑立面影响极大。

可开窗扇的尺寸,从强度、刚度、构造、耐久和开关方便考虑,不宜过大。平开窗扇的宽度一般在400～600mm,高度一般在800～1500mm。当窗较大时,为减少可开窗扇的尺寸，可在窗的上部或下部设亮窗，北方地区的亮窗多为固定的，南方为了扩大通风面积，窗的上亮子多做成可开关的。亮子的高度一般采取 300～600mm。固定扇不需装合页，宽度可达 900mm 左右。推拉窗扇宽度亦可达 900mm 左右，高度不大于 1500mm，过大时开关不灵活。

6.1.3 门窗的开启方式

6.1.3.1 门的开启方式

门的开启方式通常有：平开、弹簧、推拉、折叠、旋转、上翻（滑）及卷帘等。

1. 平开门

平开门是水平开启的门，它的铰链装于门扇的一侧与门框相连，使门扇围绕铰链轴转动。其门扇有单扇、双扇，向内开和向外开之分，所有出入口的外门均应外开。平开门构造简单，开启灵活，加工制作简便，易于维修，是建筑中最常见、使用最广泛的门。但其门扇受力状态较差，易产生下垂或扭曲变形，所以门洞一般不宜大于 3.6m×3.6m。门扇可以由木、钢或钢木组合而成，门的面积大于 $5m^2$ 时，例如用于工业建筑时，宜采用角钢骨架。而且最好在洞口两侧做钢筋混凝土的壁柱，或者在砌体墙中砌入钢筋混凝土砌块，使之与门扇上的铰链对应，如图 2.6.1.1（a）所示。

2. 弹簧门

弹簧门可以单向或双向开启。其侧边用弹簧铰链或下面用地弹簧转动。它使用方便，美观大方，广泛用于商店、医院、办公和商业大厦。托儿所、幼儿园、小学或其他儿童集中活动场不得使用弹簧门。为避免人流相撞，门扇或门扇上部应镶嵌玻璃，如图 2.6.1.1（b）所示。

3. 推拉门

推拉门开启时门扇沿轨道向左右滑行。通常为单扇和双扇，也可做成双轨多扇或多轨多扇，开启时门扇可隐藏于墙内或悬于墙外。根据轨道的位置，推拉门可分为上挂式和下滑式。当门扇高度小于 4m 时，一般采用上挂式推拉门，即在门扇的上部装置滑轮，滑轮吊在门过梁的预埋铁轨（上导轨）上。当门扇高度大于 4m 时，一般采用下滑式推拉门，即在门扇下部装滑轮，将滑轮置于预埋在地面的铁轨（下导轨）上。为使门保持垂直状态下稳定运行，导轨必须平直，并有一定刚度，下滑式推拉门的上部应设导向装置，较重型的上挂式推拉门则在门的下部设导向装置。

推拉门开启时不占空间，受力合理，不易变形，但在关闭时难以严密，构造亦较复杂，较多用作工业建筑中的仓库和车间大门。在民用建筑中，一般采用轻便推拉门分隔内部空间，如图 2.6.1.1（c）所示。

4. 折叠门

折叠门可分为侧挂式折叠门和推拉式折叠门两种。由多扇门构成，每扇门宽度 500～1000mm，一般以 600mm 为宜，适用于宽度较大的洞口。侧挂式折叠门与普通平开门相似，只是门扇之间用铰链相连而成。当用普通铰链时，一般只能挂两扇门，不适用于宽大洞口。如侧挂门扇超过两扇时，则需使用特制铰链。

推拉式折叠门与推拉门构造相似，在门顶或门底装滑轮及导向装置，每扇门之间连以铰链，开启时门扇通过滑轮沿着导向装置移动。

折叠门开启时占空间少，但构造较复杂，一般在商业建筑或公共建筑中作灵活分隔空间用，如图 2.6.1.1（d）所示。

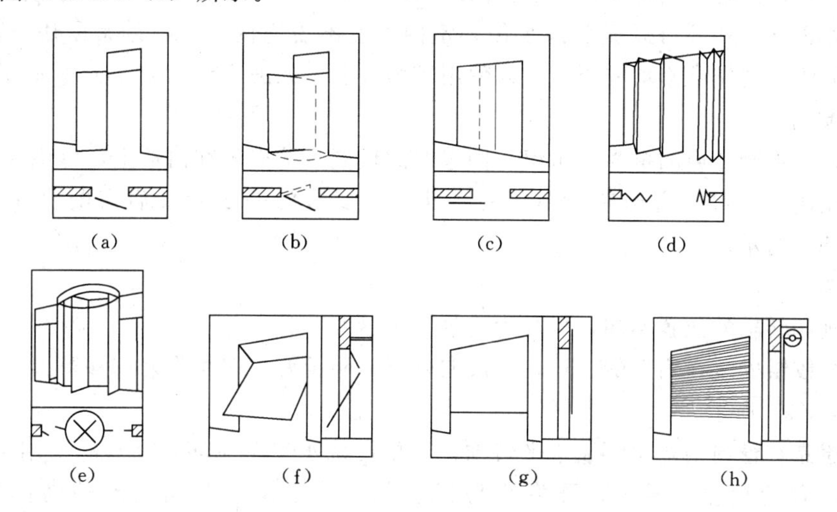

图 2.6.1.1　门的开启方式

(a) 平开门；(b) 弹簧门；(c) 推拉门；(d) 折叠门；(e) 转门；
(f) 上翻门；(g) 升降门；(h) 卷帘门

5. 转门

转门由两个固定的弧形门套和垂直旋转的门扇构成。门扇可分为三扇或四扇，绕竖轴旋转。转门对防止室内外空气流的对流有一定的作用，可作为寒冷地区公共建筑的外门及有空调房屋的外门，转门的通行能力较弱，不能作为疏散门。当设置在疏散口时，需在转门两旁另设疏散用门，如图 2.6.1.1（e）所示。

6. 上翻门

上翻门的特点是充分利用上部空间，门扇不占用面积，五金及安装要求高。它适用于不经常开关的门，如车库、仓库等场所。按需要可以使用遥控装置，如图 2.6.1.1（f）所示。

7. 升降门

升降门的特点是开启时门扇沿轨道上升，它不占使用面积，常用于空间较高的民用与工业建筑，一般不经常开关，需要设置传动装置及导轨，如图 2.6.1.1（g）所示。

8. 卷帘门

卷帘门是由很多冲压成型的金属叶片连接而成的门，页片可用镀锌钢板或合金铝板轧制而成，页片之间用铆钉连接。另外还有导轨、卷筒、驱动机构和电气设备等组成部件。页片上部与卷筒连接，开启时页片沿着门洞两侧的导轨上升，卷在卷筒上。传动装置有手动和电动两种。它的特点是开启时不占使用面积，但五金制作相对复杂，造价高，常用于商业建筑的大门及某些公共建筑中用作防火分区的构件等，如图 2.6.1.1（h）所示。

6.1.3.2　窗的开启方式

窗的开启方式主要取决于窗扇铰链安装的位置和转动方式。通常窗的开启方式有平开、推拉、上悬、中悬以及内开下悬等。

1. 平开窗

铰链安装在窗扇一侧与窗框相连，向外或向内水平开启。有单扇、双扇、多扇，有向内开与向外之分，外开可以避免雨水侵入室内，且不占室内面积，故常采用。其构造简单，开启灵活，制作维修均方便，所以使用较为普遍，如图 2.6.1.2（a）所示。

2. 固定窗

无窗扇、不能开启的窗为固定窗。固定窗的玻璃直接嵌固在窗框上，可供采光和眺望之用，不能通风。固定窗构造简单，密闭性好，多与门亮子和开启窗配合使用，如图 2.6.1.2（b）所示。

3. 悬窗

因铰链和转轴的位置不同，可分为上悬、中悬和下悬。

上悬窗铰链安装在窗扇的上边，一般向外开，防雨好，多用作外门和窗上的亮子，如图 2.6.1.2（c）所示。

中悬窗是在窗扇两边中部装水平转轴，窗扇可绕水平轴旋转，开启时窗扇上部向内，下部向外，方便挡雨、通风，开启容易机械化，常用作大空间建筑的高侧窗，如图 2.6.1.2（d）所示。

下悬窗铰链安装在窗扇的下边，一般向内开，通风较好，但不防雨，一般用作内门上的亮子。上下悬窗联合采用也可用作外窗或靠外廊的窗，如图 2.6.1.2（e）所示。

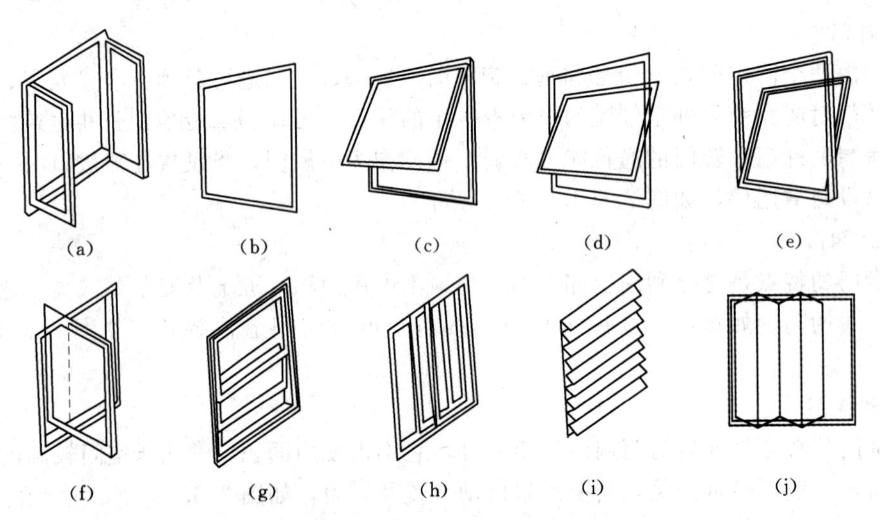

图 2.6.1.2　窗的开启方式

(a) 平开窗；(b) 固定窗；(c) 上悬窗；(d) 中悬窗；(e) 下悬窗；(f) 立转窗；(g) 垂直推拉窗；(h) 水平推拉窗；(i) 百叶窗；(j) 折叠窗

4. 立转窗

立转窗在窗扇上下冒头中部设转轴，立向转动，这种窗通风效果好，但不够严密，防雨及防寒性能差，不宜用于寒冷和多风沙的地区，如图 2.6.1.2（f）所示。

5. 推拉窗

推拉窗分垂直推拉窗［图 2.6.1.2（g）］和水平推拉窗［图 2.6.1.2（h）］两种。水平推拉窗一般在窗扇上下设滑轨槽，垂直推拉窗需要升级及制约措施，窗扇都是前后交替不在同一直线上。推拉窗开启时不占室内空间，窗扇受力状态好，窗扇及玻璃尺寸均可较平开窗为大。尤其适用于铝合金及塑料窗。但通风面积受到限制，推拉窗的开启扇，其净宽不宜大于 900mm，净高不宜大于 1500mm。

6. 百叶窗

主要用于遮阳、防雨及通风，但采光差，如图 2.6.1.2 (i) 所示。百叶窗可用金属、木材、钢筋混凝土等制作，有固定式和活动式两种形式。工业建筑中多用固定式百叶窗，叶片常做成 45°或 60°。

7. 折叠窗

折叠窗全开启时视野开阔，通风效果好，但需用特殊五金件，如图 2.6.1.2 (j) 所示。

6.2 木　门

6.2.1 平开木门的组成

门一般由门框、门扇、亮子、五金零件及其附件组成（图 2.6.2.1）。门框又称为门樘，一般由两边的垂直边梃和自上而下分别称作上槛、中槛、下槛的水平构件组成，多扇门还有中竖框。门扇由上冒头、中冒头、下冒头和边梃等组成。为了通风采光，可在门的上部设亮窗，有固定、平开及上、中、下悬等形式。门上还有五金零件，常见的有铰链、门锁、插销、拉手、停门器、风钩等。附件有贴脸板、筒子板等。

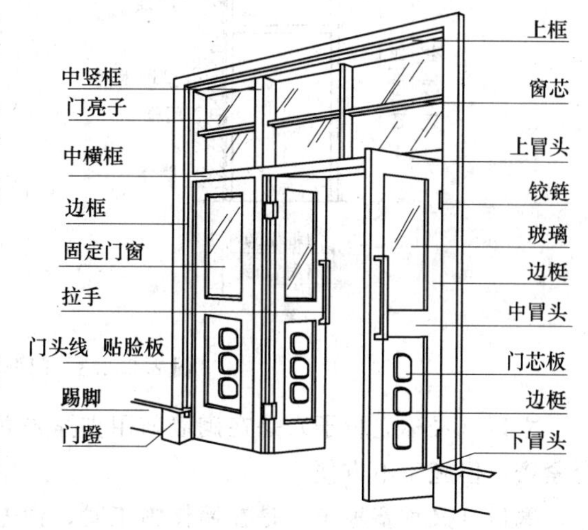

图 2.6.2.1　门的组成

6.2.2 门框

6.2.2.1 门框断面

门框的断面形式与门的类型以及层数有关，同时要有利于门的安装，并具有一定的密闭性（图 2.6.2.2）。门框的断面尺寸主要考虑接榫牢固与门的类型，制作时要考虑材料刨光损耗，毛断面尺寸应比净断面尺寸大些。

为防止门框靠墙一侧易受潮变形，在靠墙一面开 1～2 道背槽，以免产生翘曲变形，同时也有利于门框的嵌固。背槽可为三角形或矩形，深度约 8～10mm，宽度 12～20mm。

为便于门扇密闭，门框上要有裁口（或铲口）。根据门扇数与开启方式的不同，裁口分为单裁口和双裁口两种。单裁口用于单层门，双裁口用于双层门或弹簧门。裁口宽度要比门扇宽度大 1～2mm，裁口深度一般为 8～10mm，以利于安装和开启门扇。

6.2.2.2 门框安装

门框的安装根据施工方式不同，分为立口和塞口两种（图 2.6.2.3）。

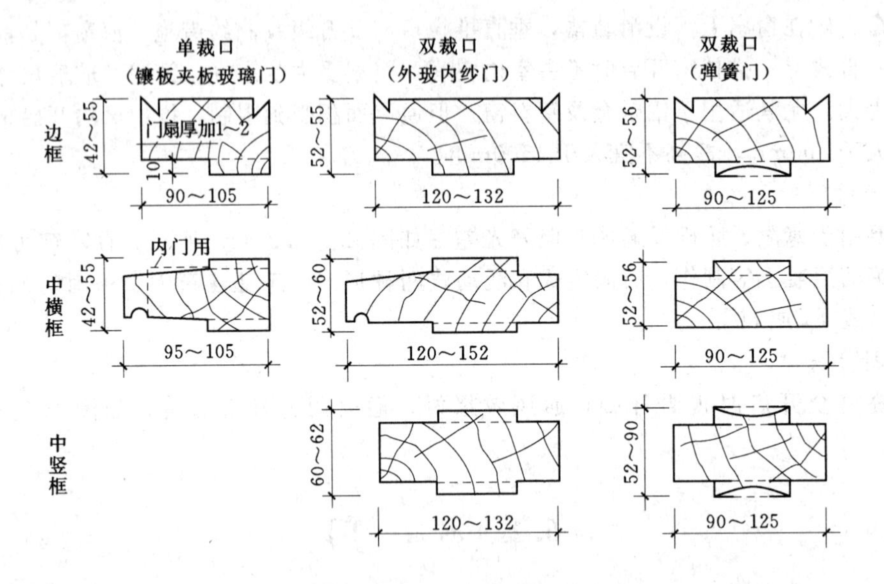

图 2.6.2.2 门框的断面形式与尺寸

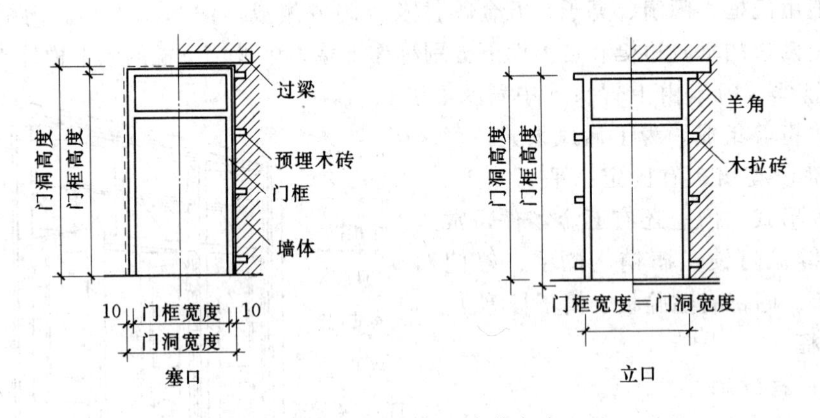

图 2.6.2.3 门框的安装方式

立口（又称立樘子）是在砌墙前用支撑先立门框后砌墙。这种方式可以使门框和墙结合紧密，但施工不方便。

塞口（又称塞樘子）是在墙体施工时，预先留出洞口，待墙体完工后，再安门框。采用此法，预留洞口要较门框大 20～30mm。门洞两侧墙上每隔 600～1000mm 预埋木砖或预留缺口，以便用圆钉或水泥砂浆将门框固定。门框与墙之间的缝隙用沥青麻丝嵌填（图 2.6.2.4）。

门框可以在墙的中间或者与墙的一侧平。一般多与开启方向一侧齐平，尽可能使门扇开启时贴近墙面。门框四周的抹灰极易开裂脱落，因此在门框与墙结合处应做贴脸板和木压条盖缝，装修要求高的建筑，还应在门洞口两侧和上方设筒子板。

6.2.3 门扇

门扇按其构造方式不同，常用的有镶板门（包括玻璃门、纱门）和夹板门。

6.2.3.1 镶板门

镶板门门扇由边梃、上冒头、中冒头和下冒头组成骨架，内装门芯板（图 2.6.2.5）。构造简单，制作方便，适用于民用建筑的内门及外门。

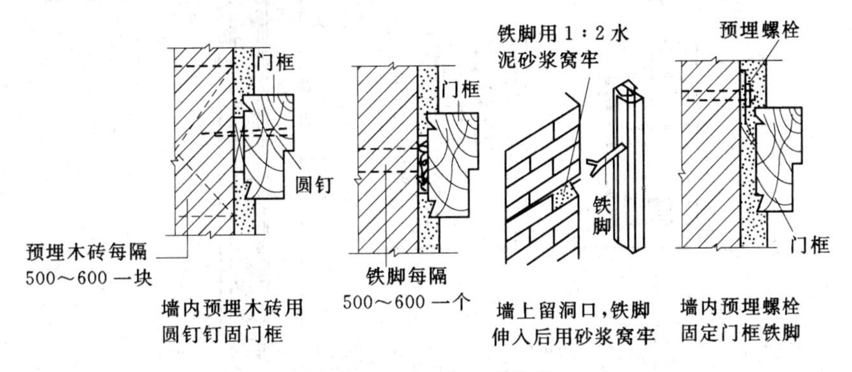

图 2.6.2.4　塞口的构造

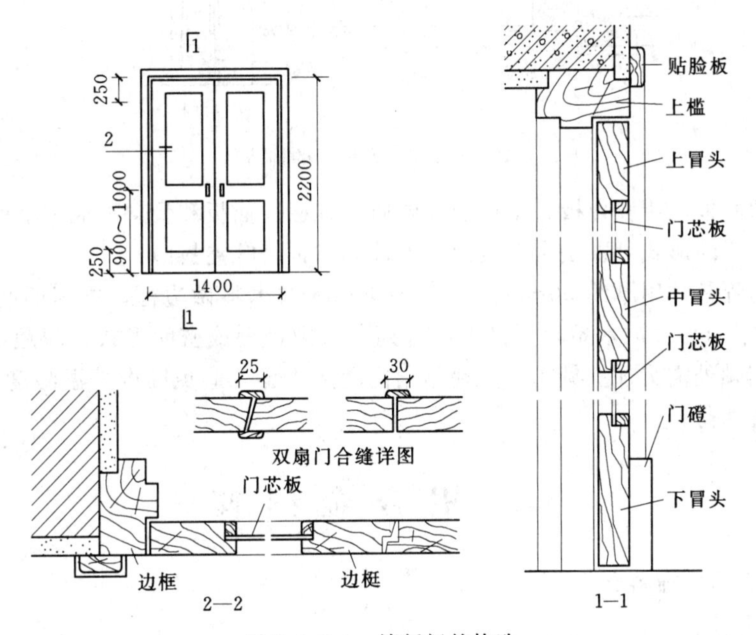

图 2.6.2.5　镶板门的构造

门扇的边梃与上冒头、中冒头的断面尺寸一般相同，厚度为 40～50mm，宽度为 100～120mm。为减少门扇变形，下冒头的宽度一般加大到 160～250mm，并与边梃采用双榫结合。

门芯板一般采用 10～12mm 厚的木板拼成，也可采用胶合板、硬质纤维板、塑料板和玻璃等。当采用塑料纱（或铁丝纱），即为纱门时。由于纱门轻，门扇骨架料可小些，边框与上冒头采用 30～70mm，下冒头采用 30～150mm。

6.2.3.2 夹板门

夹板门是用断面较小的方木做成骨架，两面粘贴面板而成（图 2.6.2.6）。特点是用材量少，门扇自重轻，保温隔声性能均差，因此适用于民用建筑内门。

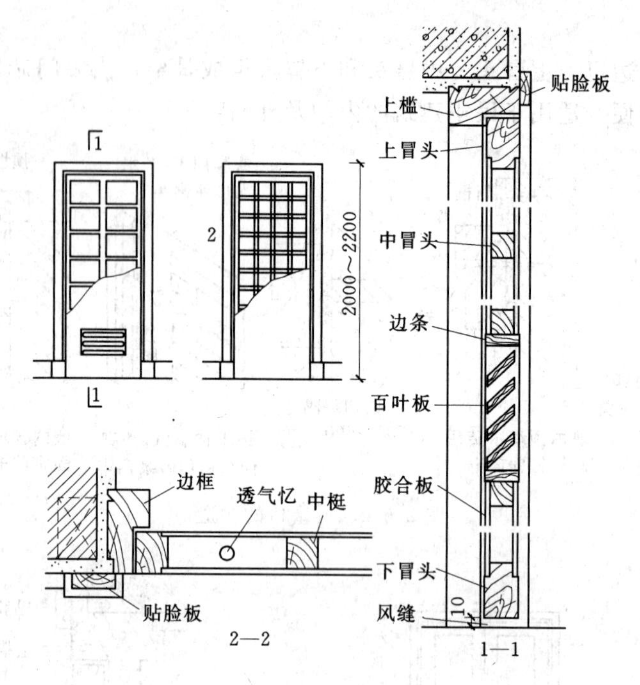

图 2.6.2.6 夹板门的构造

夹板门的面板可用胶合板、塑料板和硬质纤维板。面板和骨架形成一个整体，共同抵抗变形。夹板门的形式可以是全夹板门、带玻璃或带百叶夹板门。

夹板门的骨架常用厚约 30mm、宽 30～60mm 的木料做边框，中间的肋条用厚度约 30mm，宽 10～25mm 的木条，可以单向排列、双向排列或密肋形式，间距一般为 200～400mm，安门锁处需另加上锁木。为使门扇内通风干燥，避免因内外温湿度差产生变形，在骨架上设通气孔。

6.3 铝合金门窗

6.3.1 铝合金门、窗特点

1. 质量轻

铝合金门窗用料省、质量轻。

2. 性能好

铝合金门窗在气密性、水密性、隔声和隔热性能方面较钢、木门窗都有显著的提高。因此，它适用于装设采暖空调设备以及对防水、防尘、隔声、保温隔热有特殊要求的建筑。

3. 坚固耐用

铝合金门窗耐腐蚀，不需涂任何涂料，其氧化层不褪色、不脱落。这种门窗强度高、刚度好，坚固耐用，开闭轻便灵活，安装速度快。

4. 色泽美观

铝合金门窗框料型材，表面经过氧化着色处理，既可以保持铝材的银白色，也可以制成各种柔和的颜色或带色的花纹，如古铜色、暗红色、黑色等；还可以在铝材表面涂刷一层聚丙烯酸树脂保护装饰膜，制成的铝合金门窗造型新颖大方、表面光洁、外观美丽、色泽牢固，增加了建筑物立面和室内的美观。

5. 工业化生产

铝合金门窗从框料型材加工、配套零件及密封性制作，到门窗装配试验都能大批量工业化生产，有利于实现门窗产品设计标准化、系列化、零配件通用化。

铝合金门窗具有如上几个优点，使用时应针对不同地区、不同气候和环境、不同使用要求和构造处理，选择不同的门窗形式。

6.3.2 铝合金门窗构造

6.3.2.1 框料系列

系列名称是以铝合金门窗框的厚度构造尺寸来区别各种铝合金门窗的称谓，如：平开门门框厚度构造尺寸为 50mm，即称为 50 系列铝合金平开门，推拉窗窗框厚度构造尺寸为 90mm，即称为 90 系列铝合金推拉窗等。

铝合金门窗设计一般采用定型产品，选用时应根据建筑物所在地区的气候环境，以及其使用要求来确定不同的门窗框系列。

6.3.2.2 铝合金门窗中玻璃的选择及安装

玻璃的厚度和类别主要根据面积大小、热功要求来确定。一般多选用 3～8mm 厚度的平板玻璃、镀膜玻璃、钢化玻璃或中空玻璃等。在玻璃与铝型材接触的位置设垫块，周边用橡皮条密封固定。安装橡胶密封条时应留有伸缩余量，一般比窗的装配边长 20～30mm，并在转角处斜边断开，然后用胶结剂粘贴牢固，以免出现缝隙。

6.3.2.3 铝合金门窗框安装

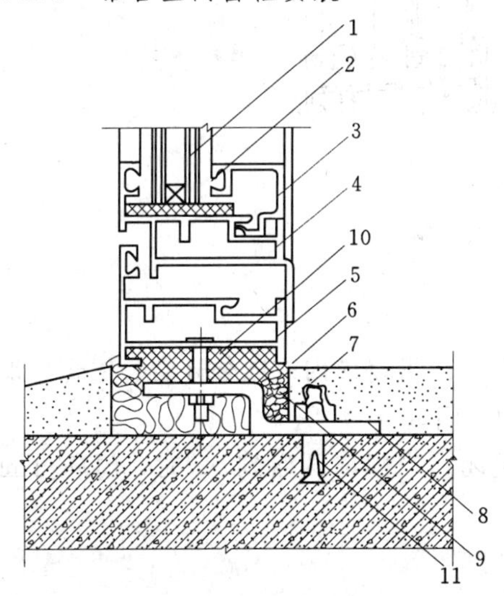

图 2.6.3.1 铝合金门窗安装节点

1—玻璃；2—橡胶条；3—压条；4—内扇；5—外框；6—密封膏；7—砂浆；8—地脚；9—软填料；10—塑料垫；11—膨胀螺栓

铝合金门窗框应采用塞口的方式安装，其装入洞口应横平竖直，外框与洞口应弹性连接牢固，不得将外框直接埋入墙体。这样做一方面是保证建筑物在一般振动、沉降和热胀冷缩等因素引起的互相撞击、挤压时，不致使窗损坏；另一方面使外框不直接与硅、水泥浆接触，避免碱对铝型材的腐蚀，对延长使用寿命有利。

铝合金门窗框与墙体的缝隙填塞，应按设计要求处理。一般多采用泡沫塑料条、泡沫聚氨酯条、矿棉毡条或玻璃棉丝毡条分层填塞，缝隙外表留 5～8mm 深的槽口，填嵌密封材料。这样做主要是为防止窗框四周形成冷热交换区产生结露，影响建筑物的保温、隔声、防风沙等功能。同时也能避免砖、砂浆中的碱性物质对窗框的腐蚀，如图 2.6.3.1

所示。

6.3.2.4 铝合金推拉窗

铝合金窗根据开启方式分为平开窗和推拉窗，常用的铝合金窗多为水平推拉式（图2.6.3.2）。铝合金推拉窗外形美观、采光面积大、开启不占空间、防水及隔声均佳，并具有很好的气密性和水密性，广泛用于宾馆、住宅、办公、医疗等建筑。推拉窗可用拼樘料组合其他形式的窗或门连窗。推拉窗可装配各种形式的内外纱窗，纱窗可拆卸。推拉窗在下框或中横框两端，或在中间开设排水孔，使雨水及时排除。

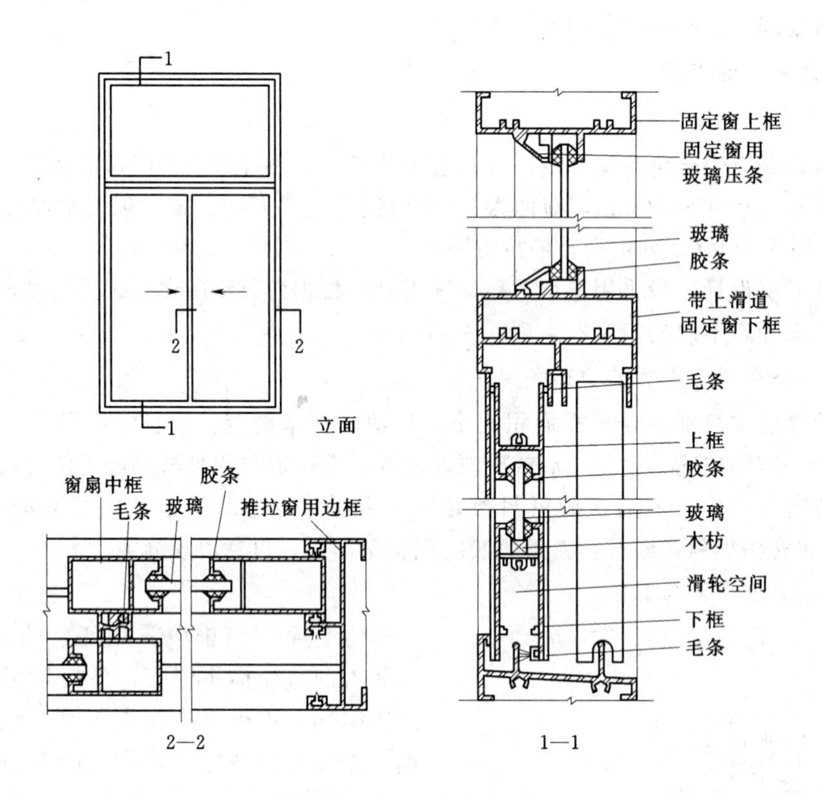

图 2.6.3.2 铝合金推拉窗

6.3.2.5 地弹簧门

地弹簧门是使用地弹簧作为开关装置的平开门，门可以向内或向外开启。铝合金地弹簧门分为有框地弹簧门（图2.6.3.3）和无框地弹簧门。

地弹簧门门扇开启不到90°时，门扇能自动关闭；当门扇开启到90°时，门扇可固定不动。门扇玻璃应采用钢化玻璃或夹层玻璃。

6.3.2.6 断热型铝合金门窗

断热型铝合金门窗是指门窗框采用断热铝合金型材，可较大地降低铝合金门窗的传热系数。其构造有穿条式（图2.6.3.4）和灌注式两种，前者在框中间采用高强度增强尼龙隔热条，后者用聚氨基甲酸乙酯灌注，目前市场上的断热铝合金门窗以穿条式为主。

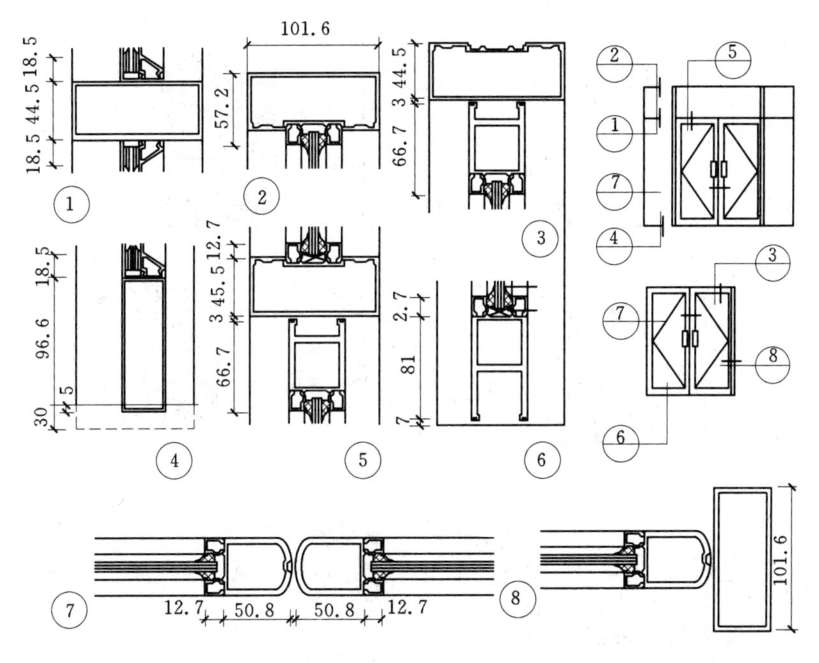

图 2.6.3.3　地弹簧门

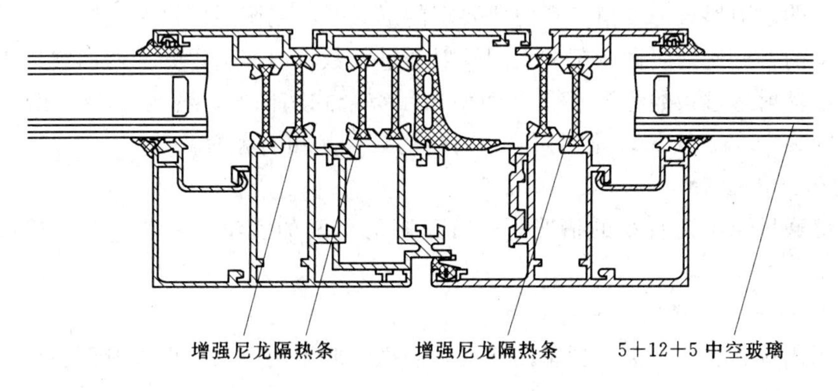

图 2.6.3.4　穿条式隔热铝合金型材

6.4 遮　　阳

6.4.1 遮阳的作用

遮阳是了防止直射阳光照入室内，以减少太阳辐射热，避免夏季室内过热以及保护室内物品不受阳光照射而采取的一种措施。用于遮阳的方法很多：在窗口悬挂窗帘，利用门窗构件自身遮光以及窗扇开启方式的调节变化，利用窗前绿化，雨篷、挑檐、阳台、外廊及墙面花格也都可以达到一定的遮阳效果，如图 2.6.4.1 所示。

一般房屋建筑，当室内气温达到或超过 29℃，太阳辐射强度大于 1004.6kJ/m^{2}h，阳光照射室内时间超过 1h，照射深度超过 0.5m 时，应采取遮阳措施；标准较高的建筑只要具备前两条即可考虑设置遮阳措施。

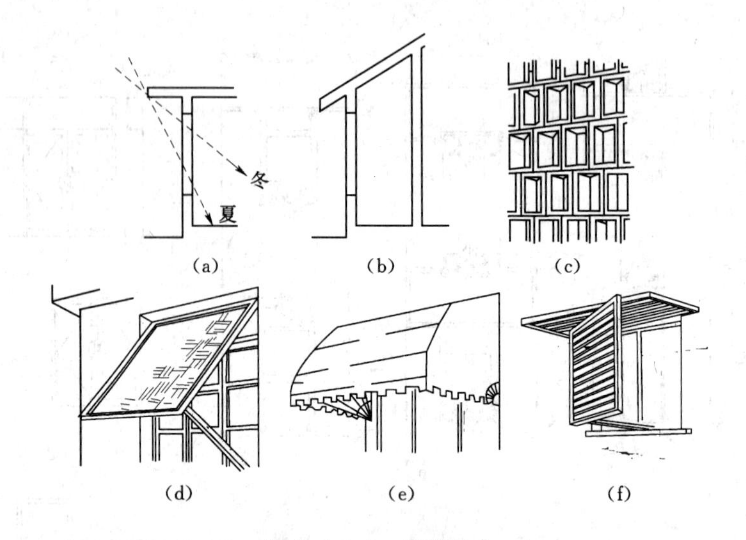

图 2.6.4.1 遮阳形式

(a) 出檐；(b) 外廊；(c) 花格；(d) 苇席遮阳；(e) 布篷遮阳；(f) 旋转百叶遮阳

一般而言，遮阳的效果如下。

1. 遮阳设施遮挡太阳辐射热

当窗口的遮阳形式符合窗口朝向所要求的形式时，遮阳后同没有遮阳之前所透进的太阳辐射热量的百分比，叫做遮阳的太阳辐射透过系数。由实测得知：西向窗口用挡板式遮阳时的太阳辐射透过系数约为 17%；西南向用综合式遮阳时，约为 26%；南向用水平式遮阳时，约为 35%。可见，遮挡太阳辐射热的效果是相当大的。

2. 遮阳降低室温

在开窗通风而风速较小的情况下，有遮阳的房间的室温，一般比没有遮阳的低 1～2℃左右。

3. 遮阳对采光和通风的不利影响

(1) 遮阳设施会减少进入屋里的光线，阴雨天时影响更大。设置遮阳板后，一般室内照度约降低 53%～73%。

(2) 影响房间的通风，使室内风速约降低 22%～47%，这对防热是不利的。因此，遮阳的设计还要考虑采光，少挡风，最好能导风入室。

6.4.2 遮阳设计的依据

1. 地理气候

我国处在北纬地区，一般地讲，纬度越低，天气越热，纬度越高，天气越冷。在低纬度的南方地区，夏天热的时间长，冬天冷的时间短，因此应加强夏季遮阳，防止建筑过热。同样尺寸的南向窗口，纬度较低的地区，太阳射进的深度比纬度较高的地区浅，故南向窗口的水平遮阳板的挑出长度，低纬度地区就可以比高纬度地区小。

2. 窗口朝阳

窗口的朝向不同，太阳辐射进的热量也不同，且照射的深度和时间长短也不一样。东、西窗传入的热量比南窗将近大 1 倍，北窗是最小的。东、西窗的传热量虽然差不多，但东窗传入热量最多的时间是上午 7 时至 9 时左右，这时，室外气温还不高，室内积聚的热量也不多，所以影响不显著。西窗就不一样，它传入热量最多的时间是下午 3 时左右，这时，正是室内外温度均为最高的时候，所以影响比较大，使人们觉得西窗比东窗热得多。因此，西窗的遮阳比其他朝向窗口遮阳显得重要。当东、西窗未开窗时，则应加强南向窗的遮阳。

朝向不同的窗口，要求不同形式的遮阳，如果遮阳形式选择不同，遮阳效果就大大降低或是造成浪费。

3. 房间的用途

不同用途的房间，对遮阳的要求也不同。不允许阳光射进的特殊建筑，如博物馆、书库等，就应当按全年完全遮阳来进行设计；一般公共建筑物，主要是防止室内过热，按一年中气温最高的几个月和这段时间内每天中的某几个小时的遮阳来设计；一般居住的建筑，阳光短时射进来，或照射不深，采用简易活动遮阳设施较好。

综上所述，窗户遮阳的设计受多方面的影响，要全面来考虑，尽可能做到下面几点。

（1）既要夏天能遮阳，避免室内过热，又要冬天不影响必需的日照，以及保证春、秋季的阳光。

（2）晴天既能防止眩光，阴天又不致使室内光线太差，最好还能防雨。

（3）要减少对通风的影响，最好还能导风入室。

（4）构造简单、经济耐用，可能条件下同建筑立面设计配合，以取得美观的效果。

6.4.3 遮阳的形式

窗户遮阳板按其形状可分为水平遮阳、垂直遮阳、混合遮阳及挡板遮阳 4 种形式，如图 2.6.4.2 所示。

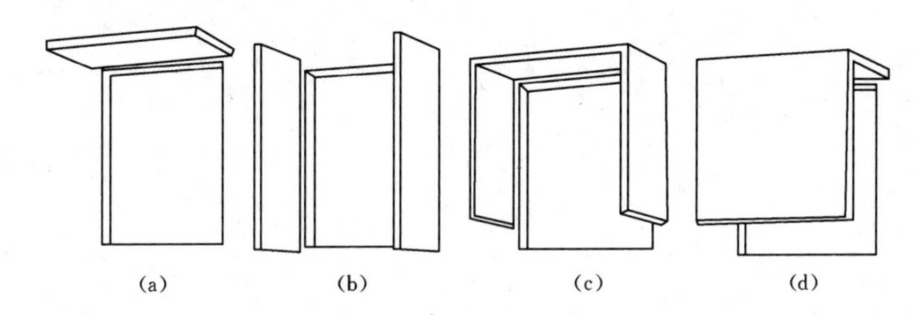

图 2.6.4.2 遮阳板基本形式

（a）水平遮阳；（b）垂直遮阳；（c）混合遮阳；（d）挡板遮阳

1. 水平遮阳

在窗口上方设置一定宽度的水平方向遮阳板能够遮高度角较大的从窗口上方照射下来的阳光，适用于南向及其附近朝向的窗口。水平遮阳板可做成实心板式百叶板，较高大的窗口可在不同高度设置双层多层水平遮阳板，以减少板的出挑宽度，如图 2.6.4.2（a）所示。

2. 垂直遮阳

在窗口两侧设置垂直方向的遮阳板，能够有效遮挡高度角较小的从窗口两侧斜射过来的阳光。根据光线的来向和具体处理的不同，垂直遮阳板可以垂直于墙面，也可以与墙面形成一定的垂直夹角，主要适用于偏南或偏西的窗口，如图2.6.4.2（b）所示。

3. 混合遮阳

是以上两种遮阳板的综合，能够遮挡从窗口左右两侧及前上方射来的阳光，遮阳效果比较均匀，主要适用于南向、东南、西向的窗口，如图2.6.4.2（c）所示。

4. 挡板遮阳

在窗口前方离开窗口一定距离设置与窗户平行方向的垂直挡板，可以有效地遮挡高度较小的正射窗口的阳光，主要适用于东、西向及其附近的窗口。这种遮阳形式不利于通风，遮挡了视线，可以做成隔栅式挡板，如图2.6.4.2（d）所示。

5. 轻型遮阳

由于建筑室内对阳光的需求随季节、时间变化，而且太阳高度角也是随气候、时间不同而不同，因此，采用便于拆卸的轻型遮阳和可调节角度的活动式遮阳能更好地满足建筑节能和使用要求。轻型遮阳因材料构造不同类型很多，常用的有机翼形遮阳系统，按其安装方式不同可分为固定系统和机动可调系统。机动可调系统中安装电动马达，通过可调节的传动杆使叶片可以灵活调节，遮阳、通风采光效果较好，但构造复杂，需经常维护。

第3篇　建筑细部构造

第1章 建 筑 装 修

1.1 概 述

建筑装修是在已有的建筑主体上覆盖新的装饰表面，是对已有建筑空间效果的进一步设计，也是对建筑空间不足之处的改进和弥补，是使建筑空间满足使用要求、更具有个性的一种手段。由于有各种使用要求的建筑物经二次装饰后，都被赋予了各自鲜明的性格特征，建筑装修能够满足人们的视觉、触觉享受，能够改善建筑物理性能，进一步提高建筑空间的质量，因此建筑装修已成为现代建筑工程不可缺少的重要组成部分。

饰面装修的主要作用如下。

1. 保护建筑主体结构构件

建筑物主体结构构件是建筑物的支撑骨架，这些建筑构件直接暴露在大气中，会受到大气中各种介质的侵蚀，如铜铁构件会由于氧化作用而锈蚀；水泥构件表面会因大气侵蚀而使表面疏松；竹木等有机纤维构件会因微生物的侵蚀而腐朽等。建筑工程中，通常采用油漆、抹灰等覆盖性的装饰构造措施进行处理，不仅可以提高构件、建筑物对外界各种不利因素的抵抗能力，还可以保护建筑构件不直接受到外力的磨损、碰撞和破坏，从而提高结构构件的耐久性，延长其使用年限。

2. 保证建筑空间的使用要求

建筑构造设计的目标就是创造出一个既舒适又能满足人们各种生理要求，还能给人以美感的空间环境。对建筑物室内室外进行装饰，不仅可使建筑物不易污染，容易清洗，改善室内清洁卫生条件，保持建筑物整洁清新的外观；而且还可改善建筑物的热工、声学、光学等物理状况，从而为人们创造舒适良好的生活、生产工作环境。

3. 美观作用

建筑装饰构造设计从色彩、质感等美学角度合理选择装饰材料，通过准确的造型设计和细部处理，可以使建筑空间形成某种气氛，体现某种意境与风格，创造出优美、和谐、统一而又丰富的空间环境，以满足人们在精神方面对美的要求。

1.2 墙 面 装 修 构 造

1.2.1 墙面装修的作用

墙面装修是建筑装修中的重要内容。其主要作用是保护墙体，增强墙体的坚固性、耐久性，延长墙体的使用年限；改善墙体的热工性能，提高墙体的保温、隔热和隔声能力；提高建筑的艺术效果，美化环境。

1.2.2 墙面装修的分类

按装修所处部位不同，有室外装修和室内装修两类。室外装修要求采用强度高、抗冻性强、耐水性好以及具有抗腐蚀性的材料。室内装修材料则因室内使用功能不同，要求有一定的强度、耐水及耐火性。

按饰面常用装饰材料、构造方式和装饰效果不同，可分为：抹灰类墙体饰面，包括一般抹灰和装饰抹灰饰面装饰；贴面类墙体饰面，包括石材、陶瓷制品和预制板材等饰面装饰；涂刷类墙体饰面，包括涂料和刷浆等饰面装饰；镶板（材）类墙体饰面；卷材类内墙饰面，包括壁制布和壁纸饰面装饰；其他材料类，如玻璃幕墙等。

1.2.3 墙面装修构造

1. 抹灰类墙面装修

墙面抹灰的优点是材料来源丰富，便于就地取材，施工简单，价格便宜；通过适当工艺，可获得多种装饰效果，如拉毛、喷毛、仿面砖等；具有保护墙体、改善墙体物理性能的功能，如保温隔热等。缺点是抹灰构造多为手工操作，现场湿作业量大。

抹灰按照面层材料及做法可分为一般抹灰和装饰抹灰两类。

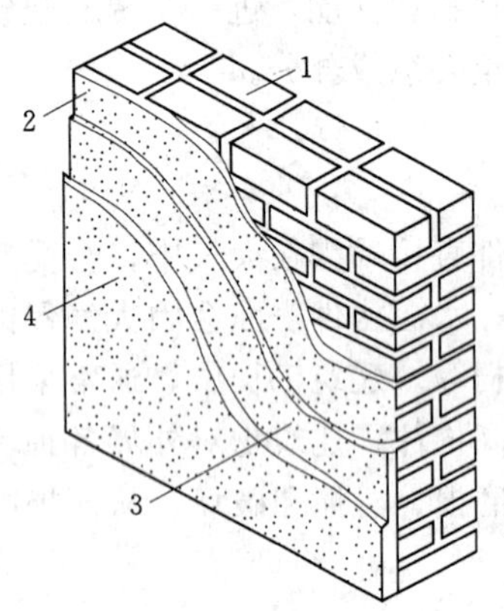

图 3.1.2.1 抹灰的构造组成
1—基层；2—底层；3—中间层；4—面层

（1）一般抹灰。一般抹灰饰面是指采用石灰砂浆、混合砂浆、聚合物水泥砂浆、麻刀灰、纸筋灰等的面层抹灰。外墙抹灰一般为20～25mm，内墙抹灰为15～20mm，顶棚为12～15mm。在构造上和施工时须分层操作，一般分为底层、中层和面层，各层的作用和要求不同（图3.1.2.1）。

底层抹灰主要是对墙体基层的表面处理，起到与基层墙体黏结和初步找平的作用。抹灰施工时应先清理基层，除去浮尘，保证底层与基层黏结牢固。底层砂浆根据基层材料的不同和受水浸湿情况的不同，可分别选用石灰砂浆、水泥石灰混合砂浆和水泥砂浆，底层抹灰厚度一般5～10mm。

中间抹灰主要作用是找平与黏结，还可以减少打底砂浆层干缩后可能出现的裂纹，是底层与面层之间的黏结层。一般用料与底层相同，厚度5～10mm，根据墙体平整度与饰面质量要求，可一次抹成，也可分多次抹成。

面层抹灰又称“罩面”，主要是满足装饰和其他使用功能要求，因此要求面层表面平整、无裂痕、颜色均匀。根据所选装饰材料和施工方法不同，面层抹灰可分为各种不同性质和外观的抹灰。

抹灰按质量要求和主要工序划分为三种标准（表3.1.2.1）。

表 3.1.2.1 抹灰按质量要求及主要工序划分

层次 标准	底灰	中灰	面灰	总厚度
普通抹灰	1层		1层	≤18mm
中级抹灰	1层	1层	1层	≤20mm
高级抹灰	1层	数层	1层	≤25mm

高级抹灰适用于大型公共建筑、纪念性建筑以及有特殊功能要求的高级建筑物。中级抹灰适用于一般住宅和公共建筑、工业建筑以及高标准建筑物的附属工程等，普通抹灰适用于简易住宅、大型临时设施、仓库及高标准建筑物的附属工程等。

（2）装饰抹灰。装饰抹灰有水刷石、干粘石、斩假石、水泥拉毛等。装饰抹灰一般是指采用水泥、石灰砂浆等抹灰的基本材料，除对墙面作一般抹灰之外，利用不同的施工操作方法将其直接做成饰面层。

1）水刷石饰面。做法：用水泥和石子等加水搅拌，抹在建筑物的表面，半凝固后，用喷枪、水壶喷水，或者用硬毛刷蘸水，刷去表面的水泥浆，使石子半露。水刷石饰面朴实淡雅，经久耐用，装饰效果好。

2）干粘石饰面。做法：用拍子将小粒径石碴甩到黏结砂浆上，然后拍实。饰面效果与水刷石饰面相似，但比水刷石饰面节约水泥30%～40%，节约石碴50%，提高工效30%左右，故应用较多。但因其黏结力较低，一般与人直接接触的部位不宜采用。

3）斩假石饰面. 斩假石又称剁斧石，它是以水泥石子浆或水泥石屑浆涂抹在水泥砂浆基层上，待凝结硬化具有一定强度后，用斧子和各种凿子等工具，在面层上剁斩出具有石材经雕琢后的纹理效果的一种人造石料装饰方法。斩假石饰面装饰的效果类似毛面的天然花岗岩，质朴素雅，美观大方，有真实感，装饰效果好。但因手工操作工效低，劳动强度大，造价高，故一般用于公共建筑重点装饰部位，如外墙面、勒脚、室外台阶等。

4）拉毛、甩毛、扫毛及搓毛饰面。拉毛饰面是用抹子或硬毛棕刷等工具将砂浆拉出波纹或突起的毛头而做成的装饰面层，有小拉毛和大拉毛两种做法。在外墙还有先拉出大拉毛再用铁抹子压平毛尖的做法。拉毛面层一般采用普通水泥掺适量石灰膏的素浆或掺入适量砂子的砂浆。小拉毛掺入水泥量为5%～20%的石灰膏。大拉毛掺入水泥量为20%～30%的石灰膏，为避免龟裂，再掺入适量砂子和少量的纸筋。拉毛装饰效果较好，但工效低，易污染。

甩毛饰面是将面层灰浆用工具甩在抹灰中层上，形成大小不一但又有规律的毛面的饰面做法。

扫毛抹灰饰面是进行水泥砂浆抹灰后，在其面层砂浆凝固前，按设计图案，用毛柴帚扫出条纹。其基层处理和底层刮糙与一般抹灰饰面相同，面层粉刷是用水泥：石灰膏：黄砂＝1：0.3：4的混合砂浆，其厚度一般为10mm。

搓毛抹灰饰面是用1：1：6水泥石灰砂浆打底，罩面也用1：1：6水泥石灰砂浆，最后进行搓毛。

5）假面砖面。假面砖饰面是用掺氧化铁黄、氧化铁红等颜料的彩色水泥砂浆作面层，通过手工操作达到模拟面砖装饰效果的饰面做法。常用的配合比是水泥：石灰膏：氧化铁黄：氧化铁红：砂子＝100：20：(6～8)：2：150（重量比）。有两种做法：一种是用铁梳子拉假面砖，将铁梳子顺着靠尺板由上向下划纹，深度不超过1mm，然后按面砖宽度用铁钩子沿靠尺板横向划沟，其深度为3～4mm，露出中层砂浆即可；另一种是用铁辊滚压刻纹。假面砖沟纹清晰，表面平整，色泽均匀，可以假乱真。

2. 贴面类墙面装修

贴面类装饰是指各种天然石材或人造板、块，通过绑、挂或直接粘贴于基层表面的装饰做法。这种饰面坚固耐用、色泽稳定、易清洗、耐腐蚀、防水、装饰效果丰富，内外墙面均可。常用的贴面材料可分为三类：一是陶瓷制品，如瓷砖、面砖、陶瓷棉砖、玻璃马赛克等；二是天然石材，如大理石、花岗岩等；三是预制块材，如水磨石饰面板、人造石材等。由于块料的形状、重量、适用部位不同，其构造方法也有一定差异。轻而小的块面可以直接镶贴，构造比较简单，由底层砂浆、黏结层砂浆和块状贴面材料面层组成；大而厚重的块材则必须采用一定的构造连接措施，用贴挂等方式加强与主体结构连接。

(1) 天然石板及人造石板墙面装修。

1) 天然石板。天然石板按其厚度分为厚型和薄型。板材的厚度在30～40mm以下为薄型，块材的厚度在40～130mm以上为厚型。常见的天然石板有花岗岩板、大理石板和青石板。天然石材饰面板不仅具有各种颜色、花纹、斑点等天然材料的自然美感，装饰效果强，而且质地密实坚硬，故耐久性、耐磨性等均较好。

花岗岩板构造密实，抗压强度较高，孔隙率及吸水率较小，抗冻性和耐磨性能均好。花岗岩有不同的色彩，如黑、白、灰、粉红色等，纹理多呈斑点状。具有良好的抵抗风化性能，其外观色泽可以保持百年以上，多用于重要建筑的外墙饰面。

大理石板属于中硬石材，其质地密实，可以锯成薄板，加工成表面光滑的板材。表面硬度不大，而且化学稳定性和大气稳定性不是太好，一般宜用于室内。大理石的色彩有灰色、绿色、红色、黑色等多种，而且还带有美丽的花纹。

青石板材质软、易风化。材性纹理构造易于劈制成面积不大的薄板。便于用简单工具加工，造价不高。其规格一般为长宽300～500mm不等的矩形块，不要求很平直，表面保持劈开后的自然纹理形状。青石板有暗红、灰、绿、蓝、紫等不同颜色，所以掺杂使用能形成丰富而质朴的饰面效果。

天然石材饰面的基本构造方法一般有：钢筋网固定挂贴法、金属件锚固挂贴法、干挂法、聚酯砂浆固定法、树脂胶黏结法等几种。

钢筋网固定挂贴法和金属件锚固挂贴法，其基本构造层次分为：基层、浇注层、饰面层，在饰面层和基层之间用挂件连接固定。这种“双保险”构造法，能够保证当饰面板（块）材尺寸大、质量大、铺贴高度高时饰面材料与基层连接牢固。

钢筋网挂贴法：首先提凿出在结构中预留的钢筋头或预埋铁环钩，绑扎或焊接与板材相应尺寸的一个直径6mm的钢筋网，横筋必须与饰面板材的连接孔位置一致，按施工要求在板材侧面打孔洞；然后，将加工成型的石材绑扎在钢筋网上，或用不锈钢挂钩与基层的钢筋网套紧，石材与墙面之间的距离一般为30～50mm，墙面与石材之间灌注1：2.5水泥砂浆，第三层灌浆至板材上口80～100mm，所留余量为上排板材灌浆的结合层，以使上下排连成整体（图3.1.2.2）。

金属件挂贴法又称木楔固定法，其主要构造做法：首先对石板钻孔和提槽，对应板块上孔的位置对基体进行钻孔；板材安装定位后将U形钉端勾进石板直孔，并随即用硬木楔楔紧，U形钉另一端勾入基体上的斜孔内，调整定位后用木楔塞紧基体斜孔内的U形钉部分，接着用大木楔塞紧于石板与基体之间；最后分层浇注水泥砂浆，其做法与钢筋网

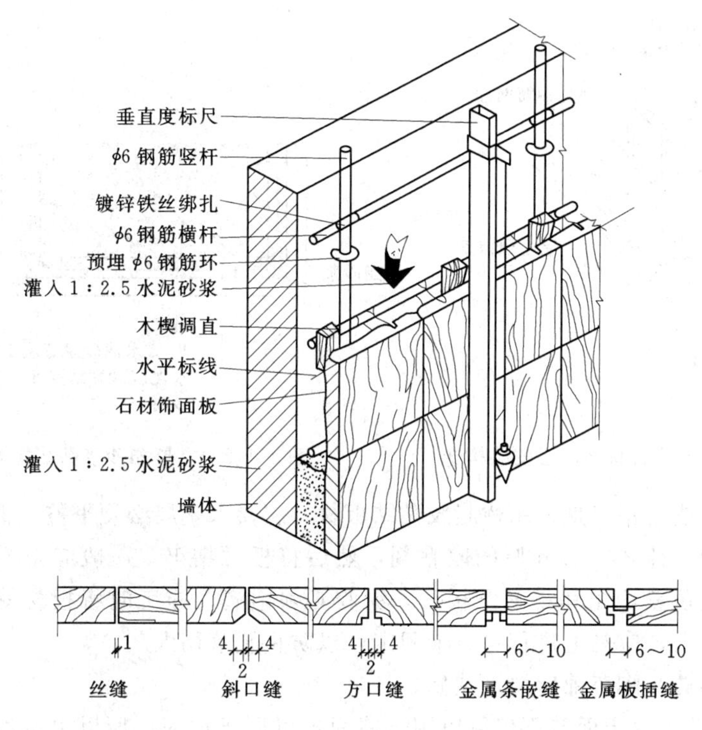

图 3.1.2.2 石材墙面钢筋网挂贴法构造

挂贴法相同。

2）人造石板。人造石板常见的有水磨石板、仿大理石板等，一般由白水泥、彩色石子、颜料等配合而成，具有天然石材的花纹和质感，并且具有重量轻、强度高、耐腐蚀性强等优点。人造石材的色泽和纹理不及天然石材自然柔和，但其花纹和色彩可以根据生产需要人为控制，可选择范围广，且造价要低于天然石材墙面。

人造大理石饰面板是仿天然大理石的纹理预制生产的一种墙面装饰材料。根据所用材料和生产工艺的不同可分为聚酯型人造大理石、无机胶结型人造大理石、复合型人造大理石和烧结型人造大理石四类。

预制水磨石板饰面构造方法是：先在墙体内预埋铁件或甩出钢筋，绑扎 6mm 间距为 400mm 的钢筋骨架后，通过预埋在预制板上的铁件与钢筋网固定牢，然后分层灌注 1∶2.5 的水泥砂浆，每次灌浆高度为 20～30mm，灌浆接缝应留在预制板的水平接缝以下 5～10cm 处。第一次灌完浆，将上口临时固定石膏剔掉，清洗干净再安装第二行预制饰面板（图 3.1.2.3）。

石材饰面安装的方法有：拴挂法、连接件挂接法、聚酯砂浆黏结法和树脂胶黏结法。

聚酯砂浆黏结法的特点是采用聚酯砂浆黏结固定。聚酯砂浆的胶砂比一般为 1∶4.5～1∶5.0，固化剂的掺加量随要求而定。施工时先固定板材的四角并填满板材之间的缝隙，待聚酯砂浆固化并能起到固定拉结作用以后，再进行灌缝操作。砂浆层一般厚 20mm 左右。灌浆时，一次灌浆量应不高于 150mm，待下层砂浆初凝后再灌注上层砂浆（图 3.1.2.4）。

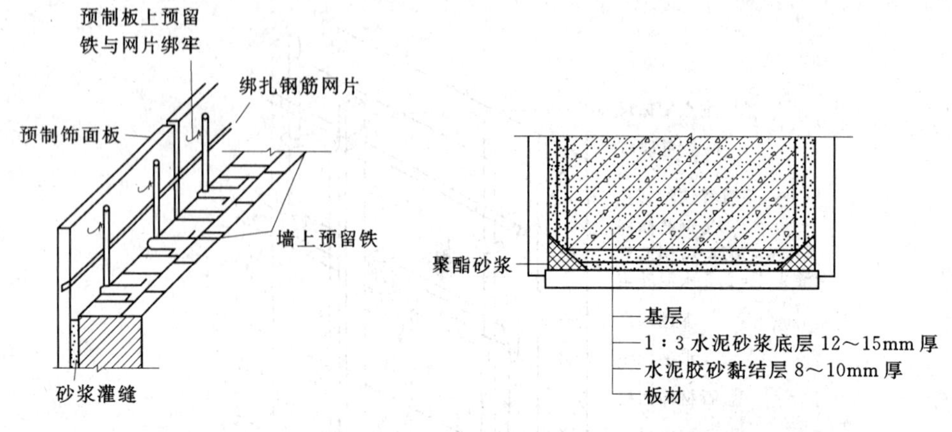

图3.1.2.3 人造石材饰面板安装构造　　图3.1.2.4 聚酯砂浆黏结构造

树脂胶黏结法的特点是采用树脂胶黏结板材。它要求基层必须平整，最好是用木抹子搓平的砂浆表面，抹2～3mm厚的胶粘剂，然后将板材粘牢。一般应先把胶粘剂涂刷在板的背面的相应位置，尤其是悬空板材，涂胶必须饱满。施工时将板材就位、挤紧、找平、找正、找直后，应马上进行钉、卡固定，以防止脱落伤人。

(2) 陶瓷面砖、陶瓷锦砖墙面装修。

1) 陶瓷面砖。由于面砖不仅可以用于墙面也可用于地面，所以也被称为墙地砖。多数以陶土或瓷土为原料，压制成型后经焙烧而成。面砖分挂釉和不挂釉。无釉面砖质地坚硬、强度高，吸水率低，主要用于高级建筑外墙面装修，厚度13～17mm。釉面砖表面光滑、美观、易于清洗，且防潮耐碱，具有较好的装饰效果，主要用于高级建筑内外墙面及厨房、卫生间的墙裙贴面，厚度5～7mm。砖的表面有平滑的和带一定纹理质感的，面砖背部质地粗糙且带有凹槽，以增强面砖和砂浆之间的黏结力。

面砖饰面的构造做法是：先在基层上抹15mm厚1∶3的水泥砂浆作底灰，分两层抹平即可；粘贴砂浆用1∶2.5水泥砂浆或1∶0.2∶2.5水泥石灰混合砂浆，其厚度不小于10mm；然后在其上贴面砖，并用1∶1白色水泥砂浆填缝，并清理面砖表面（图3.1.2.5）。

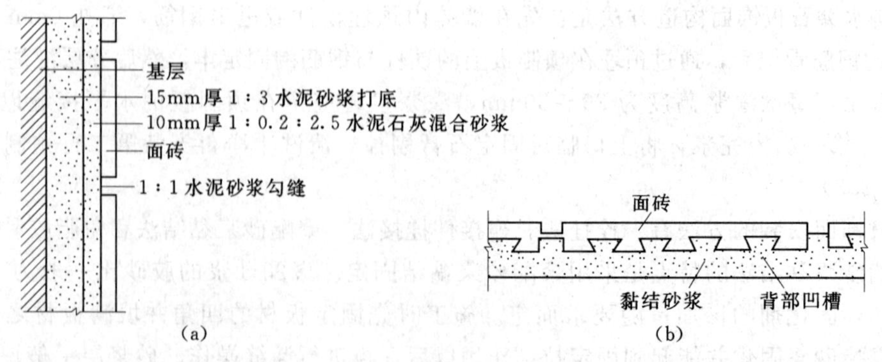

图3.1.2.5 外墙面砖饰面构造

(a) 黏结状况；(b) 构造图

2）陶瓷锦砖（马赛克）。

以优质瓷土烧制而成的小块瓷砖，有挂釉与不挂釉两种。陶瓷锦砖规格较小，常用的有：18.5mm×18.5mm、39mm×39mm、39mm×18.5mm、25mm 六角形等，厚度为5mm。工厂按各种图案组合将陶瓷锦砖反贴在500mm×500mm大小的牛皮纸上。陶瓷锦砖是不透明的饰面材料，其特点是美观大方、拼接灵活、自重较轻、装饰效果好、质地坚实、经久耐用、耐酸、耐碱、耐火、耐磨、不渗水、易清洁，常用作室内、外墙面的饰面材料。

陶瓷锦砖饰面构造做法是：在清理好基层的基础上，用15mm厚1：3的水泥砂浆打底；黏结层用3mm厚，配合比为纸筋：石灰膏：水泥=1：1：8的水泥浆，或采用掺加水泥量5%～10%的107胶或聚乙酸乙烯乳胶的水泥浆。

3）玻璃锦砖。玻璃锦砖又称“玻璃马赛克”，是由各种颜色玻璃掺入其他原料经高温熔炼发泡后，压制而成。玻璃马赛克是乳浊状半透明的玻璃质饰面材料，色彩更为鲜明，并具有透明光亮的特征。

玻璃马赛克饰面的构造做法是：在清理好基层的基础上，用15mm厚1：3的水泥砂浆做底层并刮糙，分层抹平，两遍即可，若为混凝土墙板基层，在抹水泥砂浆前，应先刷一道素水泥浆；抹3mm厚1：(1～1.5）水泥砂浆黏结层，在黏结层水泥砂浆凝固前，适时粘贴玻璃马赛克。粘贴玻璃马赛克时，在其麻面上抹一层2mm厚左右厚的白水泥浆，纸面朝外，把玻璃马赛克镶贴在黏结层上。为了使面层黏结牢固，应在白水泥素浆中掺水泥重量4%～5%的白胶及掺适量的与面层颜色相同的矿物颜料，然后用同种水泥色浆擦缝（图3.1.2.6）。

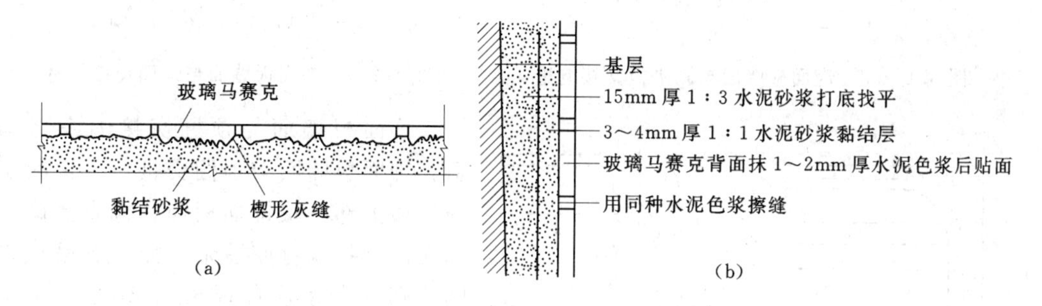

图3.1.2.6 玻璃马赛克饰面构造

(a）黏结状况；(b）饰面构造组成

(3）细部构造。板材类饰面构造，除了应解决饰面板与墙体之间的固定技术外，还应处理好窗台、窗过梁底、门窗侧边、出檐、勒脚以及各种凹凸面的交接和拐角等处的细部构造。

墙面阴阳角的细部构造处理方法，如图3.1.2.7所示。

饰面板墙面与踢脚板交接处理方法有：一种是墙面凸出踢脚板，另一种方法是踢脚板凸出墙面，如图3.1.2.8所示。

饰面板墙面与地面交接的细部构造：大理石、花岗岩墙面或柱面与地面的交接，宜采用踢脚板或饰面板直接落在地面饰面层上的方法，使接缝比较隐蔽，略有间缝可用相同色

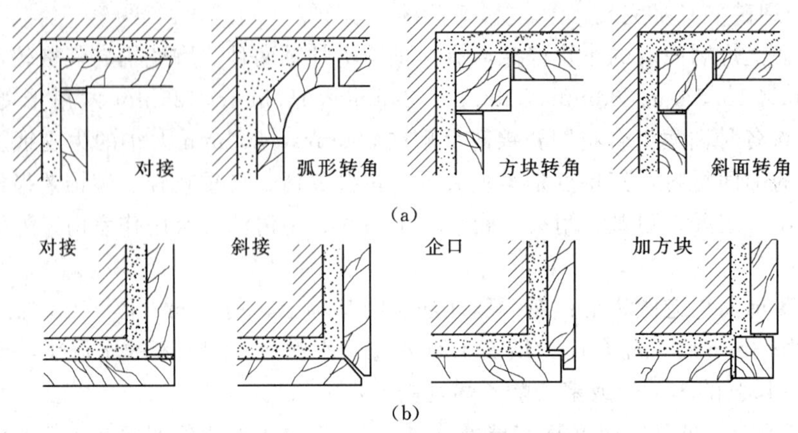

图 3.1.2.7　墙面阴阳角构造处理方法

(a) 阴角处理；(b) 阳角处理

彩的水泥浆封闭（图 3.1.2.9）。

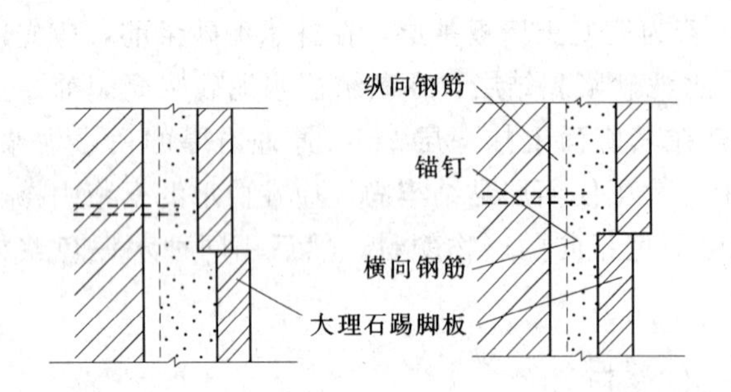

图 3.1.2.8　饰面板墙面与踢脚板交接构造

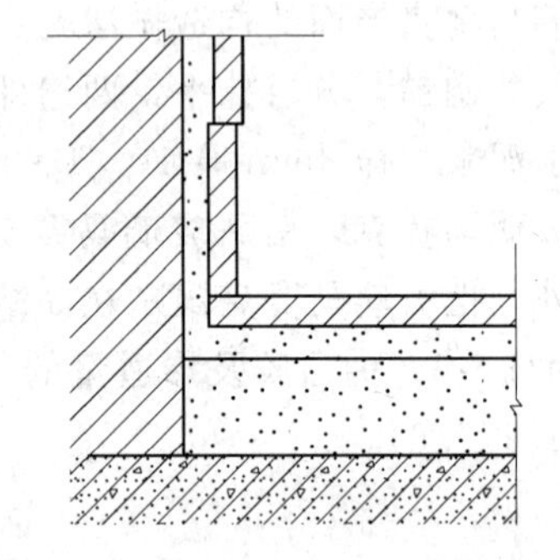

图 3.1.2.9　饰面板墙面与地面交接构造

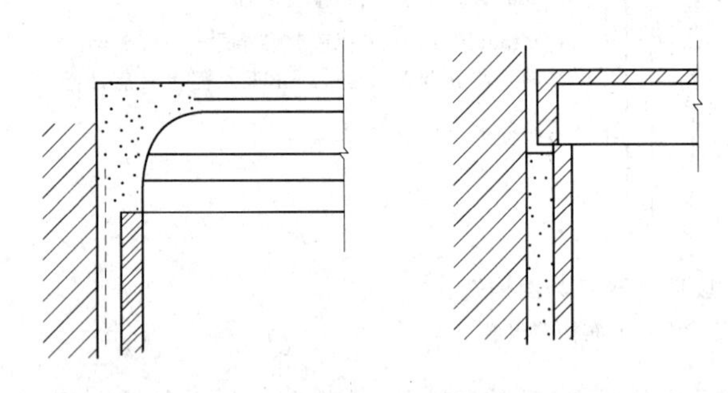

图 3.1.2.10　饰面板墙面与顶棚交接构造

饰面板墙面与顶棚交接的细部构造：饰面板墙面与顶棚交接时，常因墙面的最上部一块饰面板与顶棚直接碰上而无法绑扎铜丝或灌浆（如果有吊顶空间，则不存在这种现象）。例如，采用多线角曲线抹灰的方式（也可作成装饰抹灰），将顶棚与墙面衔接；或者采用凹嵌的手法，将顶部最后一块板改用薄板（或贴面砖），并采用聚合物水泥砂进行粘贴，在保证黏结力的条件下使灌浆砂缝的厚度减薄，从而使顶部最后一块板凹陷进去一段距离。这两种方法的具体做法如图 3.1.2.10 所示。

3. 涂料类墙面装修

涂料类墙面装饰是指利用各种涂料敷于基层表面而形成完整牢固的膜层，从而起到保护和装饰墙面的作用。涂刷类饰面材料几乎可以配成任何一种需要的颜色，为建筑设计提供灵活多样的表现手段，这也是在装饰效果上的其他饰面材料所不能及的。但由于涂料所形成的涂层较薄，较为平滑，涂刷类饰面只能掩盖基层表面的微小瑕疵，不能形成凹凸程度较大的粗糙质感表面。即使采用厚涂料，或拉毛做法，也只能形成微弱的小毛面。所以，外墙涂料的装饰作用主要在于改变墙面色彩，而不在于改善质感。

涂料按使用的部位可分为外墙涂料和内墙涂料。外墙涂料要具有足够的耐久性、耐水性、耐污染性和耐冻融性。内墙涂料除对颜色、平整度有一定的要求外，还应具有一定的硬度，能耐干擦又能湿擦。

按涂料的特殊功能可分为防火涂料、防水涂料、防虫涂料、防霉涂料等。

按涂料所形成涂膜的质感可分为薄涂料、厚涂料和复层涂料。薄涂料黏度低，表面光滑、平整。厚涂料黏度较高，具有触变性，上墙后不流淌，成膜后能形成有一定粗糙质感的较厚的涂层，涂层经拉毛或滚花后富有立体感。复层涂料，又称浮雕型涂料，由基底涂料、主层涂料与罩面涂料三种涂料组成。

涂料按其成膜物的不同可分为无机涂料和有机涂料。无机涂料多用于一般标准的室内装修。有机高分子涂料有耐水、耐酸碱、耐冻融、装修效果好等特点，多用于外墙面装修和有耐擦洗要求的内墙面装修。有机涂料依其主要成膜物质与稀释剂不同，有溶剂型涂料、水溶性涂料和乳液涂料三类。

涂料装修的施工过程大致包括：基层处理（基层清理、基层修补）、刮腻子与磨平（基层刮腻子数遍找平，每遍干燥后需用砂纸打磨，使表面平整光滑）和涂料施涂（每一遍涂料不宜施涂过厚，应施涂均匀，各层必须结合牢固）。

施涂的基本方法有刷涂、滚涂、喷涂、刮涂、弹涂。刷涂是用油漆刷、排笔等将涂料刷涂在墙表面上；滚涂（或称辊涂）是用滚筒（或称辊筒，涂料辊）蘸取涂料涂布到墙表面上；喷涂是用压力或压缩空气将涂料涂布于墙表面；刮涂是利用刮板将涂料厚浆均匀地批刮于饰涂面上，形成厚度为1～2mm的厚涂层；弹涂是利用弹涂器通过转动的弹棒将涂料以圆点形状弹到被涂面上的一种施工方法。

4. 镶板（材）类墙面装修

镶板类墙面装修是将各种天然或人造薄板镶钉在墙面上的装修做法。镶板类饰面的特点是：装饰效果丰富，耐久性能好，施工安装简便。其构造与骨架隔墙相似，由骨架和面板两部分组成。施工时先在墙面上立骨架（墙筋），然后在骨架上铺钉装饰面板。

金属饰面板是利用一些轻金属，如铝、铜、铝合金、不锈钢、钢材等，经加工制成各类压型薄板，或者在这些薄板上进行搪瓷、烤漆、喷漆、镀锌、电化覆盖塑料等处理后，用来做室内外墙面装饰的材料。

金属饰面板按材料可分为单一材料和复合材料。单一材料是用一种质地的材料制成，如铝板、铜板、不锈钢板等；复合材料是由两种或两种以上质地的材料组成，如铝合金板、烤漆板、金属夹芯板等。

金属板墙面由金属板和骨架组成。骨架的横、竖杆通过连接件与结构固定，饰面板固定在骨架上，骨架的横、竖杆一般采用铝合金型材或型钢（如角钢、槽钢等），也可用方木做骨架。常用的固定方法：可将板条或方板用螺钉拧到型钢或木骨架上；也可采用特制的龙骨，将板条卡在特制的龙骨上。安装的施工程序为：放线→安装连接件→安装骨架→安装装饰板→收口构造处理。

5. 卷材类墙面装修

卷材类墙面装修是将各种装饰性的墙纸、墙布、织锦等卷材类的装饰材料裱糊在墙面上的一种装修做法。其特点是：装饰性强，造价较经济，施工方法简捷、效率高，饰面材料更换方便，在曲面和墙面转折处粘贴可以顺应基层获得连续的饰面效果。常用于建筑内墙。

常用的装饰材料有PVC塑料壁纸、纺织物面墙纸、金属墙纸、复合壁纸、天然木纹面墙纸、玻璃纤维墙布等。

（1）壁纸饰面。壁纸的种类很多，按外观装饰效果分为印花壁纸、压花壁纸、浮雕壁纸等；按施工方法分为现场刷胶裱贴壁纸和背面预涂胶直接铺贴壁纸；按使用功能分为防火壁纸、耐水壁纸、装饰性壁纸；按壁纸的所用材料分为塑料壁纸、纸质壁纸、织物壁纸、石棉纤维或玻璃纤维壁纸、天然材料壁纸等。

各种壁纸均应粘贴在具有一定强度、平整光洁的基层上，如水泥砂浆、混合砂浆、混凝土墙体、石膏板等。一般构造是：用稀释的107胶水涂刷基层一遍，进行基层封闭处理；壁纸预先进行涨水处理；用107胶水裱贴壁纸。若是预涂胶壁纸，裱糊时先用水将背面胶粘剂浸润，然后直接粘贴壁纸；若是无基层壁纸，可将剥离纸剥去，立即粘贴即可。裱贴工艺有塔接法、拼缝法等，应注意保持纸面平整、塔接处理和拼花处理，选择合适的拼缝形式。

（2）壁布饰面。壁布类型有玻纤贴壁布、无纺贴壁布、锦缎壁布、装饰壁布等。壁布可直接粘贴在墙面的抹灰层上，其裱糊的方法与纸基墙纸大体类同。

（3）皮革或人造革饰面。皮革或人造革饰面具有质地柔软、保温性能好、能消声消震、耐磨、易保持清洁卫生、格调高雅等特点，常用于练功房、健身房、幼儿园等要求防止碰撞的房间，也用于录音室、电话间等声学要求较高的房间以及酒吧、会客厅、客房等房间。

皮革或人造革饰面构造做法：一般应先进行墙面的防潮处理，抹20mm厚1∶3水泥砂浆，涂刷冷底子油并粘贴油毡；然后固定龙骨架，一般骨架断面为（20～50）mm×（40～50）mm，钉胶合板衬底。皮革里面可衬泡沫塑料做成硬底，或衬玻璃棉、矿棉等柔软材料做成软底。

（4）微薄木饰面。微薄木是由天然木材经机械旋切加工而成0.2～0.5mm厚的薄木片。其特点是厚薄均匀、木纹清晰，并且保持了天然木材的真实质感。微薄木表面可以着色、涂刷各种油漆，也可模仿木制品的涂饰工艺，做成清漆或腊克等。目前国内供应的微薄木，是经旋切后再覆上一层增强用的衬纸所形成的复合贴面材料，一般规格尺寸为2100mm×1350mm，微薄木是一种新型的高档室内装饰材料。

微薄木的基本构造与裱贴壁纸相似。首先是基层处理，在基层上以化学浆糊加老粉调成腻子，满批两遍，干后用0号砂纸打磨平整，再满涂清油一道；然后涂胶粘贴，在微薄木背面和基层表面同时均匀涂刷胶液，涂胶晾置10～15min，当粘贴表面胶液呈半干状态时，即可开始粘贴，接缝处采用衔接拼缝，拼缝后，宜随手用电熨斗烫平压实；最后漆饰处理，待微薄木干后，即可按木材饰面的设计要求进行漆饰处理，油漆表面必须尽可能地将木材纹理显露出来。

1.3 楼地面装饰构造

1.3.1 概述

1. 楼地面饰面的功能

保护楼板或地坪是楼地面饰面应满足的最基本要求。因房屋的使用性质不同，对房屋楼地面的要求也不同。一般要求坚固、耐磨、平整、不易起灰和易于清洁等。对于居住和人们长时间停留的房间，要求面层有较好的蓄热性和弹性；有些房间要求满足隔声和吸声的要求；对于一些特别潮湿的房间，如卫生间、浴室、厨房等要处理好防潮防水问题。另外，楼地面饰面还要满足美观的要求。

2. 楼面的组成及作用

楼地面构造基本上可以分为基层和面层两个主要部分。有时为了满足找平、结合、防水、防潮、弹性、保温隔热及管线敷设等功能上的要求，在基层和面层之间还要增加相应的附加构造层，又称为中间层。

(1) 基层。底层地面的基层是指素土夯实层。对于土质较差的，可加入碎砖、石灰等骨料夯实。夯填要分层进行，厚度一般为300mm。楼地面的基层为楼板。

(2) 中间层。中间层主要有垫层、找平层、隔离层（防水防潮层）、填充层、结合层等，应根据实际需要设置。各类附加层的作用不同，但都必须承受并传递由面层传来的荷载，因此要有较好的强度和刚度。

1) 垫层。刚性垫层的整体刚度好，受力后不产生塑性变形，常采用C7.5～C15低强度混凝土，厚度一般为50～100mm。柔性垫层整体刚度较小，受力后易产生塑性变形。常用砂、碎石、炉渣、矿渣、灰土等松散材料，厚度一般为50～150mm。

2) 找平层。在粗糙基层表面起弥补、找平作用的构造层，一般用1∶3水泥砂浆厚度为15～20mm抹成，以利于铺设防水层或较薄的面层材料。

3) 隔离层。用于卫生间、厨房浴室等地面的构造层，起防渗漏和防潮作用。

4) 填充层。起隔声、保温、找坡或敷设暗线管道等作用的构造层，可用松散材料、整体材料、或板块材料，如水泥石灰炉渣、加气混凝土块等。

5) 结合层。使上下两层结合牢固的媒介层，如在混凝土找坡层上抹水泥砂浆找平层，其结合层材料为素水泥；在水泥砂浆找平层上涂热沥青防水层，其结合层材料为冷底子油。

(3) 面层。面层是楼地面的最上层，是供人们生活、生产或工作直接接触的结构层次，也是地面承受各种物理化学作用的表面层。根据不同的使用要求，面层的构造各不相同，但都应具有一定的强度、耐久性、舒适性及装饰性。

3. 楼地面的类型

(1) 根据饰面层所采用材料不同可分为水泥砂浆地面、水磨石地面、大理石地面、木地板地面、地毯地面等。

(2) 根据施工方法的不同可分为整体式楼地面、块材式楼地面、木楼地面和人造软制品铺贴式楼地面等。

楼地面的名称一般是根据楼面层材料命名的。

1.3.2 整体式楼地面构造

水泥砂浆地面与细石混凝土地面的装饰档次低、效果单调、构造简单。水泥砂浆地面是以水泥砂浆为面层材料，其构造做法是抹一层15～25mm厚的1∶2.5水泥砂浆或先抹一层10～12mm厚的1∶3水泥砂浆找平层，再抹一层5～7mm厚的1∶1.5～2水泥砂浆抹面层。细石混凝土地面强度高，干缩性小，与水泥砂浆地面相比，耐久性和防水性更好，其构造做法可以直接铺在夯实的素土上或钢筋混凝土楼板上。一般是由1∶2∶4的水泥、砂、小石子配置而成的C20混凝土，厚度35mm。

1. 现浇水磨石楼地面

（1）饰面特点。现浇水磨石楼地面具有平整光滑、整体性好、坚固耐久、厚度小自重轻、分块自由、耐污染、不起尘、易清洁、防水好、造价低等优点，但现场施工期长、劳动量大。

水磨石地面石粒密实，显露均匀，具有天然石料的质感；黑白石渣水磨石素雅朴实，彩色石渣水磨石色泽鲜艳，如果配以美术图案形成美术水磨石楼地面，装饰效果更好。

（2）材料选用。

1）水泥：宜采用强度等级不低于32.5级的硅酸盐水泥、普通硅酸盐水泥和矿渣硅酸盐水泥，白色或浅色水磨石面层则应选用白水泥。

2）石渣：应采用坚硬可磨的白云石、大理石和花岗岩等岩石加工而成的。石渣的色彩、粒径、形状直接影响现浇水磨石楼地面的装饰效果。石渣应洁净、无泥砂杂物、色泽一致、粗细均匀。

（3）基本构造。现浇水磨石地面的构造（图3.1.3.1）一般分为底层找平和面层两部分：先在基层上用10～15mm厚1∶3水泥砂浆找平，当有预埋管道和受力构造要求时，应采用不小于30mm厚细石混凝土找平；为实现装饰图案，并防止面层开裂，在找平层上镶嵌分格条；用1∶1.5～1∶3的水泥石渣抹面，厚度随石子粒径大小而变化。

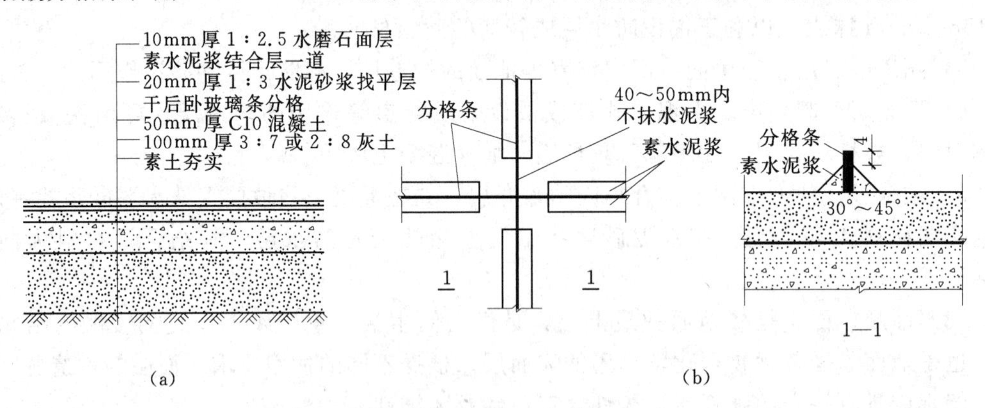

图3.1.3.1 现浇水磨石楼地面的构造

（a）地面构造；（b）分格条镶固做法

2. 涂布楼地面

涂布楼地面就是为改善水泥地面在使用和装饰质量方面的某些不足，在水泥楼地面面层之上加做的各种涂层饰面。

（1）饰面特点。涂布楼地面可保护地面，丰富装饰效果，具有施工简便、造价较低、维修方便、整体性好、自重轻等优点，故应用较广泛。

（2）材料选用。涂布楼地面所用材料主要有两大类：酚醛树脂地板漆等地面涂料和合成树脂及其复合材料等。

（3）基本构造。涂布楼地面一般采用涂刮方式施工，故对基层要求较高，基层必须平整光洁并充分干燥。

基层的处理方法是清除浮砂、浮灰及油污，地面含水率控制在6%以下（采用水溶性涂布材料者可略高）。为了保证面层质量，基层还应进行封闭处理，一般根据面层涂饰材料配调腻子，将基层孔洞及凸凹不平的地方填嵌平整，而后在基层满刮腻子若干遍，干后用砂纸打磨平整，清扫干净。

面层根据涂饰材料及使用要求，涂刷若干遍面漆，层与层之间前后间隔时间应以前一层面漆干透为主，并进行相应处理。面层厚度均匀，不宜过厚或过薄，控制在1.5mm左右。

1.3.3 块材式楼地面构造

块材式地面是指胶结材料将预制加工好的块状地面材料如预制水磨石板、大理石板、花岗岩板、陶瓷锦砖、水泥砖等，用铺砌或粘贴的方式，使之与基层连接固定所形成的地面。

块材式地面属于中、高档装饰，具有花色品种多样，可供拼图方案丰富；强度高、刚性大、经久耐用、易于保持清洁；施工速度快、湿作业量少等优点，但这类地面属刚性地面，不具有弹性、保温、消声等性能，又有造价偏高、工效偏低等缺点。

1. 预制水磨石地面

（1）饰面特点。预制水磨石石板是以水泥和大理石为主要原料，经成型、养护、研磨及抛光等工序在工厂内制成的一种建筑装饰用板材。具有美观、强度高及施工方便等特点，花色品种多。

（2）材料选用。按表面加工细度分为粗磨制品、细磨制品和抛光制品，按材料配制分为普通和彩色两种。

（3）基本构造。预制水磨石面层是在结合层上铺设的。一般是在刚性平整的垫层或楼板基层上铺30厚1∶4水泥砂浆，刷素水泥浆结合层；然后采用12～20mm厚1∶3水泥砂浆铺砌，随刷随铺，铺好后用1∶1水泥砂浆嵌缝，如图3.1.3.2所示。

2. 陶瓷锦砖地面

（1）饰面特点 。陶瓷锦砖（又称马赛克）是以优质瓷土烧制而成的小块瓷块。

（2）材料选用。陶瓷锦砖有多种规格颜色，主要有正方形、长方形、多边形等，正方形一般为15～39mm见方，厚度为4.5mm或5mm。在工厂内预先按设计的图案拼好，然后将其正面贴在牛皮纸上，成为300mm×300mm或600mm×600mm的大张，块与块之间留1mm的缝隙。根据其花色品种可拼成各种花纹图案。

（3）基本构造。陶瓷锦砖楼地面的做法如图3.1.3.3所示。施工时，先在基层上铺一层厚15～20mm的1∶3～1∶4水泥砂浆，将拼合好后的陶瓷锦砖纸板反铺在上面，然后用滚筒压平，使水泥砂浆挤入缝隙。待水泥砂浆硬化后，用水及草酸洗去牛皮纸，最后提正用白水泥浆嵌缝即成，如图3.1.3.3所示。

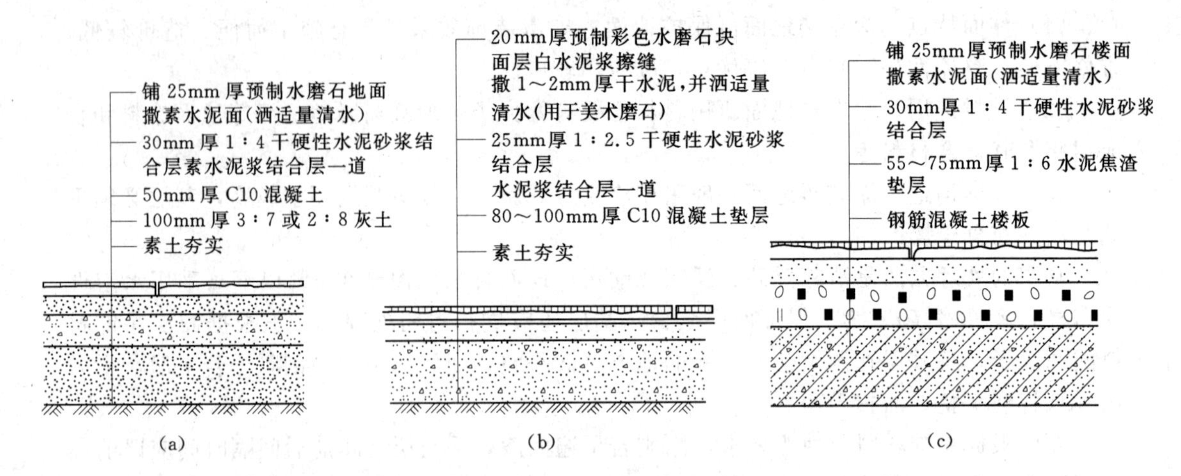

图3.1.3.2　预制水磨石楼地面构造

(a) 地面做法1；(b) 地面做法2；(c) 楼面做法

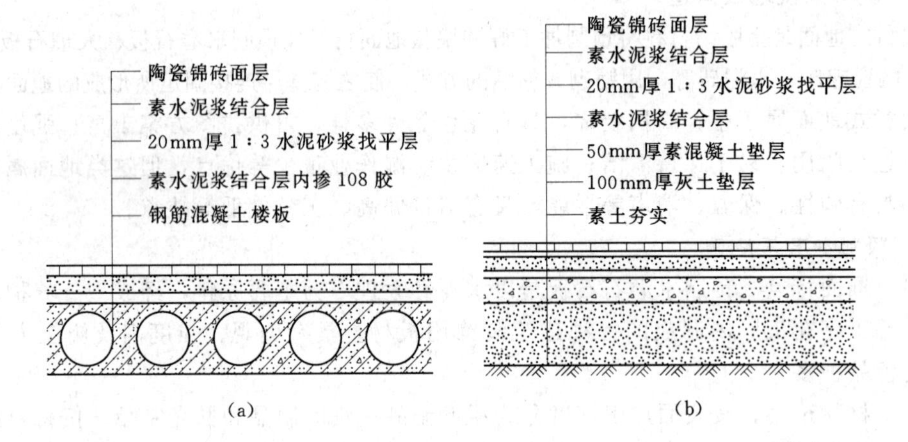

图3.1.3.3　陶瓷锦砖楼地面的构造

(a) 楼面构造；(b) 地面构造

3. 陶瓷地面砖地面

(1) 饰面特点。陶瓷地面砖是用瓷土加上填加剂经制模成型后烧结而成的，具有表面平整细致、耐压、耐酸碱；可擦洗、不脱色、不变形；色彩丰富，色调均匀，可拼出各种图案等优点。

(2) 材料选用。陶瓷地面砖品种多样，花色繁多，一般可分为普通陶瓷地面砖、全瓷地面砖及玻化地砖三大类。

陶瓷地砖规格繁多，一般厚度8～10mm，正方形每块大小一般为300mm×300mm～600mm×600mm，砖背面有凹槽，便于砖块与基层黏结牢固。

(3) 基本构造。陶瓷地面砖铺贴时，所用的胶结材料一般为1：3～1：4水泥砂浆，厚15～20mm，砖块之间3mm左右的灰缝，用水泥浆嵌缝，如图3.1.3.4所示。

4. 花岗岩、大理石楼地面

(1) 饰面特点。花岗岩和大理石都属于天然石材，是从天然岩体中开采出来，经过加

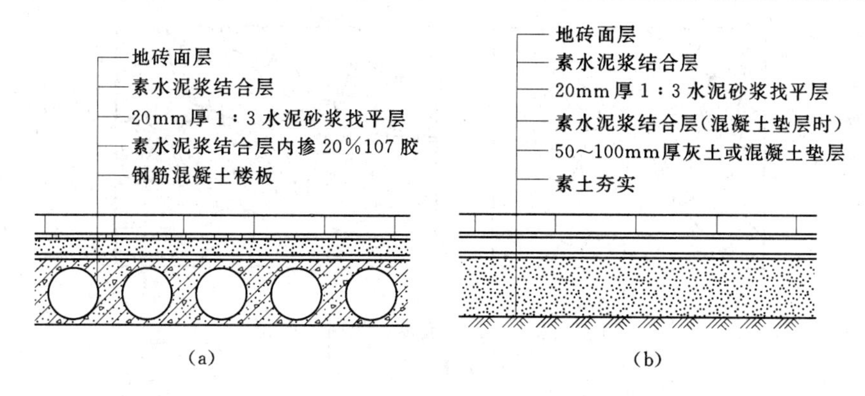

图 3.1.3.4 陶瓷地面砖的构造
(a) 楼地面构造；(b) 地面构造

工成块材或板材，再经过精磨、细磨、抛光及打蜡等工序加工而成的各种不同质感的高级装饰材料。天然石材一般具有抗拉性能差、容量大、传热快、易产生冲击噪声、开采加工困难、运输不便、价格昂贵等缺点，但它们具有良好的抗压性能和硬度、耐磨耐久、外观大方稳重等优点。

(2) 材料选用。花岗岩板和大理石板根据加工方法不同分为剁斧板材、机刨板材、粗磨板材和磨光板材四种类型。

(3) 基本构造。花岗岩板和大理石板楼地面面层是在结合层上铺设而成的。一般先在刚性平整的垫层或楼板基层上铺 30mm 厚 1：4 干硬性水泥砂浆结合层，赶平压实；然后铺贴大理石板或花岗岩板，并用水泥浆灌缝，铺砌后表面应加保护；待结合层的水泥砂浆强度达到要求，且做完踢脚板后，打蜡即可，如图 3.1.3.5 所示。

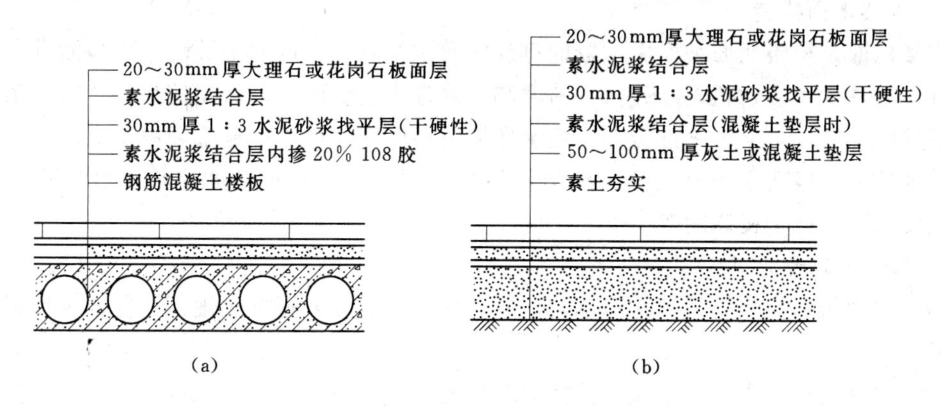

图 3.1.3.5 大理石、花岗岩楼地面构造
(a) 楼面构造；(b) 地面构造

利用大理石的边角料，做成碎拼大理石地面，色泽鲜艳和品种繁多的大理石碎块无规则地拼接起来点缀地面，别具一格，其铺贴形式，如图 3.1.3.6 所示。板的接缝有干接缝和拉缝两种形式，干接缝宽 1～2mm，用水泥浆擦缝；拉缝又分为平缝和凹缝，平缝宽 15～30mm，用水磨石面层石渣浆灌缝。凹缝宽 10～15mm，凹进表面 3～4mm，水泥砂浆勾缝。碎拼大理石楼地面构造做法，如图 3.1.3.7 所示。

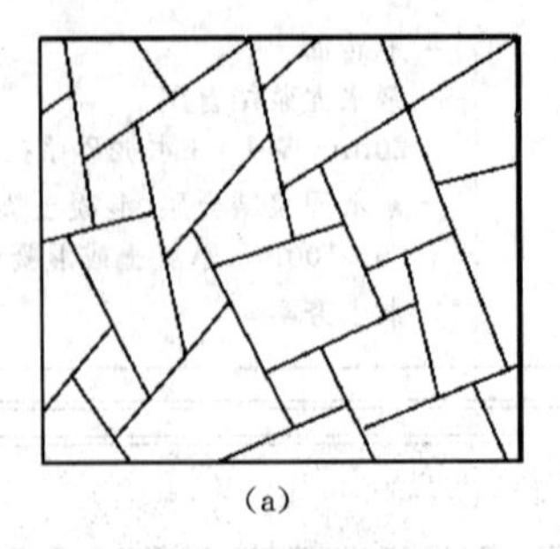

(a)

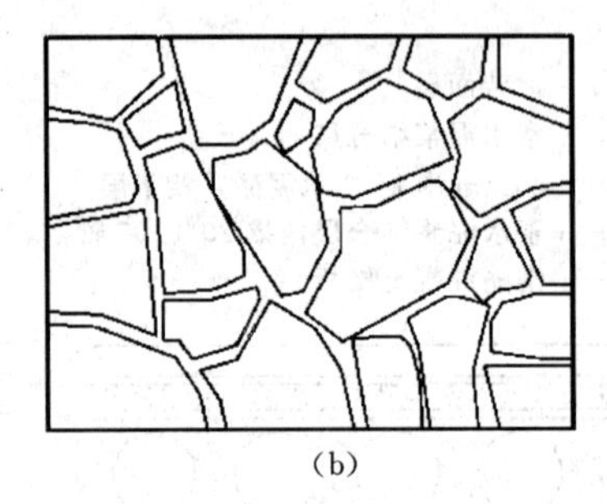

(b)

图 3.1.3.6　碎拼大理石的铺贴形式

(a) 干接缝；(b) 拉缝

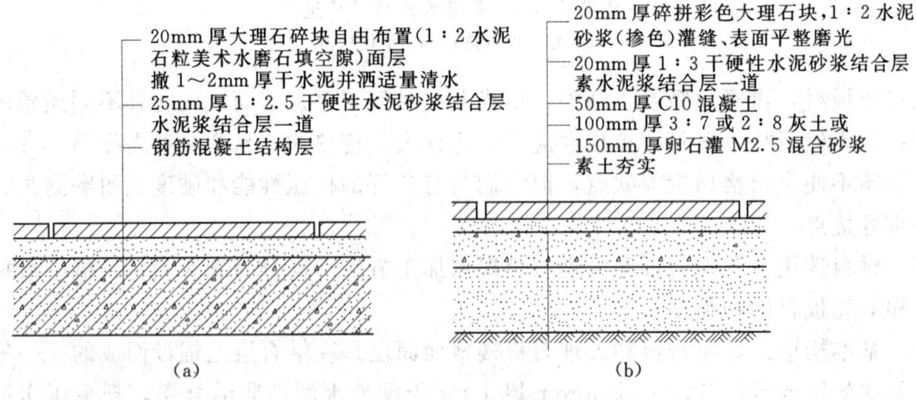

图 3.1.3.7　碎拼大理石楼地面构造

(a) 楼面构造；(b) 地面构造

1.3.4　木楼地面构造

木楼地面是指楼地面表面由木板铺钉或硬质木块胶合而成的地面。木楼地面具有良好的弹性、蓄热性和接触感，不起灰、易清洁；纹理优美清晰，能获得纯朴自然的美感，具有良好的装饰效果，但耐火性能差，潮湿环境下易腐蚀、产生裂缝和翘曲变形。

木楼地面一般适用于有较高的清洁和弹性使用要求的场所，如比较高级的住宅、宾馆、剧院舞台、精密机床间等。

1. 木楼地面的类型

(1) 木地板的类型。根据材质不同，木地板一般分为普通纯木地板、复合木地板、软木地板。

(2) 木楼地面的类型。木楼地面按照结构构造形式不同可分为三种。

1) 架空式木楼地面。架空式木楼地面用于面层与基层的距离较大的场合，需要用地垅墙、砖墩或钢木支架的支撑才能达到设计要求的标高。在建筑的首层，为减少回填土方量，或者为便于管道设备的架设和维修，需要一定的敷设空间时，通常考虑采用架空式木地面。由于支撑木地面的格栅架空搁置，使其能够保持干燥，防止腐烂损坏。

2) 实铺式木楼地面。实铺式木楼地面是将木格栅直接固定在结构基层上，不再需要用地垅墙等架空支撑，构造比较简单，适合于地面标高已经达到设计要求的场合。

3) 粘贴式木楼地面。粘贴式木楼地面是在结构层（钢筋混凝土楼板或底层素混凝土）

上做好找平层，再用黏结材料将各种木板直接粘贴而成，具有构造简单、占空间高度小、经济等优点。

2. 架空式木楼地面

架空式木楼地面构造，如图 3.1.3.8 所示。

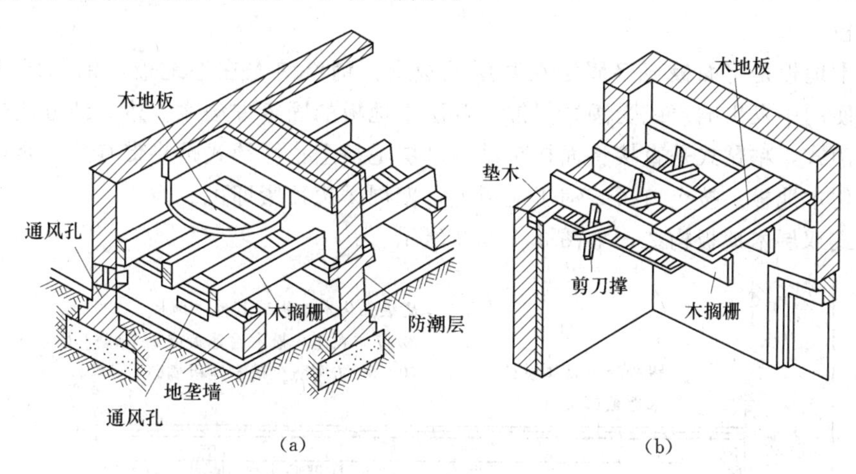

图 3.1.3.8 架空式木楼地面构造
(a) 架空式木地面；(b) 架空式木楼面

(1) 基层。架空式木楼地面基层包括地垅墙（或砖墩）、垫木、格栅、剪刀撑及毛地板等部分组成。当房间尺寸不大时，搁栅两端可直接格置在砖墙上，当房间尺寸较大时，常在房间地面下增设地垅墙或柱墩支撑搁栅。

1) 地垅墙（或砖墩）。地垅墙一般采用普通黏土砖砌筑而成，其厚度是根据地面架空的高度及使用条件而确定的。垅墙与垅墙之间的间距，一般不宜大于 2m，地垅墙的标高应符合设计标高，地垅墙上要预留通风洞，使每道地垅墙之间的架空层及整个木基层架空空间，与外部之间均有较好的通风条件，一般垅墙上留孔洞 120mm×120mm，外墙应每隔 3～5m 开设 180mm×180mm 的孔洞，洞孔加封铁丝网罩。

2) 垫木。地垅墙（或砖墩）与搁栅之间一般用垫木连接，垫木的主要作用是将搁栅传来的荷载传递到地垅墙上。垫木一般厚度 50mm，宽度 100mm。垫木在使用前应浸渍防腐剂，进行防腐处理，目前工程上采用煤焦油二道，或刷两遍氟化钠水溶液进行处理。在大多数情况下，垫木应分段直接铺设在搁栅之下，也可沿地垅墙通长布置。与砖砌体接触面之间应干铺油毡一层。

3) 木搁栅。又称木龙骨，主要作用是固定和承托面层。其断面尺寸应根据地垅墙（或砖墩）的间距大小来确定。木搁栅一般与地垅墙垂直，中距 400mm，搁栅间加钉 50mm×50mm 松木横撑，中距 800mm。木搁栅与墙间应留出不小于 30mm 的缝隙。

4) 剪刀撑。剪刀撑是用来加固搁栅、增强整个地面的刚度、保证地面质量的构造措施。当地垅墙间距大于 2m，在搁栅之间应设剪刀撑，剪刀撑断面一般 50mm×50mm，剪刀撑布置在木搁栅两侧面，用铁钉固定在木格栅上。

5) 毛地板。即毛板，是在木搁栅上铺钉的一层窄木板条，属硬木板的衬板，便于钉接面层板，增加硬木地板的弹性。一般用松、杉木板条，其宽度不宜大于120mm，厚20～25mm，表面要平整。板条与板条之间缝隙不宜大于3mm，板条与周边墙之间留出10～20mm的缝隙，相邻板的接缝要错开。

(2) 面层。架空式木地板面层可以做成单层或双层，面层下设有毛地板的木地板称为双层木地板。

双层木地板是将面板直接固定在基层毛板上，铺钉前先在毛地板上铺一层油毡或油纸，防止使用中发出响声或受潮气侵蚀。双层木地板的固定方法除上述钉结方法外还有粘贴式和浮铺式，粘贴式是直接将面板粘贴在基层毛板上；浮铺式是将带有严密企口缝的面板（如强化木地板）按企口拼装铺于毛板上，四周镶边顶紧即可。

架空式双层木地板构造，如图3.1.3.9所示。

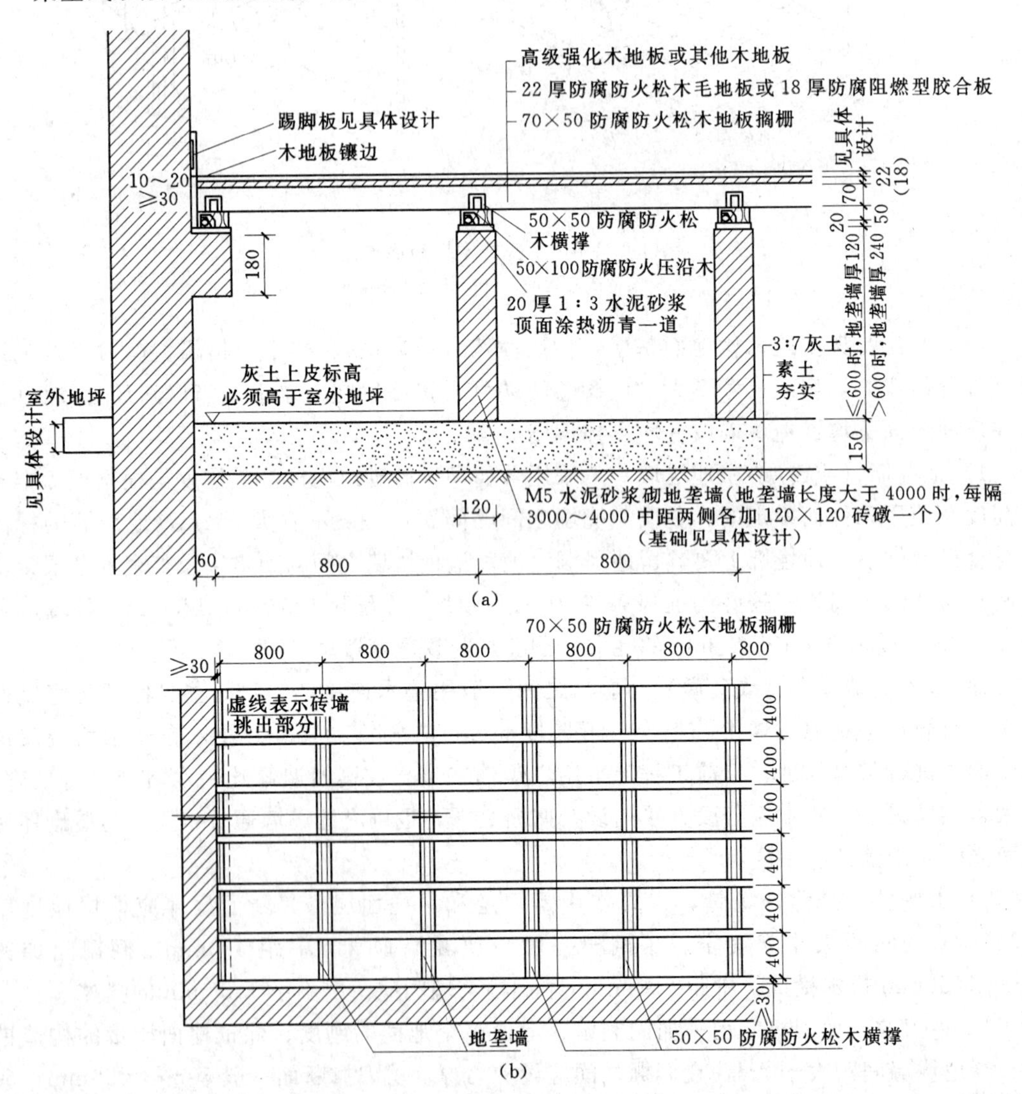

图3.1.3.9 架空式双层木地板的构造

(a) 双层木地板的构造；(b) 地垅墙及地板搁栅构造图

3. 实铺式木楼地面

(1) 基层。

实铺式木楼地面的基层一般是由格栅、横撑及木垫块等部分组成。

1) 木搁栅。由于直接放在结构层上，其断面尺寸较小，一般为 50mm×（50～70）mm，中距 400mm。

2) 横撑。在木搁栅之间通常设横撑，为了提高整体性，中距大于 800～1200mm，断面一般 50mm×50mm，用铁钉固定在木搁栅上。

3) 木垫块。为了使木地面达到设计高度，必要时可在搁栅下设置木垫块，中距大于 400mm，断面一般 20mm×40mm×50mm，与木格栅钉牢。

4) 防潮层。为了防止潮气入侵地面层，底层地面木搁栅下的结构层应做防潮层。一般构造做法是，素土夯实后，铺 100mm 厚 3∶7 灰土，40mm 厚 C10 细石混凝土随打随抹，铺设一毡二油或水乳化沥青一布二涂防潮层，在防潮层上用 50mm 厚 C15 混凝土随打随抹，并预埋铁件。

(2) 面层。

实铺式木楼地面面层同架空式木楼地面面层相同。木地板面板与周边墙交接处由踢脚板及压封条封盖。为使潮气散发，可在踢脚板上开设通风口。

实铺式木楼面构造，如图 3.1.3.10 所示。

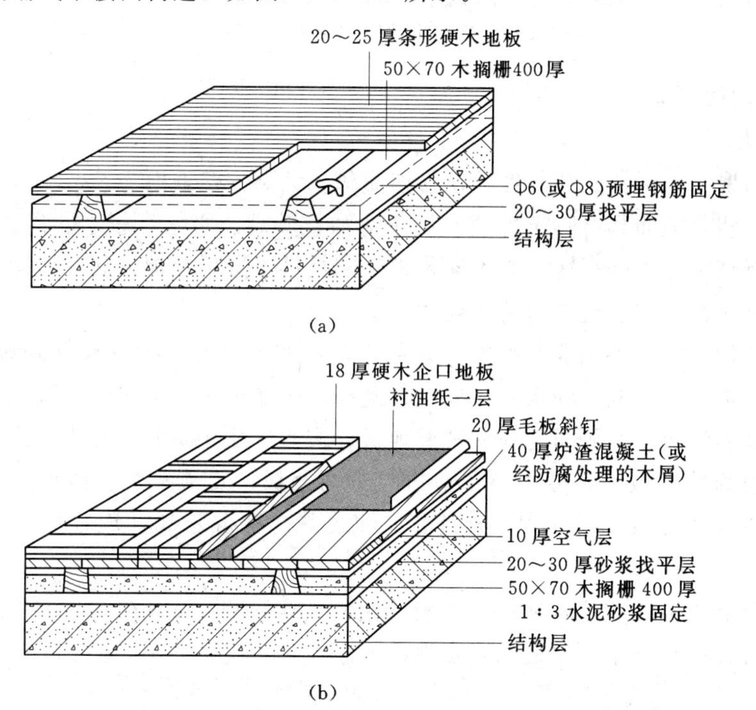

图 3.1.3.10 实铺式木楼地面构造

(a) 单层；(b) 双层

4. 粘贴式木楼地面

粘贴式木楼地面的基层一般是水泥砂浆或混凝土，为便于粘贴木地板，要求基层具有足够的强度和适宜的平整度，表面无浮尘、浮渣。胶结材料可采用胶结剂或沥青胶结材料，目前应用较多的胶结剂有：合成橡胶溶剂型、氯丁橡胶型、环氧树脂型、聚氨酯及聚醋酸乙烯乳液等。

粘贴式木地面通常做法是：在结构层上用15mm厚1∶3水泥砂浆找平，上面刷冷底子油一道，然后铺设5mm厚沥青胶结材料（或其他胶结剂），最后粘贴木地板，随涂随粘。粘贴式木楼地面构造组成如图3.1.3.11所示。

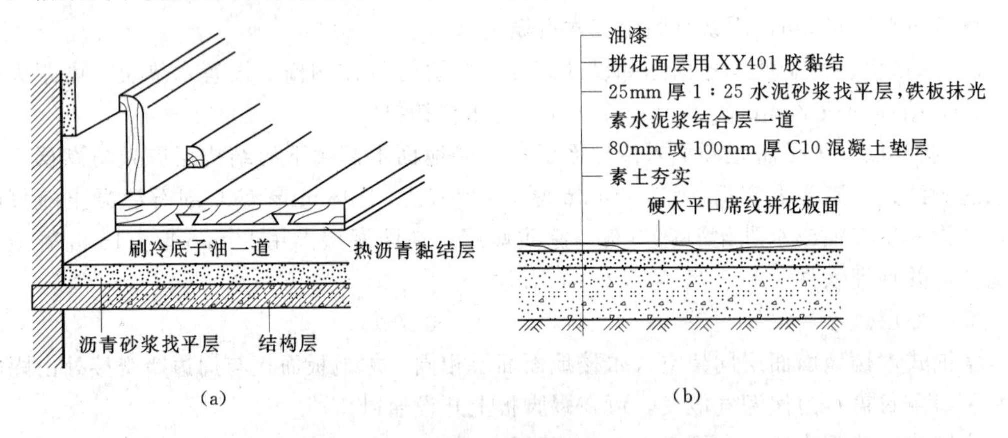

图3.1.3.11　粘贴式木楼地面构造组成

(a) 沥青粘贴木地板构造；(b) 硬木拼花楼面构造

1.3.5　软质制品楼地面构造

1. 塑料地板楼地面

塑料地面是指用聚氯乙烯树脂塑料地板作为饰面材料铺贴的楼地面。

(1) 饰面特点。塑料地面具有脚感舒适、易于清洁、美观、吸水性较小、绝缘性好、耐磨等优点。产品有高中低不同档次，为不同装饰标准提供了选择余地。塑料地面适用于办公室、住宅及有抗腐蚀、抗静电要求的楼地面。

(2) 塑料地板的种类。塑料地板的种类、花色众多：按厚度可分为厚地板和薄地板；按结构可分为单层地板、双层复合地板和多层复合地板；按颜色可分为单色地板和复色地板；按质地可分为软质地板、半硬质地板和硬质地板；按底层所用材料，分为有底层地板和无底层地板；按表面装饰效果，分为印花地板、压花地板、发泡地板、仿水磨石地板等；按树脂性质，分为聚乙烯塑料（PVC）地板、氯乙烯—醋酸乙烯共聚物（EVA）地板和丙乙烯地板。

我国主要生产单层、半硬质塑料地板，半硬质塑料地板厚度2mm左右，可用胶黏剂粘贴在基层上，也可直接粘贴于水泥地面、木地面上。

(3) 基本构造。

1) 基层处理。塑料地板的基层一般是混凝土及水泥砂浆类，基层应平整、干燥、有足够的强度、各个阴阳角方正、无油脂尘垢。当表面有麻面、起砂和裂缝等缺陷时，应用水泥腻子修补平整。

2) 铺贴。塑料地板的铺贴有两种方式：

一种方式是直接铺贴（干铺），主要用于人流量小及潮湿房间的地面。铺设大面积塑料卷材要求定位截切，足尺铺贴，同时应注意在铺设前3～6d进行裁边，并留有0.5%的余量。

另一种方式是胶黏铺贴，适用于半硬质塑料地板。胶黏铺贴采用胶黏剂与基层固定，胶黏剂多与地板配套供应。

塑料块材楼地面的构造，如图3.1.3.12所示。

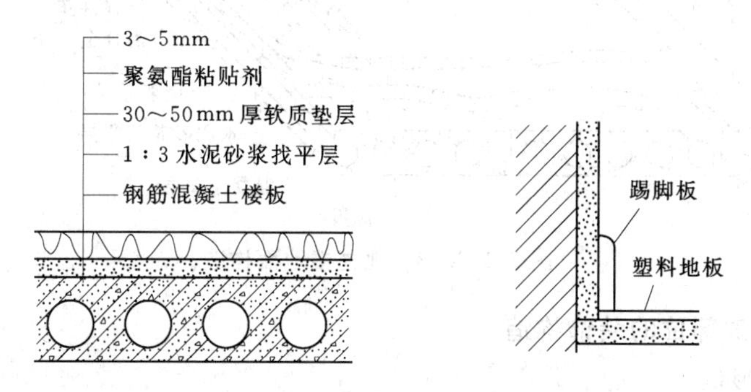

图3.1.3.12 塑料块材楼地面的构造

2. 橡胶地毡楼地面

(1) 饰面特点。橡胶地毡地面具有良好的弹性、保温、耐磨、消声性能，具有防滑、不导电等特性。

(2) 基本构造。橡胶地毡表面有光滑和带肋两类，带肋的橡胶地毡一般用在防滑走道上。其厚度为4～6mm。橡胶地毡地板可制成单层或双层，也可根据设计制成各类颜色和花纹。橡胶地毡与基层的固定一般用胶结材料粘贴的方法，粘贴在水泥砂浆或混凝土基层上。

3. 地毯楼地面

(1) 饰面特点。地毯是一种高级地面装饰材料，地毯楼地面具有吸声、隔声、弹性、保温性能好、脚感舒适等特点，地毯色彩图案丰富，本身就是工艺品，能给人以华丽、高雅的感觉。一般地毯具有较好的装饰和实用效果，而且施工、更换简单方便，适用于展览馆、疗养院、实验室、游泳馆、运动场地以及其他重要建筑空间的地面装饰。

(2) 地毯种类。地毯按材质可分为：真丝地毯、羊毛地毯、混纺地毯、化纤地毯、麻绒地毯、塑料地毯、橡胶绒地毯；按编织结构可分为：手工编制地毯、机织地毯、无纺黏合地毯、簇绒地毯、橡胶地毯等。

(3) 基本构造。

1) 基层处理。铺设地毯的基层即楼地面面层，一般要求基层具有一定强度、表面平整并保持洁净；木地板上铺设地毯应注意钉头或其他突出物，以免挂坏地毯；底层地面的基层应做防潮处理。

2) 铺贴。地毯的铺设可分为满铺和局部铺设两种，铺设方式有固定与不固定式之分。固定铺设是指将地毯裁边、黏结拼缝成为整片，铺设后四周与房间地面加以固定。固定式铺设地毯不易移动或隆起。固定的方法可分为两种：挂毯条固定法和粘贴固定法，如图3.1.3.13所示。

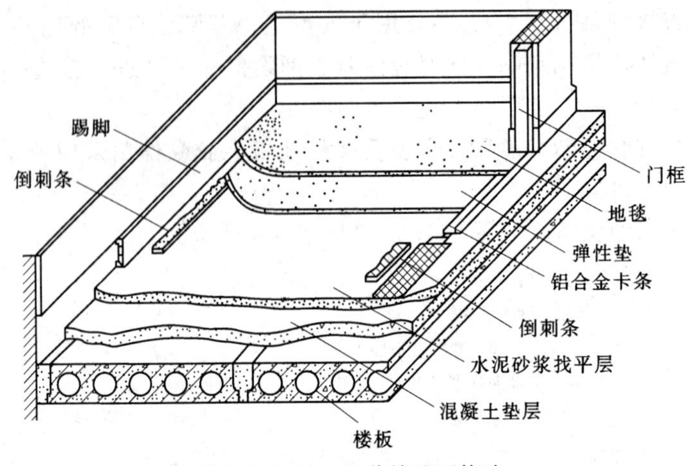

图 3.1.3.13 地毯楼地面构造

1.3.6 楼地面特殊部位的装饰构造

1. 楼地面变形缝

楼地面的变形缝应结合建筑物变形缝设置，一般分为伸缩缝、沉降缝和抗震缝三种。变形缝要求从基层脱开，贯通地面各层。楼地面基层中的变形缝可采用沥青木丝板、金属调节片等材料做封缝处理；面层处覆以盖缝板，在构造上应以允许构件之间能自由伸缩、沉降为原则。如图 3.1.3.14、图 3.1.3.15 所示。

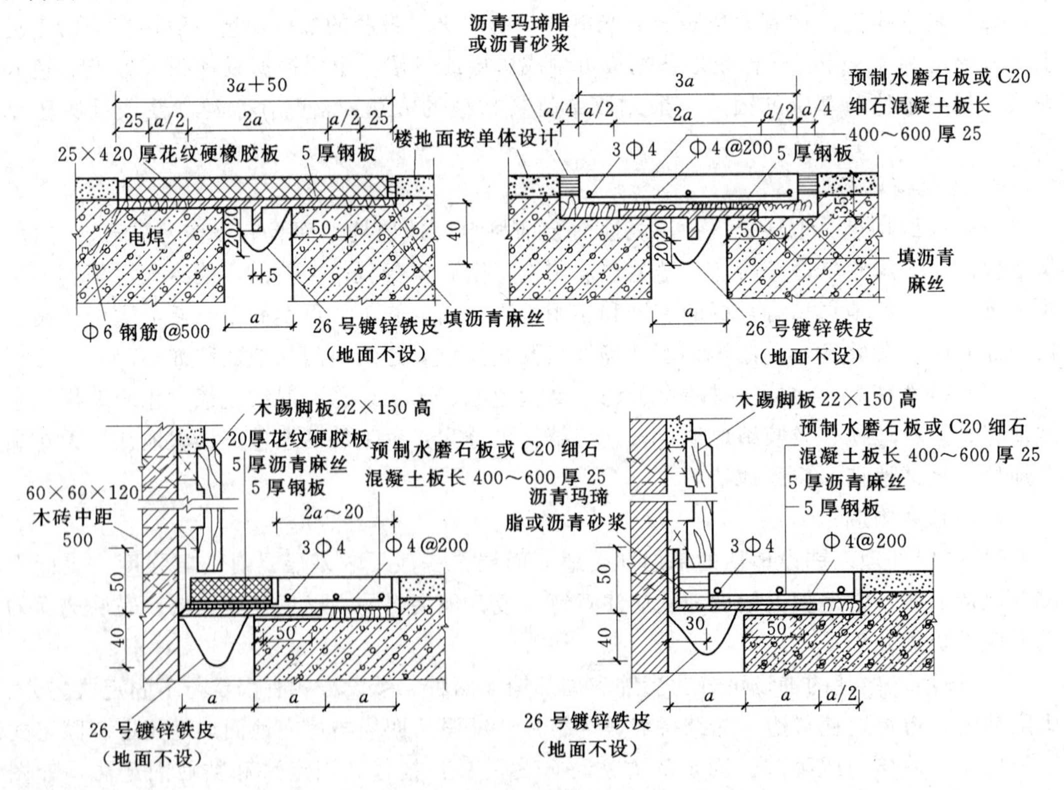

图 3.1.3.14 楼地面抗震缝构造

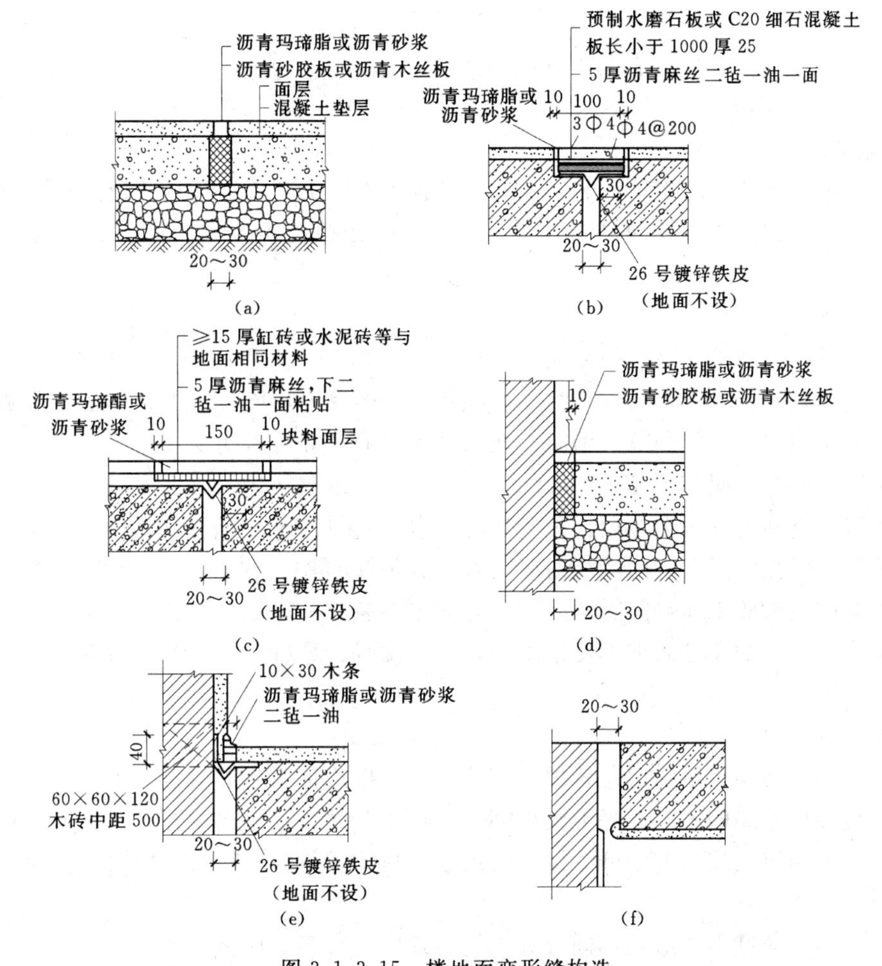

图 3.1.3.15 楼地面变形缝构造

(a) 地面；(b) 楼面；(c) 楼面；(d) 地面；(e) 楼面；(f) 顶棚

2. 踢脚板

踢脚板是楼地面和墙面相交处的一个重要构造节点，高度一般为100～300mm，它的材料与楼面的材料基本相同，并与地面一起施工。踢脚板主要作用是遮盖楼地面与墙面的接缝，保护墙面。踢脚板构造处理主要解决两个问题：踢脚板的固定，踢脚板与地面、墙面相交处的处理。常见的踢脚板构造处理，如图3.1.3.16所示。

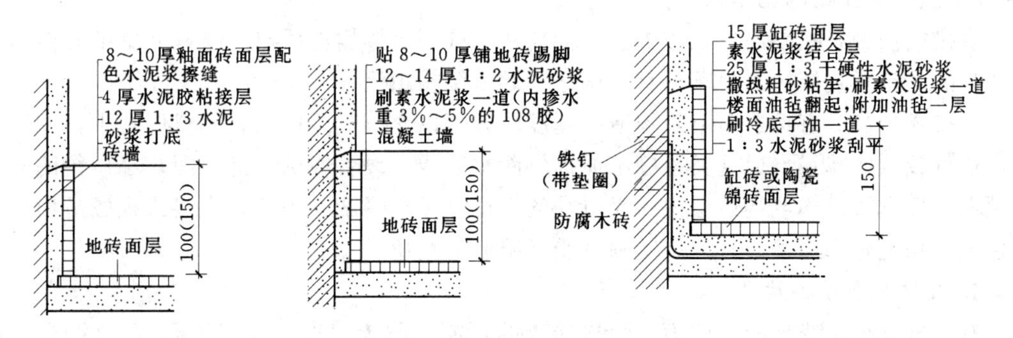

图 3.1.3.16 几种常见的踢脚板构造

1.4 顶棚装饰构造

1.4.1 概述

顶棚是位于楼盖和屋盖下的装饰构造，又称天棚、天花板。顶棚的设计与选择要考虑到建筑功能、建筑声学、建筑热工、设备安装、管线敷设、维护检修、防火安全等综合因素。

1. 顶棚的作用

(1) 改善室内环境，满足使用功能。顶棚的处理要考虑室内使用功能的要求。照明、通风、保温、隔热、吸声、防火等技术性能直接影响室内环境与使用。利用吊顶棚内空间能够处理人工照明、空气调节、消防、通讯、保温隔热等技术问题。

(2) 装饰室内空间。顶棚是室内装饰的一个重要组成部分，它是除墙面、地面外，用以围合成室内空间的另一个大面。顶棚装饰处理能够从空间、造型、光影、材质等方面，来渲染环境，烘托气氛。不同功能的房间对顶棚装饰的要求不相同，不同的处理方法，可以取得不同的装饰效果和空间感觉。例如有的顶棚装饰可以延伸和扩大空间感，对人的视觉起导向作用；有的顶棚装饰可使人感到亲切、温暖、舒适，能满足人们生理和心理环境的需要。

2. 顶棚的分类

(1) 按顶棚面层与结构层位置的关系分为：直接式顶棚和悬吊式顶棚。

(2) 按顶棚外观的不同有平滑式顶棚、井格式顶棚、悬浮式顶棚、分层式顶棚等。

(3) 按其面层的施工方法分为抹灰式顶棚、喷涂式顶棚、粘贴式顶棚、装配式板材顶棚等。

(4) 按顶棚的基本构造的不同分为无筋类顶棚、有筋类顶棚。

(5) 按顶棚构造层的显露状况的不同分为开敞式顶棚、隐蔽式顶棚等。

(6) 按面层饰面材料与龙骨的关系不同分为活动装配式顶棚、固定式顶棚等。

(7) 按其面层材料的不同分为木质顶棚、石膏板顶棚、各种金属薄板顶棚、玻璃镜顶棚等。

(8) 按顶棚承受荷载能力的不同分为上人顶棚和不上人顶棚。

另外还有结构式顶棚、发光顶棚、软体顶棚等。

1.4.2 直接式顶棚的基本构造

直接式顶棚是在屋面板或楼板上直接抹灰，或固定搁栅然后再喷浆或贴壁纸等而达到装饰目的。包括直接抹灰顶棚、直接搁栅顶棚、结构顶棚。

直接式顶棚具有构造简单，构造层厚度小，可以充分利用空间；材料用量少，施工方便，造价较低的特点，但这类顶棚不能提供隐藏管线、设备等的内部空间，小口径的管线应预埋在楼屋盖结构或构造层内，大口径的管道则无法隐蔽。因此，直接式顶棚适用于普通建筑及功能较为简单、室内空间高度受到限制的场所。

1. 直接抹灰顶棚构造

在上部屋面板或楼板的底面上直接抹灰的顶棚，称为“直接抹灰顶棚”。直接抹灰顶棚主要有纸筋灰抹灰、石灰砂浆抹灰、水泥砂浆抹灰等。普通抹灰用于一般建筑或简易建筑，甩毛等特种抹灰用于声学要求较高的建筑。

直接抹灰的构造做法是：先在顶棚的基层（楼板底）上，刷一遍纯水泥浆，使抹灰层能与基层很好地粘合；然后用混合砂浆打底，再做面层。要求较高的房间，可在底板增设一层钢板网，在钢板网上再做抹灰，这种做法强度高、结合牢，不易开裂脱落。抹灰面的做法和构造与抹灰类墙面装饰相同，如图 3.1.4.1 所示。

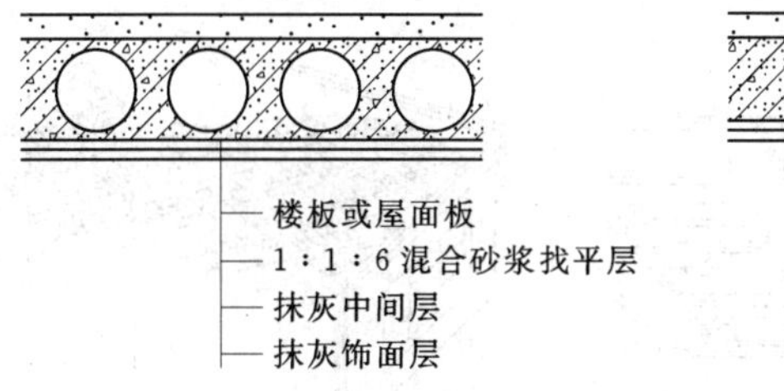

图 3.1.4.1　直接抹灰顶棚构造

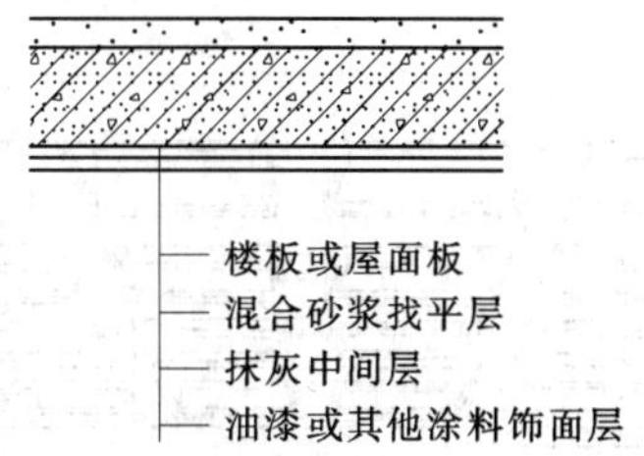

图 3.1.4.2　喷刷顶棚构造

2. 喷刷类顶棚构造

喷刷类装饰顶棚是在上部屋面或楼板的底面上直接用浆料喷刷而成的。常用的材料有石灰浆、大白浆、色粉浆、彩色水泥浆、可赛银等。

对于楼板底较平整又没有特殊要求的房间，可在楼板底嵌缝后，直接喷刷浆料，其具体做法可参照涂刷类墙体饰面的构造。喷刷类装饰顶棚（图 3.1.4.2）主要用于一般办公室、宿舍等建筑。

3. 裱糊类顶棚构造

有些要求较高、面积较小的房间顶棚面，也可采用直接贴壁纸、贴壁布及其他织物的饰面方法。这类顶棚主要用于装饰要求较高的建筑，如宾馆的客房、住宅的卧室等空间。裱糊类顶棚的具体做法与墙饰面的构造相同，如图 3.1.4.3 所示。

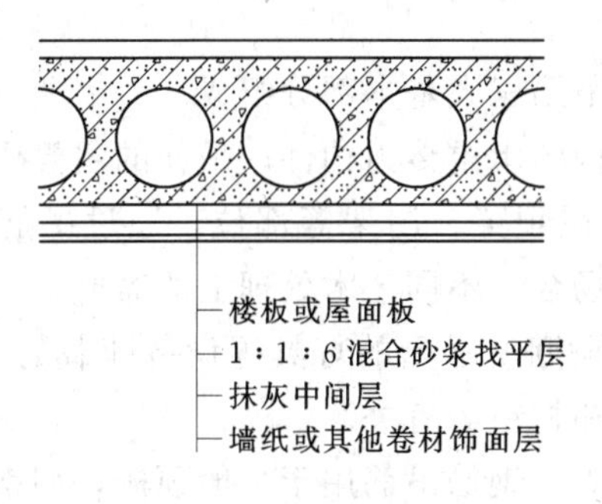

图 3.1.4.3　裱糊类顶棚构造

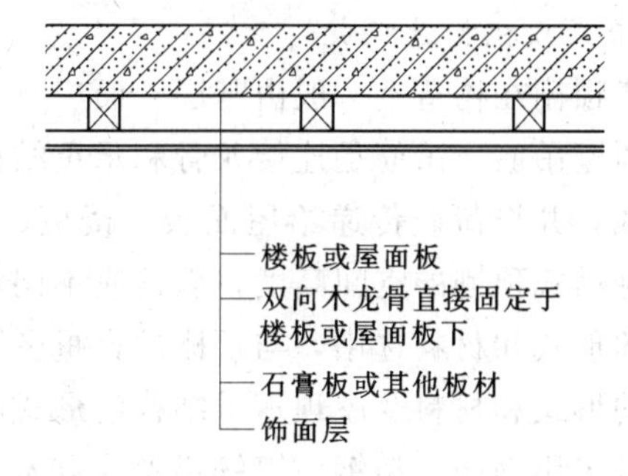

图 3.1.4.4　直接铺设龙骨类顶棚构造

4. 直接式装饰板顶棚构造

直接粘贴装饰板顶棚是直接将装饰板粘贴在经抹灰找平处理的顶板上。

直接铺设龙骨固定装饰板顶棚的构造做法与镶板类装饰墙面的构造相似，即在楼板底下直接铺设固定龙骨（龙骨间距根据装饰板规格确定），然后固定装饰板。常用的装饰板材有胶合板、石膏板等，主要用于装饰要求较高的建筑，如图 3.1.4.4 所示。

5. 结构式顶棚构造

在某些大型公共场所中屋面采用空间结构，如网架结构、悬索结构、拱形结构，这些结构构件本身就非常美观，可将屋盖结构暴露在外，充分利用这些结构的优美韵律，体现出现代化的施工技术，并将照明、通风、防火、吸声等设备巧妙地结合在一起，形成统一的、优美的空间景观。一般应用于体育馆、展览厅等大型公共性建筑中，如图 3.1.4.5 所示。

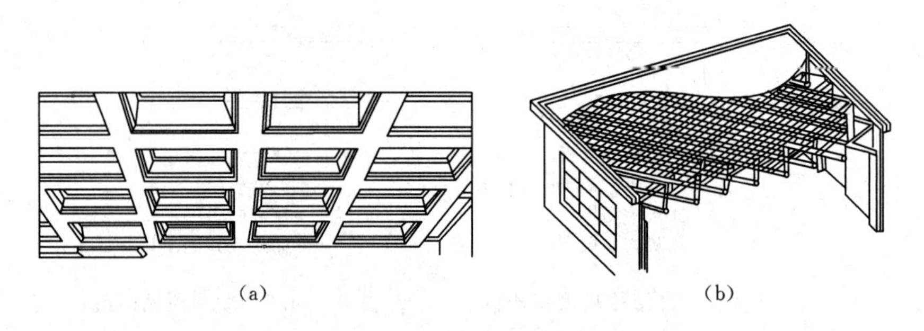

(a)　　(b)

图 3.1.4.5　结构式顶棚

(a) 井格结构式顶棚；(b) 网架结构式顶棚

1.4.3　悬吊式顶棚的基本构造

1. 悬吊式顶棚饰面特点

悬吊式顶棚又称“吊顶”，它离开结构底面有一定距离，通过悬挂物与主体结构连接在一起。包括整体式吊顶、板材吊顶和开敞式吊顶。

在没有功能要求时，悬吊式顶棚内部空间的高度不宜过大，以节约材料和造价；若利用其作为敷设管线设备的技术空间或有隔热通风需要，则可根据情况适当加大，必要时可铺设检修走道以免踩坏面层，保障安全。饰面应根据设计留出相应灯具、空调等设备安装检修孔及送风口、回风口位置。

2. 悬吊式顶棚构造组成

悬吊式顶棚在构造上一般由基层、面层、吊筋三大基本部分组成。

(1) 顶棚吊筋。吊筋是连接龙骨和承重结构的承重传力构件。吊筋的主要作用是承受顶棚的荷载，并将荷载传递给屋面板、楼板、屋顶梁、屋架等部位。通过吊筋还可以调整、确定悬吊式顶棚的空间高度，以适应不同场合、不同艺术处理上的需要。

吊筋的形式和材料选用，与顶棚的自重及顶棚所承受的灯具等设备荷载的重量有关，也与龙骨的形式和材料及屋顶承重结构的形式和材料等有关。

吊筋可采用钢筋、型钢、镀锌铅丝或方木等。钢筋吊筋用于一般顶棚；型钢吊筋用于重型顶棚或整体刚度要求特别高的顶棚；方木吊筋一般用于木基层顶棚，并采用铁制连接件加固。

(2) 顶棚基层。顶棚基层是一个由主龙骨、次龙骨（或称主搁栅、次搁栅）所形成的网格骨架体系。主要是承受顶棚的荷载，并通过吊筋将荷载传递给楼盖或屋顶的承重结构。顶棚龙骨是吊顶的骨架，对吊顶起着支撑的作用，使吊顶达到所设计的外形。吊顶的各种造型变化，无一不是龙骨的变化而形成的。

常用的顶棚龙骨分为木龙骨和金属龙骨两种，龙骨断面视其材料的种类、是否上人和面板做法等因素而定。

1）木基层。木基层由主龙骨、次龙骨、横撑龙骨三部分组成。其中，主龙骨为50mm×（70～80）mm，主龙骨间距一般在0.9～1.5m。次龙骨断面一般为30mm×（30～50)mm，次龙骨间距依据次龙骨截面尺寸和板材规格而定，一般为400～600mm。用50mm×50mm的方木吊筋钉牢在主龙骨的底部，并用8号镀锌铁丝绑扎。其中龙骨组成的骨架可以是单层的，也可以是双层的，固定板材的次龙骨通常双向布置（图3.1.4.6、图3.1.4.7）。这类基层耐火性较差，多用于造型特别复杂的顶棚。

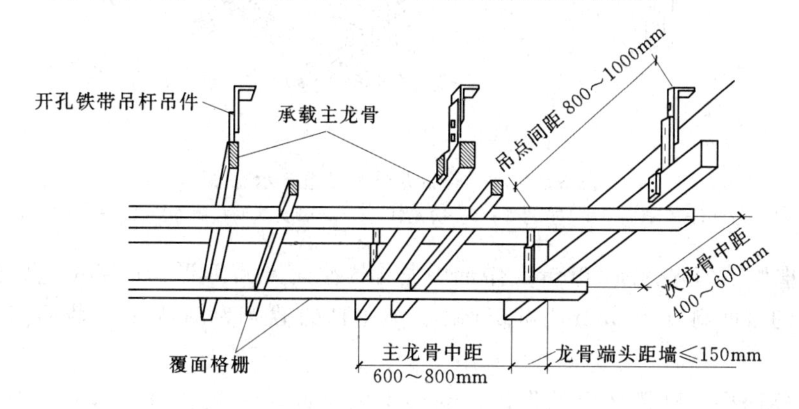

图3.1.4.6 双层骨架构造

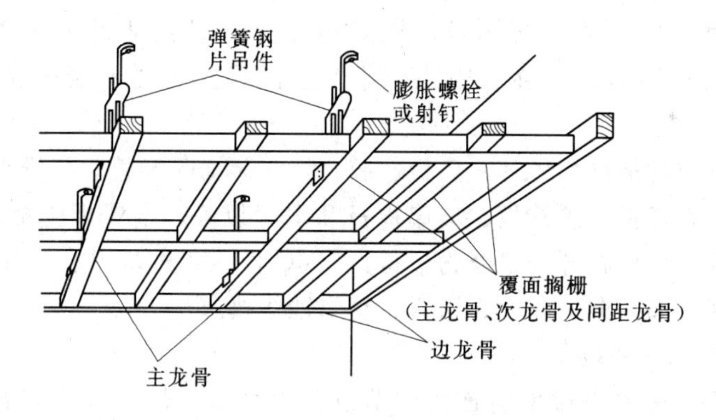

图3.1.4.7 单层骨架构造

2）金属基层。金属基层常见的有轻钢、铝合金和普通型钢等。

轻钢龙骨一般用特制的型材，断面多为U形，故又称为U型龙骨系列。U型龙骨系列由大龙骨、中龙骨、小龙骨、横撑龙骨及各种连接件组成。其中大龙骨，按其承载能力分为三级：轻型大龙骨不能承受上人荷载；中型大龙骨能承受偶然上人荷载，也可在其上铺设简易检修走道；重型大龙骨能承受上人的800N检修集中荷载，可在其上铺设永久性检修走道，如图3.1.4.8所示。

铝合金龙骨常用的有T形、U形、LT形及特制龙骨。应用最多的是LT形龙骨。LT形龙骨主要由大龙骨、中龙骨、小龙骨、边龙骨及各种连接件组成。大龙骨也分为轻型系列、中型系列、重型系列。轻型系列龙骨高30mm和38mm，中型系列龙骨高45mm

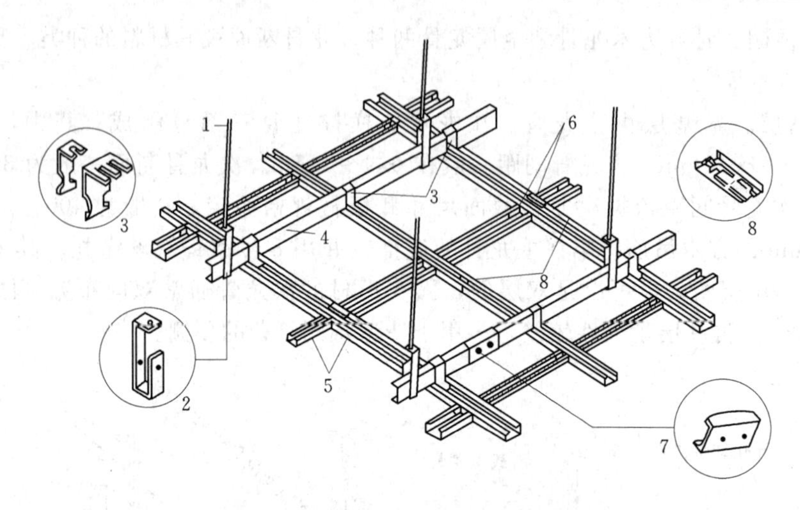

图 3.1.4.8　轻钢龙骨配件组合示意图

1—吊筋；2—吊件；3—挂件；4—主龙骨；5—次龙骨；6—龙骨支托（挂插件）；7—连接件；8—插接件

和 50mm，重型系列龙骨高 60mm。中部中龙骨的截面为倒 T 形，边部中龙骨的截面为 L 形，中龙骨的截面高度为 32mm 和 35mm。小龙骨的截面为倒 T 形，截面高度为 22mm 和 23mm。

（3）顶棚面层。顶棚面层的作用是装饰室内空间，一般还具有吸声、反射、保温、隔热等一些特定功能。面层的构造设计通常要结合灯具、风口布置等一起进行。顶棚面层又分为抹灰类、板材类和搁栅类。抹灰类饰面一般包括板条抹灰、钢丝网抹灰、钢板网抹灰。板材类饰面由于施工简便，速度快，并且无现场湿作业等优点，现广泛采用。

常用的板材有植物板材如各种木条板、胶合板、装饰吸音板、纤维板、木丝板、刨花板等，矿物板包括石膏板、矿棉板、玻璃棉板和水泥板等，金属板包括铝板、铝合金板、薄钢板、镀锌铁等，新型高分子聚合物板材如 PVC 板。各种板材在使用中要根据所用空间的功能要求选择，如防潮、防火、防震、防腐蚀等要求。

3. 悬吊式顶棚基本构造

（1）吊筋设置。吊筋与楼屋盖连接的节点称为吊点，吊点应均匀布置，一般 900～1200mm 左右，主龙骨端部距第一个吊点不超过 300mm。

（2）吊筋与结构的固定。吊筋与结构的连接一般有以下几种构造方式（图 3.1.4.9）。

1）吊筋直接插入预制板的板缝，并用 C20 细石混凝土灌缝，如图 3.1.4.9（a）所示。

2）将吊筋绕于钢筋混凝土梁板底预埋件焊接的半圆环上，如图 3.1.4.9（b）、图 3.1.4.9（c）所示。

3）吊筋与预埋钢筋焊接处理，如图 3.1.4.9（d）所示。

4）通过连接件（钢筋、角钢）两端焊接，使吊筋与结构连接，如图 3.1.4.9（e）、图 3.1.4.9（f）所示。

（3）吊筋与龙骨的连接。若为木吊筋木龙骨，则将主龙骨钉在木吊筋上；若为钢筋吊

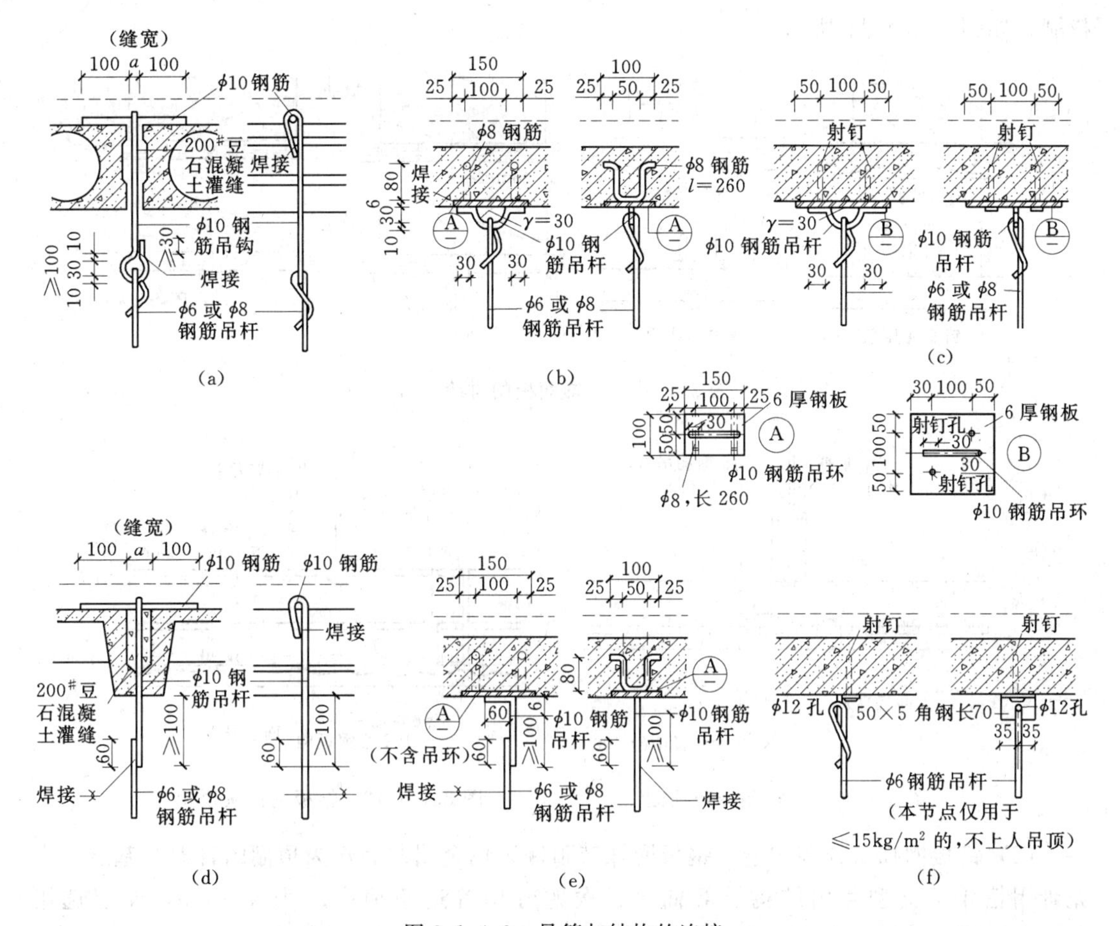

图 3.1.4.9 吊筋与结构的连接

筋木龙骨，则将主龙骨用镀锌铁丝绑扎、钉接或螺栓连接；若为钢筋吊筋金属龙骨，则将主龙骨用连接件与吊筋钉接、吊钩或螺栓连接。

(4) 面层与基层的连接。

1) 抹灰类顶棚。抹灰类顶棚的抹灰层必须附着在木板条、钢丝网等材料上，因此首先应将这些材料固定在龙骨架上，然后再做抹灰层。

2) 板材类顶棚。板材类顶棚饰面板与龙骨之间的连接一般需要连接件、紧固件等连接材料，有卡、挂、搁等连接方式。

拼缝是影响顶棚面层装饰效果的一个重要因素，一般有对缝、凹缝、盖缝等几种方式。对缝是指板与板在龙骨处对接，多采用粘或钉的方法对面板进行固定；凹缝是在两块面板的拼缝处，利用面板的形状等所做出的 V 形或矩形拼缝；盖缝是板材间的拼缝是利用龙骨的宽度或专门的压条将拼缝盖起来，如图 3.1.4.10 所示。

4. 常见悬吊式顶棚构造

(1) 板条抹灰顶棚构造。板条抹灰是采用木材作为木龙骨和木板条，在板条上抹灰。板条间隙 8～10mm，两端均应钉固在次龙骨上，不能悬挑，板条头宜错开排列，以免因板条变形、石灰干缩等原因造成抹灰开裂。板条抹灰一般采用纸筋灰或麻刀灰，抹灰后再粉刷，如图 3.1.4.11 所示。

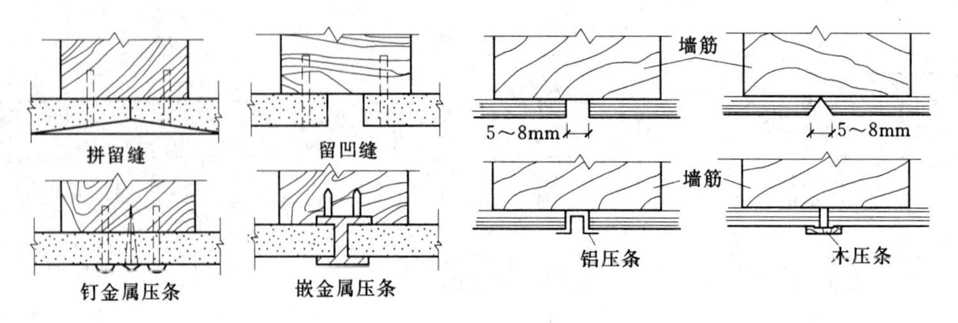

图 3.1.4.10 饰面板的拼缝构造

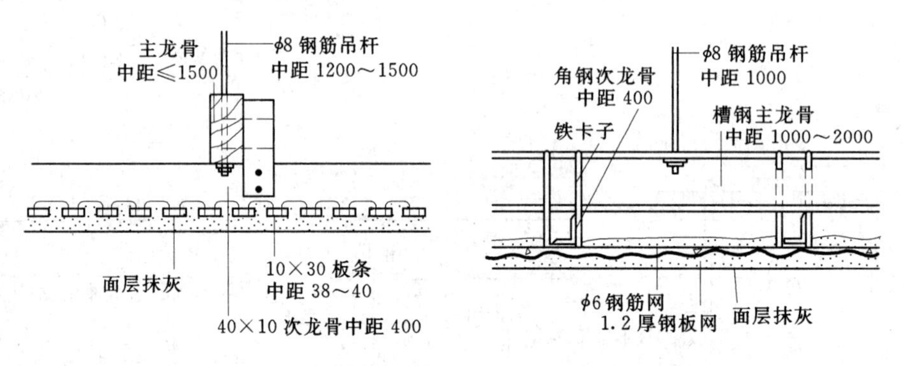

图 3.1.4.11 板条抹灰顶棚

图 3.1.4.12 钢板网抹灰顶棚

(2) 钢板网抹灰顶棚构造。钢板网抹灰顶棚采用金属制品作为顶棚的骨架和基层。主龙骨用槽钢，其型号由结构计算而定；次龙骨用等边角钢中距为 400mm；面层选用 1.2mm 厚的钢板网；网后衬垫一层 ϕ6mm 中距为 200mm 的钢筋网架；在钢板网上进行抹灰（图 3.1.4.12）。钢板网抹灰顶棚的耐久性、防振性和耐火等级均较好，但造价较高，一般用于中、高档建筑中。

(3) 石膏板顶棚构造。常用的纸面石膏板是纸面石膏装饰吸声板，又分有孔和无孔两大类，并有各种花色图案。纸面石膏装饰吸声板的一般规格为 600mm 见方，厚度为 9mm 或 12mm。

常用的无纸面石膏板有石膏装饰吸声板和防水石膏装饰吸声板等，又有平板、花纹浮雕板、穿孔或半穿孔吸声板等品种。常见的规格为 300mm、400mm、500mm、600mm 见方，厚度为 9mm 或 12mm。

石膏板吊顶常采用薄壁轻钢做龙骨。板材固定在次龙骨上的方式有挂结方式、卡结方式和钉结方式三种。

(4) 矿棉纤维板和玻璃纤维板顶棚构造。矿棉纤维板和玻璃纤维板规格为方形和矩形，方形时一般 300～600mm 见方，厚度为 20～30mm，一般采用轻型钢或铝合金 T 型龙骨，有平放搁置（暴露骨架）、企口嵌缝（部分暴露骨架或隐蔽骨架）和复合黏接（隐蔽骨架）三种构造方法。

(5) 金属板顶棚构造。金属板顶棚是采用铝合金板、薄钢板等金属板材面层，铝合金板表面作电化铝饰面处理，薄钢板表面可用镀锌、涂塑、涂漆等防锈饰面处理。

1）金属条板顶棚构造。金属条板顶棚是以各种造型不同的条形板及一套特殊的专用龙骨系统构造而成的。

条板与条板相接处的板缝处理分开放型和封闭型两种类型。开放型条板顶棚离缝间无填充物，便于通风。封闭型条板顶棚在离缝间另加嵌缝条或条板单边有翼盖没有离缝。如果是保温吸声顶棚，可在上部加矿棉或玻璃棉垫，还可用穿孔条板，以加强吸声效果。

金属条板顶棚属于轻型不上人的顶棚，当顶棚上承受重物或上人检修时，一般采用以角钢（或圆钢）代替轻便吊筋，并增加一层U型（或C型）主龙骨（双层主龙骨）的方法。

2）金属方板顶棚构造。金属方板顶棚以各种造型不同的方形板及一套特殊的专用龙骨系统构造而成的。金属方板安装的构造有龙骨式和卡入式两种。龙骨式多为T型龙骨、方板四边带翼缘，搁置后形成格子形离缝。

3）透光材料顶棚构造。透光材料顶棚是指顶棚饰面板采用彩绘玻璃、磨砂玻璃、有机玻璃片等透光材料的顶棚。透光材料顶棚整体透亮、光线均匀、减少了室内空间的压抑感，装饰效果好。但要保证顶部透射光线均匀，灯具与饰面板必须保持必要的距离，占据一定的空间高度。

1.4.4 搁栅类顶棚装饰构造

1. 搁栅类顶棚特点

搁栅类顶棚又称开敞式吊顶，是在藻井式顶棚的基础上发展形成的一种独立的体系，表面开口，既有遮又有透的感觉，减少了吊顶的压抑感；搁栅类顶棚与照明布置的关系较为密切，常将单体构件与照明灯具的布置结合起来，增加了吊顶构件和灯具的艺术功能，搁栅类顶棚也可作自然采光用；搁栅类顶棚具有其他形式的吊顶所不具备的韵律感和通透感，近年来在各种类型的建筑中应用较多。

2. 搁栅类顶棚的构造

搁栅类顶棚是通过一定的单体构件组合而成的，单体构件的类型很多，从制作材料看，有木材构件、金属构件、灯饰构件及塑料构件等。预拼安装的单体构件是通过插接、挂接或榫接的方法连接在一起的。

搁栅类吊顶的安装构造，可分为两种类型：一种是直接固定法，将单体构件固定在可靠的骨架上，然后再将骨架用吊筋与结构相连。另一种是间接固定法，对于用轻质、高强材料制成的单体构件，不用骨架支持，而直接用吊筋与结构相连，这种预拼装的标准构件的安装简单。在实际工程中，为了减少吊筋的数量，通常先将单体构件用卡具连成整体，再通过通长的钢管与吊筋相连。

木结构单体构件形式有：单板方框式、骨架单板方框式、单条板式。

金属搁栅顶棚是由金属条板等距离排列成条式或格子式而形成的，为照明、吸声和通风创造良好的条件：在格条上面设置灯具，可以在一定角度下，减少对人的眩光；在格条上设风口可提高进风的均匀度。

在金属搁栅顶棚中应用最多的是铝合金单体构件，其造型多种多样，有方块型铝合金单体、方筒型铝合金单体、圆筒型铝合金单体、花片型铝合金单体等。

1.4.5 顶棚特殊部位构造

1. 顶棚与墙面连接构造

顶棚与墙体的固定方式随顶棚形式和类型的不同而不同，通常采用在墙内预埋铁件或螺栓、预埋木砖，通过射钉连接和龙骨端部伸入墙体等构造方法。

端部造型处理形式如图 3.1.4.13 所示，其中如图 3.1.4.13（c）所示的方式中，交接处的边缘线条一般还须另加木制或金属装饰压条处理，可与龙骨相连，也可与墙内预埋件连接，图 3.1.4.14 是边缘装饰压条的几种做法。

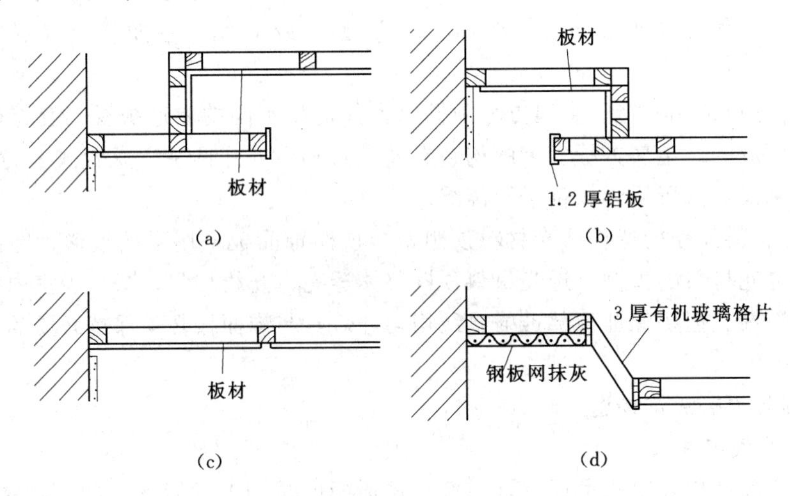

图 3.1.4.13 顶棚与墙体交接处理形式
(a) 形式一；(b) 形式二；(c) 形式三；(d) 形式四

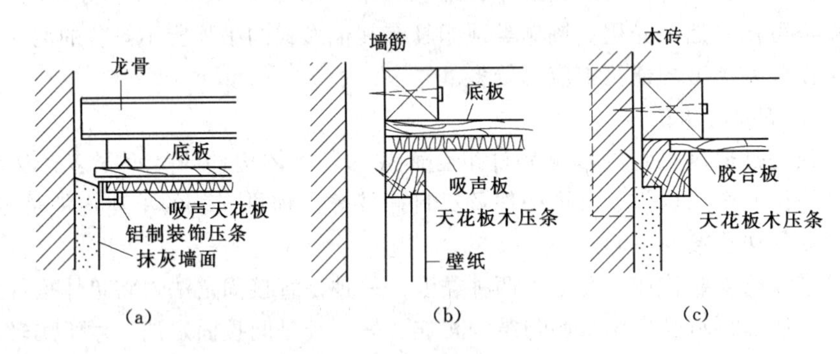

图 3.1.4.14 顶棚边缘装饰压条做法
(a) 做法一；(b) 做法二；(c)；做法三

2. 顶棚与通风口连接构造

明通风口通常安装在附加龙骨边框上，边框规格不小于次龙骨规格，并用橡皮垫做减噪处理。风口有单个的定型产品，一般用铝片、塑料片或薄木片做成，形状多为方形或圆形。

暗通风口是结合吊顶的端部处理而做成的通风口。这种方法不仅避免了在吊顶表面设风口，有利于保证吊顶的装饰效果，还可将端部处理、通风和效果三者有机地结合起来。

3. 顶棚与检修孔连接构造

顶棚检修孔的设置与构造，既要考虑检修吊顶及吊顶内的各类设备的方便，又要尽量隐蔽，以保持顶棚的完整性。一般采用活动板作吊顶检修孔，检修孔的尺寸一般不小于600mm×600mm。

第2章 建筑防水构造

2.1 建筑防水构造综述

建筑物经常要与水发生关系。这些水中有相当一部分是直接从自然环境中作用于建筑物的，例如降雨、降雪、地下水等；还有一部分水是为了方便人们在建筑物中进行各种生产、生活活动而有意引入建筑物的，例如民用生活需要的上、下水系统；工业生产必需的给排水系统；专门与水直接发生关系的建筑，例如游泳池、水源厂、污水处理厂、水塔、储水池、冷却塔等。水在满足人们各种日常需求的同时，也会给人们带来麻烦甚至危害。建筑防水设计的目的就是，使人们充分享受水给予的各种方便的同时，避免水可能给人们带来的麻烦和危害。

2.1.1 建筑防水材料

建筑物需要防水的部位很多，各部位的防水材料类型也很多。比较常见的建筑防水材料主要有以下几种。

2.1.1.1 柔性防水卷材

用柔性防水卷材做建筑物的防水，是将这类材料（有时是一层，有时不止一层）用黏结材料粘贴在需要防水的部位，以形成一定面积的封闭防水覆盖层。柔性防水卷材一般都具有一定的延伸性，这种特性使其防水层能更好地适应由于建筑物基层结构的变形以及外界自然环境因素、温度变化等引起的变形对防水材料的抗拉、抗裂等方面的要求。柔性防水卷材多用在屋面防水、地下室防水以及楼地面的防水等。

一直以来，油毡沥青是最常采用的柔性防水材料，这种防水材料的优点是造价较低，比较经济，且具有良好的不透水性和抗渗性能。但是，油毡沥青防水做法在施工时需要高温熔化沥青，造成环境的污染，且其材料的耐候性较差，低温时易变脆断裂，高温时易软化流淌，耐久性比较差，使用寿命比较短，一般不超过十年，甚至七八年就要重新翻修。为了改善这种状况，已经出现了一批新型的防水卷材，现简要介绍如下。

1. 沥青玻璃布油毡、沥青玻璃纤维油毡、石油沥青麻布油毡

这几种油毡是以玻璃布、玻璃纤维、麻布等为胎的有胎浸渍卷材，其特点是抗拉强度高、柔韧性好、耐腐蚀性强，适用于防水性、耐久性、耐腐蚀性要求较高的工程、管道工程以及基层结构有较大变形和结构外形比较复杂的防水工程和部位。

2. 再生胶油毡

再生胶油毡是一种无胎辊压卷材，它是用沥青与废橡胶粉混熔、脱硫后，掺入填充料混炼再经压延而成的。这种油毡延伸性强、低温柔性好、耐腐蚀性强、耐水性及热稳定性好，适用于屋面或地下结构做接缝和满堂铺设的防水层，尤其适用于基础沉降较大或沉降不均匀的建筑物变形缝处的防水处理。

3. 三元乙丙-丁基橡胶防水卷材

三元乙丙-丁基橡胶防水卷材是一种橡胶基的无胎卷材，是一种性能优良、极具发展前途的防水卷材。这种防水卷材具有耐老化、耐低温、耐腐蚀等性能，材料的弹性好，抗拉强度高，并且适应于冷作业。三元乙丙-丁基橡胶防水卷材可在－60～120℃条件下使用，寿命可达30～50年。这种防水卷材粘贴时采用合成橡胶类黏结剂粘贴，如CX－404胶黏剂、BNZ型黏合剂等。

4. 聚氯乙烯防水卷材

聚氯乙烯防水卷材是一种树脂基的无胎防水卷材，这种防水卷材具有良好的低温柔韧性、耐腐蚀性和耐老化性。

5. PSS合金防水卷材

PSS合金防水卷材是一种新型柔性金属防水卷材，它的一个显著特点是采用全金属一体化封闭覆盖的方法来达到防水的目的。它具有永不腐烂、使用寿命长、施工简单方便、对种植屋面更有利、材料可100％回收再利用等特点。

常用的防水卷材还有SBS改性沥青防水卷材、APP改性沥青防水卷材、三元丁橡胶防水卷材、OMP改性沥青卷材、氯丁橡胶卷材、氯化聚乙烯-橡胶共混防水卷材、水貂LYX－603防水卷材、铅箔面油毡等。这些防水卷材的优点是冷施工、弹性好、寿命长，但其价格一般也偏高一些。

2.1.1.2 刚性防水材料

刚性防水材料是利用防水砂浆抹面或密实混凝土浇捣而成的刚性材料来形成防水层。刚性防水材料的优点是施工方便、节约材料、造价经济、维修方便，缺点是对温度变化和结构变形较为敏感、施工技术要求较高、较易产生裂缝而形成渗漏。刚性防水材料防水层较多地用在屋面防水中。

2.1.1.3 涂料防水和粉剂防水

这也是两种正在发展中的主要用在屋面防水中的防水材料。

1. 涂料防水

涂料防水又称涂膜防水，是将可塑性和黏结力较强的高分子防水涂料直接涂刷在基层上，形成一层满涂的不透水薄膜层，以达到防水的目的。防水涂料一般有乳化沥青类、氯丁橡胶类、丙烯酸树脂类、聚氨酯类和焦油酸性类等，种类繁多。通常按其硬化成膜的方式不同分为两大类型：一类是用水或溶剂溶解后在基层上涂刷，通过水或溶剂蒸发而干燥硬化；另一类是通过材料的化学反应而硬化。这些材料大多具有防水性好、黏结力强、延伸性好以及耐腐蚀、耐老化、无毒、不延燃、冷作业、施工方便等优点。但是，涂料防水价格较贵且成膜后要加以保护，以防硬杂物碰坏而形成渗漏。

2. 粉剂防水

粉剂防水又称拒水粉防水，其防水材料是以硬脂酸钙为主要原料的憎水性粉剂。

2.1.1.4 坡屋顶常用的防水材料

坡屋顶具有较大的屋面坡度，其常用的防水材料也颇具特点，主要有各种瓦材、金属板、自防水钢筋混凝土构件等。

1. 瓦材

瓦材是坡屋顶防水最常用的一种材料。瓦的规格种类非常多，按规格大小分有小到一二十厘米、大到一两米的；按材料分有黏土瓦、水泥石棉瓦、钢丝网水泥瓦、玻璃钢瓦等；按瓦的外形分有机制平瓦、弧形瓦、筒瓦、波形瓦等。

2. 金属板

金属板作为屋面防水材料的优点是防水好、自重轻，作为轻型屋面在高烈度地震区应用比瓦材等重型屋面具有优越性。但是，金属板防水材料造价高、维修费用大，且需解决好防锈及耐腐蚀的问题。常见的金属板屋面防水材料有镀锌铁皮波形瓦和彩色压型钢板等。

3. 钢筋混凝土构件自防水

这种屋面防水做法，是利用屋顶结构钢筋混凝土板本身的密实性，并对板缝进行局部防水处理而形成的。其优点是：比卷材防水屋面和刚性防水屋面轻（因为并无单独的屋面防水层），因而屋面荷载小，屋顶构件自重轻，从而节省钢材和混凝土的用量，可降低屋顶造价，施工方便，维修也容易。其缺点是：板面容易出现后期裂缝而引起渗漏，混凝土暴露在大气中容易引起风化和碳化等。克服这些缺点的措施是：提高施工质量，控制混凝土的水灰比；增强混凝土的密实度，从而提高混凝土的抗裂性和抗渗性；另外，还可以在自防水构件表面涂以防水涂料（如乳化沥青等），减少干湿交替的作用，以提高防水性能和减缓混凝土碳化。

2.1.1.5 墙面常用的防水材料

墙面防水一般指的是外墙面的防水，主要是通过外墙面的装修处理来达到防水的目的，因此，墙面常用的防水材料也就是外墙装修常用的材料，例如，各类含有水泥成分的砂浆类材料，各种天然石材和人造石材、各种具有防水性能的涂料以及玻璃、金属彩板和嵌缝用的防水油膏、防水胶等。

2.1.2 建筑防水的基本原理

建筑物需要做防水的部位有很多，需要做防水的面积也非常大，可以采用的防水材料又是多种多样的。但是，如果从建筑防水的基本原理上做一个分析的话，所有的防水做法基本上都可以划分为两大类，即材料防水和构造防水。

材料防水的基本原理，就是利用防水材料良好的防渗性能和隔水能力，在需要做防水的部位形成一个完整的、封闭的不透水层，以达到防水、防漏的目的。

材料防水非常适合用于大范围、大面积的防水处理，例如平屋顶的屋顶防水、地下室的底板从侧墙的防水、房间楼地面的防水以及外墙面的防水等。同时，在一些节点连接部位（例如预制外墙板的结合部位）也可以采用材料防水的原理进行防水处理。

构造防水的基本原理与材料防水有着很大的不同。材料防水的基本原理可以说是利用一层不透水的材料形成的完整屏障将水拒之“门”外；而构造防水的基本原理往往是通过两道甚至多道防水屏障（其中有一道为主要的屏障，这道屏障的防水可靠性往往并不要求达到百分之百的标准）以及各道防水屏障之间的“协同”工作，来达到防水、防漏的目的。也可以说，构造防水的基本原理并不是一味地将水完全拒之“门”外（因为要做到这点可能很难），而是允许有少量的、个别的“疏漏”，然后通过合理的构造做法，使其排出，最终达到完全不漏水的目的。

构造防水主要用在坡屋顶的屋面防水、门窗缝隙处的防水（门窗玻璃显然属于材料防水）以及各构件连接处的节点防水等。

对于材料防水与构造防水的防水基本原理，我们可以分别用一个字给以概括，即"堵"和"导"。在选择建筑防水做法时，应根据不同的部位以及材料的防水性能的差异等因素，做出合理的选择。实际上，在建筑的防水设计中，"堵"和"导"并不一定是独立存在的，很多情况下，是以其中一种方式为主，而另一种方式为辅，两者相辅相成以达到最佳的防水效果。

2.2 建筑屋面防水构造

屋面按其形式可分为平屋面、坡屋面和异形屋面。平屋面防水构造方式主要有卷材防水、刚性材料防水和涂膜防水。坡屋面可以分为传统坡屋面和现代坡屋面，传统坡屋面即靠屋面瓦片的构造形式及挂瓦的构造工艺来实现防水，现代建筑的坡屋面是指以材料防水和构造方式相结合以及多种工艺并进的方向发展的坡屋顶。

2.2.1 屋面防水种类

屋面防水工程一般包括屋面卷材防水、屋面涂膜防水、屋面刚性防水、瓦屋面防水、屋面接缝密封防水。屋面按防水材料性能的不同分类（图 3.2.2.1）；按其防水方法的不同分类（图 3.2.2.2）。

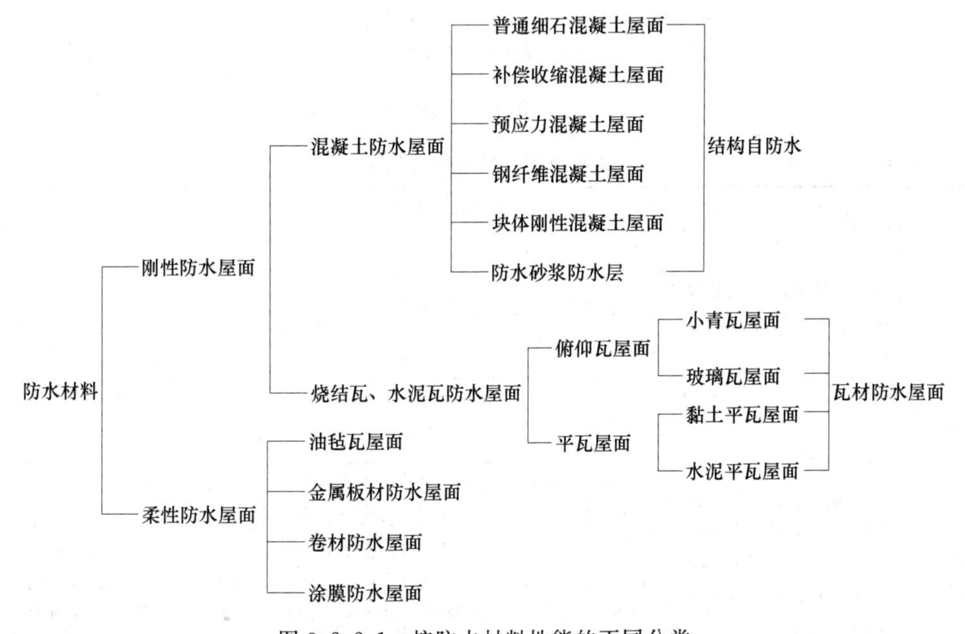

图 3.2.2.1 按防水材料性能的不同分类

2.2.2 屋面防水构造设计

屋面的防水等级分为 4 级，其划分方法详见表 3.2.2.1。屋面防水工程的设计，其主要内容包括屋面构造的设计、防水材料的选用和厚度、屋面各构造层次和屋面坡度的设计等。

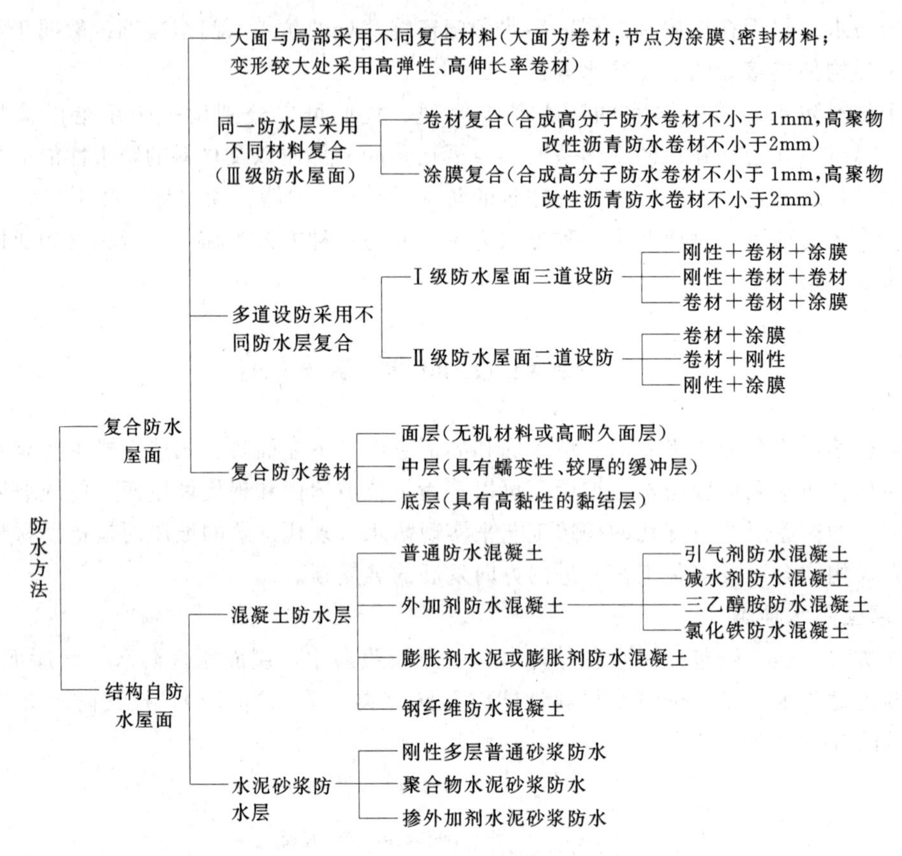

图 3.2.2.2 按防水方法的不同分类

表 3.2.2.1 屋面防水等级和设防要求

项 目	屋面防水等级			
	Ⅰ	Ⅱ	Ⅲ	Ⅳ
建筑物类别	特别重要的民用建筑和对防水有特殊要求的工业建筑	重要的工业与民用建筑、高层建筑	一般的工业与民用建筑	非永久性的建筑
防水层耐用年限	25年	15年	10年	5年
防水层选用材料	宜选用合成高分子防水卷材、高聚物改性沥青防水卷材、合成高分子防水涂料、细石防水混凝土等材料	宜选用高聚物改性沥青防水卷材、合成高分子防水。 卷材、合成高分子防水涂料、细石防水混凝土、平瓦等材料	应选用三毡四油沥青防水卷材、高聚物改性沥青防水卷材、高聚物改性沥青防水涂料、沥青基防水涂料、刚性防水层、平瓦、油毡瓦等	可选用二毡三油沥青防水卷材、高聚物改性沥青防水涂料、波形瓦等材料
设防要求	三道或三道以上防水设防，其中应有一道合成高分子防水卷材；且只能有一道厚度不小于 2mm 的合成高分子防水涂膜	两道防水设防，其中应有一道卷材。也可采用压型钢板进行一道设防	一道防水设防，或两种防水料复合使用	一道防水设防

2.2.2.1 屋面构造设计要点

（1）屋面防水多道设防时，可将卷材、涂膜、细石防水混凝土、瓦等材料复合使用，也可使用卷材叠层。

（2）屋面防水设计采用多种材料复合时，耐老化、耐穿刺的防水层应放在最上面，相邻材料之间应具有相容性。

（3）结构层为装配式钢筋混凝土板时，应用强度等级小于C20的细石混凝土将板缝灌填密实；当板缝宽度大于40mm或上窄下宽时，应在缝中放置构造钢筋；板端缝应进行密封处理。

（4）单坡跨度大于9m的屋面宜作结构找坡，坡度不应小于3%。当材料找坡时，可用轻质材料或保温层找坡，坡度宜为2%。

（5）天沟、檐沟纵向坡度不应小于1%，沟底水落差不得超过200mm；天沟、檐沟排水不得流经变形缝和防火墙。

（6）卷材、涂膜防水层的基层应设找平层，找平层厚度和技术要求应符合表3.2.2.2的规定；找平层应留设分格缝，缝宽宜为5～20mm，纵横缝间距不宜大于6m，分格缝内宜嵌填密封材料。

表3.2.2.2　找平层厚度和技术要求

类　别	基层种类	厚度/mm	技术要求
水泥砂浆找平层	整体现浇混凝土	15～20	水泥：砂体积比1：(2.5～3)，宜掺抗裂纤维
	整体或板状材料保温层	20～25	
	装配式混凝土板	20～30	
细石混凝土找平层	板状材料保温层	30～35	混凝土强度等级C20
混凝土随浇随抹	整体现浇混凝土	—	原浆表面抹平、压光

（7）在纬度40°以北地区且室内空气湿度大于75%，或其他地区室内空气湿度常年大于80%时，若采用吸湿性保温材料做保温层，应选用气密性好的防水卷材或防水涂料做隔气层。隔气层应沿墙面向上铺设，并与屋面的防水层相连接，形成全封闭的整体。

（8）多种防水材料复合使用时，应符合下列规定。

1）合成高分子卷材或合成高分子涂膜的上部，不得采用热熔型卷材或涂料。

2）卷材与涂膜复合使用时，涂膜宜放在下部。

3）卷材、涂膜与刚性材料复合使用时，刚性材料应设置在柔性材料的上部。

4）反应型涂料和热熔型改性沥青涂料，可作为铺贴材性相容的卷材胶黏剂并进行复合防水。

（9）屋面防水层细部构造，如天沟、檐沟、阴阳角、雨水口、变形缝等部位应设置附加层。

（10）涂膜防水层应以厚度表示，不得用涂刷的遍数表示。

（11）卷材、涂膜防水层上设置块体材料或水泥砂浆、细石混凝土时，应在两者之间设置隔离层；在细石混凝土防水层与结构层间也宜设置隔离层。隔离层可采用干铺塑料膜、土工布或卷材，也可采用铺抹低强度等级的砂浆。

(12) 在下列情况中，不得作为屋面的一道防水设防。

1) 混凝土结构层。

2) 喷硬质聚氨酯等泡沫塑料保温层。

3) 装饰瓦以及不搭接瓦的屋面。

4) 隔气层。

5) 卷材或涂膜厚度不符合本规范规定的防水层。

(13) 柔性防水层上应设保护层，可采用浅色涂料、铝箔、粒砂、块体材料、水泥砂浆、细石混凝土等材料；水泥砂浆、细石混凝土保护层应设分格缝。

架空屋面、倒置式屋面的柔性防水层上可不做保护层。

(14) 屋面雨水管的数量，应按现行《建筑给水排水设计规范》(GB 50015—2003) 的有关规定，通过雨水管的排水量及每根雨水管的屋面汇水面积计算确定。

(15) 高低跨屋面设计应符合下列规定。

1) 高低跨变形缝处的防水处理，应采用有足够变形能力的材料和构造措施。

2) 高跨屋面为无组织排水时，其低跨屋面受水冲刷的部位，应加铺一层卷材附加层，上铺300～500mm宽的C20混凝土板材加强保护。

3) 高跨屋面为有组织排水时，雨水管下应加设水簸箕。

2.2.2.2 屋面防水材料选用要求

(1) 屋面防水工程所采用的防水材料应符合环保要求。

(2) 图样应标明防水材料的品种、型号、规格，其主要物理性能应符合《屋面工程技术规范》(GB 50345—2012) 对该材料指标的规定；在选择屋面防水材料、防水涂料和防水密封材料时，应依据《屋面工程技术规范》(GB 50345—2012) 的相关内容来选定；在选择屋面防水材料时，应考虑施工环境的条件和工艺的可操作性。

(3) 在下列情况下，所使用的材料应具有相容性。

1) 防水材料(指卷材、涂料，下同)与基层处理剂。

2) 防水材料与胶黏剂。

3) 防水材料与密封材料。

4) 防水材料与保护层的涂料。

5) 两种防水材料复合使用。

6) 基层处理剂与密封材料。

(4) 根据建筑物的性质和屋面使用功能选择防水材料，除应符合第(2)条的规定外，尚应符合以下要求。

1) 外露使用的不上人屋面，应选用与基层黏结力强和耐紫外线、抗热老化、耐酸雨、耐穿刺性能优良的防水材料。

2) 上人屋面，应选用耐穿刺、耐霉烂性能好和抗拉强度高的防水材料。

3) 蓄水屋面、种植屋面，应选用耐腐蚀、耐霉烂、耐穿刺性能优良的防水材料。

4) 薄壳、装配式结构、钢结构等大跨度建筑屋面，应选用自重轻和耐热性、适应变形能力优良的防水材料。

5）倒置式屋面，应选用适应变形能力优良、接缝密封保证率高的防水材料。

6）斜坡屋面，应选用与基层黏结力强、感温性小的防水材料。

7）屋面接缝密封防水，应选用与基层黏结力强、耐低温性能优良，并有一定适应位移能力的密封材料。

2.2.2.3 屋面防水层的材料厚度要求

卷材防水层及其胶结料的厚度和重量，对保证防水层的质量与耐用年限至关重要。对屋面防水层采用的各类防水材料，在设计时应对其厚度做出规定。

防水层厚度的选用规定见表 3.2.2.3。

表 3.2.2.3 防水层厚度选用规定 单位：mm

屋面防水等级 / 防水材料	Ⅰ	Ⅱ	Ⅲ	Ⅳ
合成高分子防水卷材	≥1.5	≥1.2	≥1.2	—
高聚物改性沥青防水卷材	≥3	≥3	≥4	—
改性沥青防水卷材	—	—	三毡四油	二毡三油
高聚物改性沥青防水涂料	—	≥3	≥3	≥2
合成高分子防水涂料	≥1.5	≥1.5	≥2	—
细石混凝土	≥40	≥40	≥40	—

2.2.2.4 屋面防水层的设计

一种防水材料能够独立成为防水层的称为一道防水层，如采用多层沥青防水卷材的防水层（三毡四油）称为一道卷材防水。

在屋面防水层设计时，对于重要的建筑物可采用多道设防，而对于一般工业和民用建筑，则可以采用一道防水设防，但同时允许两种材料复合使用。

多道设防有两层含义：一是指各种不同防水材料都能独自构成防水层；二是指不同形态及不同材质的几种防水材料的复合使用，如采用防水卷材、防水涂膜、刚性防水材料等三种不同材料复合构成三道防线，也可以为了提高防水整体性能，在不同部位采用复合防水做法，如在节点部位和表面复杂、不平整的基层上采用涂膜防水、密封材料嵌缝，而在平整的大面积上则采用铺贴卷材来防水。因而在多道设防中，实际上包含了复合防水的做法。

目前防水材料有千百种之多，表 3.2.2.4 列出了根据不同屋面防水等级与设防要求将不同防水材料进行组合而成的部分搭配组合资料。

2.2.3 平屋顶防水构造

2.2.3.1 柔性防水屋面基本构造

柔性防水是指将柔性的防水卷材或片材用胶结材料粘贴在屋面上，以形成一个整个屋面范围内大面积的封闭防水覆盖层（图 3.2.2.3）。这种防水层具有一定的延伸性，能适应温度变化而引起的屋面变形。

表 3.2.2.4 屋面防水构造层次组合

屋面防水等级	防水层构造层次	说明
Ⅰ级二道设防	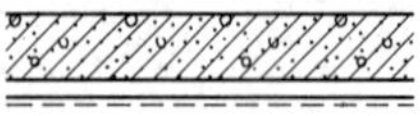	第一道防线是细石混凝土，下面为卷材、涂膜。混凝土有优良的抗穿刺和耐老化性能，对下面两道防水层起保护作用；而柔性防水层有良好的适应基层变形的能力，弥补了刚性防水层易开裂的缺陷，实现了刚柔互补
	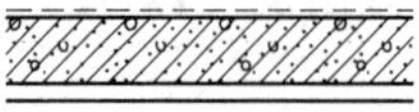	第一道防线是涂膜，下面为细石混凝土、卷材，在混凝土上涂刷涂膜，涂料不仅可封闭混凝土上的毛细孔和微小裂纹，还可防止混凝土风化、炭化，并且便于维修。必要时，可再涂一道防水层
	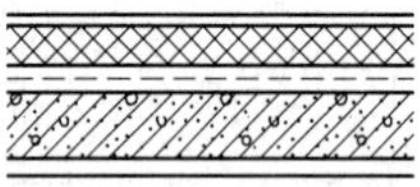	将细石混凝土放在下面，上面做一道防水涂膜，涂膜上做保温层，抹找平层，最上面做卷材防水层。这种做法利用工厂生产的合成高分子卷材作为第一道防线，可充分发挥其耐用年限长的优势
	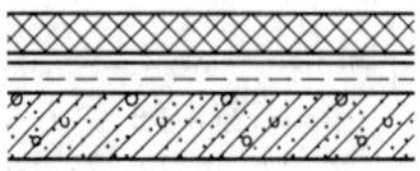	这种做法适用于倒置式屋面。将涂膜、卷材全部做在细石混凝土防水层上，最后做保温层。涂膜可封闭混凝土上的毛细和微裂，卷材可弥补涂膜厚薄不均的缺陷，保温层可防止柔性防水层老化或受冲击、穿刺等问题
Ⅱ级二道设防	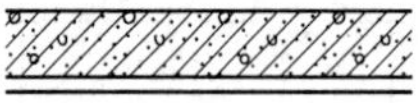	细石混凝土防水层下面是一道 3mm 厚的高聚物改性沥青卷材或 1.2mm 厚的合成高分子卷材。卷材有混凝土保护，可提高防水层的耐用年限
	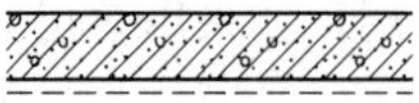	细石混凝土防水层下面为一道 3mm 厚的高聚物改性沥青防水涂膜或 2mm 厚的合成高分子防水涂膜。这种做法利用混凝土防水层防止了涂膜老化或被冲击、穿刺
	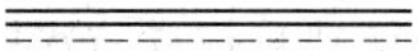	在找平层先做一道 2mm 厚的合成高分子涂膜或 3mm 厚的改性沥青防水涂膜，防水涂膜封闭了所有节点和复杂部位。在防水涂膜上面再铺贴一道 1.2mm 厚的合成高分子卷材或 3mm 厚的改性沥青卷材，这将有利于提高涂膜的耐久性
	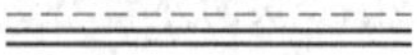	在找平层上先铺贴一道合成高分子卷材或改性沥青卷材，然后在上面涂刷规定厚度的合成高分子卷材涂膜或高聚物改性沥青涂膜。这种做法有利于弥补卷材解封封闭不严的弱点，并且便于维修和重新涂刷
	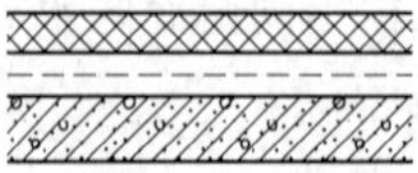	这种做法适用于倒置式屋面，可将卷材或涂膜防水层做在混凝土防水层上，上面再做保温层。由于柔性防水层有保护层的保护，可防止柔性防水层老化或被刺穿，故有利于提高防水层的寿命
	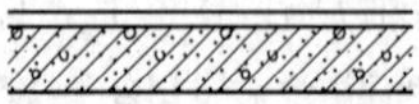	目前有些地区为解决屋面渗漏问题，在原有细石混凝土上防水层上又加上一道卷材防水层。这种做法，用于对原有屋面的处理尚可，但如为新做屋面，由于将耐老化、耐穿刺性能差的材料放在上面，故构造上是不合理的

续表

屋面防水等级	防水层构造层次	说明
Ⅲ级一道复合防水		下面为1.5mm厚的合成高分子涂膜（如聚氨酯涂膜等）或2mm厚的高聚物改性沥青防水涂膜，上面为较薄的卷材（如2mm厚的PVC柔毡、1.2mm厚的合成高分子卷材），复合为一道防水层，其中的防水层涂料，既是一个涂层，又可看成是胶黏剂
		下面为传统的二毡三油，上面为3mm厚的高聚物改性沥青卷材复合。由于上面是一层技术性能好的卷材，提高了防水层抗老化、耐紫外线和耐低温的性能
		下面为1.2mm厚的合成高分子卷材，上面为1mm厚的合成高分子涂膜或2mm厚高聚物改性沥青涂膜，两者复合，上面的涂膜弥补了卷材接缝的弱点，又起到了保护卷材的作用，并且便于维修或重新涂刷
		下面为1.2mm厚的合成高分子卷材，上面为3mm厚高聚物改性沥青卷材，两者复合，大大延长了合成高分子卷材的寿命，且便于维修
		下面为3mm厚的高聚物改性沥青卷材，上面为1.2mm厚的合成高分子卷材，两者复合，改性沥青卷材受到保护，延长了寿命，甚至可与合成高分子卷材同步老化

注 细石混凝土防水层；———卷材防水层；----涂膜防水层；保温层。

过去，我国一直沿用沥青油毡作为屋面的主要防水材料，这种材料的特点是造价低、防水性能较好，但需要热施工，易污染环境，又因材料低温脆裂、高温软化流淌的特点，使用寿命较短。为了改变这种落后情况，现已出现一批新型卷材或片材防水材料，如三元乙丙橡胶、氯化聚乙烯、铝箔塑胶、橡塑共混等高分子防水卷材，还有加入聚酯、合成橡胶等制成的改性沥青油毡等。它们的优点是冷施工、弹性好、寿命长，现已在一些工程中逐步推广使用。

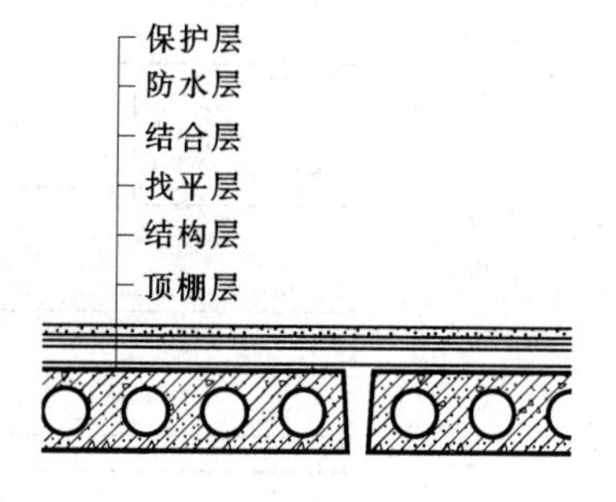

图3.2.2.3 柔性防水屋面构造

由于沥青油毡防水屋面在目前仍被普遍应用，并且这种屋面在构造处理上也具有典型性，所以在这里仍以其为主进行介绍。

沥青油毡防水屋面一般由四部分组成，即找平层、结合层、防水层、保护层等。

1. 找平层

油毡防水卷材应铺设在表面平整的基层上，以避免防水层出现破裂而造成渗漏，处理的办法是在保温层或结构层（屋顶无保温要求时）上面做1∶3水泥砂浆找平层，找平层的厚度为15～25mm（抹在结构层或块状保温层上时可做得薄一些，抹在松散材料的保温层上时则应适当地加厚，如20～30mm厚），待找平层表面干燥后再做下一步处理。

2. 结合层

由于油毡防水层中的沥青在涂刷时温度高，稠度大，与水泥砂浆找平层的材质不同，且两者的温度差很大（约在250℃以上），热沥青遇到冷的水泥砂浆表面时会迅速地在找平层表面凝固，使两者不易黏结牢固。处理的办法是在找平层与防水层之间设冷底子油结合层。冷底子油的制法是用煤油或汽油稀释沥青，不需要加热熬制，在常温下施工，将其涂刷于找平层上，由于冷底子油的稠度小，与水泥砂浆找平层无温差，因此，既可容易渗透到水泥砂浆找平层的毛细孔中，又能和防水层的热沥青良好地黏合，有效地解决了水泥砂浆找平层与油毡防水层之间的黏结牢固要求。

3. 防水层

油毡防水层是由沥青胶结材料和油毡卷材交替黏合而形成的整体防水覆盖层。它的粘贴顺序是：热沥青→油毡→热沥青→油毡→热沥青……由于沥青胶结材料粘附在卷材的上下表面，所形成的薄层既是黏结层，又能起到一定的防水作用。因此，构造上常将一毡二油（油指热沥青）称为三层做法，二毡三油称为五层做法，还有七层、九层做法等。

油毡卷材的层数主要与建筑物的性质和屋面坡度大小有关。一般情况下，屋面防水层铺两层油毡卷材，在两层油毡的上、中、下表面共涂浇三层热沥青交替黏结。特殊情况或重要部位或严寒地区的屋面铺三层油毡卷材，共涂浇四层热沥青交替黏结。前者即二毡三油做法，后者为三毡四油做法。

平屋顶铺贴油毡卷材，一般有垂直屋脊和平行屋脊两种做法。通常采用平行屋脊铺设的较多，即从屋檐处开始平行于屋脊由下向上铺贴，上下边（即油毡长边）搭接70～120mm，左右边（即油毡短边）搭接100～150mm，并在屋脊处用整幅油毡压住两侧坡面油毡（图3.2.2.4）。

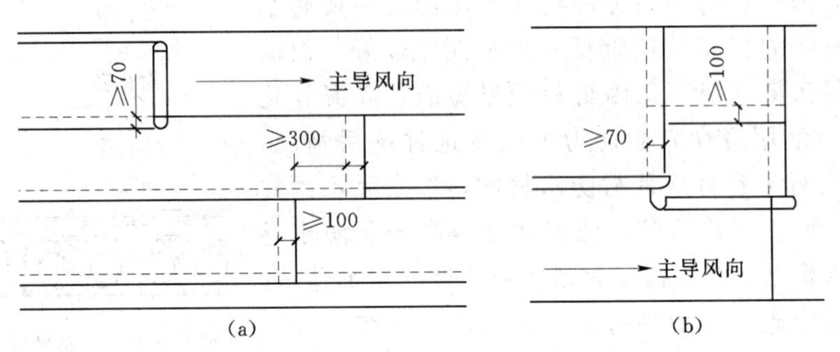

图3.2.2.4 油毡铺贴方向与搭接做法

(a) 油毡平行屋脊铺贴；(b) 油毡垂直屋脊铺贴

为了防止沥青胶结材料因厚度过大而发生龟裂，涂刷的每层热沥青的厚度，一般应控制在1～1.5mm以内。

为保证油毡卷材屋面的防水效果，在铺贴油毡时，必须要求基层干燥，否则，基层的湿气将存留在油毡卷材下；另外，室内水蒸气也有可能透过结构层和保温层而渗入油毡卷材下。这两种情形下的水蒸气在太阳辐射热的作用下，将汽化膨胀，从而导致油毡卷材起鼓，鼓泡的皱褶和破裂将使屋面漏水。因此，除了在屋面防水层施工时要求基层干燥外，还应在屋面构造设计中采取相应的防范措施，如在湿度大的房间（浴室、厨房等）屋顶增设隔气层；也可以在油毡防水层下形成一个能使水蒸气扩散的通道，如在铺粘第一层油毡时，将黏结材料热沥青涂刷成点状或条状（俗称花油法）（图3.2.2.5），沥青点与条之间的空隙即作为排汽的通道，排汽通道应纵横连贯，且通道的方向应通向排汽出口，排汽出口应设在屋面最高的分水线上，排汽出口的数量按每 36m² 设置一个。

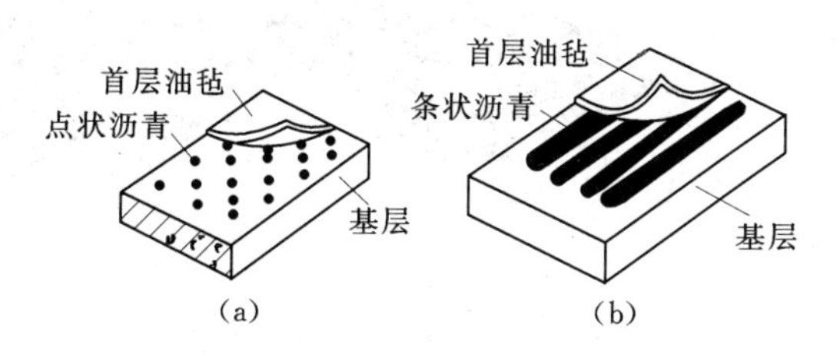

图 3.2.2.5 基层与防水卷材之间的蒸气扩散层

(a) 点状粘贴；(b) 条状粘贴

4. 保护层

沥青油毡防水层的表面呈黑色，最易吸热，夏季时防水层表面温度可达到 60～80℃，沥青会因高温而软化流淌。由于温度不断变化，油毡防水层很容易老化，从而缩短使用寿命。

为了防止沥青软化流淌（沥青软化点一般为 40～60℃），延长油毡防水层的使用寿命，需要在防水层上面设置保护层，以达到隔热降温的目的。由于建筑物的屋面有上人和不上人之分，为了避免上人屋面上人的行走踩踏对防水层的损害，保护层的做法也分为上人和不上人两种。

不上人屋面保护层主要有两种做法：一是小豆石保护层，其做法是在油毡防水层最后一层热沥青涂刷后，满粘一层 3～6mm 粒径的小豆石，俗称绿豆砂。小豆石色浅，能够反射太阳辐射热，降低屋顶表面的温度，价格较低，并能防止对油毡防水层碰撞（因屋面检修上人等）引起的破坏，但其自重大，增加了屋顶的荷载。二是刷银色着色剂涂料等做保护层。例如铝银粉涂料保护层，它是由铝银粉、清漆、熟桐油和汽油调配而成，将它直接涂刷在卷材防水层表面，可形成一层银白色涂料层，类似金属面的光滑薄膜，不仅可以降低屋顶防水层表面温度 15℃以上，还有利于排水，且由于厚度较薄、自重较小，综合造价也不高，目前在新型卷材防水屋面上得到广泛的应用。

上人屋面保护层有现浇混凝土和铺贴块材保护层两种做法。前者一般是在防水层上浇筑 30～60mm 厚的细石混凝土做保护面层，每 2m 左右设一分格缝（也称分仓缝）；缝内用沥青油膏嵌满。后者一般用 20mm 厚的水泥砂浆或干砂层铺设预制混凝土板或大阶砖、水泥花砖、缸砖等。还可将预制板或大阶砖架空铺设以利通风（图 3.2.2.6）。以上做法较好地解决了上人屋面的要求，降低了卷材防水层的表面温度，起到了保护卷材防水层的作用。

2.2.3.2 柔性防水屋面节点构造

在保证防水卷材的产品质量和防水屋面的施工质量的前提下，在柔性卷材防水屋面的大面积范围内发生渗漏的可能性是比较小的。最容易出现渗漏的部位多在防水构造的结合部位，如屋面与墙面防水层结合处（包括女儿墙泛水和挑檐沟处）、屋面变形缝处、雨水口处、高出屋面的烟囱根部等部位，所有这些节点部位都具有一个共同的特点，它们部位于卷材防水层的边缘部位，如果处理不好极易发生渗漏，所以，节点防水设计是屋面防水设计的重点。

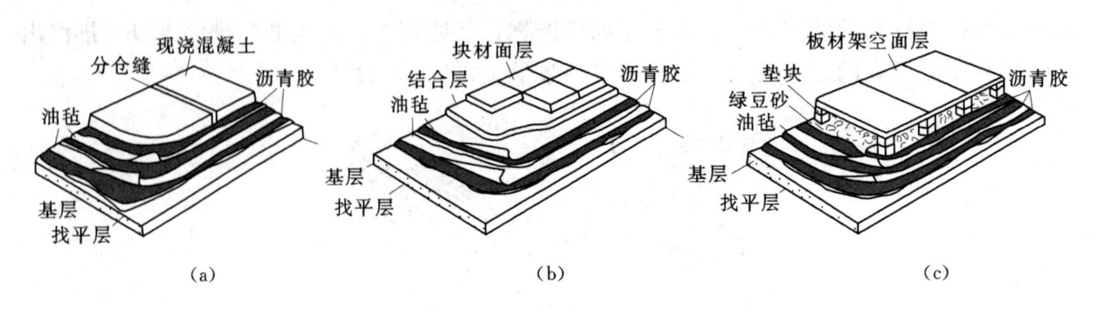

图 3.2.2.6　油毡防水上人屋面

(a) 现浇混凝土面层；(b) 块材面层；(c) 板材架空层

1. 泛水构造

凡是屋面与高出屋面的墙面结合部位的防水构造处理都可称为泛水构造，如女儿墙与屋面、烟囱与屋面、高低屋面之间的墙与屋面等的结合部位的构造。

平屋顶的坡度较小，排水缓慢，屋面滞水时间长，因此屋顶泛水部位应允许有一定的囤水量，也就是泛水要具有足够的高度，以防止短时间囤积的雨水漫过泛水上口而造成屋顶渗漏。泛水高度应从积水面算起。一般要求在迎水面处的泛水高度 h 不小于 250mm，屋面坡度较大时则应不小于 300mm；在背水面处的泛水高度不应小于 150mm（图 3.2.2.7）。屋面与墙的结合部位，应先用水泥砂浆或细石混凝土抹成圆弧（$R=50\sim100$mm）或钝角（大于 135°）以防止在粘贴卷材时因直角转弯而折断或不能铺实，然后再刷冷底子油铺贴卷材。为了增强泛水处的防水能力，应将泛水处的卷材与屋面卷材连续铺贴，并在该结合部位加铺一层油毡。

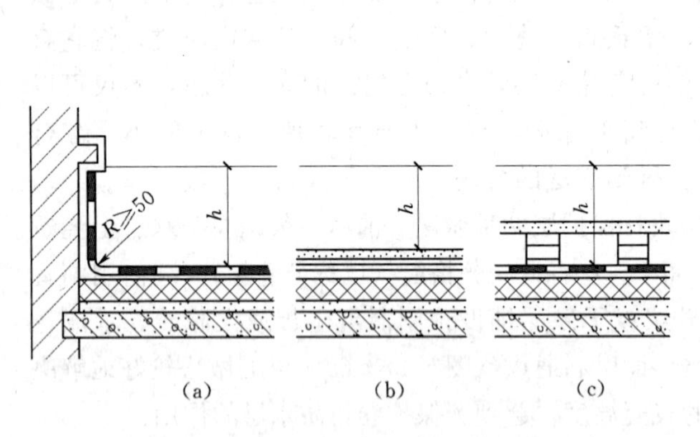

图 3.2.2.7　泛水高度的起止点

(a) 不上人屋面；(b) 上人屋面；(c) 架空屋面

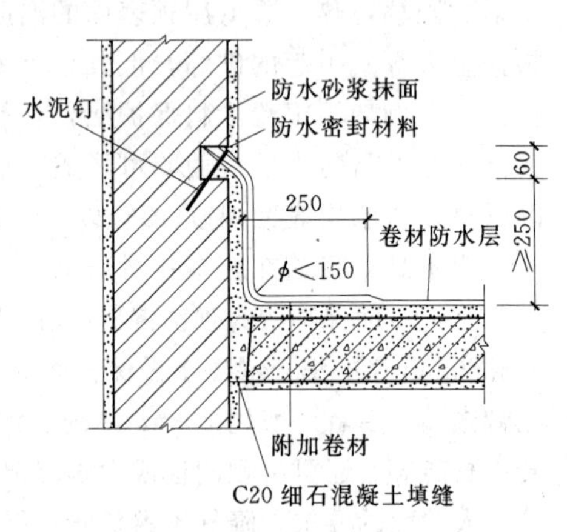

图 3.2.2.8　卷材防水屋面泛水构造

油毡卷材粘贴在泛水墙面的收口处，极易脱口渗水。为了压住油毡卷材的收口，通常有钉木条、压铁皮、嵌砂浆、嵌油膏、压砖块、压混凝土和盖镀锌铁皮等处理方式。除盖镀锌铁皮者外，一般在泛水上口处均应挑出 1/4 砖长（即 60mm）或利用女儿墙钢筋混凝土压顶的挑口，并抹水泥砂浆斜口或做滴水槽，以防止雨水顺立墙流进油毡收口处引起漏水（图 3.2.2.8）。

2. 挑檐构造

油毡防水屋面的挑檐一般有自由落水檐口和有组织排水檐沟。在挑檐构造中，油毡防水层在收头处的处理仍是防水设计的重点。

在自由落水檐口中，为使屋面雨水迅速排除，一般在距檐口 0.2～0.5m 范围内的屋面坡度不宜小于 15%。檐口处用 1∶3 水泥砂浆抹面，并要做出滴水槽。卷材收头处采用油膏嵌缝，上面再粘绿豆砂保护，以避免油毡卷材的收头处出现渗水（图 3.2.2.9）。

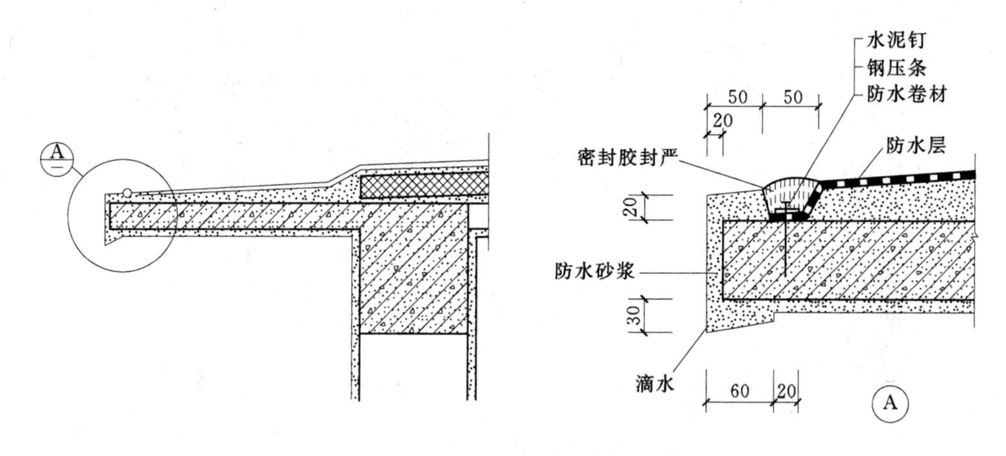

图 3.2.2.9　无组织排水挑檐口构造

带挑檐沟的檐口，其檐沟内要加铺一层油毡。檐口油毡收头处可采用砂浆压毡、油膏压毡或先插铁卡住再用砂浆或油膏压毡的方法处理（图 3.2.2.10）。用砂浆压毡时，要求檐沟垂直面外抹灰和护毡层抹灰的接缝处于最高点，均应将油毡压住。檐口下应抹出滴水槽。

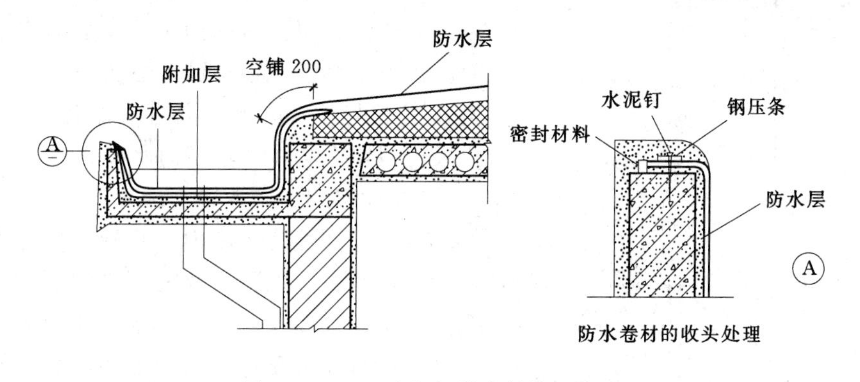

图 3.2.2.10　有组织排水挑檐口构造

3. 雨水口构造

雨水口可分为檐沟或天沟底部的水平雨水口和设在女儿墙上的垂直雨水口两种。雨水口应尽量比屋面或檐沟面低一些，有找坡层或保温层的屋面，可在雨水口直径 500mm 范围内减薄，形成漏斗形，使之排水通畅，避免堵塞、积水和渗漏。雨水口通常是定型产品，分为直管式和弯管式两类：直管式适用于中间天沟、挑檐沟和女儿墙内排水天沟的水平雨水口；弯管式则适用于女儿墙的垂直雨水口。

直管式雨水口一般用铸铁或钢板制造，有各种型号，根据降雨量和汇水面积进行选择（图3.2.2.11）。图中所示的65型铸铁雨水口是由套管、环形筒、顶盖底座和顶盖几部分组成。将套管安装在天沟底板或屋面板上，各层油毡和为了防止漏水在此处多贴的一层附加油毡均粘贴在套筒内壁上，并在表面涂上沥青玛𤥆脂，再用环形筒嵌入套管，将油毡压紧，油毡的嵌入深度不小于100mm。环形筒与底座的接缝用油膏嵌封。

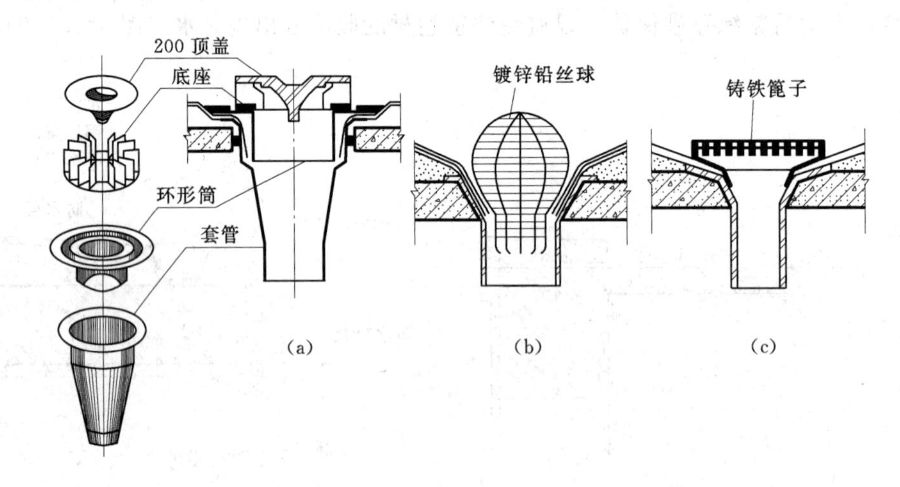

图3.2.2.11 直管式雨水口构造
（a）铸铁雨水口；（b）镀锌铅丝球雨水口；（c）铸铁篦子雨水口

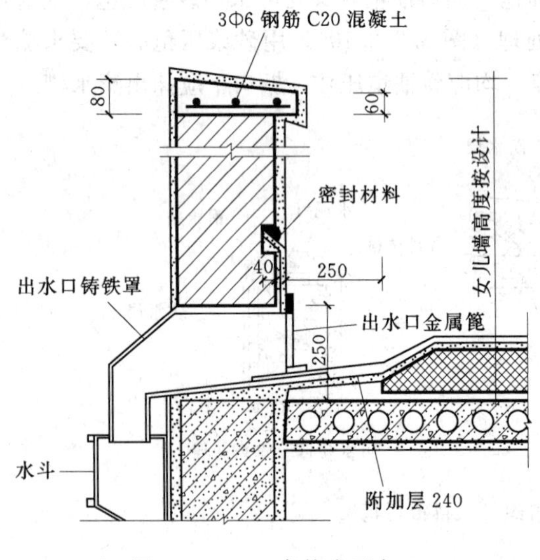

图3.2.2.12 弯管式雨水口

弯管式雨水口呈90°弯曲状，多用铸铁或钢板制成，它由弯曲套管和铁篦子两部分组成（图3.2.2.12）。将弯曲套管置于女儿墙预留孔洞中，屋面防水层油毡和泛水油毡应铺粘到套管内壁四周，其深度不小于100mm。套管口用铸铁篦子遮盖，以防杂物进入堵塞雨水口。

2.2.3.3 刚性防水屋面基本构造

刚性防水屋面，是指采用防水砂浆抹面或密实混凝土浇捣而成的刚性材料做防水层的屋面。由于防水砂浆和防水混凝土的抗拉强度低，属于脆性材料，故称为刚性防水屋面。这种屋面的主要优点是构造简单、施工方便、节约材料、造价经济、维修较为方便。它的缺点是由于施工技术要求比较高，如果处理不好极易产生裂缝而造成渗漏，对结构变形和温度变化比较敏感。由于南、北方地区的气候差异，北方地区气候干燥，日温差较大，而南方地区气候湿润、日温差较小，南方地区的气候条件更能适应刚性防水屋面对环境的要求，因而，刚性防水屋面主要用于南方地区。另外，混凝土刚性防水屋面也不宜用于有高温、振动大和基础有较大不均匀沉降的建筑中。

1. 刚性防水层的防水构造（图 3.2.2.13）

在普通水泥砂浆和普通混凝土施工时，为了保证其浇筑质量，用于拌合砂浆和混凝土的水的用量往往要超过水泥水凝过程所需的用水量，多余的水在砂浆和混凝土的硬化过程中，逐渐蒸发形成许多空隙和互相连贯的毛细管网；另外，过多的水分在砂石骨料表面会形成一层游离的水，相互之间也会形成毛细通道。同时，砂浆和混凝土收水干缩时也会产生表面开裂。当有水作用时，这些毛细管网和裂缝就形成了渗水的通道。由此可见，普通水泥砂浆和普通混凝土是不能作为屋面的刚性防水层的，而必须采取必要的防水构造措施，才能达到屋面刚性防水层的要求。这些措施包括添加防水剂和微膨胀剂、提高砂浆和混凝土的密实性等。

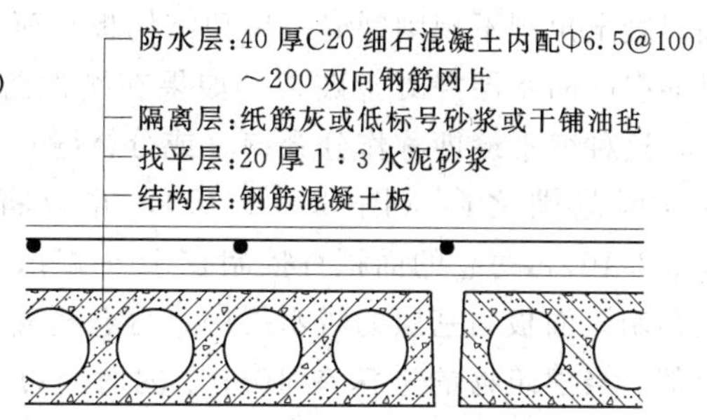

图 3.2.2.13　刚性防水屋面构造

防水剂是由化学原料配制而成的，通常为憎水性物质、无机盐或不溶解的肥皂，如硅酸钠（水玻璃）类、氯化物或金属皂类制成的防水粉或浆。防水剂掺入砂浆或混凝土后，能与之生成溶性物质，填塞毛细孔道，形成憎水性壁膜，以提高其密实性。另外，在普通水泥中掺入少量的矾土水泥和二水石粉等所配制的细石混凝土，在结硬时产生微膨胀效应，抵消混凝土的原有收缩性，以提高抗裂性能。为了提高砂浆和混凝土的密实性，还应该注意控制水灰比，并加强浇筑时的震捣，在混凝土初凝前，用铁磙对其表面进行辗压，使余水压出，初凝后加少量干水泥，待收水后用铁板压平、表面打毛，然后盖席浇水养护，从而提高面层密实性和避免表面的龟裂。

2. 刚性防水屋面的变形及其应对措施

刚性防水屋面的最严重问题是防水层在施工完成后出现裂缝和漏水。裂缝的原因很多，有气候变化和太阳辐射引起的屋面热胀冷缩；有屋顶结构板受力后的挠曲变形；有墙身座浆收缩、地基沉陷、屋顶结构板徐变以及材料收水干缩等对防水层的影响。其中最常见的原因是屋顶在室内外、早晚、冬夏由于太阳辐射等气候因素所产生的温差而引起的胀缩、移位、起翘和变形。为了应对屋顶的变形，保证刚性防水层的防水效果，常采用防水层配置抗裂钢筋、设置分仓缝、结构层与防水层之间设置隔离浮筑层、设置滑动结构支座等处理措施。

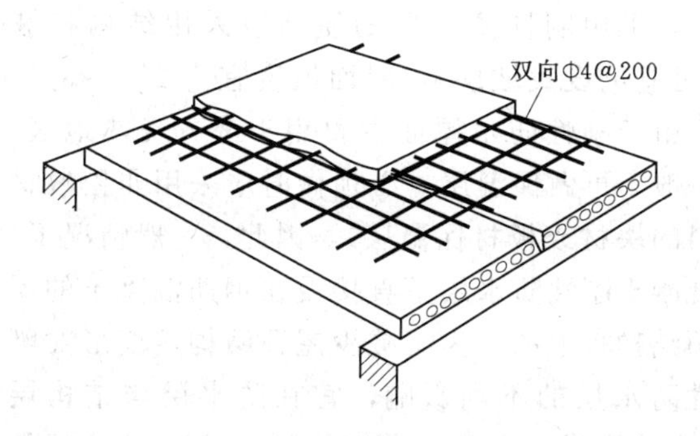

图 3.2.2.14　细石混凝土配筋防水屋面

刚性防水层采用不低于 C25 的细石混凝土整体现场浇筑，其厚度不宜小于 40mm，为了提高防水层的抗裂和适应变形的能力，应在其中配置 φ 3 @ 150 或 φ 4@200 的双向钢筋网片。由于裂缝易在面层出现，钢筋网片宜置于中层偏上，使上面有 10mm 保护层即可（图 3.2.2.14）。

大面积的整体现浇混凝土防水层受外界温度的影响会出现热胀冷缩，导致防水层混凝土出现不规则裂缝；屋顶结构板在荷载作用下产生挠曲变形，板的支承端翘起，也可能引起防水层混凝土破裂。如果在刚性防水层设置变形缝，便可有效地避免裂缝的产生，这种变形缝即称作分仓缝（或分格缝）。分仓缝的间距应控制在屋面温度年温差变形的许可范围之内（图 3.2.2.15），并应将其位置设置在结构变形的敏感部位（图 3.2.2.16），每仓的面积宜控制在 15～25m^2 之间，分仓缝的间距宜控制在 3～5m 之间。在预制屋面板为基层的防水层中，分仓缝应设置在支座轴线处和支承屋面板的墙和大梁的上部。当建筑物的进深在 10m 以内时，可在屋脊处设置一道纵向分仓缝；当进深大于 10m 时，需在坡面某一板缝处再设一道纵向分仓缝（图 3.2.2.17）。分仓缝的宽度宜为 20mm 左右，为了满足防水和适应变形的要求，分仓缝内应填嵌沥青麻丝等弹性材料，并用厚度为 20～30mm 的防水油膏填嵌缝口，或粘贴油毡防水条。

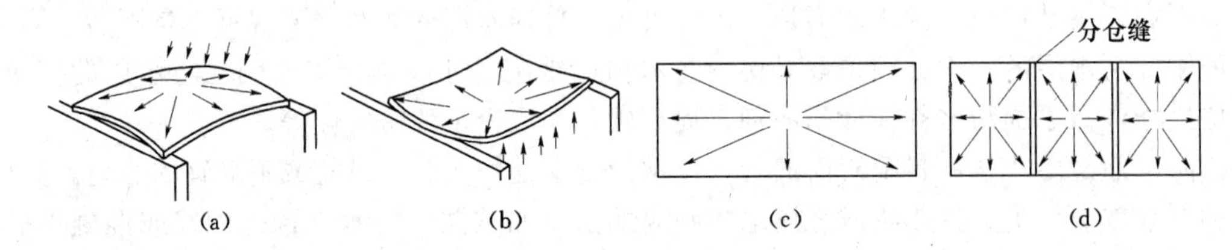

图 3.2.2.15 刚性防水屋面的分仓缝

(a) 阳光辐射下，屋面内外温度不同，出现起鼓状变形；(b) 室外气温低，室内温度高，出现挠曲状变形；(c) 长形屋面温度引起内应力变形大；(d) 设分仓缝后，内应力变形变小

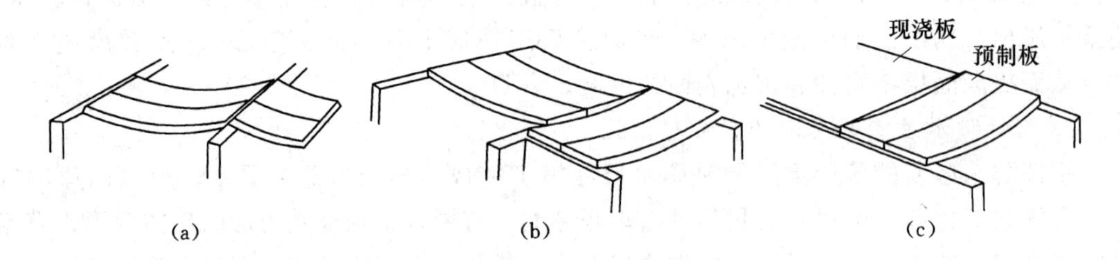

图 3.2.2.16 结构变形的敏感部位

(a) 屋面板支撑的起翘；(b) 屋面板搁置方向不同，翘度不同；(c) 现浇板与预制板扰度不同

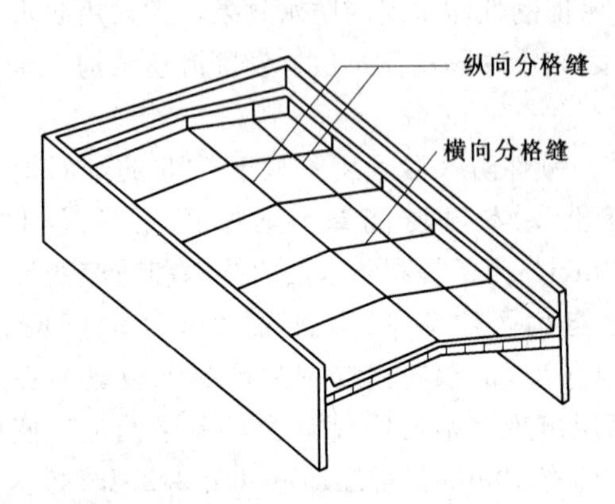

图 3.2.2.17 分仓缝的位置

考虑到刚性防水屋面不适用于设在松散材料的基层（如找坡层和松散材料保温层等）之上，采用刚性防水层的屋顶应采用结构找坡（可避免设找坡层），屋面坡度宜为 2%～3%；又由于刚性防水屋面主要用于南方炎热地区，一般不再做保温层（必须做时应采用非松散材料的块材或板材保温层），因此，一般情况下，混凝土刚性防水层是直接设在钢筋混凝土的屋顶结构板上的。为了减少屋顶结构层变形对刚性防水层的不利影响，宜在防水层与结构层（或其他刚性基层）之间设置隔离层（也叫浮筑

层）。结构层在荷载作用下产生挠曲变形，在温度变化时产生胀缩变形；结构层一般比防水层厚，其刚度相应比防水层大，当结构层产生变形时，紧贴着结构层的防水层必然会被拉裂。所以，在它们之间做一隔离层，使上、下分离以适应各自的变形，避免屋面漏水，是非常必要的。隔离层可采用纸筋灰、强度等级较低的砂浆或薄砂层上干铺一层油毡等做法。如果刚性防水层的抗裂性能有充分的保证时，也可不设隔离层。

为了减少结构层变形对防水层的不利影响，屋顶结构板的支承处可做成活动支座。例如，可在墙或梁顶上先用水泥砂浆找平，干铺两层油毡，中间夹滑石粉；然后再放置预制屋面板（图 3.2.2.18）。屋面板顶端之间及与女儿墙之间的端缝用弹性材料填嵌。如为现浇屋顶结构板也在支承处做滑动支座。

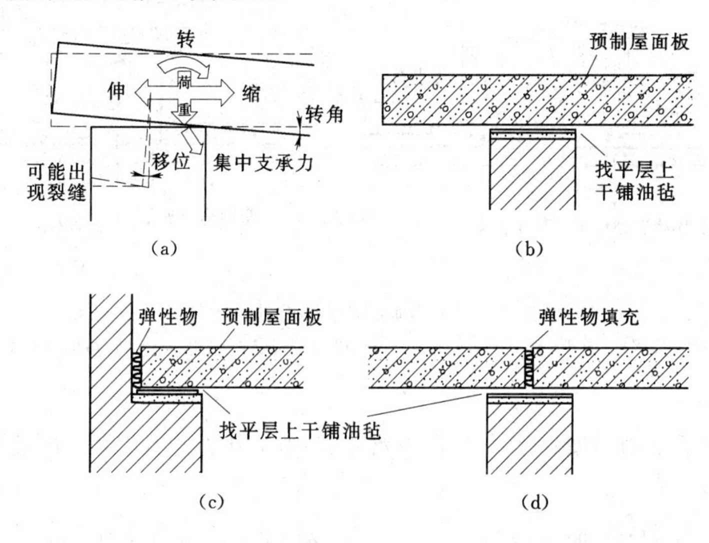

图 3.2.2.18 刚性防水层设置滑动结构支座构造
(a) 屋面板支座处变形示意；(b) 出檐屋面板滑动支座；
(c) 带女儿墙滑动支座；(d) 内墙滑动支座

2.2.3.4 刚性防水屋面节点构造

与柔性卷材防水屋面一样，混凝土刚性防水屋面也应把屋面泛水、挑檐、雨水口等节点部位进行重点处理。卷材防水屋面与刚性防水屋面相比较的话，两者节点部位的防水构造原理是一样的，所以，很多具体的构造要求是相同的（例如泛水的最小高度要求等）。但是，由于两者的防水材料性质相异，在一些具体的细部处理方式上又有所区别。理解和掌握这些异同点，是十分必要的。

1. 泛水构造（图 3.2.2.19）

刚性防水屋面的泛水构造要点与卷材防水屋面大体相同，即泛水应有足够的高度，一般为迎水面不少于 250mm，背水面不少于 150mm，防水层内的抗裂钢筋网片也应沿泛水同时上弯。泛水与屋面防水层应一次浇筑完成，不留施工缝，以免形成渗漏，转角处浇成圆弧形。泛水上口也应有挡雨措施，并做滴水槽处理。刚性防水屋面泛水构造与卷材防水屋面泛水构造相比也有特殊性，即泛水与突出屋面的结构物（女儿墙、烟囱等）之间必须留分仓缝，避免因两者变形不一致而使泛水开裂造成渗漏。

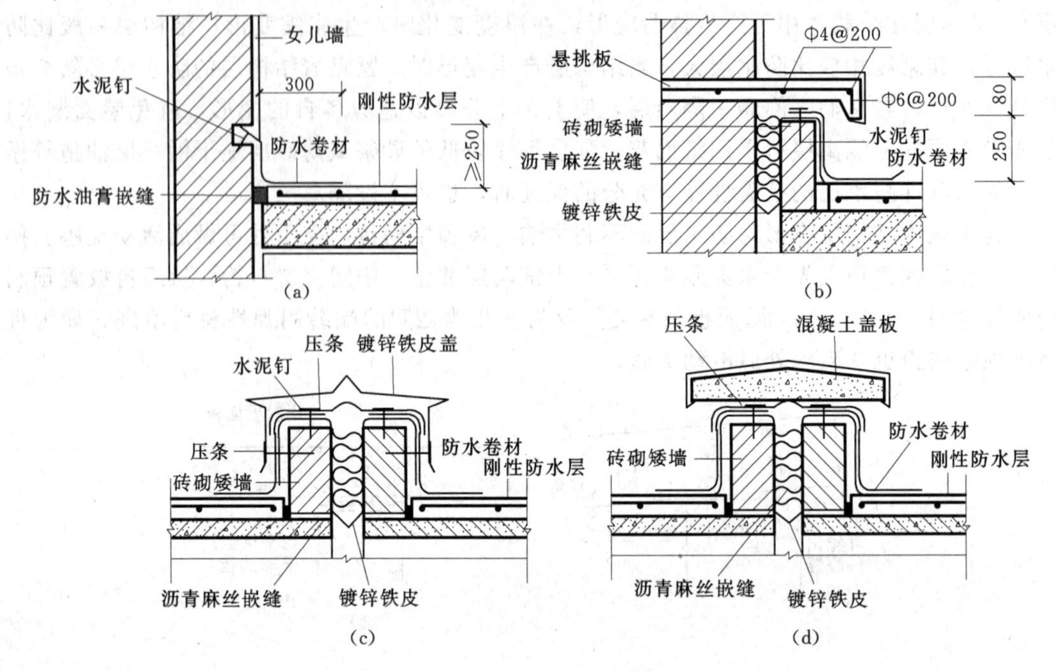

图 3.2.2.19 刚性防水屋面的泛水构造

(a) 女儿墙泛水；(b) 高低屋面变形缝泛水；(c) 横向变形缝泛水之一；(d) 横向变形缝泛水之一

2. 挑檐构造

刚性防水屋面常用的檐口形式有自由落水挑檐（图 3.2.2.20）、有组织排水挑檐沟、女儿墙外排水檐沟等。

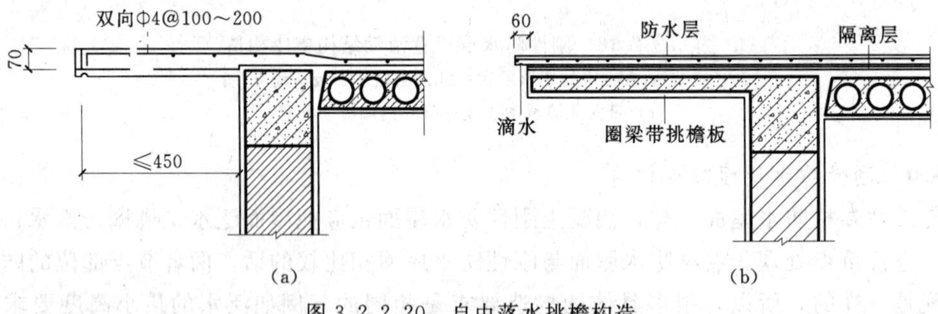

图 3.2.2.20 自由落水挑檐构造

(a) 现浇挑檐板；(b) 圈梁带挑檐板

3. 雨水口构造

刚性防水屋面的雨水口常见的有两种，一种是用于檐沟或内排水天沟的雨水口，另一种是用于女儿墙外排水的雨水口。前者为直管式（图 3.2.2.21），后者为弯管式（图 3.2.2.22）。在屋面防水层与雨水口的接缝处应填嵌防水油膏，并向雨水口内接铺长度不少于 100mm 的附加油毡，以加强防水效果。

2.2.3.5 粉剂防水屋面基本构造

粉剂防水屋面是以硬脂酸钙为主要原料，通过特定的化学反应组成的复合型粉状防水材料的防水屋面，又称拒水粉防水屋面（图 3.2.2.23）。它完全打破了传统的防水方式，

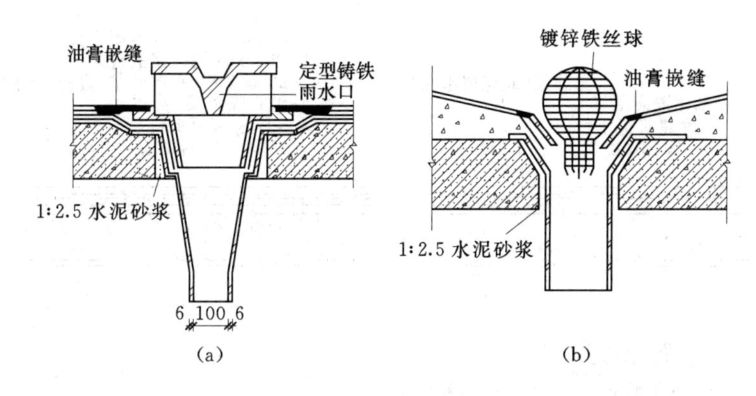

图 3.2.2.21 直管式雨水口

(a) 65 型雨水口；(b) 铸铁雨水口

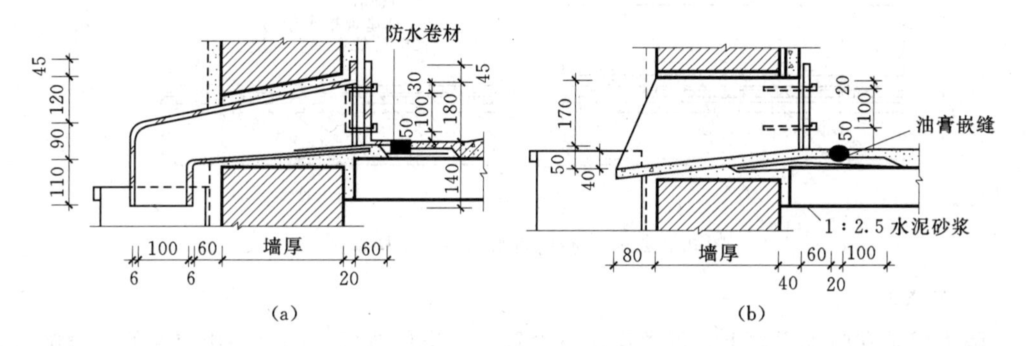

图 3.2.2.22 女儿墙外排水的雨水口构造

是一种既不同于柔性卷材防水，也不同于刚性防水的新型防水形式。这种粉剂组成的防水层透气而不透水，有极好的憎水性和随动性，施工简单、快捷、方便。

1. 找平层

为了使防水层有一个平整的基层，可用 1∶3 水泥砂浆在屋顶结构板上做找平层，厚度不少于 20mm。

2. 防水层

防水层是由憎水性极强的粉状材料——拒水粉铺成，其厚度一般为 5～7mm。当遇到檐沟、天沟、泛水、变形缝等薄弱部位时，防水层的厚度应适当加厚，以保证防水效果。

3. 保护层

保护层是为了防止粉剂防水层在使用过程中受外力影响而破坏其防水功能，如风吹、雨冲、上人活动、物体碰撞等，同时还起到屋面排水和减缓防水层老化的作用。根据屋面的使用功能不同，保护层做法可分为两大类，即块材铺贴类和整浇类。

块材铺贴类常用水泥砖、缸砖、黏土砖或预制混凝土板等。选用规格小、料薄的块材时，在铺贴时先抹 20mm 厚 1∶3 水泥砂浆进行找平，然后再用 1∶3 水泥砂浆铺贴；选用规格大、较厚的板材时，可直接用 1∶3 水泥砂浆坐浆，以铺贴平整为准。

整浇类做法通常采用细石混凝土或水泥砂浆。混凝土厚度为 30～40mm，水泥砂浆厚 20～30mm。整浇类做法的保护层为防止开裂要设分仓缝。

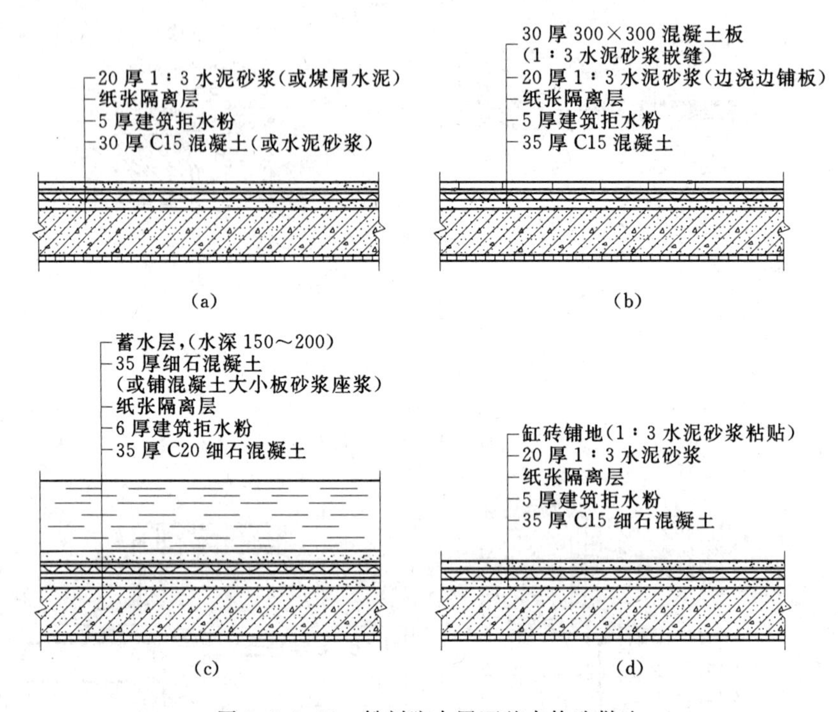

图 3.2.2.23　粉剂防水屋面基本构造做法

4. 隔离层

隔离层是在防水层之上、保护层之下设置的一道构造层。一般采用成卷的普通纸或无纺布铺盖于防水层之上，其作用是防止在做保护层时，冲散粉状防水层，破坏防水层的连续状态。

2.2.3.6　粉剂防水屋面节点构造

1. 分仓缝（图 3.2.2.24）

分仓缝设置的原则与刚性防水屋面相同。

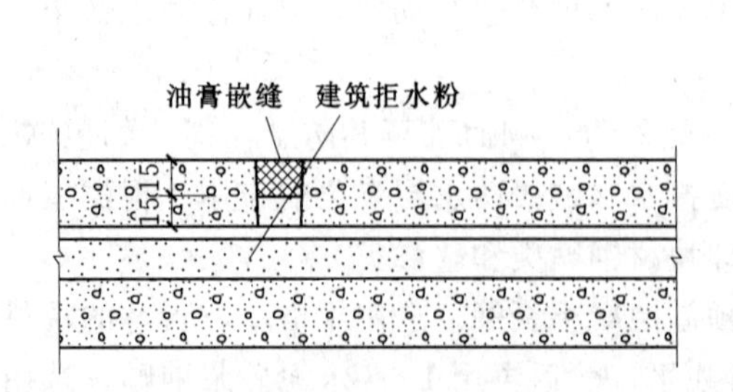

图 3.2.2.24　粉剂防水屋面分仓缝节点

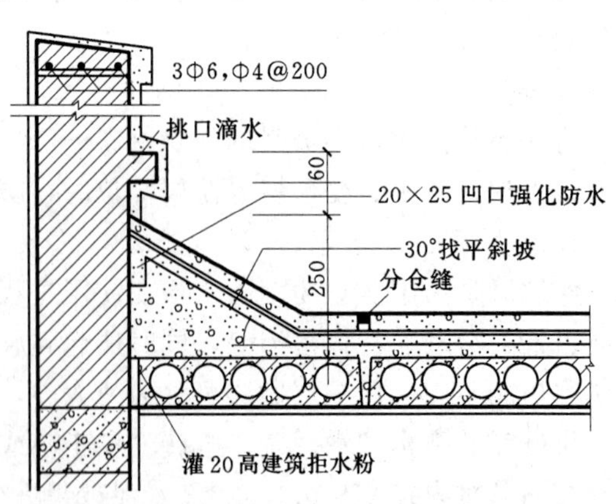

图 3.2.2.25　粉剂防水屋面泛水构造

2. 泛水构造（图 3.2.2.25）

泛水构造与刚性防水屋面大体相同。

3. 挑檐构造（图 3.2.2.26）

粉剂防水屋面的挑檐形式常用的有自由落水挑檐和有组织排水的挑檐沟。

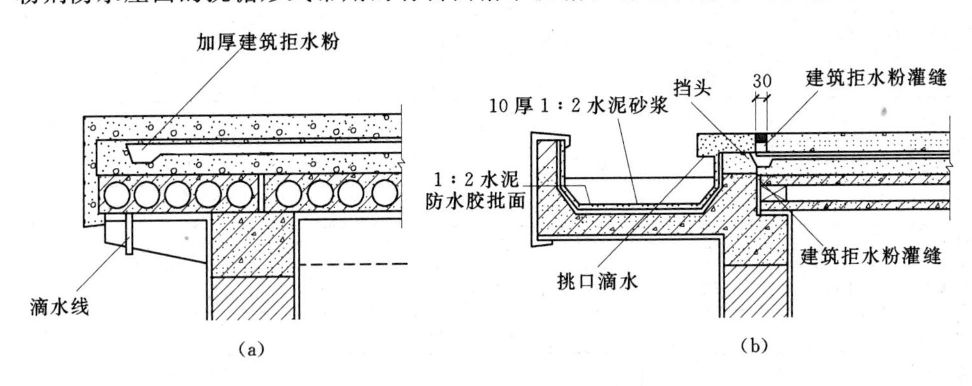

图 3.2.2.26 粉剂防水层屋面挑檐构造

(a) 自由落水挑檐；(b) 有组织排水挑檐构造

4. 雨水口构造

雨水口的类型和构造措施与刚性防水屋面的雨水口做法相同。

2.2.4 坡屋顶防水构造

2.2.4.1 平瓦屋面基本构造

平瓦的外形是根据防水和排水的需要而设计的，一般尺寸为 380～420mm 长，240mm 左右宽，50mm 厚，净厚约为 20mm。为了防止瓦的下滑，平瓦背面设有突出的挡头，可以挂在挂瓦条上。挡头上穿有小孔，在风速大的地区或屋面坡度较大时，可以用铅丝把平瓦系扎在挂瓦条上，防止被风吹起或下滑。其他还有水泥瓦、硅酸盐瓦，均属此类平瓦，但形状与尺寸稍有不同。

平瓦屋面按瓦的布置方式可以分为冷摊瓦屋面、望板平瓦屋面、挂瓦板平瓦屋面等，详见第 2 篇第 5 章坡屋顶构造。此类屋面多用于民国时期，由于保温隔热防水性差，目前已不经常使用。

2.2.4.2 波形瓦屋面基本构造

波形瓦可用石棉水泥、塑料、玻璃钢或金属等材料制成，多用于不需保温和隔热的一般建筑中，尤其在单层工业厂房中得到较广泛的应用。石棉水泥波形瓦具有自重轻、规格大、施工简便、造价较低、防火、耐腐蚀等优点，缺点是强度较低、较脆，温度变化较大时易碎裂；玻璃钢波形瓦和塑料波形瓦，不但自重轻，而且强度高，透光性好，可以兼做屋顶采光天窗；金属材料波形瓦具有自重轻、抗震性好、防水好等优点。在波形瓦防水屋面中应用较多的有石棉水泥波形瓦、镀锌铁皮波形瓦和压型钢板瓦等。

1. 石棉水泥波形瓦防水屋面

石棉水泥波形瓦的规格有大波瓦、中波瓦、小波瓦 3 种（表 3.2.2.5）。

石棉水泥波形瓦有一定的刚度，每张瓦的尺寸较大，可以直接铺钉在檩条上。檩条间距视瓦长而定，每张瓦至少有 3 个支承点。檩条有木檩条、钢筋混凝土檩条、钢檩条及轻钢檩条等。檩条的材料不同时，波形瓦与檩条的连接固定方法也不一样。

表 3.2.2.5　石棉瓦规格

瓦材名称	规格（屋面坡度 1∶2.5～1∶3）						
	长 /mm	宽 /mm	厚 /mm	弧高 /mm	弧数 /个	角度	重量 /(kg·块$^{-1}$)
大波瓦	2800	994	8	50	6		48
中波瓦	2400	745	6.5	33	7.5		22
中波瓦	1800	745	6	33	7.5		14.2
中波瓦	1200	745	6	33	7.5		10
小波瓦	1800	720	8	14～17	11.5		20
小波瓦	1820	720	8	14～17			20
脊波瓦	850	180×2	8			120～130	4
脊波瓦	850	230×2	6			125	4
平波瓦	1820	800	8				40～45

图 3.2.2.27 所示为石棉水泥波形瓦与木檩条的连接构造做法。此时，瓦与檩条的连接固定应考虑温度变化而引起的变形，故连接螺钉钉孔的直径应比螺钉直径大 2～3mm。钉孔处应加设防水垫圈，钉孔应设在波峰上。石棉水泥波形瓦上、下搭接长度不应小于 100mm，左、右两张瓦之间的搭接长度为，大波瓦和中波瓦至少搭接一个波，小波瓦至少搭接两个波。搭接处只靠搭压，而不宜一钉二瓦。

图 3.2.2.27 所示为石棉水泥波形瓦与钢筋混凝土檩条、钢檩条、轻钢檩条的连接构造做法。此时，考虑到石棉水泥波形瓦性质较脆，对温、湿度变化及振动的适应性差，所以，其与檩条的连接固定既要方便可靠，又不能固定得太紧。要允许它有变位的余地。其做法是用镀锌钢筋挂钩保证固定，而用镀锌扁钢卡钩保证变位，同时，钢筋挂钩也是柔性连接，允许有小量位移。为了不限制石棉水泥波形瓦的变位，一块瓦上钢筋挂钩的数量不应超过两个。钢筋挂钩的位置应设在石棉水泥波形瓦的波峰上，以避免漏水。镀锌扁钢卡钩可免去在波形瓦上钻孔，避免了漏雨，瓦材的伸缩性也较好。一般情况下，除檐口、屋脊等部位外，其余部位多采用扁钢卡钩与檩条相连接。在檐口处，波形瓦的挑出长度不应大于 300mm。

石棉水泥波形瓦的铺设搭接应顺主导风向，以防风、防雨水渗漏和保证瓦的稳定。在铺瓦时，四块瓦的搭接处会出现瓦角相叠现象，这样会产生瓦面翘起。解决的办法有两种（图 3.2.2.28）：一种是在相邻四块瓦的搭接处，按照盖瓦方向的不同，事先将斜对的瓦角切割掉，对角缝隙不宜大于 5mm；另一种方法是采用不割角的方式，但应将上、下两排瓦的长边搭接缝错开，大波瓦和中波瓦错开一个波，小波瓦错开两个波。

2. 镀锌铁皮波形瓦防水屋面

镀锌铁皮波形瓦屋面是一种较好的轻型屋面，抗震性能好，在高烈度地震区应用比钢筋混凝土大型屋面板优越得多。可用于高温厂房的屋面。但由于这种瓦材造价高、维修费用大，广泛的推广使用受到一定的限制。

镀锌铁皮波形瓦屋面的坡度比石棉水泥波形瓦层面的坡度小，一般为 1/7 左右。其铺

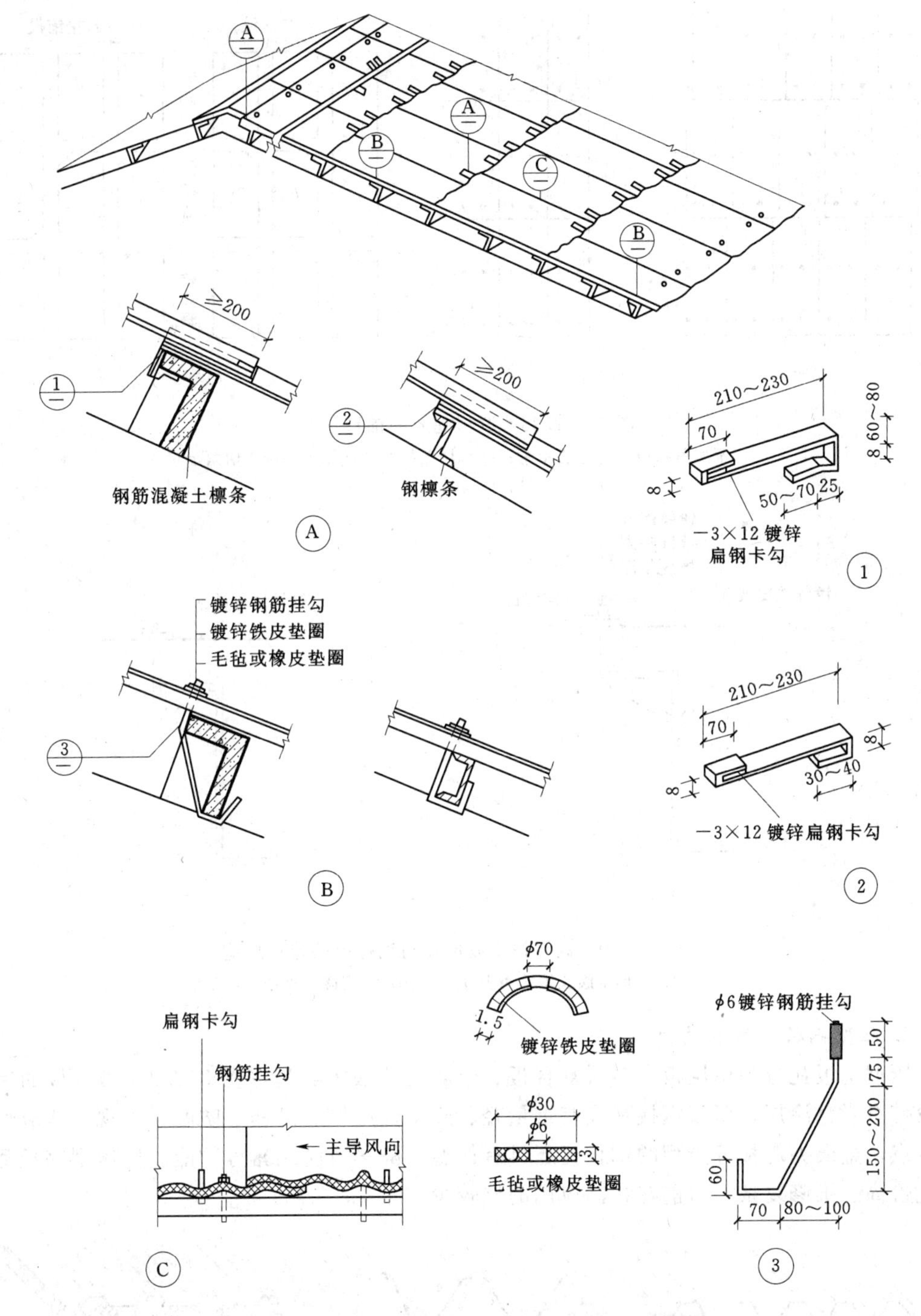

图 3.2.2.27　石棉水泥波形瓦与非木檩条的连接构造

设时的横向搭接一般为一个波，上、下搭接和固定方法基本上与石棉水泥波形瓦相同，但其与檩条连接较石棉水泥波形瓦紧密，多采用将瓦用镀锌弯钩螺栓直接固定在钢檩条上的方法（图 3.2.2.29）。

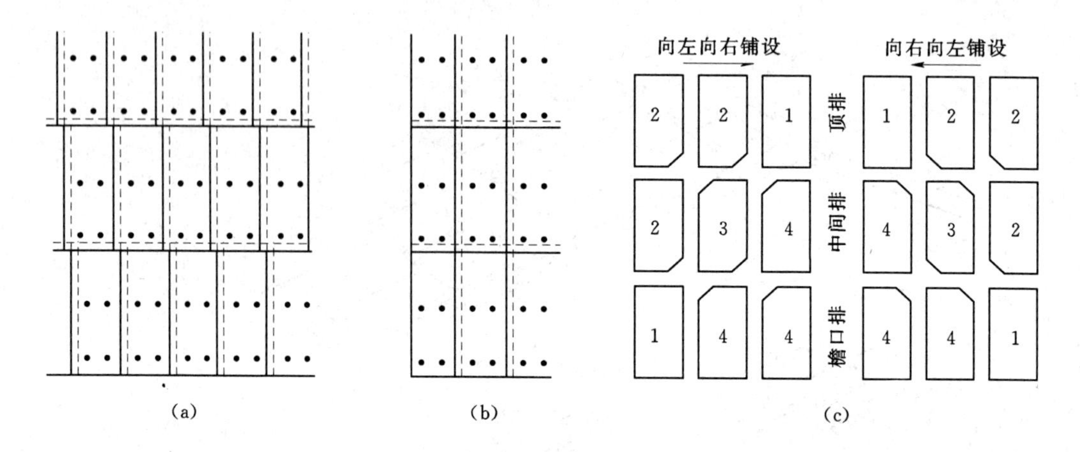

图 3.2.2.28　波形瓦屋面铺钉示意

(a) 不切角错位排瓦方法示意；(b) 切角排瓦方法示意；(c) 切角示意

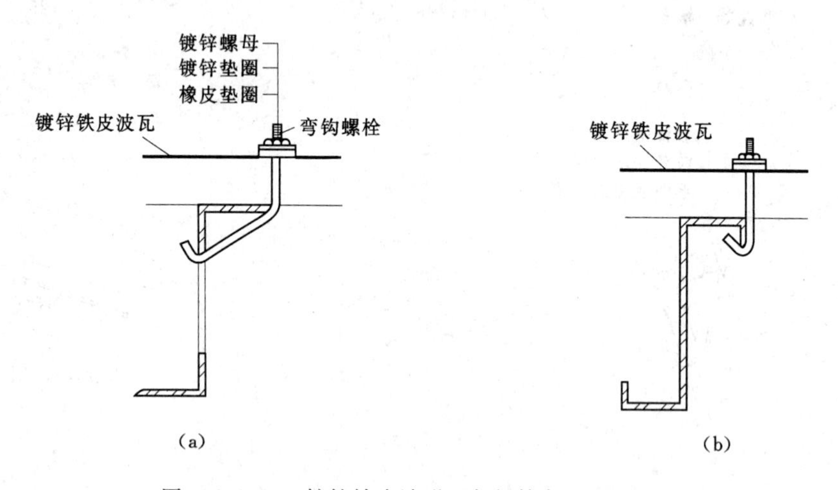

图 3.2.2.29　镀锌铁皮波形瓦与钢檩条的连接构造

(a) 在Z字形空腹式钢檩条上固定；(b) 在实腹式檩条上固定

3. 压型钢板瓦防水屋面

压型钢板瓦分为单层板、多层复合板、金属夹芯板等类型（图 3.2.2.30）。板的表面一般带有彩色涂层。压型钢板瓦具有重量轻、施工速度快、防锈、防腐、美观、适应性强等特点，金属夹芯板等类型的钢板瓦还具有保温、隔热及防结露等功能。但压型钢板瓦屋面造价高、维修复杂，目前在我国应用的比较少。

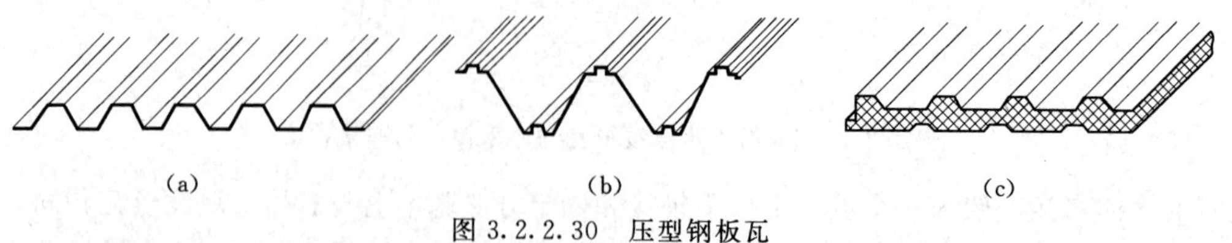

图 3.2.2.30　压型钢板瓦

(a) V形板；(b) W形板；(c) 金属夹芯板

2.2.4.3 钢筋混凝土构件自防水屋面基本构造

钢筋混凝土构件自防水屋面是利用屋顶结构钢筋混凝土板本身的密实性，并对板缝进行局部防水处理而形成防水的屋面。其优点是：较卷材防水屋面轻，一般每平方米可减少0.35kN的面层荷载，相应地也减轻了各种结构构件的自重，从而节省了钢材和水泥的用量，可降低建筑的造价；施工方便，维修也容易。其缺点是，板面容易出现后期裂缝而引起渗漏；混凝土暴露在大气中容易引起风化和碳化等。克服这些缺点的措施是：提高施工质量，控制混凝土的水灰比，提高混凝土的密实度，从而增加混凝土的抗裂性和抗渗性。在构件表面涂以涂料（如乳化沥青），减少干湿交替的作用，也是提高防水性能和减缓混凝土碳化的一个十分重要的措施。钢筋混凝土构件自防水屋面在我国南方和中部地区应用比较多。

根据板缝采用防水措施的不同，此类防水屋面主要有嵌缝式、脊带式和搭盖式。

1. 嵌缝式防水构造

嵌缝式构件自防水屋面，是利用大型屋面板做防水构件，并在板缝内填嵌防水油膏，如图3.2.2.31所示。板缝有纵缝、横缝和脊缝。嵌缝前必须将板缝清扫干净，排除水分，并选择黏结力强、耐老化、适应当地气候特点的防水密封油膏，油膏填嵌要饱满。

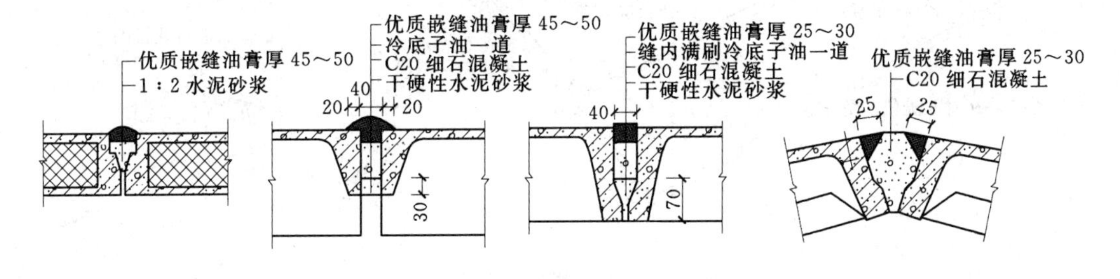

图3.2.2.31 嵌缝式防水构造

2. 脊带式防水构造

嵌缝后在接缝处再粘贴一层防水卷材，则成为脊带式防水（图3.2.2.32），其防水性

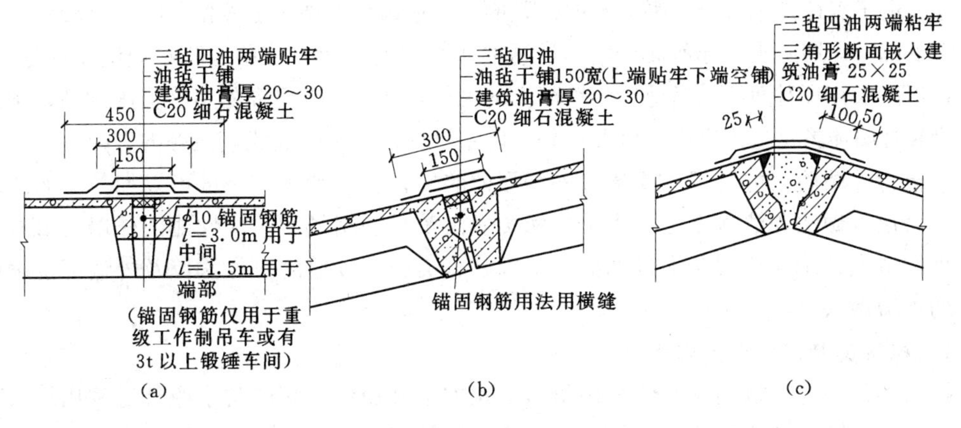

图3.2.2.32 脊带式防水构造

(a) 横缝；(b) 纵缝；(c) 脊缝

能比嵌缝式要好。

3. 搭盖式防水构造

搭盖式构件自防水屋面的构造原理与瓦材防水屋面十分相近，板缝的防水处理是利用板与板的搭接以及利用盖缝构件（盖瓦）的搭盖来实现的，如图 3.2.2.33 所示。F 形屋面板的方案，屋面板本身做防水构件，板的纵缝上、下搭接，横缝和脊缝用盖瓦覆盖。这种防水屋面湿作业少，安装简便，施工速度快，但板型复杂，生产制作麻烦，在运输过程中易损坏，盖瓦在振动影响下易滑脱，造成屋面渗漏，因此，盖瓦应采取固定措施。

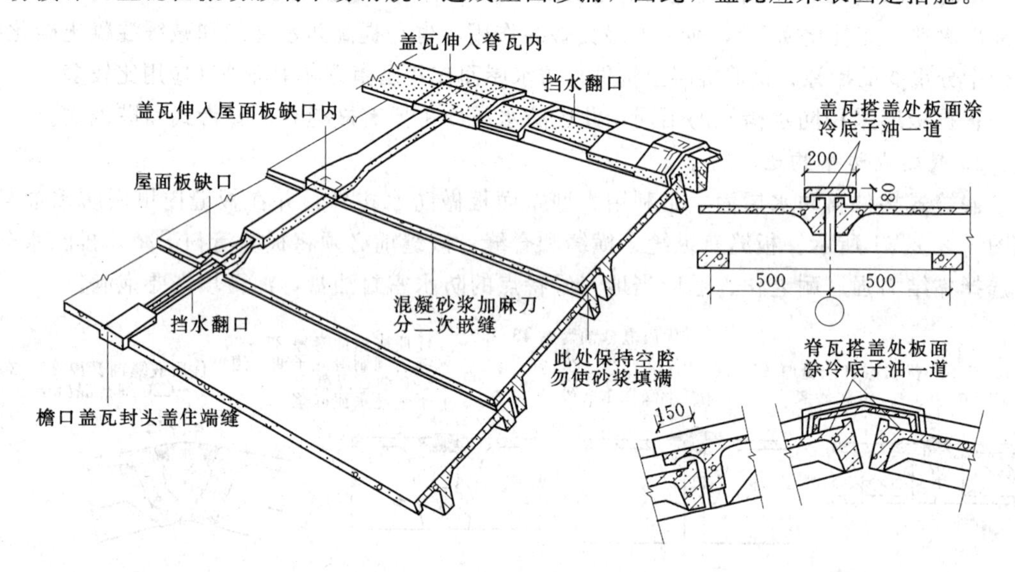

图 3.2.2.33 搭盖式防水构造

2.3 建筑外墙防水构造

建筑物的外墙直接承受自然界中风霜雨雪的侵蚀作用，也是建筑防水设计中的一个重要的部位。由于墙体是垂直于地平面竖向设置的，一般雨水在墙面上停留的时间比较短，从这个意义上说，外墙防水比起前面介绍的屋顶的防水问题要简单一些，防水做法要容易一些。但是，当雨水较长时间不间断地淋到墙面上的时候，如果没有可靠的防水措施的话，雨水仍有可能经过墙体渗透进入室内，因此，外墙防水设计也必须引起我们足够的重视。

建筑物外墙防水的处理主要通过外墙面的装修构造来解决。一般可以把外墙面的装修做法分为混水做法和清水做法两大类，两类做法都是利用具有防水性能的外墙装修材料以及合理的节点处理来达到防水目的的。下面将分类介绍外墙防水做法以及外墙部位勒脚及散水的构造做法。

2.3.1 抹灰类装修做法的防水

抹灰类做法是外墙面混水装修中最常采用的一种做法。它的防水原理是利用抹灰砂浆中的水泥成分达到防水防渗漏的目的。常用的外墙面抹灰类装修做法有：水泥砂浆、混合砂浆、聚合物水泥砂浆、拉毛、水刷石、干粘石、斩假石、喷涂等。

2.3.2 涂料类装修做法的防水

涂料按其主要成膜物的不同可分为无机涂料、有机涂料以及有机和无机复合涂料三大类。无机涂料有以硅酸钾为主要胶结剂的JH80－1和以硅溶胶为主要胶结剂的JH80－2系列的无机高分子涂料。这类涂料具有附着力强、黏结好、耐水性好以及耐酸、耐碱、耐污染、耐冻融及耐候性好等特点，非常适合做外墙装修涂料，同时，也可用于要求耐擦洗的内墙面装修。主要用于外墙面装修的有机高分子涂料有溶剂型涂料（如聚乙烯醇缩丁醛外墙涂料）和乳胶涂料（如PA－1乳胶涂料）等，均具有良好的耐水性和耐候性。在外墙面装修中还有一种彩色胶砂涂料，它是以丙烯酸酯类涂料与骨料混合配制而成的一种珠粒状的外墙饰面材料，以取代水刷石、干粘石饰面装修。有机涂料和无机涂料虽各有特点，但在单独使用时，存在着各种问题。而有机与无机相结合的复合涂料则取长补短，使其涂膜在柔韧性及耐候性等方面优点更突出。

2.3.3 贴面类装修和铺钉类装修做法的防水

采用外墙面砖、马赛克、玻璃马赛克、人造水磨石板和各种天然石材等做外墙饰面材料的称为贴面类做法。采用各种金属饰面板、石棉水泥板、玻璃等做外墙饰面材料的称为铺钉类做法。这两类外墙面装修做法的饰面材料本身都具有良好的耐水性能，其防水设计的重点则是其板材（或块材）接缝处的防水处理。对于贴面类的外墙面装修做法来说，在各种饰面板（块）材粘贴牢固之后，采用在其接缝处用1：1水泥砂浆（细砂）勾缝或水泥擦缝的方法进行防水处理；对于铺钉类的外墙面装修做法和干挂石材（也应属于铺钉类做法）装修做法来说，在各种饰面板材安装固定之后，采用硅胶等在其接缝处进行嵌缝处理，以达到防水防渗漏的目的。

2.3.4 清水砖墙做法的防水

前述采用各种不同的材料、不同的施工方法对外墙面进行整体覆盖处理，以达到防水、装饰美观等要求的装修做法称为混水墙做法。对于黏土砖结构建筑物的外墙面，在保证黏土砖材料的材质良好、不易变色、耐久性好的前提下，可以不做混水罩面处理，只需做砂浆勾缝处理，这种做法就称为清水墙做法。清水砖墙面具有独特的线条和质感，显现较好的装饰效果。砂浆勾缝也称为嵌灰缝，它的作用是防止雨水侵入墙体，且使墙面整齐美观。勾缝用的砂浆为1：1或1：2水泥细砂砂浆。砂浆中可加颜料，以变换色调；也可用砌墙砂浆随砌随勾，称为原浆勾缝。勾缝的形式有平缝、平凹缝、斜缝、弧形缝等（图3.2.3.1）。

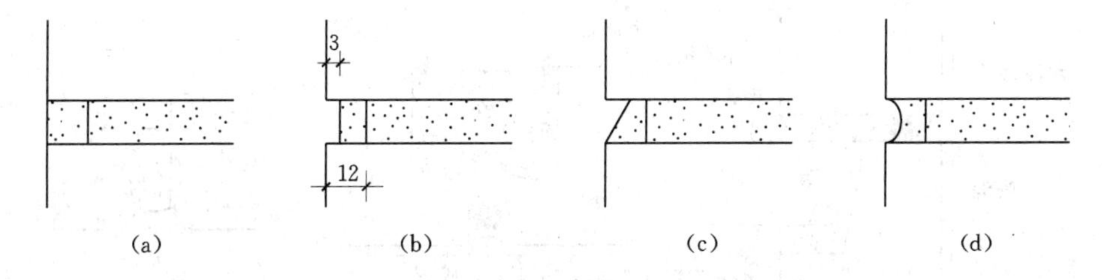

图3.2.3.1 清水砖墙的勾缝形式
（a）平缝；（b）凹凸缝；（c）斜缝；（d）弧形缝

2.3.5 预制外墙板连接节点处的防水

采用预制装配化的方法建造钢筋混凝土结构的建筑物是实现建筑工业化的主要途径之

一。一般预制钢筋混凝土的外墙构件都在构件厂生产流水线上做好了外墙面的防水装饰处理，但是，各预制外墙板在连接节点处的防水处理，则只能在施工安装现场进行。例如，大型装配式板材建筑（简称大板建筑）、采用“内浇外挂”方法施工的大规模建筑以及盒子建筑的外墙构件，均需进行构件连接节点处的防水处理，其构造做法主要有材料防水、构造防水和弹性盖缝条防水三类做法。

2.3.5.1 材料防水做法

材料防水做法是指采用水泥砂浆、细石混凝土或防水胶泥等材料填嵌构件连接的缝隙处，以阻止雨水侵入，从而达到防水的目的。这种节点防水做法对预制外墙构件在连接处的外形要求比较简单，以方便防水嵌缝材料的填嵌为原则，但施工质量要求高。一般情况下，如果单用水泥砂浆或细石混凝土作为填、灌或嵌缝的材料如图 3.2.3.2（a）所示，很难避免施工完成后出现裂缝从而造成毛细孔渗水的后果，因此不宜采用。解决的办法是在缝隙中加嵌防水胶泥如图 3.2.3.2（b）所示。如果采用加气混凝土条板作为外墙构件，墙板的接缝处可采用专门配制的黏结剂砂浆（成分有水玻璃、细矿渣、砂等）灌缝黏结，并配以钢筋，然后用泡沫塑料条填缝。如果采用防水材料嵌缝后，再在缝口粘贴橡胶片或纤维布涂刷防水涂料，以形成防水薄膜如图 3.2.3.2（c）所示，防水效果将进一步加强。如果采用防水材料嵌缝后，再在缝口粘贴橡胶片或纤维布涂刷防水涂料，以形成防水薄膜如图 3.2.3.2（d）所示，防水效果将进一步加强。

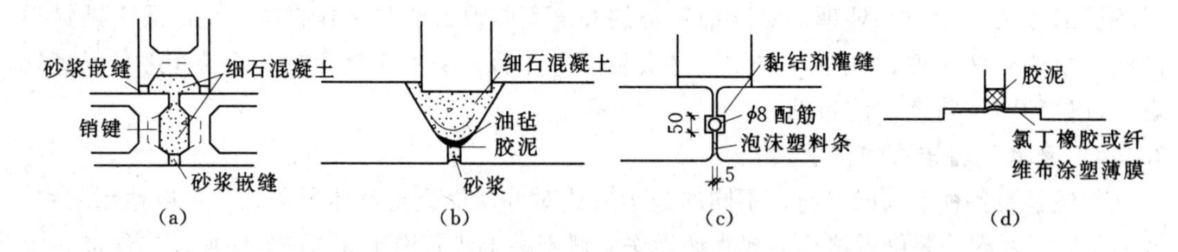

图 3.2.3.2　预制外墙构造节点材料防水构造类型

（a）砂浆嵌缝；（b）胶泥嵌缝；（c）加气混凝土板泡沫塑料条嵌缝；（d）薄膜贴缝

为了防止嵌缝的防水胶泥过早老化，应在胶泥外填抹水泥砂浆进行保护（图 3.2.3.3）。板缝内的防水胶泥的填嵌深度与板缝的宽度有关，其一般比例为 2∶1，并与板缝的间距有关（表 3.2.3.1）。

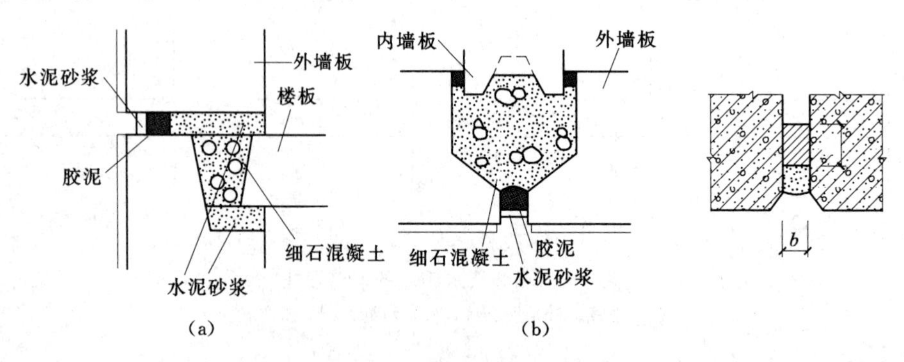

图 3.2.3.3　防水胶泥防老化措施

（a）水平缝；（b）垂直缝

表 3.2.3.1 板缝与防水胶泥的尺寸关系

板缝距离/m	板缝宽 b/mm	胶泥深 h/mm
2～4	20	40
4～6	25	50

2.3.5.2 构造防水做法

节点采用材料防水做法时，必须有良好质量的预制外墙构件和防水胶泥。而构造防水做法是在材料防水的基础上，利用外墙构件边缘接缝处的特殊构造形式以及多道防水屏障而达到防水目的。

节点构造防水做法可分为敞开式构造防水和封闭式构造防水两种形式，而其防水做法的原理都是通过阻挡水流和疏导水流、破坏和消除毛细管渗水现象来达到防水的目的。

图 3.2.3.4 所示为敞开式构造防水做法的示意图。其中，图 3.2.3.4（a）所示为利用滴水槽和挡水台阻挡水流，而利用排水坡疏导积水。当需要存在细微缝隙的地方，如两块墙板间直接接触处或水泥砂浆容易出现微缝的地方，应当采取扩大缝宽的方法，以切断可能发生的毛细管渗水的现象，使积水通顺地流出墙面。图 3.2.3.4（b）、图 3.2.3.4（c）分别为敞开式水平高低缝和敞开式垂直咬口缝的做法示意图。

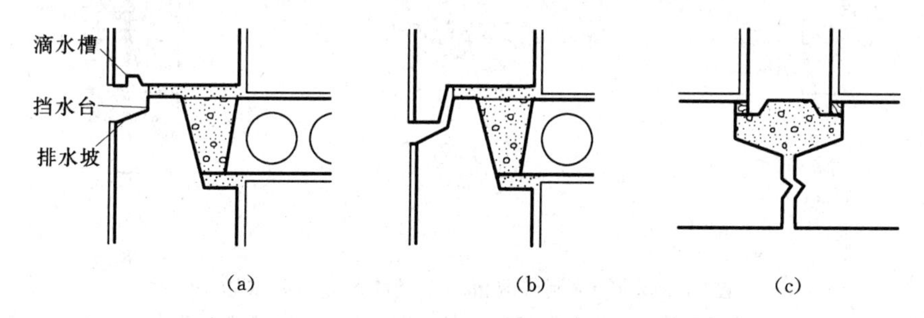

图 3.2.3.4 预制外墙板节点敞开式构造防水做法

(a) 墙板边缘线脚处理；(b) 敞开式水平高低缝；(c) 敞开式垂直咬合缝

图 3.2.3.5 所示为封闭式构造防水做法的示意图。这种做法是通过在两块外墙板连接部位的局部扩大缝隙从而形成空腔的办法，来减弱风压的作用和破坏毛细管渗水现象，达到防水的目的，因而，这种做法也称为空腔防水做法。为了减弱空腔节点内的风压作用，通常利用密封材料（防水砂浆或抗老化防水油膏）堵塞腔体外侧，以形成封闭的空腔构造，这一空腔形成后，还必须留有排水孔，成为一个与外界空气有联系的空间，使压力扩散平衡，对风压下渗入的雨水泄压后就会自然地沿板缝内的排水孔流走。图 3.2.3.5（b）所示的节点垂直缝的构造形式，在寒冷地区，常采用单腔缝的防水构造，而在严寒地区，由于温度变化剧烈，容易产生接缝处的裂痕，而裂痕内渗水受潮后，将会降低该处的保温性能，因此，常采用双腔缝的防水构造，以增强抗渗能力。南方地区由于比较温暖的气候条件，情况不像北方那么严重，缝隙的密封效果比较容易保证。

2.3.5.3 弹性盖缝条防水做法

构造防水做法比材料防水做法在防水效果上有了一定的改进，但其生产与施工仍较复杂。因此，需要寻找一种施工时较为方便、不用湿作业的盖缝或嵌缝的材料。弹性盖缝条

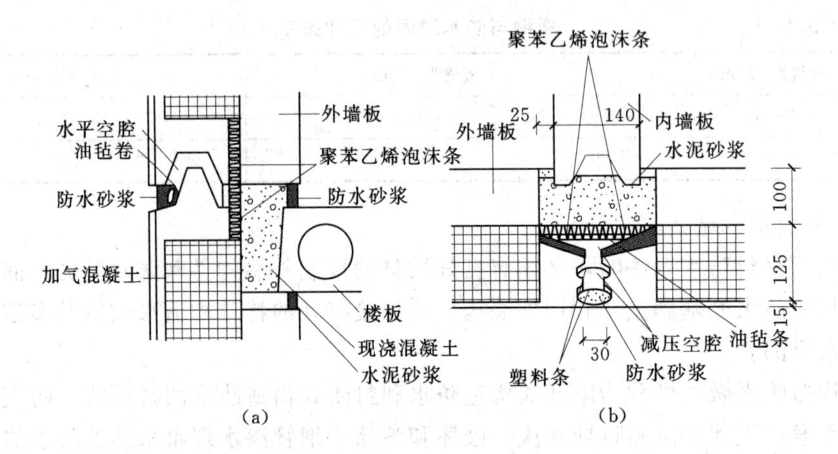

(a)　　　(b)

图 3.2.3.5　预制外墙板节点封闭式构造防水做法

(a) 封闭式水平企口缝构造；(b) 封闭式垂直双腔缝构造

防水做法就解决了这样的要求。弹性盖缝条可以采用不易生锈的金属材料制作，如不锈钢盖缝条，也可以使用橡塑或橡胶材料制作，如氯丁橡胶盖缝条等（图 3.2.3.6）。

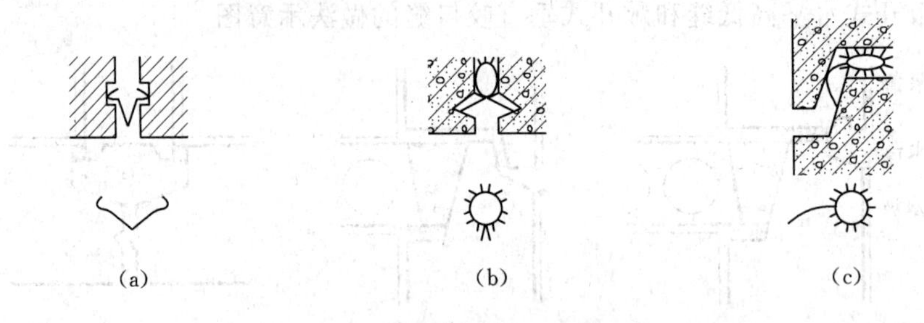

(a)　　　(b)　　　(c)

图 3.2.3.6　预制外墙板节点弹性盖缝条防水做法

(a) 用于垂直缝的金属弹性盖缝条；(b) 用于垂直缝的橡塑弹性盖缝条；

(c) 用于水平缝的橡塑弹性盖缝条

2.3.6　外墙脚处的防水——勒脚及散水（或明沟）的构造设计

建筑物四周外墙脚处是受水作用比较集中的一个部位（图 3.2.3.7），在这一部位，墙面会受到雨水直接的冲淋，上部墙面流淌下来的雨水、落到地面又反溅到墙面上的雨水以及地表积水、地表水下渗并从地下作用于该墙脚部位。如果从建筑结构承载系统的角度来看，外墙脚部位的墙体（或柱体）是紧靠建筑物基础的一部分，也就是说其在结构承载功能方面是仅次于基础的一个重要部位，这样重要的部位在上述多方面水的作用下，如果没有可靠的防护措施，再加上可能出现的人为的机械碰撞等影响，就会形成该部位墙体材料逐渐风化、墙面潮湿、冻融破坏以及机械破坏，大量渗入地下的雨水近距离地作用于基础和地下室结构，最终会影响建筑物的坚固、耐久、安全，加重地下室防水（以及防潮）的压力，影响建筑

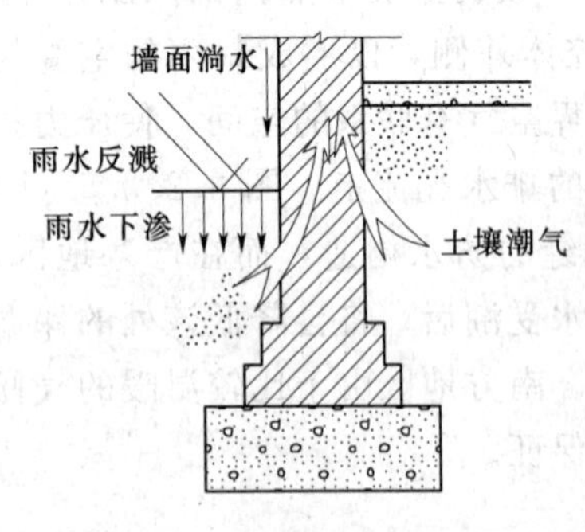

图 3.2.3.7　外墙脚处受水作用示意图

物的正常使用和建筑物的美观。

显然，建筑物四周外墙脚处的合理的防水等方面的设计是十分重要的。具体而言，这一部位包括勒脚、散水（或明沟），还有墙身防潮的设计。墙身防潮设计将在下一节详细介绍，本节主要介绍勒脚及散水或明沟的构造设计。

2.3.6.1 勒脚

建筑物四周与室外地面接近的那部分墙体称为勒脚，一般是指室内首层地坪与室外地坪之间的这一段墙体。为了防御各方面水的作用以及可能的人为机械碰撞，勒脚部位应进行防水处理和加固处理。

勒脚部位进行防水处理时，前述墙身防水做法中，除清水砖墙的做法不宜采用外，其他做法都可以采用。例如，可以做水泥砂浆抹面、水刷石、斩假石等；也可以镶贴天然石材或人造石材，如花岗石、水磨石等。有时为了对勒脚部位进行加强，可将该部位的墙体适当加厚，也可用比较坚固的石块材料砌筑勒脚。当勒脚部位采用抹灰类做法处理而上部墙体为清水砖墙做法时，为了加强抹灰材料与砖砌体的连接，应进行咬口处理，以避免抹灰脱落，从而影响建筑物立面美观及防水效果（图 3.2.3.8）。

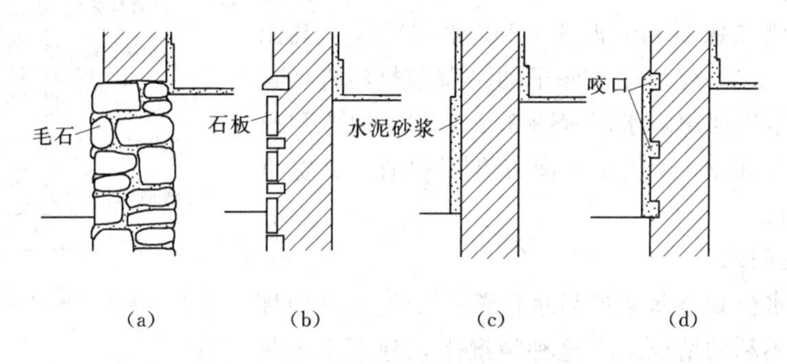

图 3.2.3.8　勒脚的防水与加固措施

(a) 石砌勒脚；(b) 石板贴面；(c) 勒脚抹灰；(d) 勒脚抹灰

勒脚的高度不应低于室内地坪的高度，具体的高度及其材料和色彩的选择，可根据建筑立面及造型设计的要求来确定。

2.3.6.2 散水（或明沟）

为了将建筑物四周地表的积水及时排离，以减少勒脚及地下的基础和地下室等地下结构受到水的不利的影响，并减轻地下室防水和防潮的压力，应在建筑物外墙四周紧临勒脚部位的地面设置排水用的散水或明沟（详见第 2 篇第 2 章墙体部分）。

2.3.7 墙身防潮构造

墙身的防潮包括水平防潮和垂直防潮两种情况的防潮处理（详见第 2 篇第 2 章墙体部分）。

2.4 建筑地下室防水构造

地下室的外墙和底板埋在地下，受到土中水分和地下水的侵蚀，如果不采取有效的构造措施，地下室将受到水的渗透，轻则引起墙皮脱落、墙面霉变，影响美观和使用；重则将影响建筑物的耐久性。根据最高地下水位确定地下室防潮防水处理。

地下室的防水等级标准可参照表3.2.4.1执行。

表3.2.4.1 地下工程防水等级标准

防水等级	标准
1	不允许漏水，结构表面无湿渍
2	不允许漏水，结构表面可有少量湿渍。对于工业与民用建筑，湿渍总面积不大于总防水面积的1%，单个湿渍面积不大于0.1m^2，任意100m^2防水面积不超过一处；对于其他地下工程，湿渍面积不大于总防水面积的6%，单个湿渍面积不大于0.2m^2，任意100m^2防水面积不超过4处
3	有少量漏水点，不得有线流和漏泥沙； 单个湿渍面积不大于0.3m^2，单个漏水量不大于2.5L/d，任意100m^2防水面积不超过7处
4	有漏水点，不得有线流和漏泥沙； 整个工程平均漏水量不大于2L/(m^2·d)，任意100m^2防水面积平均漏水量不大于4L/(m^2·d)

2.4.1 地下室防潮

地下室防潮是在地下室外墙外面设置防潮层。其做法是在外墙外侧先抹20mm厚1：2.5水泥砂浆（高出散水300mm以上），然后涂冷底子油一道和热沥青两道（至散水底），最后回填隔水层（图3.2.4.1）。隔水层材料我国北方常采用2：8灰土，南方常用炉渣，其宽度不少于500mm。

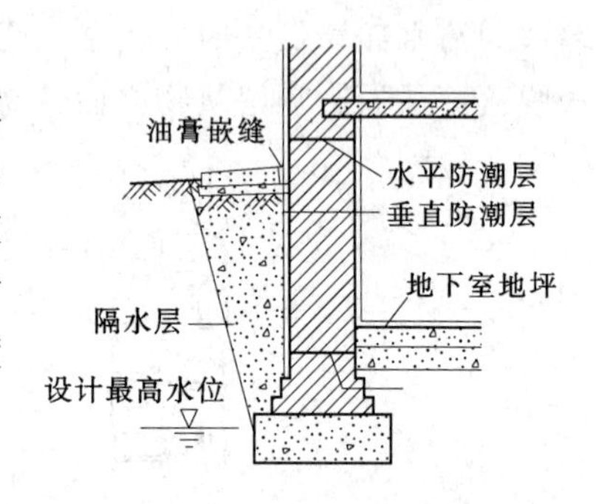

图3.2.4.1 地下室防潮构造做法

2.4.2 地下室防水

常年静止水位和丰水期最高水位都高于地下室地坪时，是一种最不利的情况。在这种情况下，地下水不仅可以浸入地下室，还对墙板、底板产生较大的压力。因此，必须考虑地下室外墙作垂直防水处理，底板作水平防水处理。地下室防水措施有卷材防水、钢筋混凝土防水、涂料防水、水泥砂浆等。

2.4.2.1 卷材防水

现在的施工工程中，卷材防水层一般采用高聚物改性沥青防水卷材（如改性沥青防水卷材、改性沥青防水卷材）或高分子防水卷材（如三元乙丙橡胶防水卷材、再生胶防水卷材等）与相应的胶结材料黏结形成防水层。

防水卷材厚度的选用应符合表3.2.4.2的规定。

表3.2.4.2 防水卷材厚度

防水等级	设防道数	合成高分子防水卷材	高聚物改性沥青防水卷材
1	三道或三道以上设防	单层：不应小于1.5mm	单层：不应小于4mm
2	二道设防	双层：总厚度不应小于2.4mm	双层：总厚度不应小于6mm
3	一道设防	不应小于1.5mm	不应小于4mm
	复合设防	不应小于1.2mm	不应小于3mm

沥青卷材防水是以沥青胶为胶结材料粘贴一层或多层卷材做防水层的防水做法。根据

卷材与墙体的关系可分为内防水和外防水（图 3.2.4.2），防水卷材铺贴在地下室外墙内表面的内防水做法又称内包防水（图 3.2.4.3），这种防水方案对防水不太有利，但施工方便，易于维修，多用于修缮工程。

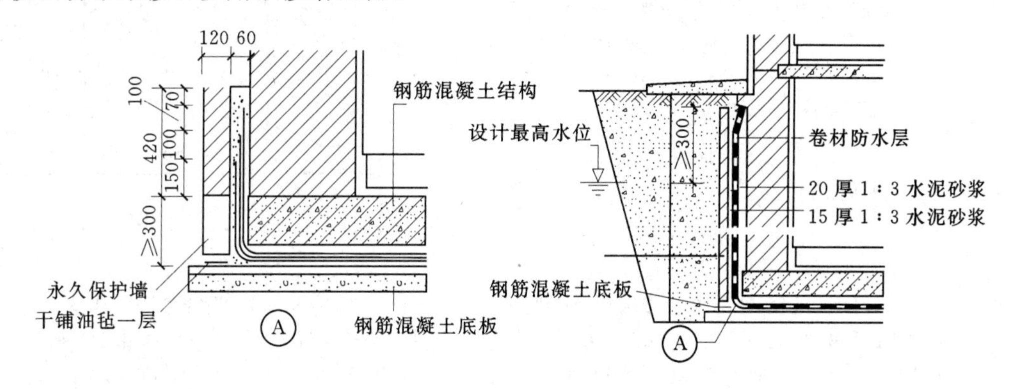

图 3.2.4.2 地下室卷材防水做法

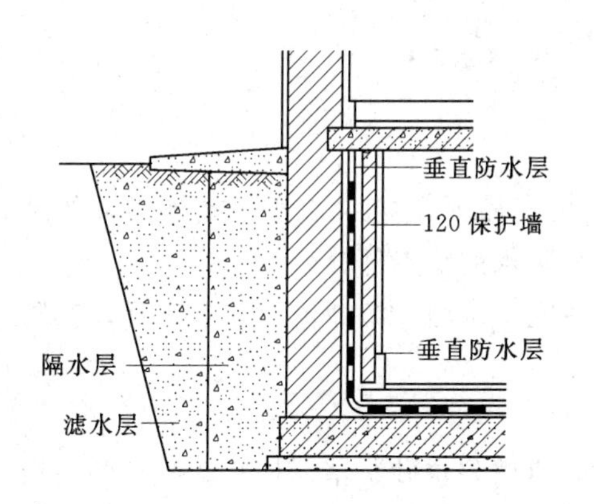

图 3.2.4.3 地下室卷材内防水做法

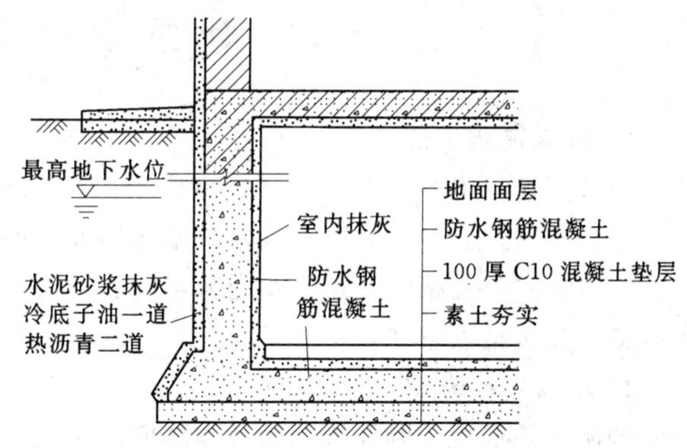

图 3.2.4.4 地下室混凝土构件自防水构造

2.4.2.2 防水混凝土防水

地下室的地坪与墙体采用防水混凝土（图 3.2.4.4）。配制时主要是采用不同粒径的骨料进行级配，同时提高混凝土中水泥砂浆的含量，使砂浆充满于骨料之间，从而堵塞因骨料直接接触出现的渗水通道，达到防水目的；在混凝土中掺入加气剂或密实剂等外加剂提高其抗渗性能。

2.4.2.3 地下室变形缝构造

变形缝处是地下室最容易发生渗漏的部位，因而地下室应尽量不要做变形缝，如必须做变形缝（一般为沉降缝），应采用止水带、遇水膨胀橡胶腻子止水条等高分子防水材料和接缝密封材料做多道防线（图 3.2.4.5）。止水带构造有内埋式和外贴式两种。

2.4.2.4 后浇带

当建筑物采用后浇带解决变形问题时，其要求如下。

后浇带应设在受力和变形较小的部位，间距宜为 30～60mm，宽度宜为 700～1000mm。

后浇带可做成平直缝结构，主筋不宜在缝中断开，如必须断开，则主筋搭接长度应大于45倍主筋直径，并应按设计要求加设附加钢筋（图3.2.4.6）。

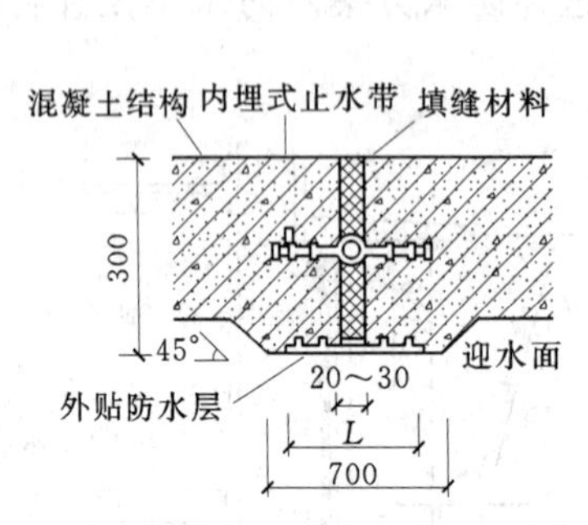

图3.2.4.5 内埋式止水带与外贴防水层复合使用
外贴式止水带L不小于300；外贴防水卷材L不小于400；外涂防水涂层L不小于400

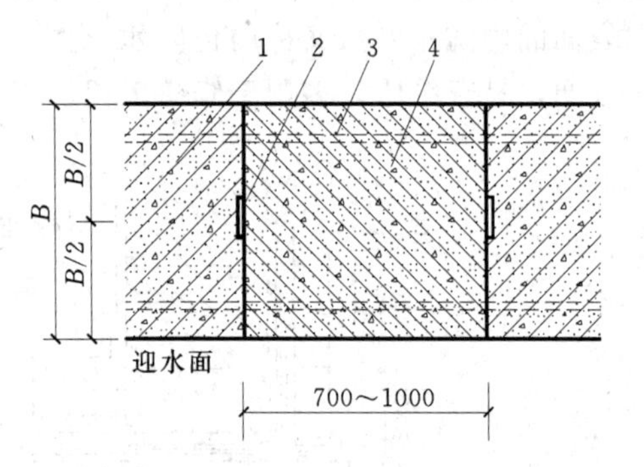

图3.2.4.6 后浇带防水构造
1—先浇混凝土；2—遇水膨胀止水带；3—结构主筋；4—后浇补偿收缩混凝土

2.5 建筑室内防水构造

2.5.1 室内防水构造

用水频繁的房间，水管较多，室内积水的机会也多需要做防水。管道穿越楼板的地方、楼面容易积水的地方以及经常淋水的墙面，都是防水的重点部分。

室内防水工程指的是建筑室内厕浴间、厨房、浴室、水池、游泳池等防水工程。其防水构造一般包括以下几点。

1. 楼地面结构层

预制钢筋混凝土圆孔板缝通过厕浴间时，板缝间应用防水砂浆堵严抹平。缝上加一层宽度为250mm的胎体增强材料，并涂刷两遍防水涂料。对于用水频繁的房间。楼板应以现浇为佳，并设置地漏。

2. 防水基层（找平层）

用配合比1∶2.5或1∶3的水泥砂浆找平，厚度20mm，抹平压光。

3. 地面防水层、地面与墙面阴阳角处理

对于防水质量要求较高的地方，可在楼板基层与面层之间设置一道防水层。地面防水层应做在地面找平层之上、饰面层以下。地面与墙面阴阳角处先做附加层处理，再做四周立墙防水层。常用的防水材料有防水卷材、防水砂浆或防水涂料。施工要求可参照屋面对应防水材料的做法，并将防水层沿房间四周墙边向上翻起100～150mm（图3.2.5.1），当遇到开门处应铺出门外至少250mm（图3.2.5.2）。

4. 立管穿越楼板处理

对于有立管穿越楼板处，一般可以采取在管道穿过的周围用C20干硬性细石混凝土捣固密实，再以两布二油橡胶酸性沥青防水涂料作密封处理（图3.2.5.3）。另外，当某些暖气管、热水管穿过楼板（屋面）层时，为防止由于温度变化，出现胀缩变形，致使管壁周围漏水，需要在楼板管道通过的位置埋设一个比热水管直径稍大的套管，以保证热水管能自由伸缩而不致造成混凝土开裂（图 3.2.5.4）。套管比楼（屋）面高出 30mm 左右。

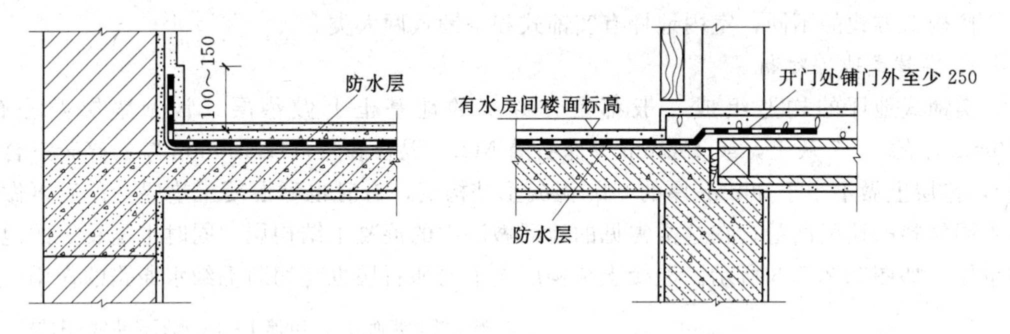

图 3.2.5.1　用水房间地面防水层上翻　　　图 3.2.5.2　用水房间地面防水层铺出门外

5. 管道防水

(1) 管根孔洞在立管定位后，楼板四周缝隙用 1∶3 水泥砂浆堵严。缝大于 20mm 时，可用细石防水混凝土堵严，并做底模。

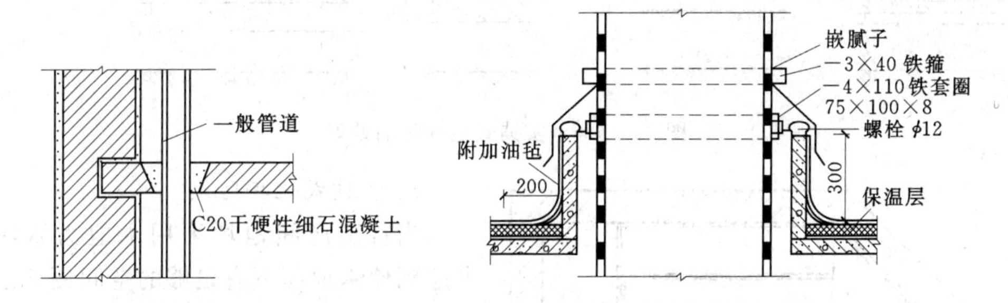

图 3.2.5.3　普通管道穿越楼面处构造　　　图 3.2.5.4　预留孔洞管道穿越屋面构造

(2) 在管根与混凝土（或水泥砂浆）之间应留凹槽，槽深 10mm、宽 20mm，凹槽内嵌填密封膏。

(3) 管根平面与管根周围立面转角处应做涂膜防水附加层。

(4) 必要时在立管外设置套管，一般套管高出铺装层地面 20～50mm，套管内径要比立管外径大 2～5mm，空隙嵌填密封膏。套管安装时，在套管周边预留 10mm×10mm 凹槽，凹槽内嵌填密封膏。

6. 饰面层

防水层上做 20mm 厚水泥砂浆保护层，其上做地面砖等饰面层，材料由设计选定。面层需有一定的坡度，坡冲向地漏的方向，以便引导水流经地漏排出。地面坡度一般为 1%～1.5%。为了防止室内积水外溢，对有水房间的楼面或地面标高应比相邻房间或走廊做低 20～30mm。

7. 淋水墙面防水

有淋浴设施的厕浴间墙面，防水层高度不应小于 1.8m，并与楼地面防水层交叠。淋水墙面可以先用添外加剂的防水砂浆打底，然后做饰面层。如果墙面饰面需要先立墙筋，可以先在墙筋与墙体基层之间附加一层防水卷材。在共用该淋水墙面的相邻房间，为了避免渗水，面层也可以作同样的处理。

2.5.2　地坪防潮构造

按构造方式的不同，室内地坪有实铺式和空铺式两大类。

1. 实铺式地坪防潮

实铺式地坪的构造组成一般都是在夯实的地基土上做垫层（常见垫层做法有：100mm 厚的 3∶7 灰土，或 150mm 厚卵石灌 M2.5 混合砂浆，或 100mm 厚的碎砖三合土等），垫层上做不小于 50mm 厚的 C10 混凝土结构层，有时也称混凝土垫层，最后再做各种不同材料的地面面层。在这类常见的地坪做法中的混凝土结构层，同时也是良好的地坪防潮层，如图 3.2.5.5 所示。混凝土结构层之下的卵石层也有切断毛细水通路的作用。

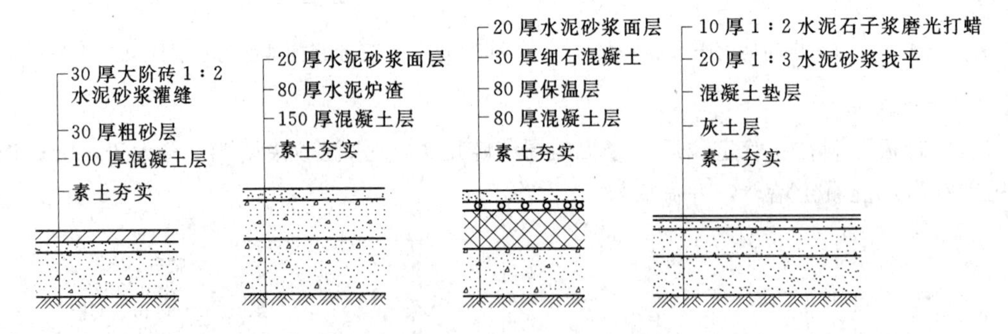

图 3.2.5.5　实铺式地坪防潮处理

2. 空铺式地坪防潮

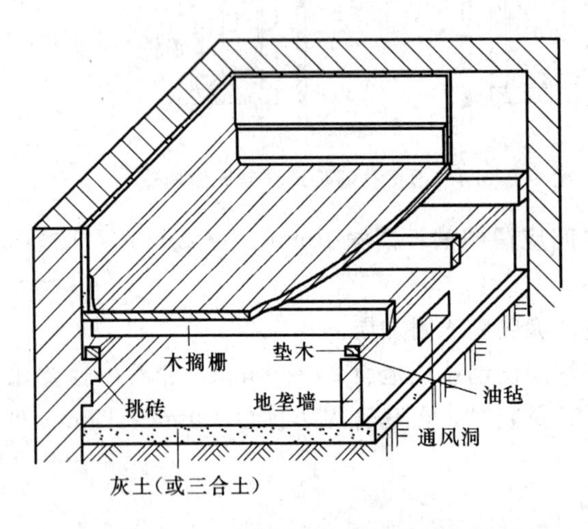

图 3.2.5.6　空铺式木地面防潮处理

当首层房间地坪采用木地面做法时，考虑到使木地面下有足够的空间便于通风，以保持干燥，防止木地板受潮变形或腐烂，所以经常采用空铺地板的形式，将支承木地板的搁栅架空搁置，如图 3.2.5.6 所示。木搁栅可搁置于墙上，当房间尺寸较大时，也可搁置于地垄墙或砖墩上。无论哪一种搁置方式，搁栅下面都必须铺放沿椽木（也称垫木）。为了防止潮气上升及草木滋生，在地搁栅下的地面上，应铺以 1∶3∶6～1∶4∶8 满堂灰浆三合土或用 2∶8 灰土夯实，厚度约 100mm。

为了使室外与地板下空气流通，防止搁栅与地板因地下潮气而腐烂，故在外墙勒脚部位，每隔 3～5m 开设一个 180mm×250mm 的通风洞。通风洞也应在内墙上开设，包括在地垄墙上也应开设，并应前后串通。外墙上的通风口应装置铁栅或铁丝网等，以防鼠类动物窜入地板下，并须装置开关设备，于冬季关闭，以利地板层的保温要求。

木地板层的防潮防腐措施还包括对木制构件本身的防护处理，凡搁栅两端及中间支承处以及沿椽木均须涂焦油。标准高的工程，地搁栅全部及地板背面，均须事先涂施防腐剂，以提高防潮的效果。

第3章　建筑保温、隔热和隔声

3.1　建筑热工构造概述

3.1.1　建筑热工构造基本知识

1. 热传递的基本方式

(1) 热传导：指物体或媒质中温度不同的各部分，通过接触进行的热的传递过程。

(2) 热对流：流体（如空气）中温度不同的各部分相对运动而使热量发生转移。

(3) 热辐射：温度较高的物质的分子在振动激烈时释放出辐射波，热能按电磁波的形态传递。

这三种传热的基本方式，在建筑外围护结构传热的过程中表现为：其某个表面首先通过与附近空气之间的对流与导热以及与周围其他表面之间的辐射传热，从周围温度较高的空气中吸收热量；然后在围护结构内部由高温向低温的一侧传递热量，此间的传热主要是以材料内部的导热为主；接下去围护结构的另一个表面将继续向周围温度较低的空间散发热量。

2. 建筑外围护结构传热的过程

建筑外表面首先从周围温度较高的空气中吸收热量；然后在围护结构内部由高温向低温的一侧传递热量，此间的传热主要是以材料内部的导热为主；接下去围护结构的另一个表面将继续向周围温度较低的空间散发热量。

3. 减少热量通过外围护结构传递的途径

(1) 减少外围护结构的表面积。

(2) 选用导热系数较小，即传热阻较大的材料（孔隙多、密度小的轻质材料）来做建筑的外围护构件。过去依靠单纯加大构件厚度的做法不经济，目前较好的做法是在建筑物的外围结构基层复合或附加热工性能良好的材料。

4. 平均传热系数

(1) 将组成外墙的各种材料所具有的导热系数与该种材料做成的构件的垂直于热流方向的表面积的乘积之和去除以外墙的总的表面积，得到的平均导热系数被认为更能够接近真实情况。

(2) 热桥。在建筑外围护结构中，存在某些易于传热的热流密集的局部通道，称为热桥。

3.1.2　水汽对建筑热工性能的影响

空气中会有水分。每立方米空气中所含水蒸气的质量叫做绝对湿度。不同温度的空气中所含水蒸气的质量不等，温度越低，水蒸气的量越少。当空气温度下降时，若其中水蒸气的量达到了相对饱和，多余水蒸气从空气中析出，在温度较低的温度表面结成冷凝水，这个现象为结露。刚刚开始结露时的温度称为露点温度。

室内外空气中的水蒸气含量不相等时，水蒸气分子会从压力高的一侧通过围护结构向压力低的一侧渗透。在此过程中，如温度达到了露点温度，在外围护结构的保温层中出现结露的现象，会使材料受潮，降低材料的保温效果。如果水汽不能够被排出，就可能使材料发生霉变，影响使用寿命。在冬季室外温度较低的情况下，如水汽进而受冻结冰，体积膨胀，就会使材料的内部结构遭到破坏，称为冻融性的破坏。防止结露和热桥的出现一般做法是阻止水汽进入保温材料内，并安排通道以使进入建筑外围护结构中的水汽能够排出。

3.1.3 常用的保温材料

建筑物外围护结构的保温措施在主体部分主要是通过附加保温层来实现的。用作保温的材料应该是导热系数小，容重也小的才可以。同时，保温材料还应该尽量为低吸水率的或者甚至不吸水，这有利于防止雨水以及空气中的水汽的入侵。

常用的保温材料如下。

保温浆料：如胶粉聚苯颗粒保温浆料（成分为粉煤灰—硅灰—石灰—水泥胶凝体系胶粉料＋聚苯颗粒轻骨料＋各种复合外加剂，又称EPS保温浆料，一般20～25mm）等。

保温板材：如膨胀聚苯板（30mm）、挤塑型（又称挤压型）聚苯板（25mm）、半硬质憎水型矿棉板（30～35mm）、聚氨酯外墙保温板（25mm）等，其中挤塑型的聚苯板孔洞是闭合的，不会受潮，在防水方面比发泡型的好。

保温块材：如砂加气块、水泥聚苯空心砌块（40～60mm）等。

保温卷材：如矿棉毡、玻璃棉毡等。

此外，铝箔有较强的反射作用，可以复合在许多保温板材和卷材的表面，起到增强的作用。另有可在现场发泡的聚氨酯，也是保温、防水俱佳的材料。

图3.3.1.1为几种常用的保温材料

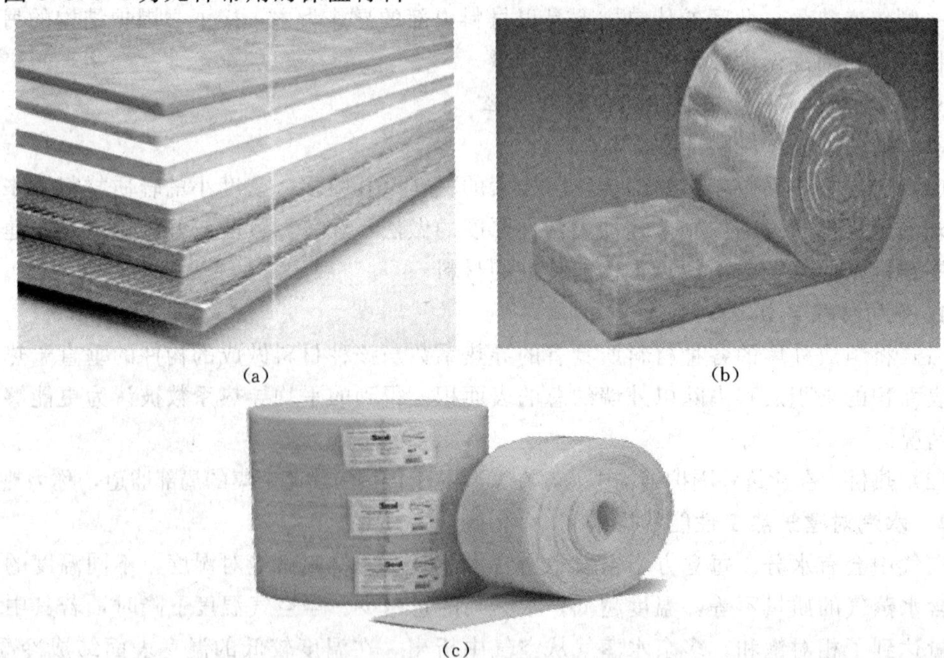

(a) (b) (c)

图3.3.1.1 几种常用的保温材料

(a) 挤塑型聚苯乙烯保温板、毡；(b) 玻璃棉毡（带防潮铝箔贴面）；(c) 玻璃棉板（可带防潮铝箔贴面）

3.2 建筑保温构造

作为围护的屋面、外墙、门窗和地面等部位，对热工的要求十分重要，在寒冷的地区要求外围护结构具有良好的保温性能，以减少室内热量的损失，同时还应防止在围护结构内表面出现凝结水现象。下面就屋面和外墙的保温构造做一个介绍。

3.2.1 建筑屋面保温构造

1. 正置式保温

将保温层放置在屋面结构层与防水层之间，成为封闭的保温层。这种方式通常叫做正置式保温，也叫内保温。由于保温层上的保温材料强度通常较低，表面也不够平整，需经找平以便于铺贴防水卷材（图 3.3.2.1）。

由于水的导热系数比空气大得多，保温材料的含水率是影响保温效果的一个重要因素。如果湿气滞留在保温层的空隙中，遇冷将结露为冷凝水，从而增大保温层的含水率，降低了保温效果。另外当气温升高时，保温层中的水分受热后变为水蒸气，将导致防水层起鼓。因此，在纬度40°以北且室内空气湿度75%的地区或室内空气湿度常年大于80%的地区，在保温层下还需要做隔气层以隔绝室内水气对保温层的渗透。避免保温层失去保温作用。隔气层应选用水密性、气密性好的防水材料，可采用各类防水卷材铺贴，但不宜用气密性不好的水乳型薄质涂料，具体做法应视材料的蒸气渗透阻通过计算确定。为了防止水汽在隔蒸气层底下聚集，最好能够设置通道将其排出。排气道应在整个屋面纵横贯通，并与连通大气的排气孔相通，如图 3.3.2.2 所示。

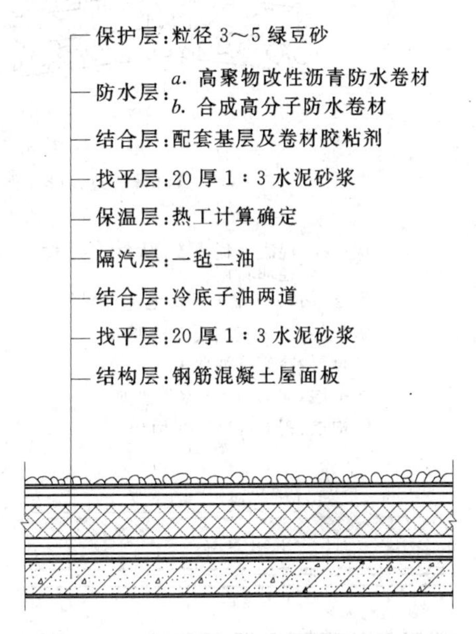

图 3.3.2.1 卷材平屋顶保温构造做法

2. 倒置式保温

将保温层放置在屋面防水层之上，成为敞露的保温层。这种方式通常叫做倒置式保温，也叫外置式保温。

倒铺式屋面的好处是防水层因为受到保温层的保护而较少受到热胀冷缩温度应力的影响，因而耐久性较好，也不易开裂。这是今后屋面保温发展的一个重要方向。不过由于保温材料通常较轻，放在表面容易受到风力的影响或行走时的不慎破坏，因此倒铺式屋面的保温层之上往往还需要设置保护层（图 3.3.2.3）。

倒置式屋面的构造要求。

(1) 防水层宜采用柔性防水层。

(2) 保温材料选用吸水率低的材料，如沥青膨胀珍珠岩、沥青膨胀蛭石、聚苯乙烯泡沫板等。

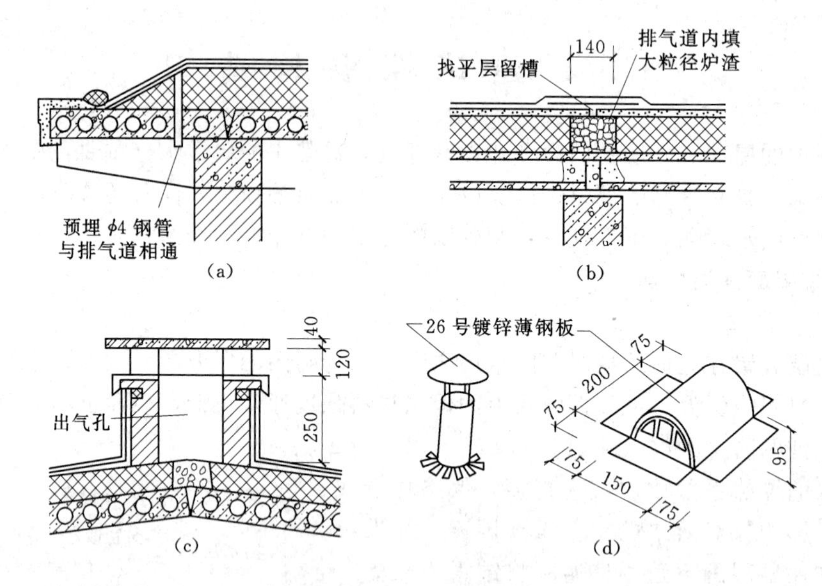

图 3.3.2.2　排气道构造

(a) 檐口排气道；(b) 保温层排气道；(c) 排气孔；(d) 通风帽

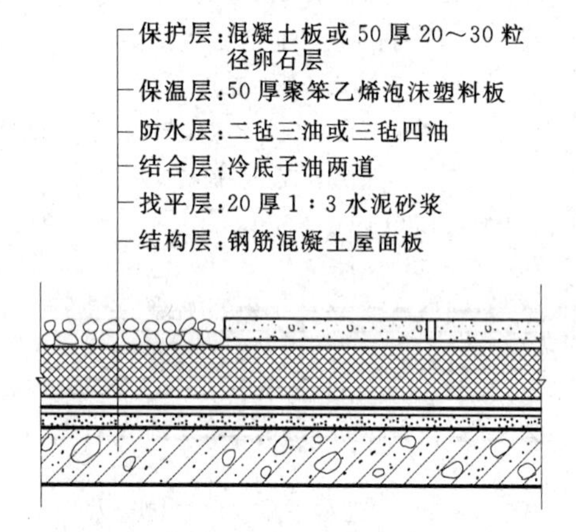

图 3.3.2.3　倒置式油毡保温屋面

(3) 保温层上做保护层，采用细石混凝土、水泥砂浆、卵石等。

3.2.2　建筑外墙保温构造

建筑外墙保温与屋面保温相比，外墙的保温构造需要更多地考虑到保温层与基层的连接牢固以及进一步实现墙面装修的可能性等问题。因为基层墙体在大多数情况下不可能像屋面那样承托着保温层，而且还有诸多变形因素会作用在外墙上，所以做在墙面上的保温层与主体的连接构造显得格外重要。此外，由于外墙对于饰面的要求往往比屋面高，因此，饰面材料与保温材料以及隔蒸气层、防水层等构造层次之间的排列顺序、连接方法等，都需要综合考虑安全、美观、方便等诸多因素。

根据保温层在外墙上面与基层墙体的相对位置，外墙保温构造的处理分为三种：保温层设在外墙的内侧，称为内保温；设在外墙的外侧，称为外保温；设在外墙的夹层空间中，称为中保温。下面分别介绍这三种构造做法。

1. 外墙外保温构造

外墙外保温可以不占用室内使用面积，而且可以使整个外墙处于保温层的保护之下，冬季不至于产生冻融破坏。但外墙面是整体连续的，同时又会直接受到阳光照射和雨雪的侵袭，故外保温构造在对抗变形因素的影响和防止材料脱落以及防火等安全方面的要求较高。常用的外保温构造有以下几种。

(1) 保温浆料外粉刷。具体做法是先在外墙外表面做一道界面砂浆，然后粉刷聚苯颗粒保温浆料等保温砂浆。如果厚度较大时，应当在里面钉入镀锌钢丝网，以防止开裂。保护层及饰面用聚合物砂浆加上耐碱玻纤布，最后用柔性耐水腻子嵌平，涂表面涂料，如图3.3.2.4（a）所示。

（2）外贴保温板材。用于外保温的板材最好是自防水或阻燃型的，如聚苯板和聚氨酯外墙保温板，可省去做隔蒸气层及防水层的麻烦，又相对安全。外保温板黏结时，应用机械锚固件辅助连接，以防止脱落。具体做法是用黏结胶浆与辅助机械锚固方法一起固定保温板材，保护层用聚合物砂浆加上耐碱玻纤布，饰面用柔性耐水腻子嵌平，再涂表面涂料，如图3.3.2.4（b）所示。

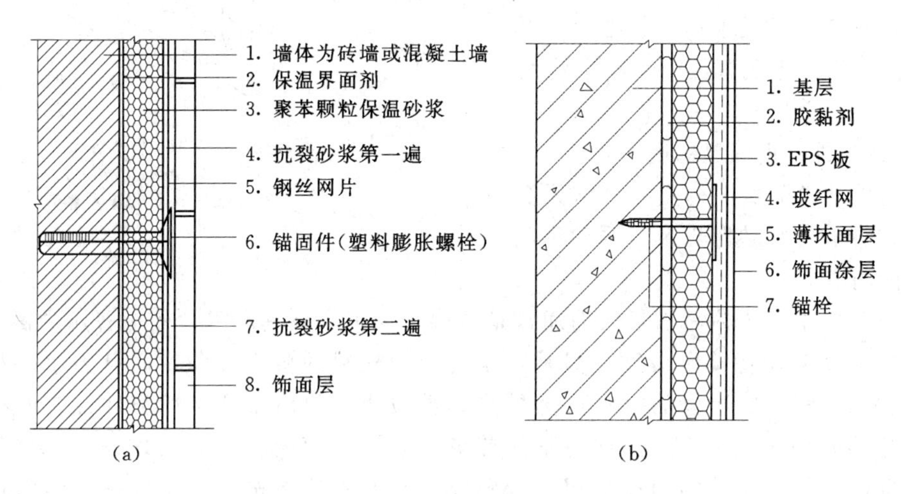

图3.3.2.4　外墙外保温构造

（a）保温浆料外粉刷构造；（b）外贴保温板材构造

（3）外加保温砌块墙。选用保温性能较好材料，如加气混凝土砌块、陶粒混凝土砌块等全部或局部在结构外墙的外面再贴砌一道墙。

2. 外墙内保温构造

外墙内保温的优点是不影响外墙面饰面及防水等构造的做法，但需要占据较多的室内空间，减少了建筑物的使用面积，而且会给用户的自主装修带来麻烦。常见的做法是在承重材料内侧与高效保温材料进行复合组成，如图3.3.2.5所示。承重材料可为砖、砌块和

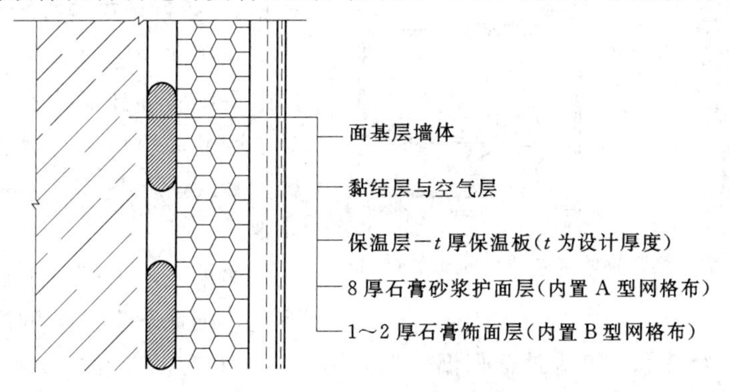

图3.3.2.5　外墙内保温构造

混凝土墙体，高效保温复合材料可为聚苯板、充气石膏板等。

3. 外墙中保温构造

按照不同的使用功能设置多道墙板或者做双层砌体墙的建筑中，外墙保温材料可以放置在这些墙板或砌体墙的夹层中（图3.3.2.6），或者并不放入保温材料，只是封闭夹层空间形成静止的空气间层，并在里面设置具有较强反射功能的铝箔等，起到阻挡热量外流的作用。

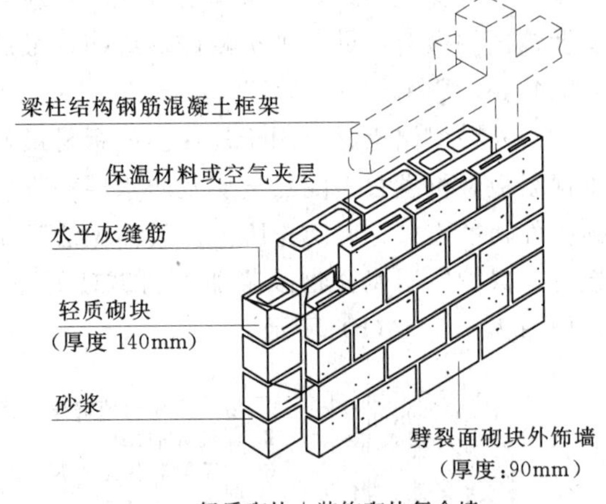

图3.3.2.6 外墙中保温构造

3.2.3 建筑外门窗保温构造

建筑外门窗的保温构造主要涉及到材料的选择和提高热阻以及加强门窗的密封性能两方面。

在门窗扇中，传热面积最大的通常是玻璃。为了提高其热阻，较为普遍的做法是用双层中空玻璃来代替单层玻璃。但是，这会增加框料的截面面积，而且为了保证门窗不变形，像工程塑料这样的材料虽然导热系数较小，但由于塑钢门窗在加工时内部的型钢在连接处刚度较小，因此往往不能够满足安装尺幅较大的双层玻璃而不变形的要求，目前除了较小尺寸的门窗采用工程塑料外，通常还是选择使用空腹钢型材或铝型材来做门窗的框料，但在框料中会嵌入热阻相当大的材料作为断热装置，以改善其整体的热工性能。图3.3.2.7所示的是某种金属材质的双层密封窗的构造示意图。类似其中的断热装置，目前还广泛应用在玻璃幕墙的构造中。

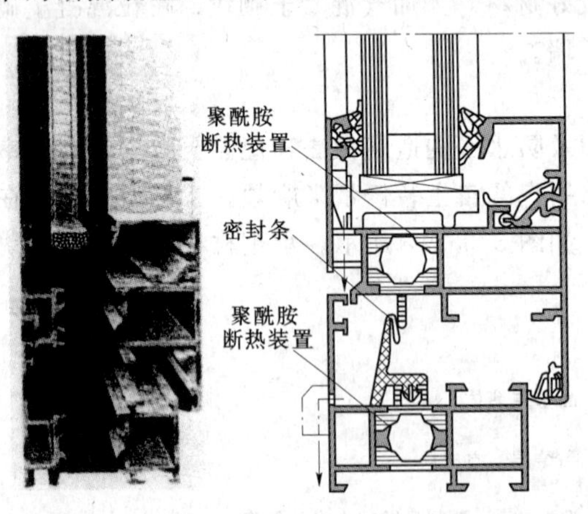

图3.3.2.7 带断热装置的金属门窗断面示意图

此外，还可以利用金属材料加工时较易成型的特点，在门窗缝内形成多道空腔和密封条的嵌入部位，以加强门窗缝的密封性能，减少因空气流通而造成的热损耗。

3.2.4 建筑地面保温构造

在严寒和寒冷地区，建筑底层室内如果采用实铺地面构造，则对于直接接触土壤的周边地区，也就是从外墙内侧算起2.0m的范围之内，应当作保温处理。

如果底层地面之下还有不采暖的地下室，则地下室以上的底层地面应该全部作保温处理。图3.3.2.8为地面保温构造，图3.3.2.9为工人现场施工。

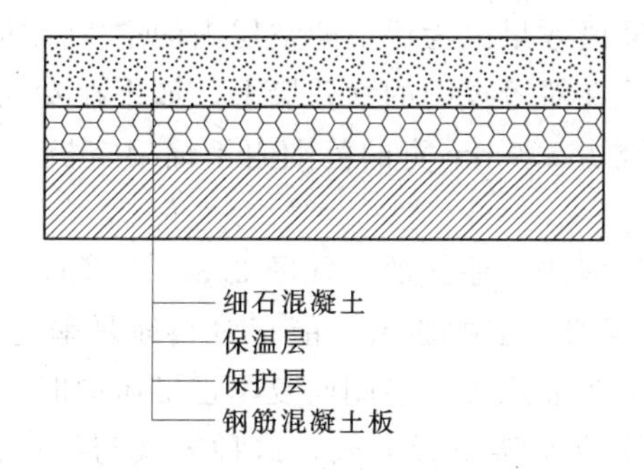

图 3.3.2.8 地面保温做法

图 3.3.2.9 聚苯板用于地面保温

3.3 屋面隔热构造

因为建筑结构中的热源主要来自太阳光的辐射热。所以，最有效的隔热方法就是在建筑物外围护结构表面设置通风的空气间层，利用层间通风，带走一部分热量，使屋顶或外墙变成两次传热，以减低传至外围护结构内表面的温度。

常见的屋面隔热构造有架空隔热屋面、蓄水屋面、种植屋面和反射降温屋面。

3.3.1 架空隔热屋面

架空通风隔热间层设于屋面防水层上，架空层内的空气可以自由流通，其隔热原理是：一方面利用架空的面层遮挡直射阳光，另一方面架空层内被加热的空气与室外冷空气产生对流，将层内的热量源源不断地排走，从而达到降低室内温度的目的。

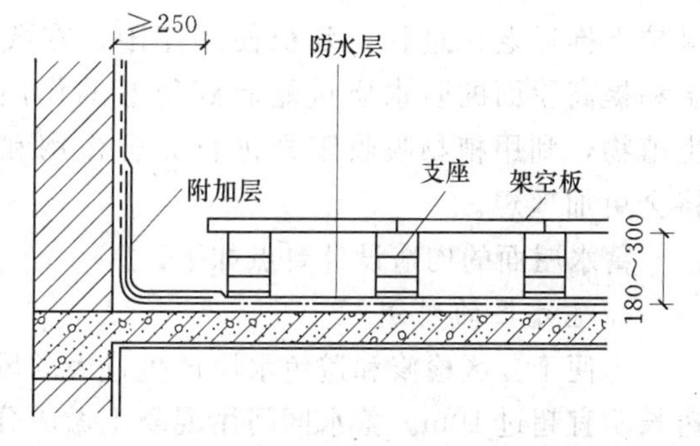

图 3.3.3.1 屋面架空隔热层的构造示意图

架空通风层通常用砖、瓦、混凝土等材料及制品制作。其中最常用的是砖墩架空混凝土板（或大阶砖）通风层，如图 3.3.3.1 所示。架空层的净空高度一般以 180～300mm 为宜。屋面宽度大于 10m 时，应在屋脊处设置通风桥以改善通风效果。为保证架空层内的空气流通顺畅，其周边应留设一定数量的通风孔，通风孔留设在对着风向的女儿墙上。如果在女儿墙上开孔有碍于建筑立面造型，也可以在离女儿墙至少 250mm 宽的范围内不铺架空板，让架空板周边开敞，以利空气对流。

隔热板的支承物可以做成砖垄墙式的，如图 3.3.3.2（a）所示，也可做成砖墩式的，如图 3.3.3.2（b）所示。当架空层的通风口能正对当地夏季主导风向时，采用前者可以提高架空层的通风效果。但当通风孔不能朝向夏季主导风向时，采用砖垄墙式的反而不利于通风。这时最好采用砖墩支承架空板方式，这种方式与风向无关，但通风效果不如前者。这是因为砖垄墙架空板通风是一种巷道式通风，只要正对主导风向，巷道内就易形成流速很快的对流风，散热效果好。而砖墩架空层内的对流风速要慢得多。

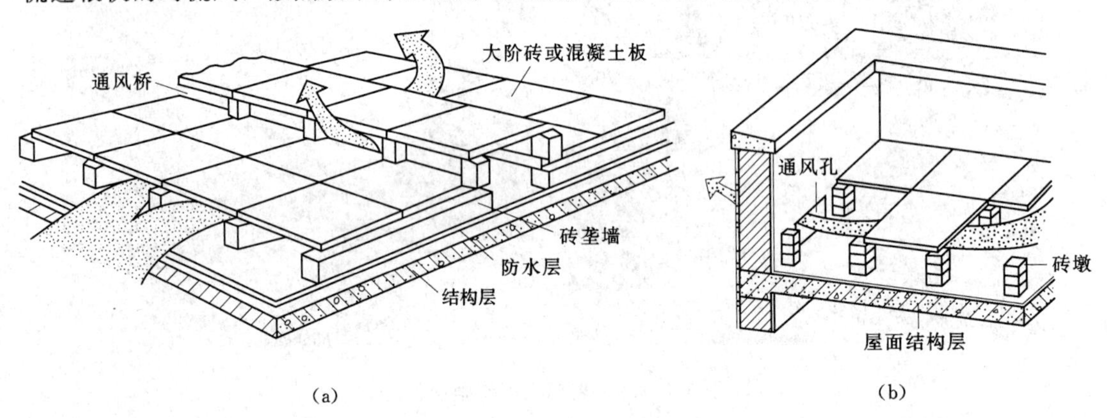

图 3.3.3.2　通风桥与通风孔

（a）架空隔热层与通风桥；（b）架空隔热层与女儿墙通风孔

3.3.2　蓄水隔热屋面

蓄水隔热屋面利用平屋盖所蓄积的水层来达到屋盖隔热的目的，其原理为：在太阳辐射和室外气温的综合作用下，水能吸收大量的热而由液体蒸发为气体，从而将热量散发到空气中，减少了屋盖吸收的热能，起到隔热的作用。水面还能反射阳光，减少阳光辐射对屋面的热作用。水层在冬季还有一定的保温作用。

另外，水层长期将防水层淹没，使混凝土防水层处于水的养护下，减少由于温度变化引起的开裂和防止混凝土的碳化，使诸如沥青和嵌缝胶泥之类的防水材料在水层的保护下推迟老化过程，延长使用年限。在我国南方地区，蓄水屋面对于建筑的防暑降温和提高屋面的防水质量能起到很好的作用。如果在水层中养殖一些水浮莲之类的水生植物，利用植物吸收阳光进行光合作用和叶片遮蔽阳光的特点，其隔热降温的效果将会更加理想。

蓄水屋面的构造设计要点如下。

1. 蓄水区的划分

为便于分区检修和避免水层产生过大的风浪，蓄水屋面应划分为若干蓄水区，每区的边长不宜超过 10m。蓄水区间用混凝土做成分仓壁，壁上留过水孔，使各蓄水区的水层连通，如图 3.3.3.3（a）所示，但在变形缝的两侧应设计成互不连通的蓄水区。当蓄水屋面的长度超过 40m 时，应做横向伸缩缝一道。分仓壁也可用 M10 水泥砂浆砌筑砖墙，顶部设置直径 6mm 或 8mm 的钢筋砖带。

2. 水层深度及屋面坡度

过厚的水层会加大屋面荷载，过薄的水层夏季又容易被晒干，不便于管理。从理论上讲，50mm 深的水层即可满足降温与保护防水层的要求，但实际比较适宜的水层深度为 150～200mm。为保证屋面蓄水深度的均匀，蓄水层面的坡度不宜大于 0.5%。

3. 女儿墙与泛水

蓄水屋面四周可做女儿墙并兼作蓄水池的仓壁。在女儿墙上应将屋面防水层延伸到墙面形成泛水，泛水的高度应高出溢水孔 100mm。若从防水层面起算，泛水高度刚为水层深度与 100mm 之和，即 250～300mm。

4. 溢水孔与泄水孔

为避免暴雨时蓄水深度过大，应在蓄水池外壁上均匀布置若干溢水孔，通常每开间约设一个，以使多余的雨水溢出屋面。为便于检修时排除蓄水，应在池壁根部设泄水孔，每开间约一个。泄水孔和溢水孔均应与排水檐沟或水落管连通，如图 3.3.3.3（b）、（c）所示。

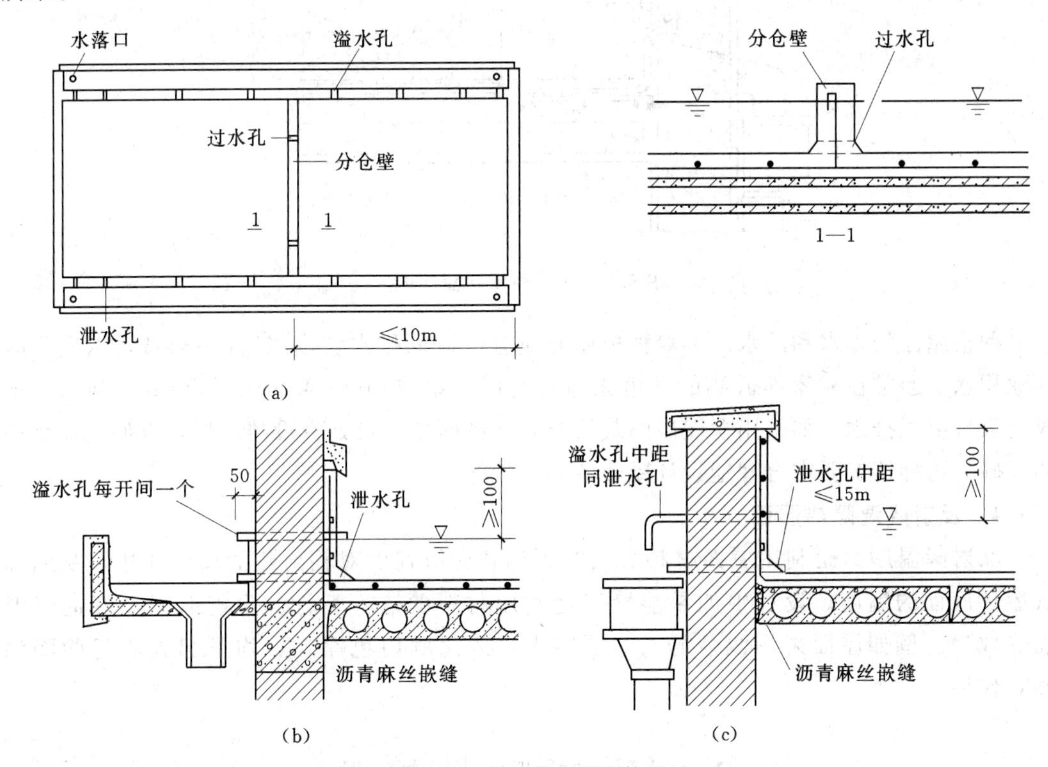

图 3.3.3.3 蓄水屋面构造

3.3.3 种植隔热屋面

种植隔热的原理是：在平屋盖上种植植物，借助栽培介质隔热及植物吸收阳光进行光合作用和遮挡阳光的双重功效来达到降温隔热的目的。

一般种植隔热屋面是在屋面防水层上直接铺填种植介质，栽培各种植物。选择适宜的种植介质，为了不过多地增加屋面荷载，宜尽量选用轻质材料作栽培介质，常用的有谷壳、蛭石、陶粒、泥炭等，即所谓的无土栽培介质。近年来，还有以聚苯乙烯、尿甲醛、聚甲基甲酸酯等合成材料泡沫或岩棉、聚丙烯腈絮状纤维等作栽培介质的，其质量更轻，耐久性和保水性更好。为了降低成本，也可以在发酵后的锯末中掺入约30%体积比的腐殖土作栽培介质，但密度较大，需对屋面板进行结构验算，且容易污染环境。栽培介质的厚度应满足屋盖所栽种的植物正常生长的需要，但一般不宜超过300mm。

图3.3.3.4是常见的种植屋面构造示意。用砖或加气混凝土来砌筑床埂，内外用1∶3水泥砂浆抹面，高度宜大于种植层60mm左右。每个种植床应在其床埂的根部设不少于两个的泄水孔，以防种植床内积水过多造成植物烂根。为避免栽培介质的流失，泄水孔处需设滤水网，滤水网可用塑料网或塑料多孔板、环氧树脂涂覆的铁丝网等制作。

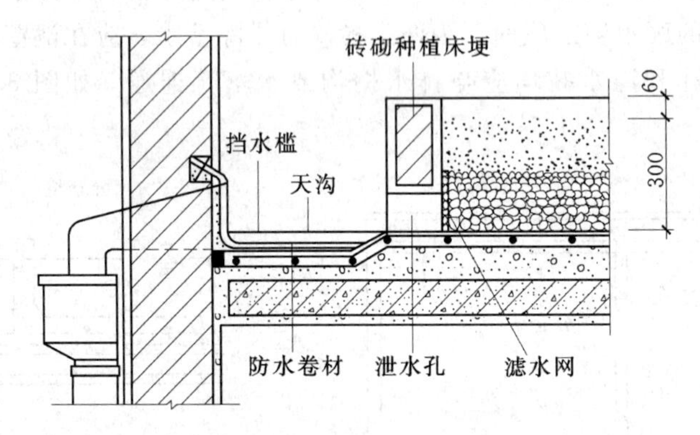

图3.3.3.4 种植屋面构造

种植屋面的排水和给水。一般种植屋面应有一定的排水坡度（1%～3%），以便及时排除积水。通常在靠屋面低侧的种植床与女儿墙间留出300～400mm的距离，利用所形成的天沟组织排水。如采用含泥砂的栽培介质，屋面排水口处宜设挡水槛，以便沉积水中的泥砂，这种情况要求合理地设计屋面各部位的标高。

3.3.4 反射降温隔热屋面

反射降温屋面是利用屋面材料表面的颜色和光滑程度对辐射热的反射作用，从而降低屋顶底面的温度。设计中如果能恰当地利用材料的这一特性，也能取得良好的降温隔热效果。例如屋面采用浅色砾石、混凝土，或涂刷白色涂料，均可起到明显的降温隔热作用。

3.4 建筑隔声构造

3.4.1 建筑声学概述

3.4.1.1 建筑声学环境设计的意义

声环境设计是专门研究如何为建筑使用者创造一个合适的声音环境。音乐厅、剧院、礼堂、报告厅、多功能厅、电影院、体育馆等。建筑需要声环境设计。

3.4.1.2 建筑声学环境研究的内容

1. 音质设计

主要是对音质有要求的建筑，如音乐厅、剧院、礼堂、报告厅、多功能厅、电影院、体育馆等。音质设计好坏以音质清晰、丰满、浑厚、亲切、温暖、有平衡感、有空间感为评价标准。

2. 隔声隔振

主要是有安静要求的房间，如录音室、演播室、旅馆客房、居民住宅卧室等。对于录音室、演播室等声学建筑对隔声隔振要求非常高，需要专门的声学设计。

对于旅馆、公用建筑、民用住宅，人们对隔声隔振的要求也越来越高。随大跨度框架结构的运用，越来越多地使用薄而轻的隔墙材料，对隔声隔振提出了更高的设计要求。

3. 材料的声学性能测试与研究

主要研究吸声材料的吸声机理、如何测定材料的吸声系数、不同吸声材料的应用等。还包括材料的隔声机理，如何提高材料的隔声性能，如何评定材料的隔声性能，材料隔振的机理，不同材料隔振效果等。

4. 噪声的防止与治理

主要研究噪声的标准、设计阶段如何避免噪声、出现噪声如何解决。

3.4.2 隔声构造

3.4.2.1 噪声的危害

1. 噪声对听觉器官的损害

噪声对听觉器官的影响是生理移形至病理的过程，造成病理性听力损伤必须达到一定的噪声强度和接触时间。听力损伤根据损伤程度可分为以下几类。

(1) 听觉适应。短时间内接触强噪声，出现耳不适、耳鸣，听力暂时保护性降低10～15dB，脱离噪声环境数分钟后可恢复，这一生理过程称为听觉适应。这种听力暂时性下降又可恢复的听力变化称暂时性听阈位移（TTS），属保护性功能改变，可减轻噪声的危害。可通过比较接触噪声前、后的听阈进行评估。

(2) 听觉疲劳。持续暴露与强噪声环境或多次接受脉冲噪声，使听力下降15～25dB，并在脱离噪声环境后数小时至一昼夜才恢复至原有听力水平，称听觉疲劳。听觉适应和听觉疲劳属可逆性听力损失，均可视为生理性保护效应。

(3) 听力损失。长期处于超过听力保护标准的环境中（超过85～90dB），听觉疲劳难以恢复，持续累积作用的结果，使听阈由可恢复的生理性改变移行至不可恢复的病理性改变的过程称为听力顺势。其主要听力损失表现在高频任一频段出现永久性听阈位移大于30dB，此时语言频段听力无障碍，故又称高频听力损失，可作为噪声性耳聋的早期指征。

(4) 噪声性耳聋。当高频听力损失扩展至语言三频段，造成平均听阈位移大于25dB，并伴有主观听力障碍时，成噪声性耳聋。此时在4000Hz处有一听力突然下降的听骨存在。依据听力下降的程度可区分为下列各等级耳聋。

1）微聋，听力下降25～40dB。

2）轻度聋，听力下降41～55dB。

3）中度聋，听力下降56～70dB。

4）重度聋，听力下降71～90dB。

5）全聋，听力下降大于90dB。

2. 噪声引起多种疾病

噪声可引起多种疾病，除了损伤听力以外，还会引起其他人身损害。噪声可以引起心绪不宁、心情紧张、心跳加快和血压增高。噪声还会使人的唾液、胃液分泌减少，胃酸降低，从而易患胃溃疡和十二指肠溃疡。一些工业噪声调查结果指出，劳动在高噪声条件下的钢铁个人和机械车间个人比安静条件下的个人循环系统发病率高。在强声下，高血压的人也多。不少人认为，20世纪生活中的噪声是造成心脏病的原因之一。长期在噪声环境下工作，对神经功能也会造成障碍。

实验室条件下人体实验证明，在噪声影响下，人脑电波可发生变化。噪声可引起大脑皮层兴奋和抑制的平衡，从而导致条件下反射的异常。有的患者会引起顽固性头痛、神经衰弱和脑神经机能不全等。症状表现与接触的噪声强度有很大关系。例如，当噪声在80～85dB时，往往很易激动、感觉疲劳，头痛多在颞额区；95～120dB时，作业个人常前头部钝性痛，并伴有易激动、睡眠失调、头晕、记忆力减退；噪声强到140～150dB时不但引起耳病，而且发生恐惧和全身神经系统紧张性增高。

3. 噪声对正常生活的影响

噪声对人的睡眠影响极大，人即使在睡眠中，听觉也要承受噪声的刺激。噪声会导致多梦、易惊醒、睡眠质量下降等，突然的噪声对睡眠的影响更为突出。噪声会干扰人的谈话、工作和学习。

4. 噪声降低劳动生产率

实验表明，当人受到突然而至的噪声一次干扰，就要丧失4s的思想集中。据统计，噪声会使劳动生产率降低10%～50%，随着噪声的增加，差错率上升。由此可见，噪声会分散人的注意力，导致反应迟钝，容易疲劳，工作效率下降，差错率上升。噪声还会掩蔽安全信号（如报警信号和车辆行驶信号）以致造成事故。

5. 噪声损坏建筑物

喷气式飞机产生的噪声能够将附近建筑物的窗户玻璃震碎，噪声导致工作设备“疲劳”以至断裂等。

3.4.2.2　声音的传播方式

1. 空气传声

空气传声是噪声自声源发生之后，借空气而传播。声音直接在空气中传递，称直接传声。由于声波振动，经空气传至结构，引起结构的强迫振动，致使结构向其他空间辐射声能，这种声音的传递称为振动传声。

2. 固体传声

由于直接打击或冲撞建筑构件而受迫振动而发出声音并通过该物体传播。

3.4.2.3 建筑隔声的部位

在声音从室外传入室内以及室内声音传播的过程中所涉及的建筑物的各个部位，一般都应做隔声处理。具体地说，建筑隔声的部位应包括建筑物的屋顶、外墙、内墙、门窗、楼板层等。

3.4.2.4 建筑物隔声的具体措施

1. 楼板隔声构造

楼板的隔声的一般做法是通过铺设软垫如地毯、橡胶垫等来减少楼板的振动（图3.3.4.1），也可以通过设置吊顶来消耗其撞击的能量（图3.3.4.2）。

图3.3.4.1 在楼层上铺设地毯

图3.3.4.2 吸声板吊顶

2. 墙体隔声构造

适当的增加墙体的厚度或选择单位面积质量大的墙体材料，或者采用带空气层的双层墙体。如果采用带空气层的双层墙体，空气层厚度不应大于50mm，尽量避免在双层墙体中形成"声桥"，具体构造做法如图3.3.4.1所示。在双层墙体中填充轻质吸声材料或者采用多层组合墙体也是常用的方法。

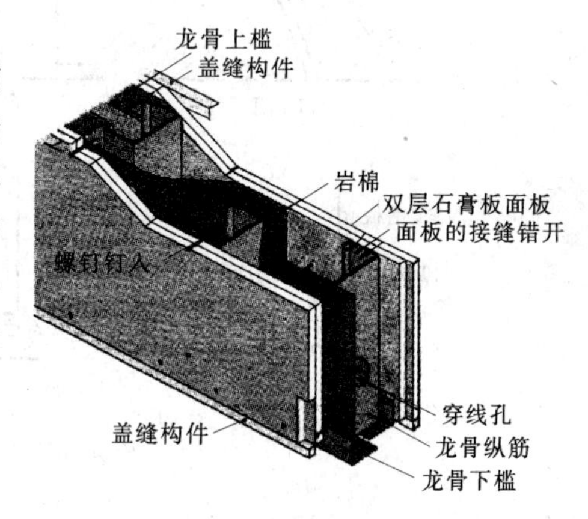

图3.3.4.3 隔墙墙筋错位设置、内置吸声材料的做法示意图

3. 门窗隔声构造（主要隔空气声）

建筑门窗是空气声传播的主要通道，但因其厚度小、自重轻、缝隙多、常开启等原因，隔声难度大。隔声要求较高时可采取特制的隔声门窗。除了门窗的构造需要增加隔声效果外，门缝是隔声的薄弱环节。在门的开启缝两侧的门框或门扇中通常嵌入橡胶条，使得门扇关闭后能达到密闭的要求。图3.3.4.4为门缝的各种隔声构造形式。

4. 屋顶隔声构造

屋顶的隔声构造应根据屋顶是否上人而有所区别。当为非上人屋顶时，其隔声构造的重点是隔绝空气声，构造做法可参照墙体隔声构造做法；当为上人屋顶时，其隔声构造的重点是隔绝固体声，其构造做法则可参照楼板层的隔声构造做法。

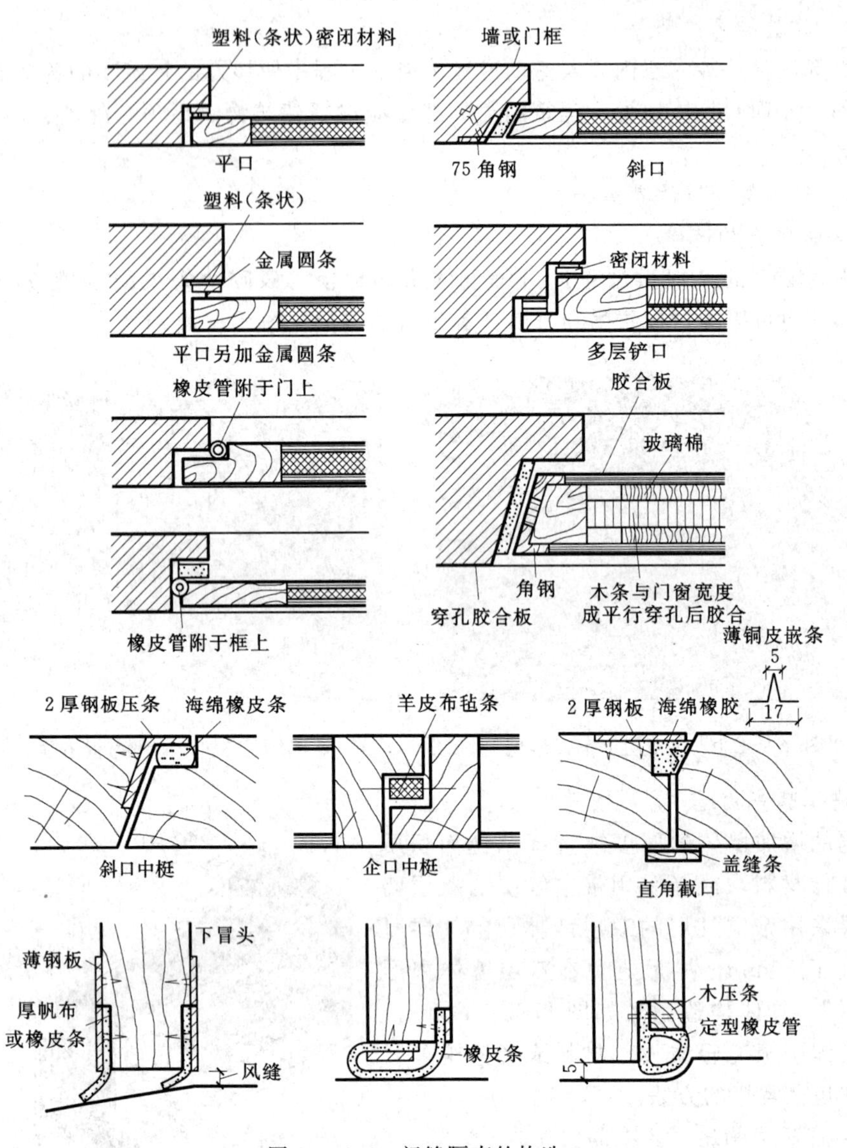

图 3.3.4.4　门缝隔声的构造

第4章　变　形　缝

建筑物由于受温度变化、地基不均匀沉降以及地震的影响，结构内将产生附加的变形和应力，如果不采取措施或措施不当，会使建筑物产生裂缝，甚至倒塌，影响使用与安全。为避免这种状态的发生，可以采取“阻”或“让”两种不同措施。前者是通过加强建筑物的整体性，使其具有足够的强度与刚度，以阻遏这种破坏；后者是在变形敏感部位将结构断开，预留缝隙，使建筑物各部分能自由变形，不受约束，即以退让的方式避免破坏。后种措施比较经济，常被采用，但在构造上必须对缝隙加以处理，满足使用和美观要求。建筑物中这种预留缝隙称为变形缝。

根据变形缝产生的原因，相应设置的变形缝有伸缩缝（温度缝）、沉降缝、防震缝。

4.1　变形缝的种类和作用

4.1.1　伸缩缝

1. 伸缩缝的概念

建筑构件因温度和湿度等因素的变化会产生胀缩变形，当建筑物长度超过一定限度、平面变化较多或结构类型变化较大时，会因热胀冷缩变形较大而产生开裂。为此，通常在建筑物适当的部位设置竖缝，自基础以上将房屋的墙体、楼板层、屋顶等构件断开，将建筑物沿垂直方向分离成几个独立的部分。

这种因温度变化而设置的缝隙称为伸缩缝或温度缝。

2. 伸缩缝的设置要求

要求把建筑物的墙体、楼板层、屋顶等基础以上部分全部断开，基础部分因受温度变化影响较小，故不需断开。

伸缩缝的位置和间距与建筑物的材料、结构形式、使用情况、施工条件及当地温度变化情况有关。结构设计规范对砌体建筑和钢筋混凝土结构建筑的伸缩缝最大间距所作的规定见表3.4.1.1和表3.4.1.2。

4.1.2　沉降缝

1. 沉降缝的概念

为防止建筑物各部分由于地基不均匀沉降引起房屋破坏所设置的垂直缝隙称为沉降缝。

2. 沉降缝的设置要求

在工程设计时，应尽可能通过合理的选址、地基处理、建筑体型的优化、结构选型和计算方法的调整及施工程序上的配合（如高层建筑与裙房之间采用后浇带的办法）来避免或克服不均匀沉降，从而达到不设或尽量少设沉降缝的目的。

表 3.4.1.1　　**砌体房屋温度伸缩缝的最大间距**　　单位：m

砌体类型	屋顶或楼层结构类别		间距
各种砌体	整体式或装配整体式钢筋混凝土结构	有保温层或隔热层的屋盖、楼盖	50
		无保温层或隔热层的屋盖	40
	装配式无檩体系钢筋混凝土结构	有保温层或隔热层的屋盖、楼盖	60
		无保温层或隔热层的屋盖	50
	装配式有檩体系钢筋混凝土结构	有保温层或隔热层的屋盖、楼盖	75
		无保温层或隔热层的屋盖	60
黏土砖、空心砖砌体	瓦材屋盖、木屋盖、轻钢屋盖		100
石砌体	木屋顶或楼层		80
硅酸盐块砌体和混凝土块砌体	砖石屋顶或楼层		75

注　1. 层高大于 5m 的混合结构单层房屋，其伸缩缝可以按表 3.4.1.1 中数值乘以 1.3 采用，但当墙体采用硅酸盐砖、硅酸盐砌块砌筑时，不得大于 75m；
2. 温差较大且变化频繁地区和严寒地区不采暖的房屋及构筑物墙体的伸缩缝最大间距，应按表 3.4.1.1 中数值予以适当减少后使用。

表 3.4.1.2　　**钢筋混凝土结构伸缩缝最大间距**　　单位：m

结构类型		室内或土中	露天
排架结构	装配式	100	70
框架结构	装配式	75	50
	现浇式	55	35
剪力墙结构	装配式	65	40
	现浇式	45	30
挡土墙、地下室墙等类结构	装配式	40	30
	现浇式	30	20

注　1. 若有充分依据或可靠措施，表 3.4.1.2 中数值可以增减；
2. 当屋面板上部无保温或隔热措施时，框架、剪力墙结构的伸缩缝间距，可以按表 3.4.1.2 中露天栏的数值选用，排架结构可以按适当低于室内栏的数值选用；
3. 排架结构的柱顶面（从基础顶面算起）低于 8m 时，宜适当减少伸缩缝间距；
4. 外墙装配、内墙现浇的剪力墙结构，其伸缩缝最大间距按表 3.4.1.2 中现浇式一栏数值选用。滑模施工的剪力墙结构，宜适当减小伸缩缝间距。现浇整体在施工中应采取措施减少混凝土收缩应力。

凡属下列情况时均应考虑设置沉降缝（图 3.4.1.1）。

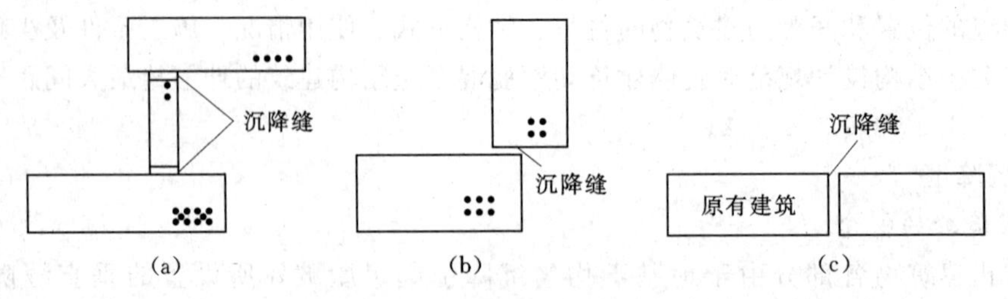

图 3.4.1.1　沉降缝的设置部位示意图

(a) 高度相差较大；(b) 体形比较复杂且连接部位薄弱；(c) 新建与原有建筑物相毗连

(1) 同一建筑物相邻部分的高度相差较大或荷载大小相差悬殊及结构形式变化之处，易导致地基沉降不均匀时，如图 3.4.1.1 (a) 所示。

(2) 当建筑物各部分相邻基础的形式、宽度及埋置深度相差较大，造成基础底部压力有很大差异，易形成不均匀沉降时。

(3) 当建筑物建造在不同地基上，且难于保证均匀沉降时。

(4) 建筑物体形比较复杂，连接部位又比较薄弱时，如图 3.4.1.1 (b) 所示。

(5) 新建建筑物与原有建筑物紧相毗连时，如图 3.4.1.1 (c) 所示。

沉降缝的宽度与地基情况及建筑物高度有关，地基越软的建筑物，沉陷的可能性越高，沉降后所产生的倾斜距离越大。沉降缝的宽度，见表 3.4.1.3。

表 3.4.1.3　　沉 降 缝 的 宽 度

地基性质	建筑物高度或层数	缝宽/mm
一般地基	$H<5$m $H=5\sim10$m $H=10\sim15$m	30 50 70
软弱地基	2～3 层 4～5 层 5 层以上	50～80 80～120 >120
湿陷性黄土地基		≥30～70

4.1.3 防震缝

1. 防震缝的概念

建造在抗震设防烈度为 6～9 度地区的房屋，为了防止建筑物各部分在地震时相互撞击引起破坏，按抗震要求设置的垂直缝隙即抗震缝。

2. 防震缝的设置要求

抗震缝的设置原则依抗震设防烈度，有下列情况之一时宜设抗震缝。

(1) 房屋立面高差在 6m 以上。

(2) 房屋有错层，且楼板高差较大。

(3) 房屋相邻各部分结构刚度、质量截然不同。

防震缝的宽度，在多层砖混结构中按设防烈度的不同取 50～100mm；在多层钢筋混凝土框架结构建筑物中，建筑物高度不超过 15m 时缝宽为 70mm，当建筑物高度超过 15m 时，缝宽如表 3.4.1.4 所示。

表 3.4.1.4　　抗 震 缝 的 宽 度

建筑物高度/m	设计烈度	抗震缝宽度/mm	
≤15			70
>15	6 7 8 9	高度每增高 5m 高度每增高 4m 高度每增高 3m 高度每增高 2m	在 70 基础上增加 20

4.2 变 形 缝 的 构 造

4.2.1 变形缝盖缝构造要求

在建筑物设变形缝的部位都必须全部做盖缝处理。其主要目的是为了满足使用的需要，例如通行、防水等。此外，处于外围护结构部分的变形缝还应防止渗漏及热桥的产生。另外还要注意美观。为此，对变形缝作盖缝处理时，有以下几点应予以重视。

(1) 所选择的盖缝板形式必须能够符合所属变形缝类别的变形需要。例如伸缩缝上的盖缝板不必适应上、下方向的位移，而沉降缝上的盖缝板则必须满足这一要求。

(2) 所选择的盖缝板的材料及构造方式必须能够符合变形缝所在部位的其他功能需要。例如用于屋面和外墙面部位的盖缝板应选择不易锈蚀的材料，如镀锌铁皮、彩色薄钢板、铝皮等，并做到节点能够防水；而用于室内地面、楼板地面及内墙面的盖缝板则可以根据内部面层装修的需要来做。

(3) 变形缝内部应当用具有自防水功能的柔性材料来塞缝，例如挤塑型聚苯板、沥青麻丝、橡胶条等，以防止热桥的产生。

4.2.2 变形缝的盖缝构造

4.2.2.1 墙体变形缝

墙体变形缝的构造形式与变形缝的类型和墙体的厚度有关。墙身伸缩缝可做成平缝、错口缝或凹凸缝等形式（图 3.4.2.1）。

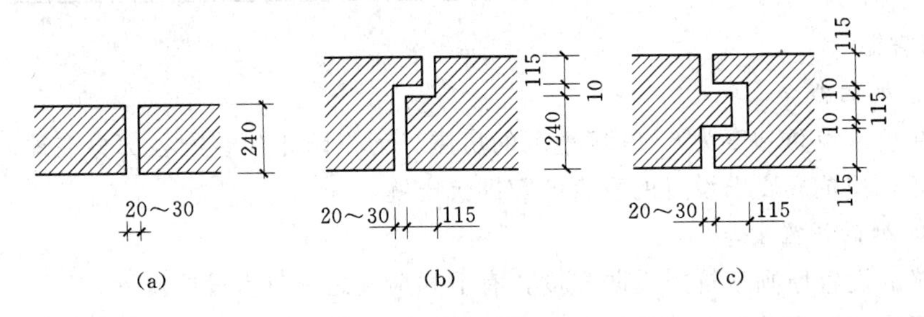

图 3.4.2.1 墙体伸缩缝的形式

(a) 平缝；(b) 错口缝；(c) 凹凸缝

为防止外界自然条件对墙体及室内环境的侵袭，外墙伸缩缝内应填塞具有防水、保温和防腐性能的弹性材料，如沥青麻丝、泡沫塑料条、橡胶条、油膏等。当缝隙较宽时，缝口可用镀锌铁皮、彩色薄钢板、铝皮等金属调节片作盖缝处理，如图 3.4.2.2 (a)～图

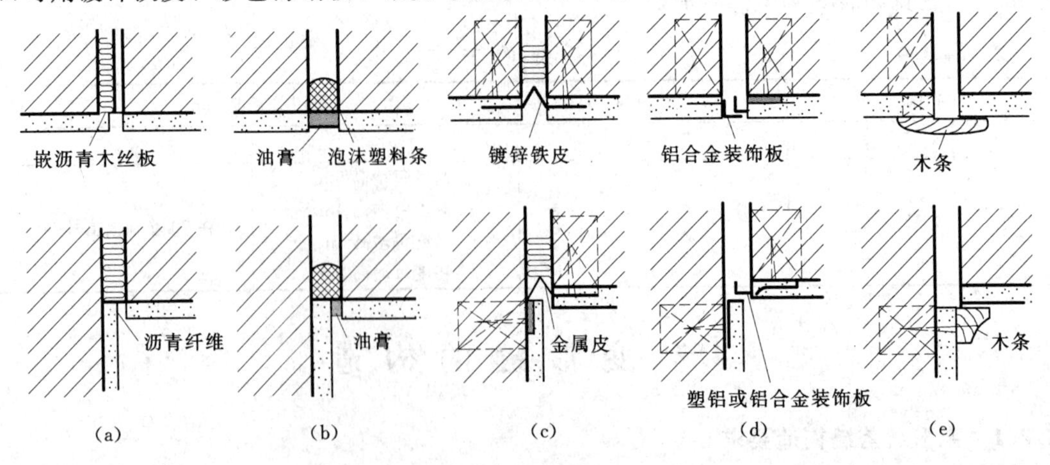

图 3.4.2.2 墙身伸缩缝构造

3.4.2.2（c）所示。内墙缝口通常用具有一定装饰效果的木质盖缝条、金属片或塑料片遮盖，仅一边固定在墙上，如图 3.4.2.2（d）、图 3.4.2.2（e）所示。所有填缝及盖缝材料和构造应保证结构在水平方向自由伸缩而不产生破裂。

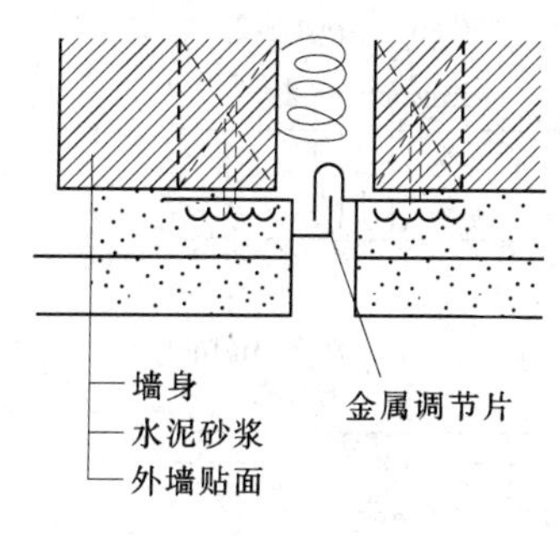

图 3.4.2.3 外墙沉降缝构造

沉降缝一般兼起伸缩缝的作用，其构造与伸缩缝构造基本相同，只是调节片或盖缝板在构造上应保证两侧墙体在水平方向和垂直方向均能自由变形。一般外侧缝口宜根据缝的宽度不同，采用两种形式的金属调节片盖缝（图 3.4.2.3），内墙沉降缝及外墙内侧缝口的盖缝同伸缩缝。

抗震缝构造与伸缩缝、沉降缝构造基本相同。考虑抗震缝宽度较大，构造上更应注意盖缝的牢固、防风、防雨等，寒冷地区的外缝口还须用具有弹性的软质聚氯乙烯泡沫塑料、聚苯乙烯泡沫塑料等保温材料填实（图 3.4.2.4）。

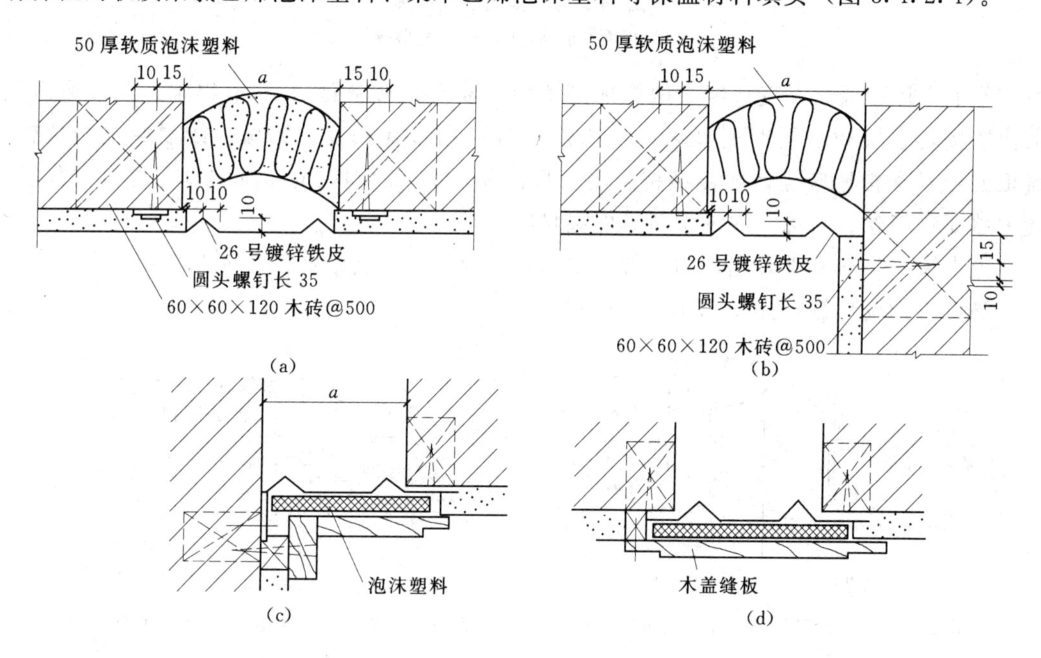

图 3.4.2.4 墙体抗震缝构造

（a）外墙平缝；（b）外墙转角缝；（c）内墙转角缝；（d）内墙平缝

4.2.2.2 楼地层变形缝

楼地层变形缝的位置和宽度应与墙体变形缝一致。其构造特点为方便行走、防火和防止灰尘下落，卫生间等有水环境还应考虑防水处理。

楼地层的变形缝内常填塞具有弹性的油膏、沥青麻丝、金属、或橡胶塑料类调节片。上铺与地面材料相同的活动盖板、金属板或橡胶片等，如图 3.4.2.5 所示。

4.2.2.3 屋顶变形缝

屋顶变形缝在构造上主要解决好防水、保温等问题。屋顶变形缝一般设于建筑物的高低错落处。

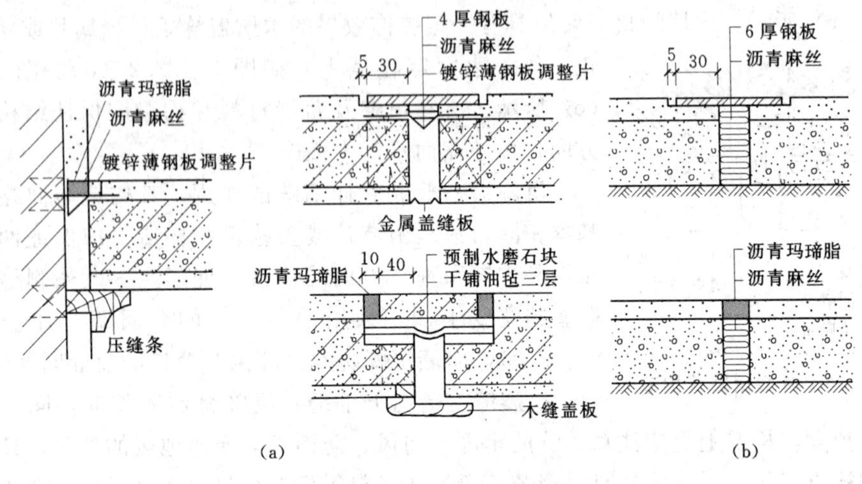

图 3.4.2.5 楼地面变形缝

(a) 楼面变形缝；(b) 地面变形缝

不上人屋顶通常在变形缝的两侧加砌矮墙。矮墙高出屋面 250mm 以上，再按屋面泛水构造将防水层做到矮墙上（图 3.4.2.6）。缝口用镀锌铁皮、铝板、或混凝土板覆盖。盖板的形式和构造应满足两侧结构自由变形的要求。寒冷地区为了加强变形缝处的保温，缝中填沥青麻丝、岩棉、泡沫塑料等保温材料。

上人屋面一般不设矮墙，但应做好防水，避免渗漏。构造如图 3.4.2.7 所示。

高低屋面变形缝，如图 3.4.2.8 所示。

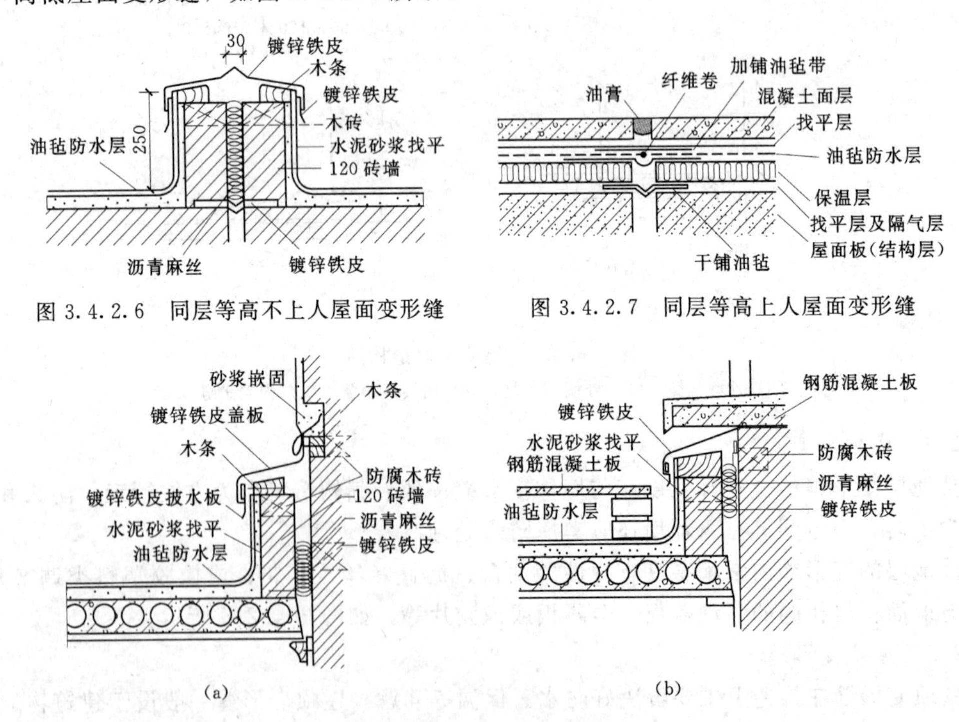

图 3.4.2.6 同层等高不上人屋面变形缝

图 3.4.2.7 同层等高上人屋面变形缝

图 3.4.2.8 高低屋面变形缝

(a) 屋面高低错落处变形缝；(b) 屋面出入口处变形缝

4.2.2.4 基础变形缝

沉降缝要求将基础断开，基础沉降缝的构造处理方案有双墙式（图 3.4.2.9）、交叉式（图 3.4.2.10）和挑梁式（图 3.4.2.11）三种。

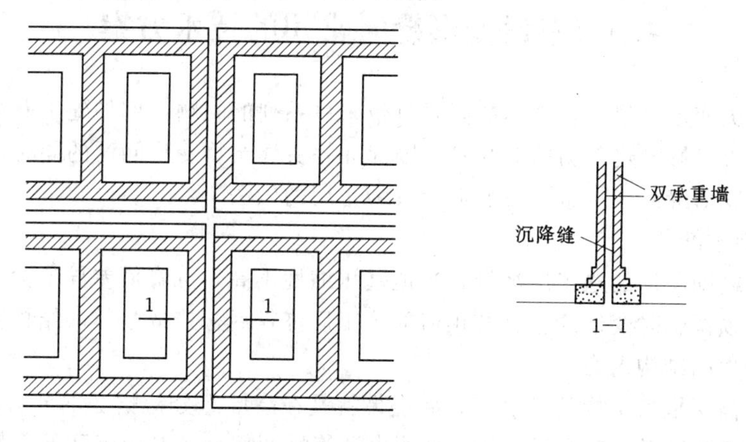

图 3.4.2.9 双墙式沉降缝

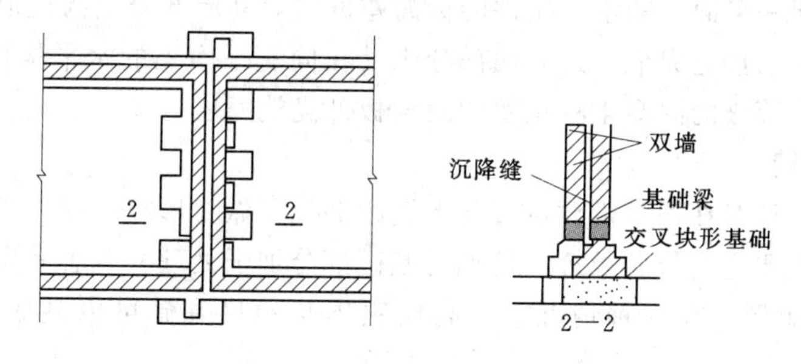

图 3.4.2.10 交叉式沉降缝

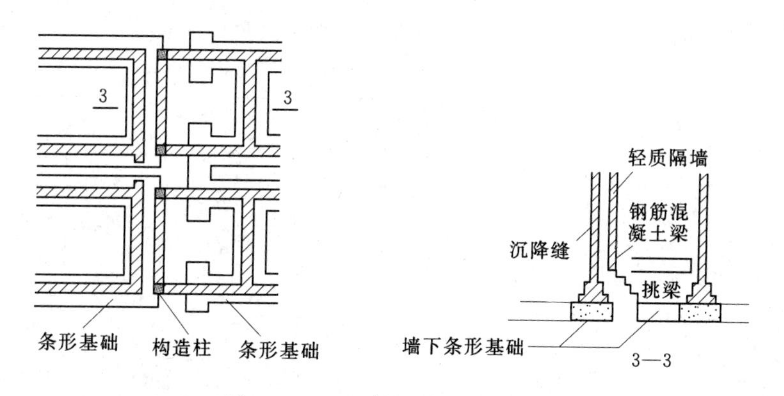

图 3.4.2.11 挑梁式基础沉降缝

双墙式处理方案是在两侧均设墙体，施工简单，建筑整体刚度较好，但易出现基础偏心受压的情况。

挑梁式处理方案是将沉降缝一侧的墙和基础按一般构造做法处理，而另一侧则采用挑梁支承基础梁，基础梁上支承轻质墙的做法。

交叉式处理方案是将沉降缝两侧的基础均做成墙下独立基础，交叉设置，在各自的基础上设置基础梁以支承墙体。这种做法受力明确，效果较好，但施工难度大，造价也较高。

4.3 不设变形缝时常用的技术方案

变形缝解决变形对建筑物破坏的同时也带来一系列的问题，例如施工麻烦，易发生渗漏，不利于防火，影响建筑物的美观等。因此在解决建筑物变形问题的同时，采取合适的技术手段不设变形缝或者尽量少设变形缝成为常用的做法。

4.3.1 临时变形缝

临时变形缝即所谓的施工后浇带，当地基压缩性不高，沉降值差异不大，且沉降完成较快时，可以预留临时变形缝。补齐预留的施工后浇带后，连成整体的结构完全可以承受剩余沉降差产生的结构内力。

在多层或高层框架结构的建筑中，后浇带就是在高层部分与裙房部分留出一道800～1000mm宽的板带先不浇筑混凝土，而且预先计算好两部分各自的沉降量，并以其差值作为两部分应处在同一平面上的水平构件的标高差值。等高层部分结构封顶一段时间后，经测得其主要沉降量已接近完成，这时两部分应处在同一平面上的水平构件亦已基本持平，这时用高一级强度等级的混凝土将预留的后浇板带浇筑完成。

4.3.2 不设变形缝

有的建筑物设计时在通常需要设置变形缝的部位不做变形缝，但为了保证建筑物的使用安全，在结构上要进行特殊处理，例如对基础部分加强处理，或者采用桩基、深墩等基础形式降低沉降变形，在这种情况下，高层主体与裙房基础可以做成整体，不布置变形缝。

第 4 篇　工业建筑构造

第1章 工业建筑概论

1.1 概 述

1.1.1 工业建筑的特点和分类

1.1.1.1 工业建筑的特点

(1) 厂房的建筑设计在适应生产工艺要求的前提下，应为工人创造良好的生产环境并使厂房满足适用、安全、经济和美观的要求。

(2) 厂房内部具有较大的敞通空间。

(3) 当厂房宽度较大时，屋顶上往往设有天窗；屋顶构造复杂，屋顶承重结构袒露于室内。

(4) 单层厂房多采用钢筋混凝土排架结构承重；多层厂房广泛采用钢筋混凝土骨架承重；特别高大的厂房，或有重型吊车的厂房，或高温厂房，或地震烈度较高地区的厂房，宜采用钢骨架承重。

1.1.1.2 工业建筑的分类

1. 按厂房用途分类

(1) 主要生产厂房。用于完成由原料到成品的主要生产工序的厂房。例如，机械制造厂中的铸造车间、机械加工车间及装配车间等。

(2) 辅助生产厂房。为主要生产厂房服务的各类厂房。例如，机械制造厂中的机修车间、工具车间等。

(3) 动力用厂房。为全厂提供能源和动力供应的厂房。例如，机械制造厂中的变电站、发电站、锅炉房压缩空气站等。

(4) 储藏用库房。用来储存生产原料、半成品或成品的仓库。例如，油料库、金属材料库、成品库等。

(5) 运输工具用房。用于停放、检修各种运输工具的库房。例如，汽车库、电动车库等。

2. 按厂房内部生产状况分类

(1) 热加工厂房。在生产过程中散发大量热量、烟尘的厂房。例如，炼钢、轧钢、铸造等车间。

(2) 冷加工车间。在正常温度、湿度条件下进行生产的车间。例如，机械加工、装配等车间。

(3) 恒温、恒湿车间。产品的生产对室内温度、湿度的稳定性要求很高的车间。例如，精密仪器、纺织等车间。

(4) 洁净车间。产品的生产对空气的洁净度要求很高的车间。例如，医药、集成电路等生产车间。

3. 按厂房层数分类

按厂房层数分类，可以把厂房分为单层厂房、多层厂房和混合层数厂房。以上三种厂房可根据功能要求做成单跨、双跨或高低跨。

1.1.2 单层厂房的结构组成

1.1.2.1 砖混结构厂房

砖混结构厂房由砖墙或柱与钢筋混凝土屋面梁或屋架组成（图 4.1.1.1）。

砖混结构构造简单，但承载能力及抗振性能较差，一般适用于跨度不超过 15m，吊车吨位不超过 5t 的小型厂房。

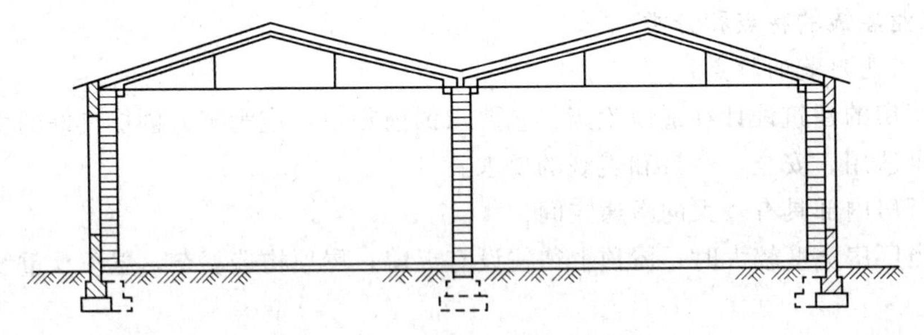

图 4.1.1.1 单层砖混结构厂房

1.1.2.2 装配式钢筋混凝土排架结构厂房

单层厂房结构组成，如图 4.1.1.2 所示。

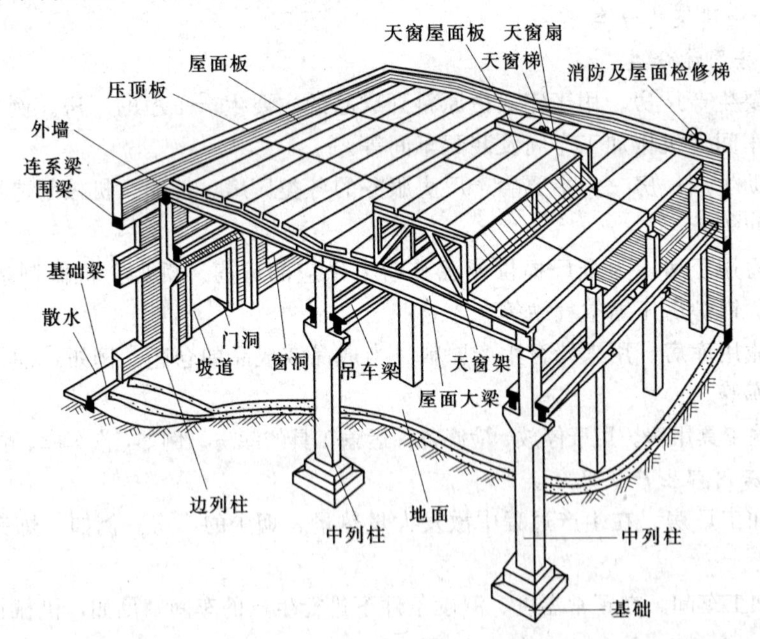

图 4.1.1.2 单层厂房结构组成

1. 柱下基础

柱下基础一般采用预制或现浇的单杯口基础；当变形缝两侧有双柱时，可采用双杯口基础，如图 4.1.1.3 所示。

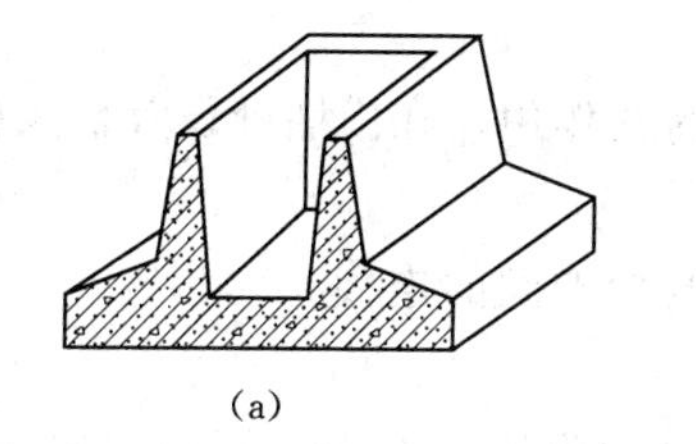
(a)

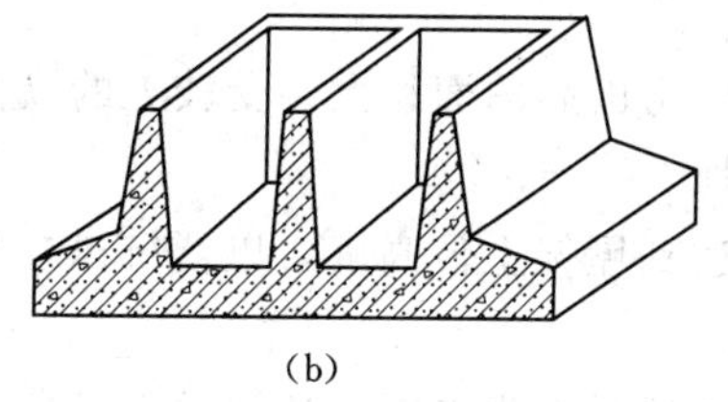
(b)

图 4.1.1.3　杯口基础
(a) 单杯口基础；(b) 双杯口基础

2. 基础梁

装配式钢筋混凝土排架结构单层厂房外墙，墙下不设专用基础，直接支承在基础梁上。

基础梁有预制和现浇两种形式。

3. 柱

常用的排架柱有矩形柱、工字型柱、双肢柱和管柱等形式（图 4.1.1.4）。

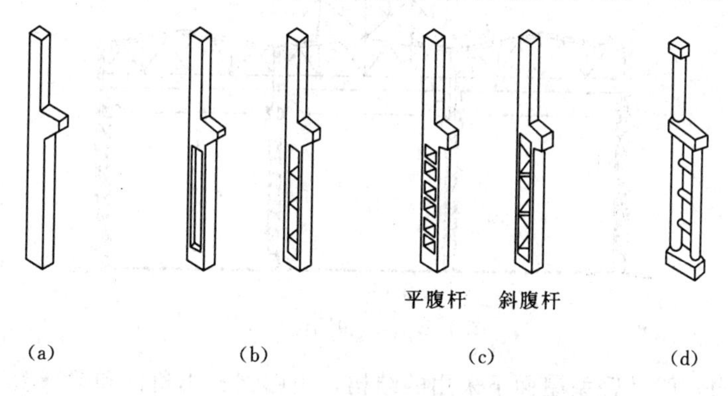

图 4.1.1.4　钢筋混凝土排架柱
(a) 矩形柱；(b) 工字型柱；(c) 双肢柱；(d) 管柱

4. 屋架与屋面梁

有钢筋混凝土屋架、屋面梁和钢结构屋架、屋面梁等。

5. 联系梁

联系梁作为水平构件可以起水平联系和支承作用，对高度较大的墙体，联系梁可以支承墙重，减小基础梁的荷载。

小型厂房一般在吊车梁附近设置一道联系梁，当厂房高度较大时，每隔 4～6m 高设置一道联系梁。

6. 圈梁

单层厂房中的圈梁可以加强砖墙与柱子之间的联系，保证墙体的稳定性，提高厂房结构的整体刚度。

圈梁一般布置在厂房的吊车梁附近和柱顶；对振动较大或有抗震要求的结构，沿墙高每隔 4m 左右设置圈梁一道。

当厂房高度较大时，应按要求增加圈梁数量。联系梁若能水平交圈，可视同为圈梁。

7. 抗风柱

由于单层厂房山墙的面积大，受较大的风荷载作用，在山墙处设置抗风柱能增加墙体的刚度和稳定性。

抗风柱应达到屋架上位高度，以便抗风柱与屋架间的连接。

8. 吊车梁

当厂房内布置吊车设备时，应沿吊车运行方向设置吊车梁，用以安装吊车运行轨道。吊车梁一般有钢筋混凝土吊车梁和钢结构吊车梁，吊车梁一般搁置在排架柱的牛腿上。

9. 支撑

支撑的作用是加强厂房结构的空间刚度，保证结构构件在安装和使用过程中的稳定和安全。

单层厂房的支承有柱间支撑和屋盖支撑。

1.1.2.3 钢结构厂房

钢结构厂房的主要承重构件全部由钢材制成（图4.1.1.5）。

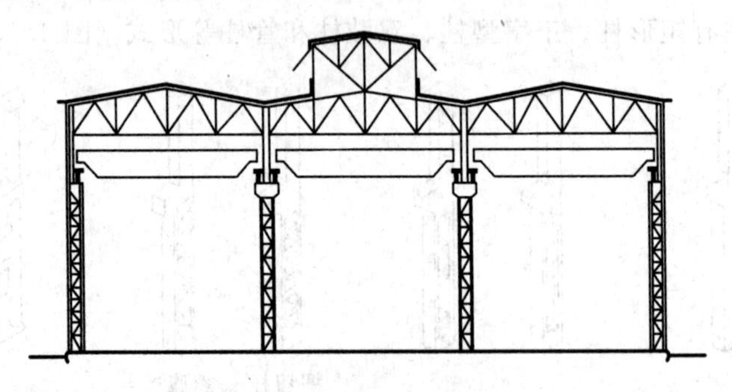

图4.1.1.5 钢结构厂房

轻型钢结构一般是轻型屋面下采用的结构，由圆钢、小角钢和薄壁型钢构成。轻钢结构厂房由屋盖结构和墙架结构组成。

1.1.2.4 其他结构类型

在实际工程中，还有门架、网架、折板、双曲板和壳体等结构类型的厂房。常见的几种结构类型如图4.1.1.6所示。

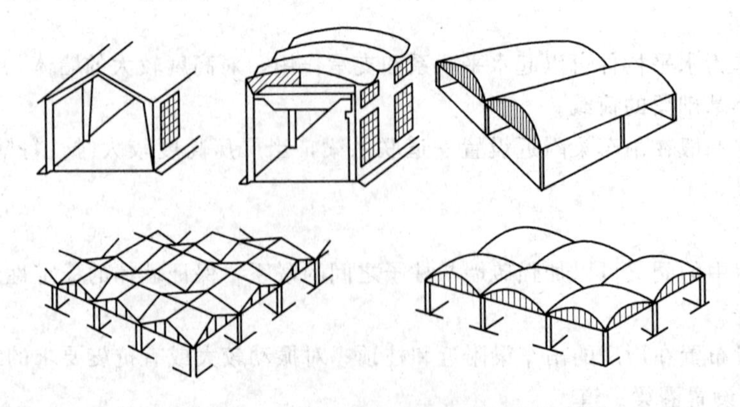

图4.1.1.6 其他结构形式厂房

1.2 单层厂房设计

1.2.1 单层厂房平面设计

1.2.1.1 平面设计与生产工艺

1. 生产工艺是工业建筑设计的重要依据

(1) 生产工艺流程的影响。生产工艺流程是指某一产品的加工制作过程，即由原材料按生产要求的程序，逐步通过生产设备及技术手段进行加工生产，并制成半成品或成品的全部过程。单层厂房里，工艺流程基本上是通过水平生产运输来实现的。平面设计必须满足工艺流程及布置要求，使生产线路短捷、不交叉、少迂回，并具有变更布置的灵活性。

(2) 生产状况的影响。不同性质的厂房，在生产操作时会出现不同的生产状况。

(3) 生产设备布置的影响。生产设备的大小和布置方式直接影响到厂房的平面布局、跨度大小和跨间数，同时也影响到大门尺寸和柱距尺寸等。

2. 建筑平面设计由工艺平面图确定

(1) 确定生产工艺流程。

(2) 选择和编制生产设备和起重运输设备。

(3) 确定内部各工段占面积。

(4) 确定生产对建筑设计的要求：采光、通风、防振、防尘、防辐射等。

1.2.1.2 单层厂房的平面形式

1. 确定单层厂房平面形式的因素

生产规模大小、生产性质、生产特征、工艺流程布置、交通运输方式以及土建技术条件等。

2. 生产工艺流程与平面形式

常见的平面形式有矩形、方形、L 形、T 形、Π 形和山形（图 4.1.2.1）。

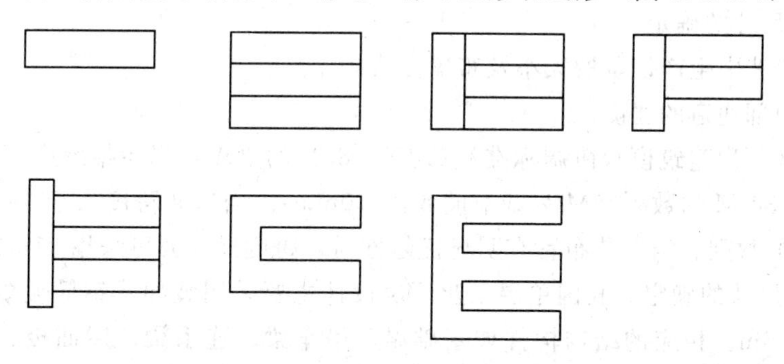

图 4.1.2.1 单层厂房的平面形式

(1) 矩形平面。构件类型少，工段之间交通联系方便，管线简短，节约用地，节省外墙面积及门窗。

(2) 方形平面。除具备矩形平面的特点外，可节约围护结构周长约 25% ，通用性强，有利于抗震，应用较多。

(3) L形、T形、Π形或山形平面。当生产工艺要求设置垂直跨、热加工车间或需进行某种隔离的车间，可采用L形、T形、Π形或山形平面。其特点是通风、排气、散热、除尘效果好，但纵横跨交接处的结构构造复杂，抗震性差，外墙及管线较长，造价较高。

1.2.1.3　柱网选择

1. 柱网

柱在建筑平面上定位轴线排列所形成的网格（图 4.1.2.2）。

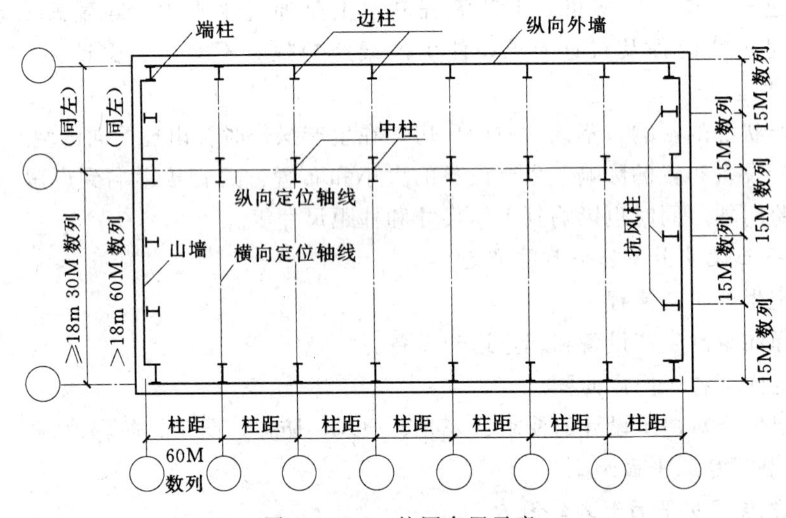

图 4.1.2.2　柱网布置示意

2. 柱网尺寸的确定

柱网的尺寸是由柱距和跨度组成，如图 4.1.2.2 所示。必须符合国家规范《厂房建筑模数协调标准》(BJ 6—86) 的有关规定。

(1) 跨度尺寸的确定。

1) 生产工艺中生产设备的大小及布置方式。

2) 车间内部通道的宽度。

3) 满足《厂房建筑模数协调标准》(BJ 6—86) 的要求：当屋架跨度不大于 18m 时，采用扩大模数 30 M 的数列（M 为基本模数，100mm)。当屋架跨度大于 18m 时，采用扩大模数 60 M 的数列。当工艺布置有明显优越性时，跨度尺寸亦可采用 21m、27m、33m。

(2) 柱距尺寸的确定。我国单层工业厂房设计主要采用装配式钢筋混凝土结构体系，其基本柱距是 6m。相应的结构构件如基础梁、吊车梁、连系梁、屋面板、横向墙板等，均已配套成型。柱距尺寸还受到材料的影响，当采用砖混结构的砖柱时，其柱距宜小于 4m，可为 3.9m、3.6m、3.3m。

(3) 扩大柱网。为了使厂房具有相应的灵活性和通用性，宜采用扩大柱网。常用扩大柱网（跨度×柱距）为 12m×12m、15m×12m、18m×12m、24m×12m、18m×18m、24m×24m 等。

1.2.2 单层厂房剖面设计

1.2.2.1 单层厂房剖面设计的任务

剖面设计的主要任务是选择厂房的剖面形式和确定厂房高度，处理厂房的采光、通风和排水问题。

选择厂房的剖面形式，要综合考虑生产工艺和采光、通风的要求，以及屋面排水方式及厂房的结构形式的影响。如图 4.1.2.3 所示是几种常见的钢筋混凝土排架结构的剖面形式。

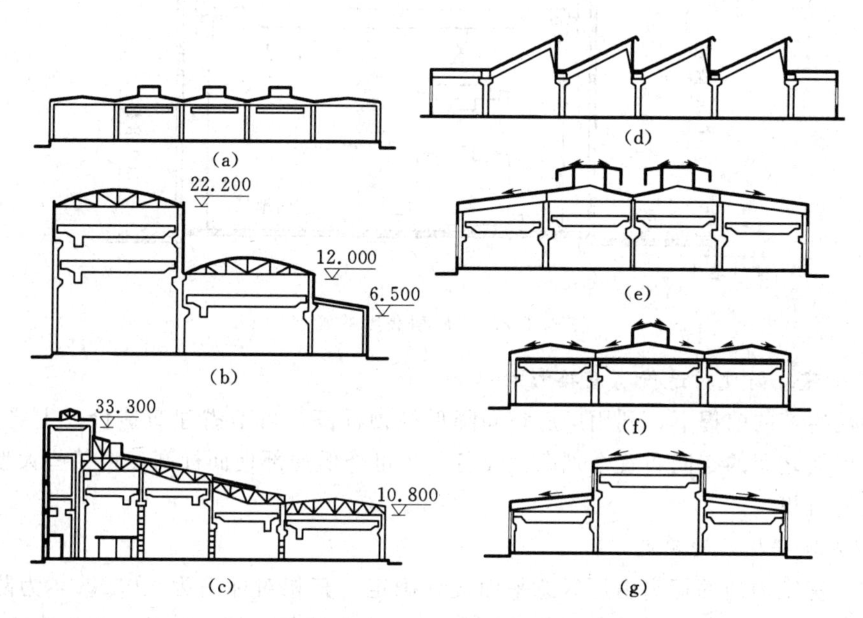

图 4.1.2.3 钢筋混凝土排架结构剖面形式

1.2.2.2 厂房高度的确定

厂房高度：厂房地面到柱顶（或下撑式屋架下弦底面）的垂直距离。

1. 柱顶标高的确定

（1）无吊车厂房高度的确定。无吊车厂房的高度主要取决于厂房内最高的生产设备及安装检修所需的净高，同时要考虑采光和通风的要求，并符合《厂房建筑模数协调标准》（BJ 6—86）的扩大模数 3M 数列。

（2）有吊车厂房高度的确定。

吊车厂房高度为

$$H_1 = h_1 + h_2 + h_3 + h_4 + h_5 + H_2 + C_h$$

式中 H_1——轨顶标高；

h_1——生产设备或隔断的最大高度；

h_2——吊车越过设备时，吊车与设备之间的安全高度；

h_3——被起吊物体的最大高度；

h_4——起吊重物时，吊车缆索的最小高度；

h_5——吊钩距轨顶面的最小高度，可由吊车规格表中查出；

H_2——轨上尺寸；

C_h——上方间隙。

厂房高度的确定如图4.1.2.4所示。

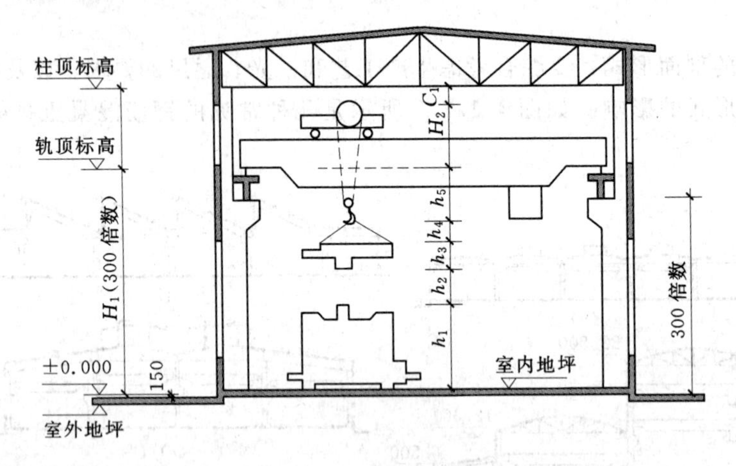

图4.1.2.4 厂房高度的确定

2. 工业建筑高度对造价有直接影响

在满足生产的前提下，利用厂房空间降低柱顶标高，可节省建筑造价。主要方法有：利用两榀屋架之间的空间布置个别高大设备，也可降低局部地面标高，将某些大型设备或工件放在地坑里。

3. 室内地坪标高的确定

单层厂房室内地面标高由厂区总平面设计确定，其相对标高为±0.000。为防止雨水流入室内，室外标高一般应低于室内标高150mm，为通行方便，室外入口处应设置坡道，其坡度不宜过大。

厂房内部空间的利用，如图4.1.2.5所示。

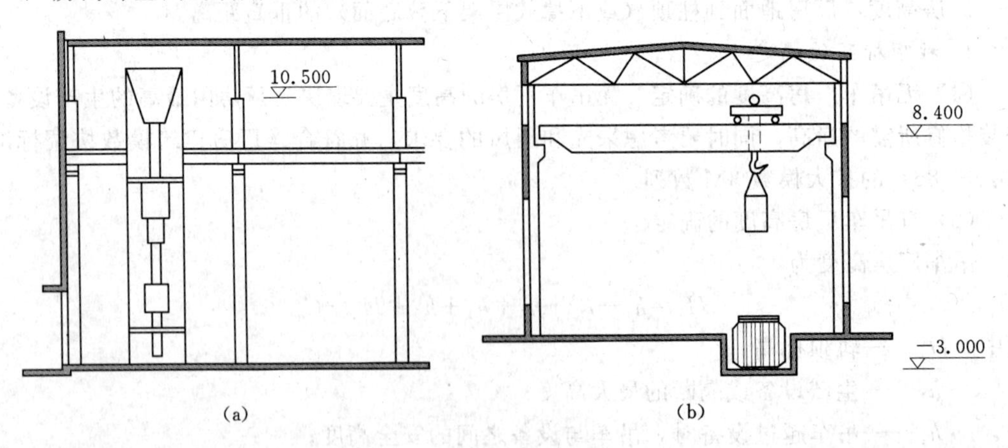

图4.1.2.5 厂房内部空间的利用

(a) 利用屋架空间布置设备；(b) 降低局部地面标高布置设备

1.2.2.3 单层厂房的自然通风

单层厂房自然通风是利用空气的热压和风压作用进行的。

1. 冷加工车间的自然通风

冷加工车间室内无大的热源，主要满足采光要求。设置适当数量的开启扇和交通运输门就能满足车间内通风换气的要求。为避免气流分散，不宜设置通风天窗，但可设置通风屋脊排除积聚在屋盖下部的热空气。

2. 热加工车间的自然通风

热加工车间在生产时产生大量余热和有害气体，尤其要组织好自然通风。

(1) 进、排风口的布置。

(2) 通风天窗的类型。以通风为主的天窗称为通风天窗。主要有矩形通风天窗和下沉式通风天窗两种。

(3) 开敞式厂房。所谓开敞式是指外墙不设窗扇而用挡雨板代替。

1.2.2.4 单层厂房的天然采光

单层厂房主要采用天然采光，当天然采光不能满足时，才辅以人工照明。

1. 天然采光的基本要求

(1) 采光系数最低值。《建筑采光设计标准》(GB/T 50033—2001) 中将我国工业生产的视觉工作分为Ⅴ级，并提出了各级视觉工作要求的室内天然光照度最低值及各级采光系数最低值。作面上采光系数是否符合要求，应选择建筑物典型剖面工作面上的采光曲线进行检验。

(2) 采光均匀度。是指工作面上采光系数最低值与平均值之比。顶部采光，Ⅰ～Ⅳ级采光等级的采光均匀度不宜小于0.7；侧窗采光不做规定。

(3) 应避免在工作区产生眩光。

2. 采光方式

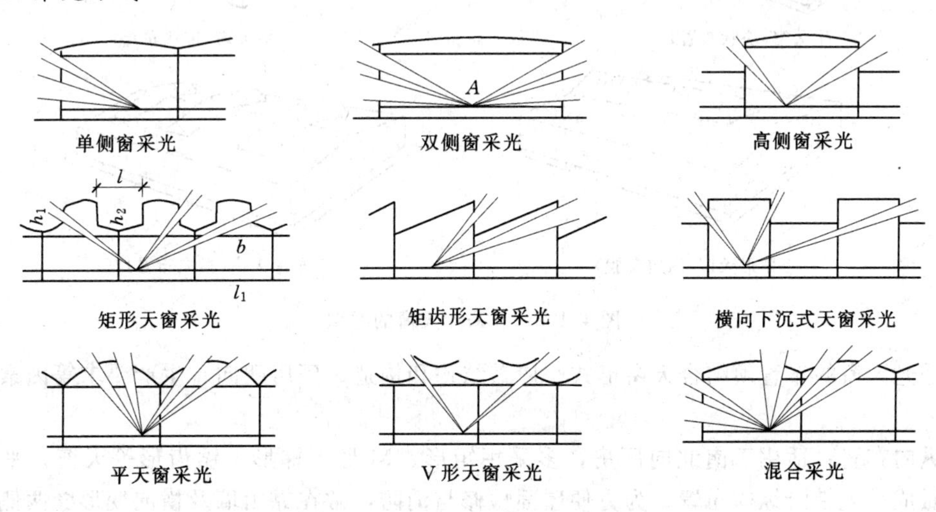

图 4.1.2.6 单层厂房天然采光方式

单层厂房采光方式有侧面采光、顶部采光和混合采光三种（图 4.1.2.6）。

3. 采光天窗的形式和布置

常见的有矩形天窗、梯形天窗、三角形天窗、M形天窗、锯齿形天窗、横向下沉式天窗、平天窗等（图4.1.2.7）。

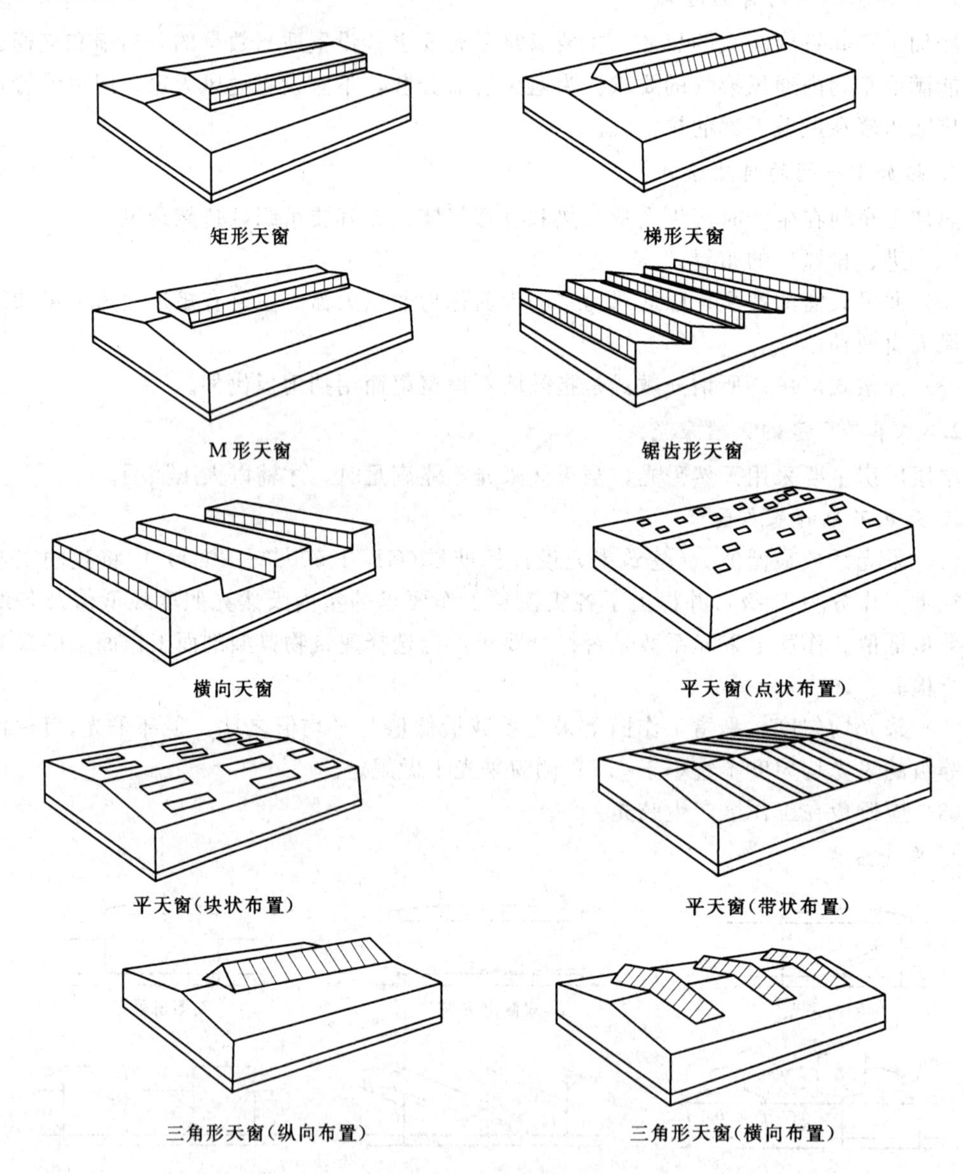

图4.1.2.7 采光天窗的类型

采光天窗的布置须结合天窗形式、屋盖结构和构造、厂房朝向、生产要求等因素综合考虑。

纵向布置：适用于南北向厂房，多采用矩形、M形、梯形、锯齿形等天窗，平天窗也可做成采光带沿纵向布置。为方便屋面检修与消防，常在靠山墙及横向变形缝两侧柱间不设天窗。

横向布置：适用于东西向厂房，多采用横向下沉式天窗，平天窗也可成带横向布置。

点式布置：一般采用平天窗，根据使用要求，在屋面上灵活地布置采光口，采光均匀性好。

1.3　单层厂房定位轴线的划分

单层厂房定位轴线的作用和基本概念表述如下。

作用：是确定厂房主要承重构件标志尺寸及相互位置的基准线，同时也是厂房设备安装及施工放线的依据。

柱距：垂直厂房长度方向（即平行于横向排架）的定位轴线称为横向定位轴线，其轴线间的距离称为柱距。

跨度：平行厂房长度方向（即垂直于横向排架）的定位轴线称为纵向定位轴线，其轴线间的距离称为跨度（图 4.1.3.1）。

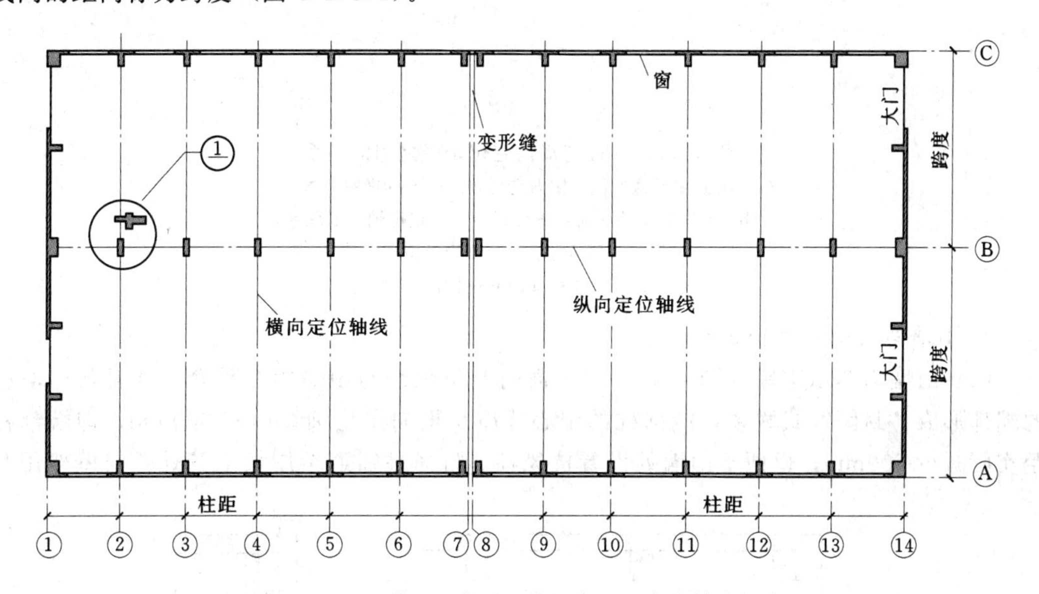

图 4.1.3.1　单层厂房平面柱网布置及定位轴线划分

1.3.1　横向定位轴线的设置

1. 作用

单层厂房的横向定位轴线主要用来标注厂房纵向构件如屋面板、吊车梁的长度（标志尺寸）。

2. 中间柱与横向定位轴线的联系

除山墙端部排架柱以及横向变形缝两侧柱以外，横向定位轴线一般与柱截面宽度的中心线重合，每根柱轴线都通过柱基础、屋架中心线及上部两块屋面板横向搭接缝隙中心[图 4.1.3.2 (a)]。

3. 横向变形缝处柱与定位轴线的联系

横向温度伸缩缝和防震缝处的柱子采用双柱双屋架，可以使结构与建筑构造简化。根据伸缩缝与防震缝宽度的要求，此处应设两条横向定位轴线，两柱的中心线应从定位轴线向缝的两侧各移600mm。两条定位轴线间设插入距 a_i 值，即伸缩缝或防震缝的缝宽 a_e。该处两横向定位轴线与相邻横向定位轴线之间的距离与其他轴线间的柱距相等［图 4.1.3.2（b）］。

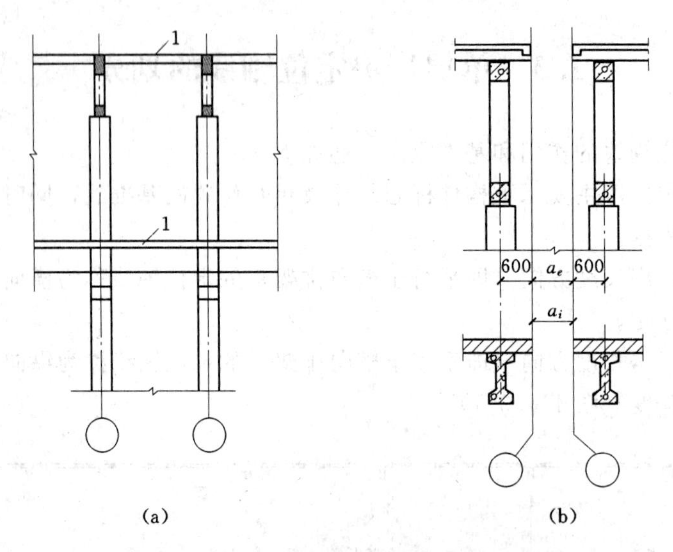

图 4.1.3.2 柱与横向定位轴线之间的关系

（a）横向变形缝处柱与横向定位轴线的非标准联系方式；

（b）横向伸缩缝、防震缝处柱与横向定位轴线的联系

a_i—插入距；a_e—变形缝宽

1—非标准的补充构件

4. 山墙与横向定位轴线的关系

（1）山墙为非承重墙（图 4.1.3.3）。横向定位轴线与山墙内缘重合，并且与屋面板的端部形成“封闭”式联系，端部柱的中心线应从横向定位轴线内移600mm，即端部柱距实际减少600mm，也便于山墙处设置抗风柱。抗风柱需通至屋架上弦处，与屋架用弹

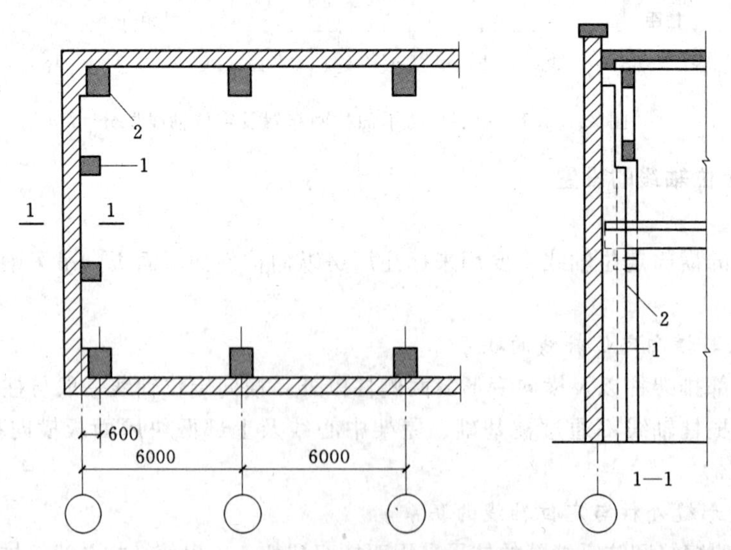

图 4.1.3.3 非承重山墙与横向定位轴线的关系

1—山墙抗风柱；2—厂房排架柱

簧板铰接，以便传递风荷载，因此为避免与端部屋架发生冲突，需在端部让出抗风柱上柱的位置（图4.1.3.4）。

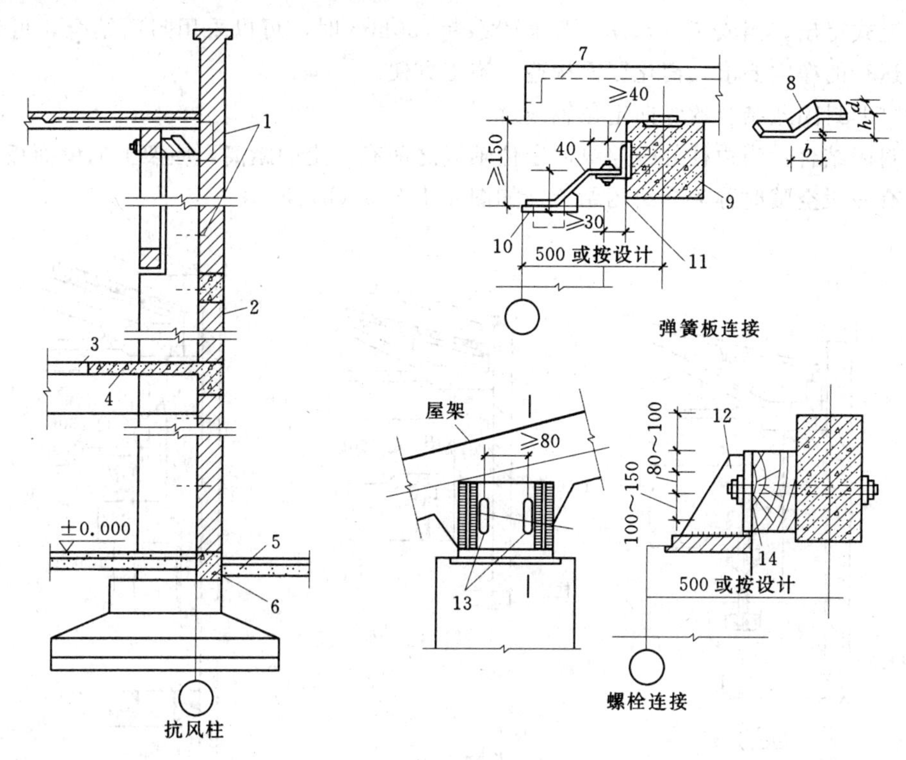

图4.1.3.4　抗风柱与屋架的连接

1—锚拉钢筋；2—抗风柱；3—吊车梁；4—抗风梁；5—散水坡；6—基础梁；7—屋面纵筋或檩条；8—弹簧板；9—屋架上弦；10—柱中预埋件；11—螺栓；12—加劲板；13—长圆孔；14—硬木块

（2）山墙为承重墙（图4.1.3.5）。山墙与横向定位轴线的距离为λ，λ根据砌体的块材类别决定，为半砖或半砖的倍数，或墙体厚度的一半。屋面板直接伸入墙内，并与墙上的钢筋混凝土梁垫连接。

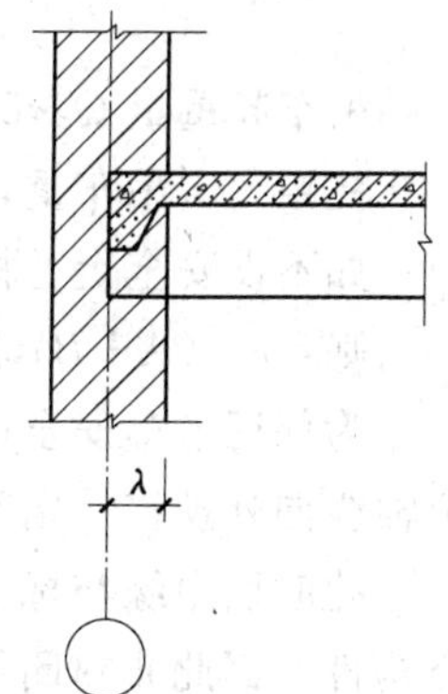

图4.1.3.5　承重山墙横向定位轴线

λ—半砖或半砖的倍数或墙体厚度的一半

1.3.2　纵向定位轴线的设置

1. 作用

单层厂房的纵向定位轴线主要用来标注厂房横向构件，如屋架的长度（标志尺寸）。

2. 边柱外缘与纵向定位轴线的联系有两种情况

（1）封闭式结合的纵向定位轴线。

封闭式结合：当边柱外缘、墙内缘与定位轴线三者相重合时，称封闭式结合，纵向定位轴线如图4.1.3.6（a）所示。这时屋架上的屋面板与外墙内缘紧紧相靠，可全部采用标准板，不需设非标准的补充构件。

此时$Q\leqslant 20$t，查吊车规格，知$B\geqslant 260$mm，$K\geqslant 80$mm。

柱距小、吊车轻，$h\leqslant 400$mm。

如不设安全走道板，$e=750$mm。

则：$e-(A+B)\geqslant100$mm，满足 $K\geqslant80$mm 的要求。

从上式得出，当 $Q\leqslant20$t，$h+K+B\leqslant e=750$mm 时，可以采用封闭结合，可满足吊车安全运行的净空要求，简化屋面构造，施工方便。

（2）非封闭式结合的纵向定位轴线。

非封闭结合：当边柱外缘与纵向定位轴线之间有一定的距离，屋架上的屋面板与墙内缘之间有一段空隙时称为非封闭结合，如图 4.1.3.6（b）所示。

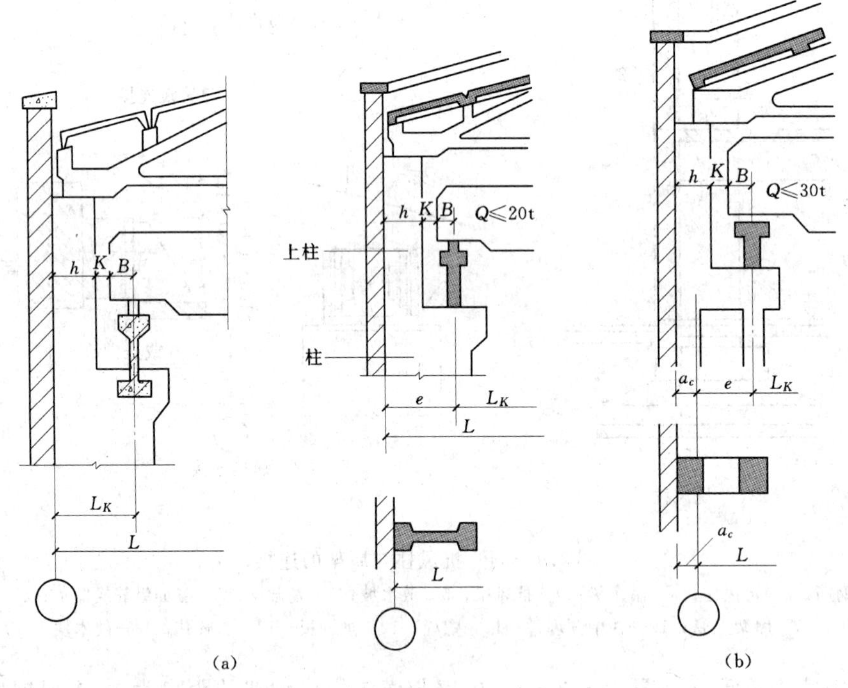

图 4.1.3.6　有吊车厂房外墙、边柱与纵向定位轴线的关系

(a) 封闭式结合；(b) 非封闭式结合

吊车起重量 $Q\geqslant30$t，$B\geqslant300$mm，$K\geqslant80$mm。

柱距大、吊车重，$h\geqslant400$mm。

如不设安全走道板，$e=750$mm。

则：$e-(A+B)\leqslant50$mm，不能满足 $K\geqslant80$mm 的要求。

为保证吊车安全运行所需净空，同时又不增加构件的规格，设计时需将边柱外缘从定位轴线向外扩移一定距离（即加设联系尺寸 D），其值为 150mm、250mm、500mm 三种。

此时墙内缘与标准屋面板之间的空隙，需作构造处理，如墙挑砖封平或增设屋面板补充构件。因此非封闭结合构造复杂，施工不便，吊车荷载对柱的偏心距也较大，同时增加了厂房占地面积，成本相应提高。

3. 中柱与纵向定位轴线的关系

（1）平行等高跨中柱。其上柱中心线与纵向定位轴线重合，通常设单柱单轴线处理（图 4.1.3.7）。其截面宽度 h 一般为 600mm，以满足两侧屋架的支承长度为 300mm 的要求。

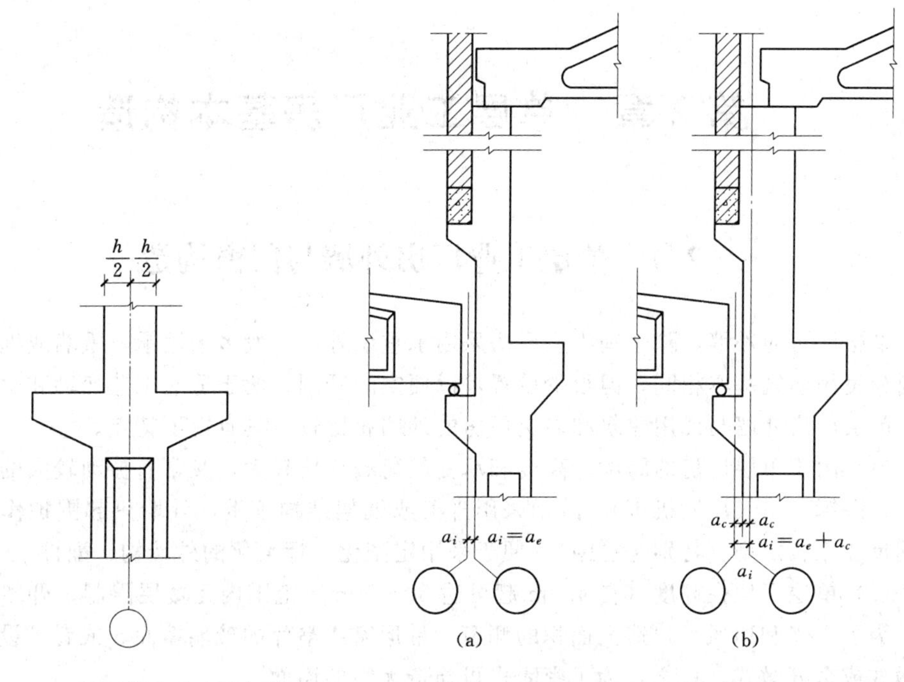

图 4.1.3.7 平行等高跨中柱与纵向定位轴线的联系

图 4.1.3.8 高低跨处单柱与纵向定位轴线的联系
(a) 未设联系尺寸 D；(b) 设联系尺寸

(2) 高低跨处的中柱。高低跨处的中柱，当采用单柱时，宜采用一条纵向定位轴线，即高跨上柱外缘和封墙内缘与纵向定位轴线相重合。当高跨柱距为 6m 而吊车起重量 $Q \geqslant$ 30t，或柱距较大以及有构造要求需设双纵向定位轴线，并设置插入距［图 4.1.3.8 (a)］。高低跨处中柱也可采用双柱及两条纵向定位轴线，并设插入距，柱与纵向定位轴线的联系与边柱相同［图 4.1.3.8 (b)］。

4. 纵横跨相交处柱与定位轴线的联系

在纵横跨的厂房中，常在纵横跨相交处设有变形缝，使纵横跨在结构上各自独立。所以纵横跨应有各自的柱列和定位轴线，两轴线间设插入距 A。当横跨采用封闭结合时，$A = B + C$ 如图 4.1.3.9 (a) 所示；当横跨采用非封闭结合时，$A = B + C + D$ 如图 4.1.3.9 (b) 所示。有纵横跨相交的厂房，其定位轴线编号常以跨数较多为标准来统一编排。

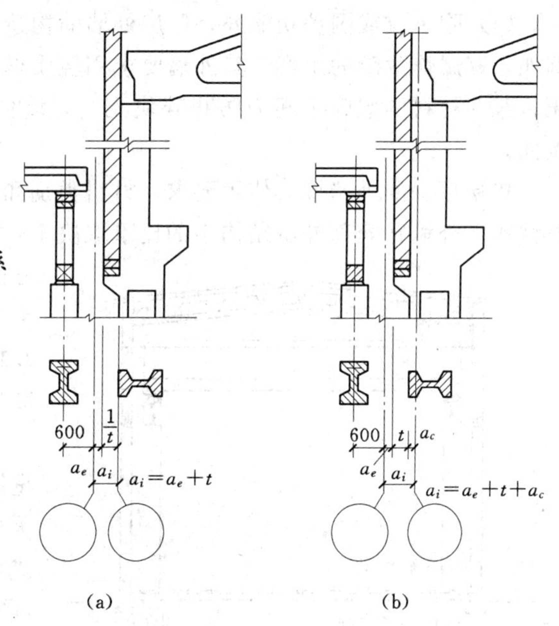

图 4.1.3.9 纵横跨相交处柱与纵向定位轴线的关系
(a) 未设联系尺寸 D；(b) 设联系尺寸

第2章　单层工业厂房基本构造

2.1　单层工业厂房外墙与门窗构造

单层厂房的外墙，除个别小型厂房采用承重墙外，一般多采用承自重墙或框架墙。内墙则和民用建筑基本相同，但很少设置，以便空间开阔、便于适应工艺变动和生产活动。

单层厂房外墙与民用建筑和多层厂房的外墙相比较，具有以下特点。

(1) 由于单层厂房的跨度、高度和承受的荷载均比较大，又常有振动较大的设备（如吊车、锻锤、空气压缩机等），故常采用排架或框架结构承重，外墙只起围护作用。一般柱网尺寸比较定型（特别是柱距），便于采用定型化、标准化的外墙构、配件。

(2) 单层厂房在高度（自4.5m起可达30～50m）范围内无楼层限制，外墙面开窗灵活。为了采光和通风可建造大面积的侧窗、带形窗或整片的玻璃墙面，或者不设窗作成半开敞式或全开敞式。反之，为了密闭也可建造无窗的墙面。

(3) 为了保证外墙在风荷载和起重运输设备等的作用下具有足够的刚度和稳定性，需要采取相应的加固措施，如承重的砌体墙常设有壁柱，承自重的砌体墙和各种板材墙均应与排架柱或框架结构有妥善的联结，以及设置圈梁、连系梁和高大的山墙抗风柱等。

(4) 除承重或围护功能外，厂房外墙的构造还应满足生产工艺方面的某些特殊要求。例如，有爆炸危险的生产，其外墙要求用轻质材料建造，或开设大面积玻璃窗以利防爆泄压；某些材料的破碎车间为防止碎块飞击，墙体要求耐冲击，有的还需设置围挡以防护墙面。

单层厂房的外墙按其使用要求、材料类别和施工方法不同，可分为砖墙、砌块墙、板材墙等。外墙在全部外围结构中的比重取决于厂房平面形状和层数，也是建筑节能的主要方面，因此其类型与做法的选择也至关重要。

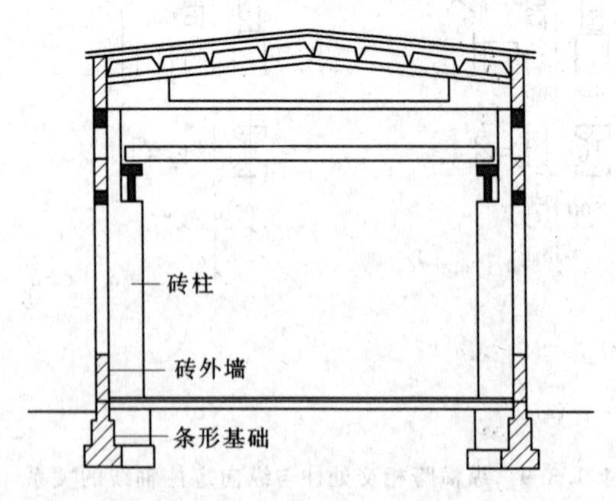

图4.2.1.1　承重砖墙单层厂房

2.1.1　砖砌外墙及块材墙

2.1.1.1　承重砖墙

目前，我国小型单层厂房仍存在砖砌承重墙。承重砖墙是由墙体承受屋顶及吊车起重荷载，在地震区还要承受地震荷载。其形式可做成带壁柱的承重墙，墙下设条形基础（图4.2.1.1），并在适当位置设置圈梁。承重砖墙只适用于跨度小于15m、吊车吨位不超过5t、柱高不大于9m以及柱距不大于6m

的厂房。

2.1.1.2　非承重砖墙

当吊车吨位大、厂房跨度较大时，采用带壁柱的承重墙，会使结构断面增大，工程量也将增加。而且砖结构对吊车等引起的振力抵抗能力差，故一般采用钢筋混凝土骨架承重，外墙起到维护、承受自重和风荷载作用，墙下不单独作条形基础，砖墙的重量通过基础梁传给基础，使承重与围护功能分开。当墙身的高度大于15m时，应加设连系梁来承托上部墙身（图4.2.1.2）。

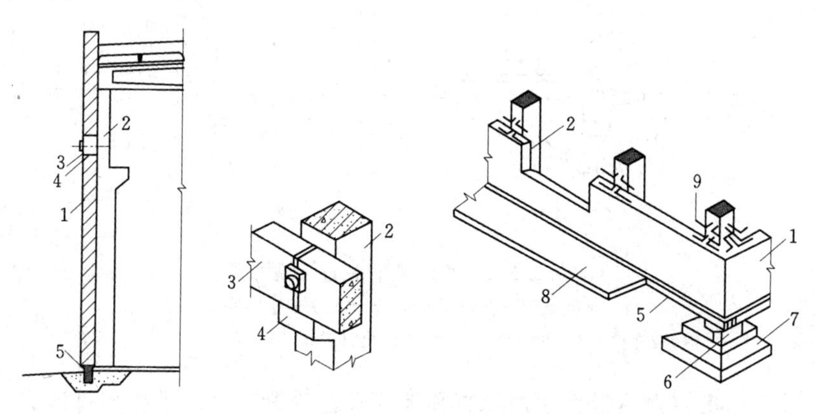

图4.2.1.2　砖墙构造

1—砖外墙；2—柱；3—联系梁；4—小牛腿；5—基础梁；6—垫块；7—杯形基础；8—散水；9—墙柱连接筋

由于在骨架结构填充砖墙中，圈梁与联系梁不能承受垂直荷载，只承受水平风力，并传递给柱子。因而墙体、屋架端部和柱子必须有可靠的连接。一般做法是由柱子、屋架沿高度方向每隔500～620mm设置钢筋2Φ6，并且伸入墙体内部不少于500mm，以保证墙体的稳定性。

当地基承载力较大，土质均匀，仅承自重的墙下可以采用条形基础。而当基础埋深大于2m时，在墙下设置基础梁更经济。基础梁与基础连接，一般有以下几种情况（图4.2.1.3）。

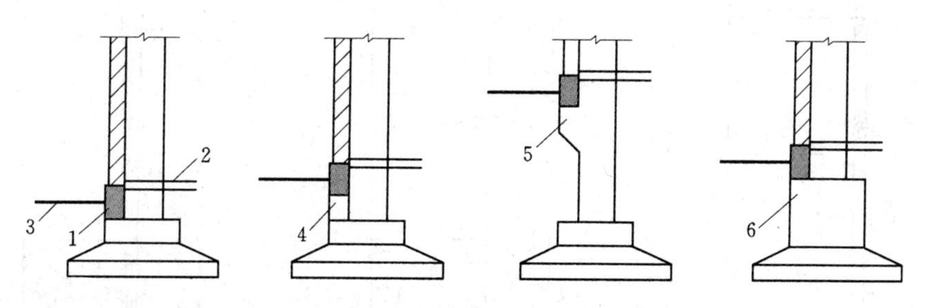

图4.2.1.3　基础梁与基础的连接

1—基础梁；2—室内地面；3—散水；4—垫块；5—小牛腿；6—杯形基础

当基础埋置较浅时，基础梁可通过混凝土垫块或直接搁置在基础顶面；当基础埋置较深时，则用牛腿支托或采用高杯口基础。基础梁顶面标高通常比室内地面低50mm，以便在该顶面设置墙身防潮层（防水砂浆），勒脚可抹500～800mm高水泥砂浆或用干粘石、水刷石即可。

冬季，北方地区非采暖厂房，回填土为冻胀土时，基础梁下部宜用炉渣等松散材料填充以防止土冻胀对基础梁及墙身产生不利的反拱影响如图 4.2.1.4（a）所示，冻胀严重时还可在基础梁下预留空隙，如图 4.2.1.4（b）所示。这种措施对湿陷性土或膨胀性土也同样适用，可避免不均匀沉陷或不均匀胀升引起的不利影响。

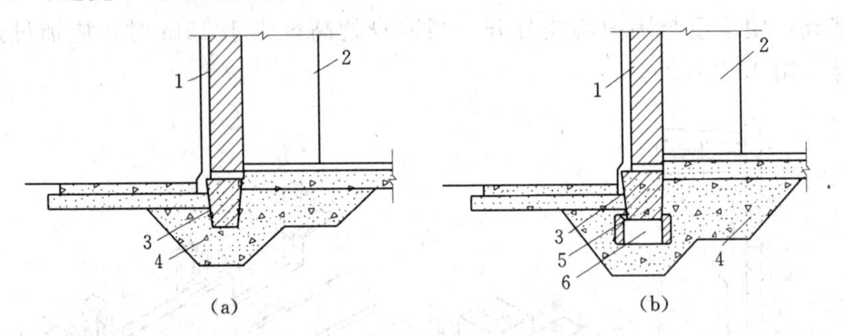

图 4.2.1.4　基础梁下部的保温措施

（a）基础梁下部保温；（b）基础梁底留空防胀构造

1—外墙；2—柱；3—基础梁；4—炉渣保温材料；5—立砌普通砖；6—空隙

冬季，采暖厂房室内热量将通过勒脚和地面经基础梁及其下部土向外散失。经对基础梁附近土温度场计算和实测表明，室温对基础梁附近土的温度影响较大，有时足以使其不冻结。地面温度虽愈近外墙愈低，但也不至影响工人身体健康。因此，采暖厂房及建厂地区冬季室外气温较高时，基础梁底部可不用松散材料填充。反之，室外气温较低时，基础梁底部的构造措施，如同非采暖厂房，宜填以松散材料。

砖墙与柱子（包括抗风柱）、屋架端部采用钢筋连接（图 4.2.1.5），由柱子、屋架沿高度每隔 500～600mm 伸出 2ϕ6 钢筋砌入砖墙水平缝内，以达到锚拉作用。

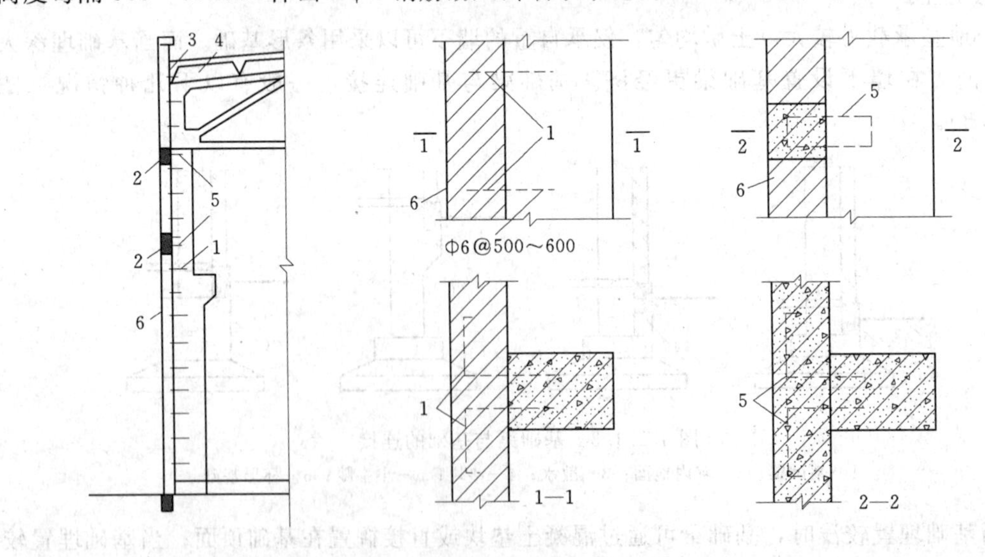

图 4.2.1.5　砖墙与柱的连接

1—墙体拉结筋；2—圈梁；3—连接钢板；4—女儿墙拉结筋；5—圈梁拉结筋；6—砖墙

2.1.1.3　砖墙的抗振、抗震措施

引起单层厂房（包括外墙）振动的原因有：吊车的起停、锻锤的冲击、风力或地震等。这些振源对厂房承重骨架所产生的振动影响，可分别以吊车制动力、风力、地震荷载等外力作用在结构计算中加以考虑。对于砖外墙来说，由生产操作和风力产生的振动影响，除按前述从柱子、屋架端部伸出钢筋砌入砖缝锚拉外，并应布置圈梁增加墙与骨架的整体性以保证砖墙的稳定。圈梁布置的原则是，振动较大的厂房如锻工车间、压缩机房等，沿墙高每隔 4m 左右设一道，其他厂房在柱顶及吊车梁附近设置，特别高大的厂房则应适当增设。圈梁与柱子应锚拉稳妥（图 4.2.1.5）。

砖墙的抗震措施较复杂，据震害调查，砖外墙受地震破坏最普遍的现象是：女儿墙、侧墙、山墙开裂，外闪，倒塌；变形缝两侧的墙、梁等碰坏；高跨高墙倒塌砸坏低跨屋面等随地震烈度的不同，受害程度也不同，7 度区少数砖墙外闪开裂，局部倒塌；8 度、9 度区则有的连同圈梁一起大面积倒塌，锚拉钢筋被拔出；10 度、11 度区则更严重。

地震惯性力还会对墙身产生剪切破坏，墙面越高大，各截面(特别是底层)所受剪力越大。

减轻墙体重量、降低其重心、加强墙与骨架的整体性、保证墙身的抗剪强度等是砖墙抗震的主要措施，如：

（1）用轻质板材代替砖墙，特别是高低跨相交处的高跨封墙以及山墙山尖部位应尽量采用轻质板材。山墙少开门窗，侧墙第一柱距不宜设门窗。

（2）尽量不做女儿墙，必须做时，无锚固女儿墙高度不应超 50cm（自屋面覆盖层顶面算起），9 度区不应做无锚固女儿墙。

（3）加强砖墙与屋架、柱子（包括抗风柱）的连接，并适当增设圈梁。当屋架端头高度较大时，应在端头上部与柱顶处各设现浇闭合圈梁一道（变形缝处仍断开）；山墙应设卧梁除与檐口圈梁交圈连接外并应与屋面板用钢筋连接牢固。设计裂度为 8 度、9 度时，应沿墙高按上密下稀的原则每隔 3～5m 增设圈梁一道。圈梁截面高度不小于 180mm，配筋不少于 4ϕ12，圈梁应与柱、屋架或屋面板牢固锚拉，厂房顶部圈梁锚拉钢筋不少于 4ϕ12（图 4.2.1.6、图 4.2.1.7）。

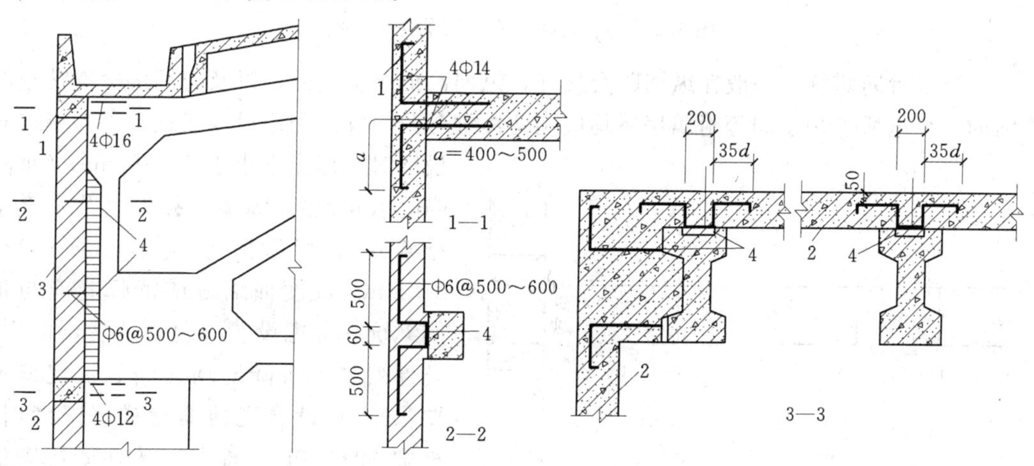

图 4.2.1.6　砖墙与屋架的连接

1—檐口圈梁；2—柱顶圈梁；3—砖墙；4—预埋铁件

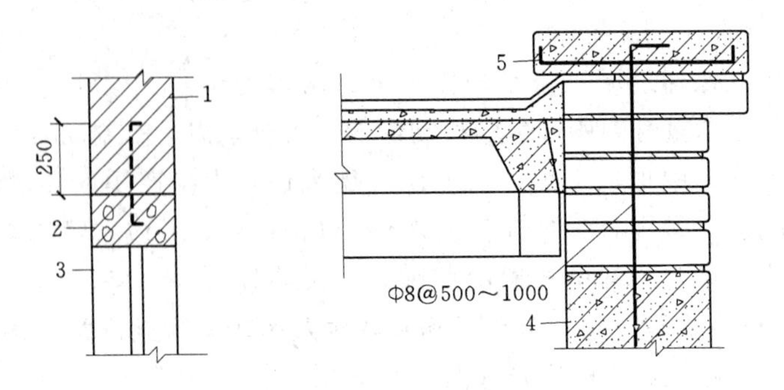

图 4.2.1.7　圈梁、山墙卧梁与墙身连接

1—砖墙；2—圈梁；3—窗洞；4—山墙卧梁；5—钢筋混凝土压顶

(4) 单跨钢筋混凝土厂房，砖墙可嵌砌在柱子之间，由柱两侧出筋砌入砖缝锚拉（图 4.2.1.8），可增强柱墙整体性及厂房纵向刚度并承受纵向地震荷载，比外包墙提高了抗震能力，如唐山水泥机械厂组合车间采用的即为嵌砌墙，1976 年 7 月地震后仍基本完好。多跨时嵌砌墙则使各纵列柱刚度不匀，地震时厂房易产生不利变形，而且嵌砌墙较外包墙施工复杂，保温性能也较差（有冷桥作用），故非地震区采用较少。

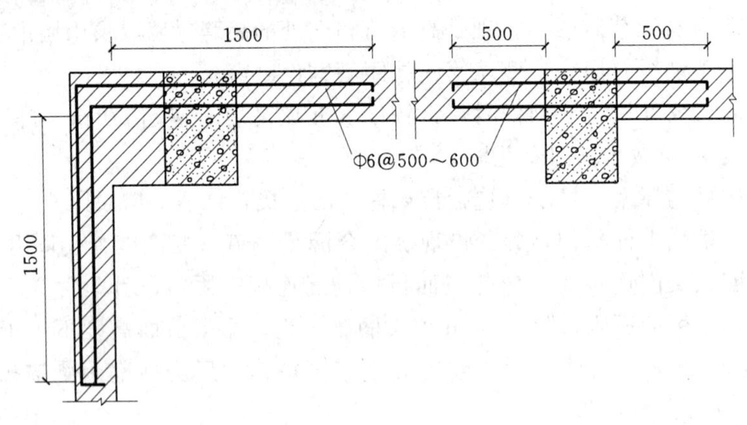

图 4.2.1.8　嵌砌砖墙与柱子连接示例

(5) 设置防震缝，一般在纵横跨交接处，纵向高低跨交接处，以及与厂房毗连贴建的生活间、变电所、炉子间等附属房屋均应用防震缝分开，缝两侧应设墙或柱。平行于排架设缝时，缝宽不小于 50～90mm（车间高时取宽值），纵横交接处以及垂直于排架方向设缝时，缝宽不小于 100～150mm。温度伸缩缝或沉降缝应与抗震缝统一考虑设置（包括地震设防区，凡伸缩缝或沉降缝均应满足抗震缝的要求），只设温度伸缩缝或沉降缝时，缝宽 30～50mm 即可，砖外墙抗震缝构造示例如图 4.2.1.9 所示。

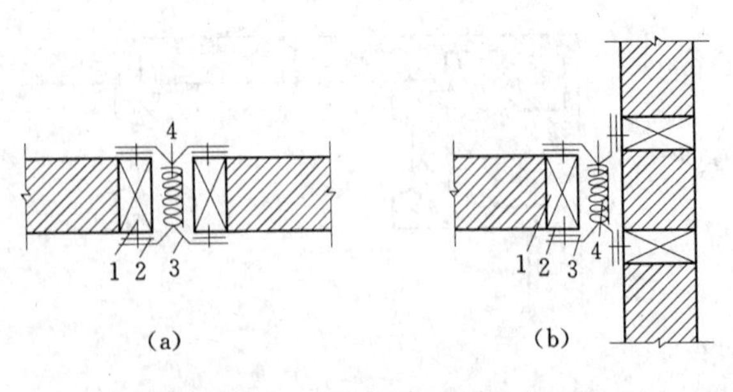

图 4.2.1.9　砖外墙抗震缝构造示例

1—防腐木砖；2—油毡；3—镀锌铁皮；4—沥青麻刀

(6) 必须严格保证施工质量。

2.1.1.4 块材墙

为改革砖墙存在的缺点，块材墙在国内外均得到较快的发展。与民用建筑一样，厂房多利用轻质材料制成块材或用普通混凝土制成空心块材砌墙。

块材墙的连接与砖墙基本相同，即块材之间应横平竖直、灰浆饱满、错缝搭接，块材与柱子之间由柱子伸出钢筋砌入水平缝内实现锚拉。块材墙的整体性与抗震性比砖墙要好。

2.1.1.5 墙体的内外表面处理

一般单层厂房外墙的内外表面处理比较简单。内表面常用原浆刮平或勾缝后喷（刷）石灰浆两道；外表面除勒脚和檐口局部抹灰外，多用 1：2 或 1：2.5 水泥砂浆勾缝做清水墙面。只是当车间由于卫生、采光、防腐蚀等需要或立面重点处理时才做抹灰处理。厂房内外墙面的抹灰，根据需要不同，可分为一般抹灰、装饰抹灰和防腐蚀抹灰等多种。其中防腐蚀抹灰不同于民用建筑做法，一般有以下几种：

当厂房有侵蚀性大气作用时，其檐口、勒脚应抹以 20mm 厚的 1：2.5 水泥砂浆，清水墙面要用 1：1 水泥砂浆做勾缝处理，散发大量侵蚀性气体的厂房及其附近建筑物的外墙面均应以 1：3 水泥砂浆作抹面处理，厚度为 20mm。

腐蚀性较强的厂房内墙面的处理则随厂房的相对湿度和侵蚀性介质而异。一般相对湿度大于 75%的强侵蚀性（有大量强烈侵蚀性气体或酸碱雾）情况下，内墙面应抹以 1：2 水泥砂浆，并刷防腐油漆；在相对湿度大于 75%的弱侵蚀性（有少量较强烈的侵蚀性气体或酸碱雾以及大量弱侵蚀性气体或散发侵蚀性粉尘的厂房）情况下，以及相对湿度在 61%～75%的强侵蚀性情况下，内墙面均应抹以 1：2 水泥砂浆；其他腐蚀作用不太严重的一般厂房内墙面也应以 1：1 水泥砂浆勾缝并作喷（刷）浆处理。寒冷地区应着重考虑其特殊性。

洁净厂房的外墙与隔墙一般也可用砖（砌块）砌筑，或用预制墙板拼装而成，保温程度与作法应特殊考虑，例如砖墙内侧贴轻质高效材料挂铁网粉刷的做法。内墙面应平滑、密封、不起尘、不积灰，因此必须作特殊处理。一般在抹面压光处理后，再涂以醇酸磁漆、过氯乙烯漆和聚胺酯漆等无机涂料是可以满足洁净要求的，其经济效果也较好，至于选用如复合钢板和不锈钢板等高级护面，虽然可取得更高的洁净效果，但造价很高，材料也比较缺乏，除洁净等级高的少量房间可用外，一般不选用。

此外，为适应洁净厂房工艺变更的要求，内墙或隔断也可选用轻金属骨架嵌固各种轻质贴面材料做成的可拆装的墙体。它接缝严密，构造简单，并便于拆装和互换，有较大的灵活性。具体设计时，应根据厂房的洁净标准、造价和材料供应情况等，合理选择相应的结构、材料和构造措施才能取得较好的经济效果。如为水平层流送风，隔断周边及与高效过滤器接触处应严密，防止静压间空气渗入洁净室。

2.1.2 大型板材墙

单层厂房板材围护墙有大型板材和轻质板材。板材墙可以加快施工速度、减轻劳动强度，而且还能充分利用工业废料、节省耕地。大型板材墙体自重轻，具有良好的抗震性能，但力学性能、保温、隔热、防渗漏及结点连接构造等方面还需做相应的特殊处理。

2.1.2.1　墙板的类型与技术要求

1. 类型

墙板的类型很多，按其受力状况分有承重墙板和非承重墙板；按其保温性能分有保温墙板和非保温墙板；按所用材料分有钢筋混凝土、陶粒混凝土、加气混凝土、膨胀蛭石混凝土和烟灰矿渣混凝土墙板；以及用普通钢筋混凝土板、石棉水泥板及铝和不锈钢等金属薄板夹以矿棉毡、泡沫玻璃、泡沫塑料或各种蜂窝纸板等轻质保温材料构成的复合材料类墙板等；按其规格分有形状规整、大量应用的基本板，有形状特殊、少量应用的异形板（如加长板、山尖板、窗框板等），有和墙板共同组成墙体的辅助构件（如嵌梁、转角构件等）、檐下板、女儿墙板等。

2. 技术要求

（1）墙板在静力和动力荷载作用下，应有可靠的力学性能。

（2）应有良好的隔汽、防腐蚀和不透水等性能。

（3）具有一定的隔热、保温和隔声性能。

（4）墙板的安装固定和节点构造应考虑温度变形和抗震的需要。

（5）力求做到轻质、高强、薄壁、大型、价廉和多功能。

（6）适当兼顾到建筑造型的需要。

近年来已广泛采用的复合外墙板由钢筋混凝土结构承重层、中间岩棉保温层和混凝土外装饰保护层组成，并由柔性连接件钢筋联结成为整体，总厚度 250mm。其保温性能优于砖墙，隔热性能优于一砖半墙，具有良好的承重、保温、隔热、防水、抗震等多种功能。

2.1.2.2　墙板的规格

1. 基本板

长度应符合我国《厂房建筑模数协调标准》（GB/T 50006—2010）的规定，并考虑山墙抗风柱的设置情况，一般把板长定为 4500mm、6000mm、7500mm、12000mm 等数种。但有时由于生产工艺的需要，并满足较好的技术经济效果时，也允许采用 9000mm 的规格。为减少板长规格，防震缝处的定位轴线可采用双轴线（图 4.2.1.10）。

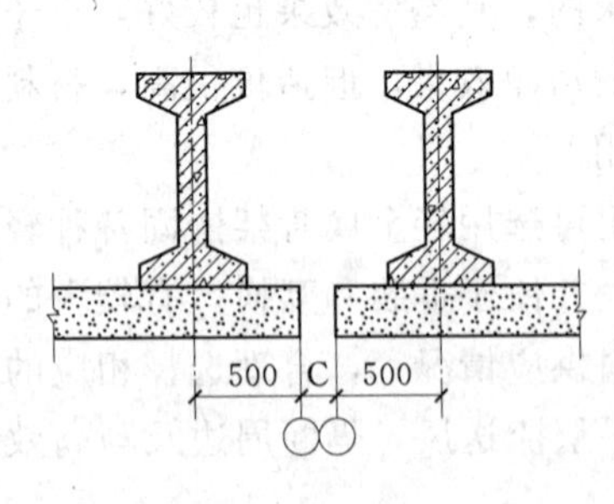

图 4.2.1.10　防震缝处定位轴线

基本板高度应符合 3M。规定有 1500mm、1200mm 和 900mm 三种。6m 柱距一般选用 1200mm 或 900mm 高，12m 柱距选用 1800mm 或 1500mm 高。基本板的厚度为技术尺寸，最好符合 1/5M（20mm），主要考虑预制厂采用钢模生产时，槽钢高度在 80～240mm 范围内并按 20mm 进级的现实情况。具体厚度则按结构计算确定（保温墙板同时考虑热工要求）。

2. 窗框板

窗框板应与选用的基本板规格相适应，长度与标准柱距相符，为 6000mm、12000mm。高度不小于 1200mm 时，应符合 3M，并按建筑处理的需要决定。

3. 加长板及窗间墙短板

两者的高度、厚度应与基本板相同，长度按设计要求确定，但应符合模数化尺寸。

4. 辅助构件

如转角构件高度应与基本板高度或其组合高度相适应。嵌梁及其与窗台板的组合高度应符合 3M。

2.1.2.3 墙板的布置

墙板在墙面上的布置方式，最广泛采用的是横向布置，其次是混合布置（图 4.2.1.11)。横向布置时板型少，以柱距为板长，板柱相连，可省去窗过梁和连系梁，板缝处理也较易，图 4.2.1.11 (a) 为有带窗板的横向布置，带窗板预先装好窗扇再吊装，故现场安装简便，但带窗板制作较复杂。图 4.2.1.11 (b) 为采用通长带形窗的横向布置，采光好，无带窗板，但窗用钢材以及现场安装量均较多；图 4.2.1.11 (c) 是混合布置，板型较多，优点是立面处理较灵活。

山墙墙身部位布置墙板方式与侧墙相同，山尖部位则随屋顶外形可布置成台阶形、人字形、折线形等（图 4.2.1.12)。台阶形山尖异形墙板少，但连接用钢较多，人字形则相反，折线形介于两者之间。

2.1.2.4 墙板的连结

1. 墙板与柱子的连结

墙板与柱子的连结有柔性连结和刚性连结两种方式。

(1) 柔性连结。柔性连结多用于自承重墙。它是通过设置预埋铁件和其他辅助件使墙板和排架柱相连接。柱只承受由墙板传来的水平荷载，墙板的重量并不加给柱子而由基础梁或勒脚墙板承担。

墙板的柔性连结构造形式很多，其中最常见的为螺栓结构和压条连结两种做法。螺栓连结的优点是能减轻柱子的荷载，对厂房不均匀沉降和振动有良好的适应性，连结可靠。缺点是无助于厂房的纵向刚度，安装固定要求准确，比较费工费钢材。压条连结适用于对埋件有锈蚀作用或握裹力较差的墙板（如粉煤灰硅酸盐配筋混凝土、配筋加气混凝土等)。其优点是墙板中不需另设预埋铁件，构造简单、省钢材、压条封盖后的竖缝密封好。缺点是螺栓的焊接或膨胀螺栓安装要求高，施工较复杂，安装时墙板要求在一个水平面上，预留孔要求准确等。柔性连结可用于各类厂房，尤其适用于地震区的各类厂房。为使下部板不超载变形，最好每 3～5 块设柱托，分担墙板自重，便于保证墙板在同一水平位置上。

(2) 刚性连结。在柱子和墙板中先分别设置预埋铁件，安装时用角钢或 $\phi16$ 的钢筋段把它们焊接连牢。优点是施工方便、构造简单、厂房的纵向刚度好。缺点是对不均匀沉降及震动较敏感，墙板板面要求平整，埋件要求准确。刚性连结宜用于地震设计烈度为 7 度或 7 度以下的地区。多层厂房外墙板的连结宜用刚性方案。室内有腐蚀性介质或湿度较大

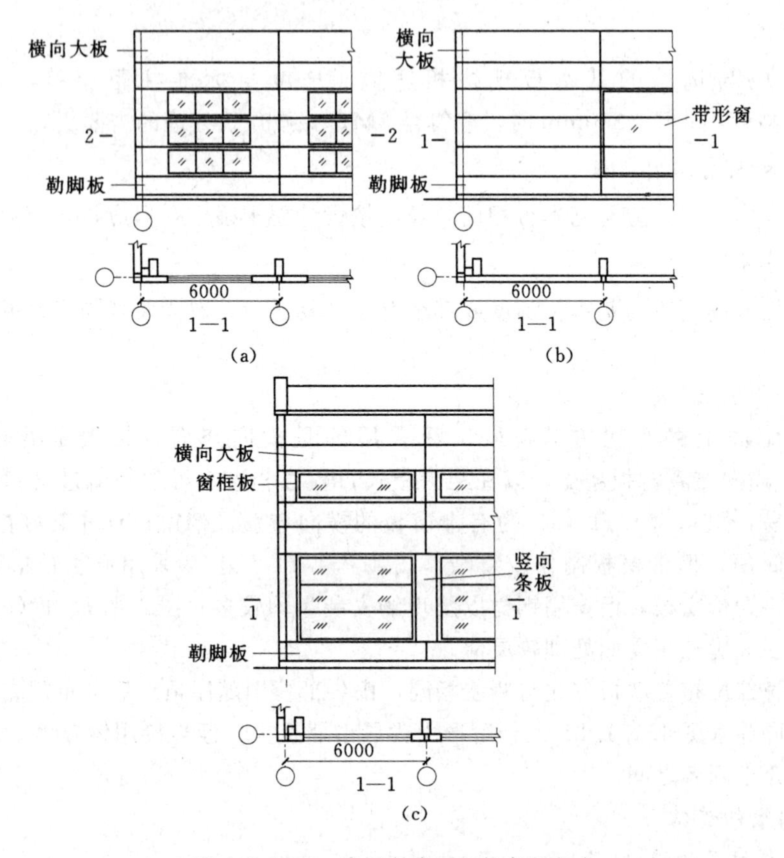

图 4.2.1.11　墙板在墙面上的布置方式

(a) 有带形窗的横向布置；(b) 通长带形窗的横向布置；

(c) 混合布置大型板材墙

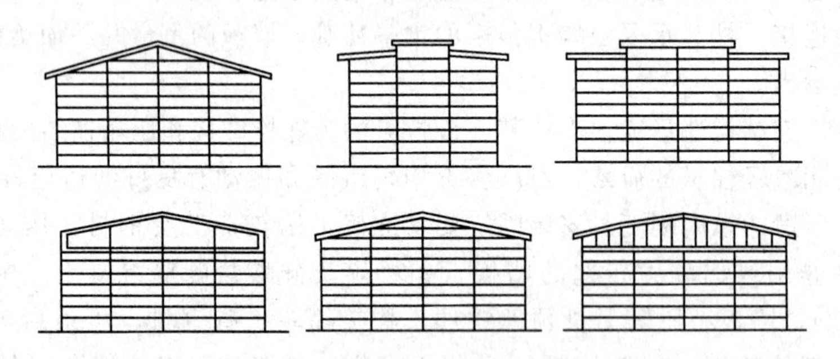

图 4.2.1.12　山墙山尖板布置

的地区，应对上述两种连结方案的外露铁件加以防护。

2. 檐口的连结

墙板的屋顶檐口根据设计要求可以采用挑檐板、檐沟板或女儿墙板等构造形式。当采用女儿墙墙板时，要注意连结可靠，可采用附加小柱。如设有大于 300mm 的联系尺寸应在内侧焊结柱顶小柱用于固定墙板。女儿墙上的压顶板板缝应与墙板板缝错开布置，并应作抹灰处理。在地震区，女儿墙的高度不得大于 500mm，其压顶板最好是现浇钢筋混凝土的，以增强其整体性。

3. 勒脚板的构造

厂房勒脚部位也应尽可能采用墙板，有时也可用砌块砌筑。当采用轻骨料混凝土墙板时，勒脚板埋入地下部分应作好防潮防腐处理。若在寒冷地区还应采取防冻胀措施（图4.2.1.13）。

4. 转角墙板与山墙墙板的连结

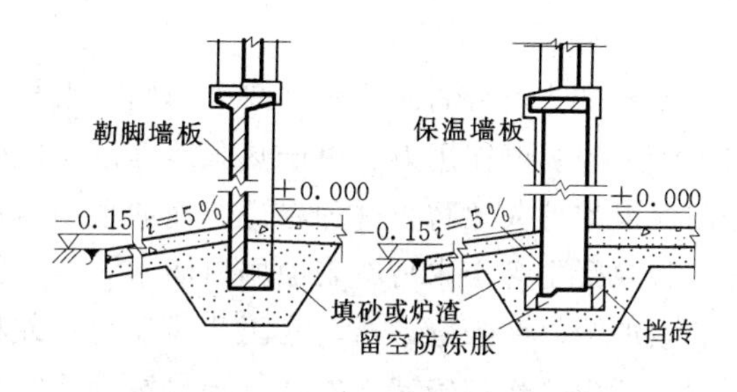

图 4.2.1.13 勒脚墙板的构造

转角墙板的连结构造和多跨厂房端柱与山墙板的连结构造可以有多种方式，设计时应根据具体情况灵活处理，力求使墙板类型最少，安装方便，支托和连结可靠。并应注意建筑处理和减少材料消耗。在转角处由于定位轴线与柱中心线相距600mm，山墙板与柱之间的间隙可根据具体情况选用钢筋混凝土或钢墙架柱填充。也可以在厂房柱上设置钢支托和水平承压杆支承。厂房转角处应采用加长板或辅助构件。非地震区允许用砖或砌块填砌，但以采用加长板为好。

5. 变形缝的构造

变形缝的宽度应根据其类别按有关规定选用。非地震区一般为20～50mm。当采用刚性连结时，可结合吊装需要设角钢支托，其横向变形缝按结构设计要求直接设置在相应部位；当采用柔性连结时，常在变形缝部位的排架柱外侧设置角钢支托，或者在排架柱朝向变形缝的侧面设置钢支托等方法支承墙板。纵向变形缝可参照上述构造处理。

变形缝的外侧应用镀锌铁皮等盖缝（图4.2.1.14），以防风雨侵袭。盖缝铁皮可用T形铁等自缝内嵌固，也可用螺栓连结或用环氧树脂胶粘贴木条自外部钉牢，钉孔应封闭。为了减少墙板类型应尽可能避免在墙板内另设埋件。寒冷地区应在缝内用弹性保温材料填塞。

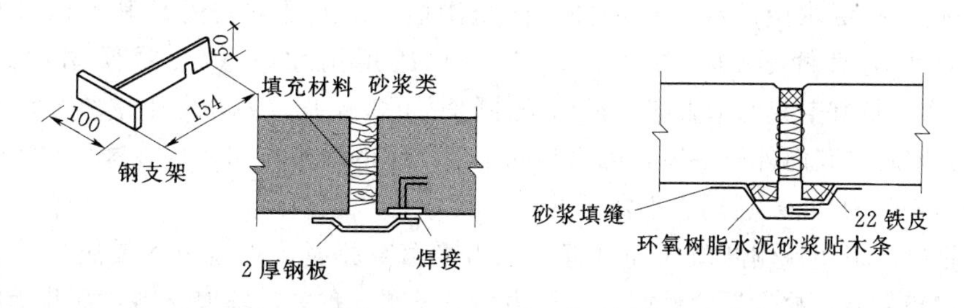

图 4.2.1.14 变形缝构造

6. 厂房高低跨交接处墙板的连结构造

高低跨交接处的墙板连结有多种形式，高低跨处不设变形缝时采用单轴线的内天沟外排水构造形式。雨水由设在两端山墙上的水落斗和水簸箕排走。当设有变形缝时，应采用双轴线内排水构造形式。在寒冷地区此处除满足变形和防水要求外，还应解决好保温问题。

2.1.2.5 板缝的处理

对板缝的处理首先要求是防水，并应考虑制作及安装方便，对保温墙板还应注意满足保温要求。板缝可以做成各种形式。水平缝有平缝、滴水缝、高低缝、外肋平缝等。垂直缝有直缝、喇叭缝、单腔缝、双腔缝等。

1. 水平缝

主要是防止沿墙面下淌水渗入内侧。水与墙体间的毛细压力以及迎风面风压力是使水向内渗透的主要作用力。由于热胀冷缩以及内外表面温差弯曲变形等原因，靠填缝材料的密闭性很难持久地防止这种渗透。而如果用憎水性防水材料（油膏、聚氯乙烯胶泥等）填缝，将混凝土等亲水材料表面刷以防水涂料，并将外侧缝口敞开使其不能形成毛细管，就能有效地消除毛细管渗透。为阻止风压灌水或积水并考虑脱模方便，可制成外侧开敞式高低缝，考虑制作与安装误差，缝隙最窄处不宜小于15mm。防水要求不严或雨水很少的地方也采用最简单的平缝或有滴水的平缝（图 4.2.1.15）。

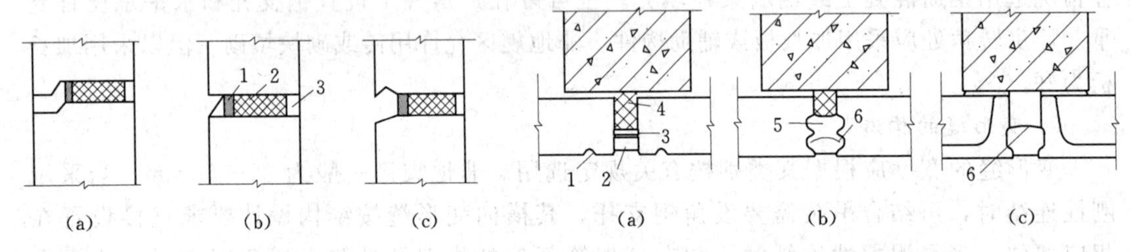

图 4.2.1.15　板缝外侧开敞式高低缝、平缝
(a) 外侧开敞式高低缝；(b) 平缝；
(c) 有滴水的平缝
1—油膏；2—保温材料；3—水泥砂浆

图 4.2.1.16　垂直缝示例
(a) 适用雨水较多又要保温的垂地方；(b) 有空腔的垂直缝；(c) 适用于不保温处
1—截水沟；2—水泥砂浆；3—油膏；4—保温材料；
5—垂直空腔；6—塑料挡风板

2. 垂直缝

主要是防止风从侧面吹入和墙面水易于流向沟缝。由于垂直缝的温差胀缩变形为水平缝的 4～8 倍，故更难用单纯填缝的办法防止渗透，因此通常均配合其他构造措施。图 4.2.1.16 即为垂直缝示例；图 4.2.1.16（a）适用雨水较多又要保温的地方；图 4.2.1.16（b）是有空腔的垂直缝，适用条件同图 4.2.1.16（a），由于空腔与水平缝开敞槽相通，有风时空腔内外压平衡，因而消除了气压差的吸水作用，故称这种空腔为压力平衡腔；图 4.2.1.16（c）适用于不保温处。

必须指出，采用外侧开敞式高低缝，压力平衡空腔缝等构造防水措施，其缺点是构造、施工均较复杂，故发展弹性好、黏结力强、憎水、耐久的填缝材料可简化板缝的构造和施工，并有利于减少板材的类型（图 4.2.1.17）。

2.1.3　轻质板材墙

随着建材工业的不断发展，国内外采用石棉水泥板、塑料墙板、瓦楞铁皮、压型薄钢铝合金板、玻璃钢及夹层玻璃板等轻质板材建造的外墙板逐年增多。其中塑料墙板由于防老化等问题还没得到很好解决，所以其应用还不普及。铝合金板和夹层玻璃板等则造价相

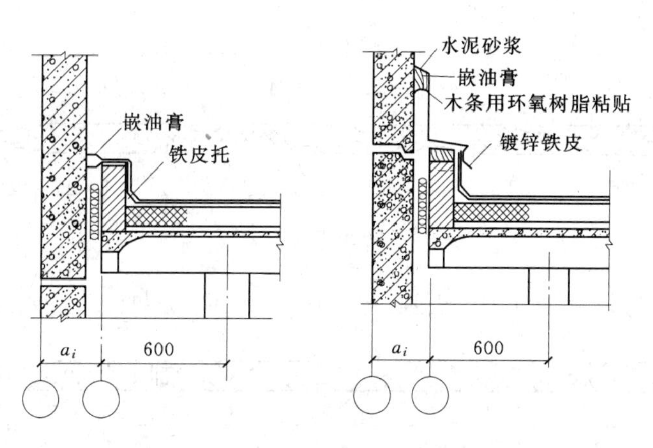

图 4.2.1.17　高低跨处墙板构造示意

对较高。此外，近些年来各种形式的压型薄钢板在国内得到快速发展。

2.1.3.1　压型钢板墙

压型钢板是将金属板压制成波形断面，改善力学性能、增大板刚度，具有轻质高强、施工方便、防火、抗震等优点。压型钢板墙可根据设计要求采用不同的彩色涂压型钢板，既可增加防腐性能，又有利于建筑艺术的表现。

压型钢板墙多是用铆钉或白攻螺丝通过金属墙梁固定在柱子上的，压型钢板间要合理搭接，尽量减少板缝，如图 4.2.1.18 所示。

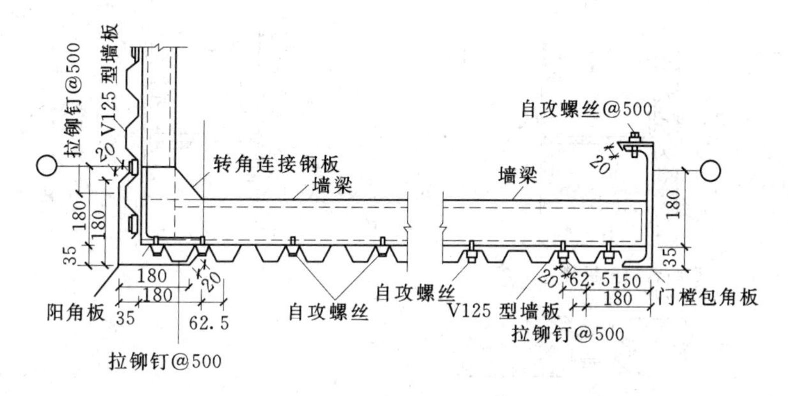

图 4.2.1.18　压型钢板外墙构造

当厂房有保温要求时，可采用夹层保温复合墙板。复合墙板一般是用彩色涂压型钢板做面层，泡沫材料做夹芯材料，通过特定的生产工艺复合而成的隔热保温夹芯板。彩色涂压型钢板的强度高，防水，耐腐蚀，色泽鲜艳，而且泡沫重量轻，保温性能较好。夹层保温复合板安装构造，如图 4.2.1.19 所示。墙板转角构造，如图 4.2.1.20 所示。

2.1.3.2　石棉水泥板材墙

石棉水泥板（包括大波、中波、小波三种波形板和平板）具有自重轻（16.5kg/m^2），施工简便，造价较低，有一定耐火、绝缘和耐腐蚀等性能，多用于一般不要求保温的热加工车间、防爆车间和仓库建筑的外墙。当做成复合墙板时也可用于一般厂房的外墙。普通

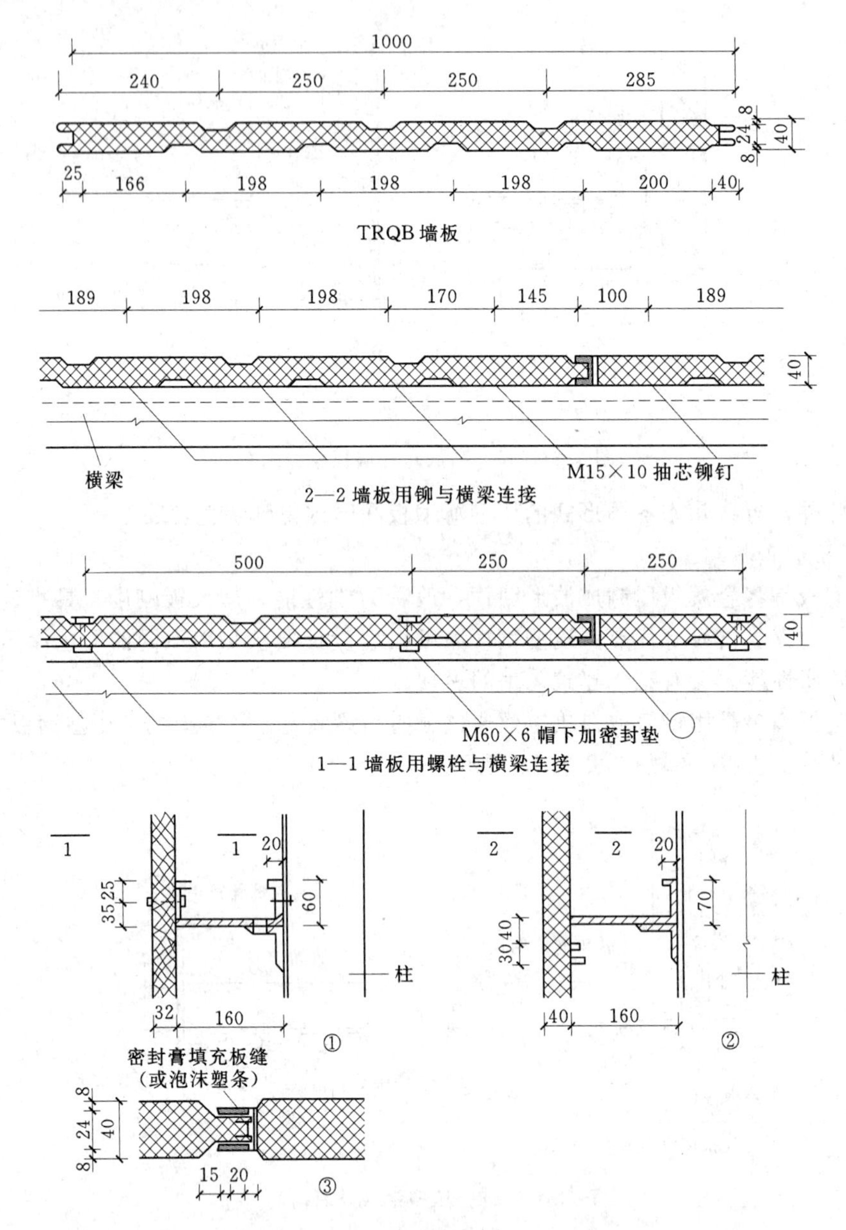

图 4.2.1.19　夹层保温复合墙板构造

的波形石棉水泥瓦为脆性材料，在运输和施工过程中易损坏，遇到高温和强烈振动时易骤断，当受到温湿变化影响时也会引起变形损坏。若用于高温高湿车间和有强烈振动的车间，则应采取相应的加强措施和特殊的连接构造。

为克服石棉水泥瓦的上述缺点，提高其物理力学性能和技术经济合理性，我国生产一种用五级短棉加 18 号钢丝网（网格为 15mm×15mm）的加筋石棉水泥波形瓦。这种加筋石棉水泥瓦在热轧厂十几万平方米的厂房建筑中被应用，取得了良好的效果。

当厂房外墙采用波形石棉水泥瓦时，为便于施工和保证其坚固性和耐久性，墙的转角，大门洞口以及勒脚等部位宜用砖或砌块砌筑，以防雨水冲蚀和意外的撞击损坏。石棉

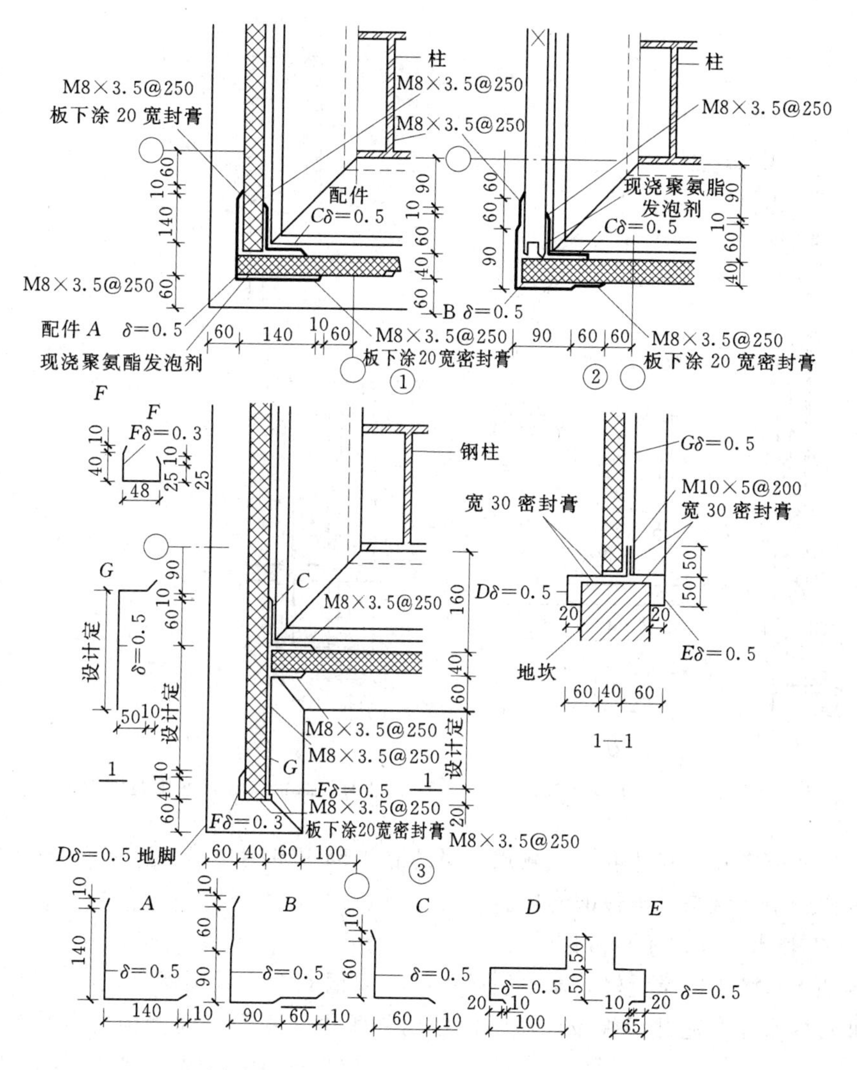

图 4.2.1.20　夹层保温复合墙板转角构造

水泥瓦是通过联结铁件和螺栓并借助联系梁等构件与柱等构件联结（图 4.2.1.21）。瓦与瓦之间左右要搭接一个波，上下搭接长度不小于 100mm，梁与梁之间的距离应按所选用的石棉水泥瓦的类型和规格结合上述要求而定。施工时应自一方向另一方铺设。搭接缝要背向主导风向。

为便于搭接，每四块瓦的重叠部位，要去掉中间两块对角瓦的角，如图 4.2.1.22（a）所示。否则也可自边部隔行加设一个半块瓦，使瓦与瓦之间错缝搭接。同时，为保证石棉水泥瓦有自由伸缩的可能，在其左右搭接部位，不宜用一根螺栓穿过两块瓦，如图 4.2.1.22（b）所示，而应分别各自穿孔，且螺栓直径略大些，以适应变形的需要。挂瓦螺栓要由波峰通过，螺帽下应加设软硬垫圈以防风雨和避免震裂。

2.1.4　开敞式外墙

在我国南方地区的热加工车间及某些化工车间，为了迅速排烟、散气、除尘，一般采

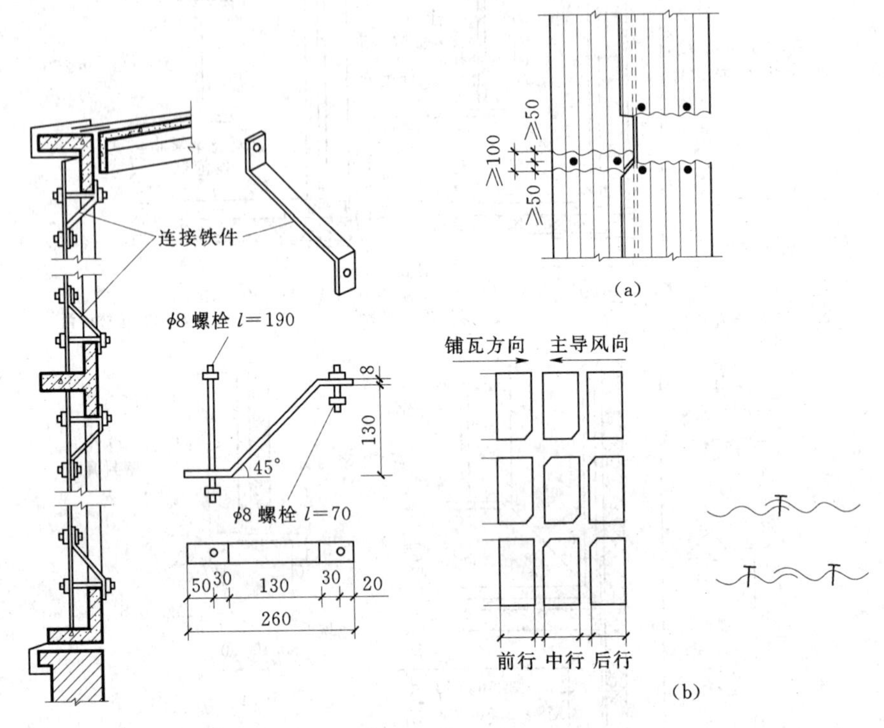

图 4.2.1.21　石棉水泥瓦墙构造

图 4.2.1.22　波形水泥瓦铺设示意

用开敞式外墙或半开敞式外墙。开敞式外墙的底半部用砖砌矮墙，上部设开敞式挡雨板。故其外墙构造主要就是挡雨板的构造。

2.1.4.1　石棉水泥波形瓦挡雨板

这种挡雨板特点是重量轻，基本组成构件有型钢支架（或圆钢筋轻型支架）、型钢擦条、中波石棉水泥波瓦挡雨板及防溅板。挡雨板垂直间距视车间挡雨要求与飘雨角而定（一般取雨线与水平夹角为 30°左右）。檐下第一排挡雨板受太阳照射时间长，板温高，暴雨急来时板急冷收缩不匀，故易龟裂，屋面为自由排水时冲刷也多，故该挡雨板宜加强降温与防水处理或采用钢筋混凝土挡雨板，如图 4.2.1.23 所示。

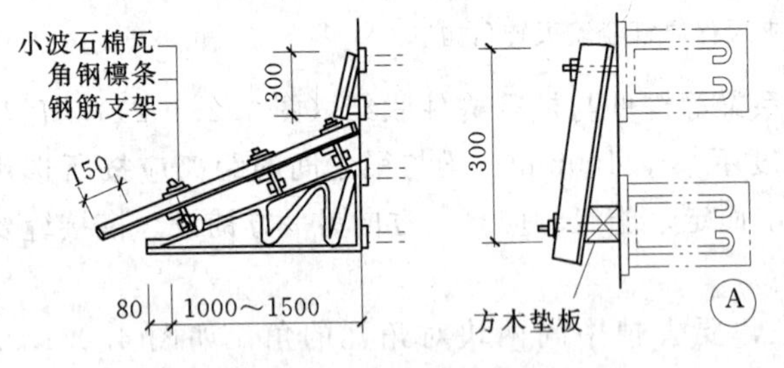

图 4.2.1.23　轻钢架波形石棉水泥波形瓦挡雨板

2.1.4.2　钢筋混凝土挡雨板

这种挡雨板基本构件组成有支架、挡雨板、防溅板。支架可由角钢制成，挡雨板和防溅板均为钢筋混凝土板，见图 4.2.1.24。还有无支架钢筋混凝土挡雨板，此种板构件最少，但风大雨多时飘雨多。夏季进风侧的挡雨板外表面以浅色为宜，以减轻对板下空气的加热作用，并减轻热压与风压可能反向的矛盾，以保持通风散热效果。

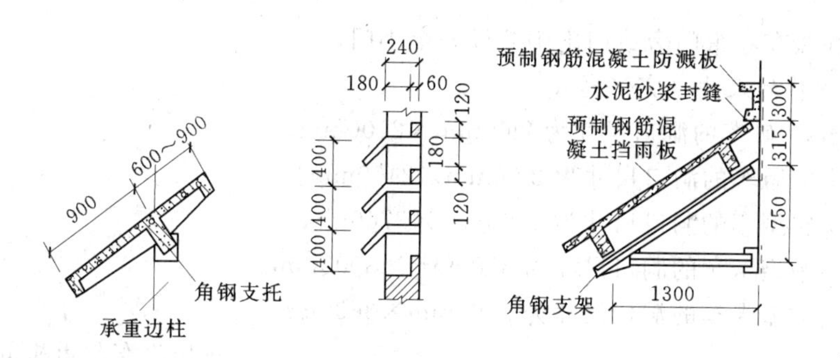

图 4.2.1.24　预制钢筋混凝土挡雨板

2.1.5　大门及侧窗构造

2.1.5.1　大门

车间对外大门主要是供生产运输及人流通行、疏散之用，其外形尺寸及重量都比较大。构造设计应根据使用要求、材料种类、制作条件等合理选择大门的类型、尺寸、开启方式及其构造处理，做到适用、经济、耐久和少占厂房面积。

车间大门的种类较多，这是由于车间性质、运输、材料及构造等因素所决定的。

按用途分：有供运输通行的普通大门、防火门、防风沙门和保温门等。在贮藏易燃品的车间、仓库和在防火墙上的门，应采用防火门。当厂房有防风沙要求时，应采用防风沙门。在寒冷地区的采暖车间和某些生产上要求一定温湿度的精密车间，应采用保温门。同时为了防止从大门进入大量冷空气，通常要设立门斗（门斗处前后两樘大门之间的距离应大于通行车辆及经常运载的货物长度，这样才能防止冷空气随车进入厂房并能使人通过），或设置空气幕。有些大门还在门扇上开设小门，以便工人平时从小门进出。

按材料分：有木门、钢板门（普通型钢钢板与空腹薄壁钢板）、铝合金门等。当大门尺寸在 1800mm 以内时，可采用木门；尺寸较大时，因容易变形损坏及耗费木材，宜采用钢骨架的钢木大门或钢板大门。钢板大门耐久性较好，不易变形。通行重型汽车、火车和有大型产品进出的厂房大门，其尺寸往往甚大，最好采用钢板门，但钢材用量较多，有条件时可用空腹薄壁钢板门，以减轻门扇的重量，节约材料，方便开关。铝合金门轻巧美观，虽在某些工厂应用，也只限于少数。

按开启方式分：有平开门、推拉门、折叠门、上翻门、卷帘门、偏心门和升降门等。开启的动力可采用人力、机械或电力。有些还采用电磁场、光电感应、超声波或接触板等自动控制开关。人力开启较费力，但能节约开支；用机械、电力开关，开启方便，但投资较大。平开门方便，使用普遍，但尺寸过大时容易变形损坏。推拉门受力合理，不易变形，但需要一套滑轮和导轨装置，造价比平开门高。折叠门是将较大的门扇分做成几个小的门扇，开启时左右推开，门扇便折叠在一起，开启比较轻便，适用于尺寸较大的门，并可减少门扇占用墙面的长度和导轨长度。上翻门只设一个门扇，开启时整个门扇沿水平轴上翻到门顶过梁下面，能节约门扇占用车间的面积，门扇的开启不受厂房柱子的影响，但门扇尺寸不宜过大。卷帘门门扇用金属帘板组成，开启时将门帘卷在门顶过梁平台处的卷筒上。卷帘门主要用于供货流出入的大门，安全疏散门不宜采用，但为了方便工人出入及安全疏散，往往在卷帘门旁或门扇中开设一个小门。

1. 大门洞口的尺寸（宽×高）

（1）进出 3t 矿车的洞口尺寸为 2100mm×2100mm。

（2）进出电瓶车的洞口尺寸为 2100mm×2400mm。

（3）进出轻型车的洞口尺寸为 3000mm×2700mm。

（4）进出中型卡车的洞口尺寸为 3300mm×3000mm。

（5）进出重型卡车的洞口尺寸为 3600mm×3600mm。

（6）进出汽车起重机的洞口尺寸为 3900mm×4200mm。

（7）进出火车的洞口尺寸为 4200mm×5100mm、4500mm×5400mm。

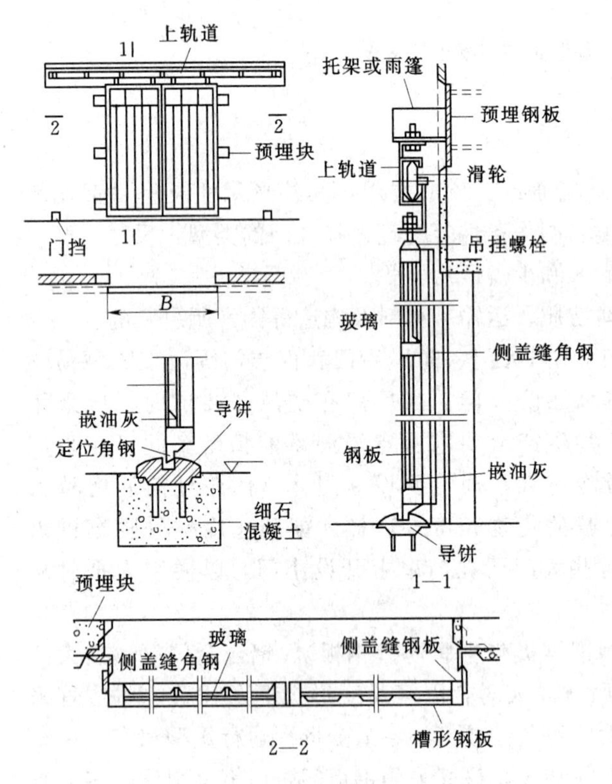

图 4.2.1.25　上悬式推拉门构造

2. 常用大门的构造

（1）平开门。平开门构造简单，门向外开时，门洞应设雨篷。门向内开虽免受风雨的影响，但占车间面积，也不利事故疏散，故门扇常向外开。当运输货物不多、大门不需经常开启时，可采用在大门扇上开设供人通行的小门。平开门的洞口尺寸一般不大于 3600mm×3600mm，当一般门的面积大于 $5m^2$ 时，宜采用钢木组合门。门框一般采用钢混凝土制成。

（2）推拉门。推拉门的开关是通过滑轮沿着导轨向左右推拉而实现的，门扇受力状态较好，构造简单，不易变形，常设在墙的外侧。雨篷沿墙的宽度最好为门宽的两倍。工业厂房中广泛采用推拉门，但不宜用于密闭要求高的车间。推拉门由门扇、门轨、地槽、滑轮及门框组成。门扇有钢板门扇、空腹薄壁钢木门扇等。根据门洞的大小，平面可布置成单轨双扇、双轨双扇、多轨多扇等形式。推拉门支承的方式可分上悬式或和下滑式两种。当门的高度小于 4m 时，用上悬式，即门扇通过滑轮挂在门洞上方的导轨上（图 4.2.1.25）。当门的高度大于 4m 时，多用下滑式，在门洞上下均设导轨，门扇沿上下导轨推拉，下面的导轨承受门扇的重量。推拉门有双扇推拉和多扇推拉，门扇最好设在室内，以防风雨侵蚀，但这样常会受柱距的限制，所以也常将门扇设置在墙外，为此需设外雨篷。

（3）折叠门。折叠门由几个较窄的门扇相互间以铰链连接组合而成。开启时通过门扇上下滑轮沿着导轨左右移动。这种形式在开启时可使几个门扇折叠在一起，占用的空间较少，适用于较大门洞。折叠门一般可分为侧挂式、侧悬式和中悬式折叠三种（图

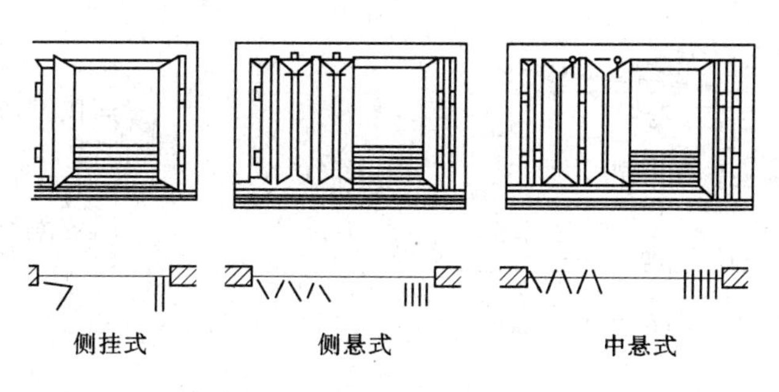

图 4.2.1.26 折叠门种类

4.2.1.26)。侧挂折叠门可用普通铰链，靠框的门扇如为平开门，在它侧面一般只挂一扇门，不适于较大的洞口。侧悬式和中悬式折叠门，在洞口上方设有导轨，各门扇间除下部用铰链连接外，在门扇顶部还装有带滑轮的铰链，下部装地槽滑轮，折叠门开闭时上下滑轮沿导轨移动，带动门扇折叠，它们适用于较大的洞口（图 4.2.1.27）。

（4）特殊要求门。

1）防火门。防火门用于加工易燃品的车间或仓库。根据车间对防火门耐火等级的要求，门扇可以采用钢板、木板外贴石棉板再包以镀锌铁皮或木板外直接包镀锌铁皮等构造措施。当采用后两种方式作防火门时，在门扇上应设泄气孔，以考虑被烧时木材的碳化会放出大量气体。室内有可燃气体时，为防止液体流淌，扩大火灾蔓延，防火门下宜设门槛，高度以液体不流淌到门外为准。

自重下滑防火门是将门上导轨做成 5%～8% 坡度，火灾发生时，易熔合金熔断后，重锤落地，门扇依靠自重下滑关闭（图 4.2.1.28）。易熔合金的熔点为 70℃，含有铁（Fe）50%、铅（Pb）25%、锡（Sn）12.5%。当洞口尺寸较大时，可做成两个门扇相对下滑。

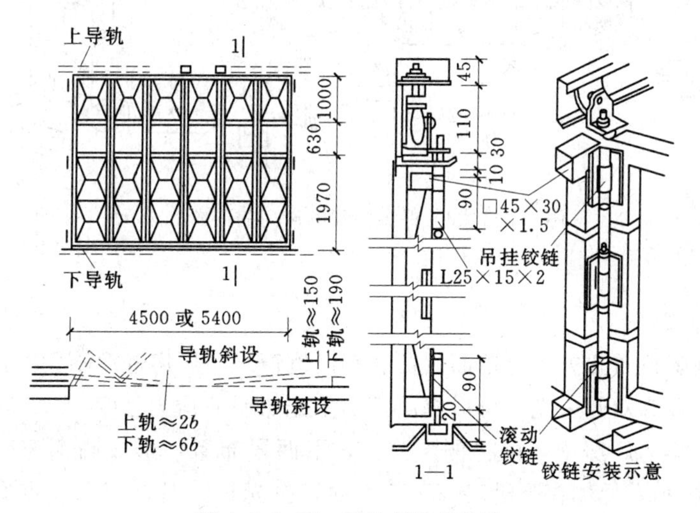

图 4.2.1.27 侧悬折叠门构造

2）保温门、隔声门。保温门要求门扇具有一定热阻值和门缝密闭处理，故常在门扇两层板间填以轻质疏松的材料，如玻璃棉、矿棉、岩棉、软木、聚苯板等。隔声门的隔声

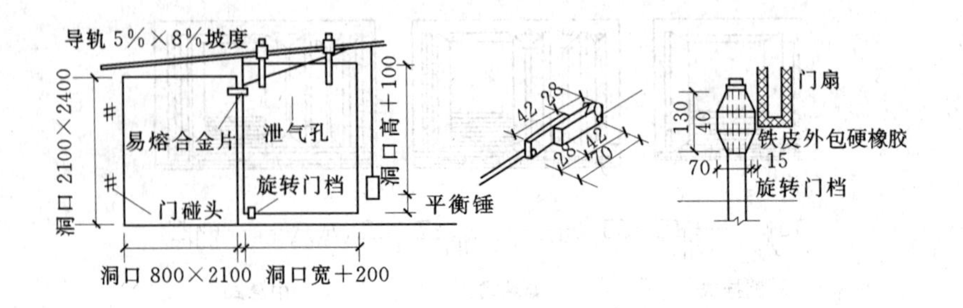

图 4.2.1.28 自重下滑防火门

效果与门扇的材料和门缝的密闭有关，虽然门扇越重隔声越好，但门扇过重开关不便，五金件也易损坏。因此，隔声门常采用多层复合结构，即在两层面板之间填吸声材料，如矿棉、玻璃棉、玻璃纤维板等。一般保温门和隔声门的面板常采用整体板材，如五层胶合板、硬质木纤维板、热压纤维板等。一般保温门和隔声门的节点构造，如图 4.2.1.29 所示。门缝密闭处理对门的隔声、保温以及防尘等使用要求有很大影响，通常在门缝内粘贴填缝材料，填缝材料就具有足够的弹性和压缩性，如橡胶管、海绵橡胶条、羊毛毡条、泡沫塑料条等。

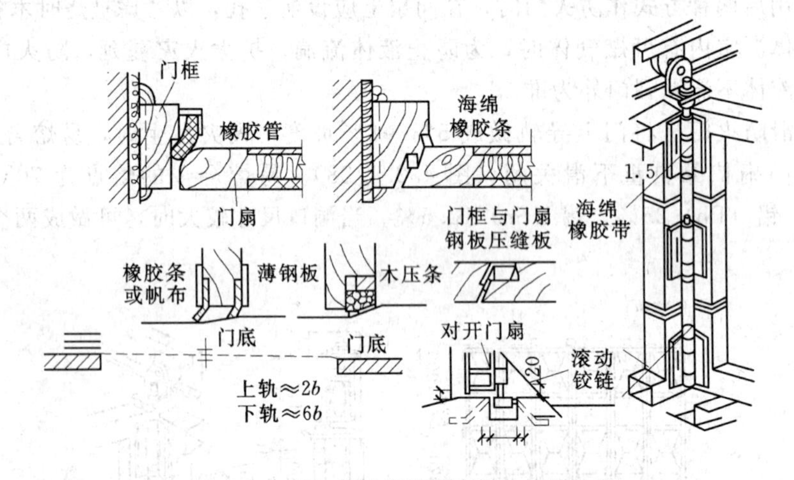

图 4.2.1.29 保温门和隔声门的门缝处理

2.1.5.2 侧窗

1. 侧窗的布置

单层厂房侧窗按布置方式有单面侧窗和双面侧窗。当厂房进深不大时，可用单面侧窗采光，单跨厂房多为双侧采光，可以提高厂房采光照明的均匀程度。

在设置有吊车的厂房中，可将侧窗分上、下两段布置，形成高侧窗和低侧窗，如图 4.2.1.30 (a) 所示。低侧窗下沿略高于工作面，投光近，对近窗采光点有利；高侧窗投光远，光线均匀，可提高远离侧窗位置的采光效果。

在工艺要求允许的情况下，可尽量采用高、低侧窗解决多跨厂房的采光问题，如图 4.2.1.30 (b) 所示。

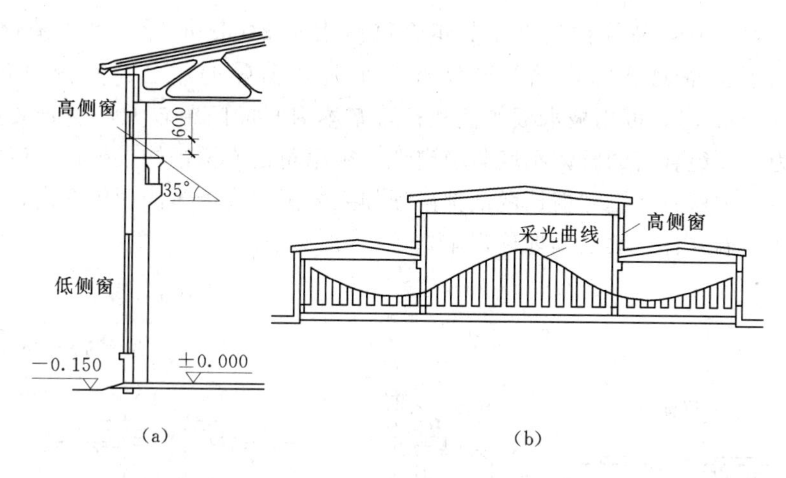

图 4.2.1.30 侧窗的布置

(a) 高低侧窗；(b) 高低侧窗结合布置采光效果

2. 侧窗的种类

侧窗按材料分有钢窗、铝合金窗及塑钢窗等，其中钢窗在单层工业厂房中应用较多。侧窗按开启方式常见的有以下几种。

(1) 中悬窗。窗扇沿中部水平轴转动，开门角大，通风较好，并便于采用机械或手拉的联动开关装置，启闭方便，是厂房侧墙上较常用的窗。

(2) 上悬窗。一般向外开，防雨性能较好，但启闭不如中悬窗轻便，常用作带形高侧窗。

(3) 平开窗。通风良好，但防雨较差，风雨大时易从窗口飘进雨水。此外，由于不便设置联动开关器（如双向平开时），不宜布置在较高部位，通常布置在侧墙的下部。

(4) 立旋窗。窗扇沿垂直轴转动，可装置手拉联动开关设备，启闭方便，并能按风向来调节开启角度，通风性能较好，也常设置在侧墙的下部。但因密闭性较差，不宜用于寒冷和多风砂地区及对密闭性要求较高的车间。

(5) 固定窗。仅作采光用，构造简单，造价较低。

(6) 推拉窗。用于多层厂房。

3. 钢侧窗构造

钢侧窗具有坚固耐久、防火、耐潮、关闭紧密、遮光少等优点，广泛用于大中型工业厂房。目前我国生产的钢窗主要有实腹钢窗和空腹薄壁钢窗两种。

工业厂房中采用的实腹钢窗多为 32mm 高的标准钢窗型料。空腹薄壁钢窗是用 1.2mm 厚冷轧低碳带钢，经高频焊接轧制成型，其特点是重量轻，抗扭强度高，与实腹钢窗相比可节约钢材 40%～50%，但因壁薄，不宜用于有酸碱介质侵蚀和湿度较大的厂房和地区。

钢侧窗洞口尺寸应符合 3M 数列，大面积的钢侧窗必须由若干个基本窗拼接而成为组合窗。为便于制作和安装，基本窗的尺寸一般不宜大于 1800mm×2400mm（宽×高）。以实腹钢侧窗为例（图 4.2.1.31），在组合窗中，横向拼接时左右窗框间须加竖梃，当仅有两个基本窗横向组合，其洞口尺寸不大于 2400mm×2400mm 时，可用 T 形钢作竖梃；若由两个或两个以上基本窗横向组合，其组合高度大于 2400mm 时，可用圆钢管作竖梃。竖向组合时上下窗框间须加横档，当仅有两个基本窗竖向组合，其洞口尺寸不大于 2400mm×2400mm 时，可用披水板作横档；若基本窗竖向间距较大，横向又由多个基本窗拼接时，为保证组合窗的整体刚度与稳定性，须用角钢或槽钢构成横档，以支承上部钢窗重量。组合窗中所有竖梃和横档两端都必须伸入窗洞四周墙体的预留孔内，并用细石混凝土填实（或与墙、柱、梁之预埋件焊牢）。

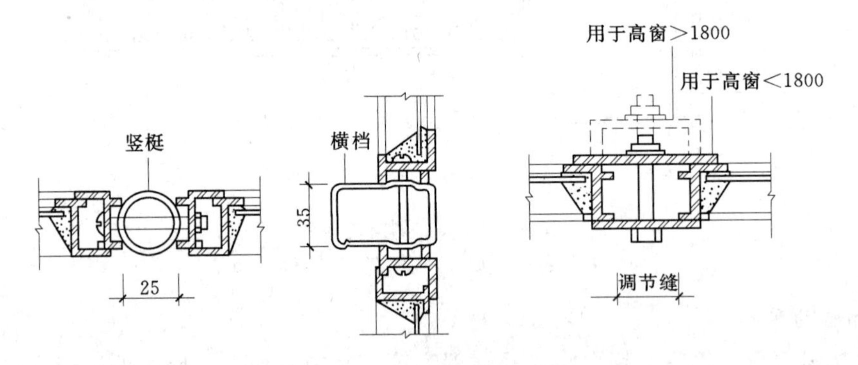

图 4.2.1.31　组合实腹钢侧窗示例

图 4.2.1.32、图 4.2.1.33 为中悬实腹钢窗和空腹薄壁钢窗构造示例。窗框和窗扇均

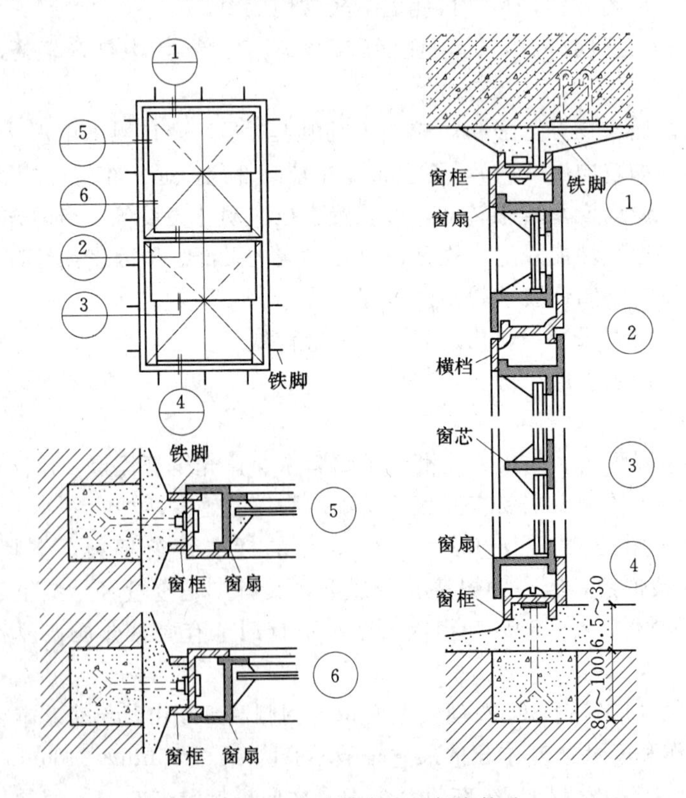

图 4.2.1.32　中悬实腹钢侧窗构造

为定型产品。工业钢窗玻璃厚度通常采用3mm厚，先用铁卡子固定，然后用油灰填实。钢窗框与窗洞四周墙体的连接，一般采用在墙体上预留50mm×50mm×100mm的孔洞，把燕尾铁脚一端插入孔洞内，用1∶2水泥砂浆或C15号细石混凝土填实，另一端则与窗框用螺栓固定。每边第一只铁脚的位置距边框180mm，其余等分，铁脚中距约500mm左右。若窗洞四周墙体不便于预留孔洞时，如窗顶为钢筋混凝土过梁或大型墙板，则应在洞口周围按铁脚相应的位置预埋铁件，安装时用连接件与窗框连接。窗框固定后，四周缝隙必须用1∶2水泥砂浆填实，以防渗漏雨水。

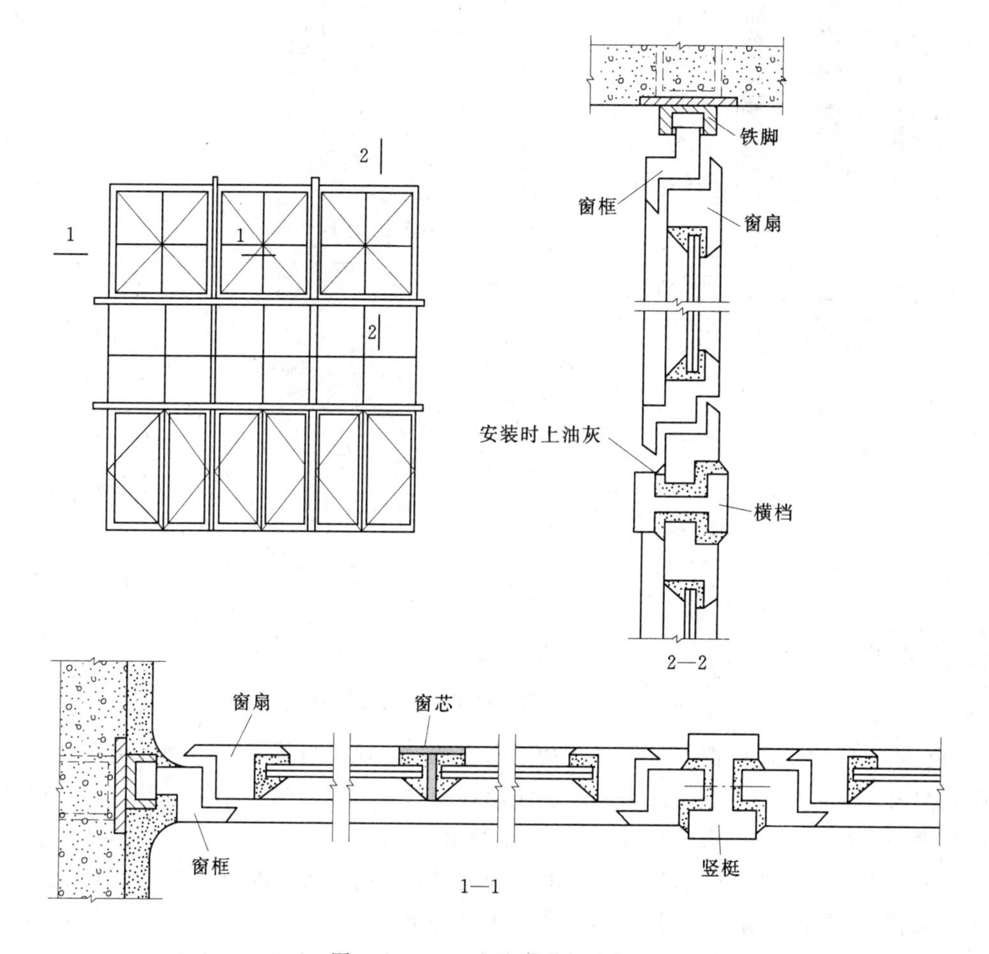

图4.2.1.33 空腹薄壁钢窗构造

4. 其他类型侧窗

(1) 垂直旋转窗（又称立转引风窗）。垂直旋转窗不但可用钢材、木材制成，还可采用钢丝网水泥或细石混凝土制成。不透明材料制成的垂直旋转窗还可以起到遮阳的作用。常见的钢丝网水泥垂直旋转窗构造，如图4.2.1.34所示，它是由冷拔钢丝与水泥砂浆浇注而成，优点是节约钢材，坚固耐久，不易变形。由于钢丝网水泥窗只有30mm厚，考虑制作、运输、安装和使用方便，窗面积不宜过大。一般高度不大于3000mm，宽度有710mm、810mm、910mm三种。板与板之间横向搭缝长度为10mm，以减少冬季冷风进入车间。为减少窗扇开启时雨水飘入车间，在窗的上部设置水平挡雨板，板的伸出长度应大于窗扇开启与墙面成 90°时的长度。垂直旋转窗的一般开启角度为 45°、90°、135°。它利用圆形铁板和金属插销作固定器，为了安装方便，在圆形铁板上开有槽口安装完毕后用硬木块将槽口填实固定。

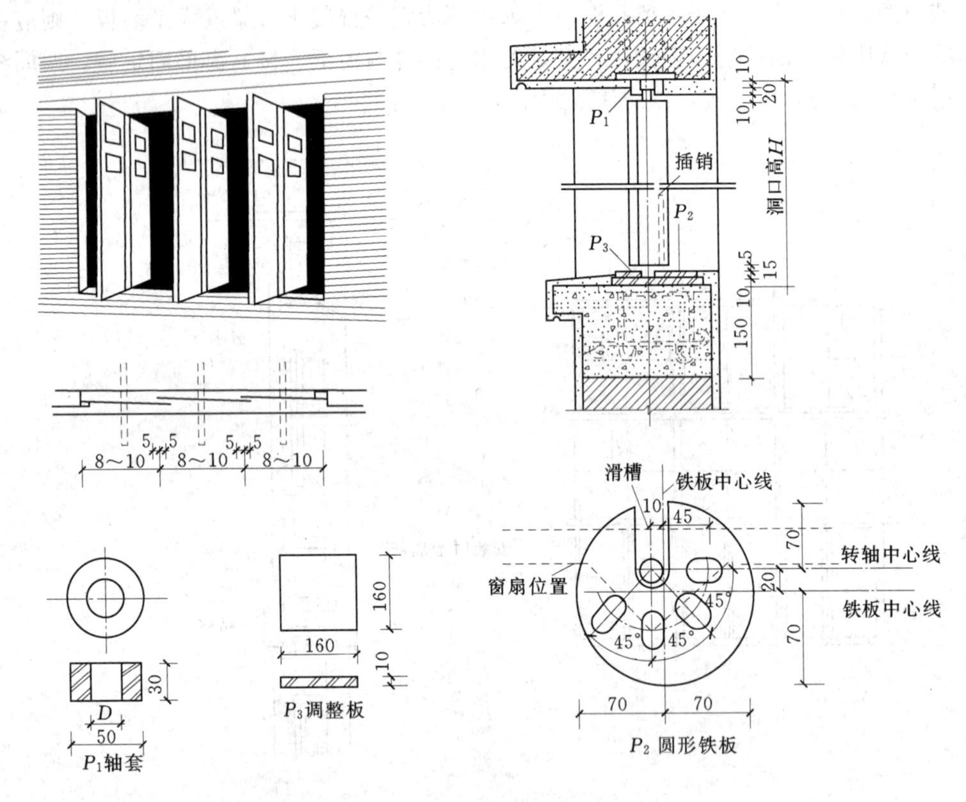

图 4.2.1.34　钢丝网水泥垂直旋转窗

(2) 固定式通风高侧窗。近年来在我国南方地区，结合气候特点，创造出多种形式的通风高侧窗。它们的特点是：能采光，能防雨，能常年进行通风，不需设开关器，构造简单，管理和维修方便，其形式如图 4.2.1.35 所示。

(3) 百叶窗。百叶窗主要作通风用，同时也兼有遮阳、防雨、遮挡视线的功能。其形式有固定式和活动式两种。工业建筑中多采用固定式百叶窗，叶片常作成 45°或 60°。金属叶片百叶窗采用 1.5mm 厚钢板冷弯成型，用铆钉固定在窗框上（图 4.2.1.36）。为了防止鸟、鼠、虫进入车间引起事故，可在百叶窗后加设一层钢丝网或窗纱。当对百叶窗的挡光要求较高时，可将叶片作成折线形，并将叶片涂黑，这样就能透风而不透光。

5. 侧窗开关器

工业厂房侧窗面积较大，上部侧窗需借助于开关器进行开关。开关器按传动杆件材料可分为刚性和柔性两种；按传动动力可分电动、气动和手动，目前侧窗开关器一般采用手动。

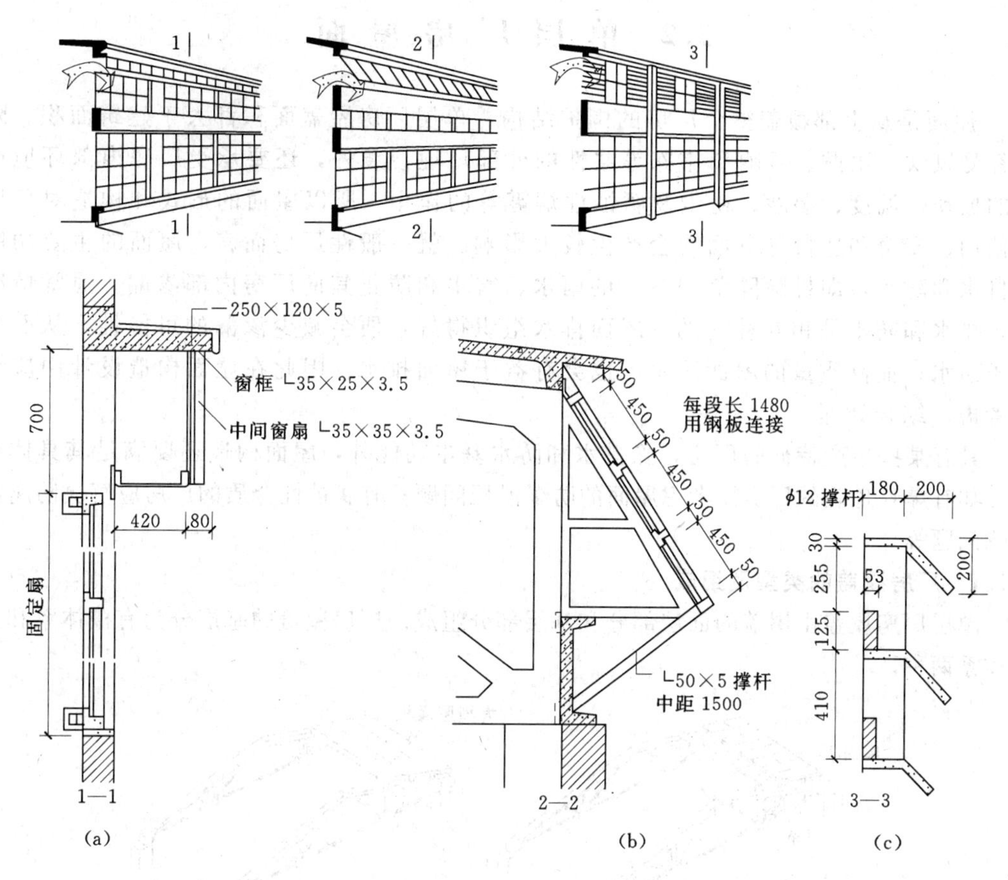

图 4.2.1.35　固定高侧窗

(a) 垂直错开；(b) 倾斜固定；(c) 通风百叶

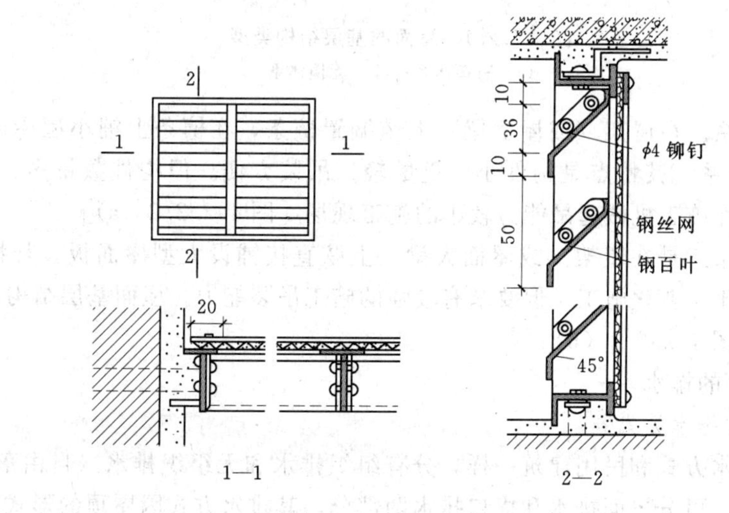

图 4.2.1.36　固定钢百叶窗

2.2 单层厂房屋面

屋面是从上部覆盖整个厂房的围护结构，单层厂房屋盖面积都大于建筑面积。除要经受风吹、雨淋、日晒和霜冻等共性的外部环境侵袭外，还要承受厂房内部环境产生的振动、温度、湿度、粉尘及腐蚀性烟雾等的作用。所以屋面的形式和构造对厂房的使用、安全和造价等方面均会产生较大影响。就一般性厂房而言，屋面的主要功能是排水和防水，即排除降落到屋面的雨水、雪水和防止其向厂房内部渗漏。通常情况下，排水和防水是相互补充的。屋面排水组织得好，便会减少渗漏的可能性，从而有助于防水；而高质量的屋面防水，也会有益于屋面排水。因此在屋面构造设计中应统筹考虑，综合处理。

具有某些生产特征的厂房，除排水和防水基本功能外，屋面构造还要满足其具体要求。如有爆炸危险的厂房需考虑屋面的防爆泄压问题；有腐蚀性介质的厂房应解决防腐蚀影响问题等。

2.2.1 厂房屋盖的类型及组成

单层厂房屋盖由屋盖的面层部分和基层部分组成。厂房屋盖的基层分为有檩体系和无檩体系两种。

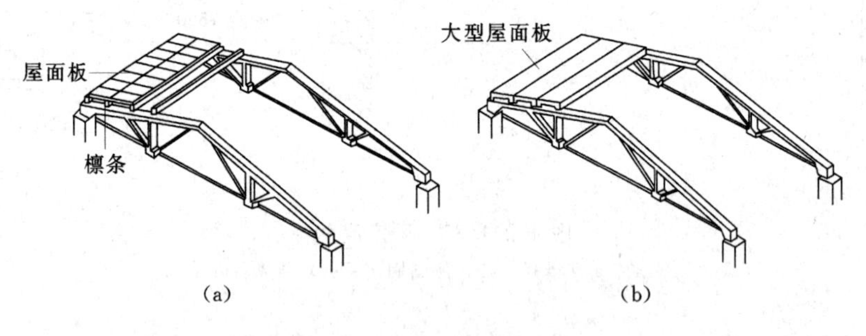

图 4.2.2.1　屋面的基层结构类型

(a) 有檩体系；(b) 无檩体系

(1) 有檩体系。在屋架（或屋面梁）上弦搁置檩条，在檩条上铺小型屋面板（或瓦材），称为有檩体系。其特点是构件小、重量轻、吊装方便。但构件数量多，施工繁琐，工期长，故多用在施工机械起吊能力较小的施工现场［图 4.2.2.2 (a)］。

(2) 无檩体系。是在屋架（或屋面大梁）上弦直接铺设大型屋面板。其特点是构件大、类型少、便于工业化施工，但要求有较强的施工吊装能力。屋面基层结构常用的大型屋面板及檩条［图 4.2.2.2 (b)］。

2.2.2 厂房屋面的排水

2.2.2.1 屋面的排水方式

厂房屋面排水方式和民用建筑一样，分有组织排水和无组织排水（自由落水）两种。按屋面部位不同，可分屋面排水和檐口排水两部分，其排水方式因屋顶的形式不同和檐口的排水要求不同而异。

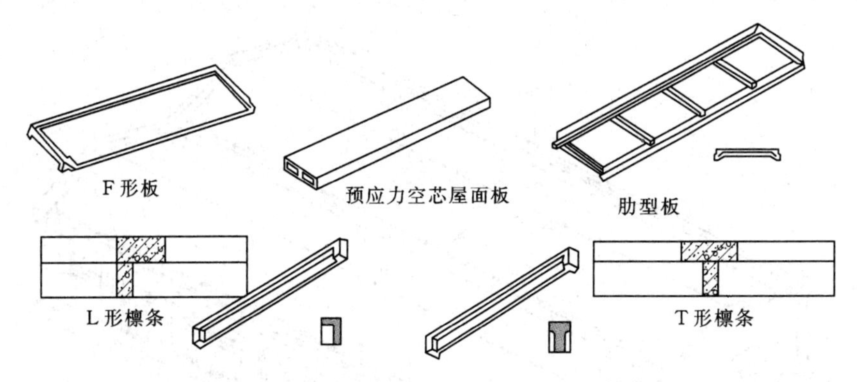

图 4.2.2.2 钢筋混凝土大型屋面板及檩条

1. 屋面排水方式

目前在我国的建筑实践中，较广泛地采用的屋顶形式为多脊双坡，其排水方式都采用有组织内排水（图 4.2.2.3）。前已述及，这种排水方式屋面雨水斗及室内水落管多，它们易被滑下的绿豆砂、灰尘及其他杂物堵塞，屋面积水，易形成“上漏”；地下排水管（沟）有时也被堵塞，排水不畅，易形成“下冒”。这些“上漏”、“下冒”有时影响生产。相比之下缓长坡屋面排水（图 4.2.2.4）可在很大程度上克服“上漏”、“下冒”的缺点。当厂房长度不大（不大于 96m）时，长天沟外排水（图 4.2.2.5）也可克服上述缺点。

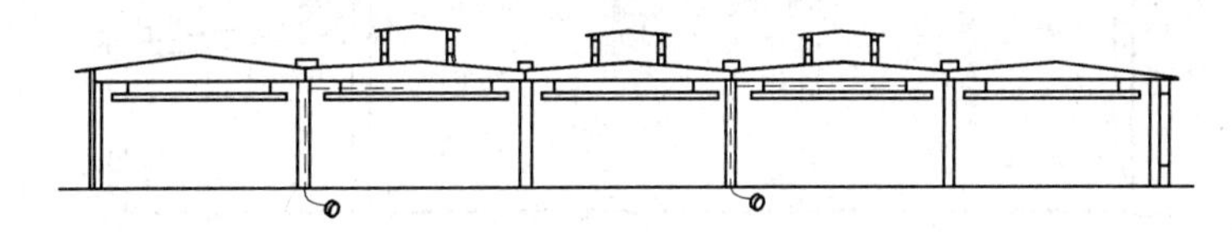

图 4.2.2.3 有组织内排水

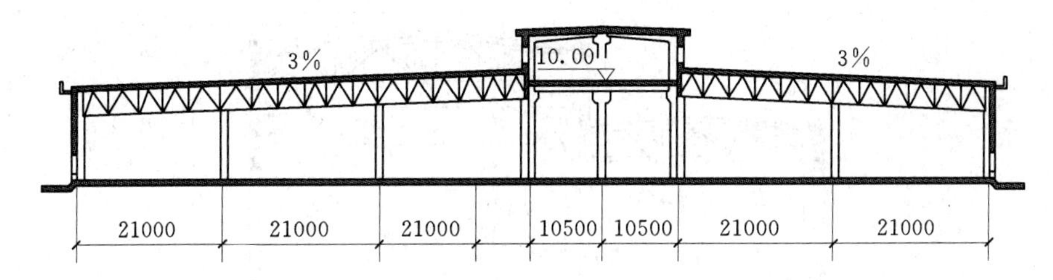

图 4.2.2.4 多跨厂房减少内排水示例

2. 檐口排水方式

厂房檐口排水方式有无组织排水和有组织排水两种。

（1）无组织外排水。厂房檐口排水方式如无特殊需要，皆应尽量采用无组织外排水（图 4.2.2.6），使排水通畅，构造简单，节省投资。对那些屋面易积尘及有腐蚀性介质的生产厂房更应如此。

（2）有组织排水。有组织排水分内排和外排两种。

有组织内排水：当檐口的立面处理需作女儿墙时，檐口的排水通常作成有组织内排水。在寒冷地区采暖厂房及生产中有热量散出的车间厂房的外檐也宜采用有组织内排水，如图 4.2.2.7 (a) 所示。因落在这些厂房屋面上的雪能逐渐溶化流至檐口，如采用外排

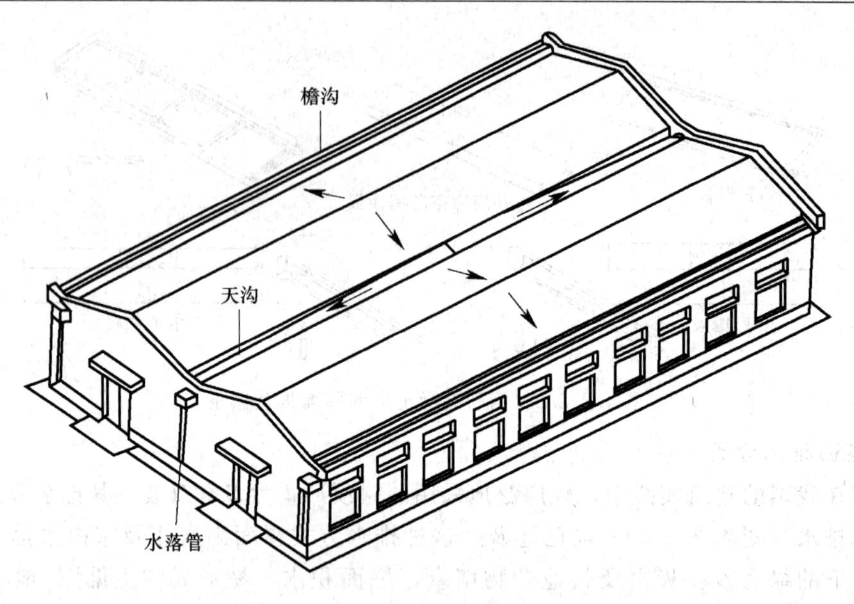

图4.2.2.5　长天沟端部外排水

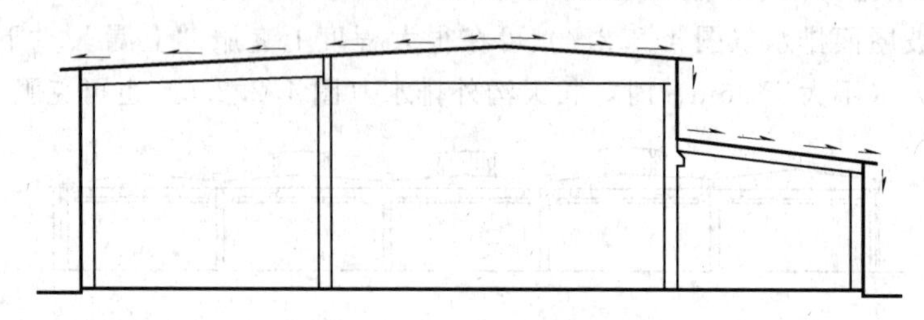

图4.2.2.6　无组织外排水

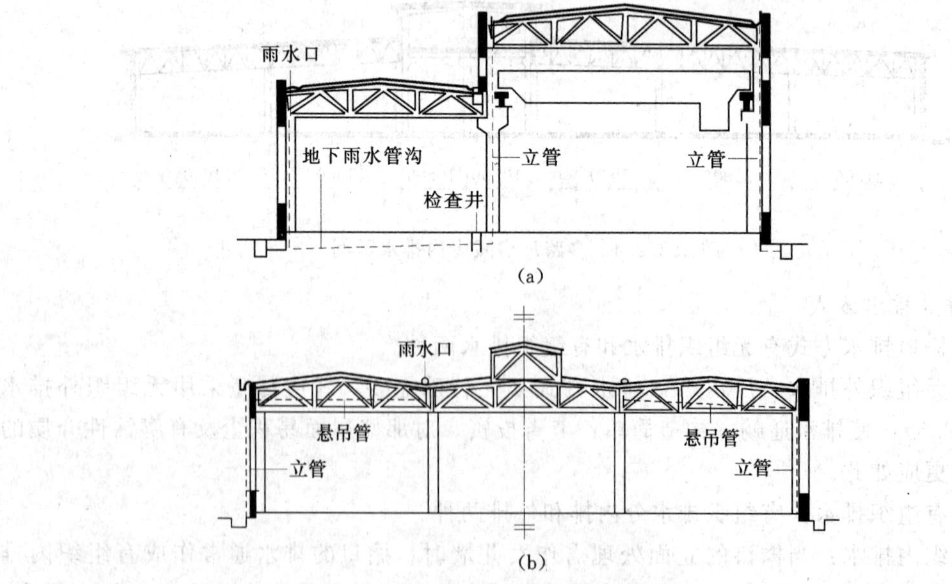

图4.2.2.7　有组织排水

(a) 有组织内排水；(b) 有组织外排水

水，室内热量由于檐下墙的阻挡而达不到檐口，致使在檐口处结成冰柱，它遮挡光线，拉坏檐口，有时会落下伤人，水落管也会因冰冻堵塞以至胀裂。

有组织外排水：冬季室外气温不低的地区可采用有组织外排水。有时为减少室内地下排水管（沟）的数量，可采用悬吊管将天沟处的雨水引至外墙处，采用水管穿墙的方式将雨水排至室外，如图 4.2.2.7（b）所示。

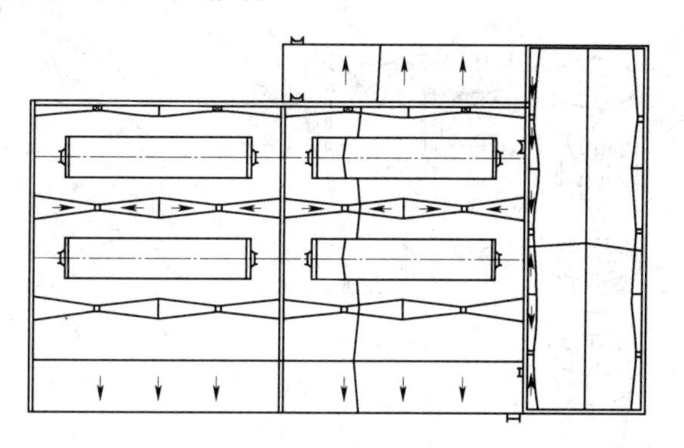

图 4.2.2.8　屋面排水组织示意图

2.2.2.2 屋面排水组织及装置

1. 屋面排水组织

屋面排水方式确定后，就要作排水组织设计。多跨多坡屋面用内落水，首先要按屋面的高低、变形缝位置、跨度大小及坡向，将整个厂房屋顶划分为若干个排水区段，并定出排水方向。其次，根据当地的降雨量和屋面汇水面积，选定合适的雨水管管径、雨水斗型号、位置和间距。通常雨水斗不宜设在变形缝处，以免遇意外情况溢水而造成渗漏。图 4.2.2.8 为屋面排水组织示意图。

2. 屋面排水装置

(1) 天沟。天沟形式与屋面构造有关。当屋面采用钢筋混凝土大型屋面板上作为卷材防水时，由于接缝严密不致渗漏，可以采用特制的钢筋混凝土槽形天沟板或直接在钢筋混凝土屋面板上做天沟形成所谓“自然天沟”（图 4.2.2.9）。

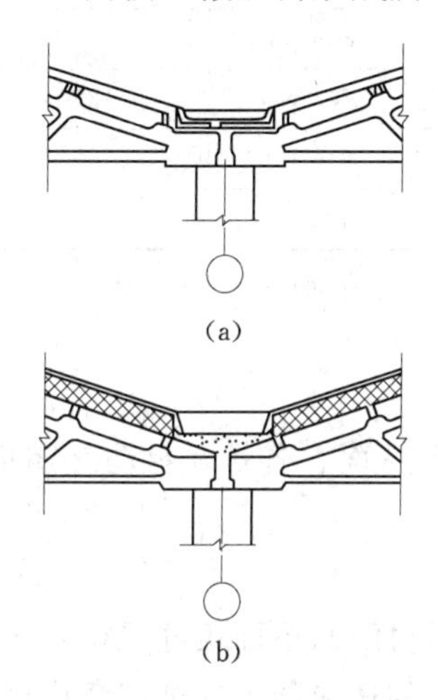

图 4.2.2.9　天沟的构造形式
(a) 槽形天沟板；(b) 自然天沟

北方地区应以自然天沟方案为主，只要利用保温层厚度将天沟局部减薄形成低洼点，使水斗位于最低处，并尽量使保温薄弱面最小即可。如果是采用构件自防水屋面时，由于其接缝不够严密，则只能采用槽形天沟板而不能做自然天沟。

天沟沟底应做纵向坡度，以利雨、雪水流向低处的雨水斗。其坡度一般为 0.5%～1%，最大不宜超过 2%。长天沟外排水可不小于 0.3%。同时槽形天沟的分水线还应低于沟壁顶面 50mm 以下，以防雨水出槽而导致渗漏。

(2) 雨水斗。其形式较多，以 65 型较好（图 4.2.2.10）。当用于自然天沟时，最好加设水盘，减薄保温层厚度，以降低其位置，提高汇水效率（图 4.2.2.11）。雨水斗的分布要适当，应是每个雨水斗承担的汇水面积比较均匀。除长天沟外，雨水斗间距一般为 18～24m，不宜大于 30m，并应与柱距相配合。

(3) 雨水管。雨水管一般采用硬塑料管。其管径由计算确定，通常选用 100～200mm 的直径。雨水管的最大汇水面积可参考表 4.2.2.1。用于厂房外部上段的雨水管也可用陶管、石棉水泥管等代替。

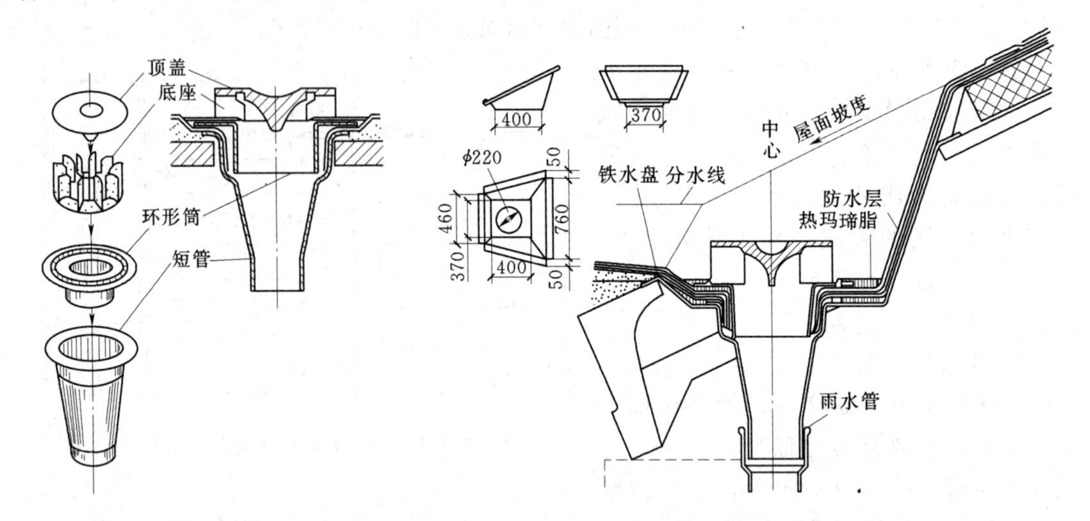

图 4.2.2.10　雨水斗的组成　　　　图 4.2.2.11　自然天沟雨水斗构造

表 4.2.2.1　　**雨水管最大汇水面积参考举例**　　单位：m^2

降雨量 /(mm·时$^{-1}$)	管径/mm				
	75	100	125	150	200
50	490	880	1370	1970	3500
70	350	630	980	1410	2500
90	273	487	760	1094	1940
110	223	399	621	896	1590
140	175	312	488	703	1250
160	153	273	426	616	1095
200	123	219	341	492	876

注　本表根据 $F=438D^2/h$ 算出；式中：F 为容许集水面积，m^2；D 为雨水管直径，mm；h 为计算降雨量，mm/时。

2.2.3　厂房屋面的防水

厂房的屋面防水按材料和构造形式的不同，分为卷材防水屋面、各种瓦材防水屋面、涂膜防水屋面及钢筋混凝土构件自防水屋面。

2.2.3.1　卷材防水屋面

防水卷材有油毡、合成高分子材料、合成橡胶卷材等，卷材防水屋面接缝严密，防水比较可靠，有一定的抗变形能力，对气温变化和振动也有一定的适应能力，被广泛应用于建筑平屋顶。但经多年使用实践，发现在大型预制钢筋混凝土板做基层的卷材，板缝特别是横缝（屋架上弦板材对接处），不管屋面上有无保温层，均开裂相当严重。原因如下。

（1）温度变形。屋面板受外界气温及内部生产热源的影响，板面及板底产生温度差，因热胀冷缩，而产生了角变形。尤其是无保温（隔热）层时，影响更大，板端角变形更甚，造成横缝开裂。

（2）挠曲变形。屋面板在长期荷载作用及混凝土徐变作用下，会使挠度及角变形增长。

（3）结构变形。由于地基的不均匀沉陷和重型吊车的运行及刹车力的影响造成屋面晃动，促使裂缝的展开。

由于变形，屋面板会产生位移。此时若油毡紧贴在基层上，横缝处的油毡将在极小范围内被拉伸，油毡在横缝处就会被拉裂。随着时间的流逝，裂缝逐渐开展，其宽度可达10～20mm。为防止横缝处的油毡开裂，除采取减少基层变形措施外，还要改进接缝处的油毡做法，使油毡能适应基层变形，其措施如图4.2.2.12和图4.2.2.13所示。即在大型屋面板或保温层上做找平层时，最好先将找平层沿横缝处做出分格缝，缝中用油膏填充，缝上先干铺300mm宽油毡一条（或铺一根直径为40mm左右的浸油草绳或油毡卷）作为缓冲层，然后再铺油毡防水层，使屋面油毡在基层变形时有一定的缓冲余地，对防止横缝开裂有一定效果。纵缝一般开裂较少，可不做分格缝和干铺油毡缓冲层。

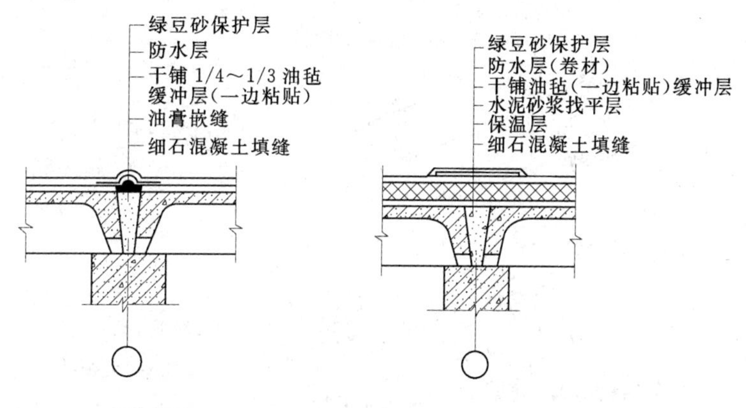

图4.2.2.12　卷材防水保温屋面的横缝处理

图4.2.2.13　卷材防水非保温屋面的横缝处理

2.2.3.2 波形瓦（板）防水屋面

波形瓦（板）防水屋面按材料可分石棉水泥瓦、镀锌铁皮波瓦和压型钢板三种。

（1）石棉水泥瓦屋面。石棉水泥瓦的优点是厚度薄、重量轻、施工简便。缺点是易脆裂、耐久性及保温、隔热性差。所以在高温、高湿、振动较大、积尘较多、屋面穿管较多的车间以及炎热地区厂房高度较小的冷加工车间不宜采用。它主要应用在一些仓库及对室内温度状况要求不高的厂房中。

石棉水泥波瓦的规格有大波瓦、中波瓦和小波瓦三种。在厂房中常采用大波瓦，其规格为2800mm×994mm×8mm。

石棉水泥瓦直接铺设在檩条上，檩条间距应与石棉瓦的规格相适应，一般是一块瓦跨三根檩条。在四块瓦的搭接处会出现瓦角相叠现象，这样会产生瓦面翘起，故在相邻四块瓦的搭接处，应随盖瓦方向的不同事先将斜对瓦片进行割角，对角缝隙不宜大于5mm（图4.2.2.14）。石棉水泥波瓦的铺设也可采用不割角的方法，但应将上下两排瓦的长边搭接缝错开一个波，小波瓦错开两个波。

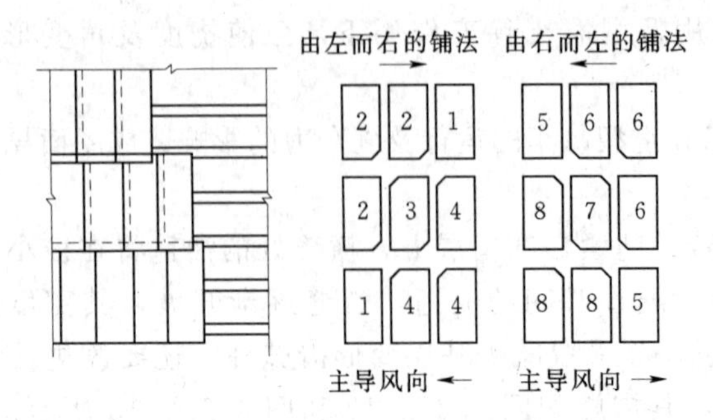

图 4.2.2.14　水泥石棉瓦屋面的铺设及割角

所以，大波瓦的檩条最大间距为1300mm，中波瓦为 1100mm，小波瓦为900mm。檩条有木檩条、钢筋混凝土檩条、钢檩条及轻钢檩条等。厂房中采用较多的是钢筋混凝土檩条，如图 4.2.2.15 所示。

(2) 镀锌铁皮波瓦屋面。这种屋面材质轻，抗震性能好，在高烈度震区应用比大型屋面板优越，适合一般高温工业厂房和仓库。镀锌铁皮波瓦的横向搭接一般为一个波，上下搭接的固定铁件及固定方法基本与石棉水泥波瓦相同，但其与檩条连接较石棉水泥波瓦紧密。屋面坡度比石棉水泥波瓦屋面小，一般为 1/7。

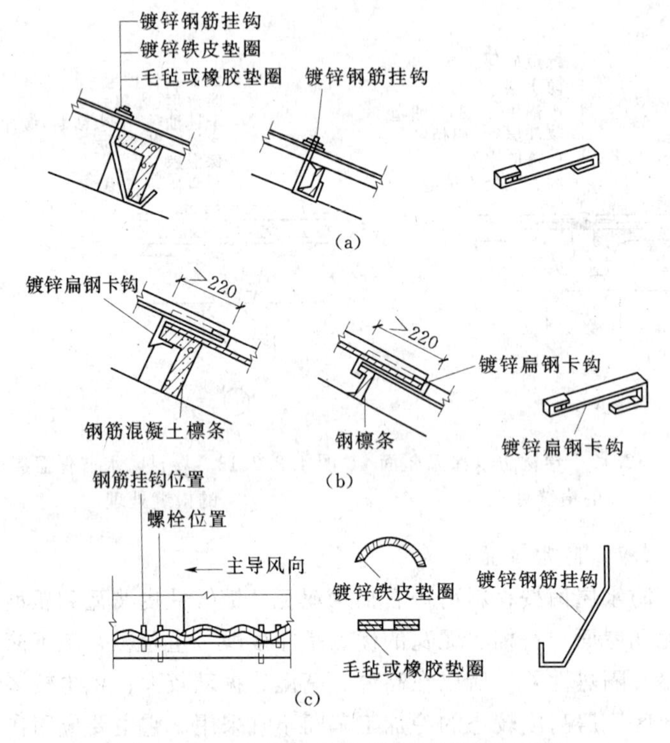

图 4.2.2.15　水泥石棉瓦屋面的搭接与固定

(a) 固定；(b) 横向搭接；(c) 纵向搭接

(3) 压型钢板屋面。压型钢板瓦分为单层板、多层复合板、金属夹芯板等。板的表面一般带有彩色涂层。其特点是施工速度快、重量轻、表面带有彩色涂层，防锈、耐腐、美观。根据需要也可设置保温、隔热及防结露层等，适应性较强（图 4.2.2.16)。

2.2.3.3　钢筋混凝土构件自防水屋面

钢筋混凝土构件自防水屋面是利用钢筋混凝土板本身的密实性，对板缝进行局部防水处理而形成防水的屋面。其优点是：较卷材防水屋面轻，一般每平方米可减少 35kg 静荷

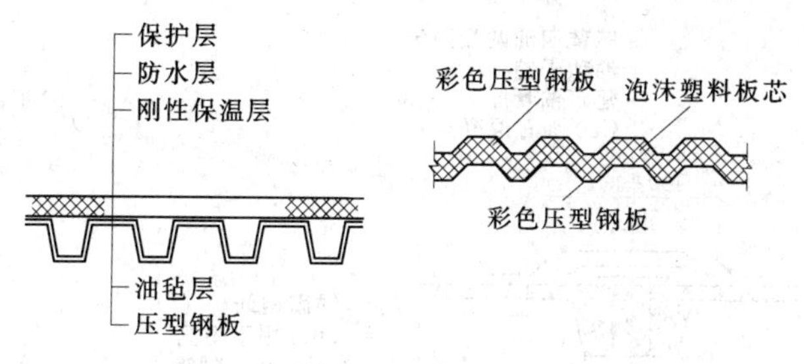

图 4.2.2.16 压型钢板保温屋面构造

载，相应地也减轻了各种结构构件的自重，从而节省了钢材和混凝土的用量，可降低屋顶造价，施工方便，维修也容易。其缺点是板面容易出现后期裂缝而引起渗漏，混凝土暴露在大气中容易引起风化和碳化等。克服这些缺点的措施是提高施工质量，控制混凝土的水灰比，增强混凝土的密实度，从而增加混凝土的抗裂性和抗渗性。在构件表面涂以涂料(如乳化沥青)，减少干湿交替的作用，也是提高防水性能和减缓混凝土碳化的一个十分重要的措施。

钢筋混凝土构件自防水屋面的种类很多，归纳起来缝隙的处理有嵌缝式、脊带式和搭盖式。

1. 嵌缝式、脊带式防水

嵌缝式构件自防水屋面是利用大型屋面板作防水构件，板缝嵌油膏防水（图 4.2.2.17）。

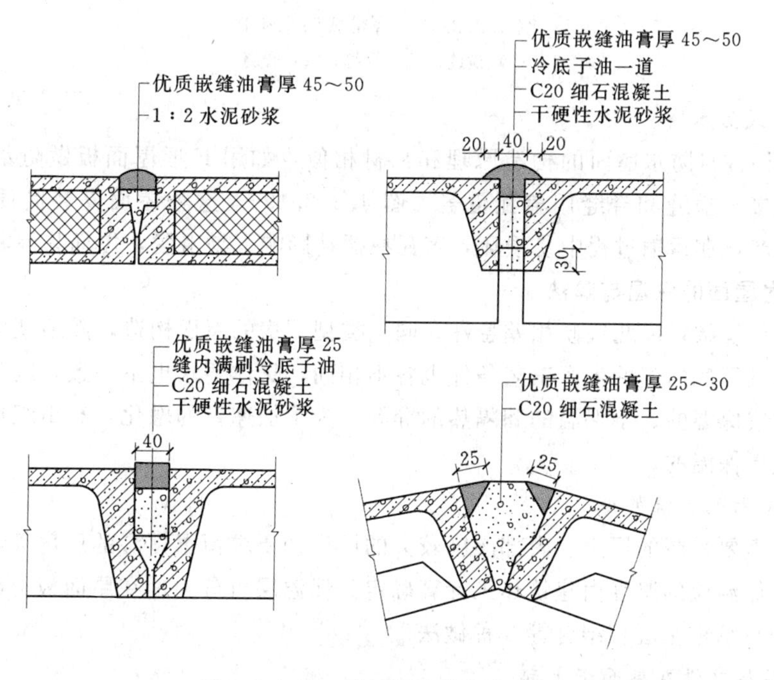

图 4.2.2.17 板缝嵌油膏防水示意

若在嵌缝上面再粘贴一层卷材（玻璃布较好）作防水层，则成为脊带式防水，其防水性能较嵌缝式为佳（图 4.2.2.18）。

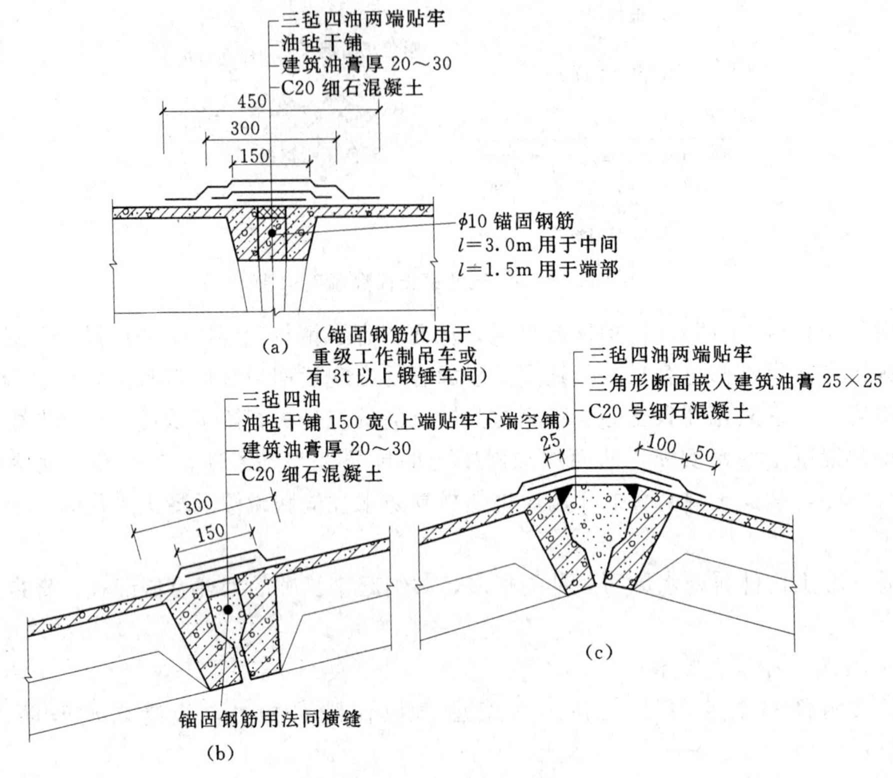

图 4.2.2.18　脊带式防水构造

(a) 横缝；(b) 纵缝；(c) 脊缝

2. 搭盖式防水

搭盖式构件自防水屋面的构造原理和瓦材相似，如用 F 形屋面板做防水构件，板的纵缝上下搭接，横缝和脊缝用盖瓦覆盖（图 4.2.2.19）。这种屋面安装简便，但板型复杂，不便生产，在运输过程中易损坏，盖瓦在振动影响下易滑脱，屋面易渗漏。

2.2.4　厂房屋面的保温与隔热

我国幅员辽阔，南北气候相差悬殊，同一类型厂房的屋面构造，随地理条件不同有较大差异。而且厂房内部的生产工艺条件也各不相同，具体要求也不一致，因此厂房屋面根据需要可做成保温的、不保温的和隔热的等等。为了加速雪的融化，有组织排水的屋顶天沟有时作成半保温的。

2.2.4.1　屋面的保温处理

在冬季需要采暖的厂房、内部湿度较大的厂房和要求恒温恒湿的厂房等，其屋面要设置保温层。保温层的厚度由建筑热工计算确定。保温层可分为铺在屋面板上部，设置在屋面板下部和与承重基层相结合等 3 种做法。

1. 保温层铺设在屋面板上部

屋面保温材料有松散状的和块（板）状的。松散状材料有蛭石粉和膨胀珍珠岩等，以后者为常用。块状制品有泡沫混凝土、加气混凝土、岩棉板、聚苯乙烯泡沫塑料和沥青（或水泥）膨胀珍珠岩等。松散状保温材料，当屋面坡度较大于 15°时容易下滑，易被风

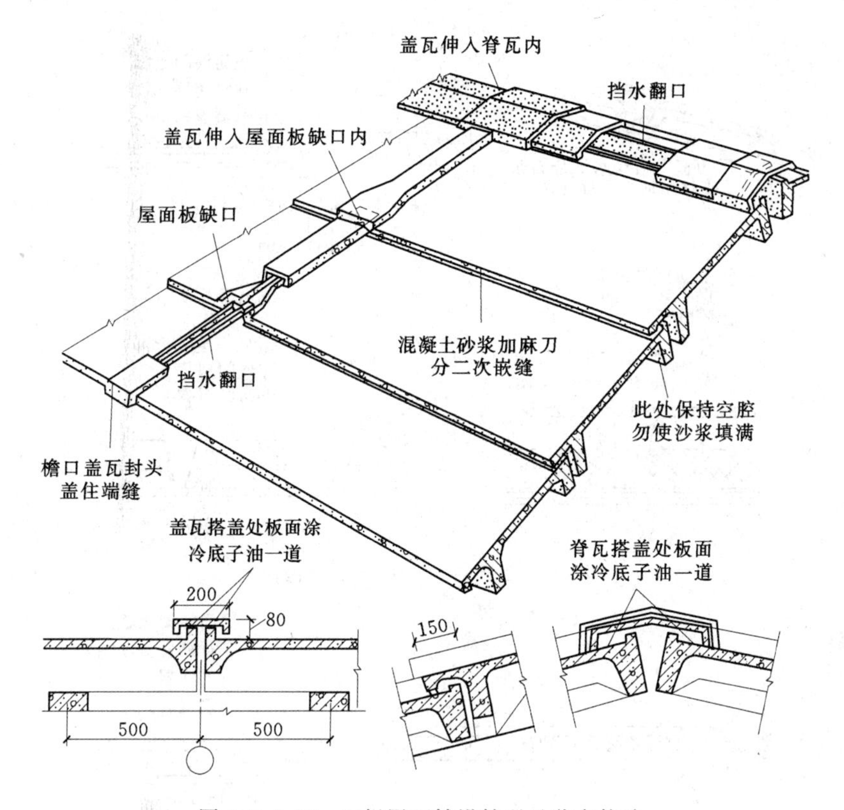

图 4.2.2.19　F 板屋面铺设情况及节点构造

吹散，施工不便。且需要较厚（不小于 30mm）的水泥砂浆找平层，施工水分不易排走，往往影响保温性能，所以其应用有限。相反，块（板）状材料则一般不受屋坡和气候条件的限制，施工简便，应用较普遍。

2. 保温层设置在屋面板下部

主要用于构件自防水屋面。有在屋面板下直接喷涂和吊挂保温层两种做法。直接喷涂是将水泥膨胀蛭石［按体积比为水泥：白灰：蛭石粉＝1：1：（5～8）］或水泥膨胀珍珠岩［按体积比为水泥：珍珠岩＝1：（10～12）］浆用喷枪喷涂在屋面板的下部。喷涂厚度为 20～30mm，如图 4.2.2.20（a）所示。北方地区常因屋面板与涂层之间的温度胀缩不一致，以及吸潮结露等原因造成整片脱落现象而影响它的应用。

吊挂保温层是将轻质保温材料吊挂在屋面板下部，如图 4.2.2.20（b）～（d）所示。其间可留有空气间层。

3. 保温层与承重基层相结合

把屋面板和保温层结合起来，甚至是和防水功能三者合一的保温板。可取消屋面保温层的高空作业，改善施工条件，大大加快施工速度。目前常用的有配筋加气混凝土板和夹芯式钢筋混凝土屋面板等类型。夹芯式保温板是把加气混凝土等轻质保温材料夹制在钢筋混凝土承重外壳之中制成的预制构件，板底面平整、美观。缺点是制作工艺复杂，自重较大，板面、板底易产生裂缝以及板肋和板缝容易出现冷桥现象等。图 4.2.2.21 为常见的几种夹芯保温屋面板。

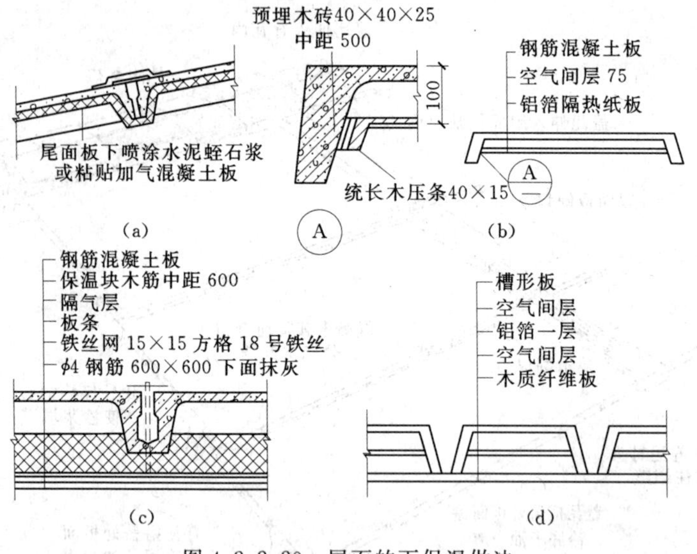

图 4.2.2.20　屋面的下保温做法

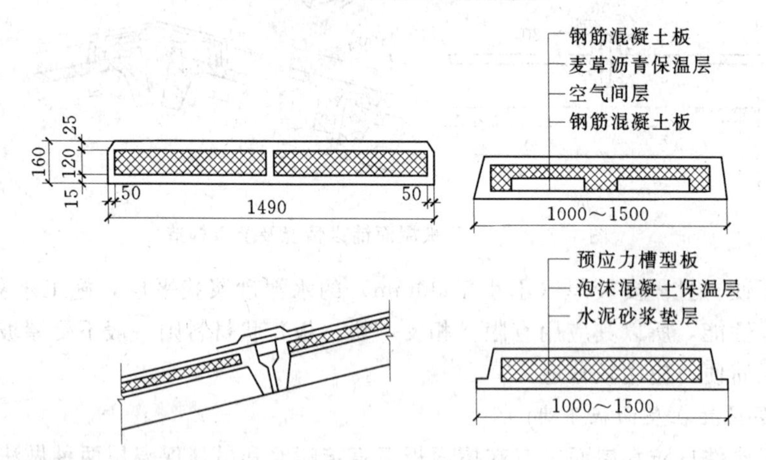

图 4.2.2.21　夹芯保温屋面板构造示意

设置保温层的屋面，为防止车间内的蒸气侵入保温层内部而形成冷凝水，降低保温性能和影响屋面的耐久性，根据情况还需要设置屋面隔气层。一般可根据冬季室外空气计算温度和室内温、湿度状况按表 4.2.2.2 选定。和所有的隔气层一样，屋面层中的隔气层也应将保温层很好地封闭起来。

表 4.2.2.2　隔气层的设置与做法

冬季室外空气计算温度/℃	室内水蒸气分压力/水银柱 mm				隔气层做法
	小于 9	9～12	12～14	14 以上	
−20 以上	—	Ⅰ	Ⅱ	Ⅲ	Ⅰ：刷热玛瑙脂两遍 Ⅱ：一毡二油 Ⅲ：二毡三油
−21～−30	Ⅰ	Ⅱ	Ⅱ	Ⅲ	
−31～−40	Ⅱ	Ⅲ	Ⅲ	Ⅲ	
−41 以下	Ⅲ	Ⅲ	Ⅲ	Ⅲ	

2.2.4.2　屋面的隔热处理

在我国南方炎热地区，为减少夏季太阳辐射对厂房内部的影响（尤其是柱顶高度小于10m的厂房），须做屋面的隔热处理。一般可在屋面的外表面涂刷反射性能好的浅色涂料；也可按保温屋面做法在屋面上设置隔热（保温）层，再者是在屋面上做通风间层（又称遮阳屋顶）。利用其架空间层来遮挡太阳辐射热并通过空气流动带走部分热量，以取得隔热和散热效果。目前它已成为我国南方一些地区采用较多的一种屋面隔热处理方式。小面积的厂房也可采用平屋顶蓄水或喷淋来防止车间内过热等做法。

南方夏季降温和北方冬季采暖都需要大量能源，如能合理地解决屋面隔热与保温将会降低日常维护费用，从而为节省能源创造条件，因此应引起建筑设计人员的足够重视。

2.3　单层厂房地面及其他构造

2.3.1　厂房地面

单层厂房地面承受的荷载大，要求具有抵抗各种破坏作用的能力，并能满足生产使用的要求。例如：生产精密仪器和仪表的车间，地面要求防尘，易于清洁；在生产中有爆炸危险的车间，地面应不致因摩擦撞击而产生火花；有化学侵蚀的车间，地面应有足够的抗腐蚀性；生产中要求防水防潮的车间，地面应有足够的防水性能等。另外，单层厂房地面面积大，在地面构造做法上应根据生产使用要求，区别对待，根据不同要求采用不同类型的地面。厂房地面耗用的材料及工时较多，故它在厂房的造价中所占的比重也较大，一般约占10％左右，有特殊要求者可达30％。所以地面设计的好坏，不仅直接影响生产，而且对厂房的造价有很大的影响。地面构造设计应充分利用地方材料、工业废料，并做到技术先进，经济合理。

2.3.1.1　地面的组成

工业厂房地面的组成与民用建筑基本相同，也是由面层、垫层和地基组成。当基本层次不能满足使用要求或构造要求时，还需增加一些其他层次，如结合层、找平层、防水（潮）层、保温层和防腐蚀层等。

地基：厂房地面的地基应坚实和具有足够的承载力。当地基土质较弱或地面承受荷载较大时，对地面的地基应采取加固措施。一般的做法是先铺灰土层，或干铺碎石层，或干铺泥结碎石层，然后辗压压实。

垫层：垫层承受荷载，并将荷载传给地基。其厚度主要根据作用在地面上的荷载经计算确定。垫层有刚性、柔性之分。当地面承受的荷载较大，且不允许面层变形或裂缝，或有侵蚀性介质，或有大量水的作用时，采用刚性垫层。其材料有混凝土、钢筋混凝土等。当地面有重大冲击、剧烈振动作用，或储放笨重材料时（有时伴有高温），采用柔性垫层。其材料有砂、碎石、矿渣、灰土、三合土等。有时也把灰土、三合土作的垫层称半刚性垫层。

面层：面层直接承受各种物理和化学作用。根据生产特征和对面层的使用要求选择。地面的名称按面层的材料名称而定。

在实践中，地面类型多按构造特点和面层材料来分，可分为单层整体地面、多层整体地面及块（板）料地面。有腐蚀介质的车间，在选材和构造处理上，应使地面具有防腐蚀性能。

2.3.1.2　单层整体地面

单层整体地面是将面层和垫层合为一层的地面。它由夯实的黏土、灰土、碎石（砖）、三合土或碎砾石等直接铺设在地基上而成。由于这些材料来源较多，价格低廉，施工方便，构造简单，耐高温，破坏后容易修补，故可用在某些高温车间，如钢坯库等。

2.3.1.3　多层整体地面

多层整体地面的构造特点是：面层厚度较薄，以便在满足使用的条件下节约面层材料，加大垫层厚度以满足承载力要求。面层材料很多，如水泥砂浆、水磨石、混凝土、沥青砂浆及沥青混凝土、水玻璃混凝土、菱苦土等。

1. 水泥砂浆地面

水泥砂浆地面的构造与民用建筑基本相同。当要求更耐磨时，可在水泥砂浆中加入铁屑，称铁屑水泥砂浆地面，其厚度为 35mm。

水泥砂浆地面承受的荷载较小，只能承受一定机械作用，不很耐磨，易起灰，可适用于一般的金工、装配、机修、工具、焊接等车间。铁屑水泥砂浆地面可用于电缆、钢绳、履带式拖拉机等生产车间。

2. 水磨石地面

水磨石地面做法与民用建筑基本相同。但当使用中要求面层不发生火花时，其石子材料应采用当金属或石料撞击时不发生火花的石灰石、大理石或其他石料，这些石料在施工时最好在金刚砂轮上作摩擦试验。

水磨石地面有较高的承载能力，耐磨、不起灰、不渗水，适用于有一定清洁要求的车间，如精密机床车间、食品车间、计量室、试验室等。

3. 混凝土地面

混凝土地面（图 4.2.3.1）是单层厂房采用较广泛的一种地面。例如金工、机械装配、机修、工具、油漆车间等常采用这种地面。但不适用于有酸碱腐蚀性的车间。若要做成耐碱混凝土地面，则碎石、卵石和砂应用密实的石灰石类的石料或碱性的冶炼矿渣做成。

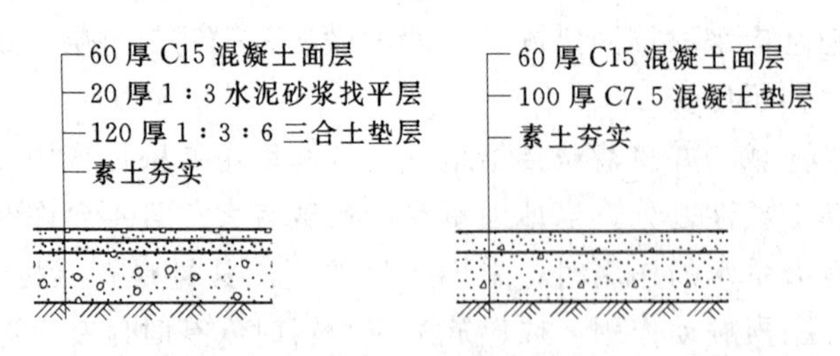

图 4.2.3.1　混凝土地面

混凝土面层一般有 60mm 厚 C15 混凝土和 40mm 厚 C20 细石混凝土等不同做法，它们的垫层可采用三合土或低标号混凝土。有的将面层加厚做到 120～150mm 而可不设垫层，当基层可靠时这种做法施工简便。为防止混凝土收缩开裂，混凝土面层在施工时应分仓设缝，一般缝距（纵、横）为12m，在混凝土面层浇灌抹平后，一定要注意养护。

4. 沥青砂浆及沥青混凝土地面

沥青砂浆和沥青混凝土（图4.2.3.2）中的胶结材料是沥青，用作地面的沥青须用建筑石油沥青或道路石油沥青。普通石油沥青因含蜡量较多，须加入催化剂等改性材料后方能使用，焦油沥青的耐腐蚀性和耐候性均较石油沥青差，因此一般不采用。沥青砂浆和沥青混凝土耐候性差，温度敏感性大，容易老化、变形，且不宜用于有机溶剂（如苯、甲苯、煤油、汽油等）的车间。

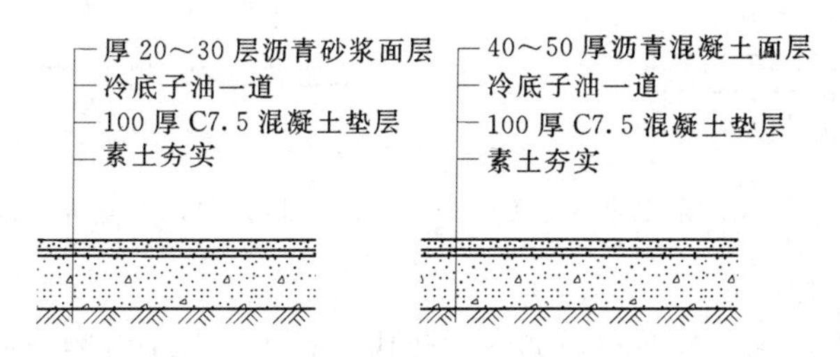

图4.2.3.2 沥青砂浆和沥青混凝土地面

沥青砂浆是将粉状骨料及砂预热后与已热熔的沥青拌合而成。作为地面面层，一般铺筑厚度为20～30mm。沥青混凝土则在填料中按比例加入碎石或卵石，其粒径不得超过面层分层铺设厚度的2/3，沥青混凝土地面的面层一般厚度为40～50mm。如采用两层做法，总厚度可为70mm。沥青砂浆和沥青混凝土面层均须作在混凝土垫层上，为了便于黏结，混凝土垫层上应涂刷冷底子油一道。当需要耐酸或耐碱时，则应掺入耐酸或耐碱材料。这种地面可应用于工具室、乙炔站、蓄电池室、电镀车间等。

5. 水玻璃混凝土地面

水玻璃混凝土是以水玻璃为胶结剂，氟硅酸钠为硬化剂，耐酸粉料（辉绿岩粉、石英粉）、耐酸砂子及耐酸石子为粗细骨料按一定比例调制而成（图4.2.3.3）。它的优点如下。

（1）具有良好的耐酸稳定性，特别适合于耐浓酸和强氧化酸。

（2）整体性好，机械强度高，耐热性能好。

（3）材料来源充沛，价格较低。

因此，这种地面在耐酸防腐工程中应用很广泛，如用在有酸作用的生产车间或仓库。但水玻璃混凝土也有明显的缺点：如不耐碱性介质和氢氟酸，抗渗性差，施工受气候的影响较大。由于抗渗性不良，在一般情况下，地面均须设置隔离层：以防液体渗透。同时水玻璃混凝土还不能与未经处理的普通水泥砂浆、混凝土等直接接触，故应在混凝土垫层上涂沥青或铺卷材做隔离层。

水玻璃混凝土面层有铺平和磨平两种做法，后者一般称水玻璃磨石子地面，它们的厚度分别为60mm及70mm（分两次施工）。

6. 菱苦土地面

菱苦土地面（图4.2.3.4）是用苛性菱镁矿、锯末、砂（或石屑）和氯化镁水溶液的拌合物铺设而成。菱苦土面层通常做在混凝土垫层上，其做法有双层和单层两种。双层的上层厚度一般为 8～10mm，下层厚度为 12～15mm。单层的厚度为 12～15mm。菱苦土地面具有弹性好、保温、不发生火花和不起灰等优点。它适用于精密生产车间、装配车间、计量站、纺纱车间、织布车间、校验室等厂房。

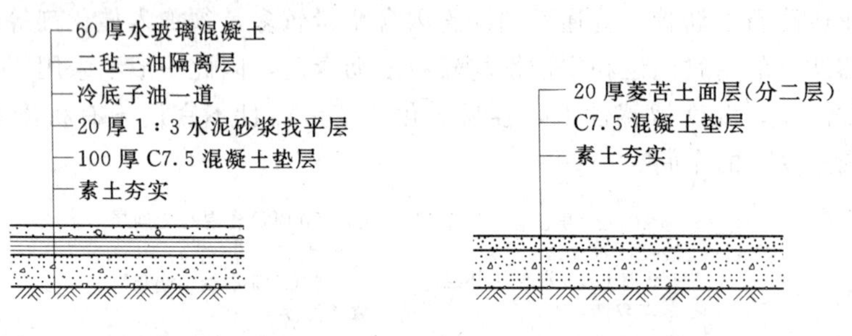

图 4.2.3.3　水玻璃混凝土地面　　图 4.2.3.4　菱苦土地面

2.3.1.4　块材、板材地面

块材、板材地面系用块或板料，如各类砖块、石块、各种混凝土的预制块、瓷砖、陶板以及铸铁板等铺设而成。块（板）材地面一般承载力较大，且考虑面层变形后便于维修，所以常采用柔性垫层。但当块（板）材地面不允许变形时则采用刚性垫层。

1. *砖、石地面*

砖、石地面有一般地面和耐腐蚀地面两类。

（1）块石或石板地面。这种地面可就地取材，一般未风化的石材，如砂岩、石灰石、花岗石等均可。石材需加工成块石或石板，外形尺寸方整，块石的规格约为 120mm×120mm 或 150mm×150mm，长度为 200mm 以内。石板的规格为 500mm×500mm，厚度为 100～150mm。块石或石板的垫层在一般荷重的情况下，在填土层上铺 60mm 厚的密实砂垫层即可，而当荷重较大时（如有运输车辆的通道），则块石或石板需用水泥砂浆砌筑在 120mm 或 150mm 厚的 C7.5 混凝土垫层上，块石或石板间均用水泥砂浆填缝。块石和石板地面较粗糙，较耐磨损（图 4.2.3.5）。

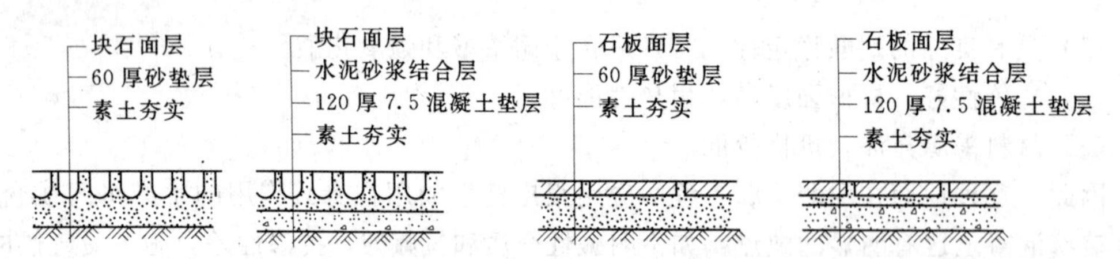

图 4.2.3.5　块石及石板地面

（2）耐腐蚀块石地面。根据腐蚀介质性质的不同而选用石材。天然石材中如花岗石、石英石、玄武石等耐酸性好，而石灰石、白云石、大理石等耐碱性较好，它们的规格是长度不超过 1000mm，除要求表面比较平整外，其他五面可以略为粗糙。耐酸块石之间须用沥青胶泥、环氧胶泥或硫磺胶泥填缝，这种块石地面均作于普通混凝土垫层上，必要时还应设二毡三油隔离层。

（3）砖地面。采用普通机制砖作地面面层，通常都将砖侧砌，垫层为 60mm 厚的砂垫层，砖缝间用水泥砂浆勾缝。这种地面施工简单，造价低。如用做耐腐蚀地面时，须经沥青浸渍，浸渍深度不小于15mm。沥青浸渍砖用沥青砂浆砌筑于混凝土垫层上（图 4.2.3.6）。如用缸砖，因缸砖规格与普通砖相同，其构造也与沥青浸渍砖相同。

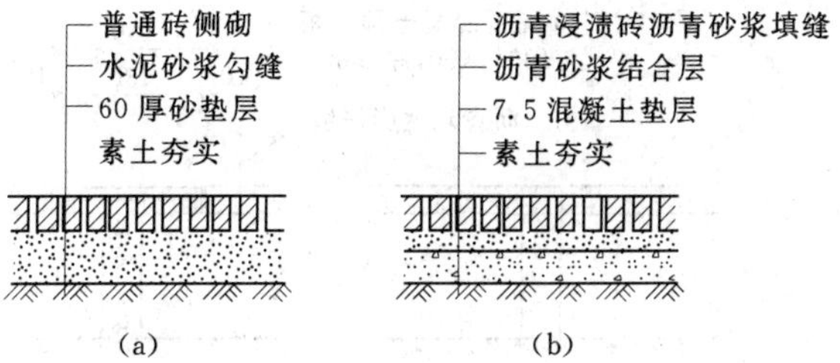

普通砖侧砌
水泥砂浆勾缝
60 厚砂垫层
素土夯实
(a)

沥青浸渍砖沥青砂浆填缝
沥青砂浆结合层
7.5 混凝土垫层
素土夯实
(b)

图 4.2.3.6　砖地面

2. 混凝土板地面

混凝土板地面是将 C20 混凝土预制成 250mm×200mm、500mm×500mm 或 600mm×600mm，60mm 厚的板块。表面作光平面或格纹面。一般均作 60mm 厚的砂垫层。这种地面常用于车间的预留设备位置或人行道等处，如图 4.2.3.7（a）所示。

3. 铸铁板地面

在承受高温及有冲击作用部位的地面，常采用铸铁板地面。铸铁板常浇铸成带凸纹或带孔以防滑。

铸铁板地面有砂垫层和混凝土垫层两种做法，如图 4.2.3.7（b）、（c）所示。

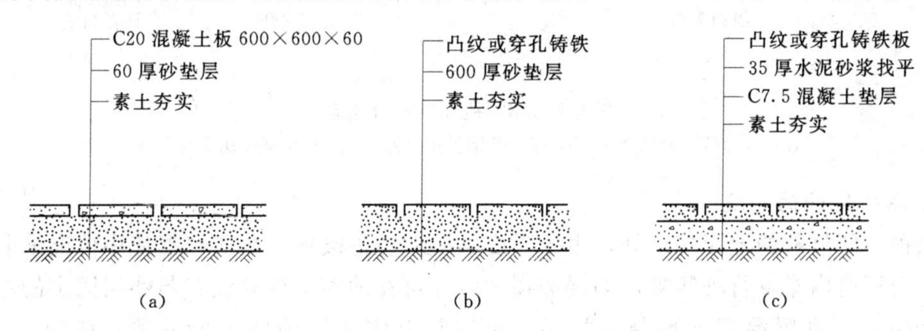

图 4.2.3.7　混凝土板及铸铁板地面

4. 瓷砖及陶板地面

瓷砖和陶板地面的构造与民用建筑基本相同，在厂房中适用于有一定清洁要求及受酸性、碱性、中性液体、水作用的地段。如蓄电池室、电镀车间、染色车间、尿素车间、试验室等。

2.3.1.5　地面细部构造

1. 变形缝

地面变形缝的位置应与建筑物的变形缝一致，在一般地面与振动大的设备（如锻锤、破碎机等）基础之间应设变形缝，在厂房内局部地面上堆放的荷载与相邻地段相差悬殊时也应设变形缝。变形缝应贯穿地面各构造层。

在经常有较大冲击、磨损或车辆行驶等强烈机械作用的地面变形缝处，应做角钢或扁铁护边。防腐地面处应尽量避免设变形缝，确需设置时，则可在变形缝两侧利用面层或垫层加厚的方式做挡水，并做好挡水和缝间的防腐处理。地面变形缝的做法，如图 4.2.3.8 所示。

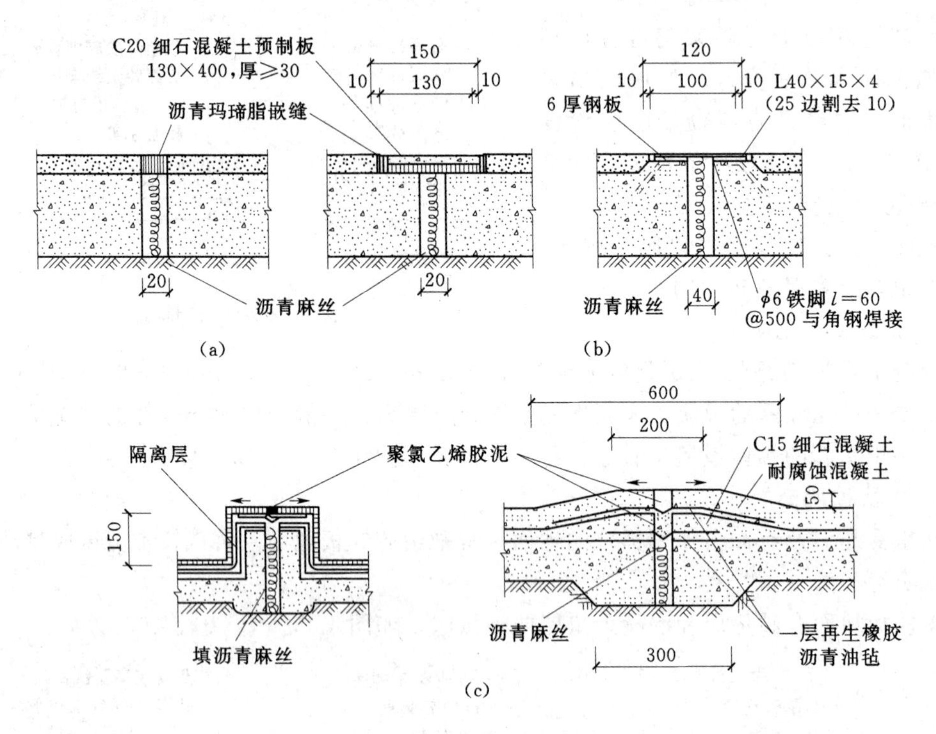

图 4.2.3.8　地面变形缝构造

(a) 变形缝一般做法；(b) 变形缝钢板盖缝做法；(c) 防腐蚀地面变形缝

2. 不同地面的接缝

两种不同材料的地面接缝处，由于强度不同而易遭破坏，故应根据使用情况采取加固措施。当厂房内车辆行驶频繁，面层磨损大时，可在地面交界处设置与垫层固定的角钢或扁钢嵌边，或设置混凝土预制块加固，角钢与整体面层的厚度要一致，如图 4.2.3.9 所示。

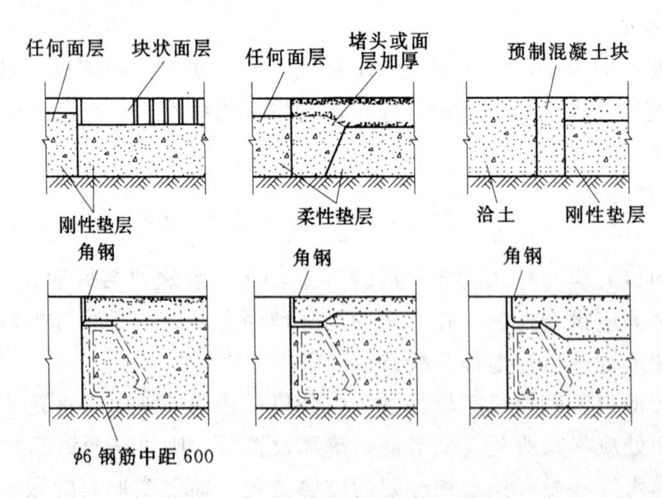

图 4.2.3.9　不同地面的接缝处理

防腐地面与非防腐地面交界处以及两种不同防腐地面交界处应设挡水条，并对挡水条采取相应的防水措施，如图 4.2.3.10 所示。

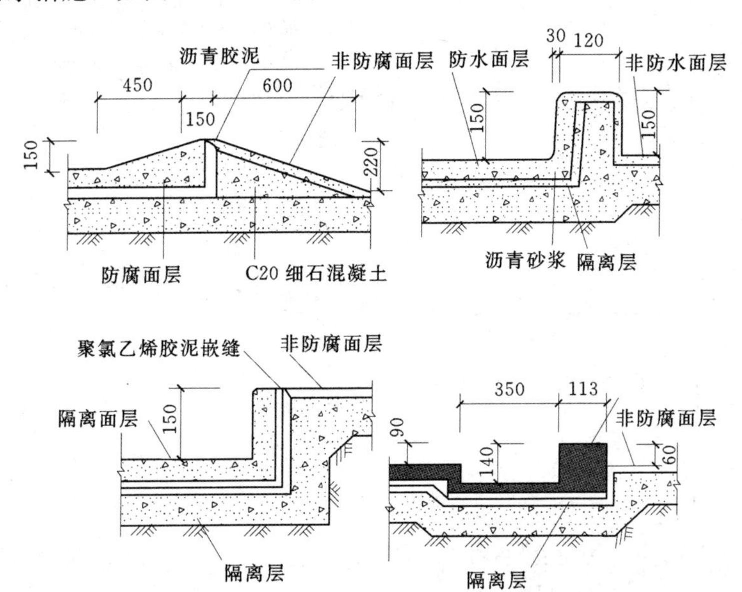

图 4.2.3.10 不同地面接缝处挡水处理

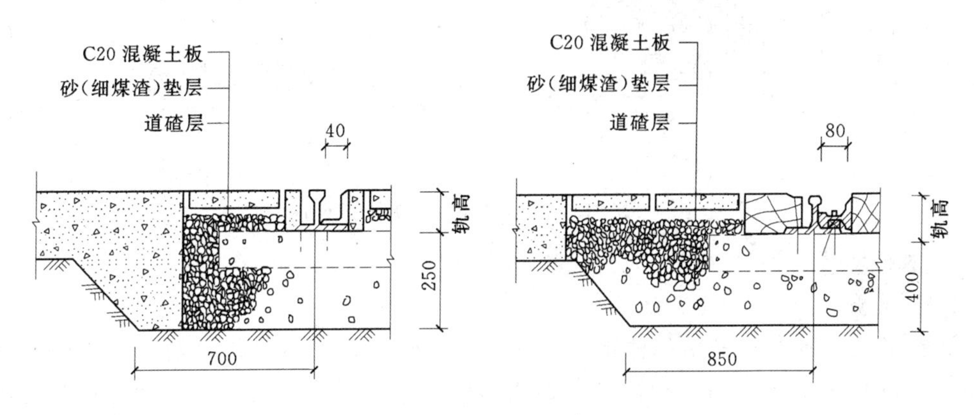

图 4.2.3.11 地面与铁路的连接

厂房内设有铁轨时，为使轨道不影响车辆和行人通行，轨顶应与地面平齐。轨道区域宜铺设块材地面，其宽度不小于枕木外伸长度。当厂房轨道上经常有重型车辆通过时，轨沟应用角钢或旧钢轨等加固，如图 4.2.3.11 所示。

3. 坡道、散水及明沟

厂房室内外高差一般为 150mm，为了便利各种车辆通行，在门外应设置坡道，坡道的宽度一般较门洞宽度大 1200mm，坡度为 10%～15%，最大不超过 30%。当坡度大于 10%时，应在坡道表面做齿槽防滑，如图 4.2.3.12 所示。如车间有铁轨通过，则坡道应设在铁轨两侧，如图 4.2.3.13 所示。

室外的散水或明沟，同民用建筑一样，主要是排除外墙四周雨水，起保护墙脚地基及基础的作用，其设计与构造处理同民用建筑。

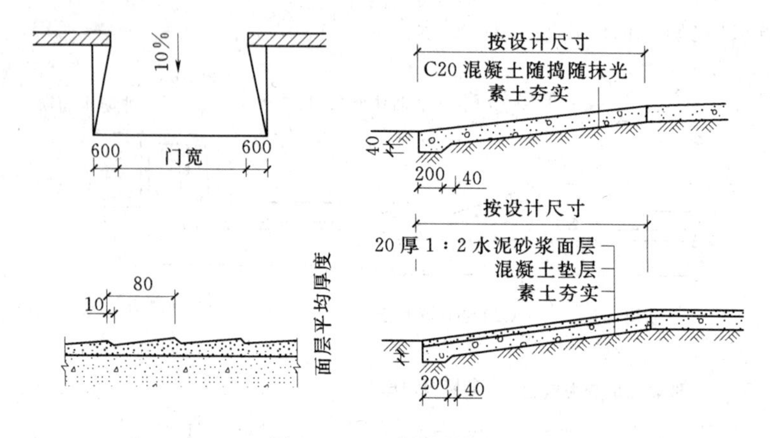

图 4.2.3.12　坡道构造

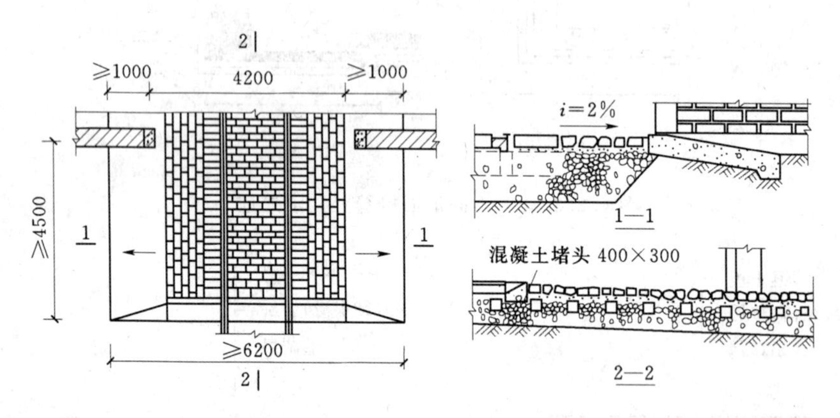

图 4.2.3.13　厂房铁路入口处坡道处理

2.3.2　其他构造

2.3.2.1　金属梯

单层工业厂房中常采用各种钢梯，如作业台钢梯、吊车钢梯、消防及屋面检修用钢梯等，以解决生产之间的联系。上述钢梯的宽度一般为 600～800mm，梯级每步高为 300mm，其形式有直梯与斜梯两种。直梯的梯梁常用角钢，踏步用Φ18 圆钢；斜梯的梯梁多采用 6mm 厚钢板，踏步用 3mm 厚花纹钢板，也可以用不少于 2Φ8 的圆钢做成。钢梯还有圆钢栏杆。钢梯易锈蚀，应先涂防锈漆、再刷油漆，并定期进行检修。

1. 作业台钢梯

作业台梯多采用钢梯（图 4.2.3.14），是供工人上下操作平台或跨越生产设备联动线的交通联系而设置的。其坡度有 45°、59°、73°和 90°。45°梯坡度较小，宽度采用 800mm，其休息平台高度不大于 4800mm；59°梯坡度居中，宽度为 600mm、800mm 两种，休息台高度不超过 5400mm；73°梯的平台高度不超过 5400mm；90°梯的休息平台高度不超过 4800mm。当工作平台高于斜梯第一个休息平台时，可用双折或多折梯。

2. 吊车梯

吊车梯是供吊车司机上下吊车而设置的，其位置应在车间的角落和不影响生产的柱中

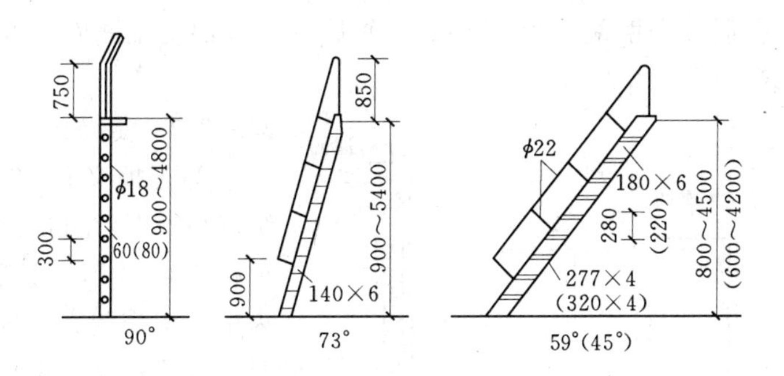

图 4.2.3.14　作业平台梯

间，一般多设在端部的第二柱距的柱边。每台吊车应设有自己的专用梯。

吊车梯均为斜梯，梯段有单跑和双跑两种。为避免平台处与吊车梁碰头，吊车梯的平台应低于吊车的操纵室，再从梯平台设直梯去吊车操纵室。当梯平台的高度为 5～6m 时，梯中间还须设休息平台。当梯平台的高度在 7m 以上时，则应采用双跑楼梯，其坡度应不大于 60°。吊车梯的位置有三种（图 4.2.3.15）：靠近边柱；在中柱处，柱的一侧有平台；在中柱处，柱的两侧有平台。

为解决吊车梁上部的通行，可以在吊车梁与外纵墙之间或在两个吊车梁之间架设走道板。图 4.2.3.16 中走道板所用材料有木板、钢板以及钢筋混凝土板。

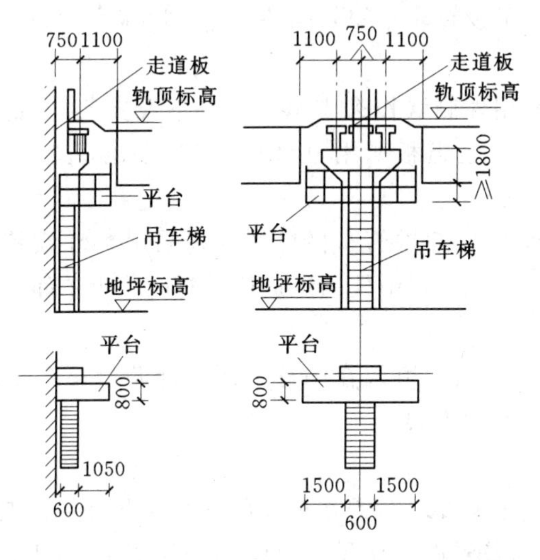

图 4.2.3.15　吊车梯

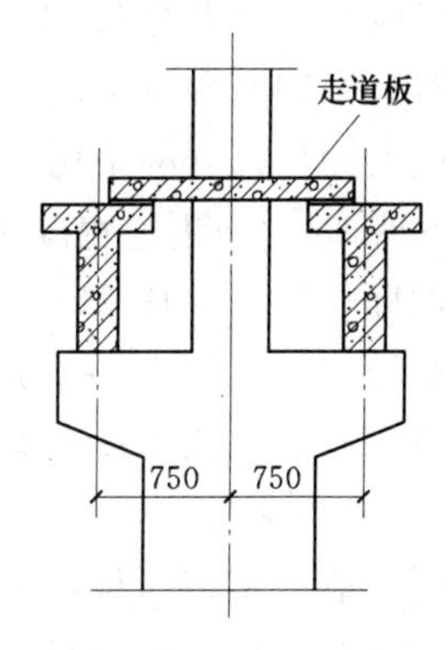

图 4.2.3.16　走道板

3. 消防、检修梯

单层工业厂房屋顶高度大于 10m 时，应有专用梯自室外地面通至屋面，以及从厂房屋面通至天窗屋面，以作为消防及检修之用。相邻厂房的高度差在 2m 以上时，也应设置消防、检修梯。

消防梯和检修梯一般均沿外墙设置，且多设在端部山墙处，其位置应按防火规范的规定设置。消防梯多采用直梯。消防检修梯的底端应高出室外地面 1～1.5m，以防止儿童攀登。钢梯与外墙面之间相距应不小于 250mm。梯梁用焊接的角钢埋入墙内，墙内应预留

240mm×240mm孔洞，深度最小为240mm，然后用C15混凝土嵌固；也可以做成带角钢的预制块随墙砌筑（图4.2.3.17）。

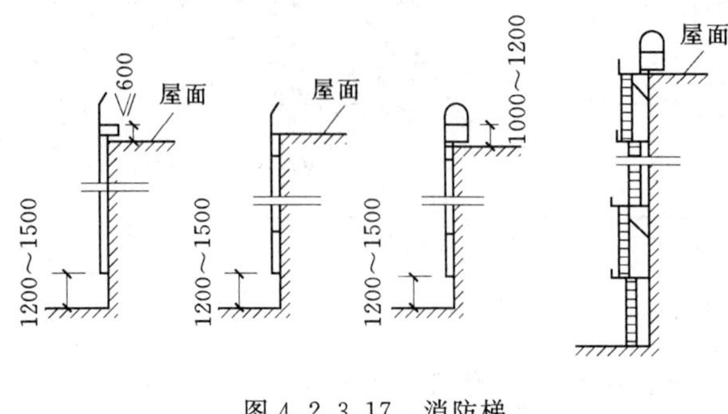

图4.2.3.17　消防梯

2.3.2.2　走道板

走道板又称安全走道板，是为维修吊车轨道和检修吊车而设。走道板均沿吊车梁顶面铺设。当吊车为中级工作制、轨顶高度在8m以下时，宜只在吊车操纵室一侧设走道板。走道板在厂房中的位置有以下几种。

1. 在边柱位置

利用吊车梁与外墙间的空隙设走道板。

2. 在中柱位置

当中列柱上只有一列吊车梁时，设一列走道板，并在上柱内侧考虑通行宽度；当有两列吊车梁，且标高相同时，可设一列走道板并考虑两侧通行时的宽度；当其标高相差很大或为双层吊车，则仍根据需要设两层走道板。

露天跨的走道板常设在露天柱上，不设在靠车间外墙的一侧，以减小车间边柱外牛腿的挑出长度。

走道板的构造一般均由支架（若利用外侧墙作为支承时，可不设支架）、走道板及栏杆三部分组成。支架及栏杆均采用钢材。走道板所用材料有木板、钢板及钢筋混凝土板等，通常多采用钢筋混凝土板、防滑钢板。

走道板上的栏杆立柱采用Φ22钢筋或Φ25铁管，栏杆扶手则采用Φ25铁管为宜，栏杆高度为900mm。当走道宽度未满500mm时，中柱的走道板栏杆应改为单面栏杆，边柱走道板的栏杆改为靠墙扶手。

走道板的支架系用75mm角钢制作，当走道板在中柱，而中柱两侧吊车梁轨顶同高时，走道板直接放在两个吊车梁上，可不用支架。

2.3.2.3　车间内部隔断

在单层工业厂房中，根据生产和使用的要求，需在车间内设车间办公室、工具库、临时库房等。有时因生产状况的不同，也需要进行分隔。分隔用的隔断常采用2100mm高的木板、砖墙、金属网、钢筋混凝土板、混合隔断等。也可将隔断设计成可以灵活移动、利于拆卸的形式，方便使用（图4.2.3.18）。

1. 木隔断

多用于车间内的工具室、办公室。由于构造不同可分全木隔断和组合木隔断两种，隔断木扇也可装玻璃。因木隔断用木材较多，造价高，防火性能差，现已较少采用。

2. 砖隔断

砖隔断常用240mm厚砖墙，或带有壁柱的120mm厚砖墙，因施工方便，造价较低，并有防火及防腐蚀性能．故应用较广。

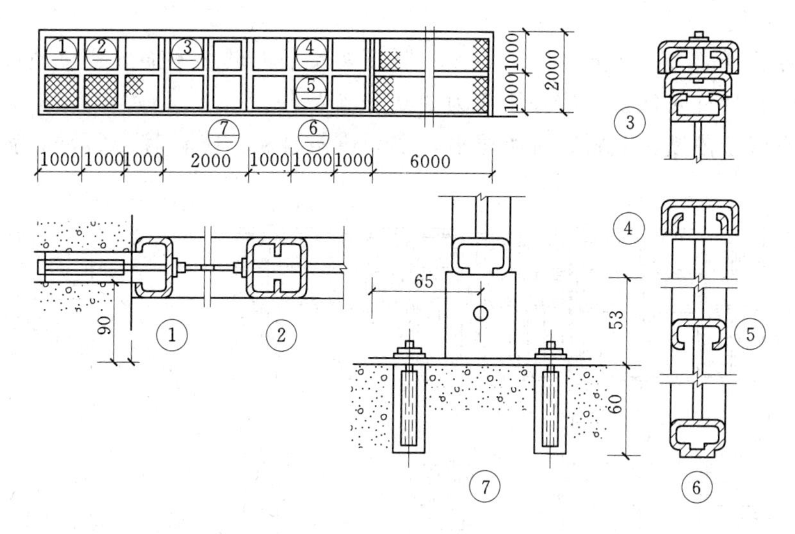

图 4.2.3.18　内部隔断

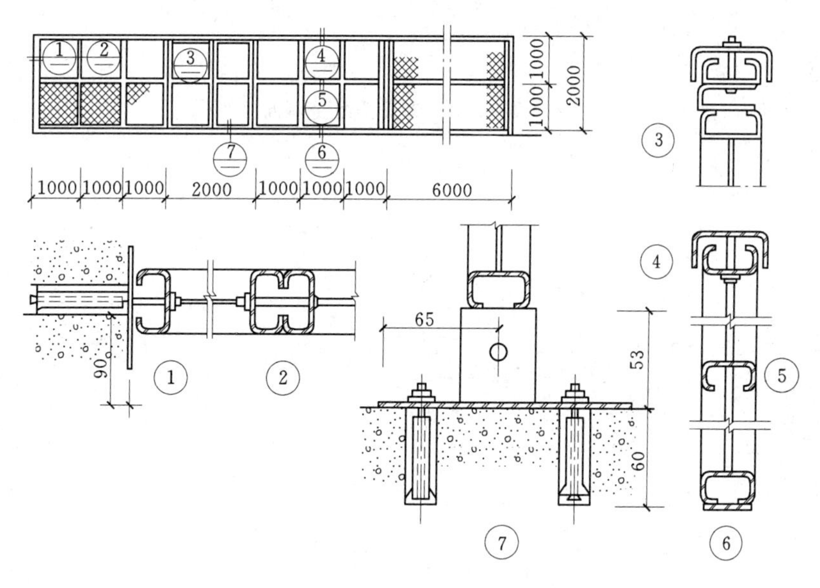

图 4.2.3.19　金属网隔断构造

3. 金属网隔断

金属网隔断是由金属网及骨架组成，金属网可为钢板网或镀锌铁丝网。由于骨架所用钢材不同，又分为冷弯薄壁型钢隔断、钢管柱隔断、普通型钢隔断等。隔扇之间的连接可为焊接或螺栓连接，隔扇与地面的连接可用膨胀螺栓或预埋螺栓（图 4.2.3.19）。金属网隔断的主要特点是灵活性大，透光较好，但用钢量较多，造价高。

4. 钢筋混凝土隔断

此种隔断多为预制装配式，施工方便，经久耐用，节约钢材和木材，适用于火灾危险性大和湿度大的车间。其缺点是重量大、截面较小时容易损坏（图 4.2.3.20）

5. 混合隔断

混合隔断由下部 1100mm 高的 120mm 厚砖墙及上部玻璃木隔扇或金属网隔扇组成。隔断的稳定性靠砖柱来保证，砖柱距离为 3000mm 左右。

此外还有轻质隔断，其材料种类很多，如硬质塑料板、玻璃钢、石膏板等。

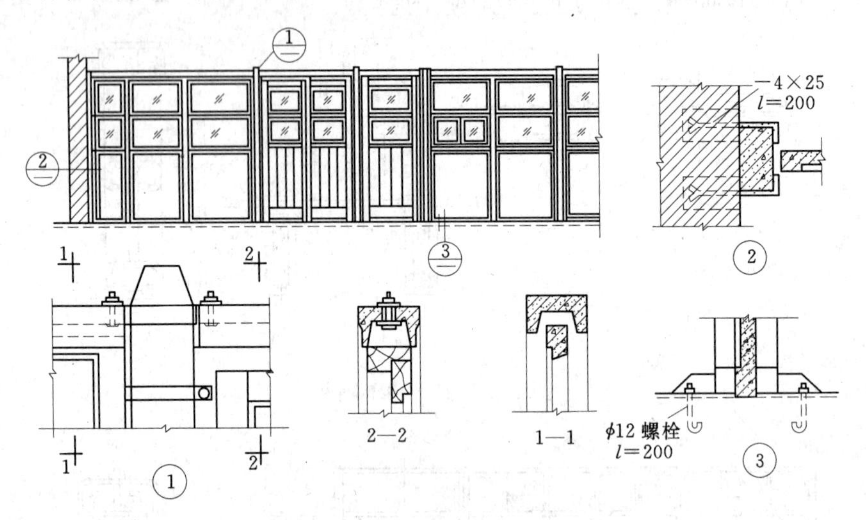

图 4.2.3.20　钢筋混凝土隔断

第3章 钢结构厂房构造

3.1 概述

3.1.1 钢结构的应用与发展

3.1.1.1 钢结构的应用

自20世纪90年代起，我国钢材产量持续多年世界第一，2004年的产量达到2亿多吨。钢材的质量和钢材的规格已能满足建筑钢结构的要求，使得钢结构行业步入快速发展期。钢结构在我国的应用范围不断扩大，主要应用在以下范围。

1. 工业厂房

由于钢结构制作简单、施工方便、工期短，而且钢材具有良好的韧性，因此，非常适合普通的工业厂房以及设有较大锻锤或产生动力作用的工业厂房。近年来，随着压型钢板等轻型屋面材料的采用，轻钢结构工业厂房（图4.3.1.1）得到了快速发展。

图4.3.1.1 轻钢结构工业厂房

图4.3.1.2 国家游泳中心

2. 大跨结构

钢材强度高，结构自重轻的优势适合于大跨结构，因此钢结构在大跨空间结构和大跨桥梁结构中得到了广泛的应用。国家游泳中心（图4.3.1.2）又被称为“水立方”，长宽高分别为177m × 177m × 30m，采用空间刚架结构。融建筑设计与结构设计于一体，设计新颖，结构独特，是2008年北京奥运会标志性建筑物之一。

3. 多层和高层建筑

由于钢结构的综合效益指标优良，近年来在多层、高层民用建筑中也得到了广泛的应用。1998年建成的上海金贸大厦（图4.3.1.3）地上88层，地下3层，高365m，标志着我国的超高层钢结构已进入世界前列。

4. 塔桅钢结构

塔桅钢结构包括高度较大的无线电桅杆、广播、通信和电视发射塔架、火箭发射塔、

图 4.3.1.3　上海金贸大厦

图 4.3.1.4　广州塔

化工排气塔、石油钻井架等。2009 年建成的广州塔（图 4.3.1.4），包括发射天线在内高达 600m。为国内第一高塔，世界第二高塔。

5. 密闭容器钢结构

冶金、石油、化工企业中大量采用钢板做成的容器，包括储油罐、煤气炉、热风炉等。

6. 可拆卸结构

钢结构不仅重量轻，还可以采用螺栓或其他便于拆装的方法连接，因此非常适合需要搬迁的可拆卸结构，如建筑工地的附属用房、临时展厅、模板以及脚手架等大量采用钢材制作。

3.1.1.2　钢结构的发展

随着我国经济建设的快速发展和钢产量的不断提高，钢结构的应用也会有更大的发展，主要的发展趋势有以下趋势。

1. 研发高性能钢材

随着钢结构应用范围越来越广泛，如何提高材料性能，减少材料用量，是钢结构发展的非常重要的问题。目前，国内外在高性能钢材的研发方面取得了不少的成果，包括高强度高性能钢、低屈服点钢和耐火钢等。

2. 优化结构体系

结构体系的选择，既要满足建筑的功能和艺术要求，又要做到技术先进、经济合理、安全适用。因此，不断创新、优化结构体系，是科学利用钢材的有效途径。

3. 探索新的设计理论

概率极限状态设计法是目前钢结构设计计算上采用的方法，其特点是用各种不定性分析得到的失效概率（或可靠指标）去度量结构的可靠性。但此方法还有待发展，因为用它计算的可靠度只是构件或某一截面的可靠度，而不是整体结构的可靠度，该方法也不适用于构件或连接的疲劳验算。

3.1.2 钢结构的特点

钢结构在工程中得到广泛的应用和迅速的发展，主要是因为钢结构与其他材料的结构相比具有很多优点。

3.1.2.1 钢结构的优点

1. 钢材的强度高、钢结构自重轻

虽然钢材的容重很大，但钢材与其他建筑材料诸如混凝土、砖石和木材相比，强度要高得多，弹性模量也高（钢材的弹性模量 $E=206\times10^3\text{N/mm}^2$）。由于强度高，构件所需的截面面积较小，因此结构自重比较轻。结构的轻质性可以用材料的强度 f 和质量密度 ρ 的比值来衡量，比值越大，结构相对越轻，显然，建筑钢材的 f/ρ 值要比钢筋混凝土大得多。以同样跨度承受同样荷载，钢屋架的质量最多不过为钢筋混凝土屋架的 1/3～1/4，冷弯薄壁型钢屋架甚至接近 1/10。

结构自重的降低，可以减小地震作用，进而减小结构内力，降低基础的造价。特别适用于大跨度、高耸结构以及活动结构。此外，构件轻巧也便于运输和吊装。

2. 钢材的塑性、韧性好

塑性和韧性好是钢材的特有性能，也是钢结构的主要特征。钢材塑性好，钢结构就不会因为偶然超载或局部超载而突然断裂破坏；钢材韧性好，使钢结构能较好地适应动荷载，具有优越的抗震性能。因此，钢结构适用于高度高、大跨度和承载重的建筑结构，如高层建筑、工业厂房、桥梁等大型建筑物。

3. 材料均质，各向力学性能相同

钢材的内部结构组织均匀，物理力学性质接近各向同性，具有较大的抵抗变形的能力，是理想的弹性—塑性体。钢结构的实际工作性能比较符合目前采用的理论计算模型，因此计算结果比较可靠，结构的安全程度比较明确。

4. 制作简单、便于安装、施工工期短

钢结构构件一般由工厂加工制作，施工机械化、准确度和精密度都较高。钢构件较轻，连接简单，安装方便，施工周期短。小量钢构件和轻型钢结构还可在现场下料制作，简易吊装后用螺栓或焊接安装。钢结构构件便于连接和更换，因此，易于加固、改扩建和拆迁。

5. 节能、环保

钢结构建筑的维护结构多采用新型轻质复合板材，如复合夹芯墙板、压型钢板—混凝土组合板、轻钢龙骨楼盖等，符合建筑节能和环保的要求。另外，钢结构的施工为干式，避免了环境污染。采用钢结构大大减少了砂、石、灰的用量，减轻了对自然资源的破坏。钢结构拆除后可以再生循环利用，有效地减少了建筑垃圾对环境的污染。

3.1.2.2 钢结构的缺点

1. 钢材耐热但不耐火

钢材在 200℃以内，其主要性能（屈服点和弹性模量）下降较小，强度变化不大。当温度高于 300℃时，强度明显下降，而且出现徐变现象。当温度达到 500℃以上时，进入塑性状态，失去承载能力。因此，设计规定钢材表面温度超过 150℃后要加以隔热保护措施。首先根据建筑的功能规模等明确建筑的耐火等级，然后根据使用要求、经济条件采取相应的防火措施。

钢结构的防火有以下几种方法。

（1）钢结构外表面涂刷防火涂料。钢结构的外露部分采用厚涂型或薄涂型防火涂料，如图 4.3.1.5 所示。

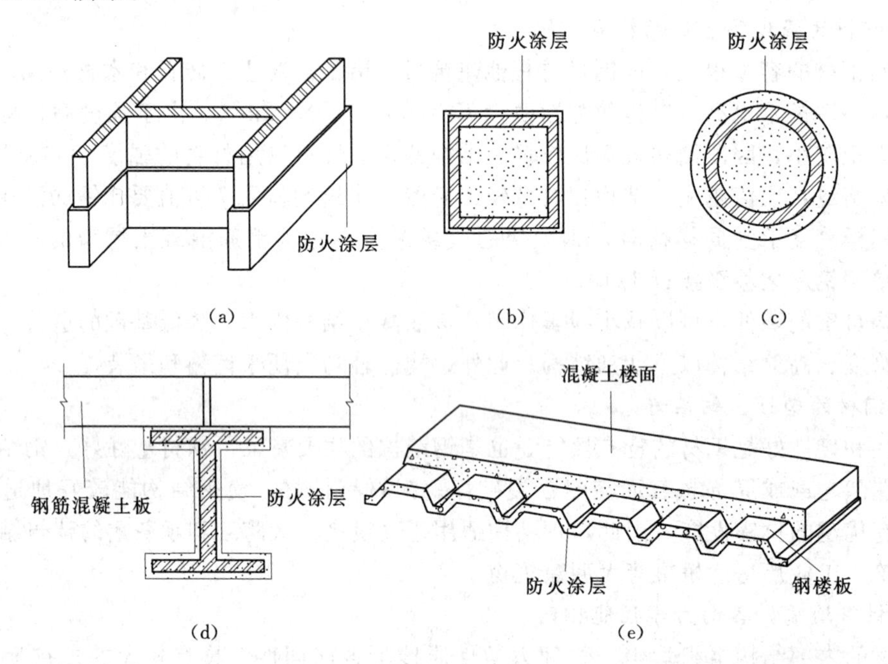

图 4.3.1.5　钢结构外表面涂刷防火涂料

(a) 工字形柱的保护；(b) 方形柱的保护；(c) 管形构件的保护；(d) 工字梁的保护；(e) 楼板的保护

（2）钢结构表面外敷保护层。钢结构表面外敷保护层可以采用外包现浇混凝土，金属网抹砂浆或灰胶泥，也可以采用矿物纤维做保护层，如图 4.3.1.6 所示。

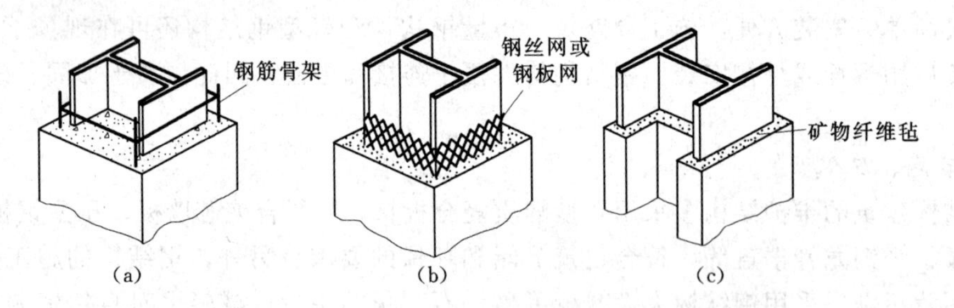

图 4.3.1.6　钢结构表面外敷保护层

(a) 外包现浇混凝土保护层；(b) 外包金属网抹砂浆保护层；(c) 外包矿物纤维保护层

（3）采用新型耐火钢材。在钢材中添加某种合金，使钢材的防火性能有较大提高。

2. 钢材耐腐蚀性差

钢材在潮湿环境中易于生锈，处于腐蚀性介质的环境中更易于锈蚀，因此，钢结构必须进行防锈处理。钢材表面应采用喷射除锈，将防腐涂料敷在钢材表面，厚度应根据环境情况决定，一般在 125～200um。对于外露钢结构，可以定时涂刷防锈漆来保护。处在酸、碱等环境中的钢材，必须涂刷特殊的防腐漆。

3. 钢材在低温下显脆性

钢结构在极端低温下显现脆性，在无征兆下可能发生脆性断裂，这一点应引起设计者的特别注意。

3.2 门 式 钢 架

3.2.1 钢结构的主要结构体系

用于房屋建筑的钢结构体系主要有以下几种。

1. 平面承重结构体系

平面结构体系包括承重体系和附加构件两部分，承重体系是由一系列平行平面结构组成，承担该结构平面内的竖向荷载和横向水平荷载，并传递给基础。附加构件由纵向构件及支撑组成，将各个平面结构连成整体，同时承受结构平面外的纵向水平力。轻型门式钢架结构（图 4.3.2.1）是目前应用最广泛的平面承重结构体系，大量用于厂房、展厅、体育馆等建筑。

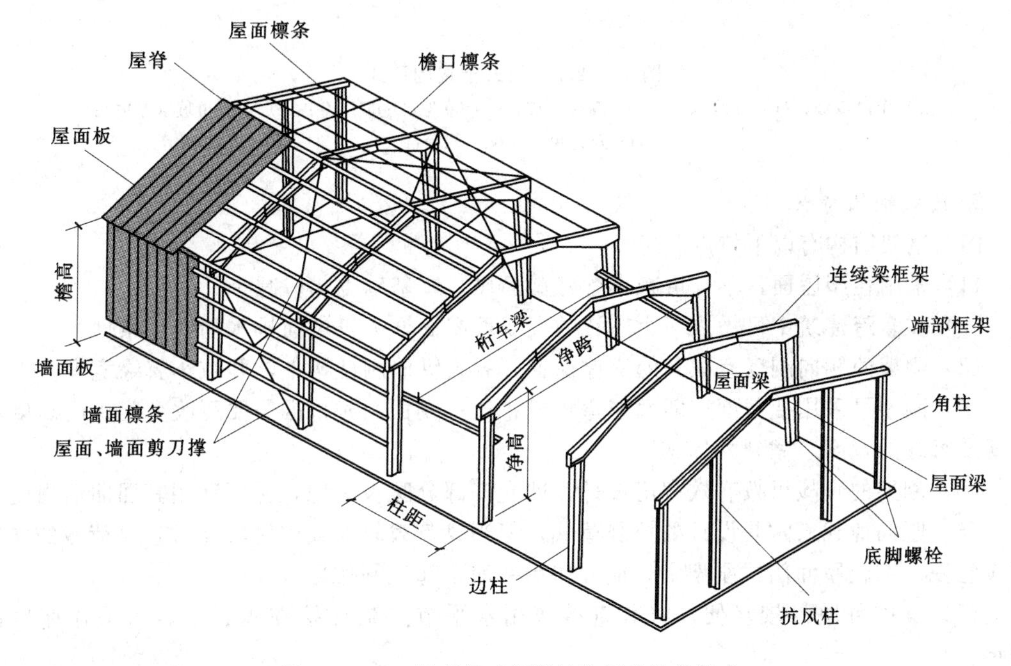

图 4.3.2.1 轻型门式钢架结构厂房构件组成

2. 空间受力结构体系

空间受力结构体系分为刚性空间结构体和柔性空间结构。刚性空间结构有网架结构、网壳结构和桁架结构。柔性空间结构有悬索结构、弦支结构和索膜结构。

3. 多层、高层和超高层建筑结构体系

多层、高层和超高层建筑结构体系主要由框架、框架—支撑体系、框架—内筒体系、带伸臂桁架的框架—内筒体系、筒中筒及成束筒等结构体系。

3.2.2 门式钢架

门式钢架结构房屋在工业发达国家经历了数十年的发展，已经有非常广泛地应用。近年来，我国在房屋的加层改造、工业厂房、仓库、体育馆等建筑中已较多地采用这种结构形式。

3.2.2.1 门式钢架的结构形式与特点

1. 结构形式

钢架结构是梁、柱单元构件的组合体，其形式应用较多的为单跨、双跨或多跨的单坡或双坡门式钢架（根据需要可带挑檐或毗屋），如图4.3.2.2所示。

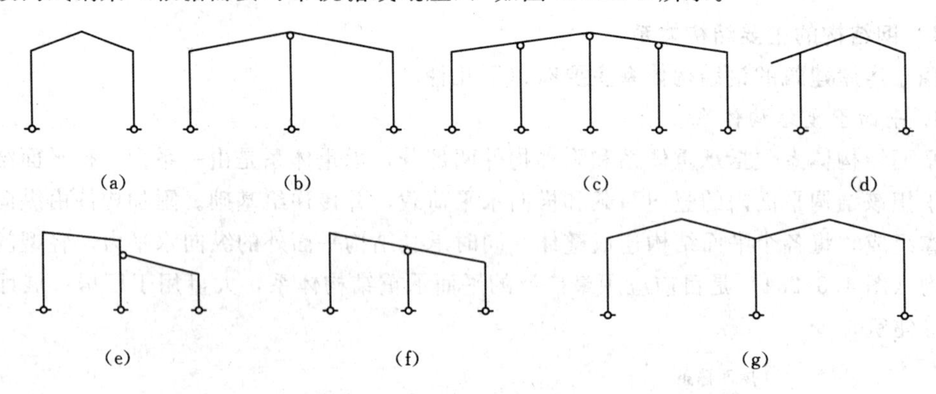

图4.3.2.2 门式钢架的形式

(a) 单跨双坡；(b) 双跨双坡；(c) 四跨双坡；(d) 单跨双坡带挑檐；(e) 双跨单坡（毗屋）；(f) 双跨单坡；(g) 双跨四坡

2. 门式钢架特点

门式钢架结构有以下特点。

(1) 采用轻型屋面，不仅可减小梁柱截面尺寸，基础也相应减小。

(2) 在多跨建筑中可做成一个屋脊的大双坡屋面，为长坡面排水创造了条件。

(3) 刚架的侧向刚度有檩条的支撑保证，省去纵向刚性构件，并减小翼缘宽度。

(4) 刚架可采用变截面，截面与弯矩成正比；变截面时根据需要可改变腹板的高度和厚度及翼缘的宽度，做到材尽其用。

(5) 刚架的腹板可按有效宽度设计，即允许部分腹板失稳，并可利用其屈曲后强度。

(6) 竖向荷载通常是设计的控制荷载，但当风荷载较大或房屋较高时，风荷载的作用不应忽视。在轻屋面门式刚架中，地震作用一般不起控制作用。

(7) 支撑可做得较轻便。将其直接或用水平节点板连接在腹板上，可采用张紧的圆钢。

(8) 结构构件可全部在工厂制作，工业化程度高。

3.2.2.2 门式钢架节点构造

1. 横梁和柱的连接及横梁拼接

门式钢架横梁与柱的连接，可采用端板竖放、端板斜放和端板平放。横梁拼接时宜使端板与构件外缘垂直（图4.3.2.3）。

2. 钢架柱脚

门式钢架轻型房屋钢结构的柱脚，宜采用平板式铰接柱脚，当有必要时，也可采用钢性柱脚，如图 4.3.2.4 所示。

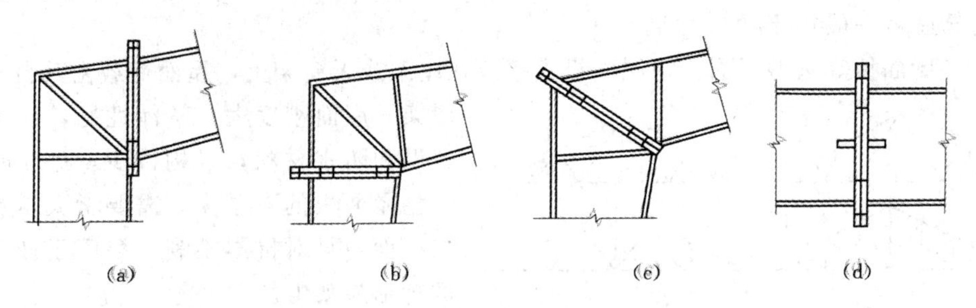

图 4.3.2.3 钢架横梁的连接

(a) 端板竖放；(b) 端板横放；(c) 端板斜放；(d) 斜梁拼接

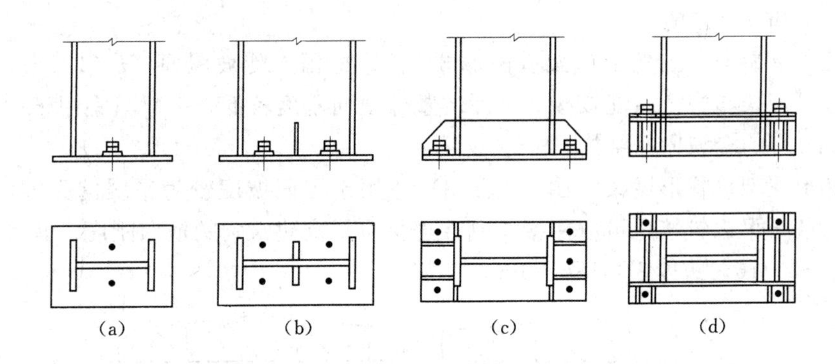

图 4.3.2.4 门式钢架轻型房屋钢结构的柱脚

(a) 一对锚栓的铰接柱脚；(b) 两对锚栓的铰接柱脚；(c) 带加劲肋的钢接柱脚；(d) 带靴梁的钢接柱脚

3.3 屋 盖 结 构

3.3.1 屋盖结构体系

钢结构厂房屋盖结构一般由屋架、托架、天窗架、檩条和屋面材料等构件组成。根据屋面材料和屋面结构布置情况的不同，可分为有檩屋盖体系和无檩屋盖体系两类（图 4.3.3.1）。

1. 有檩屋盖

有檩屋盖常用于轻型屋面材料的情况。如压型钢板、压型铝合金板、石棉瓦、瓦楞铁皮等。屋架间距和屋面布置较灵活、自重轻、用料省，但屋面刚度较差，构件数量多，构造复杂。多用于坡度较陡的三角形屋架上。

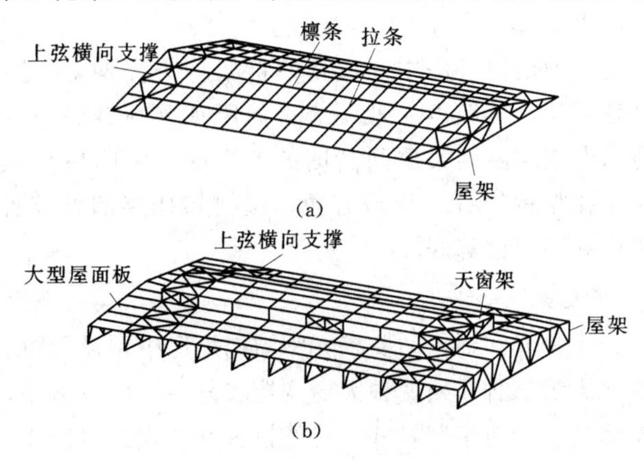

图 4.3.3.1 单层钢结构厂房

(a) 有檩屋盖体系；(b) 无檩屋盖体系

2. 无檩屋盖

无檩屋盖一般用于预应力混凝土大型屋面板等重型屋面，将屋面板直接放在屋架或天窗架上，屋面荷载由其自身传给屋架。屋面刚度大，整体性好，易于设置保温和防水材料，且构件少，施工快。但大型屋面板的自重大，需要增大承重构件的截面，且对抗震不利。多用于坡度平缓的梯形屋架上。

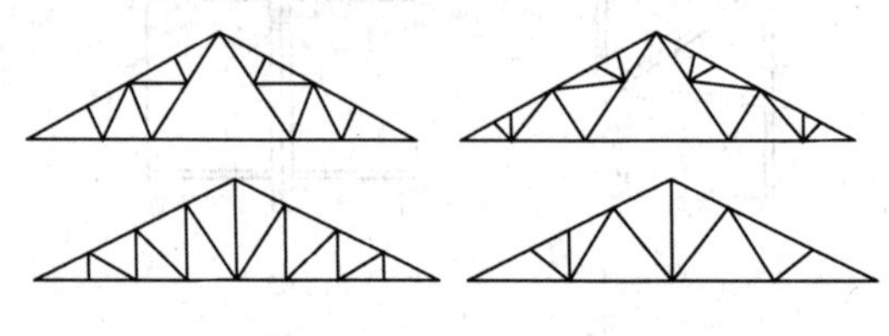

图 4.3.3.2 三角形屋架

3.3.2 屋架的结构形式

钢结构厂房屋架的结构形式常用的有三角形、梯形和平行弦等。

(1) 三角形屋架。三角形屋架（图 4.3.3.2）适用于陡坡屋面（$i=1/2\sim1/3$）的有檩屋盖体系，屋架与柱子只能铰接，房屋的整体横向刚度较低，一般只宜用于中、小跨度（$L\leqslant18\sim24$m）的轻型屋面结构。

(2) 梯形屋架。梯形屋架（图 4.3.3.3）适用于屋面坡度较为平缓的无檩屋盖体系。梯形屋架与柱子可以铰接也可以刚接，刚性连接可提高建筑物的横向刚度。其屋面坡度一般为 $i=1/8\sim1/16$，跨度 $L\geqslant18\sim36$m。

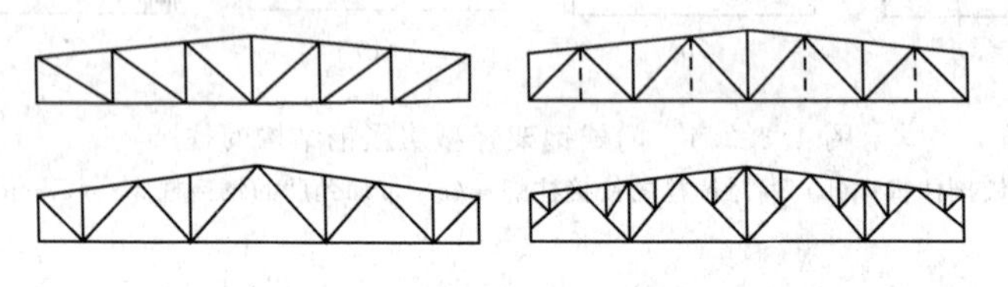

图 4.3.3.3 梯形屋架

(3) 平行弦屋架。平行弦屋架（图 4.3.3.4）多用于单坡屋盖和用作托架。平行弦屋架具有弦杆及腹杆分别等长，节点类型统一，便于工厂化制造的优点。

3.3.3 托架、天窗架形式

1. 托架形式

支撑钢结构厂房中间屋架的桁架称为托架，一般采用平行弦桁架，其跨度一般不大，但所承受荷载较重。钢托架通常做在与屋架大致同高度的范围内，中间屋架从侧面连接于托架的竖杆，构造方便，屋架和托架的整体性、水平刚度和稳定性都好。

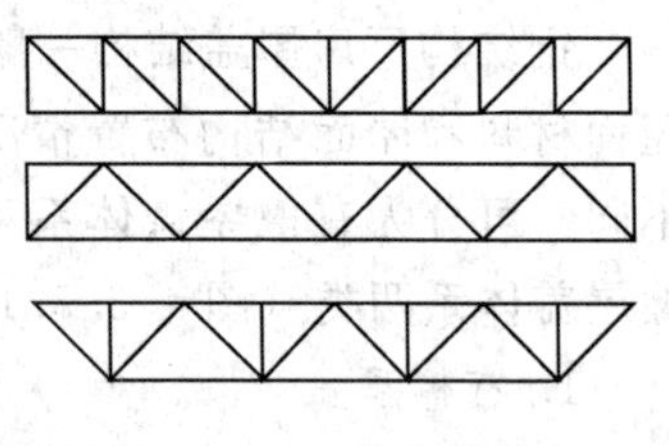

图 4.3.3.4 平行弦屋架

2. 天窗架形式

为了采光和通风的要求，钢结构厂房中常设天窗。天窗的形式有纵向天窗、横向天窗和井式天窗三种，后两种天窗构造较复杂，较少适用，一般采用纵向天窗。纵向天窗的天窗架形式一般有多竖杆式、三铰拱式和三点式（图 4.3.3.5）。

3.3.4 支座节点构造

钢结构厂房屋架与柱子的连接可以做成铰接或刚接。图 4.3.3.6 为三角形屋架的支座

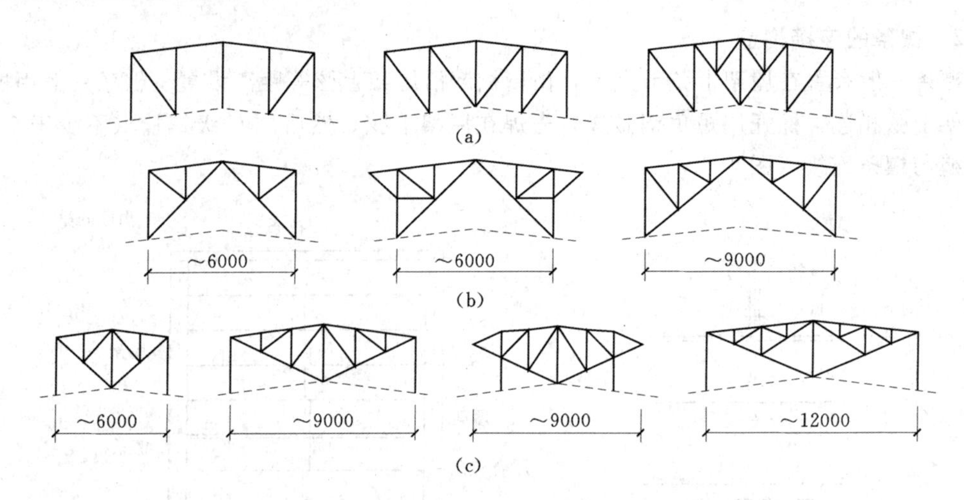

图 4.3.3.5　天窗架形式

(a) 多竖杆式；(b) 三角拱式；(c) 三支点式

节点构造，图 4.3.3.7 为平行弦或梯形屋架的铰接支座节点构造。

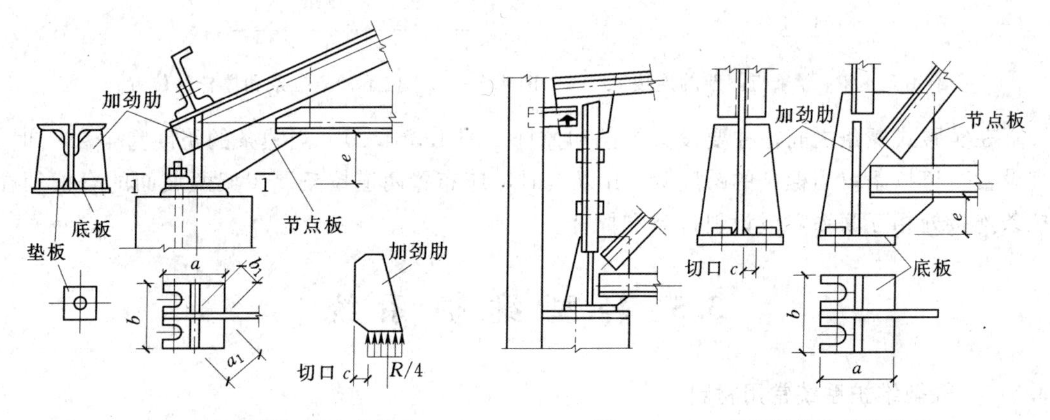

图 4.3.3.6　三角形屋架的支座节点

图 4.3.3.7　梯形屋架的支座节点

3.4 檩　　条

钢结构厂房要合理选择檩条形式、截面和间距，减少檩条用钢量，对减轻屋盖重量，节约钢材有重要意义。

3.4.1　檩条形式

檩条一般是双向弯曲构件，分为实腹式和桁架式两大类。由于后者制造费工，应用较少。实腹式檩条常采用槽钢、角钢以及 Z 形和 C 形冷弯薄壁型。槽钢檩条由于制作、运输及安装较方便，因此应用普遍，但其钢壁较厚，用钢量较大。薄壁型钢檩条受力合理，用钢量少，但防锈要求较高。实腹式檩条常应用于屋架间距不超过 6m 的厂房，其高跨比可取 1/35～1/50。

3.4.2　檩条的连接构造

檩条一般布置在屋架上弦节点上，由屋檐起沿屋架上弦等距离设置。檩条一般用檩托与屋架上弦相连，檩托用短角钢做成，先焊在屋架上弦，然后用 C 级螺栓（不少于 2 个）或焊缝与檩条连接（图 4.3.4.1）。

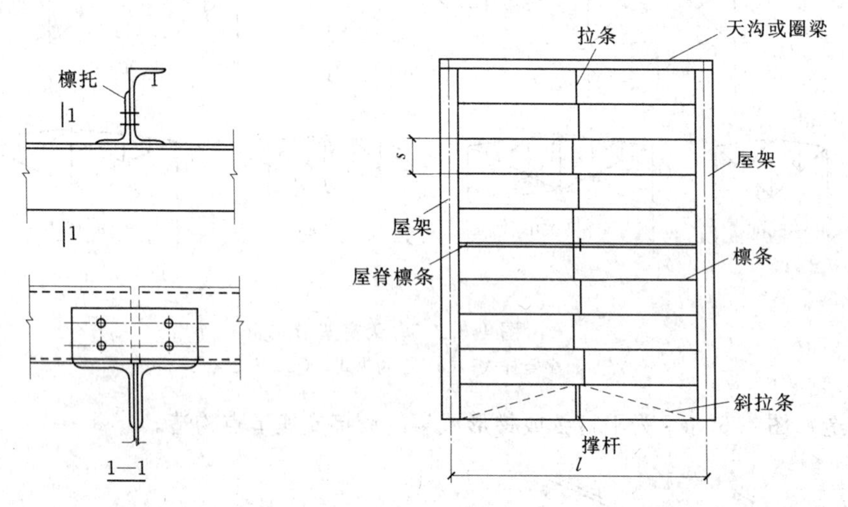

图 4.3.4.1　檩条与屋架的连接　　图 4.3.4.2　拉条、斜拉条和撑杆的位置

在实腹式檩条之间往往要设置拉条和撑杆（图 4.3.4.2），当檩条的跨度为 4～6m 时，宜设置一道拉条；当檩条的跨度为 6m 以上时，应布置两道拉条。屋架两坡面的脊檩须在拉条连接处相互联系，或设斜拉条和撑杆。

3.5　轻型维护系统

3.5.1　轻型维护系统常用材料

钢结构厂房常采用轻质高强，耐久、耐火、保温、隔热、隔声、抗震及防水等性能好的轻型维护系统，同时要求构造简单、施工方便，并能工业化生产。轻型维护系统常采用的材料有：压型钢板、太空板、石棉水泥瓦和瓦楞铁等几种。

1. 压型钢板

压型钢板是目前墙面和轻型屋面有檩体系中应用最广泛的屋面材料，采用热镀锌钢板或彩色镀锌钢板，经辊压冷弯成各种波型，具有轻质、高强、美观、耐用、施工简便、抗震、防火等特点。当有保温隔热要求时，可采用彩色涂钢板做面层，聚氨酯和聚苯乙烯泡沫做夹芯材料，通过特定的生产工艺复合而成的隔热、保温夹芯板。屋面全部荷载标准值（包括活荷载）一般不超过 1.0kN/m^2。

2. 太空板

太空板（图 4.3.5.1）是以高强水泥发泡工艺制成的人工轻石为芯材，以玻璃纤维网（或纤维束）增强的上下水泥面层及钢（或混凝土）边肋复合而成的新型轻质墙面和屋面板材，具有刚度好、强度高、延性好等特点，有良好的结构性能和工程应用前途。其自重为 0.45～0.85kN/m²，屋面全部荷载标准值（包括活荷载）一般不超过 1.5kN/m²。

太空网架板可按网架的网格确定其平面尺寸。安装时，太空板的板角与网架支托直接焊接，一般不需另设檩条，板与板留有 10mm 的装配缝，嵌缝建议使用防水油膏。太空板上可直接铺设防水卷材，不需另设保温层及找平层，防水卷材宜使用橡塑防水卷材。

图 4.3.5.1　太空板

3. 石棉水泥瓦

石棉水泥瓦是由石棉纤维与水泥混合制成，具有较高的抗弯和抗拉强度，以及耐蚀、不透水、抗冻性与耐热性好、易于机械加工等许多优点。其主要缺点是抗冲击强度较低。

4. 瓦楞铁

瓦楞铁是用 0.5～1mm 厚的锌铁板按一定模数机械压制成瓦楞状的板，不仅增加了强度，而且便于组织排水，常用做临时房屋的屋面板，或工地的临时围挡墙。

3.5.2　彩色压型钢板

3.5.2.1　常用板材的定义

轻型维护系统常采用彩色压型钢板（简称彩板），根据其不同的材料组成可分为单层彩板和夹芯保温板（图 4.3.5.2）。

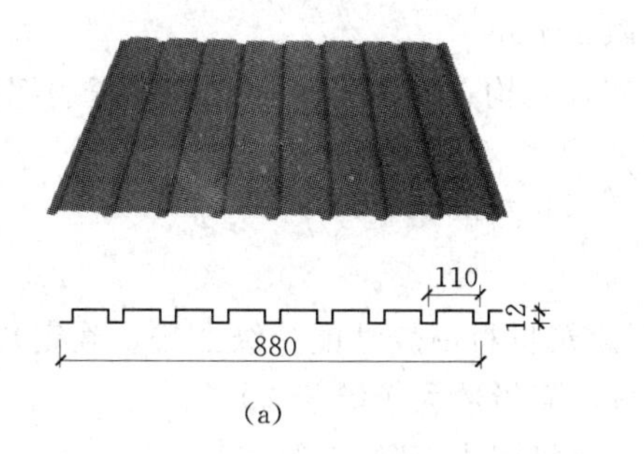

(a)

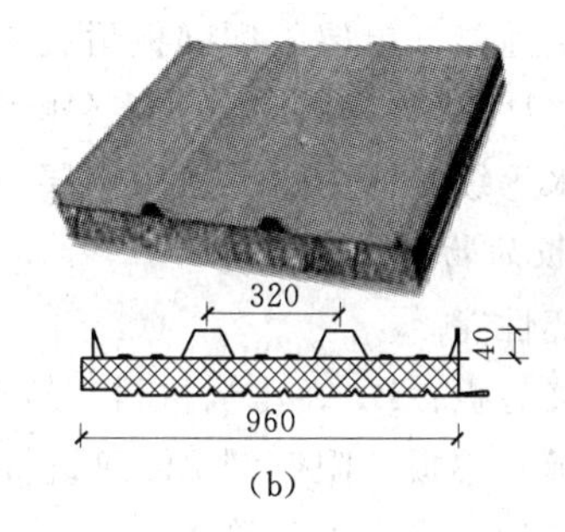

(b)

图 4.3.5.2　彩色压型钢板
(a) 单层彩板；(b) 夹芯保温板

彩色涂层钢板是由钢板、镀层、涂层三部分组成的复合板材。钢板常用 0.5～1.0mm 的薄钢板，其表面经过防腐处理镀锌、涂饰。

单层彩板是采用单层彩色涂层钢板经辊轧冷弯成型的建筑用维护板材。

夹芯板是将彩色涂层钢板面板及底板与保温芯材通过黏结（或发泡）剂复合而成的保温复合维护板材。

3.5.2.2　彩色压型钢板分类

1. 按波高分类：可分为低波板、中波板和高波板

(1) 低波板波高为 12～35mm，用于墙板、室内装饰板（墙面及顶板）。

(2) 中波板波高为 30～50mm，用于屋面。

(3) 高波板波高大于50mm，用于单波较长的屋面，通常配有专用固定支架。

2. 按连接形式分类：分为外露式连接和隐藏式连接

(1) 外露式连接（穿透式连接）。主要指使用紧固件穿透压型钢板将其固定于檩条或墙梁上的方式，紧固件固定位置为屋面板固定于压型板波峰，墙面板固定于压型板波谷。

(2) 隐藏式连接。主要指用于将压型钢板固定于檩条或墙梁上的专有连接支架，以及紧固件通过相应手法不暴露在室外的连接方式，它的防水性能以及压型钢板防腐能力均优于外露式连接。

3. 按压型钢板纵向搭接方式分类

分为自然扣合式、咬边连接式和扣盖连接式。

(1) 自然扣合式。采用外露式连接方式完成压型钢板纵向连接，属于压型钢板早期连接方式，做屋面板使用时易产生渗漏，做墙板使用时尚能满足基本要求。

(2) 咬边连接式。压型钢板端边通过专用机具以180°或360°的咬口方式完成纵向连接，属于隐藏式连接。180°咬边是一种非紧密式咬合，360°咬边是一种紧密式咬合。咬边连接的板型比自然扣合连接的板型防水性能明显增强，是值得推荐使用的板型。

(3) 扣盖连接式。压型钢板板端对称设置卡口构造边，专用扣盖与卡口构造边扣压形成倒钩构造，完成压型钢板纵向搭接，属于隐藏式连接，防水性能较好。此连接方式有赖于倒钩构造的坚固，因此对彩板本身的刚度要求较高。

3.5.2.3　彩色压型钢板的物理性能

1. 单层彩板的物理性能

(1) 燃烧性能。单层压型钢板耐火极限15min。

(2) 防水性能。单独使用的单层压型钢板其构造防水等级为三级。压型钢板可作为一级、二级防水等级屋面中的一道防水层。

2. 夹芯板的物理性能

(1) 燃烧性能。

聚氨酯夹芯板：B1级建筑材料（按《建筑材料燃烧性能分级办法》确定）。

聚苯乙烯夹芯板：阻燃型ZR建筑材料，氧指数大于等于30%。

岩棉夹芯板：厚度大于等于80mm，耐火极限大于等于60min。

厚度小于80mm，耐火极限大于等于30min。

(2) 导热系数。

聚氨酯夹芯板：$\lambda \leqslant 0.033$W/(m·K)。

聚苯乙烯夹芯板：$\lambda \leqslant 0.041$W/(m·K)。

岩棉夹芯板：$\lambda \leqslant 0.038$W/(m·K)。

(3) 防水性能。夹芯板屋面其防水等级为三级。夹芯板可作为一级、二级防水等级屋面中的一道防水层。

3.5.2.4　彩色压型钢板的连接

1. 连接件的种类

(1) 自攻螺钉。主要用于压型钢板、夹芯板、异型板等与檩条、墙梁或固定支架的连接固定，分为自攻自钻螺钉和打孔自攻螺钉，前者防水性能及施工要求均优于后者，为目前工程较多采用。

(2) 拉铆钉。主要用于压型钢板之间，异型板之间以及压型钢板与异型板之间的连接固定，分为开孔型与闭孔型。开孔型用于室内装修工程，闭孔型用于室外工程。

(3) 固定支架。主要用于将压型钢板固定于檩条上，一般应用于中波及高波屋面板，固定支架与檩条的连接采用焊接或自攻螺钉连接，固定支架与压型钢板连接采用自攻螺钉。

(4) 膨胀螺栓。主要用于彩色钢板、异形板、连接构件与砌体或混凝土构件的连接。

(5) 开花螺栓。主要用于压型钢板屋面板与檩条的连接固定。

2. 连接构造要求

(1) 自攻螺钉、拉铆钉用作屋面时，一般设于压型钢板波峰，用作墙面时一般设于压型钢板波谷。

(2) 自攻螺钉所配密封橡胶盖垫必须齐全、防水可靠。

(3) 拉铆钉外露钉头处应涂满中性硅酮密封胶。

3. 密封材料

(1) 密封胶。聚硫、硅酮等中性耐候胶，用于彩色钢板板缝连接处，连接体连接处等部位。

(2) 密封胶带。一种双面带胶黏剂的丁基橡胶带状材，用于彩色压型钢板之间的纵向缝搭接。

(3) 密封条。10mm×20mm 软质聚氨酯胶带，用于夹芯板板缝之间的对接密封。

(4) 泡沫堵头。双面带胶黏剂的软质聚氨酯制品，用于压型钢板端口封堵。

3.5.3 彩色压型钢板建筑节点构造

1. 单层彩板建筑节点构造

(1) 屋面构造。单层彩板屋面的连接构造，如图 4.3.5.3 所示。

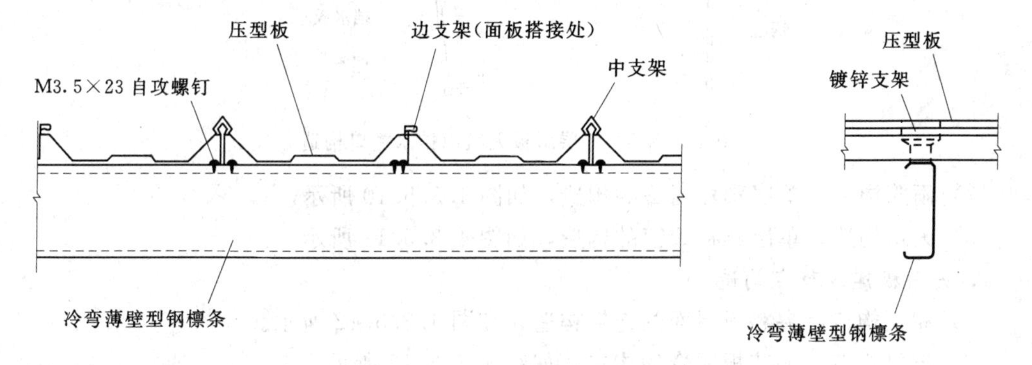

图 4.3.5.3 单层彩板屋面的连接构造

(2) 屋脊构造。单层彩板屋脊的构造，如图 4.3.5.4 所示。

(3) 檐口构造。单层彩板无组织排水檐口的连接构造，如图 4.3.5.5 所示。单层彩板有组织排水檐口的连接构造，如图 4.3.5.6 所示。

(4) 高低跨屋面构造。单层彩板高低跨屋面处的连接构造，如图 4.3.5.7 所示。

(5) 墙面构造。单层彩板墙面的节点构造，如图 4.3.5.8 所示。

(6) 窗套构造。单层彩板窗套的构造，如图 4.3.5.9 所示。

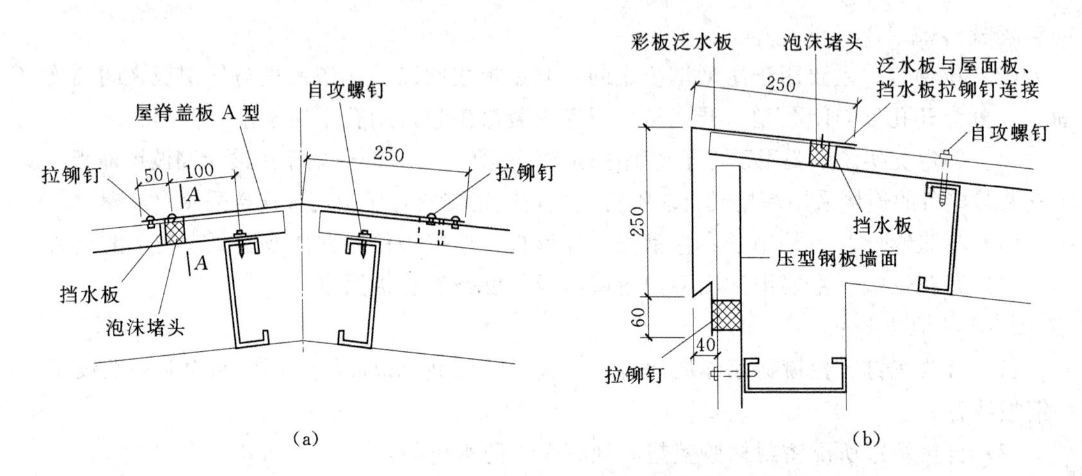

(a) (b)

图 4.3.5.4 彩色压型钢板屋脊构造

(a) 双坡屋脊；(b) 单坡屋脊

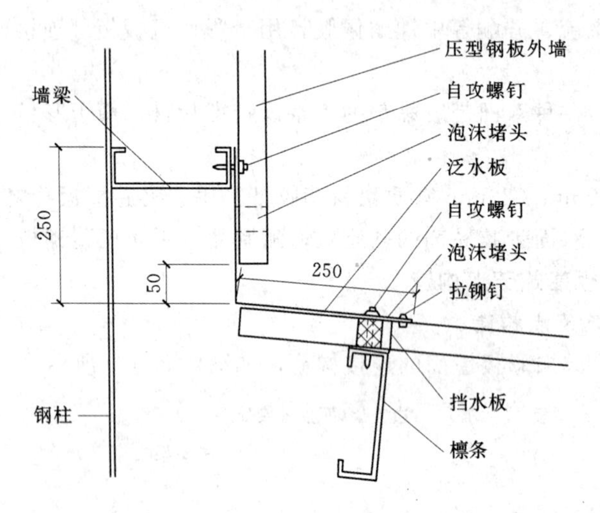

图 4.3.5.5 单层彩板无组织排水檐口构造

(7) 雨篷构造。单层彩板雨篷的构造，如图 4.3.5.10 所示。

(8) 天窗构造。单层彩板天窗的构造，如图 4.3.5.11 所示。

2. 夹芯板建筑节点构造

(1) 屋面构造。夹芯板屋面的连接构造，如图 4.3.5.12 所示。

(2) 屋脊构造。夹芯板屋脊的构造，如图 4.3.5.13 所示。

(3) 高低跨屋面构造。夹芯板高低跨屋面处的连接构造，如图 4.3.5.14 所示。

(4) 檐口构造。夹芯板无组织排水檐口的连接构造，如图 4.3.5.15 所示。夹芯板有组织排水檐口的连接构造，如图 4.3.5.16 所示。夹芯板有组织内排水的连接构造，如图 4.3.5.17 所示。

(5) 墙面构造。夹芯板墙面的节点构造，如图 4.3.5.18 所示。

(6) 夹芯保温板门。夹芯保温板门的节点构造，如图 4.3.5.19 所示。

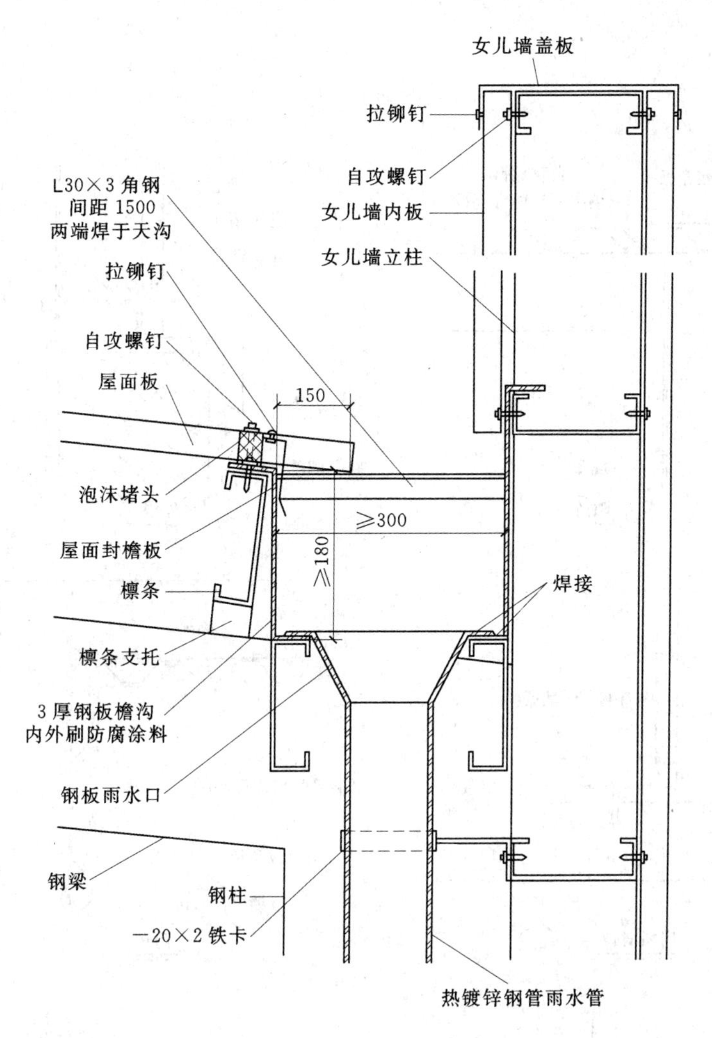

图 4.3.5.6 单层彩板有组织排水檐口构造

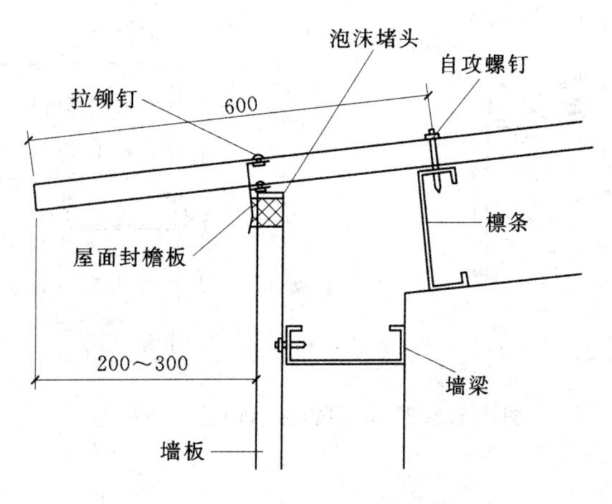

图 4.3.5.7 单层彩板高低跨屋面构造

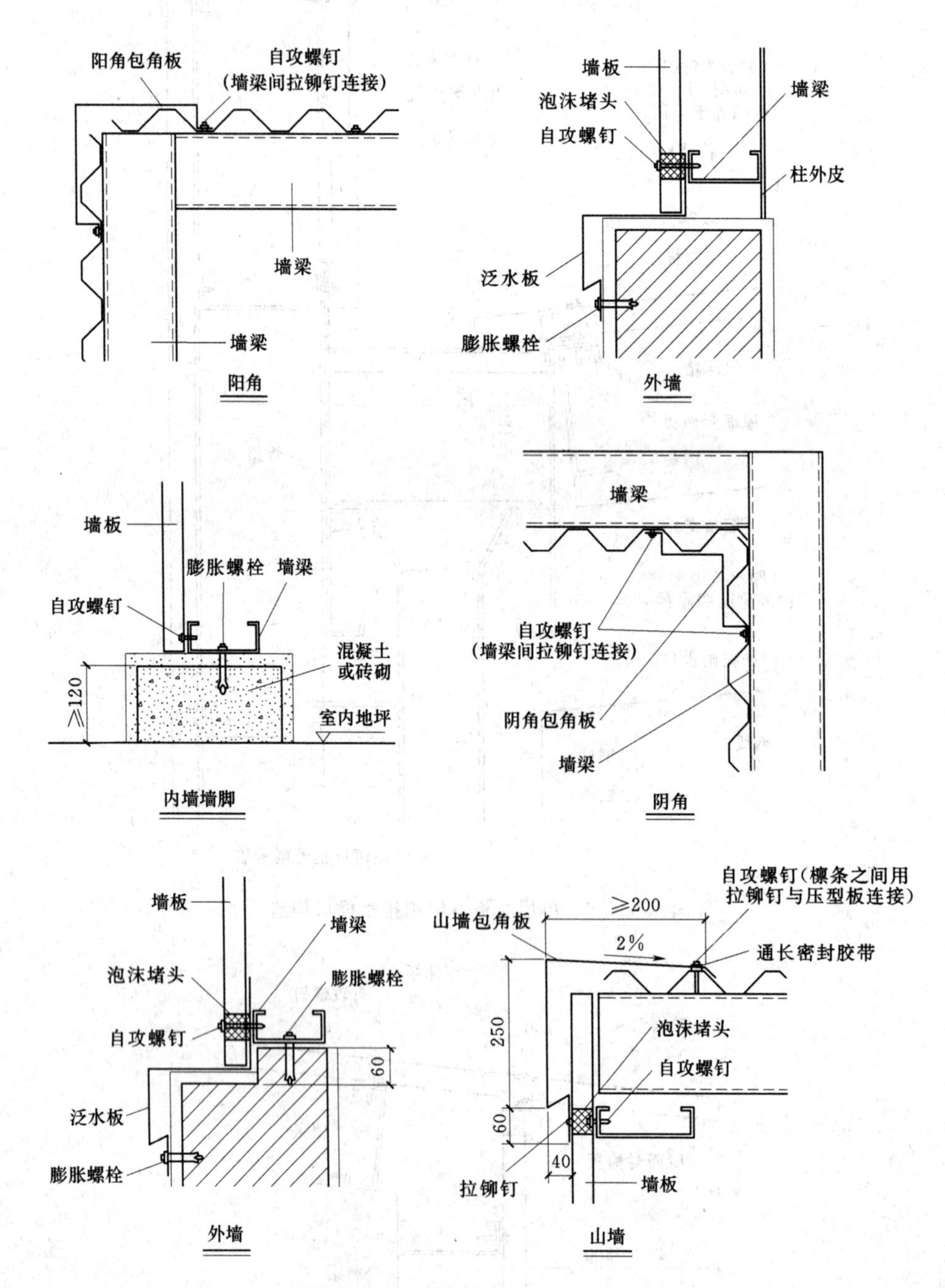

图 4.3.5.8　单层彩板墙面的节点构造

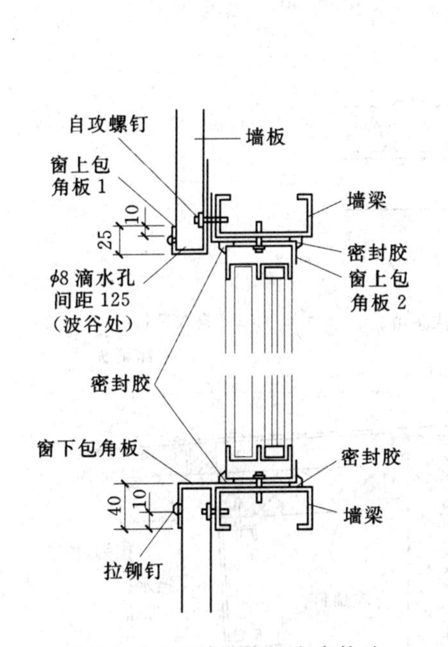

图 4.3.5.9 单层彩板窗套构造

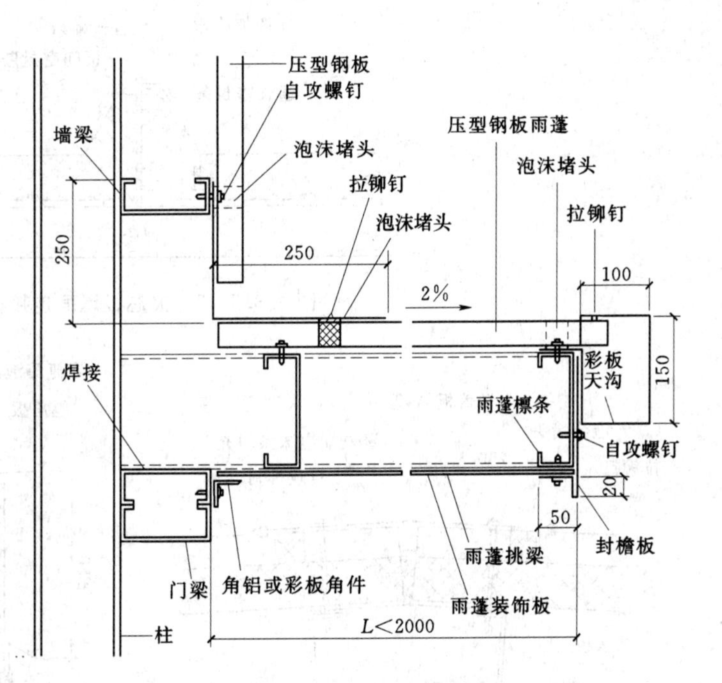

图 4.3.5.10 单层彩板雨篷构造

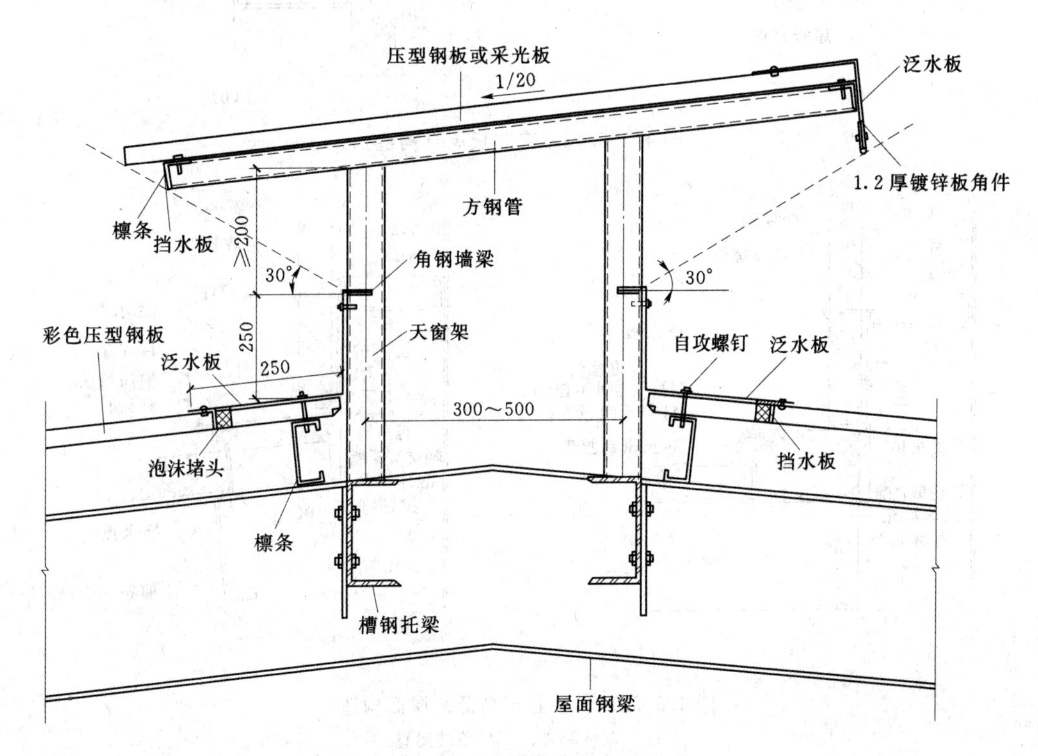

图 4.3.5.11 单层彩板天窗构造

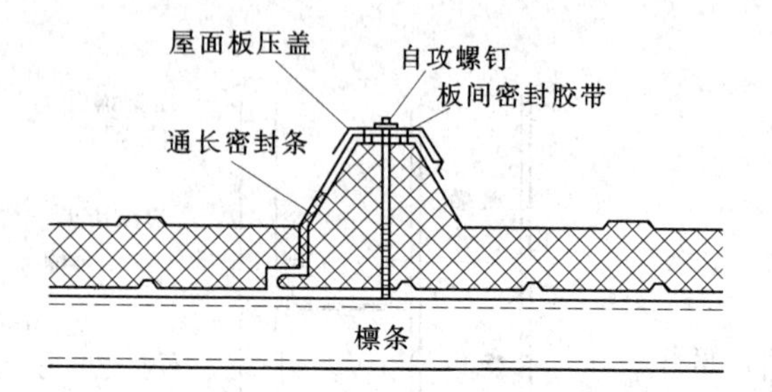

图 4.3.5.12　夹芯板屋面连接构造

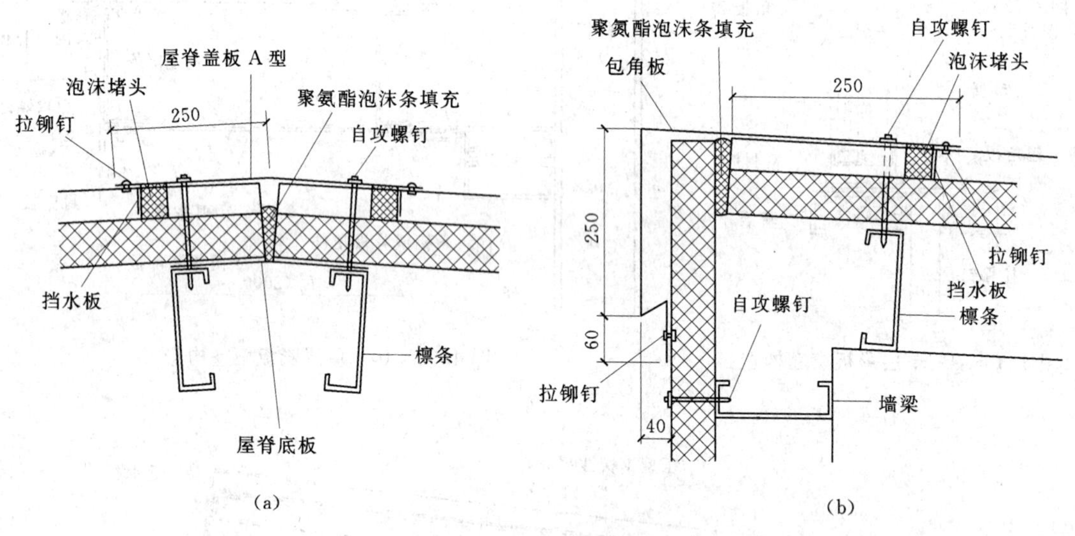

图 4.3.5.13　夹芯板屋脊构造

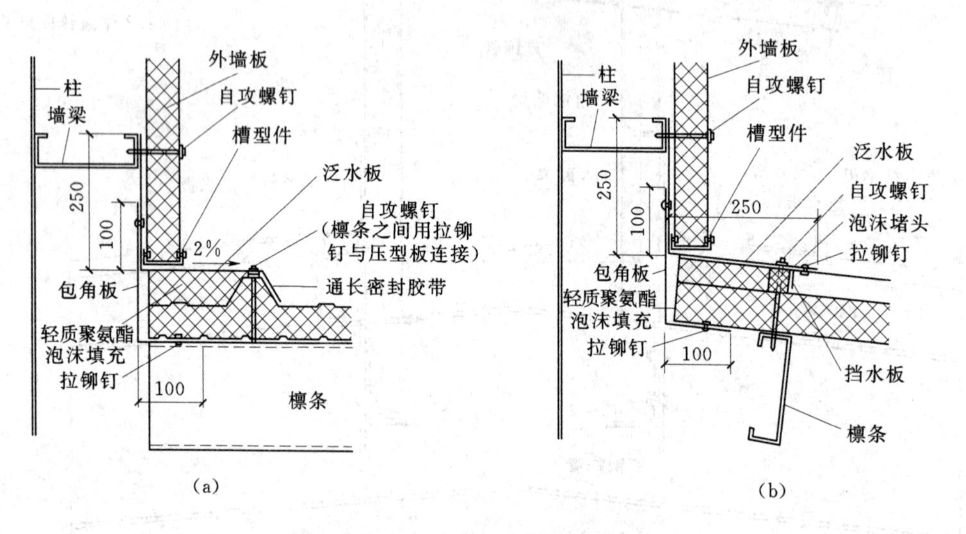

图 4.3.5.14　夹芯板高低跨屋面构造
(a) 双坡屋脊；(b) 单坡屋脊

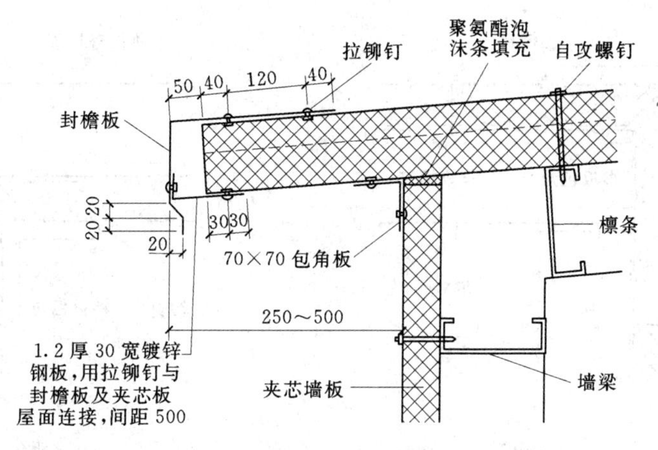

图 4.3.5.15 夹芯板无组织排水檐口的连接构造

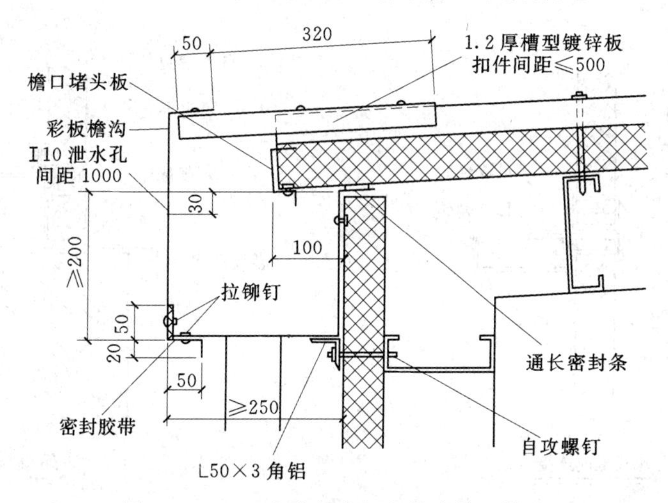

图 4.3.5.16 夹芯板有组织排水檐口构造

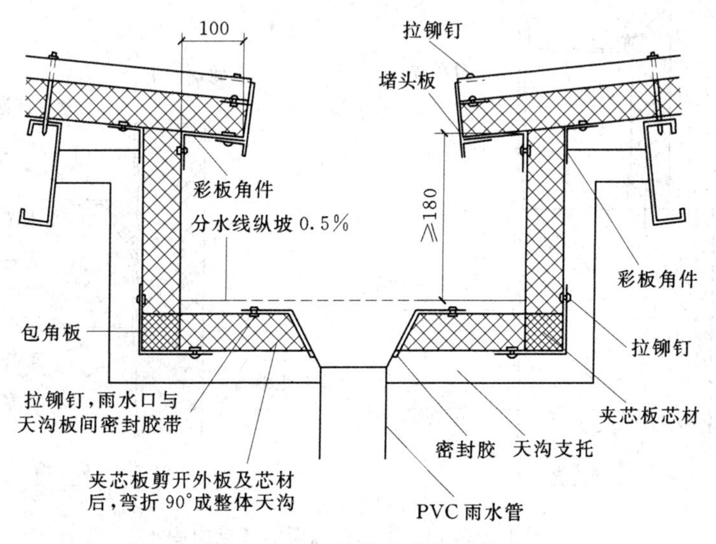

图 4.3.5.17 夹芯板内排水构造

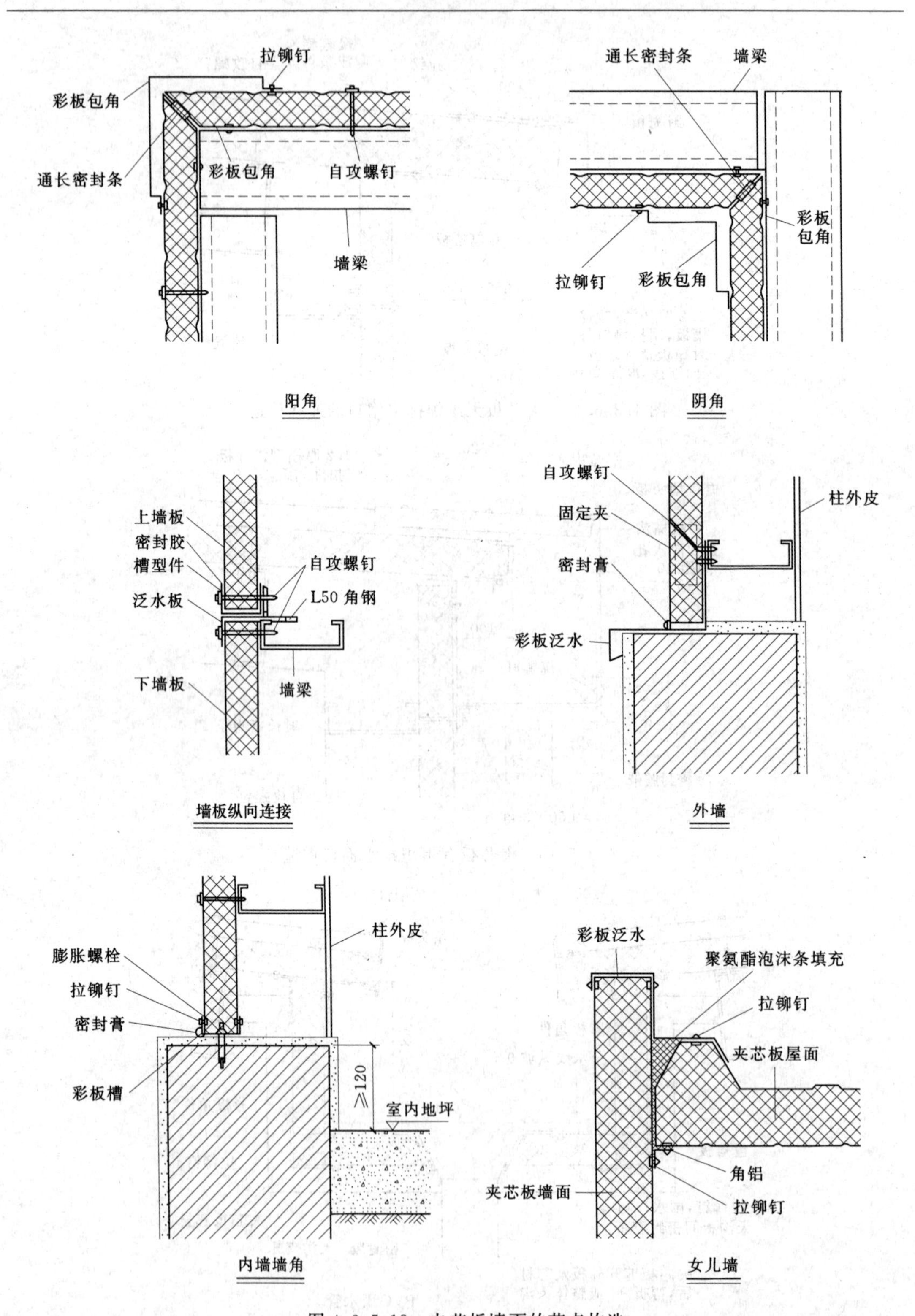

图 4.3.5.18 夹芯板墙面的节点构造

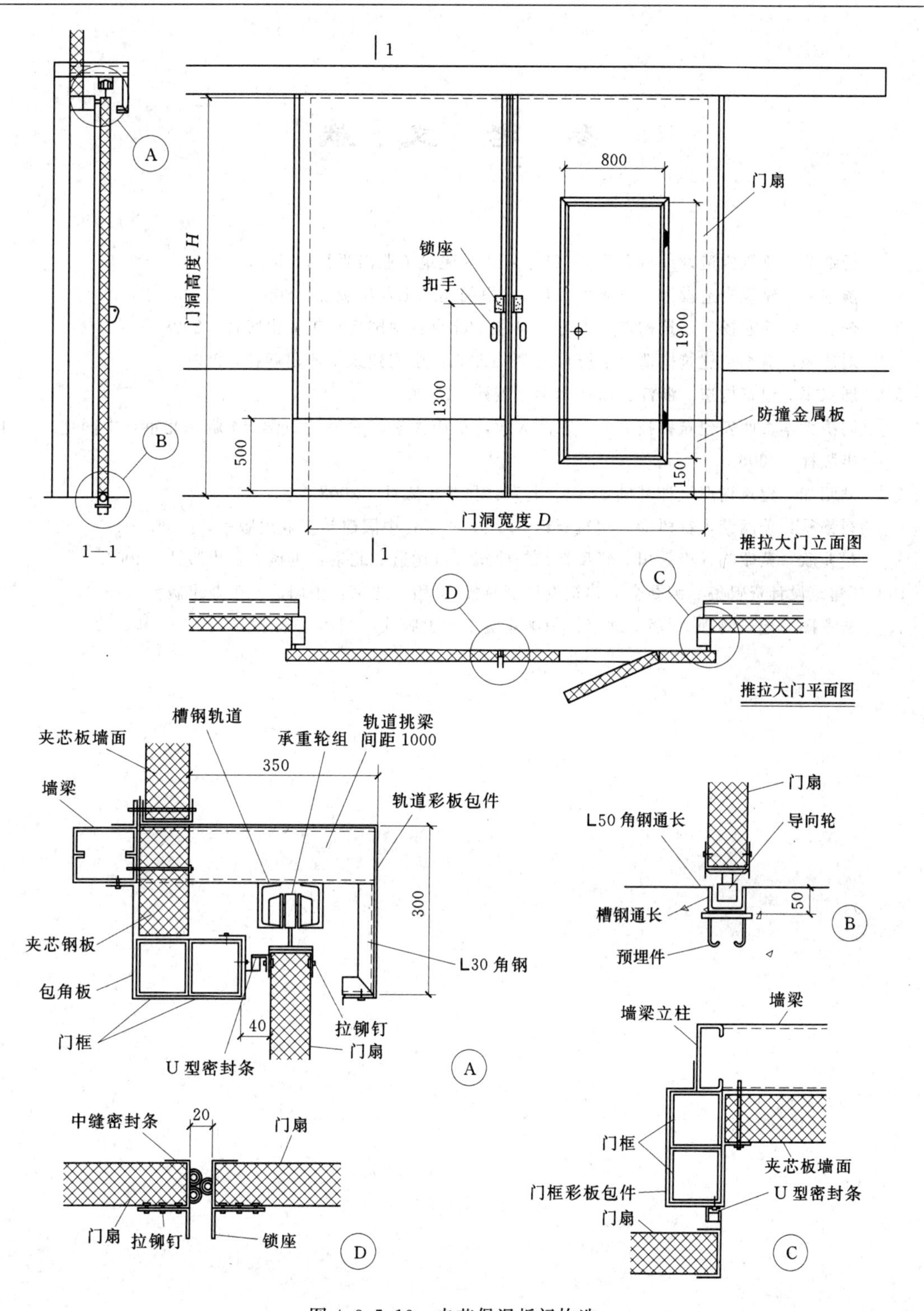

图 4.3.5.19 夹芯保温板门构造

参 考 文 献

[1] 杨维菊．建筑构造设计（上册）．北京：中国建筑工业出版社，2005.

[2] 杨维菊．建筑构造设计（下册）．北京：中国建筑工业出版社，2005.

[3] 李必瑜，魏宏杨．建筑构造（上册）．4版．北京：中国建筑工业出版社，2008.

[4] 刘建荣，翁季．建筑构造（下册）．4版．北京：中国建筑工业出版社，2008.

[5] 邢双军．建筑构造．浙江：浙江大学出版社，2008.

[6] 同济大学，西安建筑科技大学，东南大学，重庆大学．房屋建筑学．4版．北京：中国建筑工业出版社，2006.

[7] 刘昭如．建筑构造设计基础．2版．北京：科学出版社，2008.

[8] 崔艳秋，姜丽荣，吕树俭．建筑概论．2版．北京：中国建筑工业出版社，2006.

[9] 侯兆欣，蔡昭昀，李秀川．轻型钢结构建筑节点构造．北京：机械工业出版社，2004.

[10] 《建筑设计资料集》编委会．建筑设计资料集．2版．北京：中国建筑工业出版社，1994.

[11] 柳孝图．建筑物理．3版．北京：中国建筑工业出版社，2010.